Eurocode 3
Bemessung und Konstruktion von Stahlbauten
Band 2: Anschlüsse

DIN

Prof. Dr.-Ing. Dieter Ungermann, Prof. Dr. Ram Puthli,
Prof. Dr.-Ing. Thomas Ummenhofer, Dr.-Ing. Klaus Weynand
unter Mitarbeit von Dipl.-Ing. Eva Preckwinkel

Eurocode 3
Bemessung und Konstruktion von Stahlbauten
Band 2: Anschlüsse

DIN EN 1993-1-8 mit Nationalem Anhang
Kommentar und Beispiele

1. Auflage 2015

Herausgeber:
bauforumstahl e. V.
Bundesingenieurkammer
DASt Deutscher Ausschuß für Stahlbau
DIN Deutsches Institut für Normung e. V. (Konsolidierte Fassung)

Beuth
Berlin · Wien · Zürich

Ernst & Sohn
A Wiley Brand

Herausgeber: bauforumstahl e. V.
Bundesingenieurkammer
DASt Deutscher Ausschuß für Stahlbau
DIN Deutsches Institut für Normung e. V. (Konsolidierte Fassung)

Berlin · Wien · Zürich
Am DIN-Platz
Burggrafenstraße 6
10787 Berlin

Telefon: +49 30 2601-0
Telefax: +49 30 2601-1260
Internet: www.beuth.de
E-Mail: kundenservice@beuth.de

Verlag für Architektur und technische Wissenschaften GmbH & Co. KG
Rotherstraße 21
10245 Berlin

Telefon: +49 30 47031-200
Telefax: +49 30 47031-270
Internet: www.ernst-und-sohn.de
E-Mail: info@ernst-und-sohn.de

Titelbild: © Jim Parkin, Benutzung unter Lizenz von shutterstock.com
Druck: Media-Print Informationstechnologie GmbH, Paderborn

Gedruckt auf säurefreiem, alterungsbeständigem Papier nach DIN EN ISO 9706.

ISBN 978-3-410-24123-2 (Beuth)
ISBN (E-Book) 978-3-410-24124-9 (Beuth)
ISBN 978-3-433-03069-1 (Ernst & Sohn)
ISBN (E-Book) 978-3-433-03089-9 (Ernst & Sohn)

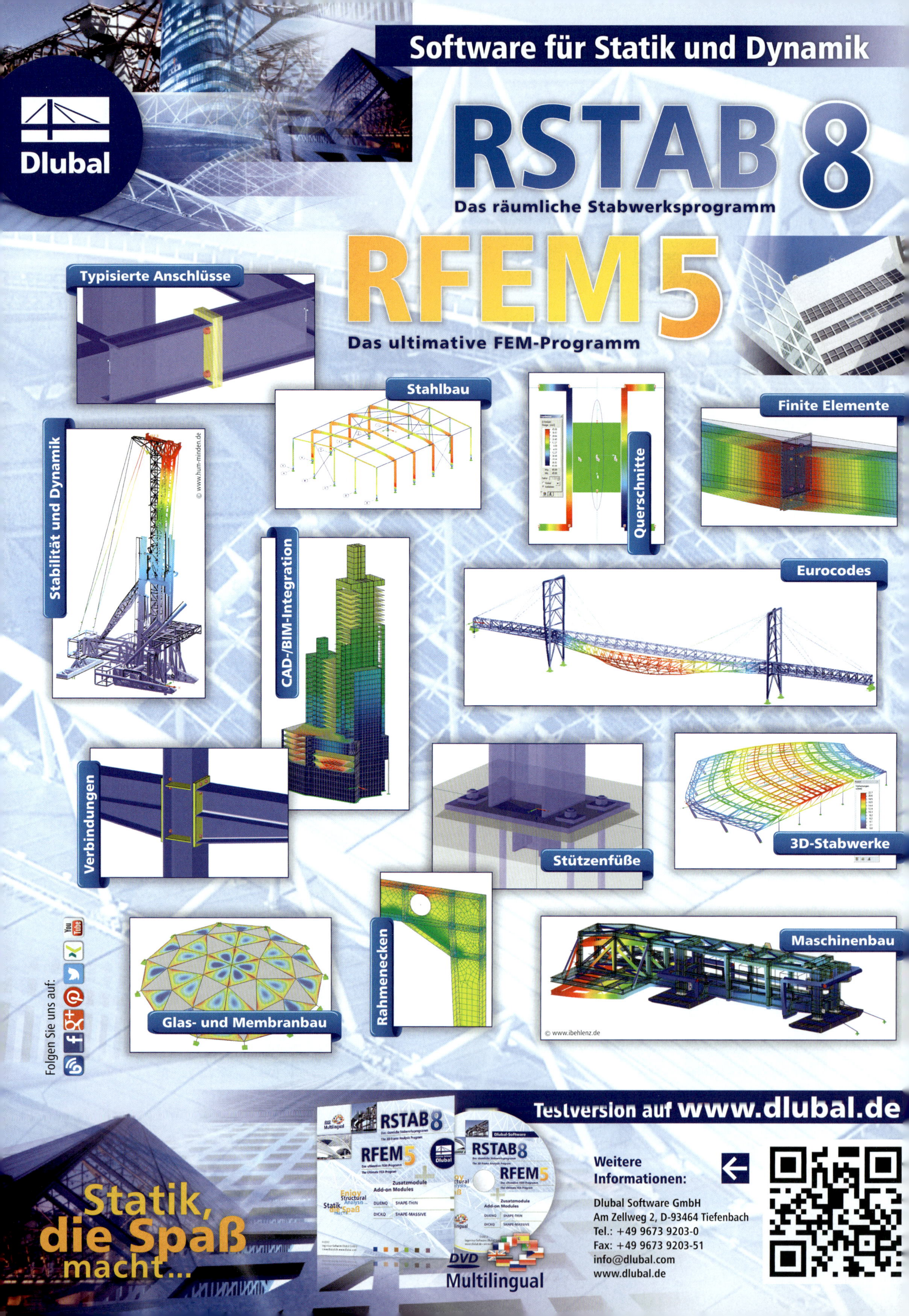
Software für Statik und Dynamik
Dlubal
RSTAB 8
Das räumliche Stabwerksprogramm
RFEM 5
Das ultimative FEM-Programm
Typisierte Anschlüsse
Stahlbau
Querschnitte
Finite Elemente
Stabilität und Dynamik
© www.hum-minden.de
CAD-/BIM-Integration
Eurocodes
Verbindungen
Stützenfüße
3D-Stabwerke
Rahmenecken
Maschinenbau
© www.ibehlenz.de
Glas- und Membranbau
Folgen Sie uns auf:
Testversion auf www.dlubal.de
Statik, die Spaß macht...
DVD Multilingual
Weitere Informationen:
Dlubal Software GmbH
Am Zellweg 2, D-93464 Tiefenbach
Tel.: +49 9673 9203-0
Fax: +49 9673 9203-51
info@dlubal.com
www.dlubal.de

Inhalt

Vorwort

Die Europäische Norm DIN EN 1993, der Eurocode 3, ist seit 2012 die in Deutschland gültige Norm für Bemessung und Konstruktion von Stahlbauten. Inzwischen darf auch nur noch nach der zugehörigen DIN EN 1090 gefertigt werden. Die frühere deutsche Bemessungsnormenreihe DIN 18800 war bei ihrer Einführung 1990 ein wichtiger Schritt in Richtung einer sicheren und modernen Normung und stellte damit eine Grundlage für die Europäische Normenfamilie für die Tragwerksbemessung, die sogenannten Eurocodes, dar. Der erläuternde Beuth-Kommentar zur Einführung der DIN 18800 behandelte damals, wie die Norm selbst, die allgemeinen Regeln der Stabstatik noch zusammen mit der Anschlussbemessung. Das hellblaue Buch gehörte sicher zur Grundausstattung jedes im Stahlbau tätigen Tragwerksplaners.

Die Europäische Norm DIN EN 1993 „Bemessung und Konstruktion von Stahlbauten" fasst die Bemessungsgrundlagen und konkrete Anwendungsnormen weit über den Umfang der DIN 18800 hinaus zusammen. Dem verbreiteten Vorurteil der immer umfangreicher werdenden Normung sei deshalb hier partiell widersprochen. Für den üblichen Stahlbau ist neben den „Allgemeinen Regeln" in Teil 1-1 der hier behandelte Teil 1-8 „Bemessung von Anschlüssen" von besonderer Relevanz. Die Grundlagen der Anschlussbemessung für Schweiß-, Schrauben-, Niet- und Bolzenverbindungen werden in diesem Normenteil behandelt. Dabei werden nicht nur gelenkige und momententragfähige Anschlüsse betrachtet, sondern auch die zumindest für besondere Anwendungsfälle sehr hilfreichen nachgiebigen Anschlüsse. Der vorliegende Kommentar „Eurocode 3 – Bemessung und Konstruktion von Stahlbauten Band 2: Anschlüsse" besteht aus drei Hauptteilen: Zunächst ist DIN EN 1993-1-8 mit dem Nationalen Anhang als konsolidierte Fassung abgedruckt. Das heißt, dass man die zugehörigen nationalen Empfehlungen und Ergänzungen genau dort im Normentext findet, wo sie auch gebraucht werden. Der Anwender hat somit alle Regelungen auf einen Blick, anstatt sie sich aus zwei Dokumenten zusammenstellen zu müssen. Im darauf folgenden Kommentarteil, der sich von der Gliederung her strikt an die Norm hält, werden Zusatz- und Hintergrundinformationen, Erklärungen und Erläuterungen gegeben, es werden Verknüpfungen zu anderen Normenteilen hergestellt und geplante Änderungen angesprochen. Der dritte Teil enthält Beispielrechnungen, welche die Anwendung der wichtigsten Regelungen im Eurocode 3-1-8 auf konkrete Fälle ausführlich und mit Normenbezügen darstellt.

Bei allen Autoren bedanke ich mich an dieser Stelle für die unermüdliche Arbeit und besonders bei Herrn Prof. Dr.-Ing. Dieter Ungermann für die Koordination und Frau Dipl.-Ing. Eva Preckwinkel für die engagierte Mitarbeit. Den Verlagen Beuth und Ernst & Sohn gilt ein weiterer Dank für die tatkräftige Unterstützung von Beginn an. Dem Forschungs- und Normungsgremium des Stahlbaus, dem Deutschen Ausschuss für Stahlbau DASt danke ich für die Beratung. Die Bundesingenieurkammer trägt mit ihrer Unterstützung dankenswerterweise zur Verbreitung des Kommentars bei der Kernzielgruppe, den Tragwerksplanern, bei.

Ich bin überzeugt davon, dass der vorliegende Kommentar allen Praktikern, die sich planend, bauend, prüfend oder überwachend mit der Bemessung von Stahlbauanschlüssen befassen, solide Grundlagen und Hintergründe für den sicheren Umgang mit dem Eurocode 3 vermittelt. Auf den Band 1 des Kommentars, der den Eurocode 3 Teil 1-1 „Allgemeine Regeln und Hochbau", behandelt und eine natürliche Ergänzung zur Anschlussbemessung darstellt, sei hier noch hingewiesen.

Düsseldorf im August 2015
Bernhard Hauke

I Einleitung

I Einleitung

Die europäische Norm DIN EN 1993 Eurocode 3 „Bemessung und Konstruktion von Stahlbauten" besteht aus insgesamt 20 einzelnen Teilen, die sich in Grundlagen (die zwölf Teile DIN EN 1993-1) und Anwendungsteile (DIN EN 1993-2 bis DIN EN 1993-6) aufgliedern, vgl. Bild I–1. Zentrum ist neben dem Teil 1-1 der hier behandelte Teil 1-8 mit dem Titel „Bemessung von Anschlüssen". Alle anderen Teile beziehen sich auf beide Teile und geben ergänzende Regeln an. Dies unterstreicht die Bedeutung der Norm DIN EN 1993-1-8, die in diesem Band für die Anwendung in der Praxis in Abschnitt II als Volltext abgedruckt, in Abschnitt III im Detail erläutert und kommentiert und schließlich in Abschnitt IV durch Beispielrechnungen veranschaulicht wird.

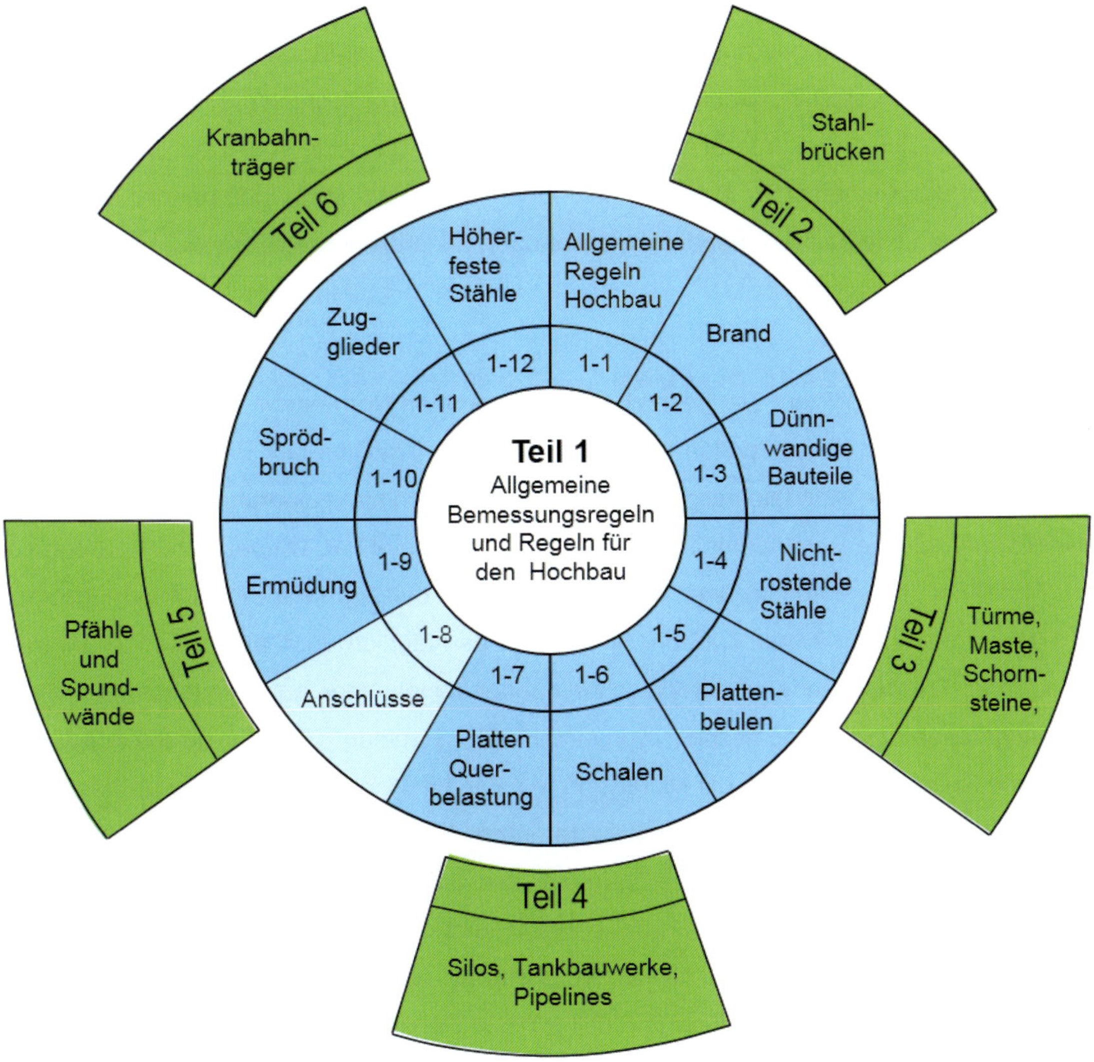

Bild I–1: **Übersicht über die Normenteile von Eurocode 3 Bemessung und Konstruktion von Stahlbauten: Grundlagenteile 1-1 bis 1-12 und Anwendungsteile Teil 2 bis Teil 6**

Für den normalen Stahlhochbau gilt, dass für viele Aufgaben die Kenntnisse von Teil 1-1 „Allgemeine Bemessungsregeln und Regeln für den Hochbau" und Teil 1-8 „Bemessung von Anschlüssen" ausreichen, und der Anwender nur für Einzelfragen wie Sprödbruch oder Beulen auf die dafür spezialisierten Normenteile zugreifen muss.

Um der Praxis für die Anwendung Hilfestellung zu leisten, haben sich neben den Autoren als Herausgeber *bauforumstahl e.V.* und die beiden Verlage *Beuth Verlag* und *Verlag Ernst & Sohn* zusammengeschlossen, um mit dem Band 1 zu DIN EN 1993-1-1 und dem vorliegenden Band 2 zu DIN EN 1993-1-8 zur Bemessung von Anschlüssen die wichtigsten Grundlagenteile praxisgerecht aufzubereiten.

Ziel des Werks ist es also zum einen, den Normentext selbst in geeigneter Form anzugeben. Der Originalnormentext beinhaltet neben der Norm, hier DIN EN 1993-1-8:2010-12 zusätzlich den deutschen Nationalen Anhang DIN EN 1993-1-8/NA:2010-12. Durch den *Beuth Verlag* und den *Normenausschuss Bauwesen* im *DIN Deutsches Institut für Normung* wurden in Abschnitt II die verschiedenen Texte logisch ineinander geführt. Das heißt, dass man die zugehörigen nationalen Empfehlungen und Ergänzungen genau dort im Normentext findet, wo sie auch gebraucht werden. Mit entsprechender Markierung (eingerahmt) sind also die sogenannten *NDP* (Nationally Determined Parameters) für national festgelegte Parameter und die *NCI* (Non-Contradictory Complementary Information) für ergänzende nicht widersprechende Angaben zur Anwendung von DIN EN 1993-1-8 versehen. Beide Regelungen – NDP und NCI – sind bei der Anwendung von Eurocode 3 in Deutschland verbindlich, bei der Anwendung in anderen europäischen Ländern sind ggf. andere nationale Regelungen zu beachten.

Zum anderen haben sich die Autoren zum Ziel gesetzt, den vorliegenden Normentext von DIN EN 1993-1-8 zu kommentieren und zu erläutern. Dabei stellen sie sich auch in die Tradition des Beuth-Kommentars zu DIN 18800 Teil 1 bis Teil 4, der als Standardwerk in der Praxis in Deutschland eingeführt war und ein hohes Maß an Anwendungssicherheit und Verständnis für die Praxis gewährleistet hat. Da deutsche Vertreter sehr intensiv an der Erstellung der europäischen Stahlbaunormung beteiligt waren, können „deutsche Regelungen" auch wiedergefunden werden. Darüber hinaus gibt es natürlich auch abweichende und neue Regelungen, die aus der Tradition anderer europäischer Länder folgen oder auf Empfehlungen, die im Rahmen von Arbeitsgruppen der Europäischen Konvention für Stahlbau (ECCS) erarbeitet wurden, aufbauen. Für alle diese Regelungen werden die Hintergründe so erläutert, dass hierdurch eine Hilfestellung für die Anwendung erfolgt. Die Autoren sind alle unmittelbar in der Normung seit Jahren engagiert, haben zum Teil bei der Entwicklung des jetzt vorliegenden Normentextes DIN EN 1993-1-8 unmittelbar mitgewirkt und verfügen dadurch auch über „Kenntnisse aus erster Hand", so dass hier keine nachträgliche Interpretation des Textes erfolgt. Es wird tatsächlich versucht zu erklären, was die Intention bei der Erstellung des Normentextes war. Auch sind durch die seit 2010 in Deutschland verpflichtende Anwendung in der Praxis inzwischen einige Verständnisfragen entstanden, die an den Spiegelausschuss NA 005-08-16 AA „Tragwerksbemessung" im DIN und an die Experten herangetragen wurden und hier, wo möglich, beantwortet werden. Der Spiegelausschuss NA 005-08-16 AA „Tragwerksbemessung" ist auch zuständig für die Formulierung des deutschen Nationalen Anhangs, so dass auch hierzu kompetente Erklärungen gegeben werden.

Warum eine ganze Norm nur zu Anschlüssen, wenn DIN 18800, Teil 1, dies in wenigen Kapiteln regelte. Die Kapitel 1 (Allgemeines) und 2 (Grundlagen der Tragwerksplanung) geben mit Kapitel 3 (Schrauben-, Niet- und Bolzenverbindungen) und Kapitel 4 (Schweißverbindungen) den ähnlichen Regelungsumfang wie DIN 18800, Teil 1, an, umfassen aber nur ca. 1/3 des Normentextes. Der Hauptteil der Norm findet sich in den Kapiteln 5 bis 7, die außerhalb des Regelungsumfanges der DIN 18800, Teil 1, liegen. Die traditionelle Vorgehensweise basierte bislang auf Tragfähigkeitsnachweisen für Anschlüsse und ihre Bauteile. Die Forschungen in den letzten 30 Jahren waren von einem vertieften Verständnis zum Anschlussverhalten und durch experimentelle und numerisch gestützte Entwicklung von Methoden zur Berechnung von Anschlussverformungen und Rotationskapazität geprägt. Einen Anschluss genau wie das angeschlossene Bauteil nach seiner Tragfähigkeit, seinem Steifigkeitsverhalten und seiner Verformbarkeit zu beschreiben, ist neu und führt für die Anwendung zu den Fragestellungen, ob und wie ein Anschluss bei der Schnittgrößenermittlung berücksichtigt werden muss (Kapitel 5 – Tragwerksberechnung, Klassifizierung und statische Modelle) und wie ein Anschluss und die darin enthaltenenen einzelnen Komponenten derart ausgelegt werden können (Kapitel 6 – Anschlüsse mit H- und I-Querschnitten), dass den Anforderungen der Tragwerksberechnung genügt wird und gleichzeitig eine wirtschaftliche Herstellung ermöglicht wird. Die Regeln für Anschlüsse mit Hohlprofilen findet man in Kapitel 7. Im Vergleich zu DIN 18808 (Stahlbauten – Tragwerke aus Hohlprofilen unter vorwiegend ruhender Beanspruchung) ist der Regelumfang der Anschlusstypen deutlich erweitert worden. Die Nachweisregeln basieren auf mechanischen Modellbeschreibungen der verschiedenen Versagensformen und sind an Versuchsdaten kalibriert.

Die Aufteilung der Kapitel und Abschnitte auf die verschiedenen Autoren erfolgte ganz in dem Sinne, dass dort, wo über ein Thema vertiefte Kenntnisse vorliegen, man auch die Kommentierung zugeordnet hat, hierüber gibt Tabelle 1 einen Überblick. Darüber hinaus hat man versucht, sich über Schnittbereiche zu verständigen. Letztendlich hat natürlich jeder der einzelnen Autoren seine Teile eigenverantwortlich erstellt. Und auch wenn wir uns um eine einheitliche Gestaltung bemüht haben, sind Unterschiede im Aufbau und der Darstellung nicht zu vermeiden gewesen.

Tabelle I–1: Zuordnung der bearbeiteten Kapitel zu den Autoren

Autor	Federführend in den Kapiteln
Ungermann, Dieter	Abschnitt III: Kapitel 1 bis 3, Kapitel 5 und 6
Ummenhofer, Thomas	Abschnitt III: Kapitel 4
Puthli, Ram; Ummenhofer, Thomas	Abschnitt III: Kapitel 7
Weynand, Klaus	Abschnitt IV: Beispielrechnungen

In den einzelnen Kommentierungen zu den verschiedenen Kapiteln sind aber nicht nur Hintergrunderläuterungen gegeben, sondern es sind auch Tabellen und Flussdiagramme als Anwendungshilfen aufbereitet worden. Sehr wichtig für die Hilfestellung zur Umsetzung der Norm in der Praxis sind die im Kapitel IV von *Dr.-Ing. Klaus Weynand* aufbereiteten Beispielrechnungen. Durch eine Randspalte mit Normbezügen wird die direkte Querverbindung zum Normentext hergestellt.

Die Autoren hoffen also, mit diesem Werk einen wichtigen Beitrag zur Umsetzung und Akzeptanz der europäischen Stahlbaunorm Eurocode 3 „Bemessung und Konstruktion von Stahlbauten" in der Praxis zu leisten. Dabei ist klar, dass unsere Bearbeitung trotz aller Mühe nicht fehlerfrei sein wird. Wir sind dem Leser also für jeden Hinweis dankbar.

Auch ist die Norm selbst ja schon wieder in Weiterentwicklung. An einigen Stellen geben wir Autoren dazu auch Hinweise, wenn für uns zukünftige Entwicklungen absehbar sind. Neben der turnusmäßigen Regelüberarbeitung gibt es mit dem Mandat M/515, das CEN/TC 250 als zentrales Gremium für die Eurocodes von der EU erhalten hat, die Chance, eine systematische Weiterentwicklung aller Eurocodes bis ca. 2020 durchzuführen. Für die Praxis bedeutet das, dass durch Hinweise an den deutschen Spiegelausschuss auf notwendige Richtigstellungen, Diskrepanzen oder sonstige Änderungswünsche gerade jetzt die Möglichkeit besteht, auf die zukünftige Normengestaltung ggf. Einfluss zu nehmen und die Norm zu verbessern. Es lohnt sich also, sich mit der Norm und ihrem Hintergrund auseinanderzusetzen.

Bei der hohen Belastung der Einzelnen stellt es für alle eine große Herausforderung und ein hohes Maß an Engagement dar, ein solches Werk zu erstellen. Dies konnte nur durch die Mithilfe von vielen Mitarbeitern erfolgen. Für den Abschnitt III, Kapitel 1–3, 5 und 6 hat *Herr Dipl.-Ing. Stephan Schneider* und für den Abschnitt III, Kapitel 4 haben *Herr Dr.-Ing. Peter Knödel und Herr Dipl.-Ing. Matthias Albiez* tatkräftig und mit großer Sachkunde zugearbeitet. Für den Abschnitt III, Kapitel 7 gilt ein besonderer Dank *Herrn Prof. Dr. Ir. Jaap Wardenier* für die gründliche Prüfung des Textes und die inhaltlichen Kommentare, *Frau Dr.-Ing. Ina Pertermann* für die inhaltliche Überprüfung der Kommentare auf die Praxistauglichkeit und *Herrn Dipl.-Ing. Andreas Metzger* für die Erstellung der Abbildungen. Für Abschnitt IV haben *Herr B.Sc. Jan Berwing und Herr B.Sc. Benjamin Gorgels* mit viel Engagement bei der Bearbeitung der Beispielrechnungen mitgewirkt. Ganz besonderer Dank gilt *Frau Dipl.-Ing. Eva Preckwinkel*, die mit großer Sorgfalt als zentrale Anlaufstelle entscheidend bei der Zusammenstellung und Gestaltung des Kommentars beigetragen hat. Allen Mitarbeiterinnen und Mitarbeitern danken Herausgeber und Autoren herzlich für ihren Einsatz und die konstruktive Zusammenarbeit. Ich darf wohl auch im Namen aller Beteiligte dem privaten Umfelde für den Langmut während der Bearbeitungszeit danken.

Dem *bauforumstahl e.V.* und den beiden Verlagen *Beuth Verlag* und *Verlag Ernst & Sohn* danke ich für die gute Zusammenarbeit und die Geduld bei der Fertigstellung der druckreifen Vorlagen.

Dortmund, Juli 2015

Dieter Ungermann

II Eurocode 3: DIN EN 1993-1-8 einschließlich Nationaler Anhang

Von DIN konsolidierte Fassung

II Eurocode 3: DIN EN 1993-1-8 einschließlich Nationaler Anhang Von DIN konsolidierte Fassung

Inhaltsverzeichnis

Einführung

Diese konsolidierte Fassung führt die Normentexte der nachfolgenden Eurocode-Teile mit den entsprechenden Nationalen Anhängen zu einem in sich abgeschlossenen Werk, mit fortlaufend lesbarem Text, anwenderfreundlich zusammen:

- DIN EN 1993-1-8:2010-12, *Eurocode 3: Bemessung und Konstruktion von Stahlbauten – Teil 1-8: Bemessung von Anschlüssen; Deutsche Fassung EN 1993-1-8:2005 + AC:2009*
- DIN EN 1993-1-8/NA:2010-12, *Nationaler Anhang – National festgelegte Parameter – Eurocode 3: Bemessung und Konstruktion von Stahlbauten – Teil 1-8: Bemessung von Anschlüssen*

Berlin, August 2015

DIN Deutsches Institut für Normung e. V.
Normenausschuss Bauwesen (NABau)
Dipl.-Ing. Susan Kempa
Teamkoordinatorin

Benutzerhinweise

Grundlage der vorliegenden konsolidierten Fassung bildet der Text der DIN EN 1993-1-8. Die Festlegungen aus dem Nationalen Anhang DIN EN 1993-1-8/NA wurden immer an die zugehörige Stelle in den entsprechenden Eurocode eingefügt.

Die Herkunft der jeweiligen Regelung ist wie folgt gekennzeichnet:

a) Regelungen aus DIN EN 1993-1-8:

Diese Regelungen sind schwarzer Fließtext.

b) Regelungen aus DIN EN 1993-1-8/NA:

Bei den national festzulegenden Parametern (en: National determined parameters, NDP) wurde der Vorsatz „NDP“ übernommen. Bei den ergänzenden nicht widersprechenden Angaben (en: non-contradictory complementary information, NCI) wurde der Vorsatz „NCI“ übernommen.

Diese Regelungen sind umrandet.

NDP Zu bzw. NCI Zu

Gegenüber den Normen DIN EN 1993-1 und DIN EN 1993-1/NA wurden beim Zusammenfügen dieser Dokumente folgende Änderungen vorgenommen:

a) Die Anmerkung zur Freigabe von Festlegungen durch den Nationalen Anhang bleibt mit dem Hinweis, was festgelegt werden darf, erhalten. Die Empfehlung wird nicht hier abgedruckt, sofern sie nicht übernommen wird. Der nicht übernommene Text in der Anmerkung wird als gestrichener Text dargestellt, wobei nur die Anfangs- und Endworte stehen bleiben, um den Textumfang zu reduzieren.

Beispiel:

ANMERKUNG 2B Der Nationale Anhang kann den Grenzschlankheitsgrad S_{xy} festlegen. ~~Der Grenzwert ... wird empfohlen.~~

b) Die Kennzeichnungen AC⟩ ⟨AC aus DIN EN 1993-1 für die eingearbeitete Änderung EN 1993-1/AC:2009 wurden entfernt.

Dezember 2010

	DIN EN 1993-1-8	DIN

Eurocode 3: Bemessung und Konstruktion von Stahlbauten – Teil 1-8: Bemessung von Anschlüssen; Deutsche Fassung EN 1993-1-8:2005 + AC:2009

Ersatzvermerk

Ersatz für DIN EN 1993-1-8:2005-07;
mit DIN EN 1993-1-1:2010-12, DIN EN 1993-1-1/NA:2010-12, DIN EN 1993-1-3:2010-12, DIN EN 1993-1-3/NA:2010-12, DIN EN 1993-1-5:2010-12, DIN EN 1993-1-5/NA:2010-12, DIN EN 1993-1-8/NA:2010-12, DIN EN 1993-1-9:2010-12, DIN EN 1993-1-9/NA:2010-12, DIN EN 1993-1-10:2010-12, DIN EN 1993-1-10/NA:2010-12, DIN EN 1993-1-11:2010-12 und DIN EN 1993-1-11/NA:2010-12 Ersatz für DIN 18800-1:2008-11;
mit DIN EN 1993-1-1:2010-12, DIN EN 1993-1-1/NA:2010-12, DIN EN 1993-1-8/NA:2010-12, DIN EN 1993-1-11:2010-12 und DIN EN 1993-1-11/NA:2010-12 Ersatz für DIN 18801:1983-09;
mit DIN EN 1993-1-1:2010-12, DIN EN 1993-1-1/NA:2010-12 und DIN EN 1993-1-8/NA:2010-12 Ersatz für DIN 18808:1984-10;
mit DIN EN 1993-1-8/NA:2010-12, DIN EN 1993-4-1:2010-12 und DIN EN 1993-4-1/NA:2010-12 Ersatz für DIN 18914:1985-09;
Ersatz für DIN EN 1993-1-8 Berichtigung 1:2009-12

Dezember 2010

	DIN EN 1993-1-8/NA	DIN

Nationaler Anhang – National festgelegte Parameter – Eurocode 3: Bemessung und Konstruktion von Stahlbauten – Teil 1-8: Bemessung von Anschlüssen

Ersatzvermerk

Mit DIN EN 1993-1-1:2010-12, DIN EN 1993-1-1/NA:2010-12, DIN EN 1993-1-3:2010-12, DIN EN 1993-1-3/NA:2010-12, DIN EN 1993-1-5:2010-12, DIN EN 1993-1-5/NA:2010-12, DIN EN 1993-1-8:2010-12, DIN EN 1993-1-9:2010-12, DIN EN 1993-1-9/NA:2010-12, DIN EN 1993-1-10:2010-12, DIN EN 1993-1-10/NA:2010-12, DIN EN 1993-1-11:2010-12 und DIN EN 1993-1-11/NA:2010-12 Ersatz für DIN 18800-1:2008-11;
mit DIN EN 1993-1-1:2010-12, DIN EN 1993-1-1/NA:2010-12, DIN EN 1993-1-8:2010-12, DIN EN 1993-1-9:2010-12, DIN EN 1993-1-9/NA:2010-12, DIN EN 1993-1-10:2010-12 und DIN EN 1993-1-10/NA:2010-12 Ersatz für DIN V ENV 1993-1-1:1993-04, DIN V ENV 1993-1-1/A1:2002-05 und DIN V ENV 1993-1-1/A2:2002-05;
mit DIN EN 1993-1-1:2010-12, DIN EN 1993-1-1/NA:2010-12, DIN EN 1993-1-8:2010-12, DIN EN 1993-1-11:2010-12 und DIN EN 1993-1-11/NA:2010-12 Ersatz für DIN 18801:1983-09;
mit DIN EN 1993-1-1:2010-12, DIN EN 1993-1-1/NA:2010-12 und DIN EN 1993-1-8:2010-12 Ersatz für DIN 18808:1984-10;
mit DIN EN 1993-1-8:2010-12, DIN EN 1993-4-1:2010-12 und DIN EN 1993-4-1/NA:2010-12 Ersatz für DIN 18914:1985-09

DIN EN 1993-1-8 einschließlich Nationaler Anhang

Inhaltsverzeichnis zur konsolidierten Fassung

Nationales Vorwort DIN EN 1993-1-8

Dieses Dokument (EN 1993-1-8:2005 + AC:2009) wurde vom Technischen Komitee CEN/TC 250 „Eurocodes für den konstruktiven Ingenieurbau" erarbeitet, dessen Sekretariat vom BSI (Vereinigtes Königreich) gehalten wird.

Die Arbeiten auf nationaler Ebene wurden durch die Experten des NABau-Spiegelausschusses NA 005-08-16 AA „Tragwerksbemessung (Sp CEN/TC 250/SC 3)" begleitet.

Die Norm ist Bestandteil einer Reihe von Einwirkungs- und Bemessungsnormen, deren Anwendung nur im Paket sinnvoll ist. Dieser Tatsache wird durch das Leitpapier L der Kommission der Europäischen Gemeinschaft für die Anwendung der Eurocodes Rechnung getragen, indem Übergangsfristen für die verbindliche Umsetzung der Eurocodes in den Mitgliedsstaaten vorgesehen sind. Die Übergangsfristen sind im Vorwort dieser Norm angegeben.

Die Anwendung dieser Norm gilt in Deutschland in Verbindung mit dem Nationalen Anhang.

Es wird auf die Möglichkeit hingewiesen, dass einige Texte dieses Dokuments Patentrechte berühren können. Das DIN [und/oder die DKE] sind nicht dafür verantwortlich, einige oder alle diesbezüglichen Patentrechte zu identifizieren.

Änderungen

Gegenüber DIN V ENV 1993-1-1:1993-04, DIN V ENV 1993-1-1/A1:2002-05 und DIN V ENV 1993-1-1/A2:2002-05 wurden folgende Änderungen vorgenommen:

a) Vornorm-Charakter wurde aufgehoben;

b) in Teil 1-1, Teil 1-8, Teil 1-9 und Teil 1-10 aufgeteilt;

c) die Stellungnahmen der nationalen Normungsinstitute wurden eingearbeitet und der Text vollständig überarbeitet und in einen eigenständigen Normteil überführt.

Gegenüber DIN EN 1993-1-8:2005-07, DIN EN 1993-1-8 Berichtigung 1:2009-12, DIN 18800-1:2008-11, DIN 18801:1983-09, DIN 18808:1984-10 und DIN 18914:1985-09 wurden folgende Änderungen vorgenommen:

a) auf europäisches Bemessungskonzept umgestellt;

b) Ersatzvermerke korrigiert;

c) Vorgänger-Norm mit der Berichtigung 1 konsolidiert;

d) redaktionelle Änderungen durchgeführt.

Frühere Ausgaben

DIN 1050: 1934-08, 1937xxxxx-07, 1946-10, 1957x-12, 1968-06
DIN 1073: 1928-04, 1931-09, 1941-01, 1974-07
DIN 1079: 1938-01, 1938-11, 1970-09
DIN 1073 Beiblatt: 1974-07
DIN 4100: 1931-05, 1933-07, 1934xxxx-08, 1956-12, 1968-12
DIN 4101: 1937xxx-07, 1974-07
DIN 4115: 1950-08
DIN 18800-1: 1981-03, 1990-11, 2008-11
DIN 18800-1/A1: 1996-02
DIN 18801: 1983-09
DIN 18808: 1984-10
DIN 18914: 1985-09
DIN V ENV 1993-1-1: 1993-04
DIN V ENV 1993-1-1/A1: 2002-05
DIN V ENV 1993-1-1/A2: 2002-05
DIN EN 1993-1-8: 2005-07
DIN EN 1993-1-8 Berichtigung 1: 2009-12

Vorwort EN 1993-1-8

Dieses Dokument EN 1993-1-8:2005 wurde vom Technischen Komitee CEN/TC 250 „Eurocodes für den konstruktiven Ingenieurbau" erarbeitet, dessen Sekretariat vom BSI gehalten wird. CEN/TC 250 ist auch für alle anderen Eurocode-Teile verantwortlich.

Diese Europäische Norm muss den Status einer nationalen Norm erhalten, entweder durch Veröffentlichung eines identischen Textes oder durch Anerkennung bis November 2005, und etwaige entgegenstehende nationale Normen müssen bis März 2010 zurückgezogen werden.

Dieses Dokument ersetzt ENV 1993-1-1.

Entsprechend der CEN/CENELEC-Geschäftsordnung sind die nationalen Normungsinstitute der folgenden Länder gehalten, diese Europäische Norm zu übernehmen: Belgien, Dänemark, Deutschland, Estland, Finnland, Frankreich, Griechenland, Irland, Island, Italien, Lettland, Litauen, Luxemburg, Malta, Niederlande, Norwegen, Österreich, Polen, Portugal, Schweden, Schweiz, Slowakei, Slowenien, Spanien, Tschechische Republik, Ungarn, Vereinigtes Königreich und Zypern.

Hintergrund des Eurocode-Programms

1975 beschloss die Kommission der Europäischen Gemeinschaften, für das Bauwesen ein Programm auf der Grundlage des Artikels 95 der Römischen Verträge durchzuführen. Das Ziel des Programms war die Beseitigung technischer Handelshemmnisse und die Harmonisierung technischer Normen.

Im Rahmen dieses Programms leitete die Kommission die Bearbeitung von harmonisierten technischen Regelwerken für die Tragwerksplanung von Bauwerken ein, die im ersten Schritt als Alternative zu den in den Mitgliedsländern geltenden Regeln dienen und sie schließlich ersetzen sollten.

15 Jahre lang leitete die Kommission mit Hilfe eines Steuerkomitees mit Repräsentanten der Mitgliedsländer die Entwicklung des Eurocode-Programms, das zu der ersten Eurocode-Generation in den 80er Jahren führte.

Im Jahre 1989 entschieden sich die Kommission und die Mitgliedsländer der Europäischen Union und der EFTA, die Entwicklung und Veröffentlichung der Eurocodes über eine Reihe von Mandaten an CEN zu übertragen, damit diese den Status von Europäischen Normen (EN) erhielten. Grundlage war eine Vereinbarung[1)] zwischen der Kommission und CEN. Dieser Schritt verknüpft die Eurocodes de facto mit den Regelungen der Ratsrichtlinien und Kommissionsentscheidungen, die die Europäischen Normen behandeln (z. B. die Ratsrichtlinie 89/106/EWG zu Bauprodukten, die Bauproduktenrichtlinie, die Ratsrichtlinien 93/37/EWG, 92/50/EWG und 89/440/EWG zur Vergabe öffentlicher Aufträge und Dienstleistungen und die entsprechenden EFTA-Richtlinien, die zur Einrichtung des Binnenmarktes eingeleitet wurden).

Das Eurocode-Programm umfasst die folgenden Normen, die in der Regel aus mehreren Teilen bestehen:

EN 1990, *Eurocode 0: Grundlagen der Tragwerksplanung;*

EN 1991, *Eurocode 1: Einwirkung auf Tragwerke;*

EN 1992, *Eurocode 2: Bemessung und Konstruktion von Stahlbetonbauten;*

EN 1993, *Eurocode 3: Bemessung und Konstruktion von Stahlbauten;*

EN 1994, *Eurocode 4: Bemessung und Konstruktion von Stahl-Beton-Verbundbauten;*

EN 1995, *Eurocode 5: Bemessung und Konstruktion von Holzbauten;*

EN 1996, *Eurocode 6: Bemessung und Konstruktion von Mauerwerksbauten;*

---

1) Vereinbarung zwischen der Kommission der Europäischen Gemeinschaft und dem Europäischen Komitee für Normung (CEN) zur Bearbeitung der Eurocodes für die Tragwerksplanung von Hochbauten und Ingenieurbauwerken (BC/CEN/03/89).

EN 1997, *Eurocode 7: Entwurf, Berechnung und Bemessung in der Geotechnik;*

EN 1998, *Eurocode 8: Auslegung von Bauwerken gegen Erdbeben;*

EN 1999, *Eurocode 9: Bemessung und Konstruktion von Aluminiumkonstruktionen.*

Die Europäischen Normen berücksichtigen die Verantwortlichkeit der Bauaufsichtsorgane in den Mitgliedsländern und haben deren Recht zur nationalen Festlegung sicherheitsbezogener Werte berücksichtigt, so dass diese Werte von Land zu Land unterschiedlich bleiben können.

Status und Gültigkeitsbereich der Eurocodes

Die Mitgliedsländer der EU und von EFTA betrachten die Eurocodes als Bezugsdokumente für folgende Zwecke:

- als Mittel zum Nachweis der Übereinstimmung der Hoch- und Ingenieurbauten mit den wesentlichen Anforderungen der Richtlinie 89/106/EWG, besonders mit der wesentlichen Anforderung Nr. 1: Mechanische Festigkeit und Standsicherheit und der wesentlichen Anforderung Nr. 2: Brandschutz;
- als Grundlage für die Spezifizierung von Verträgen für die Ausführung von Bauwerken und dazu erforderlichen Ingenieurleistungen;
- als Rahmenbedingung für die Herstellung harmonisierter, technischer Spezifikationen für Bauprodukte (ENs und ETAs)

Die Eurocodes haben, da sie sich auf Bauwerke beziehen, eine direkte Verbindung zu den Grundlagendokumenten[2)], auf die in Artikel 12 der Bauproduktenrichtlinie hingewiesen wird, wenn sie auch anderer Art sind als die harmonisierten Produktnormen[3)]. Daher sind die technischen Gesichtspunkte, die sich aus den Eurocodes ergeben, von den Technischen Komitees von CEN und den Arbeitsgruppen von EOTA, die an Produktnormen arbeiten, zu beachten, damit diese Produktnormen mit den Eurocodes vollständig kompatibel sind.

Die Eurocodes liefern Regelungen für den Entwurf, die Berechnung und Bemessung von kompletten Tragwerken und Baukomponenten, die sich für die tägliche Anwendung eignen. Sie gehen auf traditionelle Bauweisen und Aspekte innovativer Anwendungen ein, liefern aber keine vollständigen Regelungen für ungewöhnliche Baulösungen und Entwurfsbedingungen, wofür Spezialistenbeiträge erforderlich sein können.

Nationale Fassungen der Eurocodes

Die Nationale Fassung eines Eurocodes enthält den vollständigen Text des Eurocodes (einschließlich aller Anhänge), so wie von CEN veröffentlicht, mit möglicherweise einer nationalen Titelseite und einem nationalen Vorwort sowie einem Nationalen Anhang.

Der Nationale Anhang darf nur Hinweise zu den Parametern geben, die im Eurocode für nationale Entscheidungen offen gelassen wurden. Diese national festzulegenden Parameter (NDP) gelten für die Tragwerksplanung von Hochbauten und Ingenieurbauten in dem Land, in dem sie erstellt werden. Sie umfassen:

[2)] Entsprechend Artikel 3.3 der Bauproduktenrichtlinie sind die wesentlichen Angaben in Grundlagendokumenten zu konkretisieren, um damit die notwendigen Verbindungen zwischen den wesentlichen Anforderungen und den Mandaten für die Erstellung harmonisierter Europäischer Normen und Richtlinien für die Europäische Zulassungen selbst zu schaffen.

[3)] Nach Artikel 12 der Bauproduktenrichtlinie hat das Grundlagendokument

a) die wesentliche Anforderung zu konkretisieren, indem die Begriffe und, soweit erforderlich, die technische Grundlage für Klassen und Anforderungshöhen vereinheitlicht werden,

b) die Methode zur Verbindung dieser Klasse oder Anforderungshöhen mit technischen Spezifikationen anzugeben, z. B. rechnerische oder Testverfahren, Entwurfsregeln,

c) als Bezugsdokument für die Erstellung harmonisierter Normen oder Richtlinien für Europäische Technische Zulassungen zu dienen.

Die Eurocodes spielen de facto eine ähnliche Rolle für die wesentliche Anforderung Nr. 1 und einen Teil der wesentlichen Anforderung Nr. 2.

- Zahlenwerte für γ-Faktoren und/oder Klassen, wo die Eurocodes Alternativen eröffnen;
- Zahlenwerte, wo die Eurocodes nur Symbole angeben;
- landesspezifische, geographische und klimatische Daten, die nur für ein Mitgliedsland gelten, z. B. Schneekarten;
- Vorgehensweise, wenn die Eurocodes mehrere zur Wahl anbieten;
- Entscheidungen zur Anwendung informativer Anhänge;
- Verweise zur Anwendung des Eurocodes, soweit diese ergänzen und nicht widersprechen.

Verbindung zwischen den Eurocodes und den harmonisierten Technischen Spezifikationen für Bauprodukte (ENs und ETAs)

Die harmonisierten Technischen Spezifikationen für Bauprodukte und die technischen Regelungen für die Tragwerksplanung[4)] müssen konsistent sein. Insbesondere sollten die Hinweise, die mit den CE-Zeichen an den Bauprodukten verbunden sind und die die Eurocodes in Bezug nehmen, klar erkennen lassen, welche national festzulegenden Parameter (NDP) zugrunde liegen.

Nationaler Anhang zu EN 1993-1-8

Diese Norm enthält alternative Methoden, Zahlenangaben und Empfehlungen in Verbindung mit Anmerkungen, die darauf hinweisen, wo Nationale Festlegungen getroffen werden können. EN 1993-1-8 wird bei der nationalen Einführung einen Nationalen Anhang enthalten, der alle national festzulegenden Parameter enthält, die für die Bemessung und Konstruktion von Stahlbauten im jeweiligen Land erforderlich sind.

Nationale Festlegungen sind bei folgenden Regelungen vorgesehen:

- 1.2.6 (Bezugsnormengruppe 6: Niete);
- 2.2(2);
- 3.1.1(3);
- 3.4.2(1);
- 5.2.1(2);
- 6.2.7.2(9).

4) Siehe Artikel 3.3 und Art. 12 der Bauproduktenrichtlinie, ebenso wie 4.2, 4.3.1, 4.3.2 und 5.2 des Grundlagendokumentes Nr. 1.

Allgemeines 1

Anwendungsbereich 1.1

(1) EN 1993-1-8 enthält Regeln für den Entwurf, die Berechnung und die Bemessung von Anschlüssen aus Stahl mit Stahlsorten S235, S275, S355, S420, S450 und S460 unter vorwiegend ruhender Belastung.

Normative Verweisungen 1.2

(1) Die folgenden zitierten Dokumente sind für die Anwendung dieses Dokuments erforderlich. Bei datierten Verweisungen gilt nur die in Bezug genommene Ausgabe. Bei undatierten Verweisungen gilt die letzte Ausgabe des in Bezug genommenen Dokuments (einschließlich aller Änderungen).

NCI Zu 1.2 Normative Verweisungen

NA DIN 124, *Halbrundniete; Nenndurchmesser 10 bis 36 mm*

NA DIN 302, *Senkniete; Nenndurchmesser 10 bis 36 mm*

NA DIN EN 1090-2:2008-12, *Ausführung von Stahltragwerken und Aluminiumtragwerken – Teil 2: Technische Anforderungen an die Ausführung von Tragwerken aus Stahl*

Bezugsnormengruppe 1: Schweißgeeignete Baustähle 1.2.1

EN 10025-1:2004, *Warmgewalzte Erzeugnisse aus Baustählen — Teil 1: Allgemeine Lieferbedingungen*

EN 10025-2:2004, *Warmgewalzte Erzeugnisse aus Baustählen — Teil 2: Allgemeine Lieferbedingungen für unlegierte Baustähle*

EN 10025-3:2004, *Warmgewalzte Erzeugnisse aus Baustählen — Teil 3: Technische Lieferbedingungen für normalgeglühte/normalisierend gewalzte schweißgeeignete Feinkornstähle*

EN 10025-4:2004, *Warmgewalzte Erzeugnisse aus Baustählen — Teil 4: Technische Lieferbedingungen für thermomechanisch gewalzte schweißgeeignete Feinkornstähle*

EN 10025-5:2004, *Warmgewalzte Erzeugnisse aus Baustählen — Teil 5: Technische Lieferbedingungen für wetterfeste Baustähle*

EN 10025-6:2004, *Warmgewalzte Erzeugnisse aus Baustählen – Teil 6: Technische Lieferbedingungen für Flacherzeugnisse aus Stählen mit höherer Streckgrenze im vergüteten Zustand*

Bezugsnormengruppe 2: Toleranzen, Maße und technische Lieferbedingungen 1.2.2

EN 10029:1991, *Warmgewalztes Stahlblech von 3 mm Dicke an — Grenzabmaße, Formtoleranzen, zulässige Gewichtsabweichungen*

EN 10034:1993, *I- und H-Profile aus Baustahl — Grenzabmaße und Formtoleranzen*

EN 10051:1991, *Kontinuierlich warmgewalztes Blech und Band ohne Überzug aus unlegierten und legierten Stählen — Grenzabmaße und Formtoleranzen (enthält Änderung A1:1997)*

EN 10055:1995, *Warmgewalzter gleichschenkliger T-Stahl mit gerundeten Kanten und Übergängen — Maße, Grenzabmaße und Formtoleranzen*

EN 10056-1:1998, *Gleichschenklige und ungleichschenklige Winkel aus Stahl — Teil 1: Maße*

EN 10056-2:1993, *Gleichschenklige und ungleichschenklige Winkel aus Stahl — Teil 2: Grenzabmaße und Formtoleranzen*

EN 10164:1993, *Stahlerzeugnisse mit verbesserten Verformungseigenschaften senkrecht zur Erzeugnisoberfläche — Technische Lieferbedingungen*

1.2.3 Bezugsnormengruppe 3: Hohlprofile

EN 10219-1:1997, *Kaltgefertigte geschweißte Hohlprofile für den Stahlbau aus unlegierten Baustählen und aus Feinkornbaustählen — Teil 1: Technische Lieferbedingungen*

EN 10219-2:1997, *Kaltgefertigte geschweißte Hohlprofile für den Stahlbau aus unlegierten Baustählen und aus Feinkornbaustählen — Teil 2: Grenzabmaße, Maße und statische Werte*

EN 10210-1:1994, *Warmgefertigte Hohlprofile für den Stahlbau aus unlegierten Baustählen und aus Feinkornbaustählen — Teil 1: Technische Lieferbedingungen*

EN 10210-2:1997, *Warmgefertigte Hohlprofile für den Stahlbau aus unlegierten Baustählen und aus Feinkornbaustählen — Teil 2: Grenzabmaße, Maße und statische Werte*

1.2.4 Bezugsnormengruppe 4: Schrauben, Muttern und Unterlegscheiben

EN 14399-1:2002, *Hochfeste planmäßig vorgespannte Schraubenverbindungen für den Stahlbau — Teil 1: Allgemeine Anforderungen*

EN 14399-2:2002, *Hochfeste planmäßig vorgespannte Schraubenverbindungen für den Stahlbau — Teil 2: Prüfung der Eignung zum Vorspannen*

EN 14399-3:2002, *Hochfeste planmäßig vorgespannte Schraubenverbindungen für den Stahlbau — Teil 3: System HR; Garnituren aus Sechskantschrauben und -muttern*

EN 14399-4:2002, *Hochfeste planmäßig vorgespannte Schraubenverbindungen für den Stahlbau — Teil 4: System HV; Garnituren aus Sechskantschrauben und -muttern*

EN 14399-5:2002, *Hochfeste planmäßig vorgespannte Schraubenverbindungen für den Stahlbau — Teil 5: Flache Scheiben für System HR*

EN 14399-6:2002, *Hochfeste planmäßig vorgespannte Schraubenverbindungen für den Stahlbau — Teil 6: Flache Scheiben mit Fase für die Systeme HR und HV*

EN ISO 898-1:1999, *Mechanische Eigenschaften von Verbindungselementen aus Kohlenstoffstahl und legiertem Stahl — Teil 1: Schrauben (ISO 898-1:1999)*

EN 20898-2:1993, *Mechanische Eigenschaften von Verbindungselementen — Teil 2: Muttern mit festgelegten Prüfkräften – Regelgewinde (ISO 898-2:1992)*

EN ISO 2320:1997, *Sechskantmuttern aus Stahl mit Klemmteil — Mechanische und funktionelle Eigenschaften (ISO 2320:1997)*

EN ISO 4014:2000, *Sechskantschrauben mit Schaft — Produktklassen A und B (ISO 4014:1999)*

EN ISO 4016:2000, *Sechskantschrauben mit Schaft — Produktklasse C (ISO 4016:1999)*

EN ISO 4017:2000, *Sechskantschrauben mit Gewinde bis Kopf — Produktklassen A und B (ISO 4017:1999)*

EN ISO 4018:2000, *Sechskantschrauben mit Gewinde bis Kopf – Produktklasse C (ISO 4018:1999)*

EN ISO 4032:2000, *Sechskantmuttern, Typ 1 — Produktklassen A und B (ISO 4032:1999)*

EN ISO 4033:2000, *Sechskantmuttern, Typ 2 — Produktklassen A und B (ISO 4033:1999)*

EN ISO 4034:2000, *Sechskantmuttern — Produktklasse C (ISO 4034:1999)*

EN ISO 7040:1997, *Sechskantmuttern mit Klemmteil (mit nichtmetallischem Einsatz), Typ 1 — Festigkeitsklassen 5, 8 und 10 (ISO 7040:1997)*

EN ISO 7042:1997, *Sechskantmuttern mit Klemmteil (Ganzmetallmuttern), Typ 2 — Festigkeitsklassen 5, 8, 10 und 12 (ISO 7042:1997)*

EN ISO 7719:1997, *Sechskantmuttern mit Klemmteil (Ganzmetallmuttern), Typ 1 — Festigkeitsklassen 5, 8 und 10 (ISO 7719:1997)*

ISO 286-2:1988, *ISO-System für Grenzmaße und Passungen — Tabellen der Grundtoleranzgrade und Grenzabmaße für Bohrungen und Wellen*

ISO 1891:1979, *Mechanische Verbindungselemente; Schrauben, Muttern und Zubehör, Benennungen*

EN ISO 7089:2000, *Flache Scheiben — Normale Reihe, Produktklasse A (ISO 7089:2000)*

EN ISO 7090:2000, *Flache Scheiben mit Fase — Normale Reihe, Produktklasse A (ISO 7090:2000)*

EN ISO 7091:2000, *Flache Scheiben — Normale Reihe, Produktklasse C (ISO 7091:2000)*

EN ISO 10511:1997, *Sechskantmuttern mit Klemmteil — Niedrige Form (mit nichtmetallischem Einsatz) (ISO 10511:1997)*

EN ISO 10512:1997, *Sechskantmuttern mit Klemmteil (mit nichtmetallischem Einsatz), Typ 1, mit metrischem Feingewinde — Festigkeitsklassen 6, 8 und 10 (ISO 10512:1997)*

EN ISO 10513:1997, *Sechskantmuttern mit Klemmteil (Ganzmetallmuttern), Typ 2, mit metrischem Feingewinde — Festigkeitsklassen 8, 10 und 12 (ISO 10513:1997)*

Bezugsnormengruppe 5: Schweißzusatzmittel und Schweißen 1.2.5

EN 12345:1998, *Schweißen — Mehrsprachige Benennungen für Schweißverbindungen mit bildlichen Darstellungen*

EN ISO 14555:1998, *Schweißen — Lichtbogenbolzenschweißen von metallischen Werkstoffen (ISO 14555:1998)*

EN ISO 13918:1998, *Schweißen — Bolzen und Keramikringe zum Lichtbogenbolzenschweißen (ISO 13918:1998)*

EN 288-3:1992, *Anforderung und Anerkennung von Schweißverfahren für metallische Werkstoffe — Teil 3: Schweißverfahrensprüfungen für das Lichtbogenschweißen von Stählen (enthält Änderung A1:1997)*

EN ISO 5817:2003, *Schweißen — Schmelzschweißverbindungen an Stahl, Nickel, Titan und deren Legierungen (ohne Strahlschweißen) — Bewertungsgruppen von Unregelmäßigkeiten (ISO/DIS 5817:2000)*

Bezugsnormengruppe 6: Niete 1.2.6

ANMERKUNG Der Nationale Anhang gibt Hinweise zu Bezugsnormen.

NDP Zu 1.2.6 (Bezugsnormengruppe 6: Niete) Anmerkung

Bis zum Erscheinen einer entsprechenden EN-Norm gelten für die geometrischen Abmessungen DIN 124 und DIN 302. Der Werkstoff für Niete ist im Einzelfall festzulegen.

Bezugsnormengruppe 7: Bauausführung von Stahlbauten 1.2.7

EN 1090-2, *Anforderungen an die Bauausführung von Stahlbauten*

Unterscheidung nach Grundsätzen und Anwendungsregeln 1.3

(1) Es gelten die Regeln der EN 1990, 1.4.

Begriffe 1.4

(1) Nachstehende Begriffe werden in dieser Norm mit folgender Bedeutung verwendet:

Grundkomponente (eines Anschlusses) 1.4.1

Teil eines Anschlusses, der zu einem oder mehreren Kennwerten des Anschlusses beiträgt

1.4.2 Verbindung

konstruktiver Punkt, an dem sich zwei oder mehrere Bauteile treffen; für die Berechnung und Bemessung besteht die Verbindung aus einer Anordnung von Grundkomponenten, die für die Bestimmung der Kennwerte der Verbindung für die Übertragung der Schnittgrößen notwendig sind

1.4.3 angeschlossenes Bauteil

Bauteil, das in einem Anschluss mit anderen Bauteilen verbunden ist

1.4.4 Anschluss

Bereich, in dem zwei oder mehrere Bauteile miteinander verbunden sind; für die Berechnung und Bemessung besteht der Anschluss aus der Anordnung aller Grundkomponenten, die für die Bestimmung der Kennwerte des Anschlusses bei der Übertragung der Schnittgrößen zwischen den angeschlossenen Bauteilen notwendig sind; ein Träger-Stützenanschluss besteht z. B. aus einem Stegfeld mit entweder einer Verbindung (einseitige Anschlusskonfiguration) oder zwei Verbindungen (zweiseitige Anschlusskonfiguration), siehe Bild 1.1

1.4.5 Anschlusskonfiguration

Gestaltung eines Anschlusses oder mehrerer Anschlüsse an einem Knoten, an dem die Achsen von zwei oder mehreren angeschlossenen Bauteilen zusammenlaufen, siehe Bild 1.2

1.4.6 Rotationskapazität

Winkel, um den sich der Anschluss bei vorgegebenem Moment ohne Versagen verformen kann

1.4.7 Rotationssteifigkeit

Moment, um in einem Anschluss die Winkelverformung $\phi = 1$ zu erzeugen

1.4.8 Kennwerte (eines Anschlusses)

Tragfähigkeit, bezogen auf die Schnittgrößen der angeschlossenen Bauteile, die Rotationssteifigkeit und die Rotationskapazität des Anschlusses

ebener Anschluss 1.4.9

in einer Fachwerk-Konstruktion erfasst der ebene Anschluss die Bauteile, die in der gleichen Ebene liege

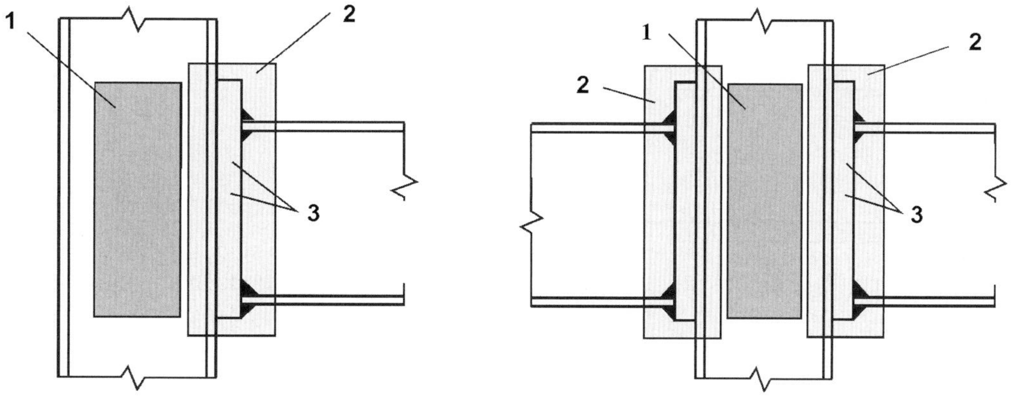

Anschluss =
Schubbeanspruchtes Stegfeld + Verbindung

a) Einseitige Anschlusskonfiguration

Linker Anschluss =
Schubbeanspruchtes Stegfeld +
linke Verbindung
Rechter Anschluss =
Schubbeanspruchtes Stegfeld +
rechte Verbindung

b) Zweiseitige Anschlusskonfiguration

Legende

1 Schubbeanspruchtes Stegfeld
2 Verbindung
3 Komponenten (z. B. Schrauben, Stirnblech)

Bild 1.1: Teile einer Träger-Stützen-Anschlusskonfiguration

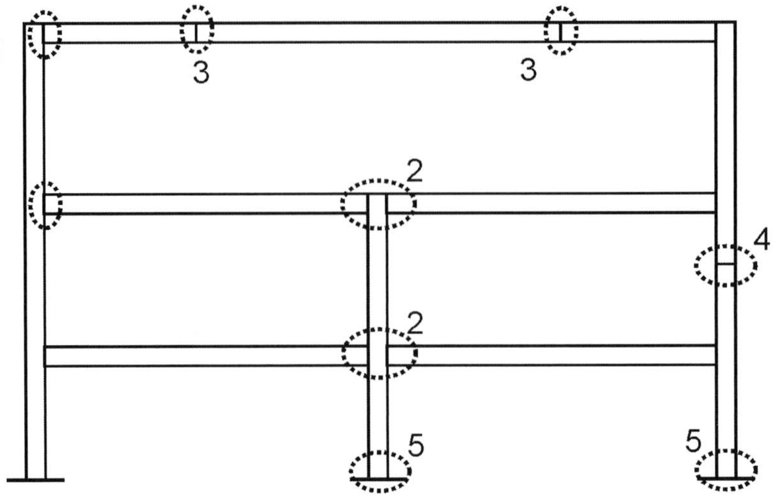

a) Anschlusskonfigurationen (starke Achse)

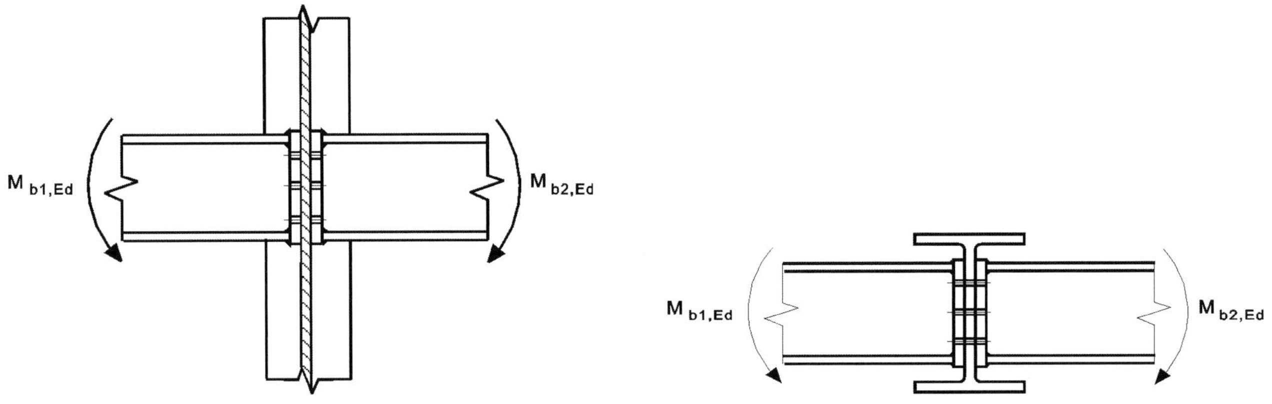

Zweiseitige Träger-Stützen-Anschlusskonfiguration

Zweiseitige Träger-Träger-Anschlusskonfiguration

b) Anschlusskonfigurationen (schwache Achse, nur für ausgeglichene Momente $M_{b1,Ed} = M_{b2,Ed}$)

Legende
1 Einseitige Träger-Stützen-Anschlusskonfiguration
2 Zweiseitige Träger-Stützen-Anschlusskonfiguration
3 Trägerstoß
4 Stützenstoß
5 Fußplatte

Bild 1.2: Anschlusskonfigurationen

1.5 Formelzeichen

(1) Folgende Formelzeichen werden im Sinne dieser Norm verwandt:

d Nennwert des Schraubendurchmessers, des Bolzendurchmessers oder des Durchmessers des Verbindungsmittels;

d_0 Lochdurchmesser für eine Schraube, einen Niet oder einen Bolzen;

$d_{0,t}$ Lochgröße im Zugquerschnitt, im Allgemeinen der Lochdurchmesser, außer bei senkrecht zur Zugbeanspruchung angeordneten Langlöchern, dort sollte die Längsabmessung verwendet werden;

$d_{0,v}$ Lochgröße im schubbeanspruchten Querschnitt, im Allgemeinen der Lochdurchmesser, außer bei schubparallelen Langlöchern, dort sollte die Längsabmessung verwendet werden;

d_c Höhe des Stützenstegs zwischen den Ausrundungen (Höhe des geraden Stegteils);

d_m Mittelwert aus Eckmaß und Schlüsselweite des Schraubenkopfes oder der Schraubenmutter (maßgebend ist der kleinere Wert);

$f_{H,Rd}$ Bemessungswert der Hertz'schen Pressung;

f_{ur} Zugfestigkeit des Nietwerkstoffs;

e_1 Randabstand in Kraftrichtung, gemessen von der Lochachse zum Blechrand, siehe Bild 3.1;

e_2 Randabstand quer zur Kraftrichtung, gemessen von der Lochachse zum Blechrand, siehe Bild 3.1;

e_3 Randabstand eines Langlochs zum parallelen Blechrand, gemessen von der Mittelachse des Langlochs, siehe Bild 3.1;

e_4 Randabstand eines Langlochs zum Blechrand, gemessen vom Mittelpunkt des Endradius in der Achse des Langlochs, siehe Bild 3.1;

ℓ_{eff} wirksame Länge einer Kehlnaht;

n Anzahl der Reibflächen bei reibfesten Verbindungen oder Anzahl der Löcher für Verbindungsmittel im schubbeanspruchten Querschnitt;

p_1 Lochabstand von Verbindungsmitteln in Kraftrichtung, gemessen von Achse zu Achse der Verbindungsmittel, siehe Bild 3.1;

$p_{1,0}$ Lochabstand von Verbindungsmitteln in Kraftrichtung in einer Außenreihe am Blechrand, gemessen von Achse zu Achse der Verbindungsmittel, siehe Bild 3.1;

$p_{1,i}$ Lochabstand von Verbindungsmitteln in Kraftrichtung in einer inneren Reihe, gemessen von Achse zu Achse der Verbindungsmittel, siehe Bild 3.1;

p_2 Lochabstand von Verbindungsmitteln quer zur Kraftrichtung, gemessen von Achse zu Achse der Verbindungsmittel, siehe Bild 3.1;

r Nummer einer Schraubenreihe;

ANMERKUNG Bei einer biegebeanspruchten Schraubenverbindung mit mehr als einer Schraubenreihe im Zugbereich erfolgt die Nummerierung der Schraubenreihen beginnend mit der Schraubenreihe, die am weitesten von dem Druckpunkt entfernt liegt.

s_s Länge der steifen Auflagerung;

t_a Blechdicke des Flanschwinkels;

t_{fc} Blechdicke des Stützenflansches;

t_p Blechdicke der Unterlegscheibe (unter der Schraube oder der Mutter);

t_w Blechdicke des Steges;

t_{wc} Blechdicke des Stützensteges;

A Brutto-Querschnittsfläche einer Schraube (Schaft);

A_0 Querschnittsfläche des Nietlochs;

A_{vc} Schubfläche einer Stütze, siehe EN 1993-1-1;

A_s Spannungsquerschnittsfläche einer Schraube oder einer Ankerschraube;

$A_{v,eff}$ wirksame Schubfläche;

$B_{p,Rd}$ Bemessungswert des Durchstanzwiderstandes des Schraubenkopfes und der Schraubenmutter;

E Elastizitätsmodul;

$F_{p,Cd}$ Bemessungswert der Vorspannkraft;

$F_{t,Ed}$ Bemessungswert der einwirkenden Zugkraft auf eine Schraube im Grenzzustand der Tragfähigkeit;

$F_{t,Rd}$ Bemessungswert der Zugtragfähigkeit einer Schraube;

$F_{T,Rd}$ Bemessungswert der Zugtragfähigkeit des Flansches eines äquivalenten T-Stummels;

$F_{v,Rd}$ Bemessungswert der Abschertragfähigkeit einer Schraube;

$F_{b,Rd}$ Bemessungswert der Lochleibungstragfähigkeit einer Schraube;

$F_{s,Rd,ser}$ Bemessungswert des Gleitwiderstandes einer Schraube im Grenzzustand der Gebrauchstauglichkeit;

$F_{s,Rd}$ Bemessungswert des Gleitwiderstandes einer Schraube im Grenzzustand der Tragfähigkeit;

$F_{v,Ed,ser}$ Bemessungswert der einwirkenden Abscherkraft auf eine Schraube im Grenzzustand der Gebrauchstauglichkeit;

$F_{v,Ed}$ Bemessungswert der einwirkenden Abscherkraft auf eine Schraube im Grenzzustand der Tragfähigkeit;

$M_{j,Rd}$ Bemessungswert der Momententragfähigkeit eines Anschlusses;

S_j Rotationssteifigkeit eines Anschlusses;

$S_{j,ini}$ Anfangs-Rotationssteifigkeit eines Anschlusses;

$V_{wp,Rd}$ Plastische Schubtragfähigkeit des Stegfeldes einer Stütze;

z Hebelarm;

μ Reibbeiwert;

ϕ Rotationswinkel eines Anschlusses.

(2) In Abschnitt 7 werden die folgenden Abkürzungen für Hohlprofile verwendet:

KHP für ein rundes Hohlprofil „Kreis-Hohlprofil";

RHP für ein rechteckiges Hohlprofil „Rechteck-Hohlprofil", hier einschließlich quadratischer Hohlprofile.

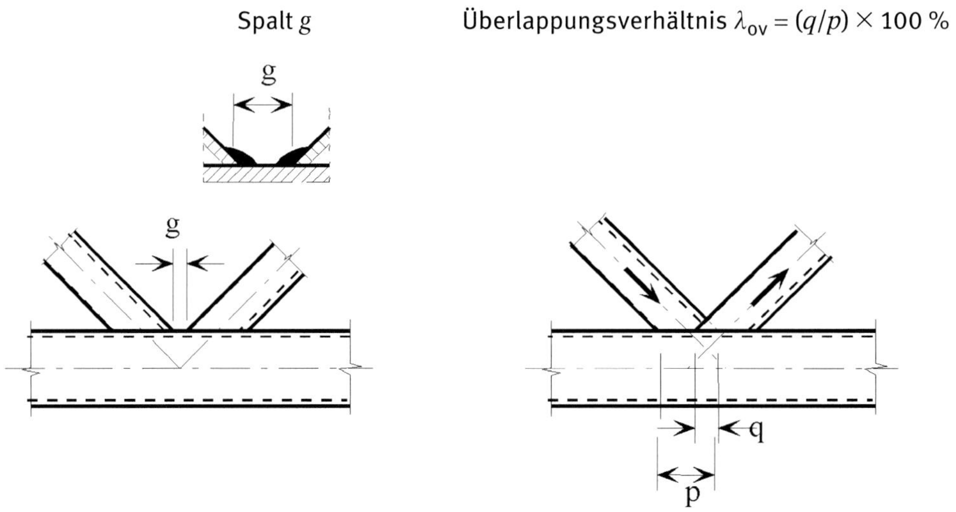

a) Bezeichnung für Spalt **b) Bezeichnungen für Überlappung**

Bild 1.3: Knotenanschlüsse mit Spalt und mit Überlappung

(3) In Abschnitt 7 werden die folgenden Formelzeichen verwandt:

A_i Querschnittsfläche eines Bauteils i (i = 0, 1, 2 oder 3);

A_v Schubfläche des Gurtstabes;

$A_{v,eff}$ wirksame Schubfläche des Gurtstabes;

L Systemlänge eines Bauteils;

$M_{ip,i,Rd}$ Bemessungswert der Momententragfähigkeit des Anschlusses bei Biegung in der Tragwerksebene für das Bauteil i (i = 0, 1, 2 oder 3);

$M_{ip,i,Ed}$ Bemessungswert des einwirkenden Momentes in der Tragwerksebene für das Bauteil i (i = 0, 1, 2 oder 3);

$M_{op,i,Rd}$ Bemessungswert der Momententragfähigkeit des Anschlusses bei Biegung aus der Tragwerksebene für das Bauteil i (i = 0, 1, 2 oder 3);

$M_{op,i,Ed}$ Bemessungswert des einwirkenden Momentes aus der Tragwerksebene für das Bauteil i (i = 0, 1, 2 oder 3);

$N_{i,Rd}$ Bemessungswert der Normalkrafttragfähigkeit des Anschlusses für das Bauteil i (i = 0, 1, 2 oder 3);

$N_{i,\mathrm{Ed}}$ Bemessungswert der einwirkenden Normalkraft für das Bauteil i (i = 0, 1, 2 oder 3);

$W_{\mathrm{e}\ell,i}$ elastisches Widerstandsmoment des Bauteils i (i = 0, 1, 2 oder 3);

$W_{\mathrm{p}\ell,i}$ plastisches Widerstandsmoment des Bauteils i (i = 0, 1, 2 oder 3);

b_i Gesamtbreite eines RHP-Bauteils i (i = 0, 1, 2 oder 3), quer zur Tragwerksebene;

b_{eff} wirksame (effektive) Breite einer Strebe, die auf den Gurtstab aufgesetzt ist;

$b_{\mathrm{e,ov}}$ wirksame (effektive) Breite einer Strebe, die in einem Überlappungsstoß auf eine andere Strebe aufgesetzt ist;

$b_{\mathrm{e,p}}$ wirksame (effektive) Breite bei Durchstanzen;

b_{p} Blechbreite;

b_{w} wirksame (effektive) Breite des Stegblechs eines Gurtstabes;

d_i Gesamtdurchmesser bei KHP-Bauteilen i (i = 0, 1, 2 oder 3);

d_{w} Stegblechhöhe von Gurtstäben mit I- oder H-Querschnitt;

e Ausmittigkeit eines Anschlusses;

f_{b} Festigkeitsgrenze für das Stegblech des Gurtstabes infolge lokalen Beulens;

$f_{\mathrm{y}i}$ Streckgrenze des Werkstoffs von Bauteilen i (i = 0, 1, 2 oder 3);

f_{y0} Streckgrenze des Werkstoffs eines Gurtstabes;

g Spaltweite zwischen den Streben eines K- oder N-Anschlusses (negative Werte für g entsprechen einer Überlappung q); der Abstand g wird an der Oberfläche des Gurtstabes zwischen den Kanten der angeschlossenen Bauteile gemessen, siehe Bild 1.3 a);

h_i Gesamthöhe des Querschnitts eines Bauteils i (i = 0, 1, 2 oder 3) in der Tragwerksebene;

h_{z} Abstand zwischen den Gleichgewichtspunkten der wirksamen (effektiven) Breite der Teile eines Trägers mit rechteckigem Querschnitt, der mit einer Stütze mit I- oder H-Querschnitt verbunden ist;

k Beiwert mit Indizes g, m, n oder p, wie in Tabelle erklärt;

ℓ Knicklänge eines Bauteils;

p Projektion der Anschlusslänge einer Strebe auf die Oberfläche des Gurtstabes, ohne Berücksichtigung der Überlappung, siehe Bild 1.3 b);

q Länge der Überlappung, gemessen an der Oberfläche des Gurtstabes zwischen den Streben-Achsen eines K- oder N-Anschlusses, siehe Bild 1.3 b);

r Ausrundungsradius von I- oder H-Profilen oder Eckradius von rechteckigen Hohlprofilen;

t_{f} Flanschdicke von I- oder H-Profilen;

t_i Wanddicke eines Bauteils i (i = 0, 1, 2 oder 3);

t_{p} Blechdicke;

t_{w} Stegdicke von I- oder H-Profilen;

α Beiwert, wie in Tabelle erklärt;

θ_i eingeschlossener Winkel zwischen Strebe i und Gurtstab (i = 1, 2 oder 3);

κ Beiwert, wie im Text erklärt;

μ Beiwert, wie in Tabelle erklärt;

φ Winkel zwischen Tragwerksebenen bei räumlichen Anschlüssen.

(4) In Abschnitt 7 werden die folgenden Zahlenindizes verwandt:

i Zahlenindex zur Bestimmung von Bauteilen eines Anschlusses, wobei $i = 0$ für die Bezeichnung des Gurtstabes und i = 1, 2 oder 3 für die Bezeichnung der Streben gelten. Bei Anschlüssen mit zwei Streben bezeichnet $i = 1$ im Allgemeinen die Druckstrebe und $i = 2$ die Zugstrebe, siehe Bild 1.4 b). Bei einer einzelnen Strebe wird $i = 1$ verwendet, unabhängig ob druck- oder zugbelastet, siehe Bild 1.4 a);

i und j Zahlenindex bei überlappenden Anschlüssen, i bezeichnet die überlappende Strebe und j die überlappte Strebe, siehe Bild 1.4 c).

(5) Im Abschnitt 7 werden die folgenden Spannungsverhältnisse verwandt:

n Verhältnis $(\sigma_{0,\mathrm{Ed}}/f_{y0})/\gamma_{M5}$ (für RHP-Gurtstäbe);

n_p Verhältnis $(\sigma_{p,\mathrm{Ed}}/f_{y0})/\gamma_{M5}$ (für KHP-Gurtstäbe);

$\sigma_{0,\mathrm{Ed}}$ maximale einwirkende Druckspannung im Gurtstab am Anschluss;

$\sigma_{p,\mathrm{Ed}}$ ist der Wert von $\sigma_{0,\mathrm{Ed}}$ ohne die Spannungen infolge der Komponenten der Strebenkräfte am Anschluss parallel zum Gurt, siehe Bild 1.4.

(6) In Abschnitt 7 werden die folgenden geometrischen Verhältnisse verwandt:

β Verhältnis der mittleren Durchmesser oder mittleren Breiten von Strebe und Gurtstab:

– für T-, Y- und X-Anschlüsse:

$$\frac{d_1}{d_0}; \frac{d_1}{b_0} \text{ oder } \frac{b_1}{b_0}$$

– für K- und N-Anschlüsse:

$$\frac{d_1 + d_2}{2d_0}; \frac{d_1 + d_2}{2b_0} \text{ oder } \frac{b_1 + b_2 + h_1 + h_2}{4b_0}$$

– für KT-Anschlüsse:

$$\frac{d_1 + d_2 + d_3}{3d_0}; \frac{d_1 + d_2 + d_3}{3b_0} \text{ oder } \frac{b_1 + b_2 + b_3 + h_1 + h_2 + h_3}{6b_0}$$

β_p Verhältnis b_i/b_p;

γ Verhältnis der Breite oder des Durchmessers des Gurtstabes zum Zweifachen seiner Wanddicke:

$$\frac{d_0}{2t_0}; \frac{b_0}{2t_0} \text{ oder } \frac{b_0}{2t_f}$$

η Verhältnis der Höhe der Strebe zu Durchmesser oder Breite des Gurtstabes:

$$\frac{h_i}{d_0} \text{ oder } \frac{h_i}{b_0}$$

η_p Verhältnis h_i/b_p;

λ_{ov} Überlappungsverhältnis in Prozent ($\lambda_{ov} = (q/p) \times 100\ \%$), wie in Bild 1.3 b) angegeben.

$\lambda_{ov,\lim}$ Überlappung, bei der der Schub zwischen den Streben und der Oberfläche eines Gurtstabes kritisch werden kann.

(7) Weitere Formelzeichen werden im Text erklärt.

ANMERKUNG Formelzeichen für Kreisprofile sind in Tabelle 7.2 angegeben.

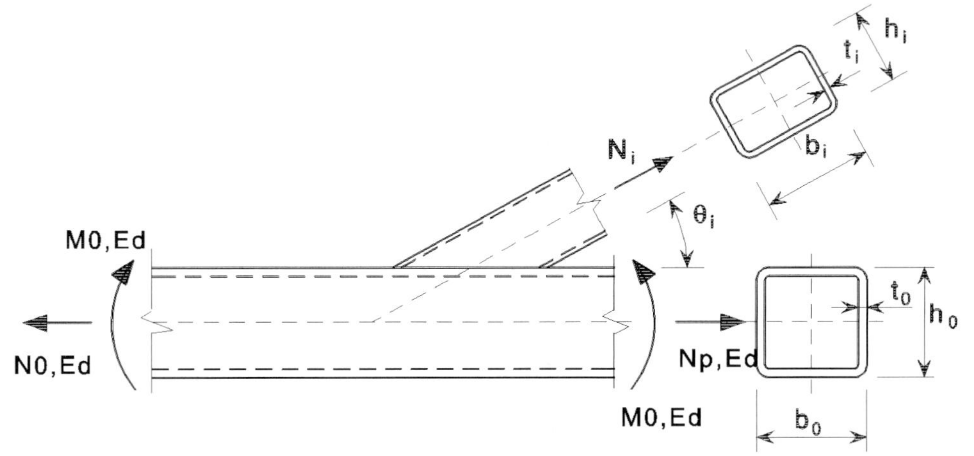

a) Anschluss mit einer Strebe

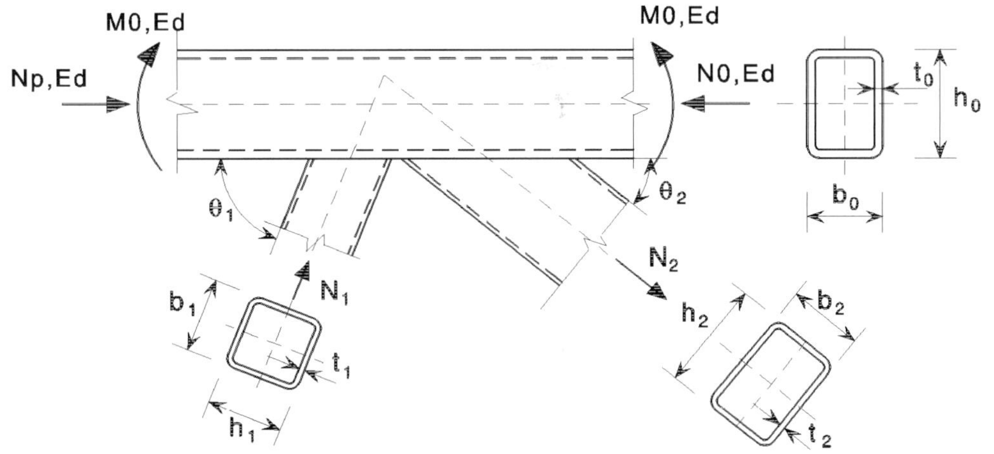

b) Anschluss mit zwei Streben und Spalt

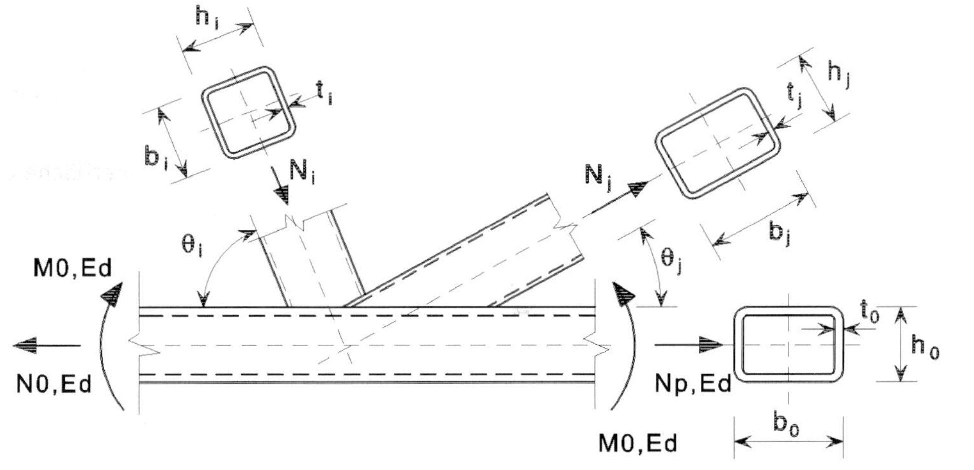

c) Anschluss mit zwei Streben und Überlappung

Bild 1.4: Abmessungen und weitere Parameter eines Fachwerk-Knotenanschlusses mit Hohlprofilen

Grundlagen der Tragwerksplanung 2

Annahmen 2.1

(1) Die Regelungen dieses Teils von EN 1993 setzen voraus, dass die Ausführung den in 1.2 angegebenen Herstell- und Liefernormen entspricht und die verwendeten Baustoffe und Bauprodukte den Anforderungen in EN 1993 oder den maßgebenden Baustoff- und Bauproduktspezifikationen entsprechen.

Allgemeine Anforderungen 2.2

(1)P Die Anschlüsse müssen so bemessen werden, dass das Tragwerk die grundlegenden Anforderungen dieser Norm und von EN 1993-1-1 erfüllt.

(2) Die Teilsicherheitsbeiwerte γ_M für Anschlüsse sind in Tabelle 2.1 angegeben.

Tabelle 2.1: Teilsicherheitsbeiwerte für Anschlüsse

Beanspruchbarkeit von Bauteilen und Querschnitten	γ_{M0}, γ_{M1} **und** γ_{M2} **siehe EN 1993-1-1**
Beanspruchbarkeit von Schrauben	γ_{M2}
Beanspruchbarkeit von Nieten	
Beanspruchbarkeit von Bolzen	
Beanspruchbarkeit von Schweißnähten	
Beanspruchbarkeit von Blechen auf Lochleibung	
Gleitfestigkeit	
– im Grenzzustand der Tragfähigkeit (Kategorie C)	γ_{M3}
– im Grenzzustand der Gebrauchstauglichkeit (Kategorie B)	$\gamma_{M3,ser}$
Lochleibungsbeanspruchbarkeit von Injektionsschrauben	γ_{M4}
Beanspruchbarkeit von Knotenanschlüssen in Fachwerken mit Hohlprofilen	γ_{M5}
Beanspruchbarkeit von Bolzen im Grenzzustand der Gebrauchstauglichkeit	$\gamma_{M6,ser}$
Vorspannung hochfester Schrauben	γ_{M7}
Beanspruchbarkeit von Beton	γ_c siehe EN 1992

ANMERKUNG Der Nationale Anhang gibt Hinweise zu Zahlenwerten für γ_M. Folgende Zahlenwerte werden empfohlen: $\gamma_{M2} = 1{,}25$; $\gamma_{M3} = 1{,}25$ und $\gamma_{M3,ser} = 1{,}1$; $\gamma_{M4} = 1{,}0$; $\gamma_{M5} = 1{,}0$; $\gamma_{M6,ser} = 1{,}0$; $\gamma_{M7} = 1{,}1$.

NDP Zu 2.2(2) Anmerkung

Es gelten die Empfehlungen unter Beachtung der folgenden Ergänzungen.

$\gamma_{M2,S420} = 1{,}25$, unter Verwendung von $\beta_w = 0{,}88$ statt $\beta_w = 1{,}0$ aus DIN EN 1993-1-8:2010-12, Tabelle 4.1.

$\gamma_{M2,S460} = 1{,}25$, unter Verwendung von $\beta_w = 0{,}85$ statt $\beta_w = 1{,}0$ aus DIN EN 1993-1-8:2010-12, Tabelle 4.1.

Für Injektionsschrauben ist ein bauaufsichtlicher Verwendbarkeitsnachweis erforderlich.

ANMERKUNG Als bauaufsichtliche Verwendbarkeitsnachweise gelten:
- europäische technische Zulassungen,
- allgemeine bauaufsichtliche Zulassungen,
- die Zustimmung im Einzelfall.

(3)P Für ermüdungsbeanspruchte Anschlüsse müssen zusätzlich die Grundsätze in EN 1993-1-9 gelten.

2.3 Schnittgrößen

(1)P Die für den Tragsicherheitsnachweis von Verbindungen erforderlichen Schnittgrößen müssen nach den Grundsätzen in EN 1993-1-1 ermittelt werden.

2.4 Beanspruchbarkeit von Verbindungen

(1) Die Beanspruchbarkeit einer Verbindung ist in der Regel anhand der Beanspruchbarkeiten ihrer Grundkomponenten zu bestimmen.

(2) Für die Bemessung von Anschlüssen können linear-elastische oder elastisch-plastische Berechnungsverfahren angewendet werden.

(3) Werden zur Aufnahme von Scherbeanspruchungen verschiedene Verbindungsmittel mit unterschiedlichen Steifigkeiten verwendet, so ist in der Regel dem Verbindungsmittel mit der höchsten Steifigkeit die gesamte Belastung zuzuordnen. Eine Ausnahme von dieser Regel ist in 3.9.3 angegeben.

2.5 Annahmen für die Berechnung

(1)P Bei der Berechnung von Anschlüssen muss eine wirklichkeitsnahe Verteilung der Schnittgrößen angenommen werden. Für die Verteilung der Kräfte und Momente müssen die folgenden Annahmen getroffen werden:

a) die angenommene Verteilung der Kräfte und Momente steht im Gleichgewicht mit den im Anschluss angreifenden Schnittgrößen,
b) jedes Element des Anschlusses kann die ihm zugewiesenen Kräfte und Momente übertragen,
c) die Verformungen, welche durch diese Verteilung hervorgerufen werden, überschreiten nicht das Verformungsvermögen der Verbindungsmittel oder der Schweißnähte und der angeschlossenen Bauteile,
d) die angenommene Verteilung der Kräfte und Momente muss den Steifigkeitsverhältnissen im Anschluss entsprechen,
e) die Verformungen, die bei elastisch-plastischen Berechnungsmodellen aus Starrkörperverdrehungen und/oder Verformungen in der Tragwerksebene herrühren, sind physikalisch möglich,
f) das verwendete Berechnungsmodell steht nicht im Widerspruch zu Versuchsergebnissen, siehe EN 1990.

(2) Die Anwendungsregeln in dieser Norm erfüllen die Annahmen in 2.5(1).

2.6 Schubbeanspruchte Anschlüsse mit Stoßbelastung, Belastung mit Schwingungen oder mit Lastumkehr

(1) Bei schubbeanspruchten Anschlüssen, die Stoßbelastungen oder erheblichen Belastungen aus Schwingungen ausgesetzt sind, sollten nur folgende Anschlussmittel verwendet werden:

- Schweißnähte;
- Schrauben mit Sicherung gegen unbeabsichtigtes Lösen der Muttern;
- vorgespannte Schrauben;
- Injektionsschrauben;
- andere Schrauben, die Verschiebungen der angeschlossenen Bauteile wirksam verhindern;
- Niete.

(2) Darf in einem Anschluss kein Schlupf auftreten (z. B. wegen Lastumkehr), sind in der Regel entweder gleitfeste Schraubverbindungen der Kategorie B oder C, siehe 3.4, Passschrauben, siehe 3.6.1, Niete oder Schweißnähte zu verwenden.

(3) In Windverbänden und/oder Stabilisierungsverbänden dürfen Schrauben der Kategorie A, siehe 3.4, benutzt werden.

Exzentrizitäten in Knotenpunkten 2.7

(1) Treten in Knotenpunkten Exzentrizitäten auf, so sind in der Regel die Anschlüsse und die angeschlossenen Bauteile für die daraus resultierenden Schnittgrößen zu bemessen. Davon ausgenommen sind Konstruktionen, für die nachgewiesen wurde, dass dies nicht erforderlich ist, siehe 5.1.5.

(2) Bei Anschlüssen von Winkel- oder T-Profilen mit einer oder zwei Schraubenreihen sind in der Regel die Exzentrizitäten nach 2.7(1) zu berücksichtigen. Exzentrizitäten in der Anschlussebene und aus der Anschlussebene heraus sind unter Berücksichtigung der Schwerpunktachsen der Bauteile und der Bezugsachsen der Verbindung zu ermitteln, siehe Bild 2.1. Für den einschenkligen Schraubenanschluss zugbeanspruchter Winkel kann das vereinfachte Bemessungsverfahren nach 3.10.3 angewendet werden.

ANMERKUNG Der Einfluss der Exzentrizität auf druckbeanspruchte Winkelprofile in Gitterstäben ist in EN 1993-1-1, Anhang BB 1.2 geregelt

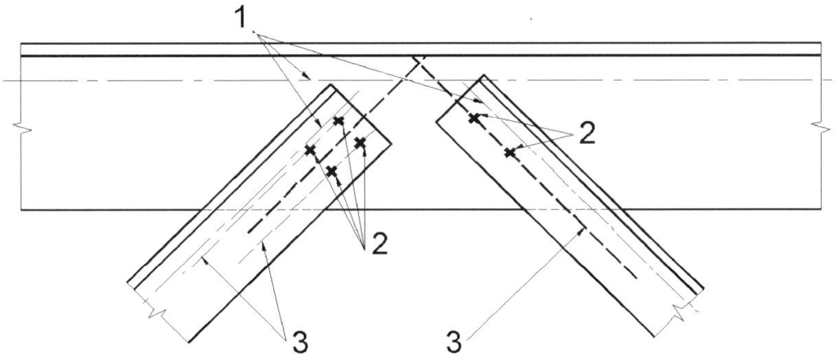

Legende

1 Schwerpunktachsen

2 Verbindungsmittel

3 Bezugsachsen

Bild 2.1: Bezugsachsen

Schrauben-, Niet- und Bolzenverbindungen 3

Schrauben, Muttern und Unterlegscheiben 3.1

Allgemeines 3.1.1

NCI Zu Abschnitt 3.1.1 Verzinkte Schrauben

Es sind nur komplette Garnituren (Schrauben, Muttern und Scheiben) eines Herstellers zu verwenden.

Feuerverzinkte Schrauben der Festigkeitsklassen 8.8 und 10.9 sowie zugehörige Muttern und Scheiben dürfen nur verwendet werden, wenn sie vom Schraubenhersteller im Eigenbetrieb oder unter seiner Verantwortung im Fremdbetrieb verzinkt wurden.

Andere metallische Korrosionsschutzüberzüge dürfen verwendet werden, wenn

- die Verträglichkeit mit dem Stahl gesichert ist und
- eine wasserstoffinduzierte Versprödung vermieden wird und
- ein adäquates Anziehverhalten nachgewiesen wird.
- Galvanisch verzinkte Schrauben der Festigkeitsklassen 8.8 und 10.9 dürfen nicht verwendet werden.

ANMERKUNG 1 Ein anderer metallischer Korrosionsschutzüberzug ist z. B. die galvanische Verzinkung. Die galvanische Verzinkung bei Schrauben reicht als Korrosionsschutz alleine nur in trockenen Innenräumen (Korrosionskategorie C1 nach DIN EN ISO 12944-2) aus.

ANMERKUNG 2 Zur Vermeidung wasserstoffinduzierter Versprödung siehe auch DIN 267-9.

(1) Alle Schrauben, Muttern und Unterlegscheiben müssen in der Regel die Anforderungen der Bezugsnormengruppe 4 in 1.2.4 erfüllen.

(2) Die Regelungen dieses Teils gelten für Schrauben der in Tabelle 3.1 angegebenen Festigkeitsklassen.

(3) Die Streckgrenzen f_{yb} und die Zugfestigkeiten f_{ub} sind für Schrauben der Festigkeitsklassen 4.6, 4.8, 5.6, 5.8, 6.8, 8.8 und 10.9 in Tabelle 3.1 angegeben. Für die Bemessung sind in der Regel diese Werte als charakteristische Werte anzusetzen.

Tabelle 3.1: Nennwerte der Streckgrenze f_{yb} und der Zugfestigkeit f_{ub} von Schrauben

Schraubenfestigkeitsklasse	**4.6**	**4.8**	**5.6**	**5.8**	**6.8**	**8.8**	**10.9**
f_{yb} (N/mm^2)	240	320	300	400	480	640	900
f_{ub} (N/mm^2)	400	400	500	500	600	800	1000

ANMERKUNG Im Nationalen Anhang darf die Anwendung bestimmter Schraubenklassen ausgeschlossen werden.

NDP Zu 3.1.1(3) Anmerkung

Die Verwendung von Schrauben der Festigkeitsklassen 4.8, 5.8 und 6.8 sind für die Anwendung im Stahlbau nicht zulässig.

Vorgespannte Schrauben 3.1.2

(1) Schraubengarnituren der Festigkeitsklassen 8.8 und 10.9, welche den Anforderungen der Bezugsnormengruppe 4 in 1.2.4 entsprechen, dürfen als vorgespannte Schrauben eingesetzt werden, sofern eine kontrollierte Vorspannung nach Bezugsnormengruppe 7 in 1.2.7 durchgeführt wird.

3.2 Niete

(1) Die Werkstoffkenngrößen, Abmessungen und Toleranzen von Stahl-Nieten müssen in der Regel die Anforderungen der Bezugsnormengruppe 6 in 1.2.6 erfüllen.

3.3 Ankerschrauben

(1) Für Ankerschrauben dürfen die folgenden Werkstoffe verwendet werden:

- Stahlsorten, welche den Anforderungen der Bezugsnormengruppe 1 in 1.2.1 entsprechen;
- Stahlsorten, welche den Anforderungen der Bezugsnormengruppe 4 in 1.2.4 entsprechen;
- Stahlsorten von Bewehrungsstählen, welche den Anforderungen nach EN 10080 entsprechen,

vorausgesetzt, dass der Nennwert der Streckgrenze bei scherbeanspruchten Ankerschrauben den Wert 640 N/mm^2 nicht überschreitet. Ohne Scherbeanspruchung liegt die obere Grenze bei 900 N/mm^2.

3.4 Kategorien von Schraubenverbindungen

3.4.1 Scherverbindungen

(1) Schraubenverbindungen mit Scherbeanspruchung werden in der Regel für die Bemessung in folgende Kategorien unterteilt:

a) Kategorie A: Scher-/Lochleibungsverbindung

Zu dieser Kategorie gehören Schrauben der Festigkeitsklassen 4.6 bis 10.9. Vorspannung und besondere Oberflächenbehandlungen sind in der Regel nicht erforderlich. Der Bemessungswert der einwirkenden Scherkraft darf weder den Bemessungswert der Schertragfähigkeit nach 3.6 noch den Bemessungswert des Lochleibungswiderstandes nach 3.6 und 3.7 überschreiten.

b) Kategorie B: Gleitfeste Verbindung im Grenzzustand der Gebrauchstauglichkeit

Zu dieser Kategorie gehören hochfeste vorgespannte Schrauben, welche die Anforderungen nach 3.1.2(1) erfüllen. Im Grenzzustand der Gebrauchstauglichkeit darf in der Regel kein Gleiten auftreten. Der Bemessungswert der einwirkenden Scherkraft im Grenzzustand der Gebrauchstauglichkeit darf in der Regel den Bemessungswert des Gleitwiderstandes nach 3.9 nicht überschreiten. Der Bemessungswert der einwirkenden Abscherkraft im Grenzzustand der Tragfähigkeit darf in der Regel den Bemessungswert der Schertragfähigkeit nach 3.6 und des Lochleibungswiderstandes nach 3.6 und 3.7 nicht überschreiten.

c) Kategorie C: Gleitfeste Verbindung im Grenzzustand der Tragfähigkeit

Zu dieser Kategorie gehören hochfeste vorgespannte Schrauben, welche die Anforderungen nach 3.1.2(1) erfüllen. Im Grenzzustand der Tragfähigkeit darf kein Gleiten auftreten. Der Bemessungswert der einwirkenden Scherkraft im Grenzzustand der Tragfähigkeit darf den Bemessungswert des Gleitwiderstandes nach 3.9 und des Lochleibungswiderstandes nach 3.6 und 3.7 nicht überschreiten.

Zusätzlich darf bei Zugverbindungen der Bemessungswert des plastischen Widerstands des Nettoquerschnitts im kritischen Schnitt durch die Schraubenlöcher $N_{\text{net,Rd}}$ (siehe EN 1993-1-1, 6.2) nicht überschritten werden.

In Tabelle 3.2 sind die Bemessungsnachweise für diese Verbindungskategorien zusammengefasst.

Zugverbindungen 3.4.2

(1) Zugbeanspruchte Schraubenverbindungen werden in der Regel für die Bemessung in folgende Kategorien unterteilt:

a) Kategorie D: nicht vorgespannt

Zu dieser Kategorie gehören Schrauben der Festigkeitsklassen 4.6 bis 10.9. Vorspannung ist nicht erforderlich. Diese Kategorie darf bei Verbindungen, die häufig veränderlichen Zugbeanspruchungen ausgesetzt sind, nicht verwendet werden. Der Einsatz in Verbindungen, die durch normale Windlasten beansprucht werden, ist dagegen erlaubt.

b) Kategorie E: vorgespannt

Zu dieser Kategorie gehören hochfeste vorgespannte Schrauben der Festigkeitsklassen 8.8 oder 10.9, die nach Bezugsnormengruppe 7 in 1.2.7 kontrolliert vorgespannt werden.

In Tabelle 3.2 sind die Bemessungsregeln für diese Verbindungskategorien zusammengefasst.

Tabelle 3.2: Kategorien von Schraubenverbindungen

Kategorie	Nachweiskriterium	Anmerkungen
Scherverbindungen		
A Scher-/Lochleibungsverbindung	$F_{v,Ed} \leq F_{v,Rd}$ $F_{v,Ed} \leq F_{b,Rd}$	Keine Vorspannung erforderlich. Schrauben der Festigkeitsklassen 4.6 bis 10.9 dürfen verwendet werden.
B Gleitfeste Verbindung im Grenzzustand der Gebrauchstauglichkeit	$F_{v,Ed,ser} \leq F_{s,Rd,ser}$ $F_{v,Ed} \leq F_{v,Rd}$ $F_{v,Ed} \leq F_{b,Rd}$	In der Regel sind hochfeste Schrauben der Festigkeitsklassen 8.8 oder 10.9 zu verwenden. Gleitwiderstand für Gebrauchstauglichkeit siehe 3.9.
C Gleitfeste Verbindung im Grenzzustand der Tragfähigkeit	$F_{v,Ed} \leq F_{s,Rd}$ $F_{v,Ed} \leq F_{b,Rd}$ $\Sigma F_{v,Ed} \leq F_{net,Rd}$	In der Regel sind hochfeste Schrauben der Festigkeitsklassen 8.8 oder 10.9 zu verwenden. Gleitwiderstand für Tragfähigkeit siehe 3.9. $N_{net,Rd}$ siehe 3.4.1(1)c).
Zugverbindungen		
D Nicht vorgespannt	$F_{t,Ed} \leq F_{t,Rd}$ $F_{t,Ed} \leq B_{p,Rd}$	Keine Vorspannung erforderlich. Schrauben der Festigkeitsklassen 4.6 bis 10.9 dürfen verwendet werden. $B_{p,Rd}$ siehe Tabelle 3.4.
E Vorgespannt	$F_{t,Ed} \leq F_{t,Rd}$ $F_{t,Ed} \leq B_{p,Rd}$	In der Regel sind hochfeste Schrauben der Festigkeitsklassen 8.8 oder 10.9 zu verwenden. $B_{p,Rd}$ siehe Tabelle 3.4.
Der Bemessungswert der einwirkenden Zugkraft $F_{t,Ed}$ sollte Beiträge aus Abstützkräften berücksichtigen, siehe 3.11. Für Schrauben unter Scher- und Zugbeanspruchung gelten in der Regel die Kriterien, die in Tabelle 3.4 angegeben sind.		

ANMERKUNG Wird die Vorspannung nicht für den Gleitwiderstand eingesetzt, sondern aus anderen Gründen für die Ausführung oder als Qualitätsmaßnahme (z. B. für die Dauerhaftigkeit) gefordert, dann kann die Höhe der Vorspannung im Nationalen Anhang festgelegt werden.

NDP Zu 3.4.2(1) Anmerkung

Für die Vorspannanforderung für die Kategorien B und C mit der Vorspannkraft $F_{p,C} = 0,7\, f_{ub}\, A_s$ und für die Kategorie E mit der vollen Vorspannkraft ist das kombinierte Vorspannverfahren nach DIN EN 1090-2 anzuwenden.

Für die Vorspannung als Qualitätssicherungsmaßnahme und für nicht voll vorgespannte Verbindungen der Kategorie E darf eine Vorspannkraft von bis zu

$$F_{p,C}^* = 0,7\, f_{yb}\, A_s$$

angesetzt werden. Diese kann mit den Vorspannverfahren nach Anhang A aufgebracht werden.

Für die Sicherung der Garnitur gegenüber Lockern reicht in der Regel eine Vorspannung von 50 % von $F_{p,C}^*$ aus.

3.5 Rand- und Lochabstände für Schrauben und Niete

(1) Die Grenzwerte für Rand- und Lochabstände für Schrauben und Niete sind in Tabelle 3.3 angegeben.

(2) Zu Grenzwerten für Rand- und Lochabstände für Konstruktionen unter Ermüdungsbelastung, siehe EN 1993-1-9.

Tabelle 3.3: Grenzwerte für Rand- und Lochabstände

Rand- und Lochabstände, siehe Bild 3.1	**Minimum**	**Maximum** [1), 2), 3)]		
		Stahlkonstruktionen unter Verwendung von Stahlsorten nach EN 10025, ausgenommen Stahlsorten nach EN 10025-5		**Stahlkonstruktionen unter Verwendung von Stahlsorten nach EN 10025-5**
		Stahl, der dem Wetter oder anderen korrosiven Einflüssen ausgesetzt ist	**Stahl, der nicht dem Wetter oder anderen korrosiven Einflüssen ausgesetzt ist**	**Ungeschützter Stahl**
Randabstand e_1	$1{,}2d_0$	$4t + 40$ mm		Der größte Wert von: $8t$ oder 125 mm
Randabstand e_2	$1{,}2d_0$	$4t + 40$ mm		Der größte Wert von: $8t$ oder 125 mm
Randabstand e_3 bei Langlöchern	$1{,}5d_0$ [4)]			
Randabstand e_4 bei Langlöchern	$1{,}5d_0$ [4)]			
Lochabstand p_1	$2{,}2d_0$	Der kleinste Wert von: $14t$ oder 200 mm	Der kleinste Wert von: $14t$ oder 200 mm	Der kleinste Wert von: $14t_{min}$ oder 175 mm
Lochabstand $p_{1,0}$		Der kleinste Wert von: $14t$ oder 200 mm		
Lochabstand $p_{1,i}$		Der kleinste Wert von: $28t$ oder 400 mm		
Lochabstand p_2 [5)]	$2{,}4d_0$	Der kleinste Wert von: $14t$ oder 200 mm	Der kleinste Wert von: $14t$ oder 200 mm	Der kleinste Wert von: $14t_{min}$ oder 175 mm

1) Keine Beschränkung der Maximalwerte für Rand- und Lochabstände, außer:
- bei druckbeanspruchten Bauteilen zur Verhinderung des lokalen Beulens und zur Vermeidung von Korrosion von Bauteilen (die Grenzwerte sind in der Tabelle angegeben), die dem Wetter oder anderen korrosiven Einflüssen ausgesetzt sind;
- bei zugbeanspruchten Bauteilen zur Vermeidung von Korrosion (die Grenzwerte sind in der Tabelle angegeben).

2) Der Widerstand druckbeanspruchter Bleche gegen lokales Beulen zwischen den Verbindungsmitteln ist in der Regel nach EN 1993-1-1 unter Verwendung der Knicklänge $0{,}6\,p_1$ zu berechnen. Lokales Beulen braucht nicht nachgewiesen zu werden, wenn p_1/t kleiner als 9ε ist. Der Randabstand quer zur Kraftrichtung darf in der Regel die Anforderungen gegen lokales Beulen von druckbeanspruchten einseitig gestützten Flanschen nicht überschreiten, siehe EN 1993-1-1. Der Randabstand in Kraftrichtung wird von dieser Anforderung nicht betroffen.

3) t ist die Dicke des dünnsten außen liegenden Blechs.

4) Die Grenzwerte für Langlochabmessungen sind in Bezugsnormengruppe 7 in 1.2.7 angegeben.

5) Bei versetzt angeordneten Schraubenreihen darf der minimale Lochabstand auf $p_2 = 1{,}2d_0$ reduziert werden, sofern der Minimalabstand L zwischen zwei Verbindungsmitteln größer oder gleich als $2{,}4d_0$ ist, siehe Bild 3.1b).

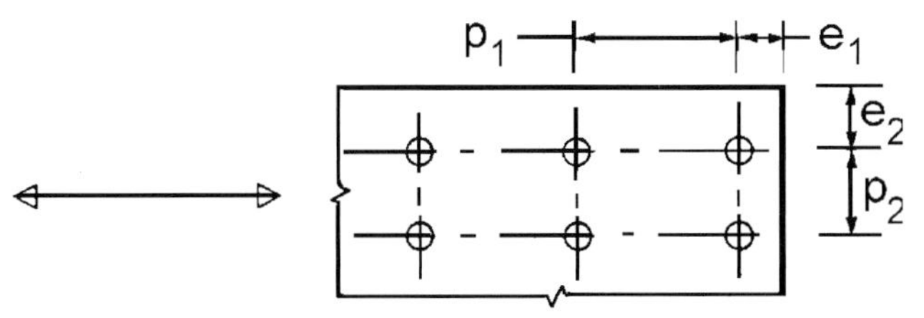

a) **Bezeichnungen der Lochabstände**

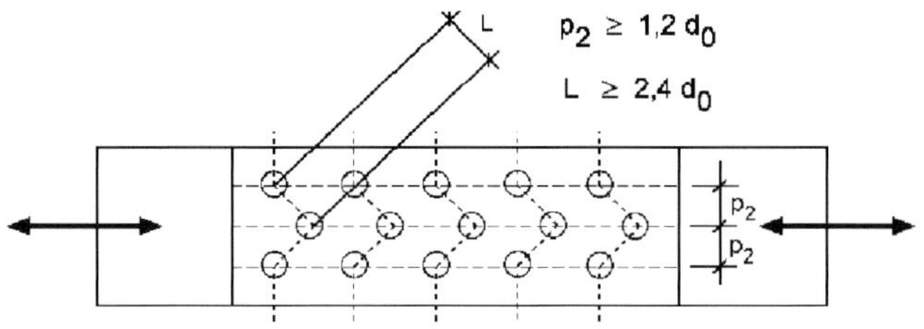

Versetzte Lochreihen

b) Bezeichnungen bei versetzter Lochanordnung

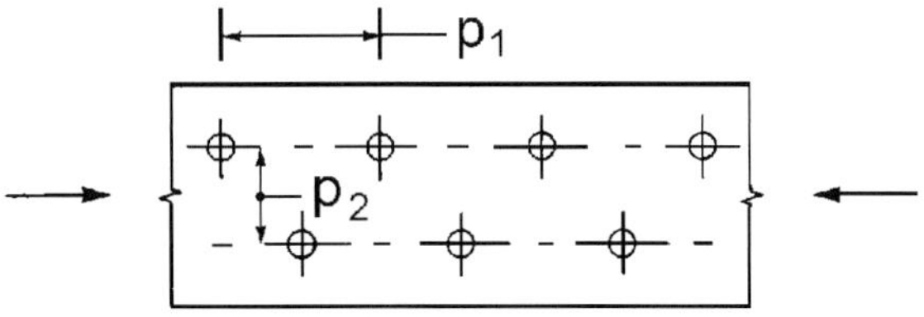

$p_1 \leq 14\,t$ und $\leq$ 200 mm $\quad p_2 \leq 14\,t$ und $\leq$ 200 mm

c) Versetzte Lochanordnung bei druckbeanspruchten Bauteilen

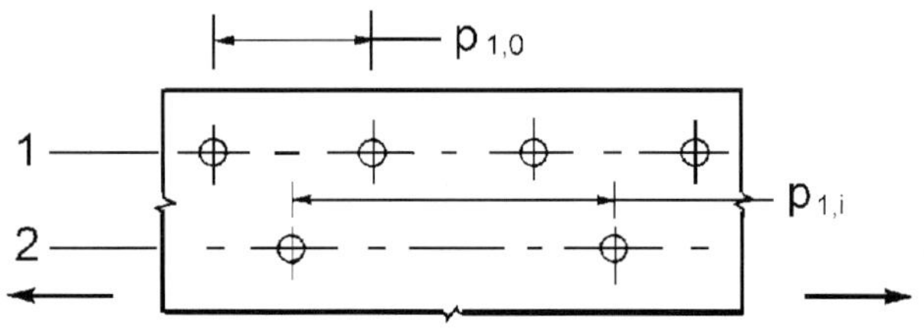

$p_{1,0} \leq 14\,t$ und $\leq$ 200 mm $\quad p_{1,i} \leq 28\,t$ und $\leq$ 400 mm

1 äußere Lochreihe
2 innere Lochreihe

d) Versetzte Lochanordnung bei zugbeanspruchten Bauteilen

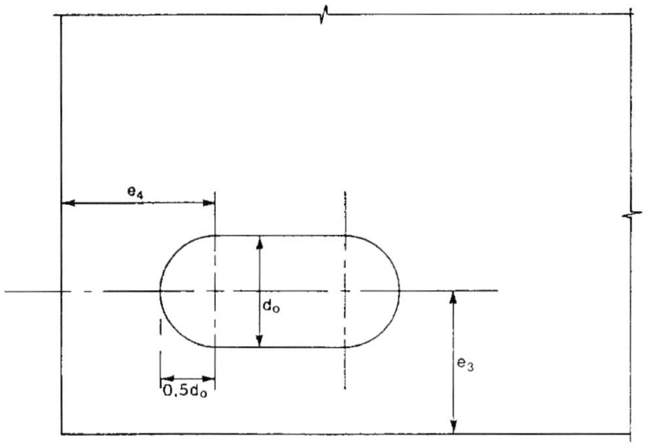

e) Randabstände bei Langlöchern

Bild 3.1: Loch- und Randabstände von Verbindungsmitteln

NCI Zu 3.5 Schraubverbindungen mit Sackloch

Die folgenden Regelungen gelten für Gewindeteile ≤ M100.

Bei Schraubverbindungen – z. B. Gewindestangen und Sacklochverbindungen – reicht die Einschraubtiefe aus, wenn das Verhältnis ξ der Einschraubtiefe zum Durchmesser des Außengewindes mindestens folgenden Wert erreicht

$\xi = (600/f_{u,k}) \cdot (0{,}3+0{,}4 f_{u,b,k}/500)$ und wenn $f_{u,k} \leq f_{u,b,k}$ erfüllt ist.

Dabei ist

$f_{u,k}$ der charakteristische Wert der Zugfestigkeit des Bauteils mit Innengewinde in N/mm^2;

$f_{u,b,k}$ der charakteristische Wert der Zugfestigkeit des Bauteils mit Außengewinde in N/mm^2.

ANMERKUNG 1 Eine genauere Ermittlung der Einschraubtiefe bei Sacklochverbindungen (z. B. Einschraubtiefe für Rundstäbe mit Gewinde) erfolgt nach der VDI-Richtlinie 2230.

ANMERKUNG 2 Sacklochverbindungen dürfen nur mit speziellem Nachweis (Verfahrensprüfung) planmäßig vorgespannt werden.

Bei Schraubverbindungen gelten die Regeln für Schraubenverbindungen im Übrigen sinngemäß.

Tragfähigkeiten einzelner Verbindungsmittel 3.6

Schrauben und Niete 3.6.1

(1) Die Bemessungswerte der Tragfähigkeit einzelner Verbindungsmittel unter Scher- und/oder Zugbeanspruchung sind in Tabelle 3.4 angegeben.

(2) Bei vorgespannten Schrauben, welche den Anforderungen nach 3.1.2(1) entsprechen, ist in der Regel der Bemessungswert der Vorspannkraft, $F_{p,Cd}$, wie folgt anzusetzen:

$$F_{p,Cd} = 0{,}7\, f_{ub}\, A_s / \gamma_{M7} \tag{3.1}$$

ANMERKUNG Wird die Vorspannung bei der Bemessung nicht angesetzt, siehe Anmerkung zu Tabelle 3.2.

(3) Die Tragfähigkeit für Zug- oder Scherbeanspruchung im Gewindequerschnitt darf in der Regel nur dann mit dem vollen Wert nach Tabelle 3.4 angesetzt werden, wenn die Schrauben Bezugsnormengruppe 4 in 1.2.4 entsprechen. Für Schrauben mit geschnittenem Gewinde, z. B. Ankerschrauben oder Zugstangen, die aus Rundstahl gefertigt werden, dürfen die Werte aus Tabelle 3.4 verwendet werden, sofern die Ausführung EN 1090 entspricht. Für Schrauben mit geschnittenem Gewinde, für welche die Anforderungen nach EN 1090 nicht erfüllt werden, sind die Werte aus Tabelle 3.4 in der Regel mit dem Faktor 0,85 abzumindern.

(4) Die Abschertragfähigkeit $F_{v,Rd}$ in Tabelle 3.4 ist in der Regel nur anzusetzen, wenn die Schraubenlöcher ein normales Lochspiel entsprechend Bezugsnormengruppe 7 in 1.2.7 haben.

(5) M12- und M14-Schrauben dürfen auch mit einem Lochspiel von 2 mm eingesetzt werden, sofern der Bemessungswert der Abschertragfähigkeit kleiner oder gleich dem Bemessungswert der Lochleibungstragfähigkeit ist und wenn zusätzlich für Schrauben der Festigkeitsklassen 4.8, 5.8, 6.8, 8.8 und 10.9 die Abschertragfähigkeit $F_{v,Rd}$ nach Tabelle 3.4 mit dem Faktor 0,85 abgemindert wird.

(6) Passschrauben sind in der Regel wie Schrauben mit normalem Lochspiel zu bemessen.

(7) In der Regel darf bei Passschrauben das Gewinde nicht in der Scherfuge liegen.

(8) Bei Passschrauben sollte die Länge des Gewindes im auf Lochleibung beanspruchten Blech nicht mehr als 1/3 der Blechdicke betragen, siehe Bild 3.2.

(9) Für das Lochspiel bei Passschrauben gilt in der Regel Bezugsnormengruppe 7 in 1.2.7.

(10) In einschnittigen Anschlüssen mit nur einer Schraubenreihe, siehe Bild 3.3, sollten Unterlegscheiben sowohl unter dem Schraubenkopf als auch unter der Mutter eingesetzt werden. Die Lochleibungstragfähigkeit $F_{b,Rd}$ der Schrauben ist zu begrenzen auf:

$$F_{b,Rd} \leq 1{,}5\, f_u\, d\, t / \gamma_{M2} \tag{3.2}$$

ANMERKUNG Verbindungen mit nur einem Niet sollten bei einschnittigen Anschlüssen nicht verwendet werden.

(11) Bei Schrauben der Festigkeitsklasse 8.8 oder 10.9 in einschnittigen Anschlüssen mit nur einer Schraube oder nur einer Schraubenreihe sind in der Regel gehärtete Unterlegscheiben zu verwenden.

(12) Übertragen Schrauben oder Niete Scher- und Lochleibungskräfte über Futterbleche mit einer Dicke t_p größer als ein Drittel des Durchmessers d, siehe Bild 3.4, so ist in der Regel die Schertragfähigkeit $F_{v,Rd}$ nach Tabelle 3.4 mit einem Beiwert β_p abzumindern:

$$\beta_p = \frac{9d}{8d + 3t_p} \quad \text{jedoch } \beta_p \leq 1 \tag{3.3}$$

(13) Bei zweischnittigen Verbindungen mit Futterblechen auf beiden Seiten des Stoßes ist in der Regel für den Wert t_p die Dicke des dickeren Futterblechs anzusetzen.

(14) Verbindungen mit Nieten sind in der Regel für die Übertragung von Scher- und Lochleibungskräften zu bemessen. Bei Zugbeanspruchung darf der Bemessungswert der einwirkenden Zugkraft $F_{t,Ed}$ den Bemessungswert der Tragfähigkeit $F_{t,Rd}$ nach Tabelle 3.4 nicht überschreiten.

(15) Bei Einsatz der Stahlsorte S235 darf die Zugfestigkeit des Nietwerkstoffs f_{ur} „nach dem Schlagen" mit 400 N/mm² angesetzt werden.

(16) Im Allgemeinen sollte die Klemmlänge der Niete bei Schlagen mit Niethammer den Wert 4,5d und bei hydraulischem Nieten den Wert 6,5d nicht überschreiten.

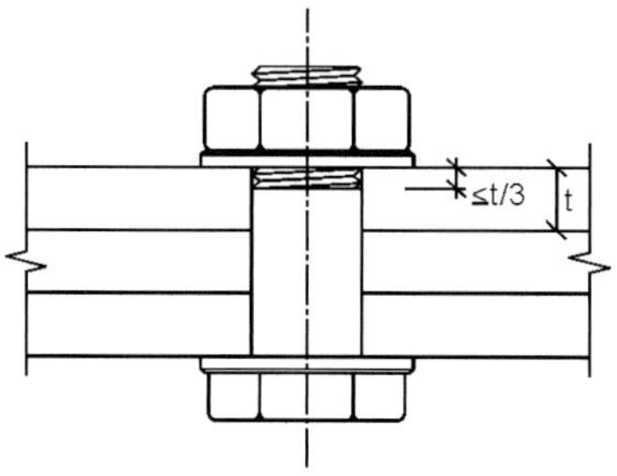

Bild 3.2: In ein Schraubenloch hineinragendes Gewinde von Passschrauben

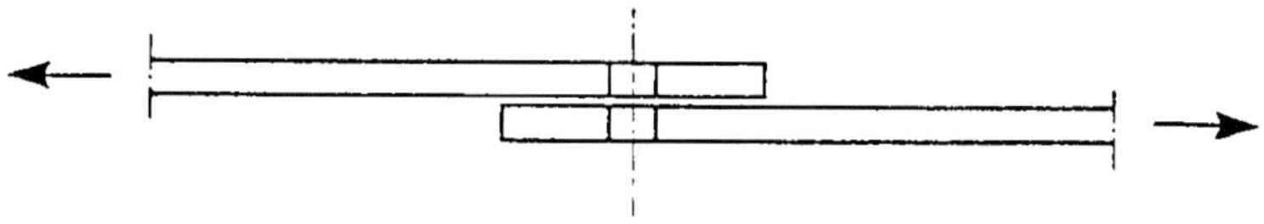

Bild 3.3: Einschnittige Verbindung mit einer Schraubenreihe

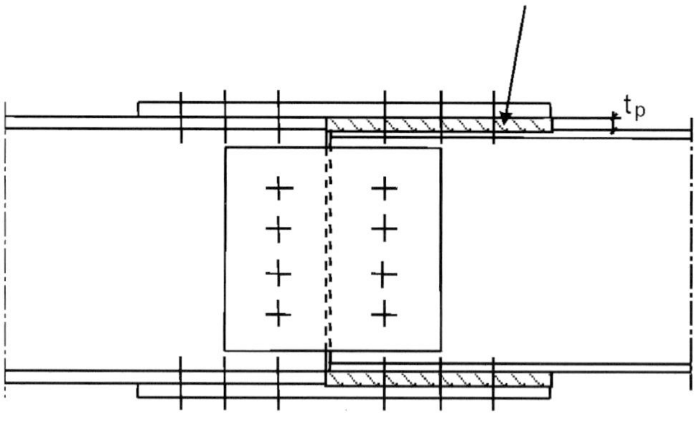

Bild 3.4: Verbindungsmittel durch Futterbleche

Tabelle 3.4: Beanspruchbarkeit einzelner Verbindungsmittel mit Scher- und/oder Zugbeanspruchung

Versagenskriterium	Schrauben	Niete
Abscheren je Scherfuge	$F_{v,Rd} = \dfrac{\alpha_v f_{ub} A}{\gamma_{M2}}$ – wenn das Gewinde der Schraube in der Scherfuge liegt (A ist die Spannungsquerschnittsfläche A_s der Schraube): – für Festigkeitsklassen 4.6, 5.6 und 8.8: $\alpha_v = 0{,}6$ – für Festigkeitsklassen 4.8, 5.8, 6.8 und 10.9: $\alpha_v = 0{,}5$ – wenn der Schaft der Schraube in der Scherfuge liegt (A ist die Schaftquerschnittsfläche der Schraube): $\alpha_v = 0{,}6$	$F_{v,Rd} = \dfrac{0{,}6 f_{ur} A_0}{\gamma_{M2}}$
Lochleibung[1), 2), 3)]	$F_{b,Rd} = \dfrac{k_1 \alpha_b f_u d t}{\gamma_{M2}}$ wobei α_b der kleinste Wert ist von α_d; $\dfrac{f_{ub}}{f_u}$ oder 1,0; in Kraftrichtung: – für am Rand liegende Schrauben: $\alpha_d = \dfrac{e_1}{3d_0}$, – für innen liegende Schrauben: $\alpha_d = \dfrac{p_1}{3d_0} - \dfrac{1}{4}$ quer zur Kraftrichtung: – für am Rand liegende Schrauben: k_1 ist der kleinste Wert von $2{,}8\dfrac{e_2}{d_0} - 1{,}7$, $1{,}4\dfrac{p_2}{d_0} - 1{,}7$ und 2,5 – für innen liegende Schrauben: k_1 ist der kleinste Wert von $1{,}4\dfrac{p_2}{d_0} - 1{,}7$ oder 2,5	
Zug[2)]	$F_{t,Rd} = \dfrac{k_2 f_{ub} A_s}{\gamma_{M2}}$ wobei $k_2 = 0{,}63$ für Senkschrauben, sonst $k_2 = 0{,}9$.	$F_{t,Rd} = \dfrac{0{,}6 f_{ur} A_0}{\gamma_{M2}}$
Durchstanzen	$B_{p,Rd} = 0{,}6\,\pi\, d_m\, t_p\, f_u/\gamma_{M2}$	kein Nachweis erforderlich
Kombination von Scher-/ Lochleibung und Zug	$\dfrac{F_{v,Ed}}{F_{v,Rd}} + \dfrac{F_{t,Ed}}{1{,}4 F_{t,Rd}} \leq 1{,}0$	

1) Die Lochleibungstragfähigkeit $F_{b,Rd}$ wird
- bei großem Lochspiel statt normalem Lochspiel mit dem Beiwert 0,8 abgemindert;
- bei Langlöchern mit Längsachse quer zur Kraftrichtung mit dem Beiwert 0,6 gegenüber normalem Lochspiel abgemindert.

2) Bei Senkschrauben
- wird bei der Bestimmung der Lochleibungstragfähigkeit $F_{b,Rd}$ die Blechdicke t als Dicke des maßgebenden Verbindungsbleches abzüglich der Hälfte der Senkung angesetzt;
- gelten bei der Bestimmung der Zugtragfähigkeit $F_{t,Rd}$ die Regeln der Bezugsnormengruppe 4 in 1.2.4; andernfalls sollte eine entsprechende Anpassung der Zugtragfähigkeit $F_{t,Rd}$ erfolgen.

3) Bei schräg angreifenden Schraubenkräften darf die Lochleibungstragfähigkeit getrennt für die Kraftkomponenten parallel und senkrecht zum Rand nachgewiesen werden.

3.6.2 Injektionsschrauben

3.6.2.1 Allgemeines

(1) Injektionsschrauben können bei Verbindungen der Kategorien A, B und C, siehe 3.4, als Alternative zu normalen Schrauben und Nieten verwendet werden.

(2) Herstellung und Einbau von Injektionsschrauben erfolgen nach Bezugsnormengruppe 7 in 1.2.7.

3.6.2.2 Beanspruchbarkeiten

(1) Die Bemessungsregeln in 3.6.2.2(2) bis 3.6.2.2(6) gelten für Injektionsschrauben der Festigkeitsklassen 8.8 oder 10.9. Schraubengruppen sollten den Anforderungen in Bezugsnormengruppe 4 in 1.2.4 genügen, bei Vorspannung der Schrauben siehe jedoch auch 3.6.2.2(3).

(2) Der Bemessungswert der einwirkenden Abscherkraft einer Schraube der Kategorie A im Grenzzustand der Tragfähigkeit darf in der Regel weder den Bemessungswert der Schertragfähigkeit der Schraube oder einer Schraubengruppe nach 3.6 und 3.7 noch der Lochleibungstragfähigkeit des Injektionsharzes nach 3.6.2.2(5) überschreiten.

(3) Für Verbindungen der Kategorien B und C sind in der Regel vorgespannte Injektionsschrauben einzusetzen; dabei sind Schraubengarnituren nach 3.1.2(1) zu verwenden.

(4) Die Bemessungswerte der einwirkenden Scherkraft in Verbindungen der Kategorie B im Grenzzustand der Gebrauchstauglichkeit und der einwirkenden Scherkraft in Verbindungen der Kategorie C im Grenzzustand der Tragfähigkeit dürfen in der Regel die Bemessungswerte des Gleitwiderstandes der Verbindung nach 3.9 sowie der Lochleibungstragfähigkeit des Injektionsharzes nach 3.6.2.2(5), die für die jeweiligen Grenzzustände gelten, nicht überschreiten. Zusätzlich darf, als wäre keine Injektion vorhanden, in der Regel der Bemessungswert der einwirkenden Scherkraft in Verbindungen der Kategorien B und C im Grenzzustand der Tragfähigkeit weder den Bemessungswert der Schertragfähigkeit der Schraube nach 3.6 noch den Bemessungswert der Lochleibungstragfähigkeit der Stahlbleche nach 3.6 und 3.7 überschreiten.

(5) Die Lochleibungstragfähigkeit des Injektionsharzes, $F_{\mathrm{b,Rd,resin}}$, kann wie folgt ermittelt werden:

$$F_{\mathrm{b,Rd,resin}} = \frac{k_{\mathrm{t}}\, k_{\mathrm{s}}\, d\, t_{\mathrm{b,resin}}\, \beta\, f_{\mathrm{b,resin}}}{\gamma_{\mathrm{M4}}} \tag{3.4}$$

Dabei ist

$F_{\mathrm{b,Rd,resin}}$	der Bemessungswert der Lochleibungstragfähigkeit des Injektionsharzes;
β	der Beiwert abhängig vom Verhältnis der Blechdicken der verbundenen Bleche, siehe Tabelle 3.5 und Bild 3.5;
$f_{\mathrm{b,resin}}$	die Festigkeit des Injektionsharzes bei Lochleibungsbeanspruchung, ermittelt nach Bezugsnormengruppe 7 in 1.2.7;
$t_{\mathrm{b,resin}}$	die effektive Lochleibungsdicke bei Injektionsschrauben entsprechend Tabelle 3.5;
k_{t}	1,0 im Grenzzustand der Gebrauchstauglichkeit (lange Einwirkungsdauer); 1,2 im Grenzzustand der Tragfähigkeit;
k_{s}	1,0 bei Löchern mit normalem Lochspiel oder (1,0 – 0,1 m) bei übergroßen Löchern;
m	die Differenz, in mm, zwischen normalem Lochspiel und übergroßem Lochspiel. Bei kurzen Langlöchern nach Bezugsnormengruppe 7 in 1.2.7, $m = 0{,}5 \times$ (Differenz, in mm, zwischen Lochlänge und Lochweite).

(6) Bei Schrauben mit einer größeren Klemmlänge als $3d$ sollte die effektive Lochleibungsdicke $t_{\mathrm{b,resin}}$ der Injektionsschrauben den Wert $3d$ nicht überschreiten, siehe Bild 3.6.

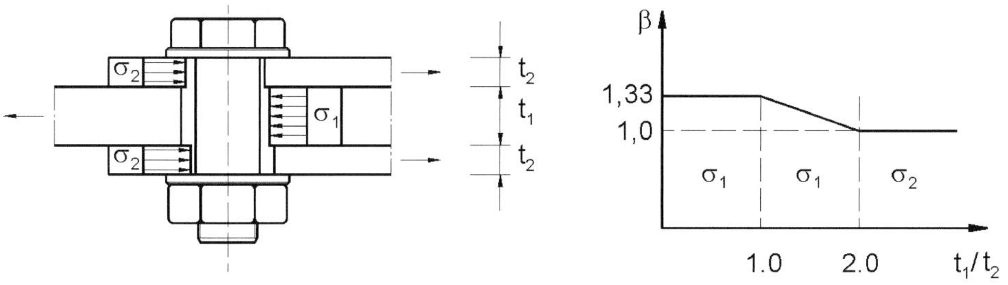

Bild 3.5: Beiwert β in Abhängigkeit vom Verhältnis der Blechdicken

Tabelle 3.5: Werte für β und $t_{\mathrm{b,resin}}$

t_l/t_2	β	$t_{\mathrm{b,resin}}$
$\geq 2{,}0$	1,0	$2\,t_2 \leq 1{,}5\,d$
$1{,}0 < t_l/t_2 < 2{,}0$	$1{,}66 - 0{,}33\,(t_1/t_2)$	$t_1 \leq 1{,}5\,d$
$\leq 1{,}0$	1,33	$t_1 \leq 1{,}5\,d$

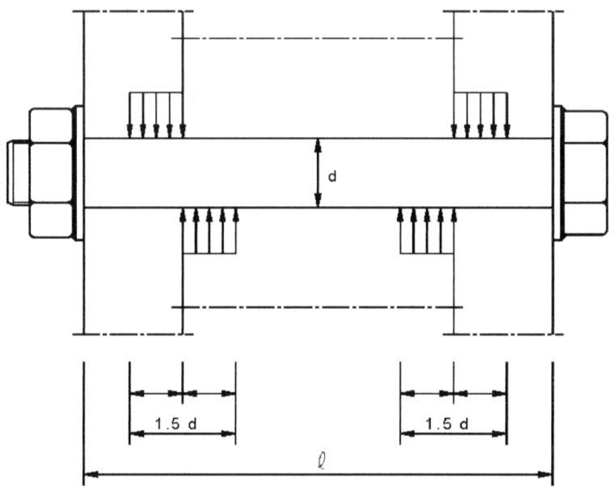

Bild 3.6: Begrenzung der effektiven Länge von langen Injektionsschrauben

Gruppen von Verbindungsmitteln 3.7

(1) Die Beanspruchbarkeit von Gruppen von Verbindungsmitteln darf als Summe der Lochleibungstragfähigkeiten $F_{\mathrm{b,Rd}}$ der einzelnen Verbindungsmittel angenommen werden, sofern die jeweilige Abschertragfähigkeit $F_{\mathrm{v,Rd}}$ der einzelnen Verbindungsmittel mindestens so groß ist wie der Bemessungswert der Lochleibungstragfähigkeit $F_{\mathrm{b,Rd}}$. Andernfalls ist die Beanspruchbarkeit der Gruppe von Verbindungsmitteln in der Regel durch Multiplikation der Anzahl an Verbindungsmitteln mit der kleinsten vorhanden Abschertragfähigkeit bzw. Lochleibungstragfähigkeit zu ermitteln.

Lange Anschlüsse 3.8

(1) Wenn der Abstand L_{j} zwischen den Achsen des ersten und des letzten Verbindungsmittels in einem langen Anschluss, gemessen in Richtung der Kraftübertragung, siehe Bild 3.7, mehr als 15 d beträgt, so ist in der Regel der Bemessungswert der Abschertragfähigkeit $F_{\mathrm{v,Rd}}$ aller Verbindungsmittel, berechnet nach Tabelle 3.4, mit einem Abminderungsbeiwert β_{Lf} abzumindern. Dieser Abminderungsbeiwert ergibt sich zu:

$$b_{\mathrm{Lf}} = 1 - \frac{L_{\mathrm{j}} - 15d}{200d} \qquad (3.5)$$

jedoch $\beta_{\mathrm{Lf}} \leq 1{,}0$ und $\beta_{\mathrm{Lf}} \geq 0{,}75$

(2) Die Regelung in 3.8(1) gilt nicht, wenn eine gleichmäßige Verteilung der Kraftübertragung über die Länge des Anschlusses erfolgt, z. B. bei der Übertragung der Schubkraft zwischen Stegblech und Flansch eines Querschnitts.

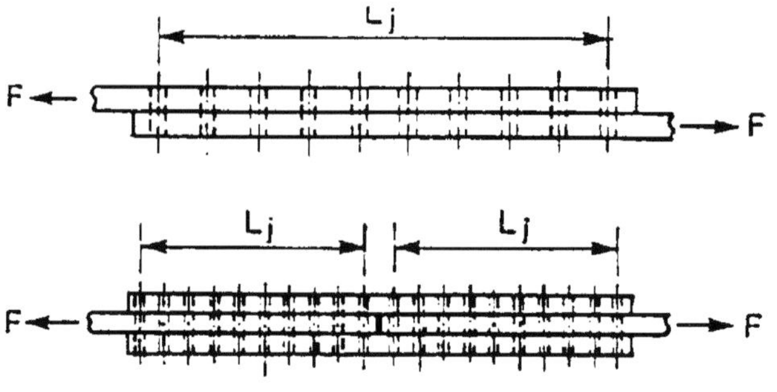

Bild 3.7: Lange Anschlüsse

3.9 Gleitfeste Verbindungen mit hochfesten Schrauben der Festigkeitsklasse 8.8 oder 10.9

3.9.1 Gleitwiderstand

(1) Der Bemessungswert des Gleitwiderstandes vorgespannter hochfester Schrauben der Festigkeitsklasse 8.8 oder 10.9 ist in der Regel wie folgt zu ermitteln:

$$F_{s,Rd} = \frac{k_s n \mu}{\gamma_{M3}} F_{p,C} \qquad (3.6a)$$

$$F_{s,Rd,ser} = \frac{k_s n \mu}{\gamma_{M3,ser}} F_{p,C} \qquad (3.6b)$$

Dabei ist

k_s der Beiwert, siehe Tabelle 3.6;

n die Anzahl der Reiboberflächen;

μ die Reibungszahl, entweder durch Versuche nach Bezugsnormengruppe 7 in 1.2.7 für die jeweilige Reiboberfläche zu ermitteln oder der Tabelle 3.7 zu entnehmen.

(2) Bei Schrauben der Festigkeitsklassen 8.8 und 10.9 nach Bezugsnormengruppe 4 in 1.2.4 mit kontrollierter Vorspannung nach Bezugsnormengruppe 7 in 1.2.7 ist in der Regel die Vorspannkraft $F_{p,C}$ in Gleichung (3.6) wie folgt anzunehmen:

$$F_{p,C} = 0{,}7\, f_{ub}\, A_s \qquad (3.7)$$

Tabelle 3.6: Zahlenwerte k_s

Beschreibung	k_s
Schrauben in Löchern mit normalem Lochspiel	1,0
Schrauben in übergroßen Löchern oder in kurzen Langlöchern, deren Längsachse quer zur Kraftrichtung liegt	0,85
Schrauben in großen Langlöchern, deren Längsachse quer zur Kraftrichtung liegt	0,7
Schrauben in kurzen Langlöchern, deren Längsachse parallel zur Kraftrichtung liegt	0,76
Schrauben in großen Langlöchern, deren Längsache parallel zur Kraftrichtung liegt	0,63

Tabelle 3.7: Reibungszahl μ für vorgespannte Schrauben

Gleitflächenklassen (siehe Bezugsnormengruppe 7 in 1.2.7)	Reibungszahl μ
A	0,5
B	0,4
C	0,3
D	0,2

ANMERKUNG 1 Anforderungen an Versuche und deren Bewertung sind in Bezugsnormengruppe 7 in 1.2.7 angegeben.

ANMERKUNG 2 Die Einstufung von anderen Vorbehandlungen in Gleitflächenklassen sollte auf der Grundlage von Versuchen und mit Proben vorgenommen werden, deren Oberflächen der Vorbehandlung im wirklichen Bauwerk nach Bezugsnormengruppe 7 in 1.2.7 entsprechen.

ANMERKUNG 3 Die Definition der Gleitflächenklassen ist in Bezugsnormengruppe 7 in 1.2.7 enthalten.

ANMERKUNG 4 Bei beschichteten Oberflächen besteht die Möglichkeit eines zeitabhängigen Verlustes der Vorspannung.

Kombinierte Scher- und Zugbeanspruchung 3.9.2

(1) Wenn eine gleitfeste Verbindung zusätzlich zur einwirkenden Abscherkraft $F_{v,Ed}$ oder $F_{v,Ed,ser}$ durch eine einwirkende Zugkraft $F_{t,Ed}$ oder $F_{t,Ed,ser}$ beansprucht wird, ist in der Regel der Gleitwiderstand je Schraube wie folgt anzunehmen:

bei Kategorie B Verbindungen: $$F_{s,Rd,ser} = \frac{k_s\, n\mu(F_{p,C} - 0{,}8F_{t,Ed,ser})}{\gamma_{M3,ser}} \qquad (3.8a)$$

bei Kategorie C Verbindungen: $$F_{s,Rd} = \frac{k_s\, n\mu(F_{p,C} - 0{,}8F_{t,Ed})}{\gamma_{M3}} \qquad (3.8b)$$

(2) Stehen in einer biegebeanspruchten Verbindung die Zugkräfte in den Schrauben mit der über Kontakt übertragenden Druckkraft im Gleichgewicht, so ist eine Abminderung des Gleitwiderstandes nicht erforderlich.

Hybridverbindungen 3.9.3

(1) Als Ausnahme zu 2.4(3) darf der Gleitwiderstand von Verbindungen der Kategorie C in 3.4 mit vorgespannten Schrauben der Festigkeitsklassen 8.8 und 10.9 mit der Tragfähigkeit von Schweißnähten überlagert werden, vorausgesetzt, dass das endgültige Anziehen der Schrauben nach der vollständigen Ausführung der Schweißarbeiten erfolgt.

Lochabminderungen 3.10

Allgemeines 3.10.1

(1) Lochabminderungen bei der Bemessung von Bauteilen sind in der Regel entsprechend EN 1993-1-1 vorzunehmen.

Blockversagen von Schraubengruppen 3.10.2

(1) Das Blockversagen einer Schraubengruppe wird durch das Schubversagen des Blechs entlang der schubbeanspruchten Schraubenreihe verursacht. Dies geschieht in Kombination mit dem Zugversagen des Blechs entlang der zugbeanspruchten Schraubenreihe am Kopf der Schraubengruppe. Bild 3.8 stellt das Blockversagen dar.

(2) Für eine symmetrisch angeordnete Schraubengruppe unter zentrischer Belastung ergibt sich der Widerstand gegen Blockversagen $V_{eff,1,Rd}$ zu:

$$V_{\text{eff,1,Rd}} = f_\text{u} A_\text{nt} / \gamma_\text{M2} + \frac{f_\text{y}}{\sqrt{3}} A_\text{nv} / \gamma_\text{M0} \tag{3.9}$$

Dabei ist

A_nt die zugbeanspruchte Netto-Querschnittsfläche;

A_nv die schubbeanspruchte Netto-Querschnittsfläche.

(3) Für eine Schraubengruppe unter exzentrischer Belastung ergibt sich der Widerstand gegen Blockversagen $V_\text{eff,2,Rd}$ zu:

$$V_{\text{eff,2,Rd}} = 0{,}5 f_\text{u} A_\text{nt} / \gamma_\text{M2} + \frac{f_\text{y}}{\sqrt{3}} A_\text{nv} / \gamma_\text{M0} \tag{3.10}$$

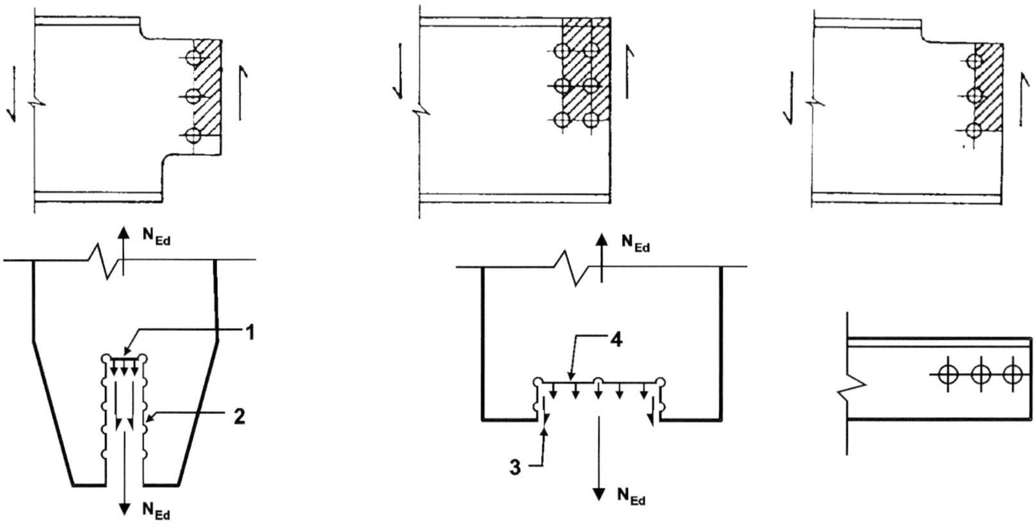

Legende
1 kleine Zugkraft
2 große Schubkraft
3 kleine Schubkraft
4 große Zugkraft

Bild 3.8: Blockversagen von Schraubengruppen

3.10.3 Einseitig angeschlossene Winkel und andere unsymmetrisch angeschlossene Bauteile unter Zugbelastung

(1) Die Exzentrizität von Anschlüssen, siehe 2.7(1), sowie die Einflüsse von Loch- und Randabständen der Schrauben sind in der Regel bei der Bestimmung der Tragfähigkeiten von:

- unsymmetrischen Bauteilen;
- symmetrischen Bauteilen, deren Anschluss unsymmetrisch erfolgt, z. B. bei einseitig angeschlossenen Winkeln,

zu berücksichtigen.

(2) Einseitig mit einer Schraubenreihe angeschlossene Winkel, siehe Bild 3.9, dürfen wie zentrisch belastete Winkel bemessen werden, wenn die Tragfähigkeit $N_\text{u,Rd}$ mit einem effektiven Nettoquerschnitt wie folgt bestimmt wird:

mit 1 Schraube: $$N_\text{u,Rd} = \frac{2{,}0(e_2 - 0{,}5 d_0) t f_\text{u}}{\gamma_\text{M2}} \tag{3.11}$$

mit 2 Schrauben: $$N_\text{u,Rd} = \frac{\beta_2 A_\text{net} f_\text{u}}{\gamma_\text{M2}} \tag{3.12}$$

mit 3 oder mehr Schrauben: $$N_\text{u,Rd} = \frac{\beta_3 A_\text{net} f_\text{u}}{\gamma_\text{M2}} \tag{3.13}$$

Dabei ist

β_2 und β_3 die Abminderungsbeiwerte in Abhängigkeit vom Lochabstand p_1, siehe Tabelle 3.8. Für Zwischenwerte von p_1 darf der Wert β interpoliert werden;

A_{net} die Nettoquerschnittsfläche des Winkels. Wird ein ungleichschenkliger Winkel am kleineren Schenkel angeschlossen, so ist A_{net} in der Regel für einen äquivalenten gleichschenkligen Winkel mit den kleineren Schenkelabmessungen zu berechnen.

Tabelle 3.8: Abminderungsbeiwerte β_2 und β_3

Lochabstand	p_1	$\leq 2{,}5\,d_0$	$\geq 5{,}0\,d_0$
2 Schrauben	β_2	0,4	0,7
3 Schrauben oder mehr	β_3	0,5	0,7

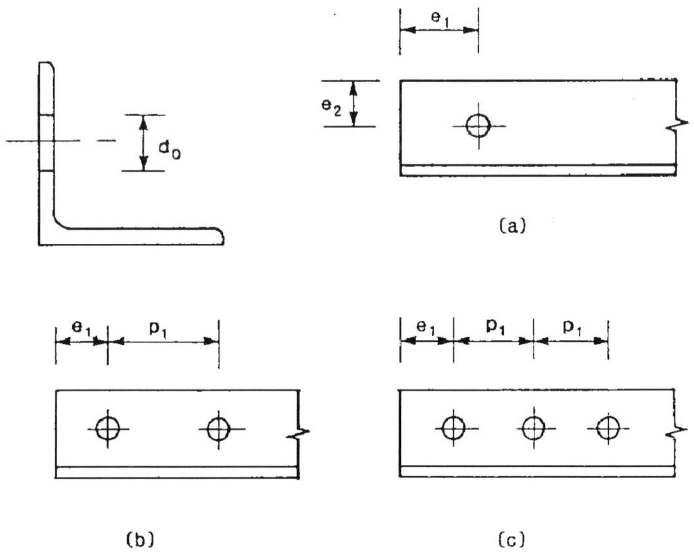

Legende

a) 1 Schraube
b) 2 Schrauben
c) 3 Schrauben

Bild 3.9: Einseitig angeschlossene Winkel

Anschlusswinkel für indirekten Anschluss 3.10.4

(1) Anschlusswinkel für indirekten Anschluss, wie z. B. in Bild 3.10 dargestellt, verbinden z. B. abstehende Schenkel von Winkelprofilen mit den Knotenblechen und sind in der Regel für das 1,2fache der Kraft in dem abstehenden Schenkel des angeschlossenen Winkels zu bemessen.

(2) Die Verbindungsmittel zwischen dem Anschlusswinkel und dem abstehenden Schenkel des angeschlossenen Winkelprofils sind in der Regel für das 1,4fache der Kraft in dem abstehenden Schenkel des angeschlossenen Winkels zu bemessen.

(3) Anschlusswinkel zur Verbindung von U-Profilen oder ähnlichen Bauteilen sind in der Regel für das 1,1fache der Kraft in dem abstehenden Flansch des U-Profils zu bemessen.

(4) Die Verbindungsmittel zwischen Anschlusswinkel und U-Profil oder ähnlichen Bauteilen sind in der Regel für das 1,2fache der Kraft, die in dem angeschlossenen U-Profil-Flansch vorliegt, zu bemessen.

(5) Auf keinen Fall sollten weniger als zwei Schrauben oder Niete zur Verbindung eines Anschlusswinkels für indirekten Anschluss mit einem Knotenblech oder einer ähnlichen Komponente verwendet werden.

(6) Die Verbindung des Anschlusswinkels an ein Knotenblech oder eine ähnliche Komponente sollte bis an das Ende des angeschlossenen Bauteils durchgeführt werden. Die Verbindung des Anschlusswinkels an das angeschlossene Bauteil sollte vom Ende des angeschlossenen Bauteils über das Ende des Knotenblechs hinausgeführt werden.

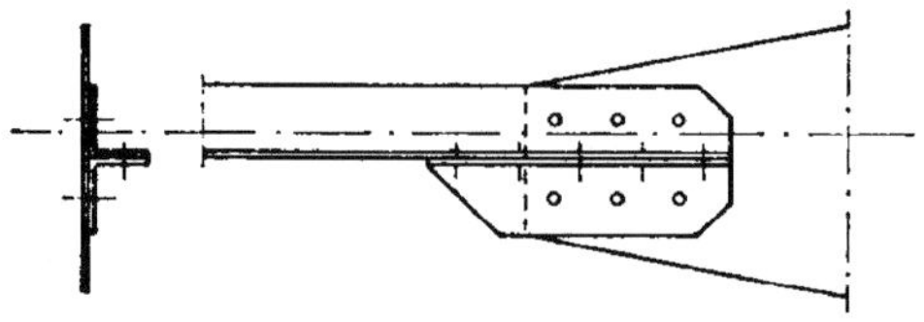

Bild 3.10: Anschlusswinkel für indirekten Anschluss

3.11 Abstützkräfte

(1) Werden Verbindungsmittel auf Zug belastet, so sind bei der Bemessung zusätzliche Abstützkräfte zu berücksichtigen, sofern diese infolge von Hebelwirkungen aus Blechkontakten auftreten können.

ANMERKUNG Die Regelungen in 6.2.4 berücksichtigen implizit solche Abstützkräfte.

3.12 Kräfteverteilung auf Verbindungsmittel im Grenzzustand der Tragfähigkeit

(1) Tritt in einem Anschluss ein äußeres Moment auf, so darf die Verteilung der einwirkenden Kräfte auf die Verbindungsmittel entweder linear (d. h. proportional zum Abstand vom Rotationszentrum) oder plastisch (d. h. jede Verteilung, die das Gleichgewicht erfüllt, ist möglich, vorausgesetzt, dass die Tragfähigkeiten der Komponenten nicht überschritten werden und die Duktilitäten der Komponenten ausreichend sind) ermittelt werden.

(2) Die lineare Verteilung der einwirkenden Kräfte ist in der Regel in folgenden Fällen zu verwenden:

- Schrauben in gleitfesten Verbindungen der Kategorie C,
- Scher-/Lochleibungsverbindungen, bei denen die Abschertragfähigkeit $F_{\mathrm{v,Rd}}$ kleiner ist als die Lochleibungstragfähigkeit $F_{\mathrm{b,Rd}}$,
- Verbindungen unter Stoßbelastung, Schwingbelastung oder mit Lastumkehr (außer Windlasten).

(3) Für einen nur durch zentrische Schubkraft beanspruchten Anschluss darf für die Verbindungsmittel eine gleichmäßige Lastverteilung angenommen werden, wenn nur Verbindungsmittel der gleichen Größe und Klassifizierung verwendet werden.

3.13 Bolzenverbindungen

3.13.1 Allgemeines

NCI Zu 3.13.1 Schraubverbindungen

Es sind Kopf- und Gewindebolzen nach Tabelle NA.1 zu verwenden. Für Kopf- und Gewindebolzen, die nicht in Tabelle NA.1 aufgeführt sind, sind die Nachweise nach DIN EN 1090-2:2008-12, 5.6.12 zu erbringen.

Bei der Ermittlung der Beanspruchbarkeiten von Verbindungen mit Kopf- und Gewindebolzen sind für die Bolzenwerkstoffe die in Tabelle NA.1 angegebenen charakteristischen Werte zu verwenden.

Tabelle NA.1: Als charakteristische Werte für Werkstoffe von Kopf- und Gewindebolzen festgelegte Werte

	1	2	3	4
	Bolzen	**nach**	**Streckgrenze** $f_{y,b,k}$ N/mm^2	**Zugfestigkeit** $f_{u,b,k}$ N/mm^2
1	Festigkeitsklasse 4.8	DIN EN ISO 13918	340	420
2	S235J2+C450	DIN EN ISO 13918	350	450
3	S235JR, S235J0, S235J2, S355J0, S355J2	DIN EN ISO 10025-2	Werte nach DIN EN 1993-1-1:2010-12, Tabelle 3.1	

(1) Bolzen sind in der Regel gegen Lösen zu sichern.

(2) Bolzenverbindungen, in denen keine Verdrehung in den Augen erforderlich ist, dürfen wie Einschraubenverbindungen bemessen werden, wenn die Bolzenlänge kleiner als das Dreifache des Bolzendurchmessers ist, siehe 3.6.1. Anderenfalls gelten die Regelungen in 3.13.2.

(3) Für Augenstäbe sind in der Regel die Anforderungen in Tabelle 3.9 einzuhalten.

Tabelle 3.9: Geometrische Anforderungen an Augenstäbe

Möglichkeit A:
Dicke t vorgegeben

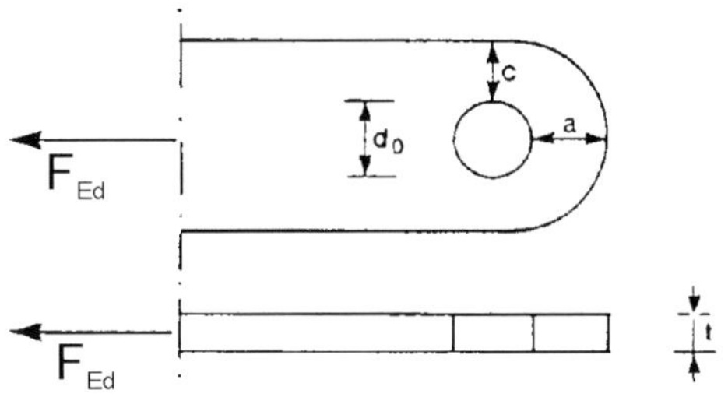

$$a \geq \frac{F_{Ed}\gamma_{M0}}{2tf_y} + \frac{2d_0}{3} \;:\; c \geq \frac{F_{Ed}\gamma_{M0}}{2tf_y} + \frac{d_0}{3}$$

Möglichkeit B:
Geometrie vorgegeben

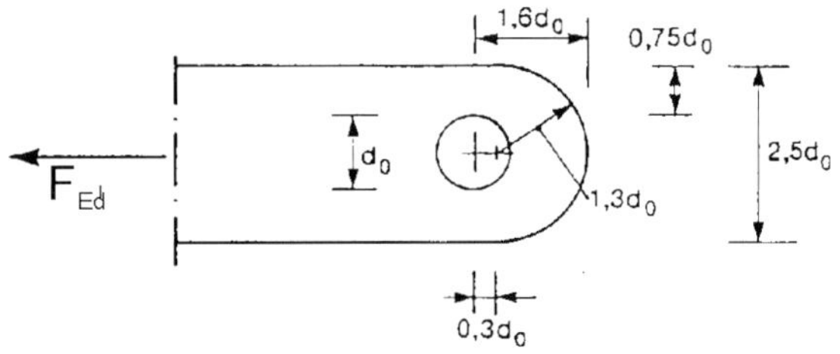

$$t \geq 0{,}7\sqrt{\frac{F_{Ed}\gamma_{M0}}{f_y}} \;:\; d_0 \leq 2{,}5t$$

(4) Bauteile mit Bolzenverbindungen sind in der Regel so zu konstruieren, dass Exzentrizitäten vermieden werden; auf ausreichende Dimensionierung des Übergangs von Augenstab zu Bauteil ist zu achten.

Bemessung der Bolzen 3.13.2

(1) Die Bemessungsregeln für massive Rundbolzen sind in Tabelle 3.10 angegeben.

(2) Die einwirkenden Biegemomente in einem Bolzen sind in der Regel unter der Annahme zu berechnen, dass die Augenstabbleche gelenkige Auflager bilden. Dabei ist anzunehmen, dass die Lochleibungspressung zwischen dem Bolzen und den Augenstabblechen gleichmäßig über die jeweilige Kontaktfläche verteilt ist, siehe Bild 3.11.

(3) Soll der Bolzen austauschbar sein, ist neben den Anforderungen in 3.13.1 und 3.13.2 die Lochleibungsspannung wie folgt zu beschränken:

$$\sigma_{h,Ed} \leq f_{h,Rd} \tag{3.14}$$

Dabei ist

$$\sigma_{h,Ed} = 0{,}591\sqrt{\frac{E\,F_{b,Ed,ser}\,(d_0 - d)}{d^2 t}} \tag{3.15}$$

$$f_{h,Rd} = 2{,}5 f_y/\gamma_{M6,ser} \tag{3.16}$$

Dabei ist

d der Bolzendurchmesser;

d_0 der Bolzenlochdurchmesser;

$F_{b,Ed,ser}$ der Bemessungswert der einwirkenden Lochleibungskraft im Grenzzustand der Gebrauchstauglichkeit.

Tabelle 3.10: Bemessungsregeln für Bolzenverbindungen

Versagenskriterium	**Bemessungsregeln**
Abscheren des Bolzens	$F_{v,Rd} = 0{,}6\,A\,f_{up}/\gamma_{M2} \geq F_{v,Ed}$
Lochleibung von Augenblech und Bolzen	$F_{b,Rd} = 1{,}5\,t\,d\,f_y/\gamma_{M0} \geq F_{b,Ed}$
Bei austauschbaren Bolzen zusätzlich	$F_{b,Rd,ser} = 0{,}6\,t\,d\,f_y/\gamma_{M6,ser} \geq F_{b,Ed,ser}$
Biegung des Bolzens	$M_{Rd} = 1{,}5\,W_{e\ell}\,f_{yp}/\gamma_{M0} \geq M_{Ed}$
Bei austauschbaren Bolzen zusätzlich	$M_{Rd,ser} = 0{,}8\,W_{e\ell}\,f_{yp}/\gamma_{M6,ser} \geq M_{Ed,ser}$
Kombination von Abscheren und Biegung des Bolzens	$\left[\frac{M_{Ed}}{M_{Rd}}\right]^2 + \left[\frac{F_{v,Ed}}{F_{v,Rd}}\right]^2 \leq 1$

d Bolzendurchmesser;

f_y kleinerer Wert der Streckgrenze f_{yb} des Bolzenwerkstoffs und des Werkstoffs des Augenstabs;

f_{up} Bruchfestigkeit des Bolzens;

f_{yp} Streckgrenze des Bolzens;

t Dicke des Augenstabblechs;

A Querschnittsfläche des Bolzens.

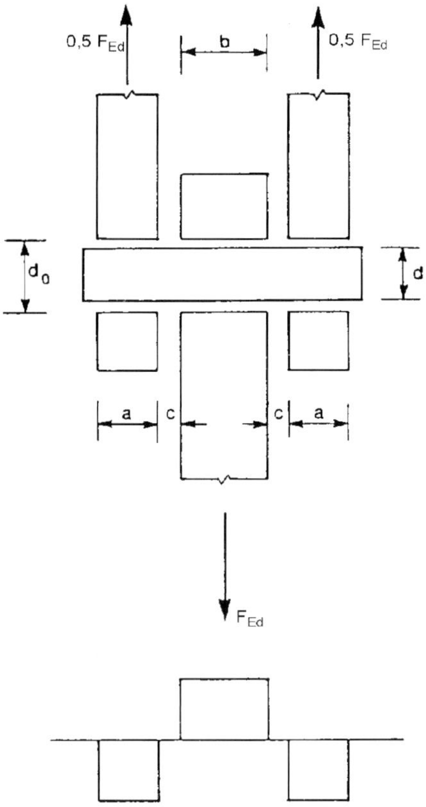

$$M_{Ed} = \frac{F_{Ed}}{8}(b + 4c + 2a)$$

Bild 3.11: Biegemoment in einem Bolzen

Schweißverbindungen 4

Allgemeines 4.1

(1) Die Bestimmungen dieses Abschnittes beziehen sich auf schweißbare Baustähle, die den Anforderungen nach EN 1993-1-1 entsprechen und Erzeugnisdicken von 4 mm oder mehr aufweisen. Weiterhin beschränkt sich die Gültigkeit auf Anschlüsse, in denen das Schweißgut mit dem Grundwerkstoff hinsichtlich der mechanischen Kenngrößen verträglich ist, siehe 4.2.

Für Schweißnähte bei dünneren Erzeugnisdicken gilt EN 1993-1-3; zu Schweißnähten von Hohlprofilen mit Blechdicken von 2,5 mm und mehr siehe Abschnitt 7.

Für das Schweißen von Kopfbolzendübeln ist EN 1994-1-1 zu beachten.

ANMERKUNG Zu weiteren Bestimmungen für das Schweißen von Kopfbolzendübeln siehe auch EN ISO 14555 und EN ISO 13918.

(2)P Für Schweißnähte, die auf Ermüdung beansprucht werden, müssen auch die Grundsätze in EN 1993-1-9 gelten.

(3) Im Allgemeinen ist, sofern nicht anderweitig festgelegt, Qualitätsstandard C nach EN ISO 25817 erforderlich. Der Umfang der Schweißnahtprüfung ist in der Regel unter Verwendung der Bezugsnormengruppe 7 in 1.2.7 festzulegen. Die Qualitätsanforderungen an Schweißnähte sollten nach EN ISO 25817 gewählt werden. Zu Qualitätsanforderungen an ermüdungsbeanspruchte Schweißnähte, siehe EN 1993-1-9.

(4) Die Terrassenbruchgefahr ist in der Regel zu beachten.

(5) Hinweise zum Terrassenbruch gibt EN 1993-1-10.

Schweißzusätze 4.2

(1) Für die Schweißzusätze gelten in der Regel die Normen der Bezugsnormengruppe 5 in 1.2.5.

(2) Die für das Schweißgut spezifizierten Werte der Streckgrenze, Bruchfestigkeit, Bruchdehnung und Mindestkerbschlagarbeit müssen in der Regel mindestens den spezifizierten Werten für den verschweißten Grundwerkstoff entsprechen.

ANMERKUNG Grundsätzlich liegt die Wahl von Elektroden mit höherer Güte als die für die verwendeten Stahlsorten auf der sicheren Seite.

Geometrie und Abmessungen 4.3

Schweißnahtarten 4.3.1

(1) Diese Norm gilt für die Bemessung von Kehlnähten, Schlitznähten, Stumpfnähten, Lochschweißungen und Hohlkehlnähten. Stumpfnähte können entweder durchgeschweißt oder nicht durchgeschweißt sein. Schlitznähte sowie Lochschweißungen können sowohl an Kreislöchern als auch an Langlöchern verwendet werden.

(2) Die üblichen Schweißnahtarten und Anschlussformen sind in EN 12345 dargestellt.

Kehlnähte 4.3.2

Allgemeines 4.3.2.1

(1) Kehlnähte dürfen für die Verbindung von Bauteilen verwendet werden, wenn die Flanken einen Öffnungswinkel von 60° bis 120° bilden.

(2) Kleinere Winkel als 60° sind ebenfalls zulässig. In diesen Fällen sollte die Schweißnaht allerdings als eine nicht durchgeschweißte Stumpfnaht behandelt werden.

(3) Bei Öffnungswinkeln über 120° ist in der Regel die Beanspruchbarkeit der Kehlnähte durch Versuche nach EN 1990, Anhang D nachzuweisen.

(4) An den Enden von Bauteilen sollten Kehlnähte durchgehend mit voller Abmessung und einer Mindestlänge gleich der doppelten Schenkellänge der Naht um die Ecken der Bauteile herumgeführt werden, wo immer eine solche Umschweißung möglich ist.

ANMERKUNG Bei unterbrochen geschweißten Kehlnähten gilt diese Regelung nur für den letzten Schweißnahtabschnitt am Bauteilende.

(5) Umschweißungen an den Bauteilenden sollten in den Zeichnungen angegeben werden.

(6) Zur Exzentrizität von einseitigen Kehlnähten siehe 4.12.

4.3.2.2 Unterbrochen geschweißte Kehlnähte

(1) Unterbrochen geschweißte Kehlnähte sind bei Korrosionsgefährdung in der Regel nicht anzuwenden.

(2) Für die unverschweißten Spaltlängen (L_1 oder L_2) zwischen den einzelnen Schweißabschnitten L_w einer unterbrochen geschweißten Kehlnaht gelten die Anforderungen in Bild 4.1.

(3) Die unverschweißte Spaltlänge (L_1 oder L_2) einer unterbrochen geschweißten Kehlnaht sollte an der gegenüberliegenden Seite oder an derselben Seite bestimmt werden, je nachdem, welche kürzer ist.

(4) Bei Bauteilen, die mit unterbrochen geschweißten Kehlnähten verbunden werden, sollten am Ende stets Schweißabschnitte L_{we} vorgesehen werden.

(5) Bei einem mit unterbrochen geschweißten Kehlnähten zusammengesetzten Bauteil sollte an jedem Blechende beidseitig ein Schweißabschnitt mit einer Länge von mindesten 3/4 der Breite des schmaleren Bleches vorgesehen werden, siehe Bild 4.1.

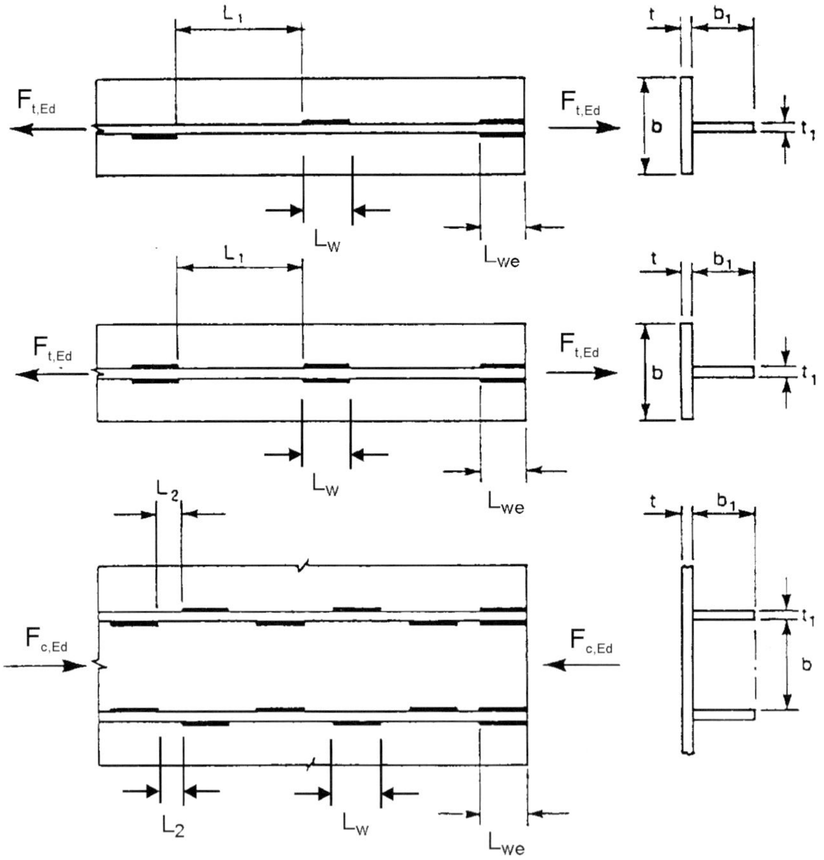

Der kleinste Wert von $L_{we} \geq 0{,}75\ b$ und $0{,}75\ b_1$

Für zusammengesetzte zugbeanspruchte Bauteile:
Der kleinste Wert von $L_1 \leq 16\ t$ und $16\ t_1$ und 200 mm

Für zusammengesetzte druck- oder schubbeanspruchte Bauteile:
Der kleinste Wert von $L_2 \leq 12\ t$ und $12\ t_1$ und $0{,}25\ b$ und 200 mm

Bild 4.1: Unterbrochen geschweißte Kehlnähte

Schlitznähte 4.3.3

(1) Schlitznähte, einschließlich Kehlnähte in Kreis- oder Langlöchern, dürfen nur verwendet werden, um Schub zu übertragen oder um Beulen oder Klaffen von überlappten Teilen zu verhindern.

(2) Für eine Schlitznaht sollte der Durchmesser eines Kreisloches oder die Breite eines Langloches nicht kleiner sein als die vierfache Blechdicke.

(3) Die Enden von Langlöchern sollten halbkreisförmig ausgeführt werden, außer wenn die Langlöcher über den Rand des betreffenden Teiles hinausgehen.

(4) Die Abstände der Mittelpunkte von Schlitznähten sollten die Grenzwerte zur Vermeidung lokalen Beulens nicht überschreiten, siehe Tabelle 3.3.

Stumpfnähte 4.3.4

(1) Eine durchgeschweißte Stumpfnaht ist eine Schweißnaht mit vollständigem Einbrand und vollständiger Verschmelzung des Schweißwerkstoffes mit dem Grundmaterial über die gesamte Dicke der Verbindung.

(2) Bei einer nicht durchgeschweißten Stumpfnaht ist die Durchschweißung kleiner als die volle Dicke des Grundmaterials.

(3) Unterbrochen geschweißte Stumpfnähte sind in der Regel zu vermeiden.

(4) Bezüglich der Exzentrizität von einseitigen nicht durchgeschweißten Stumpfnähten siehe 4.12.

Lochschweißungen 4.3.5

(1) Lochschweißungen können verwendet werden, um:

- Schub zu übertragen,
- Beulen oder das Klaffen von überlappten Teilen zu verhindern und
- Komponenten von mehrteiligen Bauteilen zu verbinden.

Sie sollten jedoch nicht in zugbeanspruchten Verbindungen verwendet werden.

(2) Für eine Lochschweißung sollte der Durchmesser eines Kreisloches oder die Breite eines Langloches mindestens 8 mm größer sein als die Blechdicke.

(3) Die Enden von Langlöchern sollten entweder halbkreisförmig sein, oder es sollten ausgerundete Ecken mit einem Radius vorgesehen werden, der mindestens der Blechdicke entspricht, außer wenn die Langlöcher über den Rand des betreffenden Teiles hinausgehen.

(4) Die Dicke einer Lochschweißung sollte bei Blechdicken bis zu 16 mm der Blechdicke entsprechen. Bei Blechdicken über 16 mm sollte die Dicke der Lochschweißung mindestens der Hälfte der Blechdicke entsprechen, jedoch nicht kleiner als 16 mm sein.

(5) Die Abstände der Mittelpunkte von Lochschweißungen sollten die Grenzwerte zur Vermeidung lokalen Beulens nicht überschreiten, siehe Tabelle 3.3.

Hohlkehlnähte 4.3.6

(1) Die wirksame Nahtdicke von Hohlkehlnähten, die bündig zur Oberfläche von Bauteilen mit Vollquerschnitt verlaufen, ist in Bild 4.2 definiert. Zur Bestimmung der wirksamen Nahtdicke von Hohlkehlnähten bei Rechteckhohlprofilen siehe 7.3.1(7).

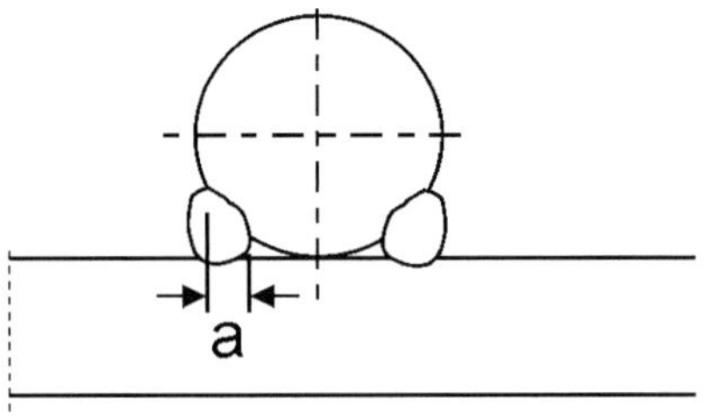

Bild 4.2: Wirksame Nahtdicke von Hohlkehlnähten an Vollquerschnitten

4.4 Schweißen mit Futterblechen

(1) Wird mit Futterblechen geschweißt, so sollte das Futterblech bündig zum Rand des zu verschweißenden Bauteils angepasst werden.

(2) Liegt zwischen zwei zu verschweißenden Bauteilen ein Futterblech mit einer kleineren Dicke als der zur Übertragung der Kraft erforderlichen Schenkellänge der Schweißnaht, so ist in der Regel die erforderliche Schenkellänge der Schweißnaht um den Betrag der Futterblechdicke zu vergrößern.

(3) Liegt zwischen zwei zu verschweißenden Bauteilen ein Futterblech mit einer gleichgroßen oder größeren Dicke als der zur Übertragung der Kraft erforderlichen Schenkellänge der Schweißnaht, sollten die Bauteile jeweils mit dem Futterblech mit einer separaten Schweißnaht verbunden werden, die zur Übertragung der Kräfte ausreicht.

4.5 Beanspruchbarkeit von Kehlnähten

4.5.1 Schweißnahtlänge

(1) Als wirksame Länge l_{eff} einer Kehlnaht ist die Gesamtlänge mit voller Nahtdicke anzusetzen. Diese kann als die tatsächliche Länge der Schweißnaht abzüglich des zweifachen Betrages der wirksamen Kehlnahtdicke a angesetzt werden. Ist die Kehlnaht über die gesamte Länge einschließlich der Nahtenden voll ausgeführt, braucht keine Abminderung der wirksamen Länge um die Nahtenden durchgeführt zu werden.

(2) Kehlnähte, deren wirksame Länge weniger als 30 mm oder das 6fache der Nahtdicke beträgt, je nachdem, welcher Wert größer ist, sollten für die Übertragung von Kräften nicht in Betracht gezogen werden.

4.5.2 Wirksame Nahtdicke

(1) Die wirksame Nahtdicke a einer Kehlnaht ist in der Regel als die bis zum theoretischen Wurzelpunkt gemessene Höhe des einschreibbaren (gleichschenkligen oder nicht gleichschenkligen) Dreiecks anzunehmen, siehe Bild 4.3.

(2) Die wirksame Nahtdicke einer Kehlnaht sollte mindestens 3 mm betragen.

(3) Bei der Bestimmung der Beanspruchbarkeit einer Kehlnaht mit tiefem Einbrand darf eine vergrößerte Nahtdicke berücksichtigt werden, siehe Bild 4.4, wenn der über den theoretischen Wurzelpunkt hinausgehende Einbrand durch eine Verfahrensprüfung nachgewiesen wird.

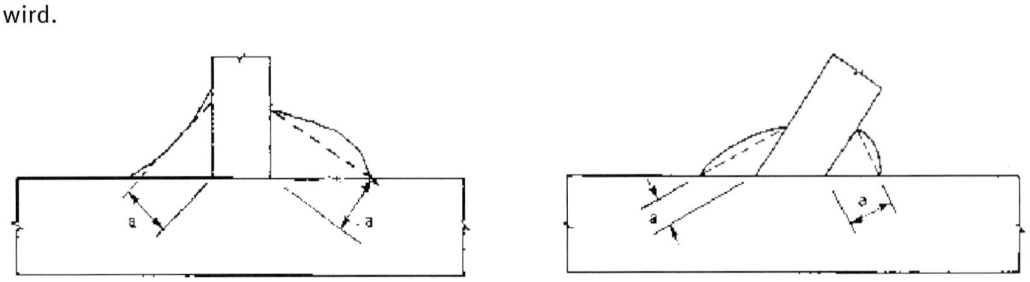

Bild 4.3: Kehlnahtdicke

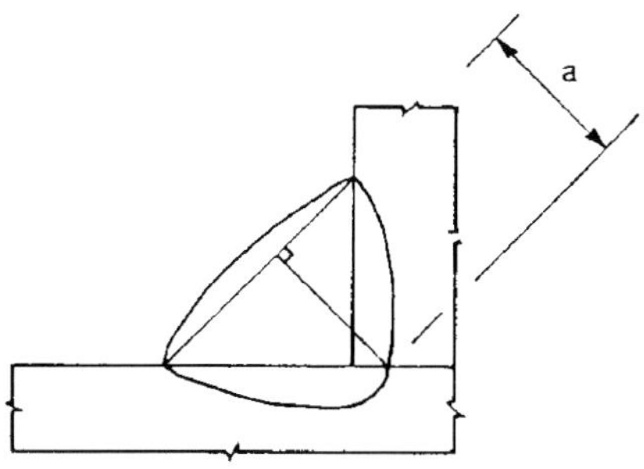

Bild 4.4: Kehlnahtdicke bei tiefem Einbrand

NCI Zu 4.5.2 Grenzwert für Kehlnahtdicken

Bei Flacherzeugnissen und offenen Profilen mit Querschnittsteilen $t \geq 3$ mm muss folgender Grenzwert für die Schweißnahtdicke a von Kehlnähten zusätzlich eingehalten werden:

$$a \geq \sqrt{\max t} - 0{,}5 \qquad \text{(NA.1)}$$

mit a und t in mm.

In Abhängigkeit von den gewählten Schweißbedingungen darf auf die Einhaltung von Bedingung (NA.1) verzichtet werden, jedoch sollte für Blechdicken $t \geq 30$ mm die Schweißnahtdicke mit $a \geq 5$ mm gewählt werden.

ANMERKUNG Der Richtwert nach Bedingung (NA.1) vermeidet ein Missverhältnis von Nahtquerschnitt und verbundenen Querschnittsteilen, siehe auch [1] und [4].

Tragfähigkeit von Kehlnähten 4.5.3

Allgemeines 4.5.3.1

(1) Die Tragfähigkeit von Kehlnähten ist in der Regel mit Hilfe des richtungsbezogenen Verfahrens, siehe 4.5.3.2, oder des vereinfachten Verfahrens, siehe 4.5.3.3, zu ermitteln.

Richtungsbezogenes Verfahren 4.5.3.2

(1) Bei diesem Verfahren werden die Kräfte, die je Längeneinheit übertragen werden können, aufgeteilt in Anteile parallel und rechtwinklig zur Längsachse der Schweißnaht und normal und rechtwinklig zur Lage der wirksamen Kehlnahtfläche.

(2) Die wirksame Kehlnahtfläche A_w ist mit $A_w = \Sigma a \, \ell_{eff}$ zu ermitteln.

(3) Die Lage der wirksamen Kehlnahtfläche wird im Wurzelpunkt konzentriert angenommen.

(4) Die einwirkende Spannung wird gleichmäßig über den Nahtquerschnitt verteilt angenommen und führt, wie in Bild 4.5 dargestellt, zu folgenden Normal- und Schubspannungen:

- $\sigma_\perp$ Normalspannung senkrecht zur Schweißnahtachse
- $\sigma_\parallel$ Normalspannung parallel zur Schweißnahtachse
- $\tau_\perp$ Schubspannung (in der Ebene der Kehlnahtfläche) senkrecht zur Schweißnahtachse
- $\tau_\parallel$ Schubspannung (in der Ebene der Kehlnahtfläche) parallel zur Schweißnahtachse.

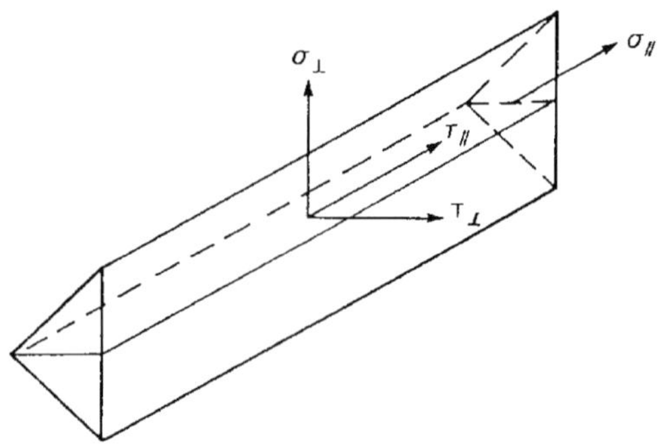

Bild 4.5: Spannungen im wirksamen Kehlnahtquerschnitt

(5) Bei der Bestimmung der Beanspruchbarkeit der Kehlnaht werden die Normalspannungen $\sigma_{\|}$ parallel zur Schweißnahtachse vernachlässigt.

(6) Die Tragfähigkeit einer Kehlnaht ist ausreichend, wenn die folgenden beiden Bedingungen erfüllt sind:

$$[\sigma_{\perp}^2 + 3\,(\tau_{\perp}^2 + \tau_{\|}^2)]^{0,5} \leq f_u/(\beta_w\,\gamma_{M2}) \text{ und } \sigma_{\perp} \leq 0,9\,f_u/\gamma_{M2} \qquad (4.1)$$

Dabei ist

f_u die Zugfestigkeit des schwächeren der angeschlossenen Bauteile;

β_w der Korrelationsbeiwert, siehe Tabelle 4.1.

NCI Zu 4.5.3.2(6)

Für Schweißnähte an Bauteilen mit Erzeugnisdicken über 40 mm gilt für die Zugfestigkeit f_u jeweils der Wert für Erzeugnisdicken bis 40 mm.

(7) Bei der Bemessung von Kehlnähten zwischen Bauteilen mit unterschiedlichen Stahlsorten sind in der Regel die Werkstoffkenngrößen des Bauteils mit der geringeren Festigkeit zu verwenden.

Tabelle 4.1: Korrelationsbeiwert β_w für Kehlnähte

Norm und Stahlsorte			**Korrelationsbeiwert β_w**
EN 10025	**EN 10210**	**EN 10219**	
S 235 S 235 W	S 235 H	S 235 H	0,8
S 275 S 275 N/NL S 275 M/ML	S 275 H S 275 NH/NLH	S 275 H S 275 NH/NLH S 275 MH/MLH	0,85
S 355 S 355 N/NL S 355 M/ML S 355 W	S 355 H S 355 NH/NLH	S 355 H S 355 NH/NLH S 355 MH/MLH	0,9
S 420 N/NL S 420 M/ML		S 420 MH/MLH	1,0
S 460 N/NL S 460 M/ML S 460 Q/QL/QL1	S 460 NH/NLH	S 460 NH/NLH S 460 MH/MLH	1,0

Vereinfachtes Verfahren 4.5.3.3

(1) Als alternatives Verfahren zu 4.5.3.2 darf die Tragfähigkeit einer Kehlnaht als ausreichend angenommen werden, wenn an jedem Punkt längs der Naht die Resultierende aller auf die wirksame Kehlnahtfläche einwirkenden Kräfte je Längeneinheit folgende Bedingung erfüllt:

$$F_{w,Ed} \leq F_{w,Rd} \tag{4.2}$$

Dabei ist

$F_{w,Ed}$ der Bemessungswert der auf die wirksame Kehlnahtfläche einwirkenden Kräfte je Längeneinheit;

$F_{w,Rd}$ der Bemessungswert der Tragfähigkeit der Schweißnaht je Längeneinheit.

(2) Die Tragfähigkeit $F_{w,Rd}$ der Schweißnaht je Längeneinheit ist unabhängig von der Orientierung der wirksamen Kehlnahtfläche zur einwirkenden Kraft wie folgt zu ermitteln:

$$F_{w,Rd} = f_{vw,d}\, a \tag{4.3}$$

Dabei ist

$f_{vw,d}$ der Bemessungswert der Scherfestigkeit der Schweißnaht.

(3) Die Scherfestigkeit der Schweißnaht $f_{vw,d}$ ist wie folgt zu ermitteln:

$$f_{vw,d} = \frac{f_u / \sqrt{3}}{\beta_w \gamma_{M2}} \tag{4.4}$$

Dabei sind

f_u und β_w nach Definitionen in 4.5.3.2(6).

Tragfähigkeit von Schlitznähten 4.6

(1) Die Tragfähigkeit einer Schlitznaht ist in der Regel nach einem der in 4.5 angegebenen Verfahren zu ermitteln.

Tragfähigkeit von Stumpfnähten 4.7

Durchgeschweißte Stumpfnähte 4.7.1

(1) Die Tragfähigkeit von durchgeschweißten Stumpfnähten ist in der Regel mit der Tragfähigkeit des schwächeren der verbundenen Bauteile gleichzusetzen. Das trifft zu, wenn die Schweißnaht mit Schweißzusätzen ausgeführt wird, die entsprechend Schweißgutprüfungen Mindestwerte der Streckgrenze und der Zugfestigkeit aufweisen, die nicht geringer sind als die für den Grundwerkstoff.

Nicht durchgeschweißte Stumpfnähte 4.7.2

(1) Die Tragfähigkeit von nicht durchgeschweißten Stumpfnähten ist in der Regel wie für Kehlnähte mit tiefem Einbrand zu ermitteln, siehe 4.5.2(3).

(2) Die Nahtdicke einer nicht durchgeschweißten Stumpfnaht sollte nicht größer sein als die mit dem Schweißverfahren erreichbare Tiefe des Einbrandes, siehe 4.5.2(3).

T-Stöße 4.7.3

(1) Die Tragfähigkeit eines T-Stoßes mit beidseitig angeordneten nicht durchgeschweißten Stumpfnähten, die durch darüber gelegte Kehlnähte verstärkt sind, kann wie bei einer durchgeschweißten Stumpfnaht (siehe 4.7.1) ermittelt werden, wenn die gesamte Nahtdicke, abgesehen von dem unverschweißten Spalt, mindestens der Dicke t des Stegblechteils entspricht und der ungeschweißte Spalt nicht größer als $t/5$ oder 3 mm ist (der kleinere Wert ist maßgebend), siehe Bild 4.6.

(2) Die Tragfähigkeit eines T-Stoßes, der die in 4.7.3(1) angegebenen Anforderungen nicht erfüllt, ist in der Regel, je nach Tiefe des Einbrandes, wie für eine Kehlnaht oder eine Kehlnaht mit tiefem Einbrand zu ermitteln, siehe 4.5. Die Nahtdicke ist in der Regel nach den Bestimmungen für Kehlnähte, siehe 4.5.2, oder nicht durchgeschweißten Stumpfnähten, siehe 4.7.2, zu ermitteln.

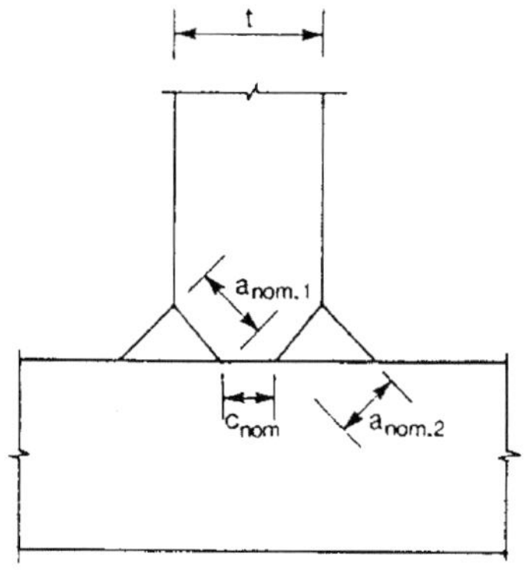

$a_{\text{nom},1} + a_{\text{nom},2} \geq t$
Der kleinere Wert: $c_{\text{nom}} \leq t/5$ und 3 mm

Bild 4.6: Wirksam durchgeschweißter T-Stoß

4.8 Tragfähigkeit von Lochschweißungen

(1) Die Tragfähigkeit $F_{\text{w,Rd}}$ einer Lochschweißung, siehe 4.3.3, ist in der Regel wie folgt zu ermitteln:

$$F_{\text{w,Rd}} = f_{\text{vw,d}} \, A_{\text{w}} \tag{4.5}$$

Dabei ist

$f_{\text{vw,d}}$ der Bemessungswert der Scherfestigkeit der Schweißnaht, siehe 4.5.3.3(3);

A_{w} die wirksame Schweißnahtfläche, in diesem Falle die Fläche des Loches.

4.9 Verteilung der Kräfte

(1) Die Verteilung der einwirkenden Kräfte in einer geschweißten Verbindung darf entweder mit der Annahme elastischen oder plastischen Verhaltens nach 2.4 und 2.5 berechnet werden.

(2) Eine vereinfachte Verteilung der einwirkenden Kräfte auf die Schweißnähte eines Anschlusses darf angenommen werden.

(3) Eigenspannungen und Spannungen, die nicht aus der Kräfteübertragung durch die Schweißnähte herrühren, brauchen nicht in den Schweißnahtnachweis einbezogen zu werden. Dies gilt insbesondere für Normalspannungen parallel zur Schweißnahtachse.

(4) Schweißanschlüsse sind in der Regel so zu konstruieren, dass sie ein ausreichendes Verformungsvermögen aufweisen. Allerdings sollte die Duktilität von Schweißnähten nicht von vornherein in Ansatz gebracht werden.

(5) Wenn sich in den Anschlüssen plastische Gelenke bilden können, sind in der Regel die Schweißnähte so zu bemessen, dass sie mindestens dieselbe Tragfähigkeit aufweisen wie das schwächste angeschlossene Bauteil.

(6) Wenn in Anschlüssen auf Grund von Gelenkrotationen plastische Rotationskapazität gefordert wird, sind die Schweißnähte für eine Tragfähigkeit auszulegen, mit der ein Bruch der Nähte vor dem Fließen des angrenzenden Bauteils verhindert wird.

(7) Bei der Ermittlung der Tragfähigkeit unterbrochen geschweißter Schweißnähte unter Verwendung der Gesamtlänge ℓ_{tot} ist die Scherkraft für die Schweißnaht je Längeneinheit $F_{\text{w,Ed}}$ mit dem Beiwert $(e+\ell)/\ell$ zu vergrößern, siehe Bild 4.7.

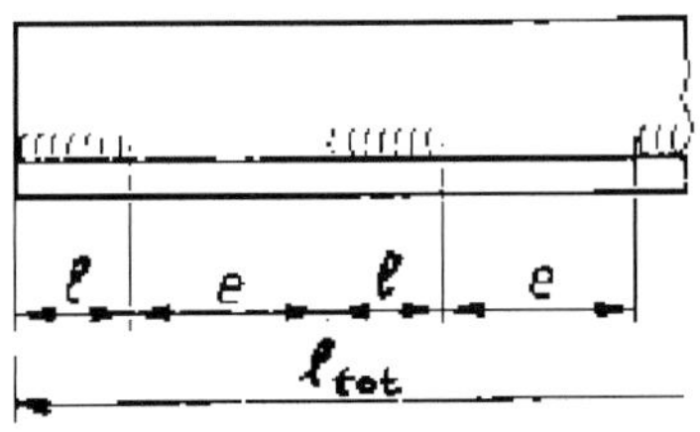

Bild 4.7: Berechnung der Scherkräfte auf unterbrochen geschweißte Schweißnähte

Steifenlose Anschlüsse an Flansche **4.10**

(1) Wird ein Blech (oder Trägerflansch) quer an den Flansch eines I-, H- oder anderen Querschnitts ohne Steifen angeschweißt, siehe Bild 4.8, und ist die Anforderung in 4.10(3) erfüllt, so ist in der Regel für die einwirkende Kraft senkrecht zu dem Flansch der folgende Nachweis zu führen:

- für Stege von I- oder H-Querschnitten, nach 6.2.6.2 oder nach 6.2.6.3;
- für das Querblech von RHP-Trägern, nach Tabelle 7.13;
- für Flansche nach Gleichung (6.20) in 6.2.6.4.3(1), wobei die einwirkende Kraft über eine wirksame Breite b_{eff}, nach 4.10(2) oder 4.10(4) verteilt, angenommen werden darf.

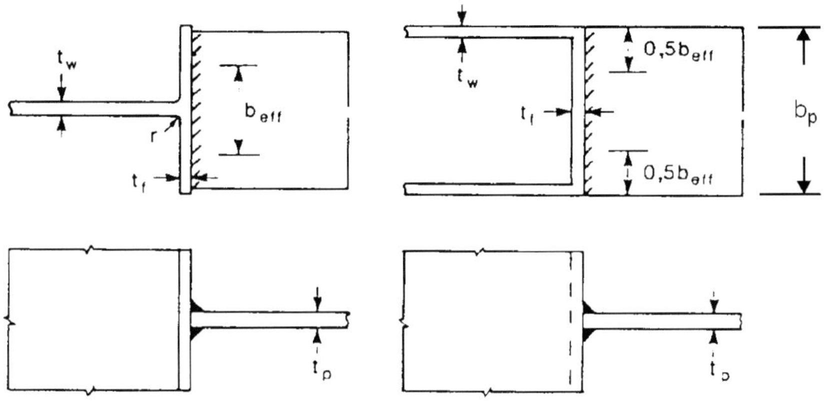

Bild 4.8: Wirksame Breite bei steifenlosen T-Stößen

(2) Bei einem unausgesteiften I- oder H-Querschnitt ist in der Regel die wirksame Breite b_{eff} wie folgt zu ermitteln:

$$b_{\text{eff}} = t_{\text{w}} + 2s + 7kt_{\text{f}} \qquad (4.6a)$$

Dabei gilt

$$k = (t_{\text{f}}/t_{\text{p}})\,(f_{\text{y,f}}/f_{\text{y,p}}) \text{ jedoch } k \leq 1 \qquad (4.6b)$$

Dabei ist

$f_{\text{y,f}}$ die Streckgrenze des Flansches des I- oder H-Querschnitts;

$f_{\text{y,p}}$ die Streckgrenze des angeschweißten Blechs.

Die Abmessung s sollte wie folgt bestimmt werden:

- für gewalzte I- oder H-Querschnitte: $s = r$ (4.6c)
- für geschweißte I- oder H-Querschnitte: $s = \sqrt{2}a$ (4.6d)

(3) Bei einem unausgesteiften I- oder H-Querschnitt sollte die wirksame Breite b_{eff} folgende Bedingung erfüllen:

$$b_{\text{eff}} \geq (f_{\text{y,p}}/f_{\text{u,p}})\,b_{\text{p}} \qquad (4.7)$$

Dabei ist

$f_{u,p}$ die Zugfestigkeit des angeschweißten Blechs;

b_p die Breite des angeschweißten Blechs.

Wird die Bedingung (4.7) nicht erfüllt, ist der Anschluss auszusteifen.

(4) Bei anderen Querschnitten, z. B. Kasten- oder U-Querschnitten, bei denen die Breite des angeschweißten Blechs der Breite des Flansches entspricht, ist in der Regel die wirksame Breite b_{eff} wie folgt zu ermitteln:

$$b_{eff} = 2t_w + 5t_f \text{ jedoch } b_{eff} \leq 2t_w + 5\,k\,t_f \tag{4.8}$$

ANMERKUNG Für Hohlprofile siehe Tabelle 7.13.

(5) In jedem Fall, auch für $b_{eff} \leq b_p$, sind die Schweißnähte des an den Flansch angeschlossenen Blechs so zu bemessen, dass sie die Kraft $b_p\,t_p\,f_{y,p}/\gamma_{M0}$, die der Fließbeanspruchbarkeit des Blechs bei Annahme gleichmäßiger Spannungsverteilung entspricht, übertragen können.

4.11 Lange Anschlüsse

(1) Bei überlappten Stößen ist in der Regel die Tragfähigkeit einer Kehlnaht mit einem Abminderungsbeiwert β_{Lw} abzumindern, um die Auswirkungen ungleichmäßiger Spannungsverteilungen über die Länge zu berücksichtigen.

(2) Die Regelungen in 4.11 gelten nicht, wenn die Spannungsverteilung in der Schweißnaht durch die Spannungsverteilung im angrenzenden Grundmaterial erzeugt wird, wie z. B. im Fall einer Halsnaht zwischen Flansch und Stegblech eines Blechträgers.

(3) Bei überlappten Stößen, die länger als $150a$ sind, ist der Abminderungsbeiwert β_{Lw}, hier als $\beta_{Lw,1}$ bezeichnet, wie folgt anzunehmen:

$$\beta_{Lw,1} = 1{,}2 - 0{,}2L_j\,/(150a) \text{ jedoch } \beta_{Lw,1} \leq 1{,}0 \tag{4.9}$$

Dabei ist

L_j die Gesamtlänge der Überlappung in Richtung der Kraftübertragung.

(4) Bei Kehlnähten, die Quersteifen in Blechträgern anschließen und länger als 1,7 m sind, darf der Abminderungsbeiwert β_{Lw}, hier als $\beta_{Lw,2}$ bezeichnet, wie folgt angesetzt werden:

$$\beta_{Lw,2} = 1{,}1 - L_w\,/17 \text{ jedoch } \beta_{Lw,2} \leq 1{,}0 \text{ und } \beta_{Lw,2} \geq 0{,}6 \tag{4.10}$$

Dabei ist

L_w die Länge der Schweißnaht, in m.

4.12 Exzentrisch belastete einseitige Kehlnähte oder einseitige nicht durchgeschweißte Stumpfnähte

(1) Lokale Exzentrizitäten sollten möglichst vermieden werden.

(2) Lokale Exzentrizitäten (relativ zur Wirkungslinie der einwirkenden Kraft) sind in der Regel in folgenden Fällen zu berücksichtigen:

- wenn ein Biegemoment um die Längsachse der Schweißnaht Zug in der Schweißnahtwurzel erzeugt, siehe Bild 4.9 a);
- wenn eine Zugkraft senkrecht zur Längsachse der Schweißnaht ein Biegemoment und damit Zug in der Schweißnahtwurzel erzeugt, siehe Bild 4.9 b).

(3) Lokale Exzentrizitäten an einer Schweißnaht brauchen nicht berücksichtigt zu werden, wenn diese Teil einer Schweißnahtgruppe um den Umfang eines Hohlprofils sind.

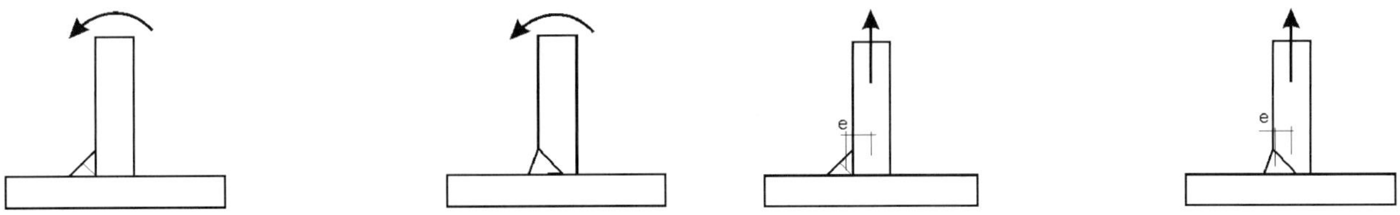

a) Biegemoment erzeugt Zug in der Schweißnahtwurzel **b) Zugkraft erzeugt Zug in der Schweißnahtwurzel**

Bild 4.9: Einseitige Kehlnähte und einseitige nicht durchgeschweißte Stumpfnähte

Einschenkliger Anschluss von Winkelprofilen 4.13

(1) Bei einschenkligen Anschlüssen von Winkelprofilen darf die Exzentrizität der überlappten Endverbindungen vernachlässigt und das Bauteil wie unter zentrisch angreifender Kraft bemessen werden, wenn eine wirksame Querschnittsfläche verwendet wird.

(2) Bei gleichschenkligen Winkeln oder ungleichschenkligen Winkeln, die am größeren Schenkel angeschlossen sind, darf die wirksame Querschnittsfläche gleich der Bruttoquerschnittsfläche angesetzt werden.

(3) Bei ungleichschenkligen Winkeln, die an dem kleineren Schenkel angeschlossen sind, ist als wirksame Querschnittsfläche die Bruttoquerschnittsfläche eines gleichschenkligen Winkels mit der Schenkellänge gleich dem kleineren Schenkel anzusetzen. Zur Bestimmung der Beanspruchbarkeit des Querschnitts siehe EN 1993-1-1. Bei der Bestimmung der Knickbeanspruchbarkeit eines ungleichschenkligen Winkels unter Druck ist EN 1993-1-1 zu beachten und die tatsächliche Bruttoquerschnittsfläche zu verwenden.

Schweißen in kaltverformten Bereichen 4.14

(1) Im Bereich von $5t$ beidseits kaltverformter Bereiche, siehe Tabelle 4.2, darf geschweißt werden, wenn eine der beiden folgenden Bedingungen erfüllt ist:

- die kaltverformten Bereiche wurden nach dem Kaltverformen und vor dem Schweißen normalisiert;
- Das Verhältnis r/t erfüllt die Grenzwerte in Tabelle 4.2.

Tabelle 4.2: Bedingungen für das Schweißen in kaltverformten Bereichen und Umgebung

r/t	Dehnungen infolge der Kaltverformung (%)	Maximale Dicke (mm)		
		Allgemeines		Durch Aluminium vollberuhigter Stahl (Al $\geq$ 0,02 %)
		Überwiegend statische Lasten	Überwiegend ermüdungsbeansprucht	
$\geq$ 25	$\leq$ 2	jede	jede	jede
$\geq$ 10	$\leq$ 5	jede	16	jede
$\geq$ 3,0	$\leq$ 14	24	12	24
$\geq$ 2,0	$\leq$ 20	12	10	12
$\geq$ 1,5	$\leq$ 25	8	8	10
$\geq$ 1,0	$\leq$ 33	4	4	6

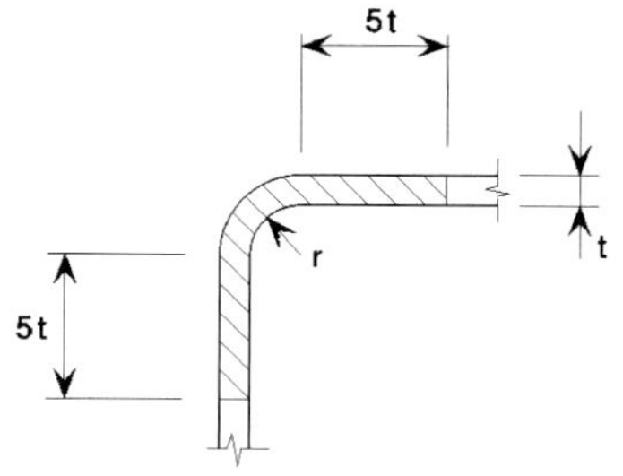

ANMERKUNG Bei kaltgeformten Hohlprofilen nach EN 10219, die nicht die in Tabelle 4.2 festgelegten Grenzen erfüllen, kann vorausgesetzt werden, dass sie diese Grenzen erfüllen, sofern diese Profile eine Dicke aufweisen, die nicht größer als 12,5 mm und Al-beruhigt sind mit einer Qualität von J2H, K2H, MH, MLH, NH oder NLH und ferner C $\leq$ 0,18 %, P $\leq$ 0,020 % und S $\leq$ 0,012 % erfüllen.

In anderen Fällen ist Schweißen nur innerhalb eines Abstandes von 5 t von den Kanten zulässig, wenn durch Prüfungen bewiesen werden kann, dass Schweißen für diese besondere Anwendung zulässig ist.

Tragwerksberechnung, Klassifizierung und statische Modelle 5

Tragwerksberechnung 5.1

Allgemeines 5.1.1

(1) Die Auswirkung der Momenten-Rotations-Charakteristika der Anschlüsse auf die Verteilung der Schnittgrößen in einem Tragwerk und auf die Tragwerksverformungen ist in der Regel zu berücksichtigen, außer wenn die Auswirkungen vernachlässigbar klein sind.

(2) Zur Überprüfung, ob die Momenten-Rotations-Charakteristika der Anschlüsse zu berücksichtigen sind, dürfen die drei folgenden vereinfachten Modelle für die Anschlüsse verwendet werden:

- gelenkig, bei dem angenommen wird, dass keine Biegemomente übertragen werden;
- biegesteif, bei dem angenommen wird, dass die Momenten-Rotations-Charakteristik eines Anschlusses bei der Tragwerksberechnung nicht berücksichtigt werden muss;
- nachgiebig, bei dem die Momenten-Rotations-Charakteristik eines Anschlusses bei der Tragwerksberechnung zu berücksichtigen ist.

(3) Das zutreffende Anschlussmodell kann nach Tabelle 5.1 in Verbindung mit der Klassifizierung des Anschlusses und dem verwendeten Berechnungsverfahren bestimmt werden.

(4) Die Momenten-Rotations-Charakteristik eines Anschlusses darf für Berechnungen durch vereinfachte Kurvenverläufe angenähert werden. Dazu gehören einfache lineare Abschätzungen (z. B. bi-linear oder tri-linear), vorausgesetzt, der angenommene Kurvenverlauf liegt vollständig unterhalb der wirklichen Momenten-Rotations-Charakteristik.

Tabelle 5.1: Anschlussmodelle

Berechnungs-verfahren	**Klassifizierung des Anschlusses**		
Elastisch	gelenkig	biegesteif	nachgiebig
Starr-plastisch	gelenkig	volltragfähig	teiltragfähig
Elastisch-plastisch	gelenkig	biegesteif und volltragfähig	nachgiebig und teiltragfähig nachgiebig und volltragfähig biegesteif und teiltragfähig
Anschlussmodell	gelenkig	biegesteif	nachgiebig

Elastische Tragwerksberechnung 5.1.2

(1) Bei linear-elastischen Berechnungsverfahren sind die Anschlüsse in der Regel nach ihrer Rotationssteifigkeit zu klassifizieren, siehe 5.2.2.

(2) Die Anschlüsse müssen in der Regel ausreichende Tragfähigkeiten haben, um die in den Anschlüssen berechneten Schnittgrößen übertragen zu können.

(3) Bei verformbaren Anschlüssen ist für die Berechnungen in der Regel die Rotationssteifigkeit S_{j} anzusetzen, die zu dem Biegemoment $M_{\mathrm{j,Ed}}$ gehört. Ist $M_{\mathrm{j,Ed}}$ kleiner als 2/3 $M_{\mathrm{j,Rd}}$, so darf für die Tragwerksberechnung die Anfangssteifigkeit $S_{\mathrm{j,ini}}$ benutzt werden, siehe Bild 5.1 a).

(4) Als Vereinfachung für 5.1.2(3) darf die Rotationssteifigkeit in den Berechnungen für alle einwirkenden Momente $M_{\mathrm{j,Ed}}$ mit $S_{\mathrm{j,ini}}/\eta$ angesetzt werden, siehe Bild 5.1 b), wobei der Anpassungsbeiwert η für die Steifigkeit der Tabelle 5.2 zu entnehmen ist.

(5) Für Anschlüsse von H- oder I-Profilen wird S_{j} in 6.3.1 angegeben.

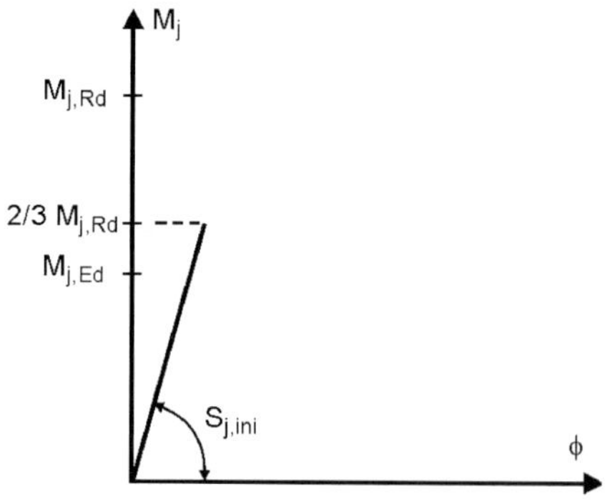

a) $M_{j,Ed} \leq 2/3\ M_{j,Rd}$

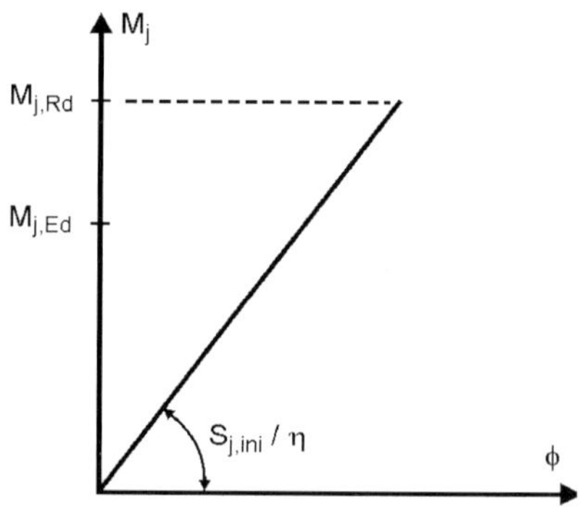

b) $M_{j,Ed} \leq M_{j,Rd}$

Bild 5.1: Rotationssteifigkeit für linear-elastische Tragwerksberechnungen

Tabelle 5.2: Anpassungsbeiwert η für die Steifigkeit

Anschlussausbildung	Träger-Stützen-Anschlüsse	Andere Anschlüsse (Träger-Träger-Anschlüsse, Trägerstöße, Stützenfußanschlüsse)
Geschweißt	2	3
Geschraubtes Stirnblech	2	3
Geschraubter Flanschwinkel	2	3,5
Fußplatte	–	3

5.1.3 Starr-plastische Tragwerksberechnung

(1) Bei starr-plastischer Tragwerksberechnung sind die Anschlüsse nach ihrer Tragfähigkeit zu klassifizieren, siehe 5.2.3.

(2) Für Anschlüsse von H- oder I-Profilen wird $M_{j,Rd}$ in 6.2 angegeben.

(3) Für Anschlüsse von Hohlprofilen dürfen die Verfahren in Abschnitt 7 angewendet werden.

(4) Die Anschlüsse müssen ausreichende Rotationskapazität haben, um die Rotationsanforderungen, die sich aus der Tragwerksberechnung ergeben, erfüllen zu können.

(5) Für Anschlüsse von H- oder I-Profilen ist die Rotationskapazität in der Regel nach 6.4 zu überprüfen.

5.1.4 Elastisch-plastische Tragwerksberechnung

(1) Bei elastisch-plastischer Tragwerksberechnung sind die Anschlüsse in der Regel sowohl nach der Steifigkeit, siehe 5.2.2, als auch nach der Tragfähigkeit, siehe 5.2.3, zu klassifizieren.

(2) Für Anschlüsse von H- oder I-Profilen wird $M_{j,Rd}$ in 6.2, S_j in 6.3.1 und ϕ_{Cd} in 6.4 angegeben.

(3) Für Anschlüsse von Hohlprofilen dürfen die Verfahren in Abschnitt 7 angewendet werden.

(4) Bei der Ermittlung des Schnittgrößenverlaufs ist die Momenten-Rotations-Charakteristik der Anschlüsse in der Regel zu berücksichtigen.

(5) Vereinfachend darf eine bi-lineare Momenten-Rotations-Charakteristik nach Bild 5.2 verwendet werden. Der Anpassungsbeiwert η für die Steifigkeit ist dann nach Tabelle 5.2 bestimmt werden.

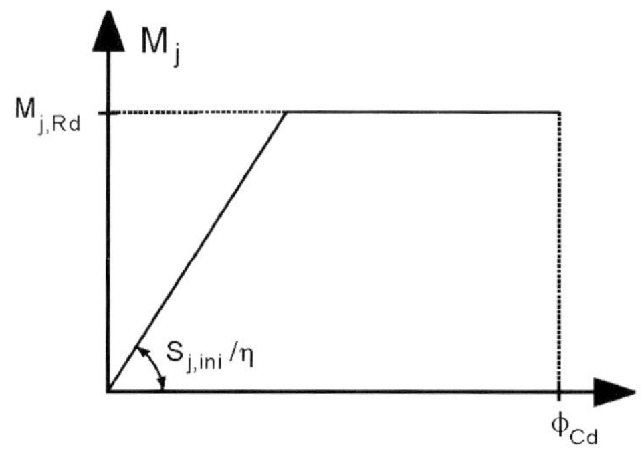

Bild 5.2: Vereinfachte bi-lineare Momenten-Rotations-Charakteristik

Berechnung von Fachwerkträgern 5.1.5

(1) Die Regelungen in 5.1.5 gelten nur für Tragwerke, deren Anschlüsse nach Abschnitt 7 nachgewiesen werden.

(2) Für die Verteilung der Normalkräfte in einem Fachwerkträger darf vereinfachend von gelenkigen Anschlüssen der Stäbe ausgegangen werden, siehe auch 2.7.

(3) Sekundäre Momente in Anschlüssen, die aus den tatsächlichen Steifigkeiten der Anschlüsse herrühren, dürfen bei der Bemessung der Stäbe und Anschlüsse vernachlässigt werden, wenn die folgenden Bedingungen erfüllt sind:

- die geometrischen Abmessungen der Anschlüsse liegen in den Gültigkeitsgrenzen, die jeweils in Tabelle 7.1, Tabelle 7.8, Tabelle 7.9 oder Tabelle 7.20 angegeben sind;
- das Verhältnis von Systemlänge zu Bauteilhöhe der Stäbe in der Ebene des Fachwerks unterschreitet nicht einen bestimmten Grenzwert. Für Hochbauten darf der Grenzwert mit 6 angenommen werden. Größere Grenzwerte können für andere Anwendungen gelten, siehe entsprechende Teile von EN 1993;
- die Knotenexzentrizität ist innerhalb der in 5.1.5(5) festgelegten Grenzen.

(4) Momente infolge Querbelastung zwischen den Knotenpunkten (unabhängig davon, ob in Fachwerkebene oder rechtwinklig dazu) sind in der Regel bei der Bemessung der querbelasteten Bauteile selbst zu berücksichtigen. Werden die Bedingungen in 5.1.5(3) eingehalten, darf davon ausgegangen werden, dass:

- die Streben gelenkig an den Gurtstab angeschlossen sind, so dass keine Übertragung von Momenten aus den Gurtstäben auf die Streben oder umgekehrt stattfindet;
- die Gurtstäbe als Durchlaufträger mit gelenkigen Auflagern an den Knotenpunkten wirken.

(5) Momente aus Knotenexzentrizitäten dürfen bei der Bemessung von zugbeanspruchten Gurtstäben und Streben vernachlässigt werden. Sie dürfen ebenfalls bei der Bemessung von Anschlüssen vernachlässigt werden, wenn die Knotenexzentrizitäten in den folgenden Grenzen liegen:

- $-0{,}55\, d_0 \leq e \leq 0{,}25\, d_0$ (5.1a)
- $-0{,}55\, h_0 \leq e \leq 0{,}25\, h_0$ (5.1b)

Dabei ist

e die Knotenexzentrizität, siehe Bild 5.3;

d_0 der Durchmesser des Gurtstabes;

h_0 die Höhe des Gurtstabes in der Fachwerkebene.

(6) Bei der Bemessung von druckbeanspruchten Gurtstäben sind die aus den Knotenexzentrizitäten resultierenden Momente in der Regel zu berücksichtigen, auch wenn die Knotenexzentrizitäten innerhalb der in 5.1.5(5) genannten Grenzen liegen. In diesem Fall sind die Momente aus der Knotenexzentrizität auf die beiden angeschlossenen druckbeanspruchten Gurtstäbe nach ihrer relativen Steifigkeit I/L zu verteilen, wobei L die Systemlänge der Gurtstäbe zwischen den Knotenpunkten ist.

(7) Liegen die Knotenexzentrizitäten außerhalb der in 5.1.5(5) genannten Grenzen, dann sind die aus den Knotenexzentrizitäten resultierenden Momente nicht nur bei der Bemessung der Bauteile, sondern auch bei der Bemessung der Anschlüsse zu berücksichtigen. In diesem Fall sind die Momente aus der Knotenexzentrizität zwischen allen Bauteilen, die sich an einem Knoten treffen, nach ihrer relativen Steifigkeit I/L zu verteilen.

(8) Die Spannungen in den Gurtstäben infolge von Gurtmomenten sind auch bei der Bestimmung der Beiwerte k_m, k_n und k_p für die Bemessung der Anschlüsse zu berücksichtigen, siehe Tabelle 7.2 bis Tabelle 7.5, Tabelle 7.10 und Tabelle 7.12 bis Tabelle 7.14.

(9) Wann Momente bei der Bemessung zu berücksichtigen sind, ist in Tabelle 5.3 zusammengefasst.

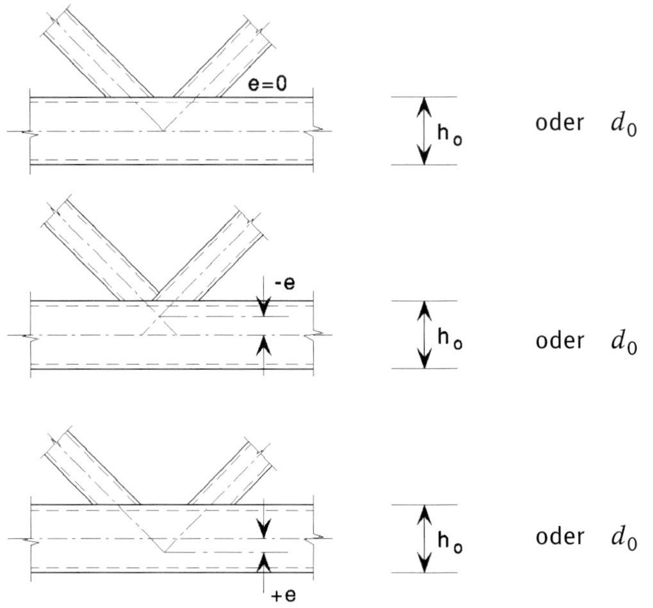

Bild 5.3: Knotenexzentrizitäten

Tabelle 5.3: Berücksichtigung von Biegemomenten

<table>
<tr><th rowspan="2">Komponente</th><th colspan="3">Biegemomente hervorgerufen durch</th></tr>
<tr><th>Sekundäreinflüsse</th><th>Querbelastung</th><th>Knotenexzentrizität</th></tr>
<tr><td>Druckbeanspruchter Gurt</td><td rowspan="4">Nein, sofern 5.1.5(3) erfüllt ist</td><td rowspan="4">Ja</td><td>Ja</td></tr>
<tr><td>Zugbeanspruchter Gurt</td><td>Nein, sofern 5.1.5(3) und (5) erfüllt sind</td></tr>
<tr><td>Strebe</td><td>Nein, sofern 5.1.5(3) und (5) erfüllt sind</td></tr>
<tr><td>Anschluss</td><td>Nein, sofern 5.1.5(3) und (5) erfüllt sind</td></tr>
</table>

5.2 Klassifizierung von Anschlüssen

5.2.1 Allgemeines

(1) Alle Anschlussdetails müssen in der Regel die Voraussetzungen des zu Grunde gelegten Berechnungsverfahrens erfüllen, ohne dass dadurch unzulässige Auswirkungen auf andere Teile des Tragwerks entstehen.

(2) Anschlüsse können nach ihrer Steifigkeit, siehe 5.2.2, und nach ihrer Tragfähigkeit, siehe 5.2.3, klassifiziert werden.

ANMERKUNG Der Nationale Anhang kann hierzu weitere Hinweise geben, z. B. zu 5.2.2.1(2).

NDP Zu 5.2.1(2) Anmerkung

Keine weitere nationale Festlegung.

Klassifizierung nach der Steifigkeit 5.2.2

Allgemeines 5.2.2.1

(1) Ein Anschluss kann je nach vorhandener Rotationssteifigkeit als starr, gelenkig oder verformbar klassifiziert werden, indem die Anfangssteifigkeit $S_{j,ini}$ mit den Grenzkriterien in 5.2.2.5 verglichen wird.

ANMERKUNG Zur Bestimmung von $S_{j,ini}$ für Anschlüsse von H- oder I-Profilen siehe 6.3.1. Regelungen zur Bestimmung von $S_{j,ini}$ für Anschlüsse von Hohlprofilen sind in dieser Norm nicht angegeben.

(2) Die Klassifizierung eines Anschlusses kann auf der Grundlage von Laborversuchen oder Anwendungserfahrungen oder auf der Grundlage von Nachrechnungen erfolgen, die sich auf Versuchsergebnisse stützen.

Gelenkige Anschlüsse 5.2.2.2

(1) Ein gelenkiger Anschluss muss in der Regel in der Lage sein, die auftretenden Schnittkräfte zu übertragen, ohne dass größere Momente erzeugt werden, welche unzulässige Auswirkungen auf die angeschlossenen Bauteile oder das Gesamttragwerk haben könnten.

(2) Ein gelenkiger Anschluss muss in der Regel in der Lage sein, die auftretenden Gelenkverdrehungen infolge der Bemessungswerte der einwirkenden Lasten auszuführen.

Starre Anschlüsse 5.2.2.3

(1) Bei starren Anschlüssen kann angenommen werden, dass diese eine ausreichend große Rotationssteifigkeit haben, so dass bei der Berechnung der Verformungen volle Stetigkeit der Biegelinien angesetzt werden kann.

Verformbare Anschlüsse 5.2.2.4

(1) Ein Anschluss, der weder die Merkmale für starre Anschlüsse noch für gelenkige Anschlüsse erfüllt, ist als verformbarer Anschluss einzustufen.

ANMERKUNG Verformbare Anschlüsse führen zu einem vorausberechenbaren Zusammenwirken der Bauteile im Tragwerk, das durch die Momenten-Rotations-Charakteristik gesteuert wird.

(2) Verformbare Anschlüsse sollten in der Lage sein, alle auftretenden Schnittgrößen zu übertragen.

Grenzkriterien 5.2.2.5

(1) Grenzkriterien für Anschlüsse (ausgenommen Stützenfuß-Anschlüsse) sind in 5.2.2.1(1) und Bild 5.4 angegeben.

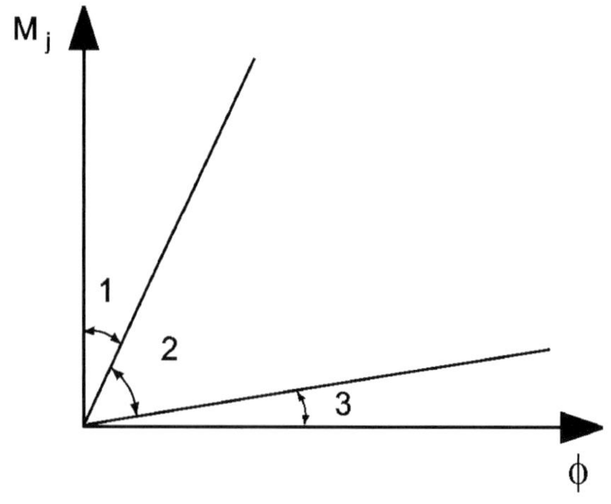

Zone 1: starr, wenn $S_{j,ini} \geq K_b \, EI_b/L_b$

Dabei ist

$K_b = 8$ bei Rahmentragwerken, bei denen zusätzliche Aussteifungen die Horizontalverschiebungen um mindestens 80 % verringern

$K_b = 25$ bei anderen Rahmentragwerken, vorausgesetzt, dass in jedem Geschoss $K_b/K_c \geq 0{,}1$[a]

Zone 2: verformbar

In Zone 2 sind alle Anschlüsse als verformbar anzusehen. Die Anschlüsse in der Zone 1 oder 3 können bei Bedarf auch als verformbar behandelt werden.

Zone 3: gelenkig, wenn $S_{j,ini} \leq 0{,}5 \, EI_b/L_b$

[a] Bei Rahmentragwerken mit $K_b/K_c < 0{,}1$ sollten die Anschlüsse als verformbar angesehen werden.

Legende

K_b Mittelwert aller I_b/L_b für alle Deckenträger eines Geschosses;

K_c Mittelwert aller I_c/L_c für alle Stützen eines Geschosses;

I_b Flächenträgheitsmoment zweiter Ordnung eines Trägers;

I_c Flächenträgheitsmoment zweiter Ordnung einer Stütze;

L_b Spannweite eines Trägers (von Stützenachse zu Stützenachse);

L_c Geschosshöhe einer Stütze.

Bild 5.4: Klassifizierung von Anschlüssen nach der Steifigkeit

(2) Stützenfußanschlüsse können als starr klassifiziert werden, wenn die folgenden Bedingungen erfüllt werden:

- bei Rahmentragwerken, bei denen zusätzliche Aussteifungen die Horizontalverschiebungen um mindestens 80 % verringern und die Einflüsse der Seitenverschiebungen vernachlässigt werden können:
  - wenn $\bar{\lambda}_0 \leq 0{,}5$; (5.2a)
  - wenn $0{,}5 < \bar{\lambda}_0 < 3{,}93$ und $S_{j,ini} \geq 7 \, (2\,\bar{\lambda}_0 - 1) \, EI_c/L_c$; (5.2b)
  - wenn $\bar{\lambda}_0 \geq 3{,}93$ und $S_{j,ini} \geq 48 \, EI_c/L_c$; (5.2c)
- bei anderen Rahmentragwerken wenn $S_{j,ini} \geq 30 \, EI_c/L_c$. (5.2d)

Dabei ist

$\bar{\lambda}_0$ der Schlankheitsgrad einer Stütze, bei der beide Enden gelenkig angenommen werden;

I_c, L_c wie in Bild 5.4 angegeben.

Klassifizierung nach der Tragfähigkeit 5.2.3

Allgemeines 5.2.3.1

(1) Ein Anschluss kann als volltragfähig, gelenkig oder teiltragfähig klassifiziert werden, indem seine Momententragfähigkeit $M_{j,Rd}$ mit den Momententragfähigkeiten der angeschlossenen Bauteile verglichen wird. Dabei gelten die Momententragfähigkeiten der angeschlossenen Bauteile direkt am Anschluss.

Gelenkige Anschlüsse 5.2.3.2

(1) Ein gelenkiger Anschluss muss in der Regel in der Lage sein, die auftretenden Schnittkräfte zu übertragen, ohne dass größere Momente erzeugt werden, welche unzulässige Auswirkungen auf die angeschlossenen Bauteile oder das Gesamttragwerk haben könnten.

(2) Ein gelenkiger Anschluss muss in der Regel in der Lage sein, die auftretenden Gelenkverdrehungen infolge der Bemessungswerte der einwirkenden Lasten auszuführen.

(3) Ein Anschluss darf als gelenkig angesehen werden, wenn seine Momententragfähigkeit $M_{j,Rd}$ nicht größer als 1/4 der Momententragfähigkeit des volltragfähigen Anschlusses ist und ausreichende Rotationskapazität besteht.

Volltragfähige Anschlüsse 5.2.3.3

(1) Die Tragfähigkeit eines volltragfähigen Anschlusses darf in der Regel nicht geringer sein als die Tragfähigkeit der angeschlossenen Bauteile.

(2) Ein Anschluss darf als volltragfähig eingestuft werden, wenn er die Kriterien in Bild 5.5 erfüllt.

a) Stützenkopf

$M_{j,Rd}$

Entweder $M_{j,Rd} \geq M_{b,p\ell,Rd}$
oder $M_{j,Rd} \geq M_{c,p\ell,Rd}$

b) zwischen zwei Geschossen

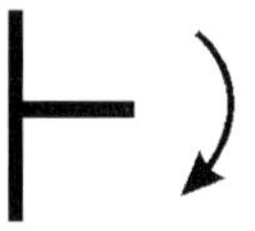

$M_{j,Rd}$

Entweder $M_{j,Rd} \geq M_{b,p\ell,Rd}$
oder $M_{j,Rd} \geq 2\, M_{c,p\ell,Rd}$

Dabei ist

$M_{b,p\ell,Rd}$ die plastische Momententragfähigkeit eines Trägers
$M_{c,p\ell,Rd}$ die plastische Momententragfähigkeit einer Stütze

Bild 5.5: Volltragfähige Anschlüsse

Teiltragfähige Anschlüsse 5.2.3.4

(1) Ein Anschluss, der weder die Kriterien für volltragfähige Anschlüsse noch für gelenkige Anschlüsse erfüllt, ist als teiltragfähig einzustufen.

Statisches Modell für Träger-Stützenanschlüsse 5.3

(1) Bei der Modellbildung für das Verformungsverhalten eines Träger-Stützenanschlusses sind die Schubverformungen des Stützenstegfeldes und die Rotationsverformungen der Verbindungen zu berücksichtigen.

(2) Die Anschlüsse sind für die durch die angeschlossenen Bauteile eingetragenen Schnittgrößen, nämlich die Biegemomente $M_{b1,Ed}$ und $M_{b2,Ed}$, die Normalkräfte $N_{b1,Ed}$ und $N_{b2,Ed}$ und die Querkräfte $V_{b1,Ed}$ und $V_{b2,Ed}$ zu bemessen, siehe Bild 5.6.

(3) Die resultierende Schubkraft $V_{wp,Ed}$ in einem Stützenstegfeld ist wie folgt zu ermitteln:

$$V_{wp,Ed} = (M_{b1,Ed} - M_{b2,Ed})/z - (V_{c1,Ed} - V_{c2,Ed})/2 \quad (5.3)$$

Dabei ist

z der Hebelarm, siehe 6.2.7.

(4) Für eine wirklichkeitsnahe Berechnung des Verhaltens des Anschlusses sollten das Stützenstegfeld und die einzelnen Verbindungen unter Berücksichtigung der Schnittgrößen der Bauteile am Anschnitt des Stützenstegfeldes getrennt modelliert werden, siehe Bild 5.6 a) und Bild 5.7.

(5) Vereinfachend zu 5.3(4) können einseitige Anschlüsse auch in Form punktförmiger Einzelanschlüsse und zweiseitige Anschlüsse auch in Form von zwei getrennten, punktförmigen interagierenden Einzelanschlüssen in den Schwerachsen modelliert werden. Somit ergeben sich für einen zweiseitigen Träger-Stützenanschluss zwei Momenten-Rotations-Charakteristiken, nämlich für jede Anschlussseite eine.

(6) Bei einem zweiseitigen Träger-Stützenanschluss sollte jeder dieser Einzelanschlüsse durch eine eigene Rotationsfeder modelliert werden, siehe Bild 5.8, deren Momenten-Rotations-Charakteristik sowohl das Verhalten des Stützenstegfeldes als auch der jeweiligen Verbindungen berücksichtigt.

(7) Bei der Bestimmung der Momententragfähigkeit und der Rotationssteifigkeit jedes Anschlusses sollte der mögliche Einfluss des Stützenstegfeldes durch die Übertragungsparameter β_1 und β_2 berücksichtigt werden.

Dabei ist

β_1 der Übertragungsparameter β für den rechten Anschluss;

β_2 der Übertragungsparameter β für den linken Anschluss.

ANMERKUNG Die Übertragungsparameter β_1 und β_2 werden in 6.2.7.2(7) und 6.3.2(1) verwendet. Sie werden auch in 6.2.6.2(1) und 6.2.6.3(4) in Verbindung mit der Tabelle 6.3 benutzt, um den Abminderungsbeiwert ω für den Schub zu bestimmen.

(8) Näherungswerte für β_1 und β_2 für die Trägeranschlussmomente $M_{b1,Ed}$ und $M_{b2,Ed}$ am Anschnitt zum Stützenstegfeld, siehe Bild 5.6 a), können der Tabelle 5.4 entnommen werden.

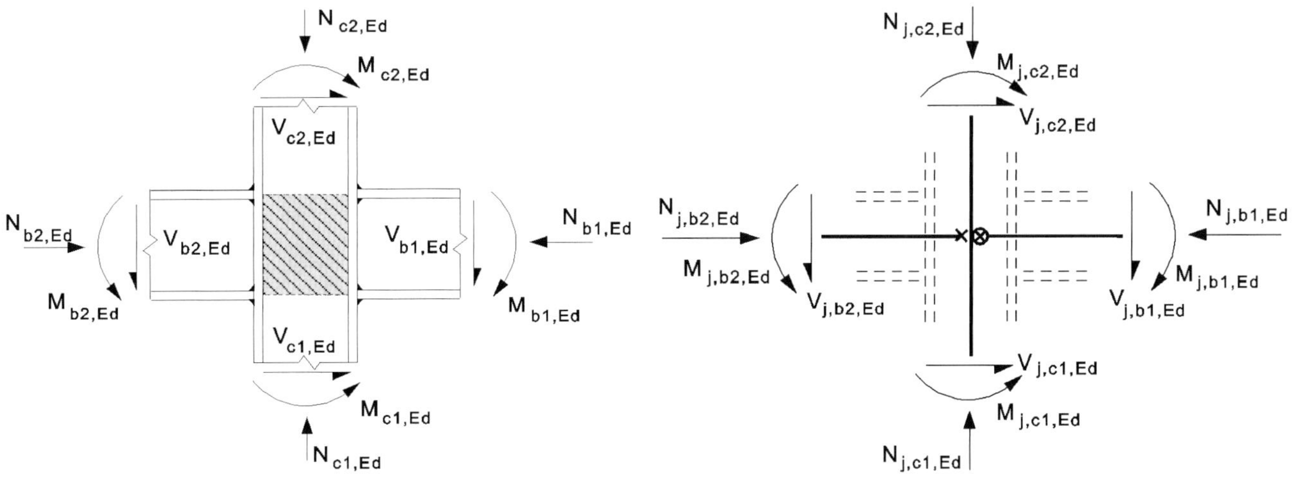

a) Werte am Anschnitt des Stegfeldes **b) Werte am Knotenpunkt der Schwerachsen**

Positive Richtung der Schnittgrößen in den Gleichungen (5.3) und (5.4)

Bild 5.6: Schnittgrößen, die auf den Anschluss einwirken

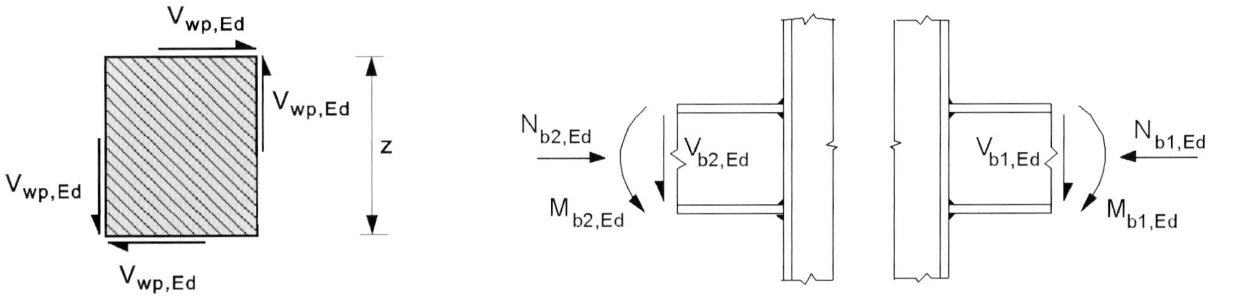

a) Schubkäfte im Stützenstegfeld **b) Verbindungen mit den Schnittgrößen der angeschlossenen Träger**

Bild 5.7: Schnittgrößen, die auf ein Stützenstegfeld am Knoten einwirken

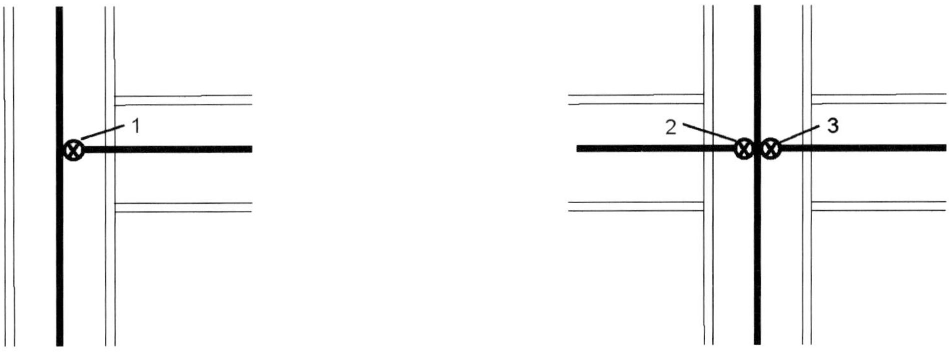

Einseitiger Anschluss Zweiseitiger Anschluss

Legende

1 Anschluss
2 Anschluss 2 linke Seite
3 Anschluss 1 rechte Seite

Bild 5.8: Vereinfachte statische Modelle für Anschlüsse

(9) Als Alternative zu 5.3(8) können genauere Werte für β_1 und β_2, die sich auf die Momente $M_{\mathrm{j,b1,Ed}}$ und $M_{\mathrm{j,b2,Ed}}$ am Schnittpunkt der Systemlinien nach Bild 5.6 b) beziehen, wie folgt ermittelt werden:

$$\beta_1 = \left|1 - M_{\mathrm{j,b2,Ed}}/M_{\mathrm{j,b1,Ed}}\right| \leq 2 \quad (5.4a)$$

$$\beta_2 = \left|1 - M_{\mathrm{j,b1,Ed}}/M_{\mathrm{j,b2,Ed}}\right| \leq 2 \quad (5.4b)$$

Dabei ist

$M_{\mathrm{j,b1,Ed}}$ das Moment am Schnittpunkt des rechten Trägers;

$M_{\mathrm{j,b2,Ed}}$ das Moment am Schnittpunkt des linken Trägers.

(10) Bei einem unausgesteiften zweiseitigen Träger-Stützenanschluss mit zwei Trägern unterschiedlicher Höhe ist bei der Bestimmung der Momententragfähigkeit der tatsächliche Schubspannungsverlauf im Stützenstegfeld zu berücksichtigen.

Tabelle 5.4: Nährungswerte für den Übertragungsparameter β

Ausführung der Anschlüsse		**Einwirkung**	**Wert β**
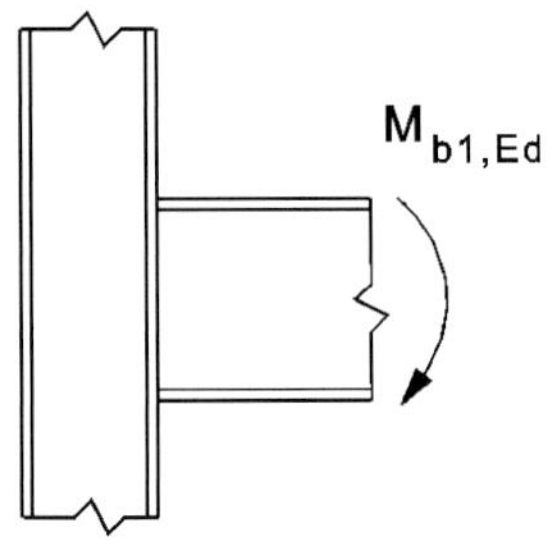	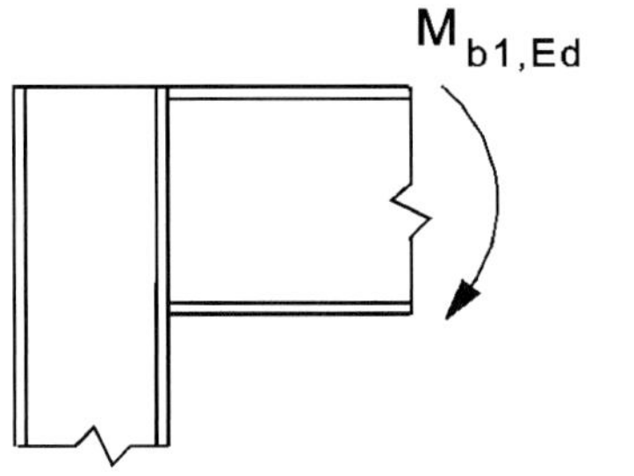	$M_{\mathrm{b1,Ed}}$	$\beta \approx 1$
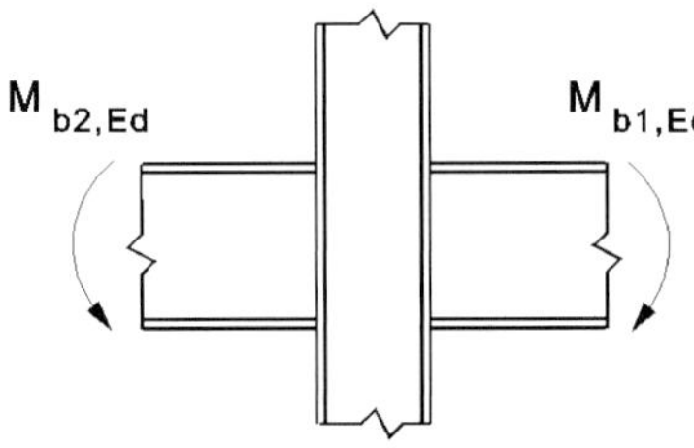	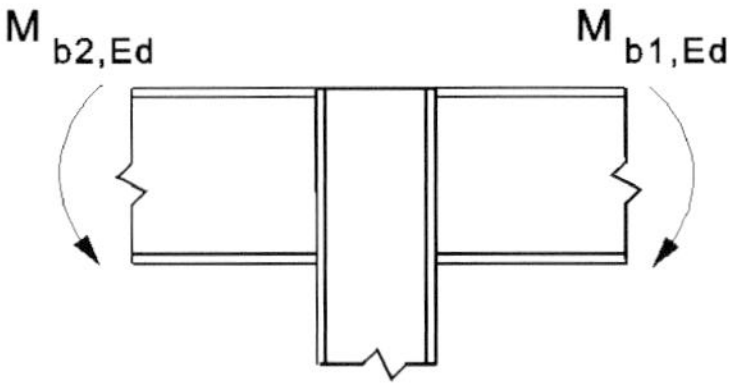	$M_{\mathrm{b1,Ed}} = M_{\mathrm{b2,Ed}}$	$\beta = 0$[a]
		$M_{\mathrm{b1,Ed}}/M_{\mathrm{b2,Ed}} > 0$	$\beta \approx 1$
		$M_{\mathrm{b1,Ed}}/M_{\mathrm{b2,Ed}} < 0$	$\beta \approx 2$
		$M_{\mathrm{b1,Ed}} + M_{\mathrm{b2,Ed}} = 0$	$\beta \approx 2$

[a] In diesem Falle ist β der genaue Wert.

Anschlüsse mit H- oder I-Querschnitten 6

Allgemeines 6.1

Geltungsbereich 6.1.1

(1) Dieser Abschnitt enthält Berechnungsverfahren zur Bestimmung der Kenndaten von beliebigen Anschlüssen für Tragwerksberechnungen. Für die Anwendung dieser Verfahren wird ein Anschluss als eine Zusammenstellung von Grundkomponenten dargestellt, siehe 1.3(1).

(2) Die in dieser Norm verwendeten Grundkomponenten sind in Tabelle 6.1 aufgeführt. Die Kenngrößen dieser Grundkomponenten können nach den Regelungen dieser Norm bestimmt werden. Weitere Grundkomponenten sind möglich, wenn deren Kenngrößen mit Versuchen oder mit numerischen Verfahren, die an Versuchen kalibriert sind, bestimmt werden, siehe EN 1990.

ANMERKUNG Die in dieser Norm angegebenen Berechnungsverfahren für Grundkomponenten sind allgemein gültig und können auf ähnliche Komponenten in anderen Anschlusskonfigurationen übertragen werden. Allerdings beruhen die hier angegebenen Berechnungsverfahren zur Bestimmung der Momententragfähigkeit, der Rotationssteifigkeit und der Rotationskapazität eines Anschlusses auf einer Verteilung der inneren Kräfte und Momente, die zu den in Bild 1.2 dargestellten Anschlusskonfigurationen gehört. Bei anderen Anschlusskonfigurationen sind die Berechnungsverfahren zur Bestimmung von Momententragfähigkeit, Rotationssteifigkeit und Rotationskapazität an die dafür zutreffende Verteilung der inneren Kräfte und Momente anzupassen.

Kenngrößen 6.1.2

Momenten-Rotations-Charakteristik 6.1.2.1

(1) Ein Anschluss kann durch eine Rotationsfeder dargestellt werden, welche die verbundenen Bauteile im Kreuzungspunkt der Schwerpunktlinien verbindet, siehe z. B. Bild 6.1 a) und b) für einen einseitigen Träger-Stützenanschluss. Die Kenngrößen der Feder können in Form einer Momenten-Rotations-Charakteristik dargestellt werden, die die Beziehung zwischen dem am Anschluss angreifenden Biegemoment $M_{\mathrm{j,Ed}}$ und der zugehörigen Rotation ϕ_{Ed} zwischen den verbundenen Bauteilen beschreibt. Im Allgemeinen ist diese Momenten-Rotations-Charakteristik nicht-linear, siehe Bild 6.1 c).

(2) Die Momenten-Rotations-Charakteristik liefert die drei wesentlichen Kenngrößen, siehe Bild 6.1 c):

- Momententragfähigkeit;
- Rotationssteifigkeit;
- Rotationskapazität.

ANMERKUNG In bestimmten Fällen enthält die wirkliche Momenten-Rotations-Kurve Anfangsverdrehungen auf Grund von Schraubenschlupf, Passungenauigkeiten oder bei Stützenfußanschlüssen durch Fundament-Boden-Interaktion. Solche möglicherweise nicht unerheblichen Anfangsverdrehungen sollten in der Momenten-Rotations-Charakteristik berücksichtigt werden.

(3) Die Momenten-Rotations-Charakteristik eines Träger-Stützenanschlusses darf in der Regel zu keinem Widerspruch mit den Annahmen für die Gesamttragwerksberechnung und für die Bemessung der einzelnen Bauteile führen, siehe EN 1993-1-1.

(4) Wird die Momenten-Rotations-Charakteristik von Anschlüssen und Stützenfüßen von I- oder H-Querschnitten nach 6.3.1(4) ermittelt, kann angenommen werden, dass die Bedingungen in 5.1.1(4) für die Vereinfachung dieser Charakteristik für Zwecke der Tragwerksberechnung erfüllt sind.

Momententragfähigkeit 6.1.2.2

(1) Die Momententragfähigkeit $M_{\mathrm{j,Rd}}$, die dem maximalen Moment der Momenten-Rotations-Charakteristik entspricht, siehe Bild 6.1 c), ist in der Regel nach 6.1.3(4) zu ermitteln.

6.1.2.3 Rotationssteifigkeit

(1) Die Rotationssteifigkeit S_j, die nach Bild 6.1 c) der Sekantensteifigkeit entspricht, ist in der Regel nach 6.3.1(4)zu ermitteln. Diese Definition von S_j gilt für Verdrehungen bis zu dem Wert ϕ_{Xd} in einer Momenten-Rotations-Charakteristik, bei dem das Moment $M_{j,Ed}$ den Wert $M_{j,Rd}$ erreicht, nicht jedoch darüber hinaus, siehe Bild 6.1 c). Die Anfangssteifigkeit $S_{j,ini}$ ist die Steigung des elastischen Bereichs der Momenten-Rotations-Charakteristik und ist in der Regel nach 6.1.3(4) zu ermitteln.

6.1.2.4 Rotationskapazität

(1) Mit der Rotationskapazität ϕ_{Cd} eines Anschlusses wird die maximale Rotation in einer Momenten-Rotations-Charakteristik bezeichnet, siehe Bild 6.1 c). ϕ_{Cd} ist in der Regel nach 6.1.3(4) zu ermitteln.

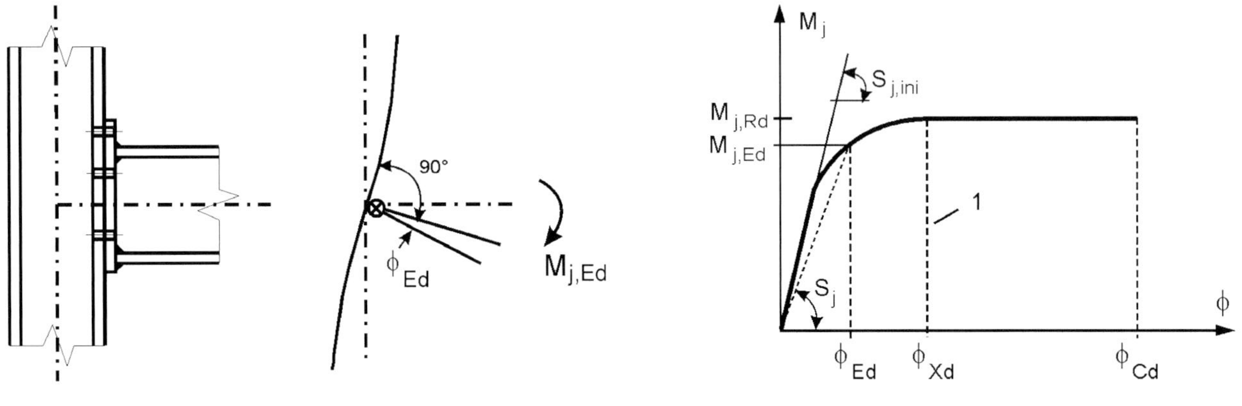

1 Grenzwert für S_j

a) Anschluss **b) Statisches Modell** **c) Momenten-Rotations-Charakteristik**

Bild 6.1: Momenten-Rotations-Charakteristik eines Anschlusses

6.1.3 Grundkomponenten eines Anschlusses

(1) Die Momenten-Rotations-Charakteristik eines Anschlusses hängt von den Kenngrößen seiner Grundkomponenten ab, die in der Regel nach 6.1.3(2) auszuwählen sind.

(2) Die Grundkomponenten und Hinweise zur Bestimmung ihrer Kenngrößen sind Tabelle 6.1 zu entnehmen.

(3) Bestimmte Komponenten können verstärkt werden. Einzelheiten zu den verschiedenen Verstärkungsmöglichkeiten sind in 6.2.4.3 und 6.2.6 angegeben.

(4) Die Zusammenhänge zwischen den Kenngrößen der Grundkomponenten eines Anschlusses und den Kenngrößen des Anschlusses sind in den folgenden Abschnitten angegeben:

- für die Momententragfähigkeit in 6.2.7 und 6.2.8;
- für die Rotationssteifigkeit in 6.3.1;
- für die Rotationskapazität in 6.4.

Tabelle 6.1: Grundkomponenten eines Anschlusses

Komponente			Verweis auf Berechnungsverfahren		
			Tragfähigkeit	Steifigkeits-koeffizient	Rotations-kapazität
1	Stützenstegfeld mit Schubbeanspruchung	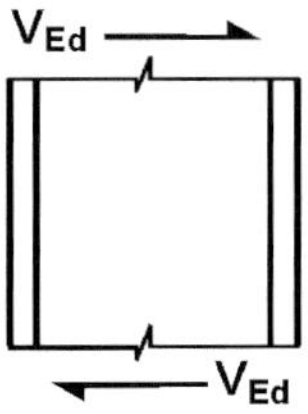	6.2.6.1	6.3.2	6.4.2 6.4.3
2	Stützensteg mit Querdruckbeanspruchung	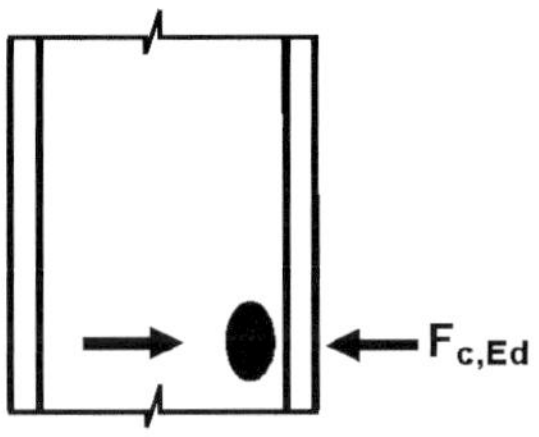	6.2.6.2	6.3.2	6.4.2 6.4.3
3	Stützensteg mit Querzugbeanspruchung	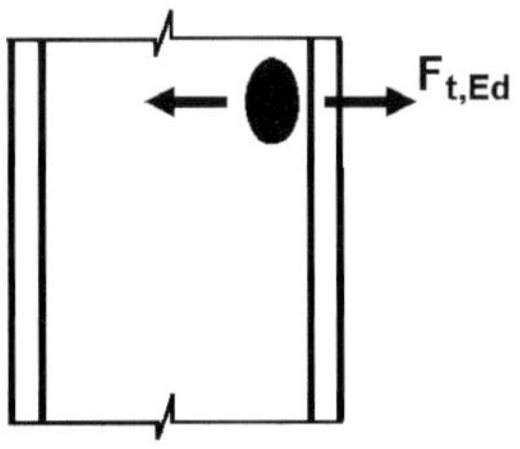	6.2.6.3	6.3.2	6.4.2 6.4.3
4	Stützenflansch mit Biegung	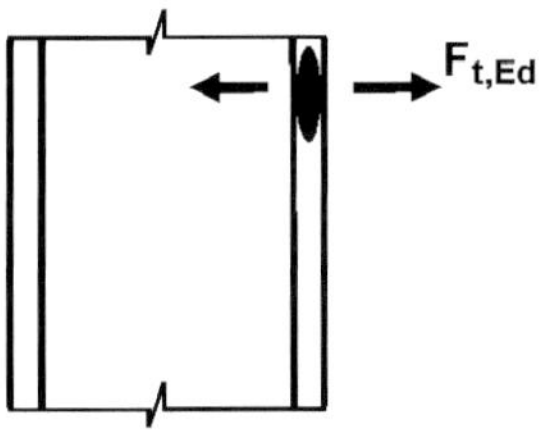	6.2.6.4	6.3.2	6.4.2 6.4.3
5	Stirnblech mit Biegebeanspruchung	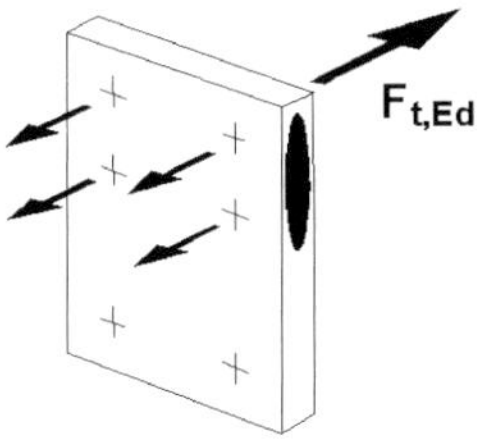	6.2.6.5	6.3.2	6.4.2
6	Flanschwinkel mit Biegebeanspruchung	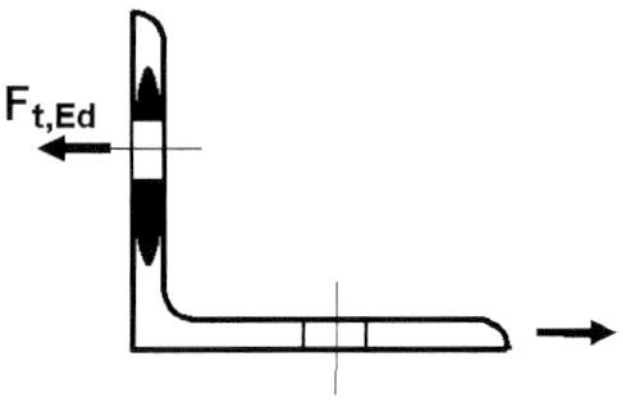	6.2.6.6	6.3.2	6.4.2
7	Träger- oder Stützenflansch und -steg mit Druckbeanspruchung	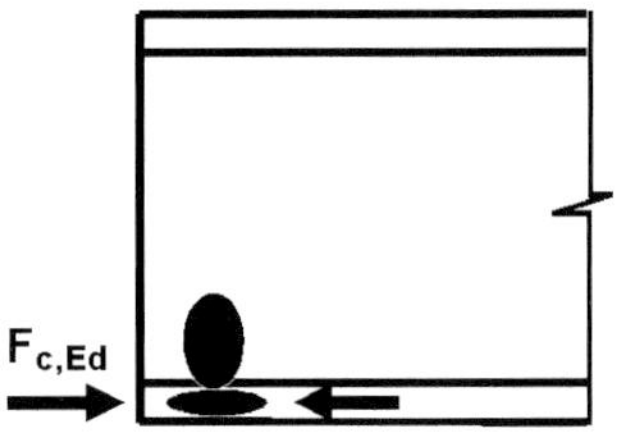	6.2.6.7	6.3.2	[a]

Tabelle 6.1: *(fortgesetzt)*

Komponente			Verweis auf Berechnungsverfahren		
			Tragfähigkeit	Steifigkeits-koeffizient	Rotations-kapazität
8	Trägersteg mit Zugbeanspruchung	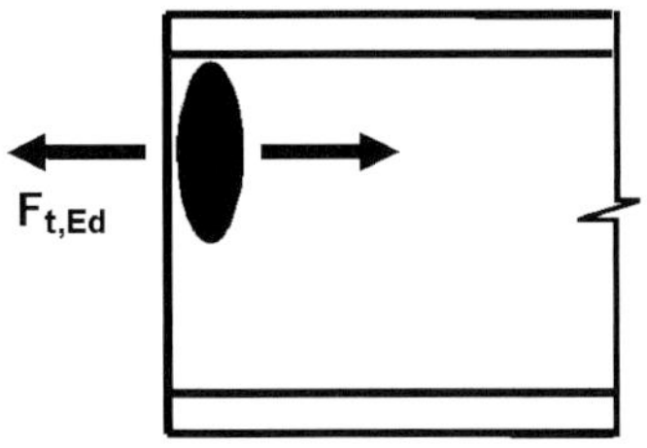	6.2.6.8	6.3.2	[a]
9	Blech mit Zug- oder Druckbeanspruchung	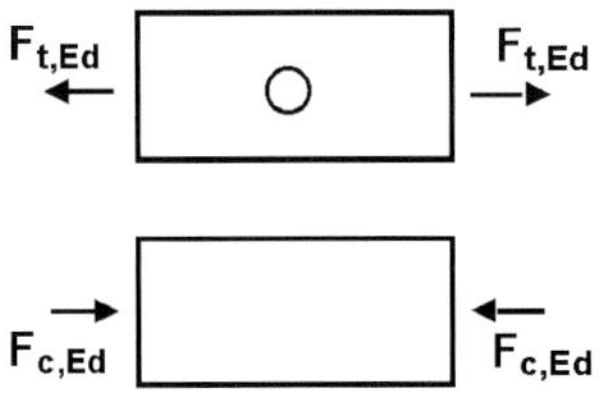	auf Zug: – EN 1993-1-1 auf Druck: – EN 1993-1-1	6.3.2	[a]
10	Schrauben mit Zugbeanspruchung	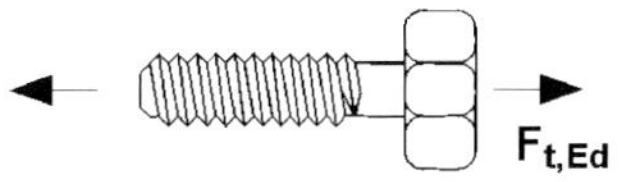	mit Stützenflansch: – 6.2.6.4 mit Stirnblech: – 6.2.6.5 mit Flanschwinkel: – 6.2.6.6	6.3.2	6.4.2
11	Schrauben mit Abscher-beanspruchung	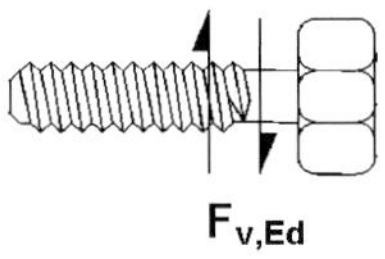	3.6	6.3.2	6.4.2
12	Schrauben mit Loch-leibungsbeanspruchung (im Trägerflansch, Stützenflansch, Stirnblech oder Winkel)	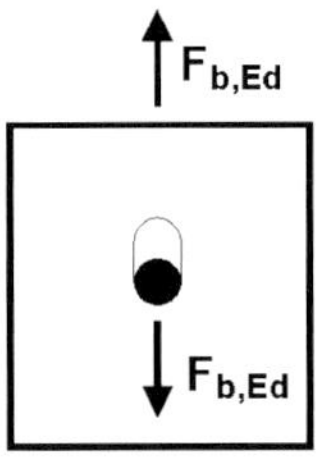	3.6	6.3.2	[a]
13	Beton (einschließlich Mörtel) mit Druckbeanspruchung		6.2.6.9	6.3.2	[a]
14	Fußplatte mit Biegebeanspruchung infolge Druck		6.2.6.10	6.3.2	[a]
15	Fußplatte mit Biegebe-anspruchung infolge Zug		6.2.6.11	6.3.2	[a]
16	Ankerschrauben mit Zugbeanspruchung		6.2.6.12	6.3.2	[a]
17	Ankerschrauben mit Abscherbeanspruchung		6.2.2	[a]	[a]

Tabelle 6.1: *(fortgesetzt)*

Komponente			Verweis auf Berechnungsverfahren		
			Tragfähigkeit	**Steifigkeits-koeffizient**	**Rotations-kapazität**
18	Ankerschrauben mit Lochleibungs-beanspruchung		6.2.2	[a]	[a]
19	Schweißnähte		4	6.3.2	[a]
20	Vouten	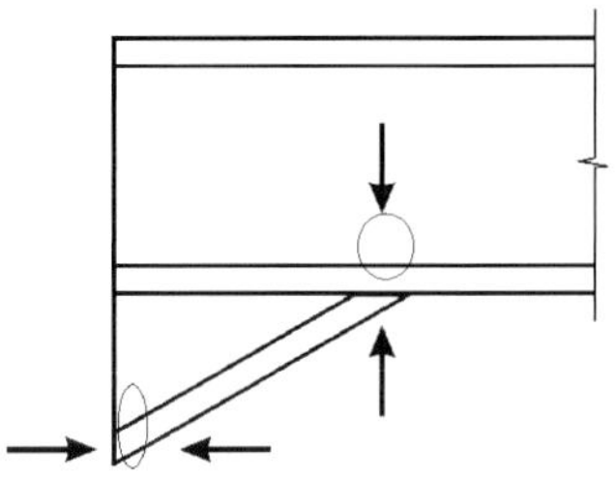	6.2.6.7	6.3.2	[a]

[a] Dazu enthält diese Norm keine Regelungen.

Tragfähigkeit — 6.2

Schnittgrößen — 6.2.1

(1) Außer in den in 6.2.1(2) und 6.2.1(3) spezifizierten Fällen darf angenommen werden, dass die Beanspruchungen der angeschlossenen Bauteile die Tragfähigkeit der Grundkomponenten eines Anschlusses nicht beeinflussen.

(2) Die Druckspannung in einer Stütze ist in der Regel bei der Ermittlung der Tragfähigkeit des Stützenstegfeldes mit Querdruck zu berücksichtigen, siehe 6.2.6.2(2).

(3) Der Schub in einem Stützenstegfeld ist in der Regel bei der Ermittlung der Tragfähigkeit der folgenden Grundkomponenten zu berücksichtigen:

- Stützensteg mit Querdruck, siehe 6.2.6.2;
- Stützensteg mit Querzug, siehe 6.2.6.3.

Querkräfte — 6.2.2

(1) In geschweißten Verbindungen oder geschraubten Verbindungen mit geschweißten Stirnblechen sind in der Regel die Schweißnähte am Steg des angeschlossenen Trägers für die gesamte Querkraft ohne Mitwirkung der Schweißnähte an den Trägerflanschen zu bemessen.

(2) In geschraubten Verbindungen mit Stirnblechen sollte die Tragfähigkeit jeder einzelnen Schraubenreihe für gleichzeitig wirkende Quer- und Zugkräfte nach den in Tabelle 3.4 angegebenen Kriterien überprüft werden. Dabei ist der Einfluss von Abstützkräften auf die Zugkraft in den Schrauben zu berücksichtigen.

ANMERKUNG Vereinfachend darf angenommen werden, dass bei den für die Zugbeanspruchung benötigten Schrauben die volle Zugtragfähigkeit vorhanden ist, wenn die Querkraft den Wert aus folgenden Beiträgen nicht überschreitet:

a) die volle Abschertragfähigkeit der Schrauben, die nicht für die Zugbeanspruchung herangezogen werden, und

b) das (0,4/1,4)fache der vollen Abschertragfähigkeit der Schrauben, die die volle Zugbeanspruchung aufnehmen müssen.

(3) In geschraubten Verbindungen mit Flanschwinkeln kann angenommen werden, dass der Winkel, der an den druckbeanspruchten Trägerflansch anschließt, die volle Querkraft des Trägers auf die Stütze überträgt, wenn:

- der Spalt g zwischen Trägerende und Stützenflansch nicht größer ist als die Dicke t_a des Flanschwinkels;
- die Querkraft nicht größer ist als die Abschertragfähigkeit der Schrauben, welche den Flanschwinkel mit der Stütze verbinden;
- der Trägersteg die Anforderungen in EN 1993-1-5, Abschnitt 6 erfüllt.

(4) Die Schubtragfähigkeit eines Anschlusses kann aus der Verteilung der Kräfte und Momente auf die Grundkomponenten des Anschlusses und den Tragfähigkeiten der Grundkomponenten abgeleitet werden, siehe Tabelle 6.1.

(5) Wenn für die Aufnahme der Querkräfte an Fußplatten keine speziellen Schubelemente vorgesehen sind, wie z. B. Blockanker oder Dübel, so ist in der Regel nachzuweisen, dass die Querkräfte durch den Gleitwiderstand zwischen Fußplatte und Fundament, siehe 6.2.2(6), und, falls die Schraubenlöcher nicht übergroß sind, durch die Abschertragfähigkeit der Ankerschrauben, siehe 6.2.2(7), zusammen übertragen werden können. Die Lochleibungstragfähigkeit von Blockankern oder Dübeln im Beton ist in der Regel nach EN 1992 zu überprüfen.

(6) Der Gleitwiderstand $F_{f,Rd}$ zwischen Fußplatte und Mörtelschicht ist wie folgt zu bestimmen:

$$F_{f,Rd} = C_{f,d}\, N_{c,Ed} \tag{6.1}$$

Dabei ist

$C_{f,d}$ der Reibbeiwert zwischen Fußplatte und Mörtelschicht. Folgende Werte können verwendet werden:
- für Sand-Zement-Mörtel $C_{f,d} = 0{,}20$
- für andere Mörtel-Zusammensetzungen sollte der Reibbeiwert $C_{f,d}$ nach EN 1990, Anhang D durch Versuche bestimmt werden;

$N_{c,Ed}$ Bemessungswert der einwirkenden Druckkraft in der Stütze.

ANMERKUNG Wird die Stütze durch eine Zugkraft belastet, gilt $F_{f,Rd} = 0$.

(7) Die Abschertragfähigkeit $F_{vb,Rd}$ einer Ankerschraube ist als Minimum der beiden Werte $F_{1,vb,Rd}$ und $F_{2,vb,Rd}$ zu bestimmen:

- $F_{1,vb,Rd}$ Abschertragfähigkeit der Ankerschraube, nach 3.6.1
- $$F_{2,vb,Rd} = \frac{\alpha_{bc} f_{ub} A_s}{\gamma_{M2}} \tag{6.2}$$

Dabei ist

$\alpha_{bc} = 0{,}44 - 0{,}0003\, f_{yb}$

f_{yb} die Streckgrenze der Ankerschraube, wobei $235\ \text{N/mm}^2 \leq f_{yb} \leq 640\ \text{N/mm}^2$.

(8) Zwischen einer Fußplatte und einer Mörtelschicht ist der Gesamtschubwiderstand $F_{v,Rd}$ in der Regel wie folgt zu bestimmen:

$$F_{v,Rd} = F_{f,Rd} + n\, F_{vb,Rd} \tag{6.3}$$

Dabei ist

n die Anzahl der Ankerschrauben in der Fußplatte.

(9) Beton und Bewehrung des Stützenfußfundaments sollten nach EN 1992 bestimmt werden.

6.2.3 Biegemomente

(1) Die Biegetragfähigkeit eines Anschlusses kann aus der Verteilung der Kräfte und Momente auf die Grundkomponenten des Anschlusses und den Tragfähigkeiten der Grundkomponenten abgeleitet werden, siehe Tabelle 6.1.

(2) Ist die einwirkende Längskraft N_{Ed} in dem angeschlossenen Bauteil nicht größer als 5 % der plastischen Beanspruchbarkeit $N_{p\ell,Rd}$ des Querschnittes, so kann die Biegetragfähigkeit eines Träger-Stützenanschlusses oder Trägerstoßes $M_{j,Rd}$ nach 6.2.7 ermittelt werden.

(3) Die Biegetragfähigkeit $M_{j,Rd}$ eines Stützenfußes kann nach 6.2.8 ermittelt werden.

(4) In allen Anschlüssen sollten die Schweißnahtdicken so gewählt werden, dass die Biegetragfähigkeit des Anschlusses $M_{j,Rd}$ nicht durch die Tragfähigkeit der Schweißnähte, sondern immer durch die Tragfähigkeiten der anderen Grundkomponenten begrenzt wird.

(5) Ist in einem Lastfall in einem Träger-Stützenanschluss oder einem Trägerstoß ein plastisches Gelenk mit Rotationskapazität erforderlich, dann sollten die Schweißnähte mindestens für das Minimum der beiden folgenden Werte bemessen werden:

- die plastische Biegetragfähigkeit des angeschlossenen Bauteils $M_{p\ell,Rd}$;
- die α-fache Biegetragfähigkeit des Anschlusses $M_{j,Rd}$.

Dabei ist

$\alpha = 1,4$ für Rahmen, deren Aussteifungen das Kriterium (5.1) nach EN 1993-1-1, 5.2.1(3) erfüllen;

$\alpha = 1,7$ für alle anderen Fälle.

(6) Steht in einer geschraubten Verbindung mehr als eine Schraubenreihe unter Zugbeanspruchung, dann kann zur Vereinfachung der Berechnung der Beitrag der näher am Druckpunkt liegenden Schraubenreihen vernachlässigt werden.

Äquivalenter T-Stummel mit Zugbeanspruchung 6.2.4

Allgemeines 6.2.4.1

(1) Zur Berechnung der Tragfähigkeit der folgenden Grundkomponenten geschraubter Anschlüsse kann das Modell des äquivalenten T-Stummels mit Zugbeanspruchung verwendet werden:

- Stützenflansch mit Biegebeanspruchung;
- Stirnblech mit Biegebeanspruchung;
- Flanschwinkel mit Biegebeanspruchung;
- Fußplatte mit Biegebeanspruchung infolge Zugbeanspruchung.

(2) Verfahren zur Berechnung dieser Grundkomponenten als äquivalente T-Stummel einschließlich der notwendigen Werte für e_{min}, ℓ_{eff} und m sind in 6.2.6 angegeben.

(3) Es kann davon ausgegangen werden, dass die Versagensarten des Flansches eines äquivalenten T-Stummels die gleichen sind wie die der verschiedenen Grundkomponenten, für welche der T-Stummel als Modell gilt.

(4) Die wirksame Länge $\Sigma \ell_{eff}$ eines äquivalenten T-Stummels, siehe Bild 6.2, ist so anzusetzen, dass die Tragfähigkeiten der Grundkomponente des Anschlusses und des äquivalenten T-Stummelflansches gleich groß sind.

ANMERKUNG Die wirksame Länge eines äquivalenten T-Stummels ist eine Ersatzlänge und stimmt nicht unbedingt mit der wirklichen Länge der Grundkomponente des Anschlusses überein.

(5) Der Bemessungswert der Zugtragfähigkeit eines T-Stummelflansches ist in der Regel nach Tabelle 6.2 zu bestimmen.

ANMERKUNG In den Werten der Zugtragfähigkeit in Tabelle 6.2 sind Abstützkräfte bereits enthalten.

(6) Wenn Abstützkräfte auftreten können, siehe Tabelle 6.2, ist die Zugtragfähigkeit $F_{T,Rd}$ eines T-Stummelflansches als der kleinste der Werte für die drei möglichen Versagensarten Modus 1, Modus 2 und Modus 3 anzusetzen.

(7) Treten keine Abstützkräfte auf, siehe Tabelle 6.2, ist die Zugtragfähigkeit $F_{T,Rd}$ eines T-Stummelflansches als der kleinste der Werte für die beiden möglichen Versagensarten nach Tabelle 6.2 festzulegen.

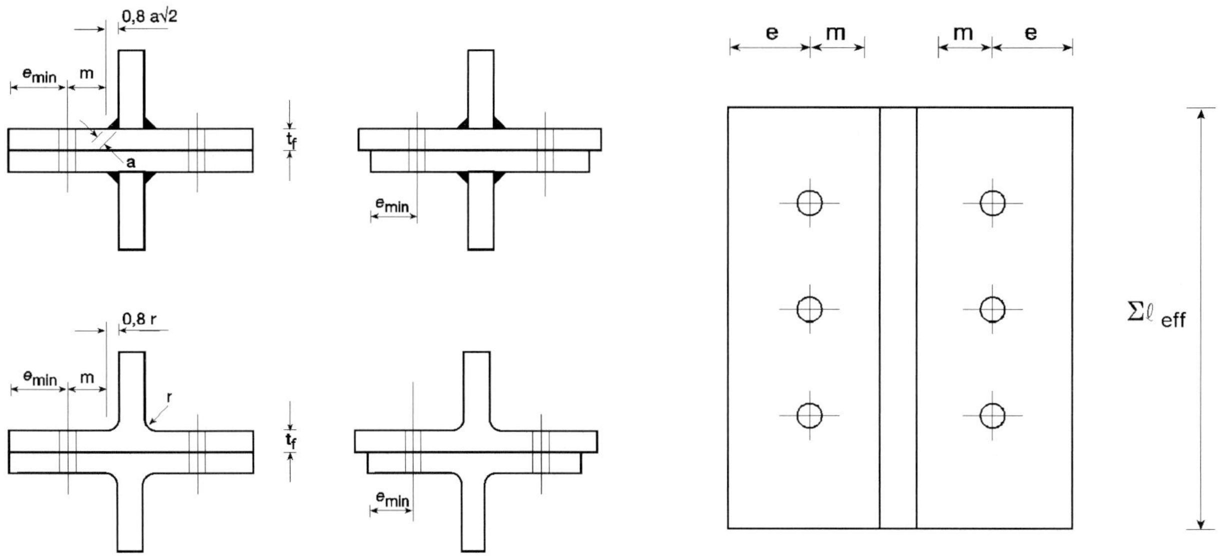

Bild 6.2: Abmessungen eines äquivalenten T-Stummelflansches

Tabelle 6.2: Tragfähigkeit $F_{T,Rd}$ eines T-Stummelflansches bei Zugbeanspruchung

	Abstützkräfte können auftreten, d. h. $L_b \le L_b^*$		**keine Abstützkräfte**
Modus 1	**Verfahren 1**	**Verfahren 2 (alternatives Verfahren)**	
ohne Futterplatten	$F_{T,1,Rd} = \frac{4M_{pl,1,Rd}}{m}$	$F_{T,1,Rd} = \frac{(8n - 2e_w)M_{pl,1,Rd}}{2mn - e_w(m+n)}$	
mit Futterplatten	$F_{T,1,Rd} = \frac{4M_{pl,1,Rd} + 2M_{bp,Rd}}{m}$	$F_{T,1,Rd} = \frac{(8n - 2e_w)M_{pl,1,Rd} + 4nM_{bp,Rd}}{2mn - e_w(m+n)}$	$F_{T,1\text{-}2,Rd} = \frac{2M_{pl,1,Rd}}{m}$
Modus 2	$F_{T,2,Rd} = \frac{2M_{pl,2,Rd} + n\Sigma F_{t,Rd}}{m+n}$		
Modus 3	$F_{T,3,Rd} = \Sigma F_{t,Rd}$		

Modus 1: Vollständiges Fließen des Flansches
Modus 2: Schraubenversagen gleichzeitig mit Fließen des Flansches
Modus 3: Schraubenversagen

L_b
- Dehnlänge der Schraube, angesetzt mit der gesamten Klemmlänge (Gesamtdicke des Blechpakets und der Unterlegscheiben), plus der halben Kopfhöhe und der halben Mutternhöhe oder
- Dehnlänge der Ankerschraube, angesetzt mit der Summe aus dem 8fachen Schraubendurchmesser, den Dicken der Mörtelschicht, der Fußplatte, der Unterlegscheiben und der halben Mutternhöhe

$$L_b^* = \frac{8{,}8 m^3 A_s n_b}{\Sigma l_{eff,1} t_f^3}$$

$F_{T,Rd}$ Bemessungswert der Zugtragfähigkeit eines T-Stummelflansches
Q Abstützkraft
$M_{p\ell,1,Rd}$ $= 0{,}25\, \Sigma \ell_{eff,1}\, t_f^2 f_y / \gamma_{M0}$
$M_{p\ell,2,Rd}$ $= 0{,}25\, \Sigma \ell_{eff,2}\, t_f^2 f_y / \gamma_{M0}$
$M_{bp,Rd}$ $= 0{,}25\, \Sigma \ell_{eff,1}\, t_{bp}^2 f_{y,bp} / \gamma_{M0}$
n $= e_{min}$ jedoch $n \le 1{,}25m$
n_b Anzahl der Schraubenreihen (mit 2 Schrauben je Reihe)
$F_{t,Rd}$ Bemessungswert der Zugtragfähigkeit der Schraube, siehe Tabelle 3.4;

$\Sigma F_{t,Rd}$ Summe aller $F_{t,Rd}$ der Schrauben in dem T-Stummel;
$\Sigma \ell_{eff,1}$ Wert für $\Sigma \ell_{eff}$ für Modus 1;
$\Sigma \ell_{eff,2}$ Wert für $\Sigma \ell_{eff}$ für Modus 2;
e_{min}, m und t_f siehe Bild 6.2.
$f_{y,bp}$ Streckgrenze der Futterplatten;
t_{bp} Dicke der Futterplatten;
e_w $= d_w/4$;
d_w Durchmesser der Unterlegscheibe oder Eckmaß des Schraubenkopfes oder der Mutter, je nach Maßgeblichkeit.

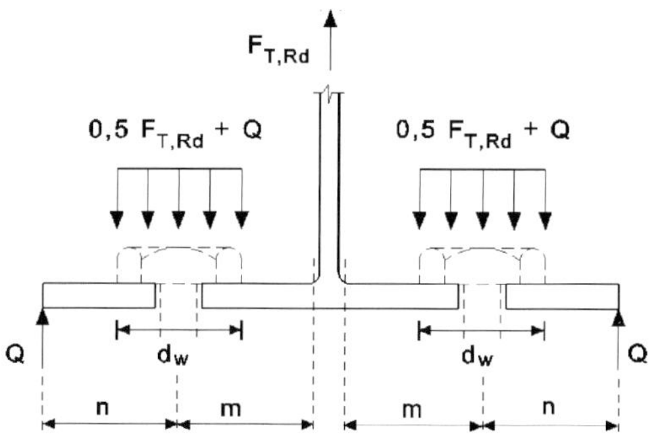

ANMERKUNG 1 Bei geschraubten Träger-Stützenanschlüssen oder Trägerstößen kann damit gerechnet werden, dass Abstützkräfte auftreten.

ANMERKUNG 2 Bei Verfahren 2 wird angenommen, dass die auf den T-Stummelflansch einwirkende Schraubenkraft gleichmäßig unter der Unterlegscheibe, dem Schraubenkopf oder der Mutter verteilt ist, siehe Skizze, und es nicht zu einer Kraftkonzentration an der Schraubenachse kommt. Diese Annahme führt zu einem höheren Wert der Tragfähigkeit für Modus 1, während die Werte für $F_{T,1\text{-}2,Rd}$ und für Modus 2 und Modus 3 unverändert bleiben.

6.2.4.2 Einzelne Schraubenreihen, Schraubengruppen und Gruppen von Schraubenreihen

(1) Obwohl bei Verwendung eines äquivalenten T-Stummels zur Berechnung der Grundkomponente eines Anschlusses nach 6.2.4.1(1) die Kräfte in jeder Schraubenreihe des T-Stummelflansches allgemein gleich groß sind, ist zu berücksichtigen, dass unterschiedliche Kräfte in den verschiedenen Schraubenreihen auftreten können.

(2) Bei der Berechnung einer Gruppe von Schraubenreihen mit äquivalenten T-Stummeln kann es notwendig sein, die Gruppe in einzelne Schraubenreihen aufzuteilen und diese jeweils durch einen eigenen äquivalenten T-Stummel zu modellieren.

(3) Bei der Modellierung einer Gruppe von Schraubenreihen mit äquivalenten T-Stummeln sollten die folgenden Bedingungen eingehalten werden:

a) die Kraft auf jede Schraubenreihe, gerechnet mit Betrachtung nur dieser einzelnen Schraubenreihe, sollte die Tragfähigkeit dieser Reihe nicht überschreiten;

b) die Gesamtkraft auf jede Gruppe von Schraubenreihen, die jeweils zwei oder mehrere benachbarte Schraubenreihen innerhalb derselben Schraubengruppe umfasst, sollte die Tragfähigkeit dieser Gruppe von Schraubenreihen nicht überschreiten.

(4) Bei der Ermittlung der Zugtragfähigkeit einer Grundkomponente mit dem Modell des äquivalenten T-Stummelflansches sollten die folgenden Parameter berechnet werden:

a) die Tragfähigkeit einer einzelnen Schraubenreihe, indem nur diese Schraubenreihe betrachtet wird;

b) der Beitrag jeder einzelnen Schraubenreihe zu der Tragfähigkeit von zwei oder mehr benachbarten Schraubenreihen innerhalb einer Schraubengruppe, wenn nur diese Schraubenreihen betrachtet werden.

(5) Im Falle einer einzelnen Schraubenreihe sollte $\Sigma \ell_{\text{eff}}$ gleich der wirksamen Länge ℓ_{eff} gesetzt werden, die in 6.2.6 für diese einzelne Schraubenreihe tabelliert ist.

(6) Im Falle einer Gruppe von Schraubenreihen sollte $\Sigma \ell_{\text{eff}}$ als Summe der wirksamen Längen ℓ_{eff} angesetzt werden, die in 6.2.6 für jede einzelne Schraubenreihe als Teil der Schraubengruppe tabelliert sind.

6.2.4.3 Verstärkungsbleche

(1) Stützenflansche mit Biegung können mit Hilfe lastverteilender Bleche nach Bild 6.3 verstärkt werden.

(2) Die Breite von Verstärkungsblechen entspricht in der Regel mindestens dem Abstand zwischen dem Rand des Stützenflansches und dem Beginn der Eckausrundung oder der Naht abzüglich 3 mm.

(3) Die Länge des Verstärkungsblechs sollte über die äußerste Schraubenreihe hinausgehen, die an der Zugübertragung beteiligt ist, siehe Bild 6.3.

(4) Wenn Verstärkungsbleche verwendet werden, ist die Zugtragfähigkeit $F_{\text{T,Rd}}$ des T-Stummels in der Regel mit den Verfahren in Tabelle 6.2 zu ermitteln.

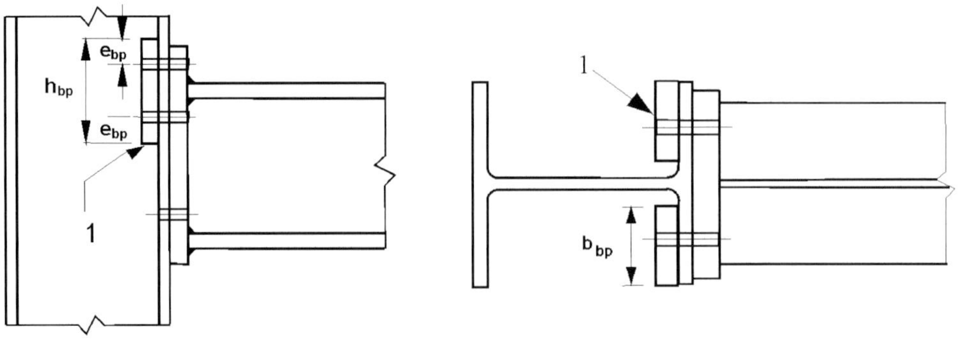

$$h_{\text{bp}} \geq \Sigma \ell_{\text{eff,1}} \qquad e_{\text{bp}} \geq 2d$$

Legende

1 Verstärkungsblech

Bild 6.3: Stützenflansch mit Verstärkungsblechen

Äquivalenter T-Stummel mit Druckbeanspruchung 6.2.5

(1) Bei Anschlüssen von Stahl mit Beton kann der äquivalente T-Stummelflansch mit Druckbeanspruchung verwendet werden, um die Tragfähigkeit für die Kombination folgender Grundkomponenten zu bestimmen:

- Fußplatte mit Biegung aufgrund der Lagerpressung;
- Beton und/oder Mörtelfüllung unter der Lagerpressung.

(2) Die gesamte wirksame Länge l_{eff} und die gesamte wirksame Breite b_{eff} des äquivalenten T-Stummels sind so anzusetzen, dass die Tragfähigkeiten der Grundkomponente des Anschlusses und des äquivalenten T-Stummels gleich groß sind.

ANMERKUNG Die Werte für die wirksame Länge und die wirksame Breite eines äquivalenten T-Stummels sind Ersatzwerte für diese Längen und können von den wirklichen Abmessungen der Grundkomponenten des Anschlusses abweichen.

(3) Die Tragfähigkeit eines T-Stummelflansches $F_{\mathrm{C,Rd}}$ auf Druck wird wie folgt bestimmt:

$$F_{\mathrm{C,Rd}} = f_{\mathrm{jd}}\, b_{\mathrm{eff}}\, l_{\mathrm{eff}} \qquad (6.4)$$

Dabei ist

b_{eff} die wirksame Breite des T-Stummelflansches, siehe 6.2.5(5) und 6.2.5(6);

l_{eff} die wirksame Länge des T-Stummelflansches, siehe 6.2.5(5) und 6.2.5(6);

f_{jd} der Bemessungswert der Beton- oder Mörtelfestigkeit unter Lagerpressung, siehe 6.2.5(7).

(4) Für die Spannungsverteilung unter dem T-Stummel darf eine gleichmäßige Verteilung nach Bild 6.4 a) und Bild 6.4 b) angenommen werden. Die Druckspannung auf der Auflagerfläche darf den Bemessungswert der Beton- oder Mörtelfestigkeit f_{jd} unter Lagerpressung nicht überschreiten, wenn die zusätzliche Ausbreitungsbreite c folgenden maximalen Wert annimmt:

$$c = t\,[f_{\mathrm{y}}/(3\, f_{\mathrm{jd}}\, \gamma_{\mathrm{M0}})]^{0,5} \qquad (6.5)$$

Dabei ist

t die Dicke des T-Stummelflansches;

f_{y} die Streckgrenze des T-Stummelflansches.

(5) Ist die wirkliche Abmessung der Grundkomponente des Anschlusses (der Fußplatte), welche durch den T-Stummel abgebildet wird, kleiner als die Ausbreitungsbreite c, so ist die wirksame Fläche nach Bild 6.4 a) anzusetzen.

(6) Ist die wirkliche Abmessung der Grundkomponente des Anschlusses (der Fußplatte), welche durch den T-Stummel abgebildet wird, größer als Ausbreitungsbreite c, so ist der den Wert c übersteigende Anteil zu vernachlässigen, siehe Bild 6.4 b).

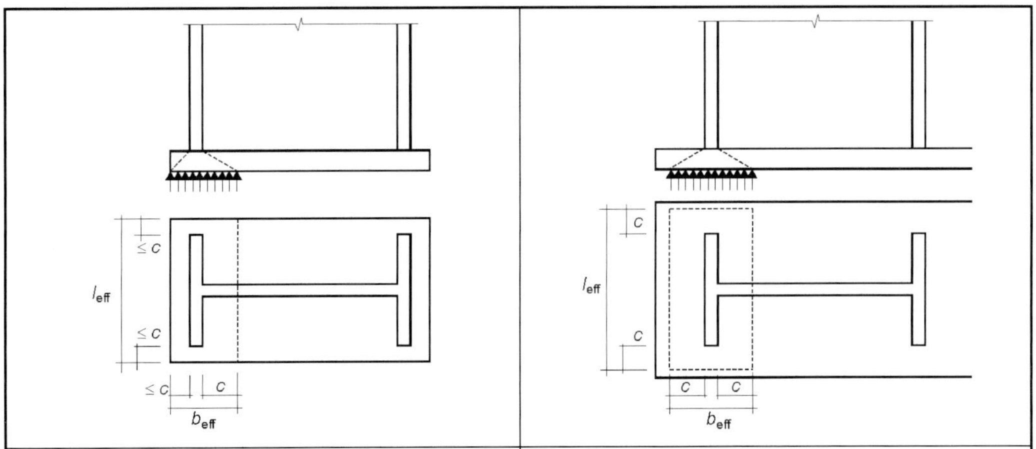

a) Kurzer Überstand	b) Großer Überstand

Bild 6.4: Fläche des äquivalenten T-Stummels mit Druckbeanspruchung

(7) Der Bemessungswert der Beton- oder Mörtelfestigkeit f_{jd} unter Lagerpressung wird in der Regel wie folgt bestimmt:

$$f_{jd} = \beta_j \, F_{Rdu}/(b_{eff} \, l_{eff}) \tag{6.6}$$

Dabei ist

β_j der Anschlussbeiwert. Dieser kann mit 2/3 angesetzt werden, wenn die charakteristische Festigkeit des Mörtels nicht kleiner als das 0,2fache der charakteristischen Festigkeit des Fundamentbetons ist und die Dicke des Mörtels nicht größer als das 0,2fache der kleinsten Abmessung der Stahlfußplatte ist. Wenn die Dicke des Mörtels größer als 50 mm ist, sollte die charakteristische Festigkeit des Mörtels mindestens so hoch sein wie die des Fundamentbetons.

F_{Rdu} die Tragfähigkeit unter konzentrierten Lasten nach EN 1992, wobei $A_{c0} = b_{eff} \, l_{eff}$ angesetzt wird.

6.2.6 Tragfähigkeit der Grundkomponenten

6.2.6.1 Stützensteg mit Schubbeanspruchung

(1) Die Anwendbarkeit der Bemessungsverfahren in 6.2.6.1(2) bis 6.2.6.1(14) ist auf Schlankheiten des Stützenstegs $d_c/t_w \leq 69\varepsilon$ begrenzt.

(2) Bei einem einseitigen Anschluss oder bei einem beidseitigen Anschluss mit ähnlich hohen Trägern ist die plastische Schubtragfähigkeit $V_{wp,Rd}$ des nicht ausgesteiften Stützenstegfeldes, das durch den Bemessungswert der einwirkenden Schubkraft $V_{wp,Ed}$ belastet wird, siehe 5.3(3), wie folgt zu ermitteln:

$$V_{wp,Rd} = \frac{0{,}9 f_{y,wc} A_{vc}}{\sqrt{3}\,\gamma_{M0}} \tag{6.7}$$

Dabei ist

A_{vc} die Schubfläche der Stütze, siehe EN 1993-1-1.

(3) Die Schubtragfähigkeit kann durch Stegsteifen oder zusätzliche Stegbleche erhöht werden.

(4) Werden zusätzliche Stegsteifen in der Druck- und Zugzone der Stütze eingesetzt, kann die plastische Schubtragfähigkeit des Stützenstegfeldes $V_{wp,Rd}$ um den Wert $V_{wp,add,Rd}$ vergrößert werden. Es gilt:

$$V_{wp,add,Rd} = \frac{4 M_{pl,fc,Rd}}{d_s} \quad \text{jedoch} \quad V_{wp,add,Rd} \leq \frac{2 M_{pl,fc,Rd} + 2 M_{pl,st,Rd}}{d_s} \tag{6.8}$$

Dabei ist

d_s der Achsabstand zwischen den Stegsteifen;

$M_{pl,fc,Rd}$ die plastische Biegetragfähigkeit eines Stützenflansches;

$M_{pl,st,Rd}$ die plastische Biegetragfähigkeit einer Stegsteife.

ANMERKUNG Bei geschweißten Anschlüssen sollten die Stegsteifen der Stütze in den Achsen der Trägerflansche liegen.

(5) Werden diagonale Stegsteifen eingesetzt, sollte die plastische Schubtragfähigkeit des Stützenstegfeldes nach EN 1993-1-1 bestimmt werden.

ANMERKUNG Dabei wird bei zweiseitigen Träger-Stützenanschlüssen angenommen, dass beide Träger etwa die gleiche Trägerhöhe haben.

(6) Wird ein Stützensteg durch ein zusätzliches Stegblech verstärkt, siehe Bild 6.5, so kann die Schubfläche A_{vc} um $b_s \, t_{wc}$ vergrößert werden. Wird ein weiteres zusätzliches Stegblech auf der anderen Stegseite angebracht, sollte keine weitere Vergrößerung der Schubfläche angesetzt werden.

(7) Zusätzliche Stegbleche können auch zur Vergrößerung der Rotationssteifigkeit eines Anschlusses eingesetzt werden, die durch Vergrößerung der Steifigkeit des Stützenstegs für Schub-, Druck- oder Zugbeanspruchung bewirkt wird, siehe 6.3.2(1).

(8) Zusätzliche Stegbleche sollten die gleiche Stahlgüte haben wie die Stütze.

(9) Die Breite b_s sollte mindestens so groß sein, dass die Schweißnähte um das zusätzliche Stegblech an die Eckausrundung heranreichen.

(10) Die Länge ℓ_s sollte so groß sein, dass sich das zusätzliche Stegblech über die effektive Breite des Steges unter der Querzugbeanspruchung und der Querdruckbeanspruchung hinaus erstreckt, siehe Bild 6.5.

(11) Die Dicke t_s des zusätzlichen Stegbleches sollte mindestens der Stützenstegdicke t_{wc} entsprechen.

(12) Die Schweißnähte zwischen dem zusätzlichen Stegblech und dem Profil sind für die Bemessungswerte der Kräfte zu bemessen.

(13) Die Breite b_s eines zusätzlichen Stegbleches sollte kleiner als $40\varepsilon\, t_s$ sein.

(14) In nicht-korrosiver Umgebung können auch unterbrochene Schweißnähte eingesetzt werden.

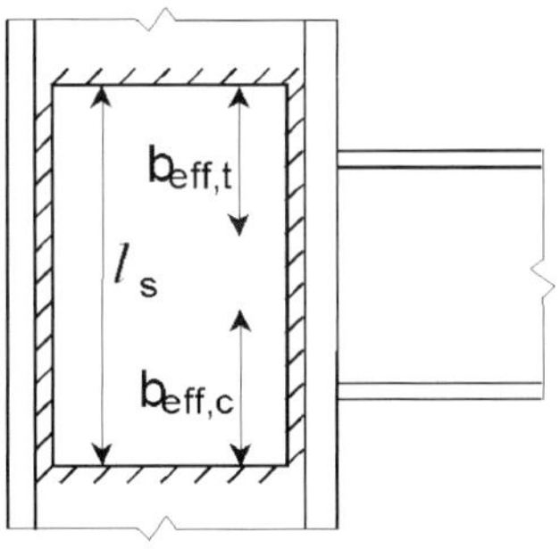

a) Anordnung

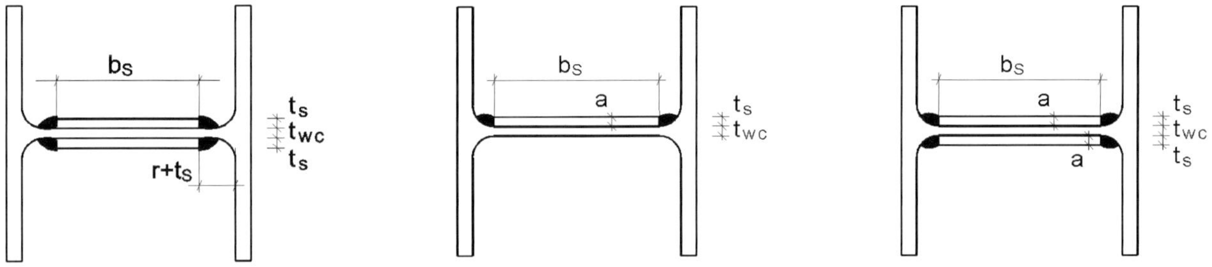

ANMERKUNG Auf die Schweißbarkeit in den Ecken ist zu achten.

b) Beispiele für Querschnitte mit Längsnähten

Bild 6.5: Beispiele für Verstärkungen mit zusätzlichen Stegblechen

Stützensteg mit Beanspruchung durch Querdruck — 6.2.6.2

(1) Für die Tragfähigkeit eines nicht ausgesteiften Stützenstegs, der durch Querdruck beansprucht wird, gilt:

$$F_{c,wc,Rd} = \frac{\omega k_{wc} b_{eff,c,wc} t_{wc} f_{y,wc}}{\gamma_{M0}} \quad \text{jedoch} \quad F_{c,wc,Rd} \le \frac{\omega k_{wc} \rho\, b_{eff,c,wc} t_{wc} f_{y,wc}}{\gamma_{M1}} \tag{6.9}$$

Dabei ist

ω der Abminderungsbeiwert, der mögliche Interaktionseffekte mit der Schubbeanspruchung im Stützenstegfeld nach Tabelle 6.3 berücksichtigt;

$b_{eff,c,wc}$ die wirksame Breite des Stützenstegs für Querdruck:

– für einen geschweißten Anschluss:

$$b_{eff,c,wc} = t_{fb} + 2\sqrt{2}a_b + 5(t_{fc} + s) \tag{6.10}$$

Dabei sind

a_c, r_c und a_b wie in Bild 6.6 angegeben.

– für eine geschraubte Stirnblechverbindung:

$$b_{eff,c,wc} = t_{fb} + 2\sqrt{2}a_p + 5(t_{fc} + s) + s_p \tag{6.11}$$

Dabei ist

s_p die Länge, die mit der Annahme einer Ausbreitung von 45° durch das Stirnblech (mindestens t_p und bis zu $2t_p$, wenn der Überstand des Stirnblechs über den Flansch hinaus ausreichend groß ist) ermittelt wird.

– für eine geschraubte Verbindung mit Flanschwinkeln:

$$b_{eff,c,wc} = 2t_a + 0{,}6r_a + 5(t_{fc} + s) \tag{6.12}$$

Dabei ist

– bei einer Stütze mit gewalztem I- oder H-Querschnitt: $s = r_c$

– bei einer Stütze mit geschweißtem I- oder H-Querschnitt: $s = \sqrt{2}a_c$

ρ Abminderungsbeiwert für Plattenbeulen:

– für $\bar{\lambda}_p \leq 0{,}72$: $\rho = 1{,}0$ (6.13a)

– für $\bar{\lambda}_p > 0{,}72$: $\rho = (\bar{\lambda}_p - 0{,}2)/\bar{\lambda}_p^2$ (6.13b)

Dabei ist

$$\bar{\lambda}_p = 0{,}932\sqrt{\frac{b_{eff,c,wc}\, d_{wc}\, f_{y,wc}}{E t_{wc}^2}} \text{ (Plattenschlankheitsgrad)} \tag{6.13c}$$

mit folgenden Werten für d_{wc}

– bei einer Stütze mit gewalztem I- oder H-Querschnitt: $d_{wc} = h_c - 2\,(t_{fc} + r_c)$

– bei einer Stütze mit geschweißtem I- oder H-Querschnitt: $d_{wc} = h_c - 2\,(t_{fc} + \sqrt{2}a_c)$

k_{wc} Abminderungsbeiwert nach 6.2.6.2(2).

Tabelle 6.3: Abminderungsbeiwert ω für die Interaktion mit Schubbeanspruchung

Übertragungsparameter β	**Abminderungsbeiwert ω**
$0 \leq \beta \leq 0{,}5$	$\omega = 1$
$0{,}5 < \beta < 1$	$\omega = \omega_1 + 2\,(1 - \beta)\,(1 - \omega_1)$
$\beta = 1$	$\omega = \omega_1$
$1 < \beta < 2$	$\omega = \omega_1 + (\beta - 1)\,(\omega_2 - \omega_1)$
$\beta = 2$	$\omega = \omega_2$
$\omega_1 = \dfrac{1}{\sqrt{1 + 1{,}3(b_{eff,c,wc}\, t_{wc} / A_{vc})^2}}$	$\omega_2 = \dfrac{1}{\sqrt{1 + 5{,}2(b_{eff,c,wc}\, t_{wc} / A_{vc})^2}}$
A_{vc} Schubfläche der Stütze, siehe 6.2.6.1; β Übertragungsparameter, siehe 5.3(7).	

(2) Überschreitet die maximale Längsdruckspannung $\sigma_{com,Ed}$ im Steg (am Ende des Ausrundungsradius bei einem gewalzten Profil oder am Schweißnahtübergang bei einem geschweißten Profil) infolge Druckkraft und Biegemoment in der Stütze den Wert $0{,}7\, f_{y,wc}$, so ist deren Auswirkung auf die Tragfähigkeit zu berücksichtigen, indem der Wert für $F_{c,wc,Rd}$ nach Gleichung (6.9) mit dem folgenden Beiwert k_{wc} abgemindert wird:

– falls $\sigma_{com,Ed} \leq 0{,}7\, f_{y,wc}$: $k_{wc} = 1$

– falls $\sigma_{com,Ed} > 0{,}7\, f_{y,wc}$: $k_{wc} = 1{,}7 - \sigma_{com,Ed}/f_{y,wc}$ (6.14)

ANMERKUNG Im Allgemeinen beträgt der Abminderungsbeiwert $k_{wc} = 1{,}0$ und keine Reduzierung ist notwendig. Daher kann die Abminderung in Vorberechnungen vernachlässigt werden, bei denen noch keine Längsspannungen bekannt sind.

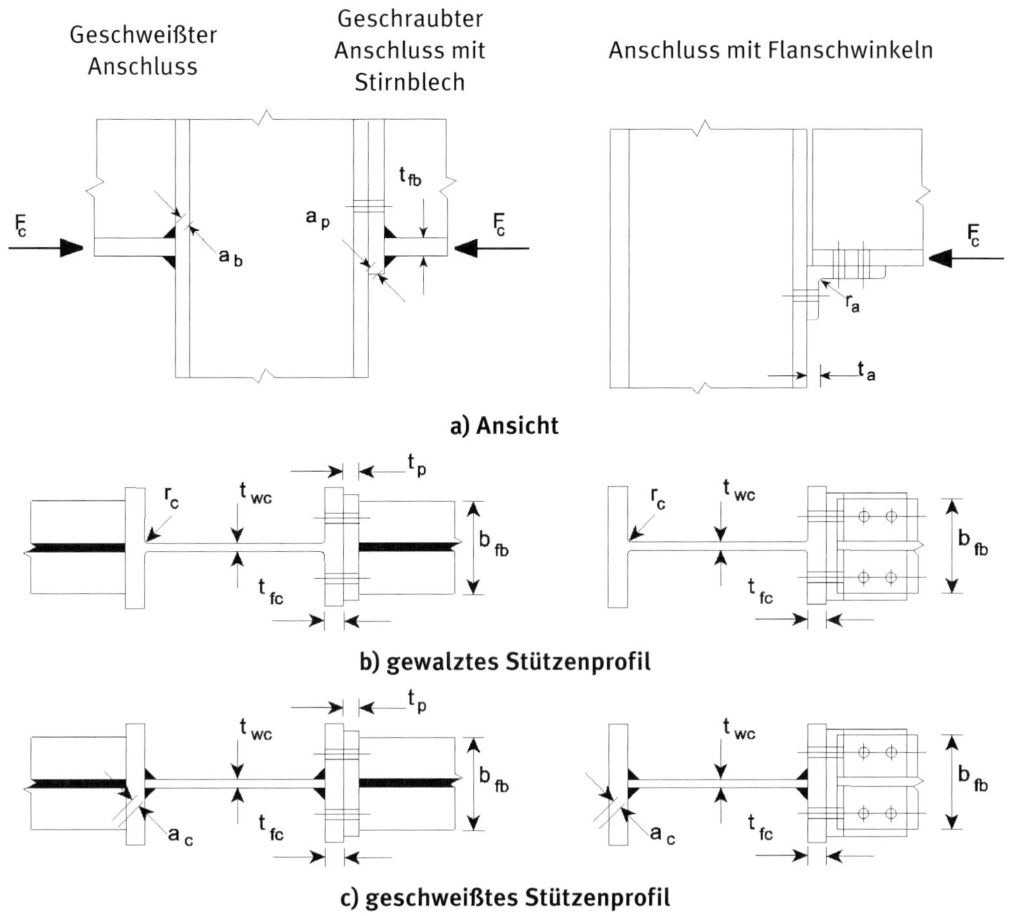

Bild 6.6: Querdruck bei einer nicht ausgesteiften Stütze

(3) Das knickstabähnliche Beulen eines nicht ausgesteiften Stützenstegs infolge Querdruck, siehe Bild 6.7, sollte konstruktiv verhindert werden.

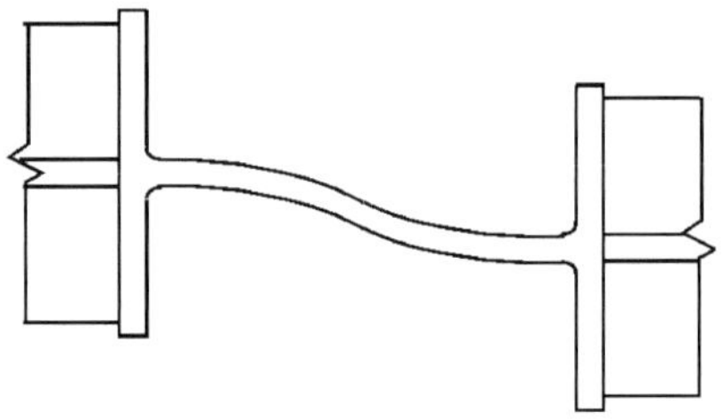

Bild 6.7: Knickstabähnliches Beulen eines nicht ausgesteiften Stützensteges

(4) Die Tragfähigkeit des Stützensteges für Querdruck kann durch Stegsteifen oder zusätzliche Stegbleche vergrößert werden.

(5) Quersteifen oder geeignet angeordnete Diagonalsteifen können einzeln oder zusammen im Stützenstegfeld verwendet werden, um die Tragfähigkeit des Stützensteges für Querdruck zu vergrößern.

ANMERKUNG Bei geschweißten Anschlüssen sollten die Quersteifen in der Achse der Trägerflansche liegen. Bei geschraubten Anschlüssen sollten die Steifen in der Achse der Druckkräfte (Druckpunkt) liegen. Der Druckpunkt ist in Bild 6.15 definiert.

(6) Wird ein nicht ausgesteifter Stützensteg durch ein zusätzliches Stegblech nach 6.2.6.1 verstärkt, so darf die effektive Dicke des Stegblechs mit 1,5 t_{wc} angesetzt werden. Wenn zusätzliche Stegbleche beidseitig am Steg angebracht werden, darf die effektive Dicke mit 2,0 t_{wc} angesetzt werden. Bei der Berechnung des Abminderungsbeiwerts ω zur Berücksich-

tigung der Interaktion mit der Schubbeanspruchung darf die Schubfläche A_{vc} des Stegs nur auf den Wert angehoben werden, der auch bei der Erhöhung der Schubtragfähigkeit zulässig ist, siehe 6.2.6.1(6).

6.2.6.3 Stützensteg mit Beanspruchung durch Querzug

(1) Die Tragfähigkeit eines nicht ausgesteiften Stützenstegs für Beanspruchung durch Querzug wird in der Regel wie folgt bestimmt:

$$F_{t,wc,Rd} = \frac{\omega b_{eff,t,wc} t_{wc} f_{y,wc}}{\gamma_{M0}} \tag{6.15}$$

Dabei ist

ω der Abminderungsbeiwert zur Berücksichtigung der Interaktion mit der Schubbeanspruchung im Stützenstegfeld.

(2) Bei einer geschweißten Verbindung wird in der Regel die wirksame Breite $b_{eff,t,wc}$ der Komponente Stützensteg mit Querzug wie folgt ermittelt:

$$b_{eff,t,wc} = t_{fb} + 2\sqrt{2}\,a_b + 5(t_{fc} + s) \tag{6.16}$$

Dabei ist

- bei einer Stütze mit gewalztem I- oder H-Querschnitt: $s = r_c$
- bei einer Stütze mit geschweißtem I- oder H-Querschnitt: $s = \sqrt{2}\,a_c$

a_c und r_c wie in Bild 6.8 und a_b wie in Bild 6.6 angegeben.

(3) Bei einer geschraubten Verbindung wird in der Regel die wirksame Breite $b_{eff,t,wc}$ der Komponente Stützensteg mit Querzug mit der wirksamen Länge des äquivalenten T-Stummels für den Stützenflansch gleichgesetzt, siehe 6.2.6.4.

(4) Der Abminderungsbeiwert ω zur Berücksichtigung der Interaktion mit der Schubbeanspruchung im Stützenstegfeld ist in der Regel nach Tabelle 6.3 mit dem Wert $b_{eff,t,wc}$ nach 6.2.6.3(2) oder 6.2.6.3(3) zu ermitteln.

(5) Die Tragfähigkeit des Stützensteges für Querzug kann durch Stegsteifen oder zusätzliche Stegbleche vergrößert werden.

(6) Die Stegsteifen können als Quersteifen und/oder entsprechend angeordnete Diagonalsteifen ausgebildet werden, um die Tragfähigkeit des Stützensteges für Querzug zu vergrößern.

ANMERKUNG Bei geschweißten Anschlüssen liegen üblicherweise die Quersteifen in der Achse der Trägerflansche.

(7) Schweißnähte zwischen Diagonalsteifen und Stützenflansch sollten als voll durchgeschweißte Nähte mit Kapplage ausgeführt werden, damit die Schweißnahtdicke gleich der Steifendicke ist.

(8) Wird ein nicht ausgesteifter Stützensteg durch zusätzliche Stegbleche entsprechend 6.2.6.1 verstärkt, so hängt die Tragfähigkeit für Querzug von der Dicke der Längsnähte entlang der zusätzlichen Stegbleche ab. Die wirksame Dicke des Stegs $t_{w,eff}$ wird in der Regel wie folgt bestimmt:

- sind die Längsnähte durchgeschweißte Stumpfnähte der Nahtdicke $a \geq t_s$ gilt:
  - bei einseitigem zusätzlichem Stegblech: $t_{w,eff} = 1{,}5\, t_{wc}$ (6.17)
  - bei beidseitigen zusätzlichen Stegblechen: $t_{w,eff} = 2{,}0\, t_{wc}$ (6.18)
- sind die Längsnähte Kehlnähte der Nahtdicke $a \geq t_s/\sqrt{2}$ gilt sowohl für einseitige als auch für beidseitige zusätzliche Stegbleche:
  - für die Stahlgüten S 235, S 275 oder S 355: $t_{w,eff} = 1{,}4\, t_{wc}$ (6.19a)
  - für die Stahlgüten S 420 oder S 460: $t_{w,eff} = 1{,}3\, t_{wc}$ (6.19b)

(9) Bei der Berechnung des Abminderungsbeiwerts ω zur Berücksichtigung der Interaktion mit der Schubbeanspruchung darf die Schubfläche A_{vc} des durch zusätzliche Stegbleche verstärkten Stegs nur auf den Wert angehoben werden, der auch bei der Erhöhung der Schubtragfähigkeit zulässig ist, siehe 6.2.6.1(6).

Stützenflansch mit Biegebeanspruchung **6.2.6.4**

Nicht ausgesteifter Stützenflansch und geschraubte Verbindung **6.2.6.4.1**

(1) Die Tragfähigkeit und die Versagensform eines nicht ausgesteiften Stützenflansches, der in Verbindung mit Schrauben mit Zugbeanspruchung auf Biegung beansprucht wird, sind in der Regel mit Hilfe des äquivalenten T-Stummelflansches für folgende Fälle zu ermitteln, siehe 6.2.4:

- jede einzelne Schraubenreihe ist für die Übertragung der Zugkräfte erforderlich;
- jede Gruppe von Schraubenreihen ist für die Übertragung der Zugkräfte erforderlich.

(2) Die Maße e_{min} und m für die Ermittlung nach 6.2.4 sind Bild 6.8 zu entnehmen.

(3) Die wirksame Länge des äquivalenten T-Stummelflansches sollte für die einzelnen Schraubenreihen und die Schraubengruppe nach 6.2.4.2 mit den Werten ermittelt werden, die in Tabelle 6.4 für die einzelnen Schraubenreihen angegeben sind.

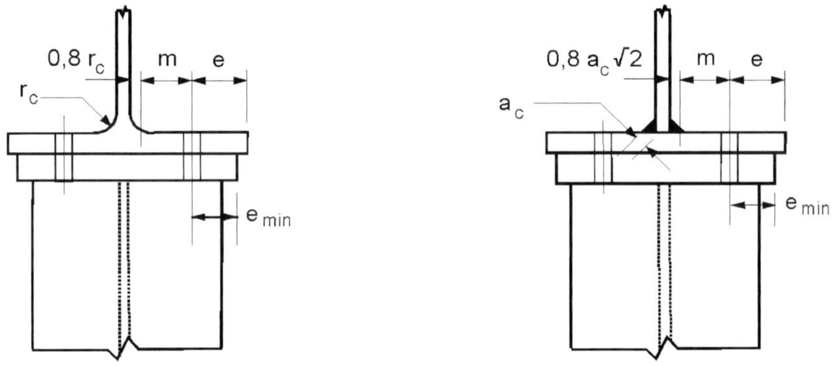

a) Geschweißtes Stirnblech schmaler als der Stützenflansch

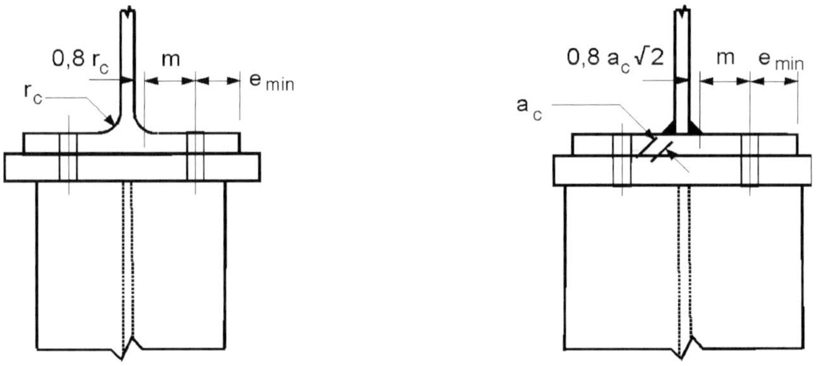

b) Geschweißtes Stirnblech breiter als der Stützenflansch

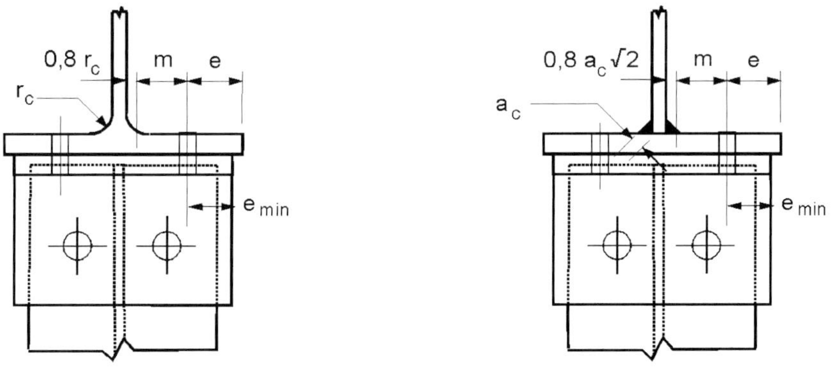

c) Flanschwinkel

Bild 6.8: Maße für e, e_{min}, r_c und m

Tabelle 6.4: Wirksame Längen für nicht ausgesteifte Stützenflansche

Lage der Schraubenreihe	Schraubenreihe einzeln betrachtet		Schraubenreihe als Teil einer Gruppe von Schraubenreihen	
	Kreisförmiges Muster $\ell_{eff,cp}$	**Nicht kreisförmiges Muster** $\ell_{eff,nc}$	**Kreisförmiges Muster** $\ell_{eff,cp}$	**Nicht kreisförmiges Muster** $\ell_{eff,nc}$
Innere Schraubenreihe	$2\pi m$	$4m + 1{,}25e$	$2p$	p
Äußere Schraubenreihe	der kleinere Wert von: $2\pi m$ $\pi m + 2e_1$	der kleinere Wert von: $4m + 1{,}25e$ $2m + 0{,}625e + e_1$	der kleinere Wert von: $\pi m + p$ $2e_1 + p$	der kleinere Wert von: $2m + 0{,}625e + 0{,}5p$ $e_1 + 0{,}5p$
Modus 1:	$\ell_{eff,1} = \ell_{eff,nc}$ jedoch $\ell_{eff,1} \leq \ell_{eff,cp}$		$\Sigma\ell_{eff,1} = \Sigma\ell_{eff,nc}$ jedoch $\Sigma\ell_{eff,1} \leq \Sigma\ell_{eff,cp}$	
Modus 2:	$\ell_{eff,2} = \ell_{eff,nc}$		$\Sigma\ell_{eff,2} = \Sigma\ell_{eff,nc}$	
e_1 ist der Abstand von der Mitte der Verbindungsmittel in der Endreihe zum benachbarten freien Ende des Stützenflansches, gemessen in der Richtung der Achse des Stützenprofils (siehe Zeile 1 und Zeile 2 in Bild 6.9).				

6.2.6.4.2 Ausgesteifter Stützenflansch und Anschluss mit geschraubtem Stirnblech oder Flanschwinkeln

(1) Mit Quersteifen und/oder entsprechend angeordneten Diagonalsteifen kann die Biegetragfähigkeit des Stützenflansches vergrößert werden.

(2) Die Tragfähigkeit und die Versagensform eines ausgesteiften Stützenflansches, der in Verbindung mit Schrauben mit Zugbeanspruchung auf Biegung beansprucht wird, sind mit Hilfe des äquivalenten T-Stummelflansches für folgende Fälle zu ermitteln, siehe 6.2.4:

- jede einzelne Schraubenreihe ist für die Übertragung der Zugkräfte erforderlich;
- jede Gruppe von Schraubenreihen ist für die Übertragung der Zugkräfte erforderlich.

(3) Treten Gruppen von Schraubenreihen auf beiden Seiten einer Steife auf, sind diese getrennt mit T-Stummelflanschen zu untersuchen, siehe Bild 6.9. Die Tragfähigkeit und Versagensform sind dann für jeden äquivalenten T-Stummel zu bestimmen.

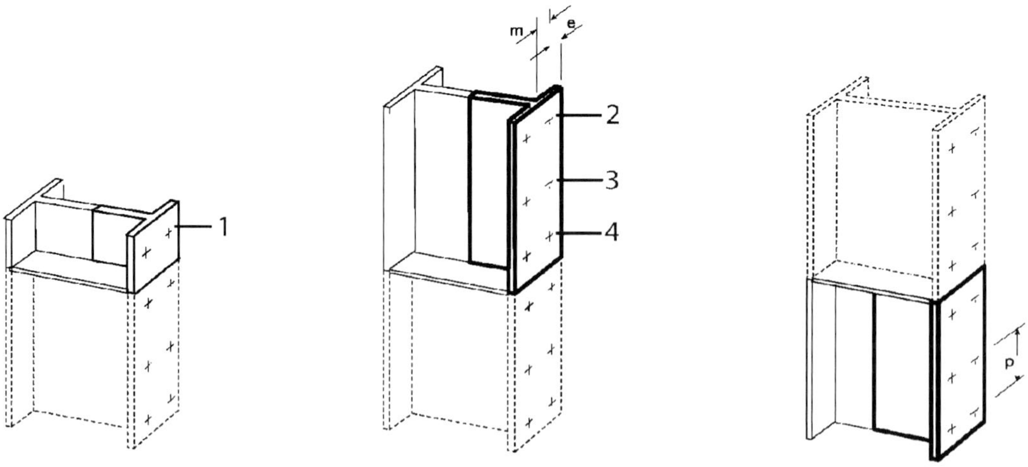

Legende

1 Äußere Schraubenreihe neben einer Steife
2 Andere äußere Schraubenreihe
3 Andere innere Schraubenreihe
4 Innere Schraubenreihe neben einer Steife

Bild 6.9: Untersuchung eines ausgesteiften Stützenflansches mit verschiedenen T-Stummel-Modellen

(4) Die Maße e_{min} und m für die Ermittlung nach 6.2.4 sind Bild 6.8 zu entnehmen.

(5) Die wirksamen Längen ℓ_{eff} der äquivalenten T-Stummelflansche sind in der Regel nach 6.2.4.2 mit den Werten zu ermitteln, die in Tabelle 6.5 für die einzelnen Schraubenreihen angegeben sind. Der α-Wert in Tabelle 6.5 ist nach Bild 6.11 zu ermitteln.

(6) Für die Steifen gelten die Anforderungen nach 6.2.6.1.

Tabelle 6.5: Wirksame Längen für ausgesteifte Stützenflansche

Lage der Schraubenreihe	**Schraubenreihe einzeln betrachtet**		**Schraubenreihe als Teil einer Gruppe von Schraubenreihen**	
	Kreisförmiges Muster $\ell_{eff,cp}$	**Nicht kreisförmiges Muster** $\ell_{eff,nc}$	**Kreisförmiges Muster** $\ell_{eff,cp}$	**Nicht kreisförmiges Muster** $\ell_{eff,nc}$
Innere Schraubenreihe neben einer Steife	$2\pi m$	αm	$\pi m + p$	$0{,}5p + \alpha m - (2m + 0{,}625e)$
Andere innere Schraubenreihe	$2\pi m$	$4m + 1{,}25e$	$2p$	p
Andere äußere Schraubenreihe	der kleinere Wert von: $2\pi m$; $\pi m + 2e_1$	der kleinere Wert von: $4m + 1{,}25e$; $2m + 0{,}625e + e_1$	der kleinere Wert von: $\pi m + p$; $2e_1 + p$	der kleinere Wert von: $2m + 0{,}625e + 0{,}5p$; $e_1 + 0{,}5p$
Äußere Schraubenreihe neben einer Steife	der kleinere Wert von: $2\pi m$; $\pi m + 2e_1$	$e_1 + \alpha m - (2m + 0{,}625e)$	nicht relevant	nicht relevant
Modus 1:	$\ell_{eff,1} = \ell_{eff,nc}$ jedoch $\ell_{eff,1} \leq \ell_{eff,cp}$		$\Sigma \ell_{eff,1} = \Sigma \ell_{eff,nc}$ jedoch $\Sigma \ell_{eff,1} \leq \Sigma \ell_{eff,cp}$	
Modus 2:	$\ell_{eff,2} = \ell_{eff,nc}$		$\Sigma \ell_{eff,2} = \Sigma \ell_{eff,nc}$	

α ist Bild 6.11 zu entnehmen.
e_1 ist der Abstand von der Mitte der Verbindungsmittel in der Endreihe zum benachbarten freien Ende des Stützenflanschs, gemessen in der Richtung der Achse des Stützenprofils (siehe Zeile 1 und Zeile 2 in Bild 6.9).

Nicht ausgesteifter Stützenflansch und geschweißte Verbindung **6.2.6.4.3**

(1) Bei einem geschweißten Anschluss ist in der Regel die Tragfähigkeit $F_{fc,Rd}$ eines nicht ausgesteiften Stützenflansches, der infolge Querzug- oder Querdruckbeanspruchung aus dem Trägerflansch auf Biegung belastet wird, wie folgt zu bestimmen:

$$F_{fc,Rd} = b_{eff,b,fc}\, t_{fb}\, f_{y,fb} / \gamma_{M0} \quad (6.20)$$

Dabei ist

$b_{eff,b,fc}$ die wirksame Breite b_{eff}, die in 4.10 für die Betrachtung des Trägerflansches als Platte definiert ist.

ANMERKUNG Die Anforderungen in 4.10 sind ebenfalls zu beachten.

Stirnblech mit Biegebeanspruchung **6.2.6.5**

(1) Die Tragfähigkeit und die Versagensform eines Stirnblechs, das in Verbindung mit Schrauben mit Zugbeanspruchung auf Biegung beansprucht wird, sind mit Hilfe des äquivalenten T-Stummelflansches für folgende Fälle zu ermitteln, siehe 6.2.4:

- jede einzelne Schraubenreihe ist für die Übertragung der Zugkräfte erforderlich;
- jede Gruppe von Schraubenreihen ist für die Übertragung der Zugkräfte erforderlich.

(2) Treten Gruppen von Schraubenreihen im Stirnblech auf beiden Seiten einer Steife auf, sind diese in der Regel getrennt mit äquivalenten T-Stummeln zu untersuchen. Dies gilt besonders bei Stirnblechen, bei denen die Schraubenreihe des überstehenden Teils gesondert als äquivalenter T-Stummel anzusetzen ist, siehe Bild 6.10. Die Tragfähigkeit und die Versagensform sind dann für jeden äquivalenten T-Stummel zu bestimmen.

(3) Das Maß $e_{\min}$ für den Teil des Stirnblechs zwischen den Trägerflanschen, siehe 6.2.4, ist Bild 6.8 zu entnehmen. Für den überstehenden Teil des Stirnblechs ist $e_{\min}$ identisch mit e_x, siehe Bild 6.10.

(4) Die wirksame Länge ℓ_{eff} des äquivalenten T-Stummelflansches sollte nach 6.2.4.2 mit den Werten ermittelt werden, die in Tabelle 6.6 für die einzelnen Schraubenreihen angegeben sind.

(5) Die Werte für m und m_x in Tabelle 6.6 sind Bild 6.10 zu entnehmen.

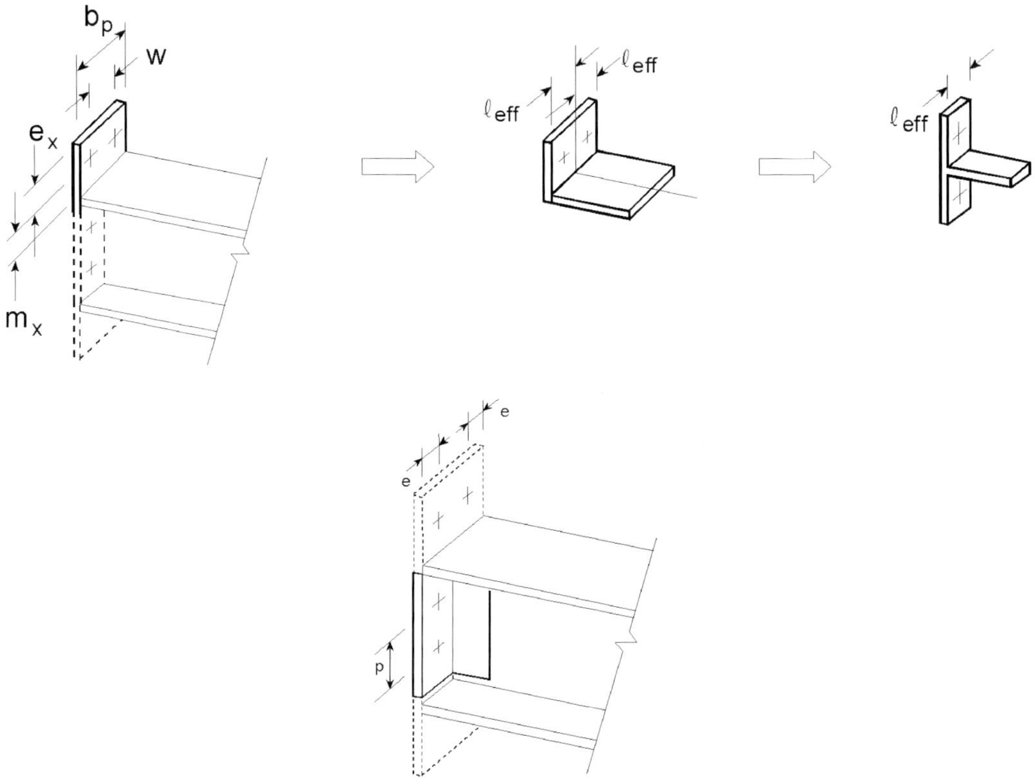

Das überstehende Stirnblech und die Stirnbleche zwischen den Trägerflanschen werden mit zwei verschiedenen äquivalenten T-Stummelflanschen untersucht.

Bei der Berechnung der Tragfähigkeit des äquivalenten T-Stummelflansches für überstehende Stirnbleche sind e_x und m_x anstelle von e und m zu verwenden.

Bild 6.10: Behandlung von überstehenden Stirnblechen als separate T-Stummelflansche

Tabelle 6.6: Wirksame Längen für Stirnbleche

Lage der Schrauben-reihe	**Schraubenreihe einzeln betrachtet**		**Schraubenreihe als Teil einer Gruppe von Schraubenreihen**	
	Kreisförmiges Muster $\ell_{eff,cp}$	**Nicht kreisförmiges Muster** $\ell_{eff,nc}$	**Kreisförmiges Muster** $\ell_{eff,cp}$	**Nicht kreisförmiges Muster** $\ell_{eff,nc}$
Äußere Schrauben-reihe neben Trägerzug-flansch	der kleinste Wert von: $2\pi m_x$ $\pi m_x + w$ $\pi m_x + 2e$	der kleinste Wert von: $4m_x + 1{,}25e_x$ $e + 2m_x + 0{,}625e_x$ $0{,}5b_p$ $0{,}5w + 2m_x + 0{,}625e_x$	–	–
Innere Schrauben-reihe neben Trägerzug-flansch	$2\pi m$	αm	$\pi m + p$	$0{,}5p + \alpha m - (2m + 0{,}625e)$
Andere innere Schrauben-reihe	$2\pi m$	$4m + 1{,}25\,e$	$2p$	p
Andere äußere Schrauben-reihe	$2\pi m$	$4m + 1{,}25\,e$	$\pi m + p$	$2m+0{,}625e+0{,}5p$
Modus 1:	$\ell_{eff,1} = \ell_{eff,nc}$ jedoch $\ell_{eff,1} \leq \ell_{eff,cp}$		$\Sigma\ell_{eff,1} = \Sigma\ell_{eff,nc}$ jedoch $\Sigma\ell_{eff,1} \leq \Sigma\ell_{eff,cp}$	
Modus 2:	$\ell_{eff,2} = \ell_{eff,nc}$		$\Sigma\ell_{eff,2} = \Sigma\ell_{eff,nc}$	
α ist Bild 6.11 zu entnehmen.				

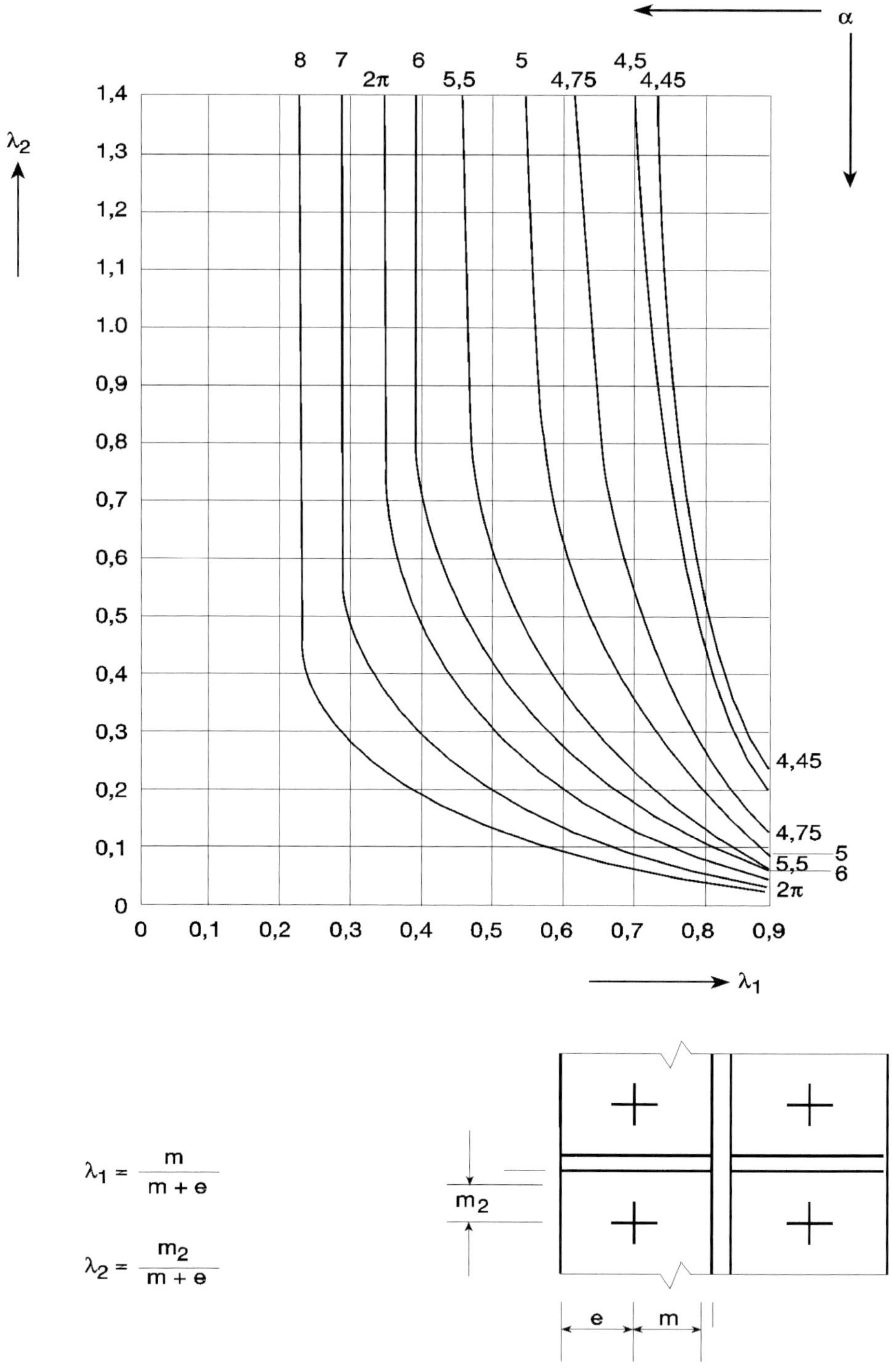

$$\lambda_1 = \frac{m}{m + e}$$

$$\lambda_2 = \frac{m_2}{m + e}$$

Bild 6.11: α-Werte für ausgesteifte Stützenflansche und Stirnbleche

6.2.6.6 Flanschwinkel mit Biegebeanspruchung

(1) Die Tragfähigkeit und die Versagensform von Flanschwinkeln, die in Verbindung mit Schrauben mit Zugbeanspruchung auf Biegung beansprucht werden, sind mit Hilfe des äquivalenten T-Stummelflansches zu ermitteln, siehe 6.2.4.

(2) Die wirksame Länge ℓ_{eff} eines äquivalenten T-Stummelflansches ist mit $0{,}5b_a$ anzusetzen, wobei b_a die Länge des Winkels nach Bild 6.12 ist.

(3) Die Maße e_{min} und m, siehe 6.2.4, sind Bild 6.13 zu entnehmen.

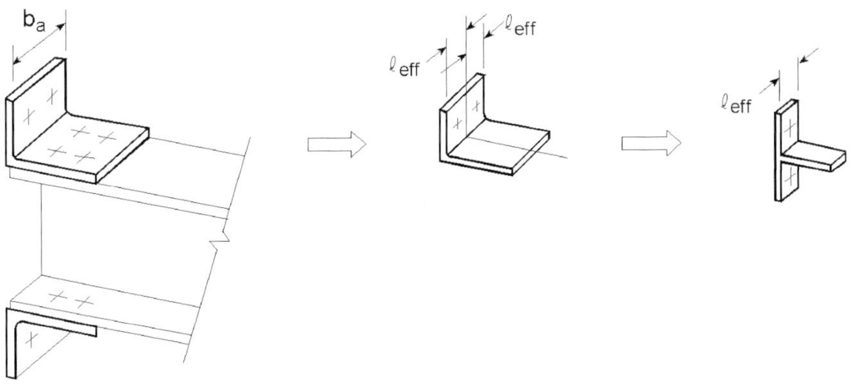

Bild 6.12: Wirksame Länge ℓ_{eff} von Flanschwinkeln

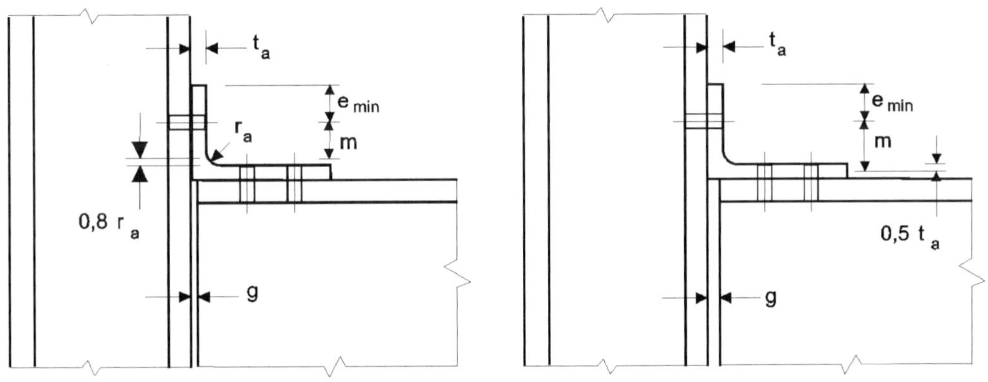

a) Spalt $g \leq 0{,}4\, t_a$ **b) Spalt** $g > 0{,}4\, t_a$

ANMERKUNG

- Zwischen Winkel und Stützenflansch wird nur eine Schraubenreihe angenommen.
- Zwischen Winkel und Trägerflansch können mehrere Schraubenreihen auftreten.
- Die Länge b_a des Winkels braucht nicht identisch mit der Breite des Stützen- und Trägerflansches zu sein.

Bild 6.13: Maße e_{min} und m für geschraubte Flanschwinkel

Trägerflansch und -steg mit Druckbeanspruchung 6.2.6.7

(1) Die Resultierende des Druckwiderstandes des Trägerflansches und der angrenzenden Druckzone im Trägersteg kann im Druckpunkt nach 6.2.7 angenommen werden. Für die Tragfähigkeit von Trägerflansch und -steg bei Druckbeanspruchung gilt folgende Gleichung:

$$F_{c,fb,Rd} = M_{c,Rd}/(h - t_{fb}) \qquad (6.21)$$

Dabei ist

h die Höhe des angeschlossenen Trägers;

$M_{c,Rd}$ die Biegetragfähigkeit des Trägerquerschnitts, soweit erforderlich unter Berücksichtigung der Abminderung aus Querkraftinteraktion, siehe EN 1993-1-1. Bei Vouten kann $M_{c,Rd}$ unter Vernachlässigung des zwischenliegenden Flansches berechnet werden;

t_{fb} die Flanschdicke des angeschlossenen Trägers.

Beträgt die Höhe des Trägers einschließlich Voute mehr als 600 mm, so ist in der Regel der Beitrag des Trägersteges zu der Tragfähigkeit bei Druckbeanspruchung auf 20 % zu begrenzen.

(2) Wird ein Träger durch Vouten verstärkt, gelten die folgenden Voraussetzungen:

- die Stahlgüte der Voute sollte mindestens der Stahlgüte des Trägers entsprechen;
- die Flanschabmessungen und die Stegdicke der Voute sollten nicht kleiner sein als die des Trägers;
- der Winkel zwischen Voutenflansch und Trägerflansch sollte nicht größer sein als 45°;
- die Länge s_s der steifen Auflagerung darf mit der Schnittlänge des Voutenflansches parallel zum Trägerflansch angesetzt werden.

(3) Wird der Träger durch Vouten verstärkt, so ist die Tragfähigkeit des Trägerstegs mit Druck nach 6.2.6.2 zu ermitteln.

6.2.6.8 Trägersteg mit Zugbeanspruchung

(1) Bei einer geschraubten Stirnblechverbindung ist die Tragfähigkeit des Trägerstegs bei Zugbeanspruchung wie folgt zu ermitteln:

$$F_{t,wb,Rd} = b_{eff,t,wb}\, t_{wb}\, f_{y,wb}/\gamma_{M0} \tag{6.22}$$

(2) Die effektive Breite $b_{eff,t,wb}$ des Trägerstegs mit Zug ist mit der wirksamen Länge des äquivalenten T-Stummel-Modells für das Stirnblech mit Biegebelastung gleichzusetzen, die nach 6.2.6.5 für eine einzelne Schraubenreihe oder eine Schraubengruppe ermittelt wird.

6.2.6.9 Beton oder Mörtel mit Druckbeanspruchung

(1) Bei der Bestimmung des Bemessungswertes der Beton- oder Mörtelfestigkeit zwischen Fußplatte und Betonfundament sind die Kenngrößen und Abmessungen des Mörtels und des Betons zu berücksichtigen. Das Betonfundament ist nach EN 1992 nachzuweisen.

(2) Der Bemessungswert der Beton- oder Mörtelfestigkeit und der Bemessungswert der Tragfähigkeit $F_{c,pl,Rd}$ der Fußplatte sollten mit Hilfe des äquivalenten T-Stummels nach 6.2.5 ermittelt werden.

6.2.6.10 Fußplatte mit Biegebeanspruchung infolge Druck

(1) Die Tragfähigkeit $F_{c,pl,Rd}$ einer Fußplatte mit Biegebelastung infolge Druck sollte zusammen mit dem Betonfundament, auf dem die Fußplatte angeordnet ist, mit Hilfe des äquivalenten T-Stummels nach 6.2.5 ermittelt werden.

6.2.6.11 Fußplatte mit Biegebeanspruchung infolge Zug

(1) Die Tragfähigkeit $F_{t,pl,Rd}$ und die Versagensform einer Fußplatte mit Biegebelastung infolge Zug aus der Belastung durch Ankerschrauben können nach den Regeln in 6.2.6.5 bestimmt werden.

(2) Bei Fußplatten brauchen möglicherweise auftretende Abstützkräfte nicht berücksichtigt zu werden bei der Ermittlung der Dicke der Fußplatte. Hebelkräfte sollten bei der Ermittlung der Ankerschrauben berücksichtigt werden.

6.2.6.12 Ankerschrauben mit Zugbeanspruchung

(1) Ankerschrauben sind für die Schnittgrößen aus den Bemessungslasten auszulegen. Sie sollten Zugkräfte aus abhebenden Auflagerkräften und Biegemomenten übernehmen.

(2) Bei der Berechnung der Zugkräfte in den Ankerschrauben infolge Biegung sind die Hebelarme nicht größer anzusetzen als der Abstand zwischen dem Schwerpunkt der Auflagerfläche auf der Druckseite und dem Schwerpunkt der Ankerschraubengruppe auf der Zugseite.

ANMERKUNG Toleranzen in der Lage der Ankerschrauben können Einfluss haben.

(3) Die Tragfähigkeit der Ankerschrauben ist als kleinster Wert aus der Tragfähigkeit der Ankerschraube nach 3.6 und der Verbundfestigkeit zwischen Beton und Ankerschraube nach EN 1992-1-1 zu bestimmen.

(4) Ankerschrauben können im Fundament wie folgt verankert werden:

- durch Haken, siehe Bild 6.14 a);
- durch Unterlegscheiben, siehe Bild 6.14 b);
- durch andere in den Beton eingelassene Lastverteilungselemente;
- durch andere Verbindungsmittel, die entsprechend getestet und zugelassen sind.

(5) Werden die Schrauben am Ende mit einem Haken versehen, ist die Verankerungslänge so zu wählen, dass Verbundversagen vor dem Fließen der Schraube verhindert wird. Die Verankerungslänge sollte nach EN 1992-1-1 festgelegt werden. Bei dieser Verankerungsform sind Schrauben mit Streckgrenzen f_{yb} größer als 300 N/mm^2 zu vermeiden.

(6) Werden die Ankerschrauben mit Unterlegscheiben oder anderen Lasteinleitungselementen verwendet, braucht die Verbundwirkung nicht berücksichtigt zu werden. Die gesamte Ankerkraft sollte dann von den Lasteinleitungselementen übertragen werden.

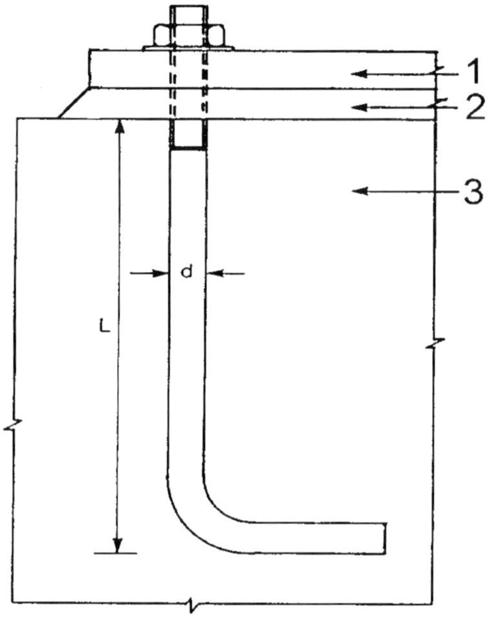

a) Haken

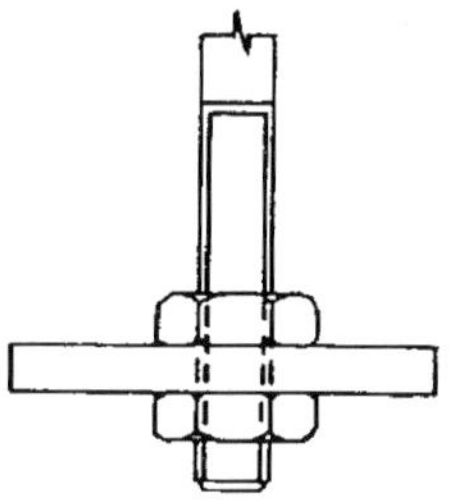

b) Unterlegscheibe

Legende

1 Fußplatte
2 Mörtelschicht
3 Betonfundament

Bild 6.14: Befestigung von Ankerschrauben

Biegetragfähigkeit von Träger-Stützenanschlüssen und Stößen 6.2.7

Allgemeines 6.2.7.1

(1) Für den Bemessungswert des einwirkenden Biegemomentes $M_{j,Ed}$ gilt:

$$\frac{M_{j,Ed}}{M_{j,Rd}} \leq 1{,}0 \tag{6.23}$$

(2) Die Verfahren in 6.2.7 zur Berechnung der Biegetragfähigkeit $M_{j,Rd}$ eines Anschlusses berücksichtigen keine gleichzeitig wirkenden Normalkräfte N_{Ed}. Sie sollten daher nur verwendet werden, wenn die einwirkende Normalkraft im angeschlossenen Bauteil nicht größer als 5 % der plastischen Beanspruchbarkeit $N_{p\ell,Rd}$ seines Querschnittes ist.

(3) Überschreitet die einwirkende Normalkraft N_{Ed} in dem angeschlossenen Bauteil 5 % der plastischen Beanspruchbarkeit $N_{p\ell,Rd}$, kann die folgende konservative Näherung benutzt werden:

$$\frac{M_{j,Ed}}{M_{j,Rd}} + \frac{N_{j,Ed}}{N_{j,Rd}} \leq 1{,}0 \qquad (6.24)$$

Dabei ist

$M_{j,Rd}$ die Biegetragfähigkeit des Anschlusses ohne gleichzeitig wirkende Normalkraft;

$N_{j,Rd}$ die Normalkrafttragfähigkeit des Anschlusses ohne gleichzeitig wirkendes Moment.

(4) Die Biegetragfähigkeit eines geschweißten Anschlusses sollte mit den Angaben in Bild 6.15 a) bestimmt werden.

(5) Die Biegetragfähigkeit eines geschraubten Anschlusses mit bündigem Stirnblech und mit nur einer Schraubenreihe mit Zugbeanspruchung (oder nur einer Schraubenreihe, die für Zug in Anspruch genommen wird, siehe 6.2.3(6), sollte nach Bild 6.15 c) bestimmt werden.

(6) Die Biegetragfähigkeit eines geschraubten Anschlusses mit Flanschwinkeln sollte nach Bild 6.15 b) bestimmt werden.

(7) Die Biegetragfähigkeit eines geschraubten Stirnblechanschlusses mit mehr als einer Schraubenreihe, die auf Zug beansprucht wird, wird in der Regel nach 6.2.7.2 bestimmt.

(8) Vereinfachend kann die Biegetragfähigkeit eines Anschlusses mit überstehendem Stirnblech mit nur zwei Schraubenreihen mit Zugbeanspruchung nach Bild 6.16 bestimmt werden, vorausgesetzt, die Beanspruchbarkeit F_{Rd} ist nicht größer als $3{,}8F_{t,Rd}$, wobei $F_{t,Rd}$ in Tabelle 6.2 angegeben ist. In diesem Fall kann die gesamte Zugzone des Stirnblechs als eine Grundkomponente betrachtet werden. Liegen die beiden Schraubenreihen etwa im gleichen Abstand zum Trägerflansch, kann dieser Teil des Stirnblechs als ein T-Stummel betrachtet werden, um die Kraft $F_{1,Rd}$ der Schraubenreihe zu bestimmen. Der Wert für $F_{2,Rd}$ kann dann mit $F_{1,Rd}$ gleichgesetzt werden, so dass F_{Rd} mit $2F_{1,Rd}$ angenommen werden kann.

(9) Der Druckpunkt sollte im Zentrum des Spannungsblocks infolge der Druckkräfte liegen. Vereinfachend kann der Druckpunkt wie in Bild 6.15 angenommen werden.

(10) Ein Bauteilstoß oder ein Teil davon, der auf Zug beansprucht wird, muss in der Regel für alle am Stoß einwirkenden Momente und Kräfte bemessen werden.

(11) Stöße sind in der Regel so zu konstruieren, dass die verbundenen Bauteile in ihrer Lage gesichert sind. In Kontaktstößen sind in der Regel Reibungskräfte zwischen den Kontaktflächen für die Lagesicherung der verbundenen Bauteile nicht ausreichend.

(12) Die Bauteile sind möglichst so anzuordnen, dass die Schwerpunktachsen der Stoßlaschen mit den Schwerpunktachsen der Bauteile übereinstimmen. Bei Exzentrizitäten sind die daraus resultierenden Kräfte zu berücksichtigen.

Verbindungsart	Druckpunkt	Hebelarm	Kräfteverteilung
a) Geschweißter Anschluss 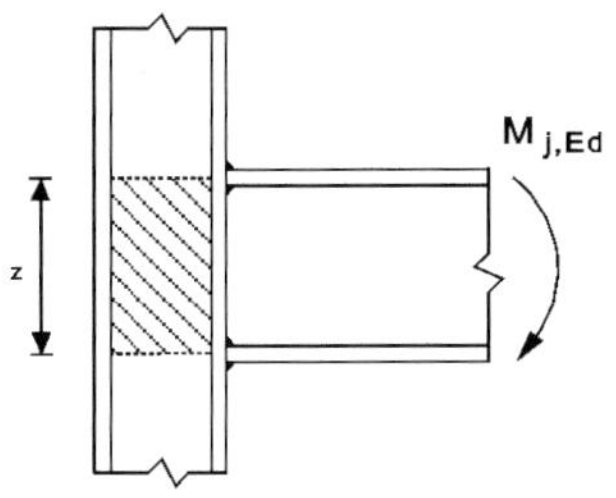	In der Achse der Mittelebene des Druckflansches	$z = h - t_{fb}$ h Höhe des angeschlossenen Trägers t_{fb} Dicke des Trägerflansches	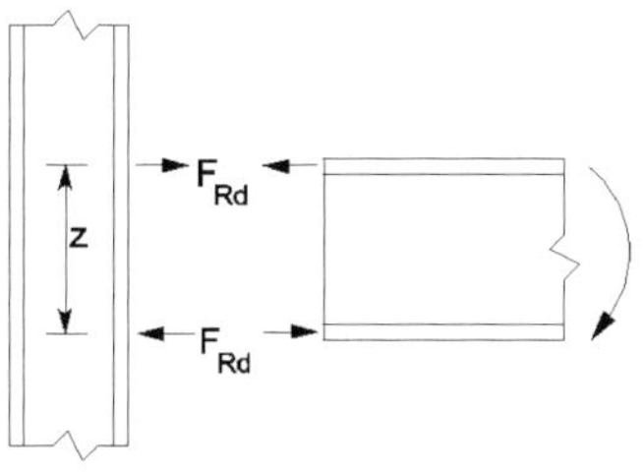
b) Geschraubter Anschluss mit Flanschwinkeln 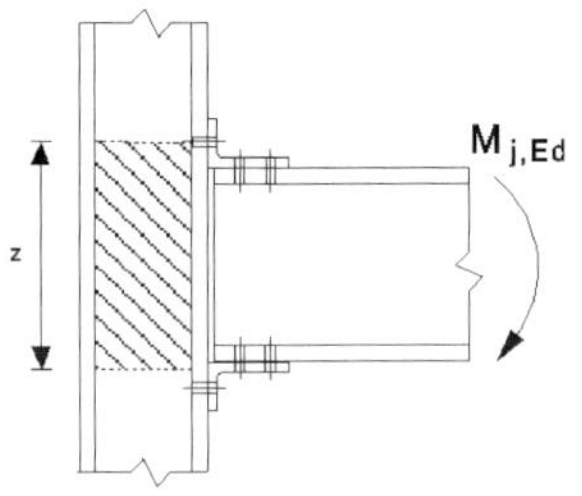	In der Achse der Mittelebene des anliegenden Winkel-Schenkels am Druckflansch	Abstand zwischen dem Druckpunkt und der Schraubenreihe unter Zug	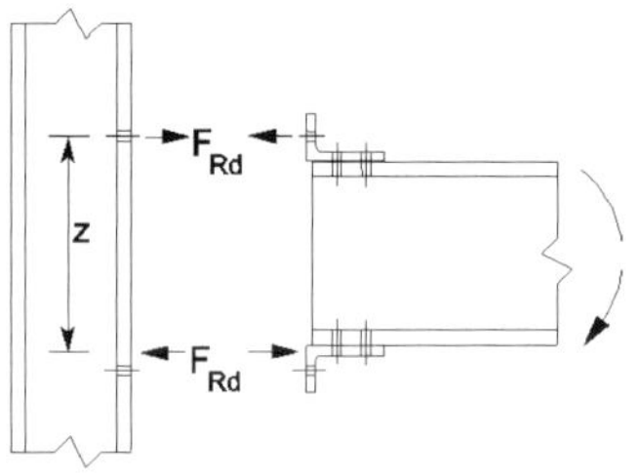
c) Geschraubter Anschluss mit Stirnblech mit nur einer Schraubenreihe mit Zugbeanspruchung 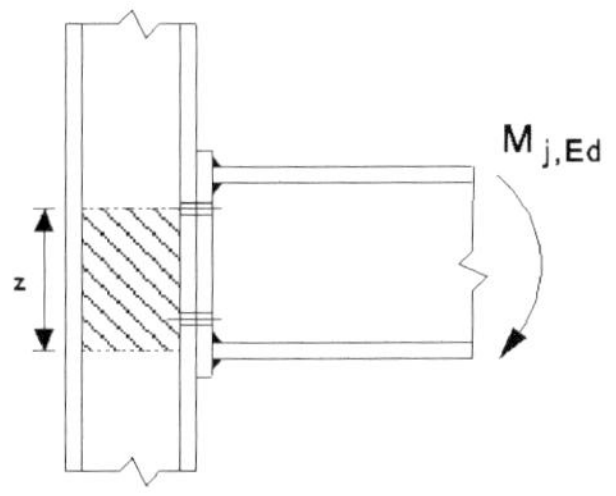	In der Achse der Mittelebene des Druckflansches	Abstand zwischen dem Druckpunkt und der Schraubenreihe unter Zug	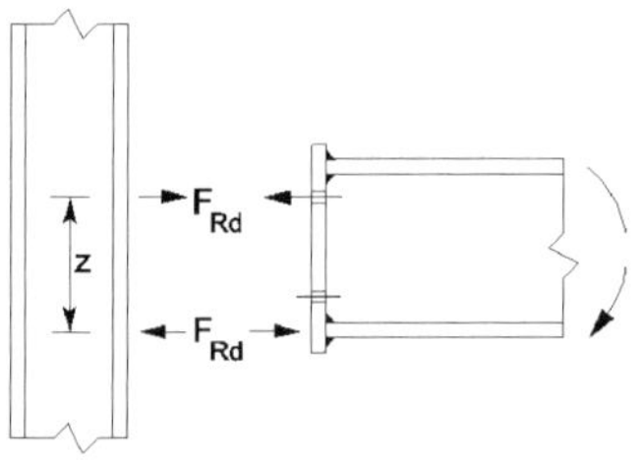
d) Geschraubter Anschluss mit überstehendem Stirnblech mit nur zwei Schraubenreihen mit Zugbeanspruchung 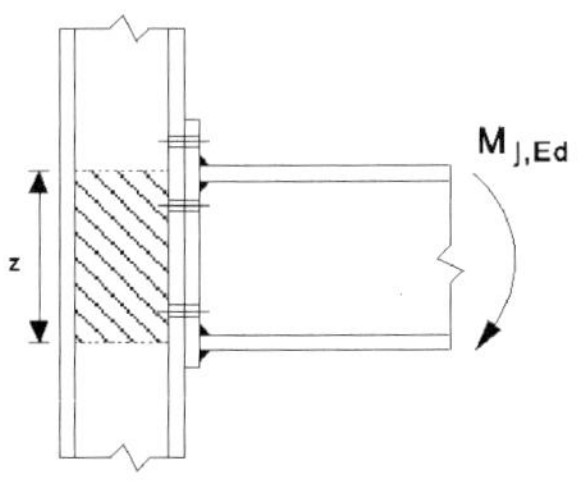	In der Achse der Mittelebene des Druckflansches	Auf der sicheren Seite liegend, Abstand zwischen dem Druckpunkt und dem Schwerpunkt der beiden Schraubenreihen	
e) Andere geschraubte Stirnblechanschlüsse mit zwei oder mehr Schraubenreihen mit Zugbeanspruchung 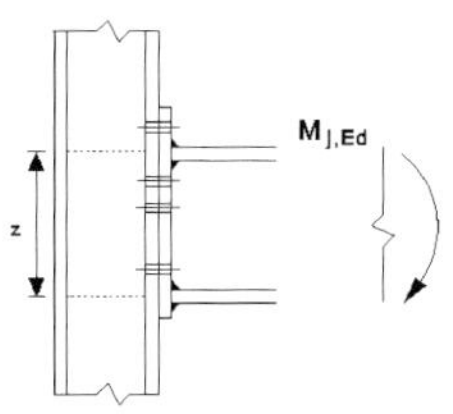 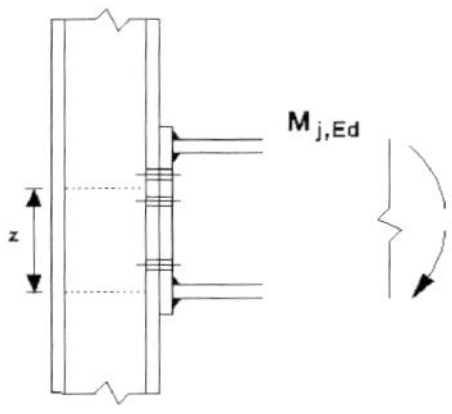	In der Achse der Mittelebene des Druckflansches	Als Näherungswert, Abstand zwischen dem Druckpunkt und dem Schwerpunkt der beiden äußersten auf Zug belasteten Schraubenreihen	Ein genauerer Wert für den Hebelarm z kann als z_{eq} nach 6.3.3.1 bestimmt werden.

Bild 6.15: Druckpunkt, Hebelarm z und Kräfteverteilung zur Berechnung der Biegetragfähigkeit $M_{j,Rd}$

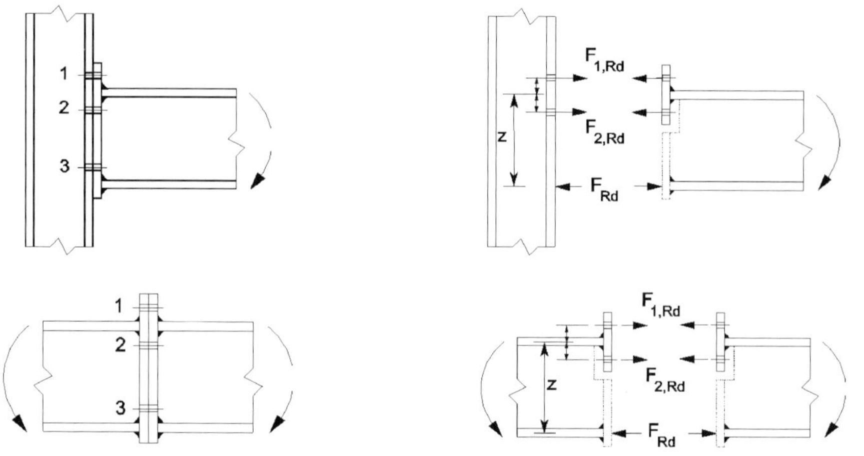

Bild 6.16: Vereinfachte Berechnung von geschraubten Anschlüssen mit überstehenden Stirnblechen

(13) Wenn für die druckbeanspruchten Bauteile nicht vollständiger Kontakt vorgesehen ist, so sollten Stoßlaschen angeordnet werden, welche die Schnittgrößen am Stoß einschließlich der Momente infolge Exzentrizitäten, Anfangsimperfektionen und Verformungen aus Wirkungen nach Theorie zweiter Ordnung übertragen. Als Mindestmomente am Stoß sollten 25 % der Momententragfähigkeit des schwächeren Querschnitts in beiden Achsen und als Mindestquerkräfte 2,5 % der plastischen Drucktragfähigkeit des schwächeren Querschnitts angesetzt werden.

(14) Wird vollständiger Kontakt der druckbeanspruchten Bauteile vorgesehen, so sind in der Regel die Stoßlaschen für mindestens 25 % der maximalen Druckkraft in der Stütze auszulegen.

NCI Zu 6.2.7.1(13) und 6.2.7.1(14) Kontaktstoß und Druckübertragung durch Kontakt

(1) Druckkräfte normal zur Kontaktfuge dürfen in den Fällen der Ausführung nach Bild NA.1 b) oder c) vollständig durch Kontakt übertragen werden, wenn

- die Stoßflächen eben sind (Sägeschnitt),
- der Querschnittsversatz und der Winkel am Stoß den Toleranzen nach DIN EN 1090-2 entsprechen, siehe Bild NA.2,
- die Lage der Stoßflächen durch Verbindungsmittel gesichert ist,
- der Stoß zwischen zwei gleichen Profilen erfolgt.

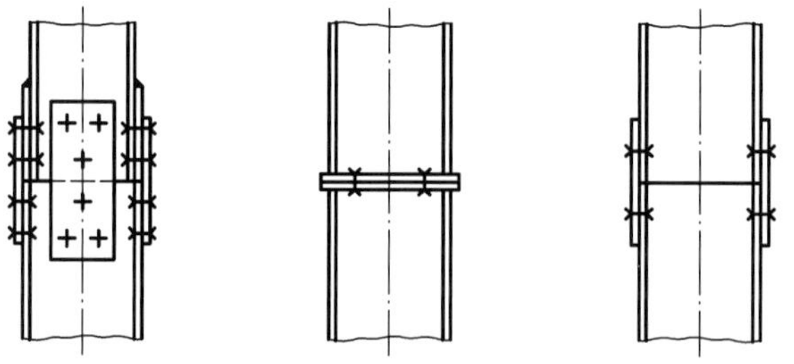

a) b) c)

Bild NA.1: mögliche Ausführungen von Kontaktstößen (a) Teilkontakt, b) und c) vollständiger Kontakt)

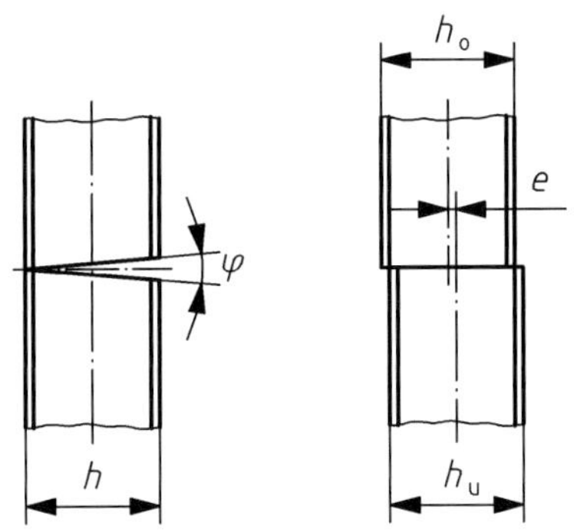

Bild NA.2: erlaubte Toleranzen, $\varphi \leq 1/500$, $e \leq 2$ mm

(2) Die Grenzdruckspannungen in der Kontaktfuge dürfen wie die des Werkstoffs der gestoßenen Bauteile angenommen werden.

(3) Beim Nachweis der zu stoßenden Bauteile müssen die Schnittgrößen an der Stoßstelle und ein eventuelles Bilden einer klaffenden Fuge berücksichtigt werden. Bei gleichen Profilen am Stoß darf auf die Berücksichtigung unterschiedlicher Querschnittsabmessungen der Stoßfläche der Profile infolge Toleranzen verzichtet werden. Beim Stoß nach Bild NA.1 c) gilt dies nur dann, wenn die beiden Bauteile aus der gleichen Lieferlänge stammen. Andernfalls sind die Grenzdruckspannungen auf 90 % zu reduzieren.

(4) Zugbeanspruchungen sind durch schlupffreie Verbindungen oder Schweißverbindungen aufzunehmen.

(5) Für die Übertragung der Querkräfte am Stoß sind Verbindungsmittel vorzusehen, eine Mitwirkung der Reibung darf nicht angenommen werden.

ANMERKUNG Literatur zum Kontaktstoß, siehe [5].

(15) Die Ausrichtung druckbelasteter Bauteile sollte durch Decklaschen oder andere Maßnahmen sichergestellt werden. Die Stoßlaschen und deren Verbindungsmittel sollten für Kräfte, die senkrecht zur Bauteilachse nach allen Richtungen auftreten können, ausgelegt sein. Bei der Bemessung von Stößen sind auch die Effekte aus Theorie zweiter Ordnung zu berücksichtigen.

(16) Für Stöße von Biegeträgern gilt Folgendes:

a) Druckflansche sind wie Druckglieder zu behandeln;

b) Zugflansche sind wie Zugglieder zu behandeln;

c) Schubbeanspruchte Teile sind für die gleichzeitige Übertragung folgender Einwirkungen auszulegen:
   - Schubkraft am Stoß,
   - Moment infolge der Exzentrizität der Schwerpunktlage der Gruppe von Verbindungsmitteln an beiden Seiten des Stoßes;
   - Anteil des Biegemoments, der Verformung oder der Rotation des Trägers, der auf die schubbeanspruchten Teile entfällt, unabhängig davon, ob bei der Bemessung des Trägers Spannungsumlagerungen in andere Teile des Trägers vorgenommen wurden oder nicht.

Träger-Stützenanschlüsse mit geschraubten Stirnblechverbindungen 6.2.7.2

(1) Die Biegetragfähigkeit $M_{j,Rd}$ eines Träger-Stützenanschlusses mit einer geschraubten Stirnblechverbindung darf wie folgt bestimmt werden:

$$M_{j,Rd} = \sum_r h_r F_{tr,Rd} \tag{6.25}$$

Dabei ist

$F_{tr,Rd}$ die wirksame Tragfähigkeit der Schraubenreihe r auf Zug;

h_r der Abstand der Schraubenreihe r vom Druckpunkt;

r die Nummer der Schraubenreihe.

ANMERKUNG Bei einem geschraubten Anschluss mit mehr als einer Schraubenreihe mit Zugbeanspruchung erfolgt die Nummerierung der Schraubenreihen ausgehend von der Schraubenreihe, die am weitesten entfernt vom Druckpunkt liegt.

(2) Bei geschraubten Stirnblechverbindungen sollte der Druckpunkt in der Mittelachse des Druckflansches des angeschlossenen Bauteiles angenommen werden.

(3) Die Bestimmung der wirksamen Tragfähigkeit $F_{tr,Rd}$ der einzelnen Schraubenreihen sollte Schritt für Schritt erfolgen, angefangen mit Schraubenreihe 1 (der Schraubenreihe, die am weitesten vom Druckpunkt entfernt ist), dann Schraubenreihe 2 usw.

(4) Bei der Bestimmung von der wirksamen Tragfähigkeit $F_{tr,Rd}$ der Schraubenreihe r sollten alle anderen Schraubenreihen, die näher zum Druckpunkt liegen, unberücksichtigt bleiben.

(5) Die wirksame Tragfähigkeit $F_{tr,Rd}$ der Schraubenreihe r sollte aus der Tragfähigkeit $F_{t,Rd}$ einer einzelnen Schraubenreihe nach 6.2.7.2(6) bestimmt werden, wobei erforderlichenfalls noch Reduktionen nach 6.2.7.2(7), 6.2.7.2(8) und 6.2.7.2(9) vorzunehmen sind.

(6) Die wirksame Tragfähigkeit $F_{tr,Rd}$ der Schraubenreihe r, die als Tragfähigkeit einzelner Schraubenreihen bestimmt wird, ist als Minimum der Tragfähigkeiten einzelner Schraubenreihen für folgende Grundkomponenten zu berechnen:

- Stützensteg mit Zugbeanspruchung $F_{t,wc,Rd}$, siehe 6.2.6.3;
- Stützenflansch mit Biegebeanspruchung $F_{t,fc,Rd}$, siehe 6.2.6.4;
- Stirnblech mit Biegebeanspruchung $F_{t,ep,Rd}$, siehe 6.2.6.5;
- Trägersteg mit Zugbeanspruchung $F_{t,wb,Rd}$, siehe 6.2.6.8.

(7) Die ermittelte wirksame Tragfähigkeit $F_{tr,Rd}$ der Schraubenreihe r ist gegebenenfalls weiterhin zu reduzieren, damit für die gesamte Tragfähigkeit $F_{t,Rd}$ bei Berücksichtigung aller Schraubenreihen einschließlich der Schraubenreihe r folgende Bedingungen erfüllt sind:

- $\Sigma F_{t,Rd} \leq V_{wp,Rd}/\beta$ mit β nach 5.3(7), siehe 6.2.6.1;
- $\Sigma F_{t,Rd}$ ist nicht größer als der kleinste der folgenden Werte:
  - die Tragfähigkeit des Stützensteges für Druckbelastung $F_{c,wc,Rd}$, siehe 6.2.6.2;
  - die Tragfähigkeit des Trägerflansches und -steges für Druckbelastung $F_{c,fb,Rd}$, siehe 6.2.6.7.

(8) Die ermittelte wirksame Tragfähigkeit $F_{tr,Rd}$ der Schraubenreihe r ist gegebenenfalls weiterhin zu reduzieren, damit die Summe der Tragfähigkeiten aller Schraubenreihen einschließlich der Schraubenreihe r, die Teil einer Gruppe von Schraubenreihen sind, nicht die Tragfähigkeit dieser Gruppe als Ganzes überschreitet. Dies ist für folgende Grundkomponenten zu überprüfen:

- Stützensteg mit Zugbeanspruchung $F_{t,wc,Rd}$, siehe 6.2.6.3;
- Stützenflansch mit Biegebeanspruchung $F_{t,fc,Rd}$, siehe 6.2.6.4;
- Stirnblech mit Biegebeanspruchung $F_{t,ep,Rd}$, siehe 6.2.6.5;
- Trägersteg mit Zugbeanspruchung $F_{t,wb,Rd}$, siehe 6.2.6.8.

(9) Wird die wirksame Tragfähigkeit $F_{tx,Rd}$ einer der zuerst berechneten Schraubenreihen x größer als 1,9 $F_{t,Rd}$, dann ist die wirksame Tragfähigkeit $F_{tr,Rd}$ für die Schraubenreihe r zu reduzieren, um folgender Bedingung zu genügen:

$$F_{tr,Rd} \leq F_{tx,Rd}\, h_r/h_x \tag{6.26}$$

Dabei ist

h_x der Abstand der Schraubenreihe x zum Druckpunkt;

x die Schraubenreihe, die am weitesten vom Druckpunkt entfernt liegt und deren Beanspruchbarkeit größer als 1,9 $F_{t,Rd}$ ist.

ANMERKUNG Im Nationalen Anhang können weitere Hinweise zur Anwendung der Gleichung (6.26) enthalten sein.

NDP Zu 6.2.7.2(9) Anmerkung

DIN EN 1993-1-8:2010-12, Gleichung (6.26) dient dazu, ein mögliches Schraubenversagen auszuschließen.

(10) Das Verfahren in 6.2.7.2(1) bis 6.2.7.2(9) kann auch für die Berechnung eines geschraubten Trägerstoßes mit angeschweißten Stirnblechen, siehe Bild 6.17, verwendet werden, wenn die Komponenten, welche die Stütze betreffen, außer Betracht gelassen werden.

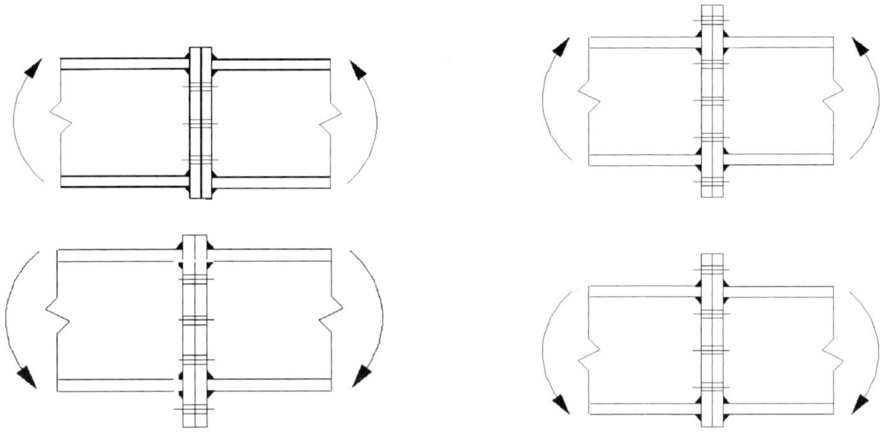

Bild 6.17: Geschraubte Trägerstöße mit geschweißten Stirnblechen

Tragfähigkeit von Stützenfüßen mit Fußplatten — 6.2.8

Allgemeines — 6.2.8.1

(1) Stützenfüße sind in der Regel mit ausreichender Größe, Steifigkeit und Festigkeit auszuführen, um die Schnittkräfte aus den Stützen in die Fundamente oder andere Lager ohne Überschreitung der Beanspruchbarkeiten zu übertragen.

(2) Die Tragfähigkeit der Fußplatte auf dem Auflager kann mit der Annahme einer gleichmäßigen Druckverteilung über die Druckfläche ermittelt werden. Bei Betonfundamenten sollte die Lagerpressung nicht die Beton- oder Mörtelfestigkeit f_{jd} nach 6.2.5(7) überschreiten.

(3) Bei Stützenfüßen mit kombinierter Beanspruchung aus einwirkender Normalkraft und Biegemoment kann in Abhängigkeit von der relativen Größe von Normalkraft und Biegemoment die folgende Verteilung der Kräfte zwischen Fußplatte und dem Fundament angenommen werden:

- Bei vorherrschender Druckkraft kann unter beiden Stützenflanschen voller Anpressdruck auftreten, siehe Bild 6.18 a).
- Bei vorherrschender Zugkraft kann an beiden Stützenflanschen volle Zugspannung auftreten, siehe Bild 6.18 b).
- Bei vorherrschendem Biegemoment kann unter dem einen Stützenflansch Druck und an dem anderen Zug auftreten, siehe Bild 6.18 c) und Bild 6.18 d).

(4) Die Bemessung von Fußplatten ist in der Regel nach 6.2.8.2 und 6.2.8.3 durchzuführen.

(5) Für die Aufnahme der Schubkräfte zwischen Fußplatte und Fundament sollte eine der folgenden Möglichkeiten verwendet werden:

- Reibungswiderstand zwischen Fußplatte und Fundament zusammen mit der Schubtragfähigkeit der Ankerschrauben;
- Schubtragfähigkeit der das Fundament umgebenden Teile.

Wenn zur Aufnahme der Schubkräfte zwischen Fußplatte und Fundament Ankerschrauben verwendet werden, sollte auch die lokale Lochleibungsfestigkeit des Betons nach EN 1992 untersucht werden.

Sind die vorgenannten Möglichkeiten nicht ausreichend, so sollten zur Kraftübertragung der Schubkräfte zwischen Fußplatte und Fundament spezielle Dübel verwendet werden, z. B. Blockanker oder Bolzendübel.

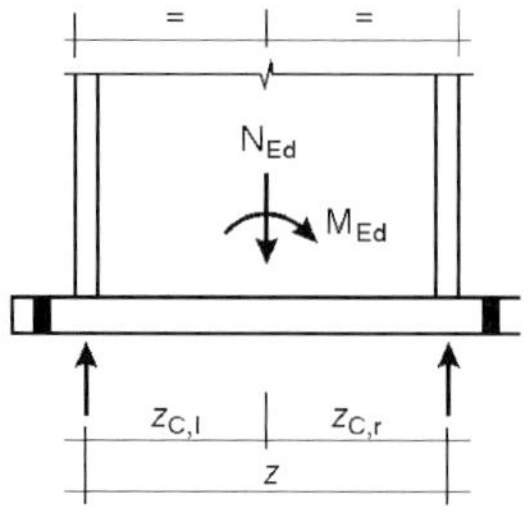

a) Stützenfußverbindung bei vorherrschender Druckkraft

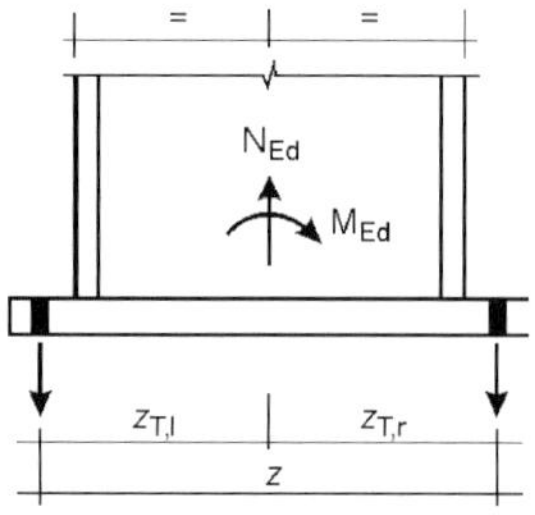

b) Stützenfußverbindung bei vorherrschender Zugkraft

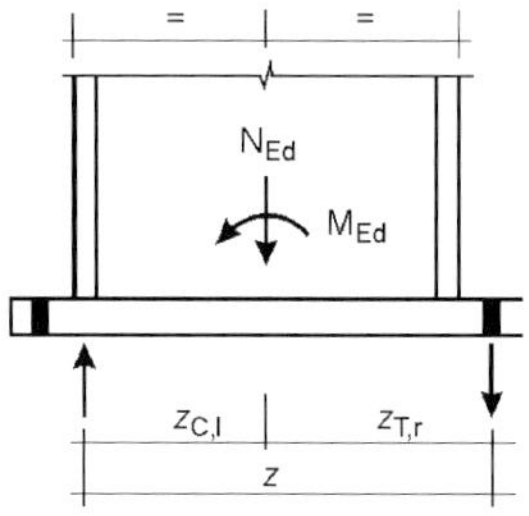

c) Stützenfußverbindung bei vorherrschendem Biegemoment

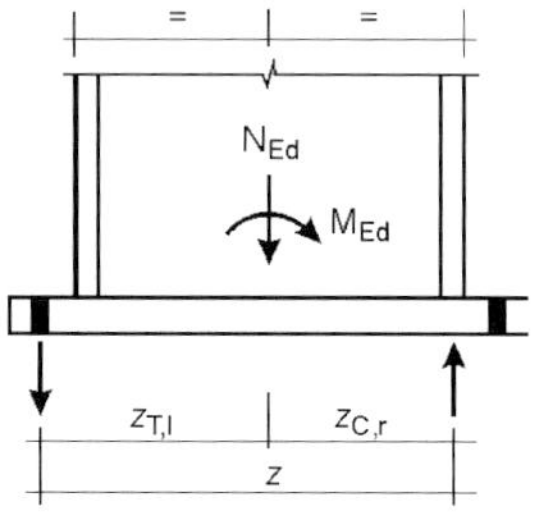

d) Stützenfußverbindung bei vorherrschendem Biegemoment

Bild 6.18: Bestimmung des Hebelarms z bei Stützenfußverbindungen

6.2.8.2 Stützenfußverbindung unter reiner Normalkraftbeanspruchung

(1) Die Tragfähigkeit $N_{\mathrm{j,Rd}}$ einer symmetrischen Stützenfußplatte unter zentrisch einwirkender Druckkraft kann durch Addition der Einzeltragfähigkeiten $F_{\mathrm{C,Rd}}$ der drei T-Stummel nach Bild 6.19 bestimmt werden (zwei T-Stummel unter den Stützenflanschen und ein T-Stummel unter dem Stützensteg). Die drei T-Stummel dürfen nicht überlappen, siehe Bild 6.19. Die Einzeltragfähigkeiten der jeweiligen T-Stummel sind nach 6.2.5 zu berechnen.

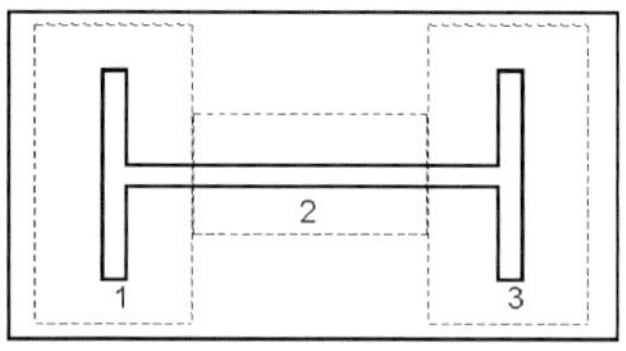

Legende

1 T-Stummel 1
2 T-Stummel 2
3 T-Stummel 3

Bild 6.19: Nicht überlappende T-Stummel

6.2.8.3 Stützenfußverbindung mit Normalkraft- und Biegebeanspruchung

(1) Die Biegetragfähigkeit $M_{\mathrm{j,Rd}}$ eines Stützenfußes für eine kombinierte Beanspruchung aus Normalkraft und Biegemoment sollte nach Tabelle 6.7 ermittelt werden. Bei der Ermittlung der Tragfähigkeit wird der Anteil des Betondrucks unmittelbar unter dem Stützensteg (T-Stummel 2 in Bild 6.19) vernachlässigt. Bei dem Verfahren werden folgende Parameter benutzt:

- $F_{T,l,Rd}$ Tragfähigkeit auf Zug auf der linken Seite der Verbindung, siehe 6.2.8.3(2);
- $F_{T,r,Rd}$ Tragfähigkeit auf Zug auf der rechten Seite der Verbindung, siehe 6.2.8.3(3);
- $F_{C,l,Rd}$ Tragfähigkeit auf Druck auf der linken Seite der Verbindung, siehe 6.2.8.3(4);
- $F_{C,r,Rd}$ Tragfähigkeit auf Druck auf der rechten Seite der Verbindung, siehe 6.2.8.3(5);

(2) Als Tragfähigkeit $F_{T,l,Rd}$ auf Zug auf der linken Seite der Verbindung sollte der kleinste Wert folgender Tragfähigkeiten der Grundkomponenten angesetzt werden:

- Stützensteg mit Zugbeanspruchung unter dem linken Stützenflansch $F_{t,wc,Rd}$, siehe 6.2.6.3;
- Fußplatte mit Biegbeanspruchung unter dem linken Stützenflansch $F_{t,pl,Rd}$, siehe 6.2.6.11.

(3) Als Tragfähigkeit $F_{T,r,Rd}$ auf Zug auf der rechten Seite der Verbindung sollte der kleinste Wert folgender Tragfähigkeiten der Grundkomponenten angesetzt werden:

- Stützensteg mit Zugbeanspruchung unter dem rechten Stützenflansch $F_{t,wc,Rd}$, siehe 6.2.6.3;
- Fußplatte mit Biegbeanspruchung unter dem rechten Stützenflansch $F_{t,pl,Rd}$, siehe 6.2.6.11.

(4) Als Tragfähigkeit $F_{C,l,Rd}$ auf Druck auf der linken Seite der Verbindung sollte der kleinste Wert folgender Tragfähigkeiten der Grundkomponenten angesetzt werden:

- Beton mit Druckbeanspruchung unter dem linken Stützenflansch $F_{c,pl,Rd}$, siehe 6.2.6.9;
- Linker Stützenflansch und Stützensteg mit Druckbeanspruchung $F_{c,fc,Rd}$, siehe 6.2.6.7.

(5) Als Tragfähigkeit $F_{C,r,Rd}$ auf Druck auf der rechten Seite der Verbindung sollte der kleinste Wert folgender Tragfähigkeiten der Grundkomponenten angesetzt werden:

- Beton mit Druckbeanspruchung unter dem rechten Stützenflansch $F_{c,pl,Rd}$, siehe 6.2.6.9;
- Rechter Stützenflansch und Stützensteg mit Druckbeanspruchung $F_{c,fc,Rd}$, siehe 6.2.6.7.

(6) Zur Berechnung von $z_{T,l}$, $z_{C,l}$, $z_{T,r}$, $z_{C,r}$ siehe 6.2.8.1.

Tabelle 6.7: Biegetragfähigkeit $M_{j,Rd}$ von Stützenfüßen

Belastung	Hebelarm z	Biegetragfähigkeit $M_{j,Rd}$	
Linke Seite mit Zugbeanspruchung Rechte Seite mit Druckbeanspruchung	$z = z_{T,l} + z_{C,r}$	$N_{Ed} > 0$ und $e > z_{T,l}$	$N_{Ed} \leq 0$ und $e \leq -z_{C,r}$
		kleinster Wert von $\frac{F_{T,l,Rd}\,z}{z_{C,r}\,/\,e+1}$ und $\frac{-F_{C,r,Rd}\,z}{z_{T,l}\,/\,e-1}$	
Linke Seite mit Zugbeanspruchung Rechte Seite mit Zugbeanspruchung	$z = z_{T,l} + z_{T,r}$	$N_{Ed} > 0$ und $0 < e < z_{T,l}$	$N_{Ed} > 0$ und $-z_{T,r} < e \leq 0$
		kleinster Wert von $\frac{F_{T,l,Rd}\,z}{z_{T,r}/e+1}$ und $\frac{F_{T,r,Rd}\,z}{z_{T,l}/e-1}$	kleinster Wert von $\frac{F_{T,l,Rd}\,z}{z_{T,r}\,/\,e+1}$ und $\frac{F_{T,l,Rd}\,z}{z_{T,1}\,/\,e-1}$
Linke Seite mit Druckbeanspruchung Rechte Seite mit Zugbeanspruchung	$z = z_{C,l} + z_{T,r}$	$N_{Ed} > 0$ und $e \leq -z_{T,r}$	$N_{Ed} \leq 0$ und $e > z_{C,l}$
		kleinster Wert von $\frac{-F_{C,l,Rd}\,z}{z_{T,r}/e+1}$ und $\frac{F_{T,r,Rd}\,z}{z_{C,l}/e-1}$	
Linke Seite mit Druckbeanspruchung Rechte Seite mit Druckbeanspruchung	$z = z_{C,l} + z_{C,r}$	$N_{Ed} \leq 0$ und $0 < e < z_{C,l}$	$N_{Ed} \leq 0$ und $-z_{C,r} < e \leq 0$
		kleinster Wert von $\frac{-F_{C,l,Rd}\,z}{z_{C,r}/e+1}$ und $\frac{-F_{C,r,Rd}\,z}{z_{C,l}/e-1}$	kleinster Wert von $\frac{-F_{C,l,Rd}\,z}{z_{C,r}/e+1}$ und $\frac{-F_{C,r,Rd}\,z}{z_{C,l}/e-1}$
Positive Momente $M_{Ed} > 0$ im Uhrzeigersinn, positive Kräfte $N_{Ed} > 0$: Zug $e = \frac{M_{Ed}}{N_{Ed}} = \frac{M_{Rd}}{N_{Rd}}$			

6.3 Rotationssteifigkeit

6.3.1 Grundmodell

(1) Die Rotationssteifigkeit eines Anschlusses ist in der Regel anhand der Verformbarkeiten der einzelnen Grundkomponenten, welche jeweils mit ihren elastischen Steifigkeitskoeffizienten k_i nach 6.3.2 gekennzeichnet werden, zu berechnen.

ANMERKUNG Die elastischen Steifigkeitskoeffizienten gelten allgemein.

(2) Bei geschraubten Stirnblechanschlüssen mit zwei oder mehr auf Zug belasteten Schraubenreihen sollten die Steifigkeitskoeffizienten k_i der jeweiligen Grundkomponenten zusammengefasst werden. Für Träger-Stützenanschlüsse und Trägerstöße wird ein Verfahren in 6.3.3 und für Stützenfüße in 6.3.4 angegeben.

(3) Bei geschraubten Stirnblechanschlüssen mit zwei oder mehr auf Zug belasteten Schraubenreihen können vereinfachend Schraubenreihen vernachlässigt werden, wenn alle anderen Schraubenreihen, die näher zum Druckpunkt liegen, ebenfalls vernachlässigt werden. Die Anzahl der verbleibenden Schraubenreihen muss nicht gleich der Anzahl Schraubenreihen sein, die zur Berechnung der Biegetragfähigkeit verwendet wird.

(4) Wenn die Normalkraft N_{Ed} im angeschlossenen Träger nicht mehr als 5 % der plastischen Beanspruchbarkeit $N_{p\ell,Rd}$ des Querschnitts beträgt, kann die Rotationssteifigkeit S_j eines Träger-Stützenanschlusses oder Trägerstoßes ausreichend genau für ein Moment $M_{j,Ed}$, das kleiner als die Biegetragfähigkeit $M_{j,Rd}$ des Anschlusses ist, nach folgender Gleichung bestimmt werden:

$$S_j = \frac{E z^2}{\mu \sum_i \frac{1}{k_i}} \tag{6.27}$$

Dabei ist

k_i der Steifigkeitskoeffizient für die Grundkomponente i;

z der Hebelarm, siehe 6.2.7;

μ das Steifigkeitsverhältnis $S_{j,ini}/S_j$, siehe 6.3.1(6).

ANMERKUNG Die Gleichung (6.27) stellt für $\mu = 1{,}0$ die Anfangsrotationssteifigkeit $S_{j,ini}$ des Anschlusses dar.

(5) Die Rotationssteifigkeit S_j eines Stützenfußes kann ausreichend genau nach 6.3.4 für ein Moment $M_{j,Ed}$, das kleiner als die Biegetragfähigkeit $M_{j,Rd}$ des Anschlusses ist, bestimmt werden.

(6) Das Steifigkeitsverhältnis μ ist in der Regel wie folgt zu bestimmen:

- wenn $M_{j,Ed} \leq 2/3\, M_{j,Rd}$:

$$\mu = 1 \qquad (6.28a)$$

- wenn $2/3\, M_{j,Rd} < M_{j,Ed} \leq M_{j,Rd}$:

$$\mu = (1{,}5 M_{j,Ed}/M_{j,Rd})^{\psi} \qquad (6.28b)$$

Dabei kann der Beiwert ψ nach Tabelle 6.8 bestimmt werden.

Tabelle 6.8: Werte für den Beiwert ψ

Typ der Verbindung	ψ
Geschweißt	2,7
Geschraubtes Stirnblech	2,7
Geschraubte Flanschwinkel	3,1
Fußplattenverbindungen	2,7

(7) Die bei der Berechnung der Steifigkeiten von geschweißten Träger-Stützenanschlüssen und bei Anschlüssen mit geschraubten Flanschwinkeln zu berücksichtigenden Grundkomponenten sind in Tabelle 6.9 angegeben. Die Grundkomponenten von geschraubten Stirnblechverbindungen und von Fußplatten sind der Tabelle 6.10 zu entnehmen. Die in diesen beiden Tabellen genannten Steifigkeitskoeffizienten k_i der Grundkomponenten sind in Tabelle 6.11 angegeben.

(8) Bei Träger-Stützenanschlüssen mit Stirnblechen sollte die Anschlusssteifigkeit wie folgt bestimmt werden: Der äquivalente Steifigkeitskoeffizient k_{eq} und der äquivalente Hebelarm z_{eq} des Anschlusses sind nach 6.3.3 zu ermitteln. Die Steifigkeit des Anschlusses sollte dann mit den Steifigkeitskoeffizienten k_{eq} (für die Verbindung) und k_1 (für den Stützensteg mit Schubbeanspruchung) und mit dem Hebelarm $z = z_{eq}$ (gleich dem äquivalenten Hebelarm des Anschlusses) nach 6.3.1(4) berechnet werden.

Tabelle 6.9: Anschlüsse mit geschweißten Verbindungen oder geschraubten Flanschwinkelverbindungen

Träger-Stützenanschluss mit geschweißten Verbindungen	**Zu berücksichtigende Steifigkeitskoeffizienten k_i**
Einseitig	k_1; k_2; k_3
Zweiseitig – Momente gleich und gegenläufig	k_2; k_3
Zweiseitig – Momente verschieden	k_1; k_2; k_3
Träger-Stützenanschluss mit geschraubten Flanschwinkelverbindungen	**Zu berücksichtigende Steifigkeitskoeffizienten k_i**
Einseitig	k_1; k_2; k_3; k_4; k_6; k_{10}; k_{11}[a]; k_{12}[b]
Zweiseitig – Momente gleich und gegenläufig	k_2; k_3; k_4; k_6; k_{10}; k_{11}[a]; k_{12}[b]
Zweiseitig – Momente verschieden	k_1; k_2; k_3; k_4; k_6; k_{10}; k_{11}[a]; k_{12}[b]

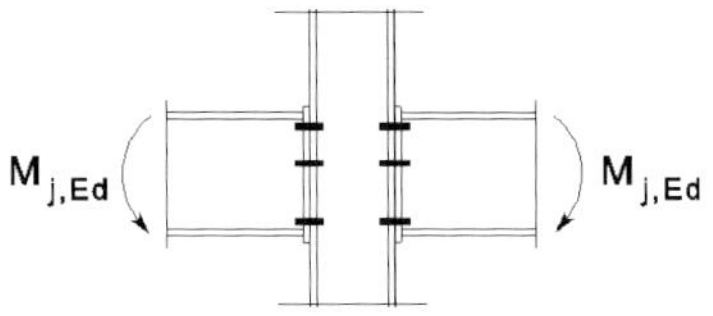

Momente gleich und gegenläufig

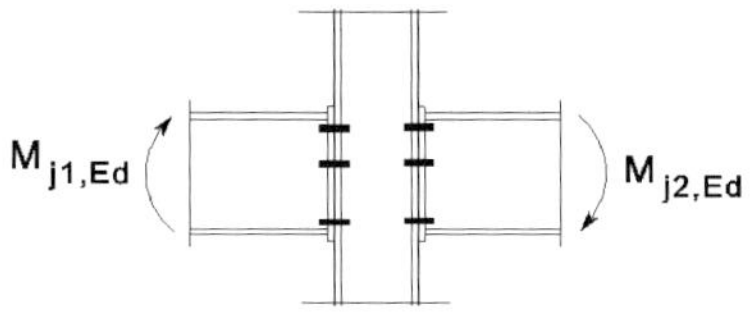

Momente verschieden

[a] Zwei Koeffizienten $k_{11,}$ jeweils für jeden Flansch;
[b] Vier Koeffizienten $k_{12,}$ jeweils für jeden Flansch und für jeden Winkel

Tabelle 6.10: Anschlüsse mit geschraubten Stirnblechverbindungen und Fußplattenverbindungen

Träger-Stützenanschluss mit geschraubten Stirnblechverbindungen	**Anzahl der Schraubenreihen mit Zugbeanspruchung**	**Zu berücksichtigende Steifigkeitskoeffizienten k_i**
Einseitig	Eine	k_1; k_2; k_3; k_4; k_5; k_{10}
	Zwei oder mehr	k_1; k_2; k_{eq}
Zweiseitig – Momente gleich und gegenläufig	Eine	k_2; k_3; k_4; k_5; k_{10}
	Zwei oder mehr	k_2; k_{eq}
Zweiseitig – Momente verschieden	Eine	k_1; k_2; k_3; k_4; k_5; k_{10}
	Zwei oder mehr	k_1; k_2; k_{eq}
Träger-Stoß mit geschraubten Stirnblechverbindungen		
Zweiseitig – Momente gleich und gegenläufig	Eine	k_5 [links]; k_5 [rechts]; k_{10}
	Zwei oder mehr	k_{eq}
Fußplattenverbindungen		
Fußplattenverbindungen	Eine	k_{13}; k_{15}; k_{16}
	Zwei oder mehr	k_{13}; k_{15} und k_{16} für jede Schraubenreihe

Steifigkeitskoeffizienten für die Grundkomponenten eines Anschlusses 6.3.2

(1) Die Steifigkeitskoeffizienten für die Grundkomponenten eines Anschlusses sind Tabelle 6.11 zu entnehmen.

Tabelle 6.11: Steifigkeitskoeffizienten für Grundkomponenten

Komponente	Steifigkeitskoeffizient k_i	
Stützenstegfeld mit Schubbeanspruchung	Nicht ausgesteift, einseitiger Anschluss, oder zweiseitiger Anschluss mit etwa gleich hohen Trägern	Ausgesteift
	$k_1 = \frac{0{,}38 A_{vc}}{\beta z}$	$k_1 = \infty$
	z Hebelarm nach Bild 6.15; β Übertragungsparameter nach 5.3 (7).	
Stützensteg mit Querdruckbeanspruchung	Nicht ausgesteift	Ausgesteift
	$k_2 = \frac{0{,}7 b_{eff,c,wc} t_{wc}}{d_c}$	$k_2 = \infty$
	$b_{eff,c,wc}$ effektive Breite des Stützenstegs bei Druckbeanspruchung nach 6.2.6.2.	
Stützensteg mit Querzugbeanspruchung	Ausgesteifte oder nicht ausgesteifte geschraubte Verbindung mit einer Schraubenreihe mit Zug oder nicht ausgesteifte geschweißte Verbindung	Ausgesteifte geschweißte Verbindung
	$k_3 = \frac{0{,}7 b_{eff,t,wc} t_{wc}}{d_c}$	$k_3 = \infty$
	$b_{eff,t,wc}$ effektive Breite des Stützensteges mit Zugbeanspruchung nach 6.2.6.3. Für einen Anschluss mit einer Schraubenreihe mit Zug sollte $b_{eff,t,wc}$ der kleinsten der wirksamen Länge ℓ_{eff} (einzeln oder als Teil einer Schraubenreihengruppe) entsprechen, die sich für diese Schraubenreihe nach Tabelle 6.4 (für einen nicht ausgesteiften Stützenflansch) oder Tabelle 6.5 (für einen ausgesteiften Stützenflansch) ergeben.	
Stützenflansch mit Biegebeanspruchung (für eine Schraubenreihe mit Zug)	$k_4 = \frac{0{,}9 \ell_{eff} t_{fc}^3}{m^3}$ ℓ_{eff} kleinste der wirksamen Längen (einzeln oder als Teil einer Schraubenreihengruppe), die sich für diese Schraubenreihe nach Tabelle 6.4 (für einen nicht ausgesteiften Stützenflansch) oder Tabelle 6.5 (für einen ausgesteiften Stützenflansch) ergeben; m wie in Bild 6.8 definiert.	
Stirnblech mit Biegebeanspruchung (für eine Schraubenreihe mit Zug)	$k_5 = \frac{0{,}9 \ell_{eff} t_p^3}{m^3}$ ℓ_{eff} kleinste der wirksamen Längen (einzeln oder als Teil einer Schraubenreihengruppe), die sich für diese Schraubenreihe nach Tabelle 6.6 ergeben; m wie allgemein in Bild 6.11 definiert, jedoch gilt für eine Schraubenreihe im überstehenden Teil eines Stirnblechs $m = m_x$, wobei m_x in Bild 6.10 definiert ist.	
Flanschwinkel mit Biegebeanspruchung	$k_6 = \frac{0{,}9 \ell_{eff} t_a^3}{m^3}$ ℓ_{eff} wirksame Länge des Flanschwinkels nach Bild 6.12; m wie in Bild 6.13 definiert.	

Tabelle 6.11: *(fortgesetzt)*

Komponente	Steifigkeitskoeffizient k_i	
Schrauben mit Zugbeanspruchung (für eine Schraubenreihe)	$k_{10} = 1{,}6 A_s / L_b$ Vorgespannt oder nicht vorgespannt L_b Dehnlänge der Schraube, die sich aus der gesamten Klemmlänge (Gesamtdicke des Materials und der Unterlegscheiben) plus der halben Kopfhöhe und der halben Mutternhöhe ergibt.	
Schrauben mit Abscherbeanspruchung	Nicht vorgespannt	Vorgespannt[a]
	k_{11} (oder k_{17}) $= \dfrac{16 n_b d^2 f_{ub}}{E d_{M16}}$	$k_{11} = \infty$
	d_{M16} Nenndurchmesser einer Schraube M16; n_b Anzahl der Schraubenreihen mit Schub.	
Schrauben mit Lochleibungsbeanspruchung (für jede Komponente j, an der die Schrauben mit Lochleibung wirken)	Nicht vorgespannt	Vorgespannt[a]
	k_{12} (oder k_{18}) $= \dfrac{24 n_b k_b k_t d f_u}{E}$	$k_{12} = \infty$
	$k_b = k_{b1}$ jedoch $k_b \leq k_{b2}$ $k_{b1} = 0{,}25\, e_b/d + 0{,}5$ jedoch $k_{b1} \leq 1{,}25$ $k_{b2} = 0{,}25\, p_b/d + 0{,}375$ jedoch $k_{b2} \leq 1{,}25$ $k_t = 1{,}5\, t_j/d_{M16}$ jedoch $k_t \leq 2{,}5$	e_b Randabstand der Schraubenreihe in Kraftrichtung; f_u Zugfestigkeit des Stahls, der auf Lochleibung beansprucht wird; p_b Abstand der Schraubenreihen in Kraftrichtung; t_j Blechdicke dieser Komponente.
Beton mit Druckbeanspruchung (einschließlich Mörtel)	$k_{13} = \dfrac{E_c \sqrt{b_{eff} l_{eff}}}{1{,}275 E}$ b_{eff} wirksame Breite des T-Stummelflansches, siehe 6.2.5(3); l_{eff} wirksame Länge des T-Stummelflansches, siehe 6.2.5(3).	
Blech mit Biegebeanspruchung infolge Druck	$k_{14} = \infty$ Dieser Koeffizient wird bereits bei der Berechnung des Steifigkeitskoeffizienten k_{13} berücksichtigt.	
Fußplatte mit Biegebeanspruchung infolge Zug (für eine Schraubenreihe mit Zug)	Mit Abstützkräften[b]	Ohne Abstützkräfte[b]
	$k_{15} = \dfrac{0{,}85\, \ell_{eff} t_p^3}{m^3}$	$k_{15} = \dfrac{0{,}425\, \ell_{eff} t_p^3}{m^3}$
	l_{eff} wirksame Länge des T-Stummelflansches, siehe 6.2.5(3); t_p Dicke der Fußplatte; m Abstand nach Bild 6.8.	
Ankerschrauben mit Zugbeanspruchung	Mit Abstützkräften[b]	Ohne Abstützkräfte[b]
	$k_{16} = 1{,}6 A_s / L_b$	$k_{16} = 2{,}0 A_s / L_b$
	L_b Dehnlänge der Ankerschraube, die sich aus der Summe aus dem 8fachen Schraubendurchmesser, den Dicken der Mörtelschicht, der Fußplatte, der Unterlegscheiben und der halben Mutternhöhe ergibt.	

Tabelle 6.11: *(fortgesetzt)*

ANMERKUNG 1 Bei der Berechnung von b_{eff} und l_{eff} entspricht der Abstand c der 1,25fachen Fußplattendicke.

ANMERKUNG 2 Verstärkungsbleche an den Stützenflanschen haben keinen Einfluss auf die Rotationssteifigkeit S_{j} des Anschlusses.

ANMERKUNG 3 Für Schweißnähte (k_{19}) darf unendlich große Steifigkeit angenommen werden. Diese Komponente braucht daher bei der Berechnung der Rotationssteifigkeit S_{j} nicht berücksichtigt zu werden.

ANMERKUNG 4 Für einen Trägerflansch und -steg mit Druck (k_7), einen Trägersteg mit Zug (k_8), Bleche mit Zug oder Druck (k_9) oder für Vouten (k_{20}) darf der Steifigkeitskoeffizient als unendlich groß angenommen werden. Diese Komponenten brauchen bei der Berechnung der Rotationssteifigkeit S_{j} nicht berücksichtigt zu werden.

ANMERKUNG 5 Wenn mit zusätzlichen Stegblechen verstärkt wird, sollten die Steifigkeitskoeffizienten für die entsprechenden Grundkomponenten des Anschlusses k_1 bis k_3 wie folgt vergrößert werden:

- k_1 für das Stützenstegfeld mit Schubbeanspruchung sollte mit der vergrößerten Schubfläche A_{vc} nach 6.2.6.1(6) berechnet werden;
- k_2 für den Stützensteg mit Druckbeanspruchung sollte mit der wirksamen Stegdicke nach 6.2.6.2(6) berechnet werden;
- k_3 für den Stützensteg mit Zugbeanspruchung sollte mit der wirksamen Stegdicke nach 6.2.6.3(8) berechnet werden.

[a] Vorausgesetzt, die Schrauben sind so bemessen, dass bei dem relevanten Lastniveau kein Gleiten auftritt und die Schrauben nicht auf Lochleibung wirken.

[b] Abstützkräfte können auftreten, wenn $L_{\text{b}} \le \dfrac{8{,}8 m^3 A_{\text{s}}}{l_{\text{eff}} t^3}$

Stirnblechanschlüsse mit zwei oder mehr Schraubenreihen mit Zugbeanspruchung — 6.3.3

Allgemeines Verfahren — 6.3.3.1

(1) Bei Stirnblechanschlüssen mit zwei oder mehr Schraubenreihen mit Zugbeanspruchung ist für alle Grundkomponenten für diese Schraubenreihen der äquivalente Steifigkeitskoeffizient k_{eq} in der Regel wie folgt zu ermitteln:

$$k_{\text{eq}} = \frac{\sum_r k_{\text{eff},r} h_r}{z_{\text{eq}}} \qquad (6.29)$$

Dabei ist

h_r der Abstand der Schraubenreihe r vom Druckpunkt;

$k_{\text{eff},r}$ der effektive Steifigkeitskoeffizient für die Schraubenreihe r unter Berücksichtigung der Steifigkeitskoeffizienten k_i für die Grundkomponenten, die in 6.3.3.1(4) oder 6.3.3.1(5) angegeben sind;

z_{eq} der äquivalente Hebelarm, siehe 6.3.3.1(3).

(2) Der effektive Steifigkeitskoeffizient $k_{\text{eff},r}$ für die Schraubenreihe r wird in der Regel wie folgt bestimmt:

$$k_{\text{eff},r} = \frac{1}{\sum_i \frac{1}{k_{i,r}}} \qquad (6.30)$$

Dabei ist

$k_{i,r}$ der Steifigkeitskoeffizient der Komponente i bezogen auf die Schraubenreihe r.

(3) Der äquivalente Hebelarm z_{eq} ist wie folgt zu bestimmen:

$$z_{\text{eq}} = \frac{\sum_r k_{\text{eff},r} h_r^2}{\sum_r k_{\text{eff},r} h_r} \qquad (6.31)$$

(4) Bei einem Träger-Stützenanschluss mit Stirnblechverbindung wird in der Regel der äquivalente Steifigkeitskoeffizient k_{eq} aus den Steifigkeitskoeffizienten k_i folgender Komponenten bestimmt:

- Stützensteg mit Zugbeanspruchung (k_3);
- Stützenflansch mit Biegebeanspruchung (k_4);
- Stirnblech mit Biegebeanspruchung (k_5);
- Schrauben mit Zugbeanspruchung (k_{10}).

(5) Bei einem Trägerstoß mit geschraubten Stirnblechen wird in der Regel der äquivalente Steifigkeitskoeffizient k_{eq} aus den Steifigkeitskoeffizienten k_i folgender Komponenten bestimmt:

- Stirnblech mit Biegebeanspruchung (k_5);
- Schrauben mit Zugbeanspruchung (k_{10}).

6.3.3.2 Vereinfachtes Verfahren für überstehende Stirnbleche mit zwei Schraubenreihen mit Zugbeanspruchung

(1) Bei überstehenden Stirnblechverbindungen mit zwei Schraubenreihen mit Zugbeanspruchung (eine im überstehenden Teil des Stirnblechs und eine zwischen den Flanschen des Trägers, siehe Bild 6.20) dürfen Ersatzsteifigkeitskoeffizienten der entsprechenden Grundkomponenten verwendet werden, mit denen die kombinierte Wirkung der beiden Schraubenreihen berücksichtigt wird. Als Ersatzsteifigkeitskoeffizient darf der zweifache Wert des entsprechenden Wertes für eine Schraubenreihe im überstehenden Teil des Stirnblechs angenommen werden.

ANMERKUNG Diese Näherung führt zu einer etwas zu geringen Rotationssteifigkeit.

(2) Wenn dieses vereinfachte Verfahren angewandt wird, ist in der Regel als Hebelarm z der Abstand vom Druckpunkt zu dem Punkt anzunehmen, der genau zwischen den beiden Schraubenreihen mit Zugbeanspruchung liegt, siehe Bild 6.20.

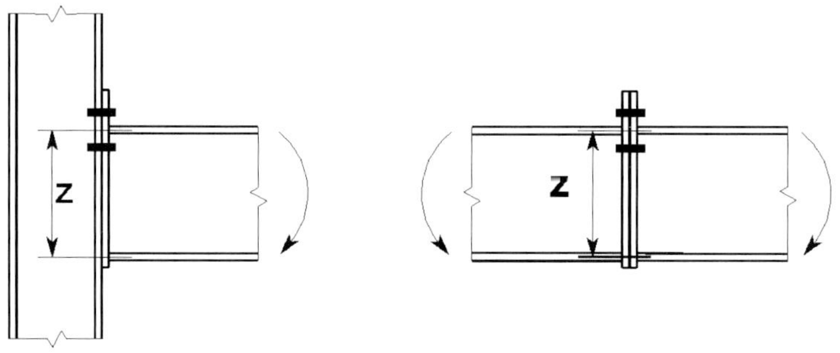

Bild 6.20: Hebelarm z für das vereinfachte Verfahren

6.3.4 Stützenfüße

(1) Die Rotationssteifigkeit S_j eines Stützenfußes, der gleichzeitig durch Normalkraft und Biegung beansprucht wird, sollte nach Tabelle 6.12 berechnet werden. Bei dieser Methode werden die folgenden Steifigkeitskoeffizienten verwendet:

$k_{T,l}$ Zugsteifigkeitskoeffizient der linken Seite des Anschlusses und dessen Inverse und identisch mit der Summe der auf der linken Seite des Anschlusses wirkenden Inversen der Steifigkeitskoeffizienten k_{15} und k_{16}, siehe Tabelle 6.11;

$k_{T,r}$ Zugsteifigkeitskoeffizient der rechten Seite des Anschlusses und dessen Inverse und identisch mit der Summe der auf der linken Seite des Anschlusses wirkenden Inversen der Steifigkeitskoeffizienten k_{15} und k_{16}, siehe Tabelle 6.11;

$k_{C,l}$ Drucksteifigkeitskoeffizient der linken Seite des Anschlusses und identisch mit dem auf der linken Seite des Anschlusses wirkenden Steifigkeitskoeffizienten k_{13}, siehe Tabelle 6.11;

$k_{C,r}$ Drucksteifigkeitskoeffizient der rechten Seite des Anschlusses und identisch mit dem auf der rechten Seite des Anschlusses wirkenden Steifigkeitskoeffizienten k_{13}, siehe Tabelle 6.11.

(2) Zur Berechnung von $z_{T,l}$, $z_{C,l}$, $z_{T,r}$, $z_{C,r}$ siehe 6.2.8.1.

Tabelle 6.12: Rotationssteifigkeit S_j von Stützenfüßen

Belastung	Hebelarm z	Rotationssteifigkeit $S_{j,ini}$	
Linke Seite mit Zugbeanspruchung Rechte Seite mit Druckbeanspruchung	$z = z_{T,l} + z_{C,r}$	$N_{Ed} > 0$ und $e > z_{T,l}$	$N_{Ed} \leq 0$ und $e \leq -z_{C,r}$
		$\frac{Ez^2}{\mu(1/k_{T,1} + 1/k_{C,r})} \frac{e}{e + e_k}$ wobei $e_k = \frac{z_{C,r} k_{C,r} - z_{T,1} k_{T,1}}{k_{T,1} + k_{C,r}}$	
Linke Seite mit Zugbeanspruchung Rechte Seite mit Zugbeanspruchung	$z = z_{T,l} + z_{T,r}$	$N_{Ed} > 0$ und $0 < e < z_{T,l}$	$N_{Ed} > 0$ und $-z_{T,r} < e \leq 0$
		$\frac{Ez^2}{\mu(1/k_{T,1} + 1/k_{T,r})} \frac{e}{e + e_k}$ wobei $e_k = \frac{z_{T,r} k_{T,r} - z_{T,1} k_{T,1}}{k_{T,1} + k_{T,r}}$	
Linke Seite mit Druckbeanspruchung Rechte Seite mit Zugbeanspruchung	$z = z_{C,l} + z_{T,r}$	$N_{Ed} > 0$ und $e \leq -z_{T,r}$	$N_{Ed} \leq 0$ und $e > z_{C,l}$
		$\frac{Ez^2}{\mu(1/k_{C,1} + 1/k_{T,r})} \frac{e}{e + e_k}$ wobei $e_k = \frac{z_{T,r} k_{T,r} - z_{C,1} k_{C,1}}{k_{C,1} + k_{T,r}}$	
Linke Seite mit Druckbeanspruchung Rechte Seite mit Druckbeanspruchung	$z = z_{C,l} + z_{C,r}$	$N_{Ed} \leq 0$ und $0 < e < z_{C,l}$	$N_{Ed} \leq 0$ und $-z_{C,r} < e \leq 0$
		$\frac{Ez^2}{\mu(1/k_{C,1} + 1/k_{C,r})} \frac{e}{e + e_k}$ wobei $e_k = \frac{z_{C,r} k_{C,r} - z_{C,1} k_{C,1}}{k_{C,1} + k_{C,r}}$	
Positive Momente $M_{Ed} > 0$ im Uhrzeigersinn, Positive Kräfte $N_{Ed} > 0$: Zug, μ siehe 6.3.1(6). $e = \frac{M_{Ed}}{N_{Ed}} = \frac{M_{Rd}}{N_{Rd}}$			

Rotationskapazität 6.4

Allgemeines 6.4.1

(1)P Bei starr-plastischer Berechnung müssen die Anschlüsse an den Stellen, wo plastische Gelenke entstehen können, über ausreichende Rotationskapazität verfügen.

(2) Die Rotationskapazität eines geschraubten oder eines geschweißten Anschlusses kann mit den Regelungen in 6.4.2 oder 6.4.3 ermittelt werden. Die Regelungen dort gelten nur für Stahlgüten S235, S275 und S355 und für Anschlüsse, bei denen der Bemessungswert der einwirkenden Normalkraft N_{Ed} im angeschlossenen Bauteil 5 % der plastischen Tragfähigkeit $N_{p\ell,Rd}$ des Querschnitts nicht überschreitet.

(3) Alternativ zu 6.4.2 und 6.4.3 kann auf den Nachweis der Rotationskapazität des Anschlusses verzichtet werden, vorausgesetzt, dass die Biegetragfähigkeit $M_{j,Rd}$ des Anschlusses mindestens das 1,2fache der plastischen Biegetragfähigkeit $M_{pl,Rd}$ des Querschnitts des angeschlossenen Bauteils beträgt.

(4) In den Fällen, die nicht in 6.4.2 und 6.4.3 geregelt sind, kann die Rotationskapazität durch Versuche in Übereinstimmung mit EN 1990, Anhang D, bestimmt werden. Alternativ können geeignete numerische Berechnungsverfahren verwendet werden, sofern diese entsprechend EN 1990 auf den Ergebnissen von Versuchen basieren.

Geschraubte Anschlüsse 6.4.2

(1) Bei einem Träger-Stützenanschluss, dessen Biegetragfähigkeit $M_{j,Rd}$ durch die Schubtragfähigkeit des Stützenstegfeldes bestimmt wird, kann davon ausgegangen werden, dass genügend Rotationskapazität zur Anwendung des plastisch-plastischen Berechnungsverfahrens vorhanden ist, wenn $d_{wc}/t_w \leq 69\varepsilon$ gilt.

(2) Bei einem Anschluss mit Stirnblech oder Flanschwinkeln kann davon ausgegangen werden, dass genügend Rotationskapazität zur Anwendung des plastisch-plastischen Berechnungsverfahrens vorhanden ist, wenn die folgenden Bedingungen erfüllt sind:

a) die Biegetragfähigkeit des Anschlusses wird bestimmt durch die Tragfähigkeit von entweder:
   - dem Stützenflansch mit Biegebeanspruchung oder
   - dem Stirnblech oder dem Flanschwinkel auf der Trägerzugseite mit Biegebeanspruchung.

b) die Dicke t des Stützenflansches oder des Stirnblechs oder des Flanschwinkels auf der Trägerzugseite (nicht notwendigerweise die gleiche Grundkomponente wie in (a)) erfüllt folgende Bedingung:

$$t \geq 0{,}36 d \sqrt{f_{\mathrm{ub}} / f_{\mathrm{y}}} \tag{6.32}$$

Dabei ist

d der Nenndurchmesser der Schraube;

f_{ub} die äußerste Bruchfestigkeit des Schraubenwerkstoffes;

f_{y} die Streckgrenze der maßgebenden Grundkomponente.

(3) Bei einem geschraubten Anschluss, dessen Biegetragfähigkeit $M_{\mathrm{j,Rd}}$ durch die Abschertragfähigkeit der Schrauben bestimmt wird, darf nicht davon ausgegangen werden, dass genügend Rotationskapazität zur Anwendung des plastisch-plastischen Berechnungsverfahrens vorhanden ist.

6.4.3 Geschweißte Anschlüsse

(1) Bei einem geschweißten Träger-Stützenanschluss, bei dem nur der Stützensteg in der Druckzone ausgesteift ist, nicht jedoch in der Zugzone, kann die Rotationskapazität ϕ_{Cd} wie folgt bestimmt werden, wenn die Biegetragfähigkeit nicht durch die Schubtragfähigkeit des Stützenstegfeldes bestimmt wird, siehe 6.4.2(1):

$$\phi_{\mathrm{Cd}} = 0{,}025\, h_{\mathrm{c}} / h_{\mathrm{b}} \tag{6.33}$$

Dabei ist

h_{b} die Profilhöhe des Trägers;

h_{c} die Profilhöhe der Stütze.

(2) Bei einem nicht ausgesteiften, geschweißten Träger-Stützenanschluss, der nach den Regelungen dieses Abschnitts bemessen wird, kann eine Rotationskapazität ϕ_{Cd} von mindestens 0,015 rad angenommen werden.

Anschlüsse mit Hohlprofilen 7

Allgemeines 7.1

Geltungsbereich 7.1.1

(1) Dieser Abschnitt enthält detaillierte Anwendungsregeln zur Bestimmung der Tragfähigkeit von ebenen und räumlichen Anschlüssen in Fachwerken, die aus runden, quadratischen oder rechteckigen Hohlprofilen bestehen, sowie von ebenen Anschlüssen mit Kombinationen von Hohlprofilen und offenen Profilen. Dabei wird vorwiegend ruhende Belastung vorausgesetzt.

(2) Die Tragfähigkeit von Anschlüssen wird als maximale Tragfähigkeit der Streben des Fachwerks für Normalkräfte oder Biegemomente angegeben.

(3) Diese Anwendungsregeln gelten für warmgefertigte Hohlprofile nach EN 10210 und für kaltgeformte Hohlprofile nach EN 10219, sofern die Abmessungen der Hohlprofile den Anforderungen dieses Abschnitts genügen.

(4) Der Nennwert der Streckgrenze von warmgefertigten Hohlprofilen und von kaltgeformten Hohlprofilen sollte 460 N/mm^2 im Endprodukt nicht überschreiten. Für Endprodukte mit einem Nennwerte der Streckgrenze größer als 355 N/mm^2 sind in der Regel die in diesem Abschnitt angegebenen Tragfähigkeiten mit dem Abminderungsbeiwert 0,9 zu reduzieren.

(5) Der Nennwert der Wanddicke von Hohlprofilen sollte mindestens 2,5 mm betragen.

(6) Der Nennwert der Wanddicke von Gurtstäben aus Hohlprofilen sollte 25 mm nicht überschreiten, es sei denn, es werden entsprechende Maßnahmen zur Sicherstellung geeigneter Werkstoffeigenschaften in Dickenrichtung getroffen.

(7) Der Ermüdungsnachweis ist in EN 1993-1-9 geregelt.

(8) Die geregelten Anschlusstypen sind in Bild 7.1 dargestellt.

Anwendungsbereich 7.1.2

(1) Die Anwendungsregeln für Anschlüsse mit Hohlprofilen gelten nur, wenn die Bedingungen 7.1.2(2) bis 7.1.2(8) eingehalten sind.

(2) Die druckbeanspruchten Querschnittselemente der Bauteile sollten den Anforderungen der Querschnittsklassen 1 oder 2, die in EN 1993-1-1 für axialen Druck angegeben sind, entsprechen.

(3) Für die Anschlusswinkel θ_i zwischen Gurtstäben und Streben bzw. zwischen benachbarten Streben sollte gelten:

$$\theta_i \geq 30°$$

(4) Die Enden der Bauteile, die am Anschluss zusammentreffen, sollten derart vorbereitet werden, dass die äußere Profilform nicht verändert wird. Abgeflachte und angedrückte Endverbindungen werden in diesem Abschnitt nicht behandelt.

(5) Bei Anschlüssen mit Spalt sollte die Spaltweite zwischen den Streben nicht geringer als $(t_1 + t_2)$ sein, so dass genügend Platz für die erforderlichen Schweißnähte vorhanden ist.

(6) Bei Anschlüssen mit Überlappung sollte eine ausreichende Überlappung vorhanden sein, um die Querkraftübertragung von einer Strebe zur anderen zu ermöglichen. In jedem Fall sollte das Überlappungsverhältnis mindestens 25 % betragen. Wenn die Überlappung größer als $\lambda_{\text{ov,lim}} = 60$ % ist, falls die verdeckte Naht der überlappten Strebe nicht geschweißt ist oder $\lambda_{\text{ov,lim}} = 80$ % ist, falls die verdeckte Naht der überlappten Strebe geschweißt ist oder wenn die Streben rechteckige Profile mit $h_i < b_i$ und/oder $h_j < b_j$, sind, sollte die Verbindung zwischen den Streben und der Oberfläche des Gurtstabes auf Abscherung überprüft werden.

(7) Wenn überlappende Streben unterschiedliche Wanddicken und/oder unterschiedliche Werkstofffestigkeiten aufweisen, sollte die Strebe mit dem geringeren Wert $t_i\, f_{yi}$ die andere Strebe überlappen.

(8) Wenn überlappende Streben unterschiedliche Breiten aufweisen, sollte die Strebe mit der geringeren Breite die Strebe mit der größeren Breite überlappen.

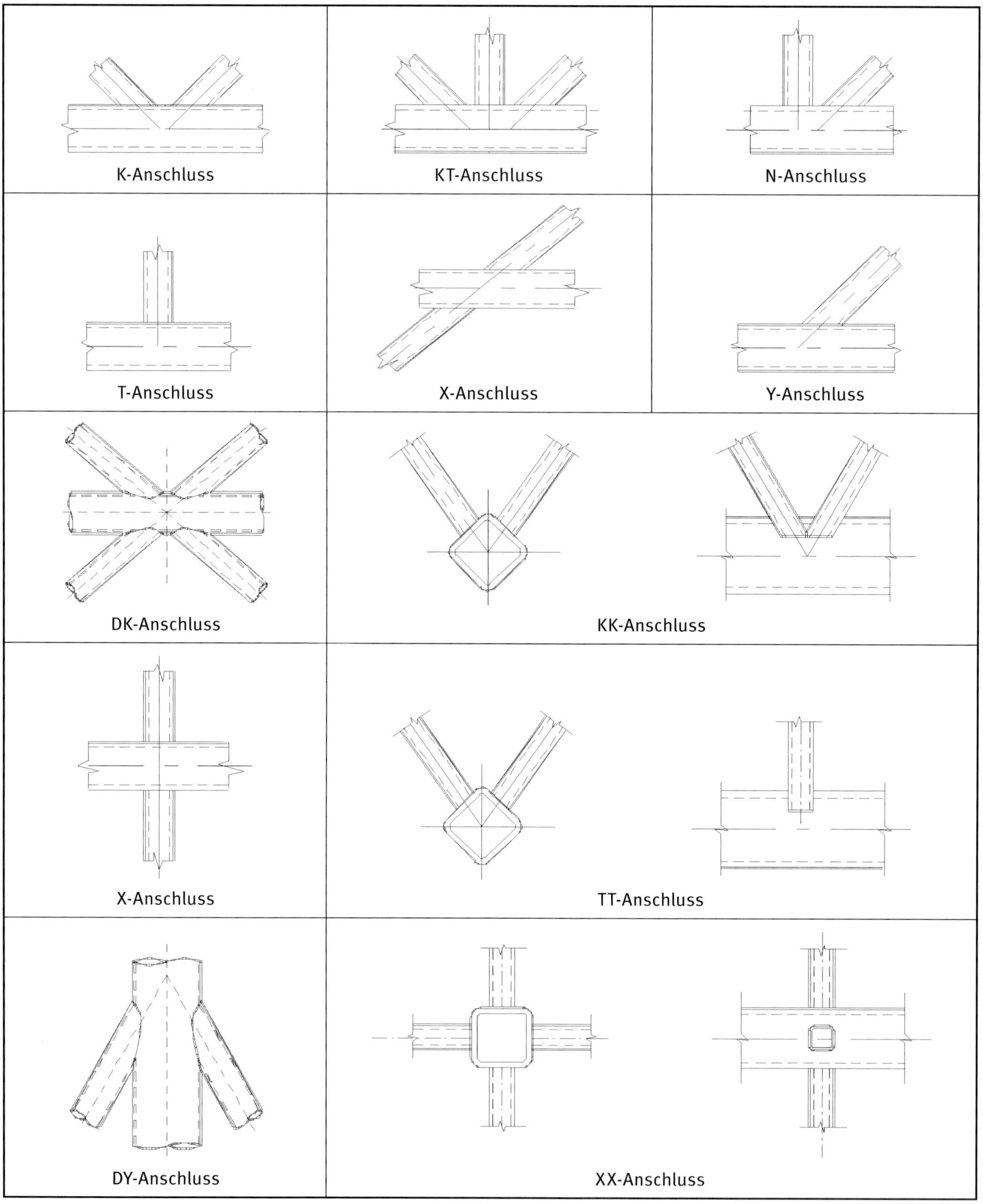

Bild 7.1: Anschlusstypen in Fachwerken mit Hohlprofilen

Berechnung und Bemessung 7.2

Allgemeines 7.2.1

(1)P Im Grenzzustand der Tragfähigkeit dürfen die Bemessungswerte der Schnittgrößen in den Streben und in den Gurten die Tragfähigkeiten der Bauteile nach EN 1993-1-1 nicht überschreiten.

(2)P Im Grenzzustand der Tragfähigkeit dürfen darüber hinaus die Bemessungswerte der Schnittgrößen in den Streben die Tragfähigkeiten der Anschlüsse nach 7.4, 7.5, 7.6 oder 7.7 nicht überschreiten.

(3) Die einwirkenden Spannungen $\sigma_{0,\mathrm{Ed}}$ oder $\sigma_{\mathrm{p,Ed}}$ im Gurt eines Anschlusses sind wie folgt zu berechnen:

$$\sigma_{0,\mathrm{Ed}} = \frac{N_{0,\mathrm{Ed}}}{A_0} + \frac{M_{0,\mathrm{Ed}}}{W_{\mathrm{el},0}} \tag{7.1}$$

$$\sigma_{\mathrm{p,Ed}} = \frac{N_{\mathrm{p,Ed}}}{A_0} + \frac{M_{0,\mathrm{Ed}}}{W_{\mathrm{el},0}} \tag{7.2}$$

Dabei ist

$$N_{\mathrm{p,Ed}} = N_{0,\mathrm{Ed}} - \sum_{i>0} N_{i,\mathrm{Ed}} \cos\theta_i$$

Versagensformen von Anschlüssen mit Hohlprofilen 7.2.2

(1) Die Tragfähigkeiten von Anschlüssen mit Hohlprofilen und mit Kombinationen von Hohlprofilen und offenen Profilen sind für folgende Versagensformen zu ermitteln:

a) **Flanschversagen des Gurtstabes** (plastisches Versagen des Flansches) oder Plastizierung des Gurtstabes (plastisches Versagen des Gurtquerschnitts);

b) **Seitenwandversagen des Gurtstabes** (oder **Stegblechversagen**) durch Fließen, plastisches Stauchen oder Instabilität (Krüppeln oder Beulen der Seitenwand oder des Stegbleches) unterhalb der druckbeanspruchten Strebe;

c) **Schubversagen des Gurtstabes**;

d) **Durchstanzen** der Wandung eines Gurthohlprofils (Rissinitiierung führt zum Abriss der Strebe vom Gurtstab);

e) **Versagen der Strebe** durch eine verminderte effektive Breite (Risse in den Schweißnähten oder in den Streben);

f) **Lokales Beulversagen** der Streben oder der Hohlprofilgurtstäbe im Anschlusspunkt.

ANMERKUNG Die Begriffe, die fett gedruckt sind, werden bei der Beschreibung der einzelnen Versagensformen in den Tabellen für die Tragfähigkeiten von Anschlüssen in 7.4 bis 7.7 verwendet.

(2) Bild 7.2 zeigt die Versagensformen (a) bis (f) von Anschlüssen von KHP-Streben an KHP-Gurtstäbe.

(3) Bild 7.3 zeigt die Versagensformen (a) bis (f) von Anschlüssen von RHP-Streben an RHP-Gurtstäbe.

(4) Bild 7.4 zeigt die Versagensformen (a) bis (f) von Anschlüssen von KHP- und RHP-Streben an Gurtstäbe mit I- oder H-Querschnitten.

(5) Obwohl im Allgemeinen die Tragfähigkeit von Anschlüssen mit korrekt ausgeführten Schweißnähten bei Zugbeanspruchung größer ist als bei Druckbeanspruchung, wird die Tragfähigkeit eines Anschlusses auf der Grundlage der Strebenbeanspruchbarkeit auf Druck bestimmt, um möglicherweise auftretende größere örtliche Verformungen oder eine Abminderung der Rotations- oder Deformationskapazität zu vermeiden.

Versagensform	Längskraftbelastung	Biegebelastung
a	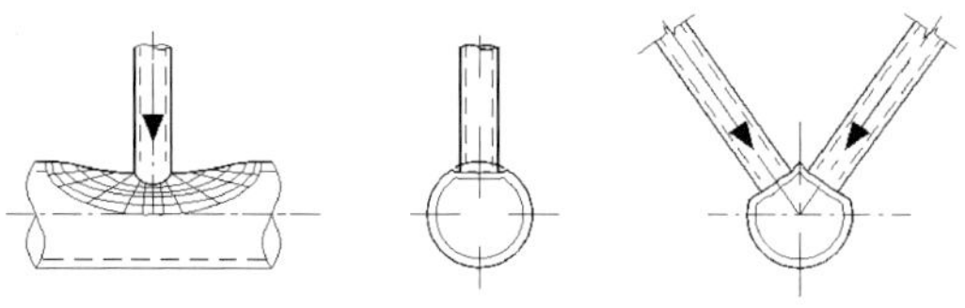	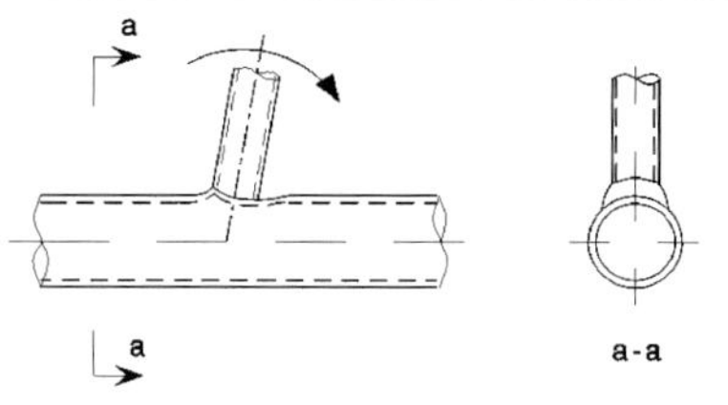
b	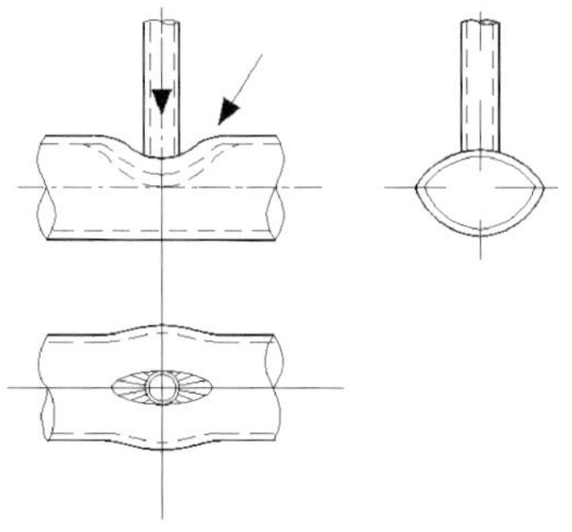	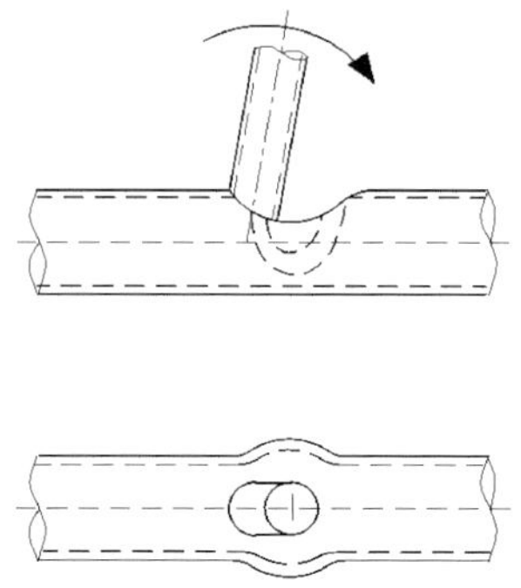
c	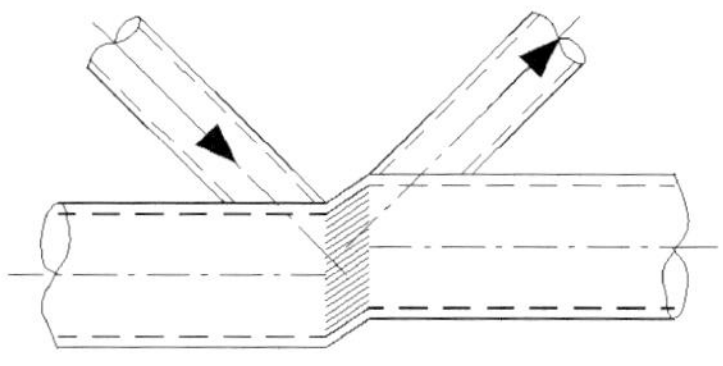	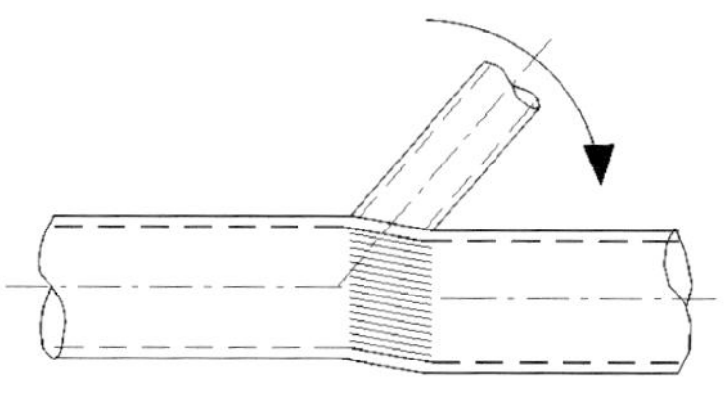
d	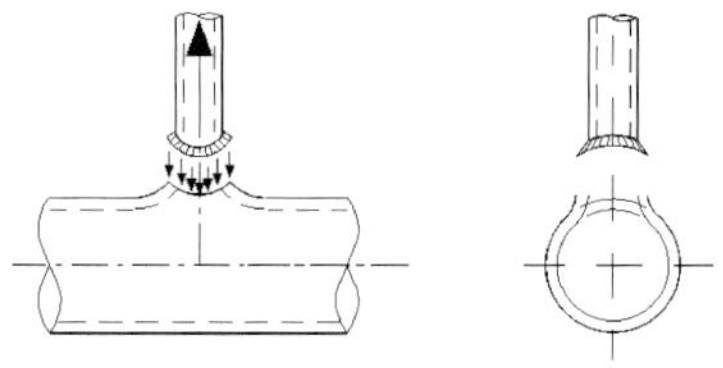	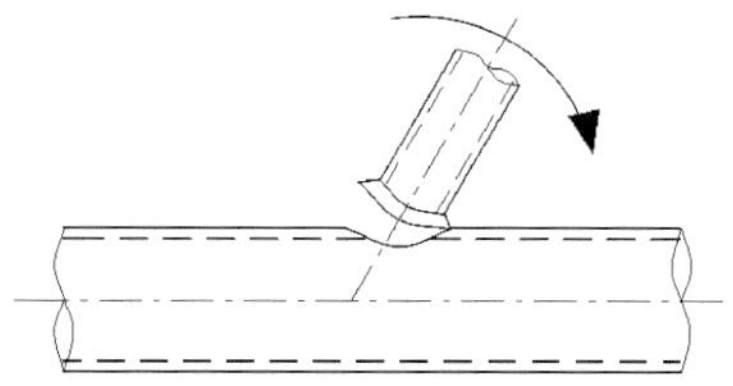
e	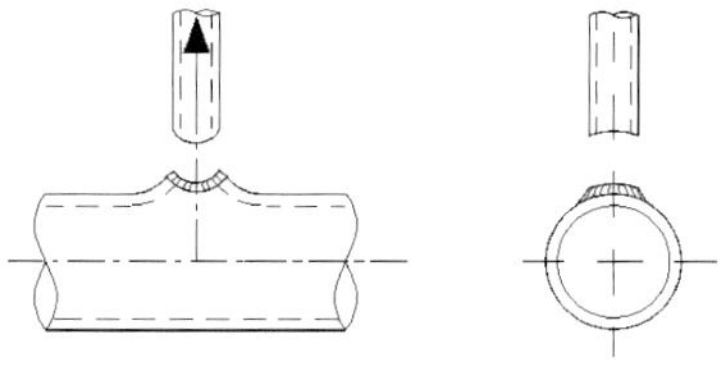	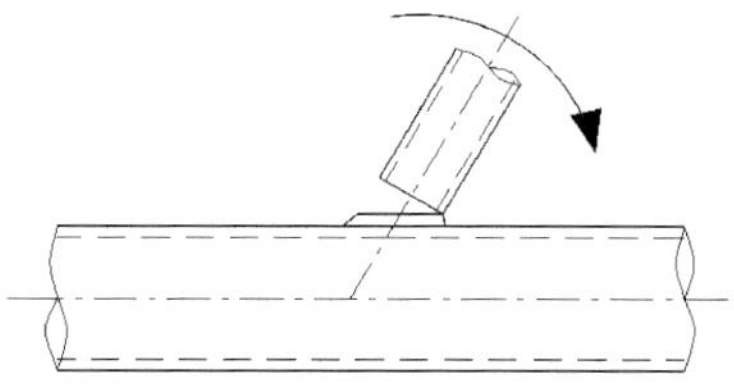
f	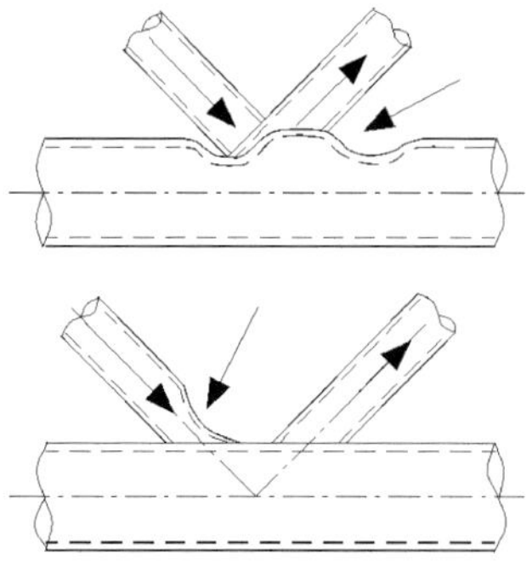	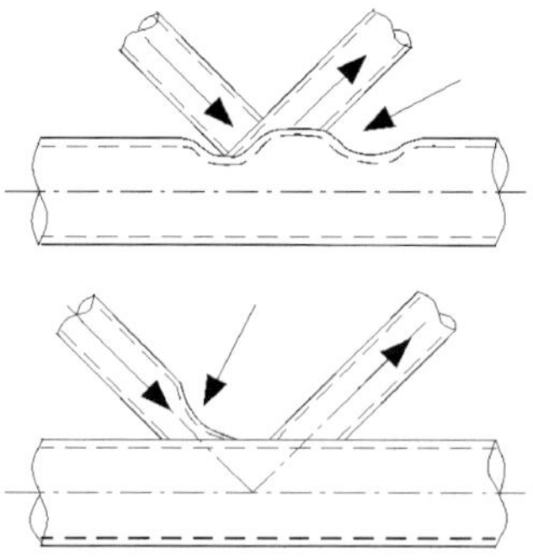

Bild 7.2: Versagensformen von Anschlüssen mit KHP-Bauteilen

Versagensform	Längskraftbelastung	Biegebelastung
a	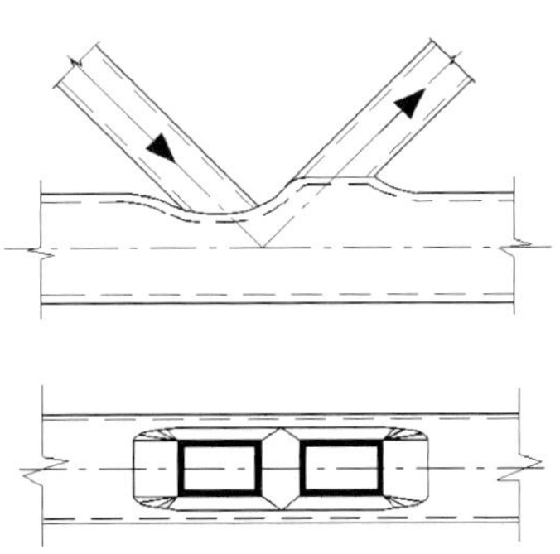	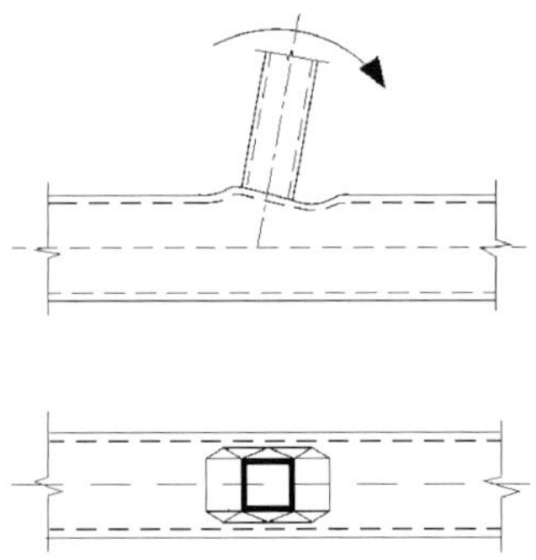
b	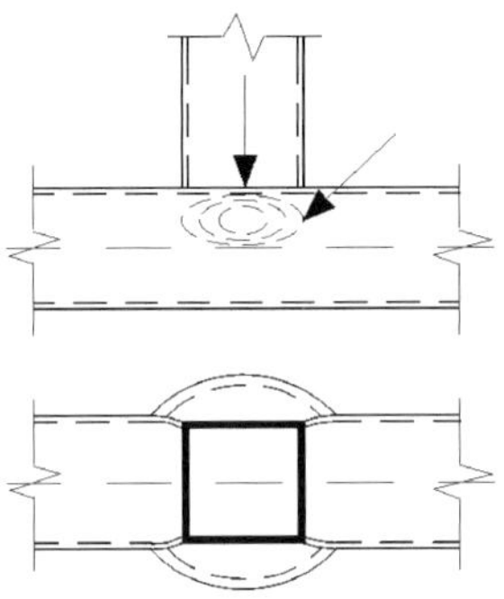	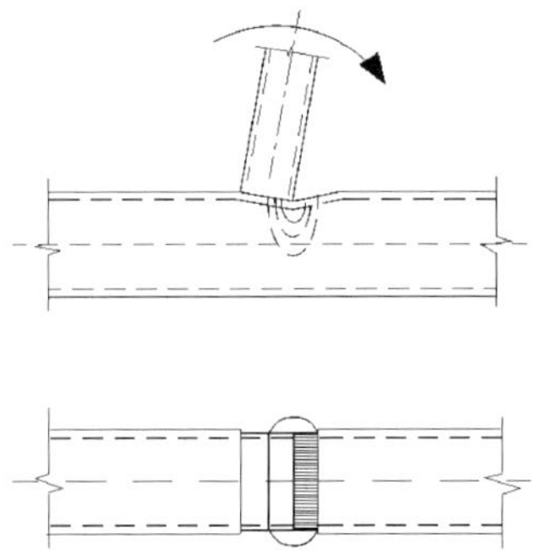
c	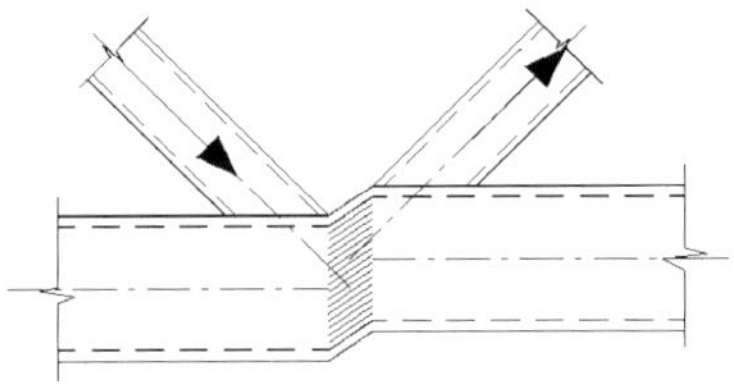	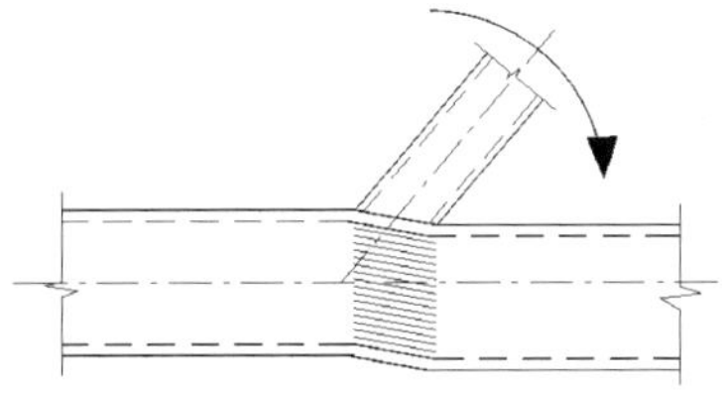
d	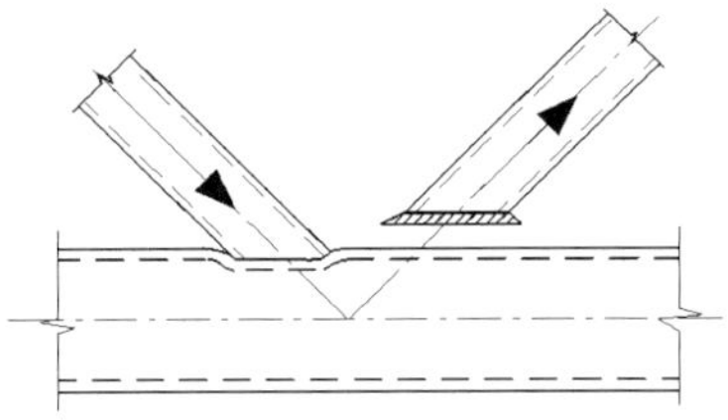	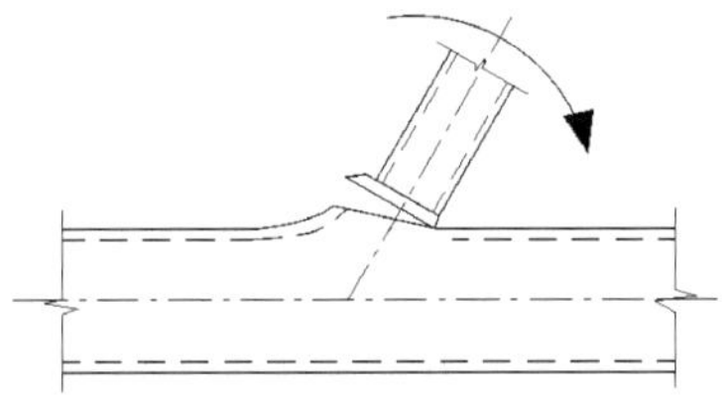
e	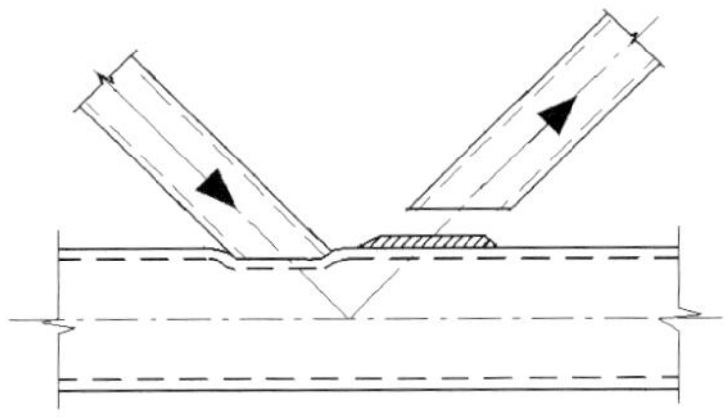	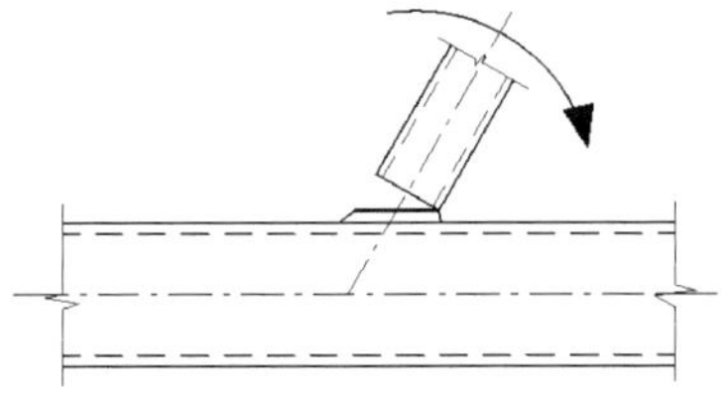
f	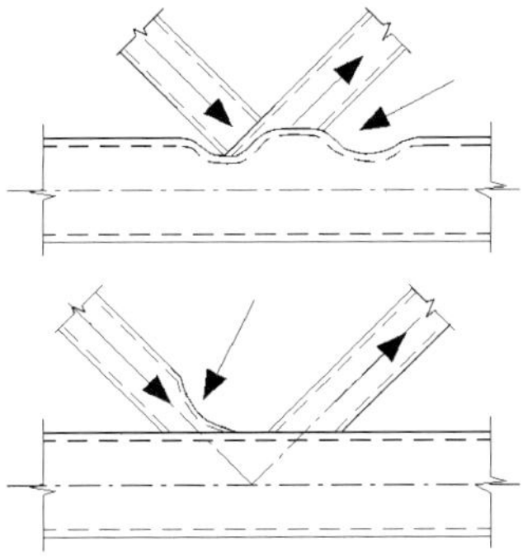	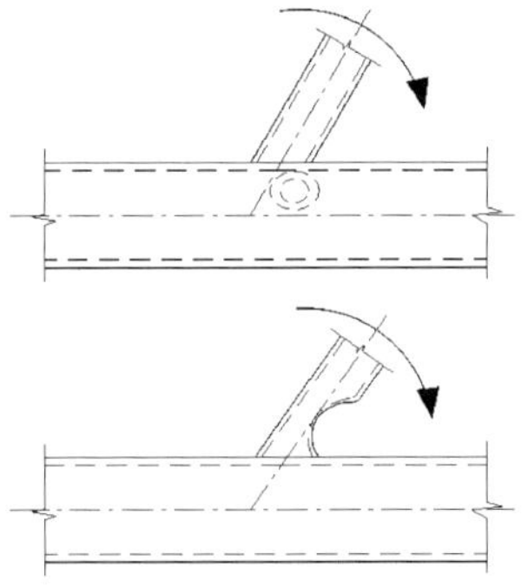

Bild 7.3: Versagensformen von Anschlüssen mit RHP-Bauteilen

Versagensform	Längskraftbelastung	Biegebelastung
a	–	–
b	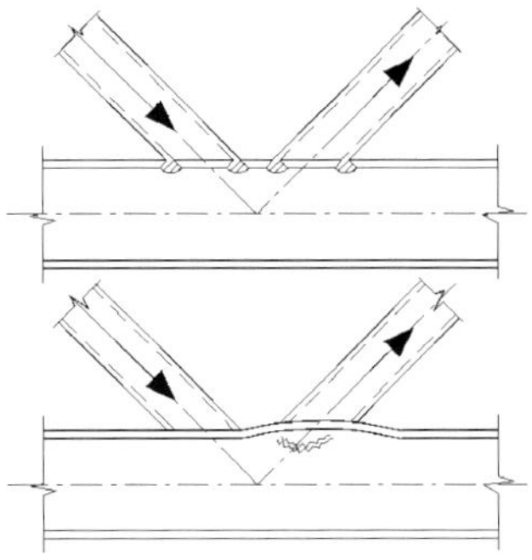	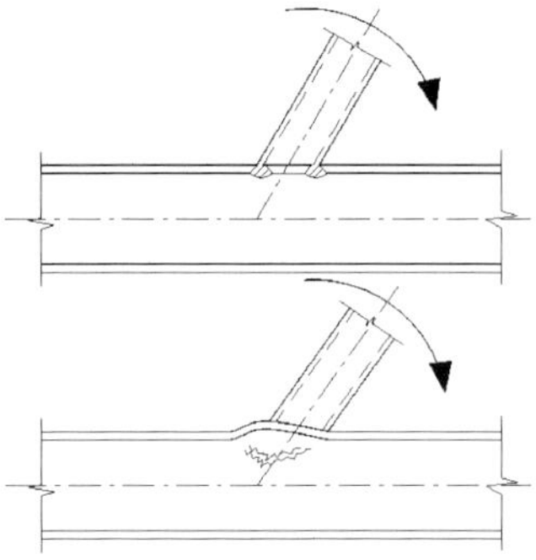
c	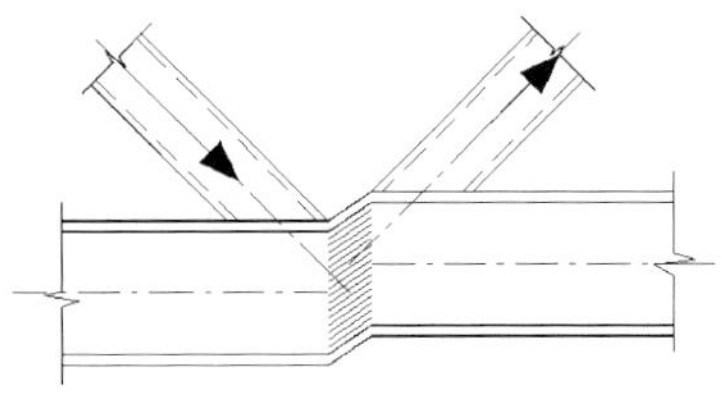	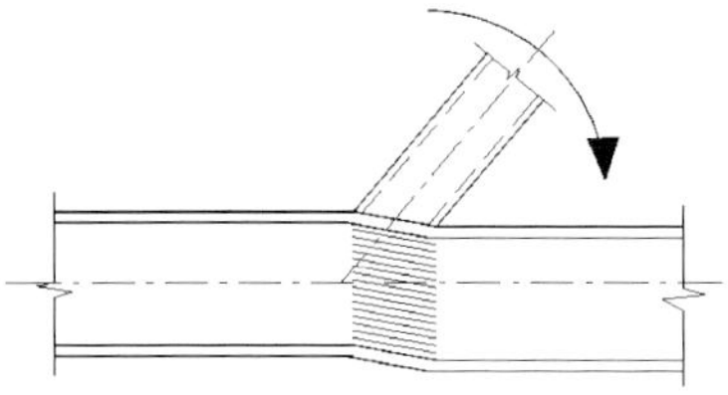
d	–	–
e	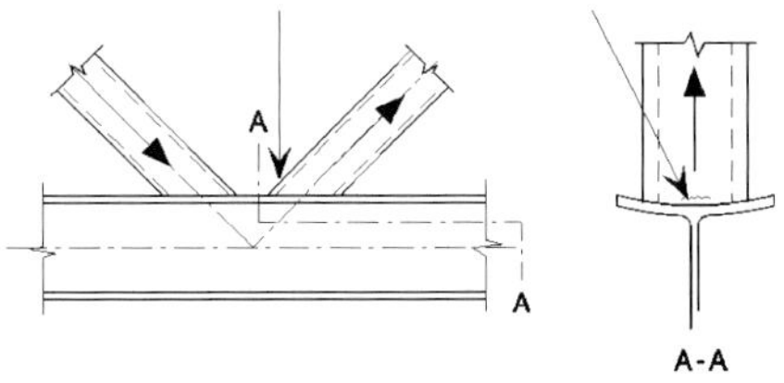	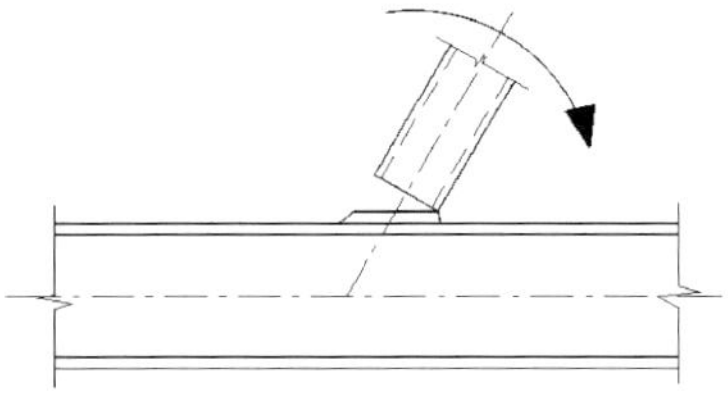
f	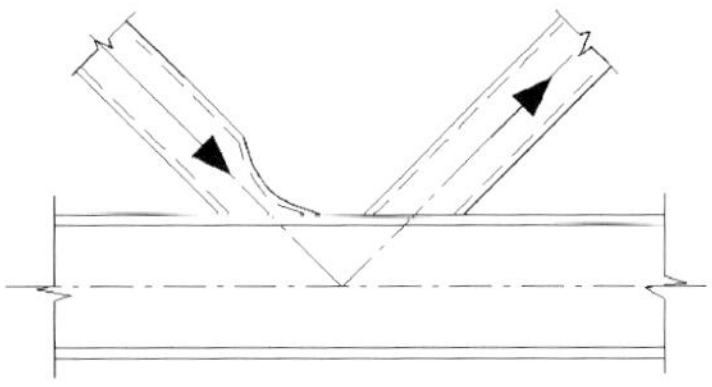	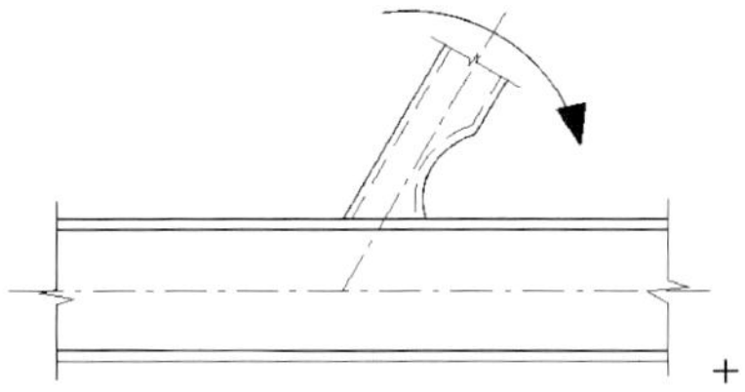

Bild 7.4: Versagensformen von Anschlüssen von KHP- und RHP-Streben an Gurtstäbe mit I- oder H-Querschnitten

7.3 Schweißnähte

7.3.1 Tragfähigkeit

(1)P Die Schweißnähte, welche die Streben mit den Gurtstäben verbinden, müssen so bemessen werden, dass sie ausreichende Tragfähigkeit bei nichtlinearen Spannungsverteilungen und ausreichendes Deformationsvermögen für die Umlagerung von Biegemomenten aufweisen.

(2) In geschweißten Anschlüssen von Hohlprofilen sind die Schweißnähte in der Regel über den ganzen Umfang des Hohlprofilquerschnitts als durchgeschweißte Stumpfnähte, Kehlnähte oder als Kombinationen von beiden auszuführen. Jedoch braucht in Anschlüssen mit teilweiser Überlappung der nicht sichtbare Bereich der Verbindung nicht verschweißt zu werden, wenn die Längskräfte in den Streben derart ausgewogen sind, dass ihre Kraftkomponenten rechtwinklig zur Gurtstabachse um nicht mehr als 20 % differieren.

(3) Typische Schweißnahtdetails sind in der Bezugsnormengruppe 7 in 1.2.7 dargestellt.

(4) Die Tragfähigkeit der Schweißnaht je Längeneinheit am Umfang einer Strebe sollte normalerweise nicht kleiner als die Zugtragfähigkeit des Bauteilquerschnitts je Längeneinheit am Umfang sein.

(5) Die erforderliche Schweißnahtdicke ist in der Regel nach Abschnitt 4 zu bestimmen.

(6) Das in 7.3.1(4) genannte Kriterium braucht nicht beachtet zu werden, wenn die Wirksamkeit einer kleineren Schweißnaht im Hinblick auf die Tragfähigkeit, Verformungs- und Rotationskapazität unter Berücksichtigung einer möglichen Begrenzung der wirksamen Schweißnahtlänge nachgewiesen werden kann.

(7) Für Rechteckhohlprofile (RHP) ist die Definition der Schweißnahtdicke von Hohlkehlnähten in Bild 7.5 dargestellt.

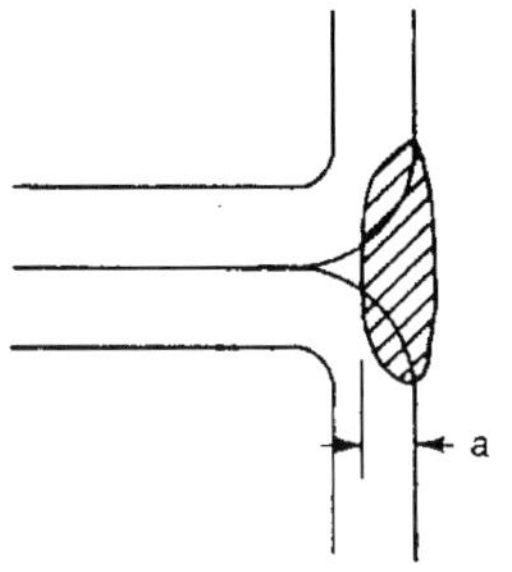

Bild 7.5: Schweißnahtdicke von Hohlkehlnähten bei Rechteckhohlprofilen

(8) Zum Schweißen in kaltgeformten Bereichen, siehe 4.14.

Geschweißte Anschlüsse von KHP-Bauteilen 7.4

Allgemeines 7.4.1

(1) Liegen die geometrischen Abmessungen von Anschlüssen innerhalb des Gültigkeitsbereiches von Tabelle 7.1, dürfen die Tragfähigkeiten von geschweißten Anschlüssen von KHP-Bauteilen nach 7.4.2 und 7.4.3 bestimmt werden.

(2) Liegen die geschweißten Anschlüsse innerhalb des Gültigkeitsbereiches nach Tabelle 7.1, braucht nur Flanschversagen des Gurtstabes und Durchstanzen betrachtet zu werden. Die Tragfähigkeit eines Anschlusses ist durch den kleinsten Wert definiert.

(3) Bei Anschlüssen außerhalb des Gültigkeitsbereiches nach Tabelle 7.1 sollten alle Versagensformen untersucht werden, die in 7.2.2 aufgelistet sind. Zusätzlich sollten in diesem Fall bei der Bemessung der Anschlüsse die Sekundärmomente, die sich aus ihrer Rotationssteifigkeit ergeben, berücksichtigt werden.

Tabelle 7.1: Gültigkeitsbereich für geschweißte Anschlüsse von KHP-Streben an KHP-Gurtstäbe

Durchmesserverhältnis		$0{,}2 \leq d_i/d_0 \leq 1{,}0$
Gurtstäbe	Zug	$10 \leq d_0/t_0 \leq 50$ (allgemein), jedoch: $10 \leq d_0/t_0 \leq 40$ (für X-Anschlüsse)
	Druck	Klasse 1 oder 2 und $10 \leq d_0/t_0 \leq 50$ (allgemein), jedoch: $10 \leq d_0/t_0 \leq 40$ (für X-Anschlüsse)
Streben	Zug	$d_i/t_i \leq 50$
	Druck	Klasse 1 oder 2
Überlappung		$25\,\% \leq \lambda_{ov} \leq \lambda_{ov,lim}$, siehe 7.1.2(6)
Spalt		$g \geq t_1 + t_2$

7.4.2 Ebene Anschlüsse

(1)P Werden die Streben an den Anschlüssen nur durch Längskräfte beansprucht, dürfen die Bemessungswerte der einwirkenden Schnittgrößen $N_{i,\mathrm{Ed}}$ die Bemessungswerte der Tragfähigkeiten $N_{i,\mathrm{Rd}}$, die in Tabelle 7.2, Tabelle 7.3 oder Tabelle 7.4 angegeben sind, nicht überschreiten.

(2) Werden die Streben an den Anschlüssen durch Biegemomente und Längskräfte beansprucht, ist in der Regel die folgende Interaktionsbedingung zu erfüllen:

$$\frac{N_{i,\mathrm{Ed}}}{N_{i,\mathrm{Rd}}}+\left[\frac{M_{\mathrm{ip},i,\mathrm{Ed}}}{M_{\mathrm{ip},i,\mathrm{Rd}}}\right]^2+\frac{\left|M_{\mathrm{op},i,\mathrm{Ed}}\right|}{M_{\mathrm{op},i,\mathrm{Rd}}}\leq 1{,}0 \tag{7.3}$$

Dabei ist

$M_{\mathrm{ip},i,\mathrm{Rd}}$ die Momententragfähigkeit des Anschlusses in der Ebene des Fachwerks;

$M_{\mathrm{ip},i,\mathrm{Ed}}$ das einwirkende Biegemoment in der Ebene des Fachwerks;

$M_{\mathrm{op},i,\mathrm{Rd}}$ die Momententragfähigkeit des Anschlusses rechtwinklig zur Ebene des Fachwerks;

$M_{\mathrm{op},i,\mathrm{Ed}}$ das einwirkende Biegemoment rechtwinklig zur Ebene des Fachwerks.

Tabelle 7.2: Tragfähigkeit von geschweißten Anschlüssen von KHP-Streben an KHP-Gurtstäbe

Flanschversagen des Gurtstabs – T- und Y-Anschlüsse

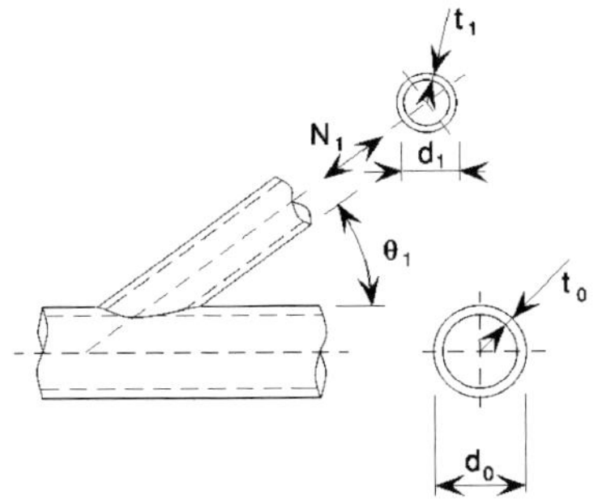

$$N_{1,\mathrm{Rd}} = \frac{\gamma^{0,2} k_\mathrm{p} f_{\mathrm{y}0} t_0^2}{\sin\theta_1}(2{,}8 + 14{,}2\beta^2) / \gamma_{\mathrm{M5}}$$

Flanschversagen des Gurtstabs – X-Anschlüsse

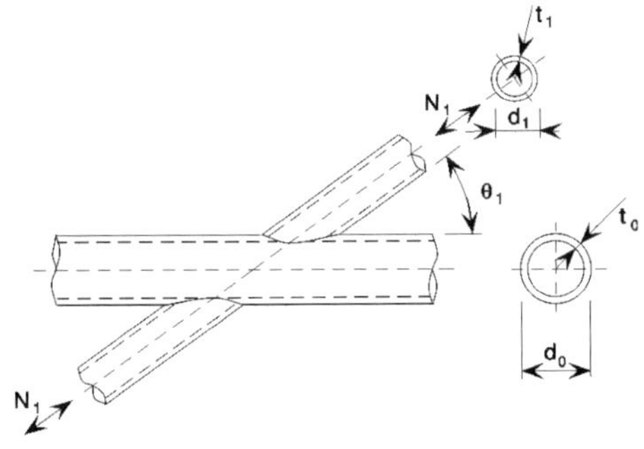

$$N_{1,\mathrm{Rd}} = \frac{k_\mathrm{p} f_{\mathrm{y}0} t_0^2}{\sin\theta_1} \frac{5{,}2}{(1-0{,}81\beta)} / \gamma_{\mathrm{M5}}$$

Flanschversagen des Gurtstabs – K- und N-Anschlüsse mit Spalt oder Überlappung

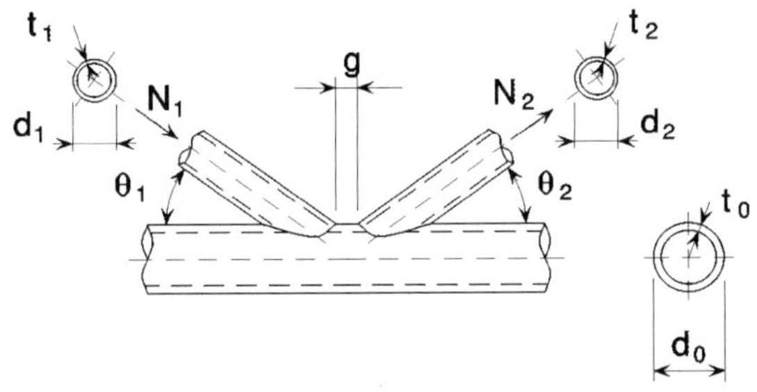

$$N_{1,\mathrm{Rd}} = \frac{k_\mathrm{g} k_\mathrm{p} f_{\mathrm{y}0} t_0^2}{\sin\theta_1}\left(1{,}8 + 10{,}2\frac{d_1}{d_0}\right) / \gamma_{\mathrm{M5}}$$

$$N_{2,\mathrm{Rd}} = \frac{\sin\theta_1}{\sin\theta_2} N_{1,\mathrm{Rd}}$$

Durchstanzen bei K-, N- und KT-Anschlüssen mit Spalt und T-, Y- und X-Anschlüssen
[i = 1, 2 oder 3]

Falls $d_i \leq d_0 - 2t_0$: $N_{i,\mathrm{Rd}} = \frac{f_{\mathrm{y}0}}{\sqrt{3}} t_0 \pi d_i \frac{1+\sin\theta_i}{2\sin^2\theta_i} / \gamma_{\mathrm{M5}}$

Beiwerte k_g und k_p

$$k_\mathrm{g} = \gamma^{0,2}\left(1 + \frac{0{,}024\gamma^{1,2}}{1+\exp(0{,}5g/t_0 - 1{,}33)}\right)$$ (siehe Bild 7.6)

Bei $n_\mathrm{p} > 0$ (Druck):	$k_\mathrm{p} = 1 - 0{,}3\, n_\mathrm{p}\,(1 + n_\mathrm{p})$	jedoch $k_\mathrm{p} \leq 1{,}0$
Bei $n_\mathrm{p} \leq 0$ (Zug):	$k_\mathrm{p} = 1{,}0$	

Tabelle 7.3: Tragfähigkeit von geschweißten Anschlüssen von Blechen an KHP-Bauteile

Flanschversagen des Gurtstabes	
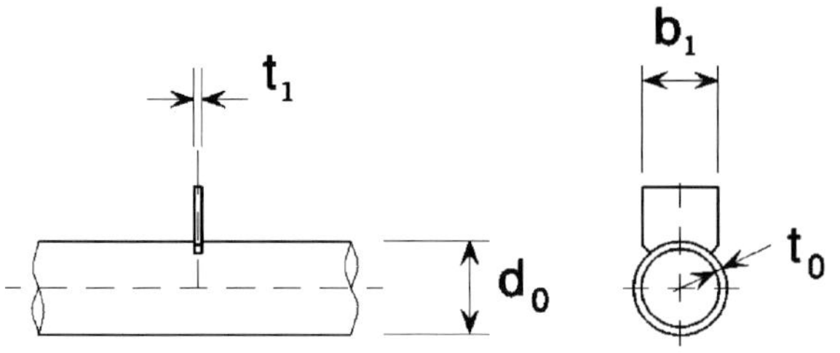	$N_{1,Rd} = k_p f_{y0} t_0^2 \left(4 + 20\beta^2\right) / \gamma_{M5}$ $M_{ip,1,Rd} = 0$ $M_{op,1,Rd} = 0{,}5\ b_1\ N_{1,Rd}$
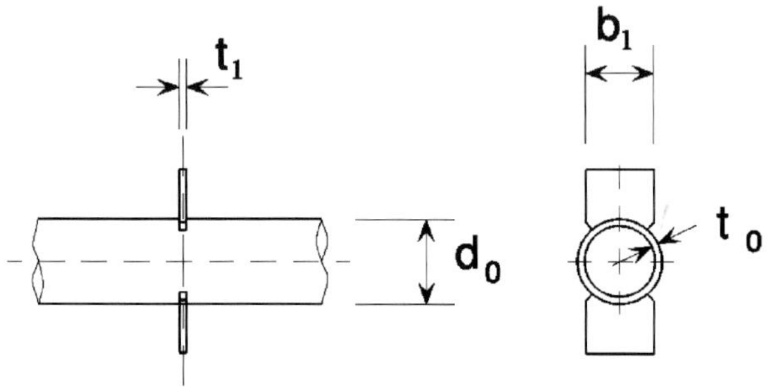	$N_{1,Rd} = \dfrac{5 k_p f_{y0} t_0^2}{1 - 0{,}81\beta} / \gamma_{M5}$ $M_{ip,1,Rd} = 0$ $M_{op,1,Rd} = 0{,}5\ b_1\ N_{1,Rd}$
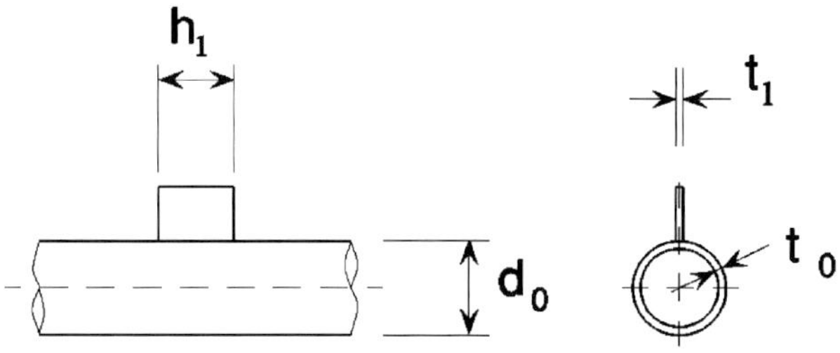	$N_{1,Rd} = 5 k_p f_{y0} t_0^2 \left(1 + 0{,}25\eta\right) / \gamma_{M5}$ $M_{ip,1,Rd} = h_1\ N_{1,Rd}$ $M_{op,1,Rd} = 0$
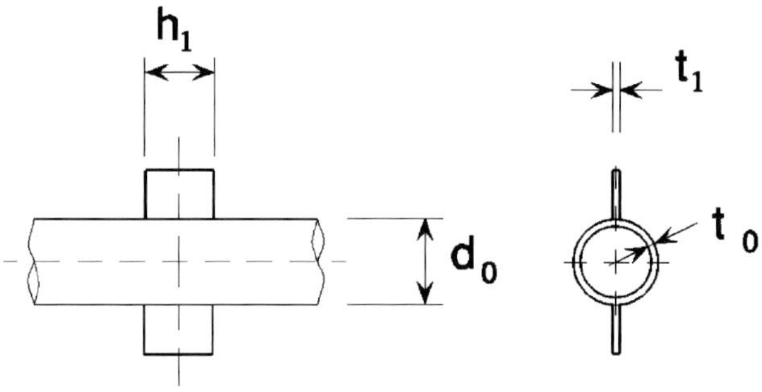	$N_{1,Rd} = 5 k_p f_{y0} t_0^2 \left(1 + 0{,}25\eta\right) / \gamma_{M5}$ $M_{ip,1,Rd} = h_1 N_{1,Rd}$ $M_{op,1,Rd} = 0$
Durchstanzen	
$\sigma_{max}\, t_1 = (N_{Ed}/A + M_{Ed}/W_{el}) t_1 \leq 2 t_0\, (f_{y0}/\sqrt{3}) / \gamma_{M5}$	
Gültigkeitsbereich	Beiwert k_p
Zusätzlich zu den Grenzen in Tabelle 7.1 gilt: $\beta \geq 0{,}4$ und $\eta \leq 4$ dabei ist $\beta = b_1/d_0$ und $\eta = h_1/d_0$	Für $n_p > 0$ (Druck): $k_p = 1 - 0{,}3\ n_p\ (1 + n_p)$ jedoch $k_p \leq 1{,}0$ Für $n_p \leq 0$ (Zug): $k_p = 1{,}0$

Tabelle 7.4: Tragfähigkeit von geschweißten Anschlüssen von I-, H- oder RHP-Streben an KHP-Gurtstäbe

Flanschversagen des Gurtstabs	
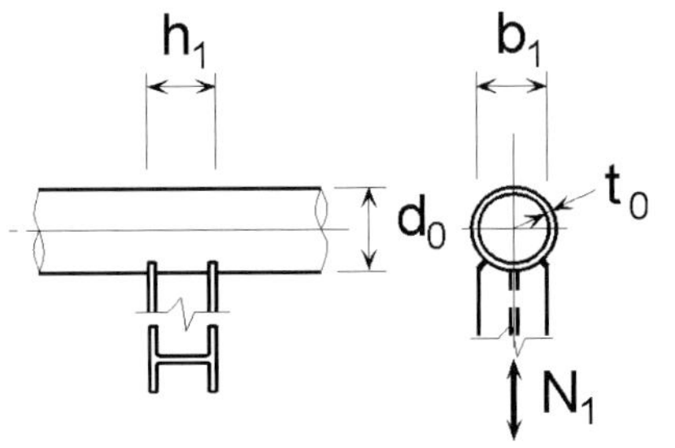	$N_{1,\mathrm{Rd}} = k_p f_{y0} t_0^2 (4 + 20\beta^2)(1 + 0{,}25\eta)/\gamma_{M5}$ $M_{ip,1,\mathrm{Rd}} = h_1 N_{1,\mathrm{Rd}}/(1 + 0{,}25\eta)$ $M_{op,1,\mathrm{Rd}} = 0{,}5\, b_1 N_{1,\mathrm{Rd}}$
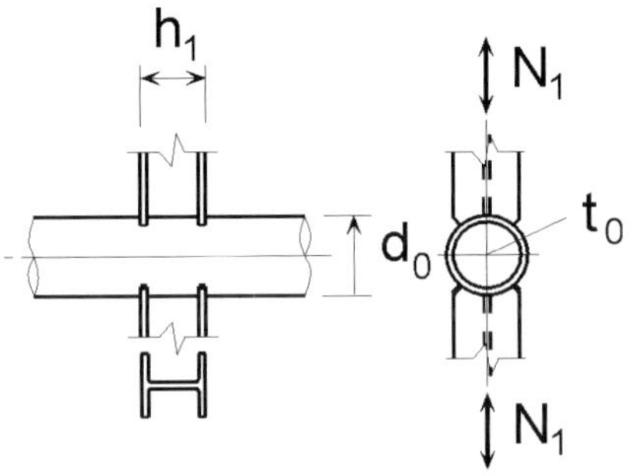	$N_{1,\mathrm{Rd}} = \dfrac{5 k_p f_{y0} t_0^2}{1 - 0{,}81\beta}(1 + 0{,}25\eta)/\gamma_{M5}$ $M_{ip,1,\mathrm{Rd}} = h_1 N_{1,\mathrm{Rd}}/(1 + 0{,}25\eta)$ $M_{op,1,\mathrm{Rd}} = 0{,}5\, b_1 N_{1,\mathrm{Rd}}$
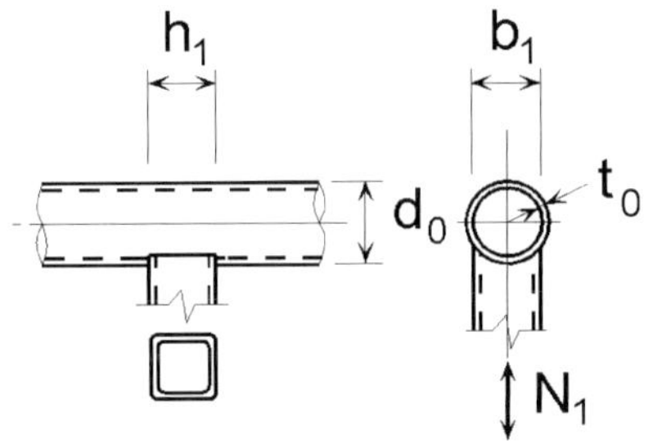	$N_{1,\mathrm{Rd}} = k_p f_{y0} t_0^2 (4 + 20\beta^2)(1 + 0{,}25\eta)/\gamma_{M5}$ $M_{ip,1,\mathrm{Rd}} = h_1 N_{1,\mathrm{Rd}}$ $M_{op,1,\mathrm{Rd}} = 0{,}5\, b_1 N_{1,\mathrm{Rd}}$
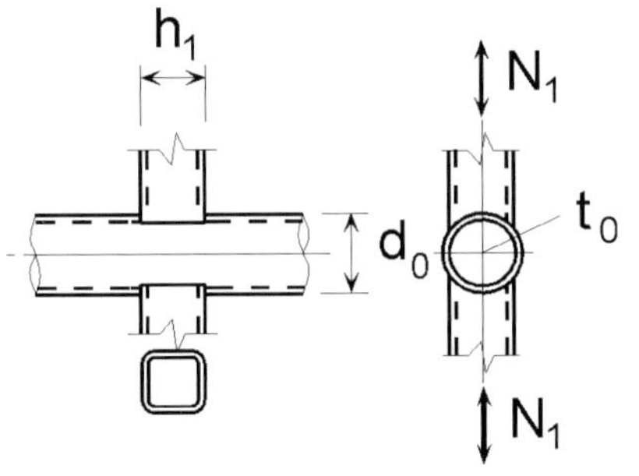	$N_{1,\mathrm{Rd}} = \dfrac{5 k_p f_{y0} t_0^2}{1 - 0{,}81\beta}(1 + 0{,}25\eta)/\gamma_{M5}$ $M_{ip,1,\mathrm{Rd}} = h_1 N_{1,\mathrm{Rd}}$ $M_{op,1,\mathrm{Rd}} = 0{,}5\, b_1 N_{1,\mathrm{Rd}}$
Durchstanzen	
I- oder H-Profile mit $\eta > 2$ (für axialen Druck und Biegung in versetzten Ebenen) und RHP-Profile: $\sigma_{max} t_1 = \left(N_{\mathrm{Ed},1} / A_1 + M_{\mathrm{Ed},1} / W_{el,1}\right) t_1 \le t_0 \left(f_{y0} / \sqrt{3}\right) / \gamma_{M5}$ Alle anderen Fälle: $\sigma_{max} t_1 = \left(N_{\mathrm{Ed},1} / A_1 + M_{\mathrm{Ed},1} / W_{el,1}\right) t_1 \le 2 t_0 \left(f_{y0} / \sqrt{3}\right) / \gamma_{M5}$ Dabei ist t_1 die Flansch- oder Wanddicke der I-, H- oder RHP-Querprofile	
Gültigkeitsbereich	**Beiwert k_p**
Zusätzlich zu den Grenzen in Tabelle 7.1 gilt: $\beta \ge 0{,}4$ und $\eta \le 4$ wobei $\beta = b_1/d_0$ und $\eta = h_1/d_0$	Für $n_p > 0$ (Druck): $k_p = 1 - 0{,}3\, n_p (1 + n_p)$ jedoch $k_p \le 1{,}0$ Für $n_p \le 0$ (Zug): $k_p = 1{,}0$

(3) Die einwirkende Schnittgröße $M_{i,\mathrm{Ed}}$ darf am Anschnitt der Strebe am Gurtstabflansch bestimmt werden.

(4) Die Biegetragfähigkeit $M_{i,\mathrm{Rd}}$ der Anschlüsse in Fachwerkebene und rechtwinklig dazu ist Tabelle 7.3, Tabelle 7.4 oder Tabelle 7.5 zu entnehmen.

(5) Bei speziellen geschweißten Anschlüssen, die in Tabelle 7.6 aufgeführt sind, sind in der Regel die dort angegebenen speziellen Bemessungskriterien zu erfüllen.

(6) Die Zahlenwerte des Beiwerts k_{g} für K-, N- und KT-Anschlüsse, siehe Tabelle 7.2, sind in Bild 7.6 angegeben. Der Beiwert k_{g} gilt für Anschlüsse mit Spalt und Überlappung, wobei negative Werte von g die Überlappungslänge q repräsentieren, siehe Bild 1.3 b).

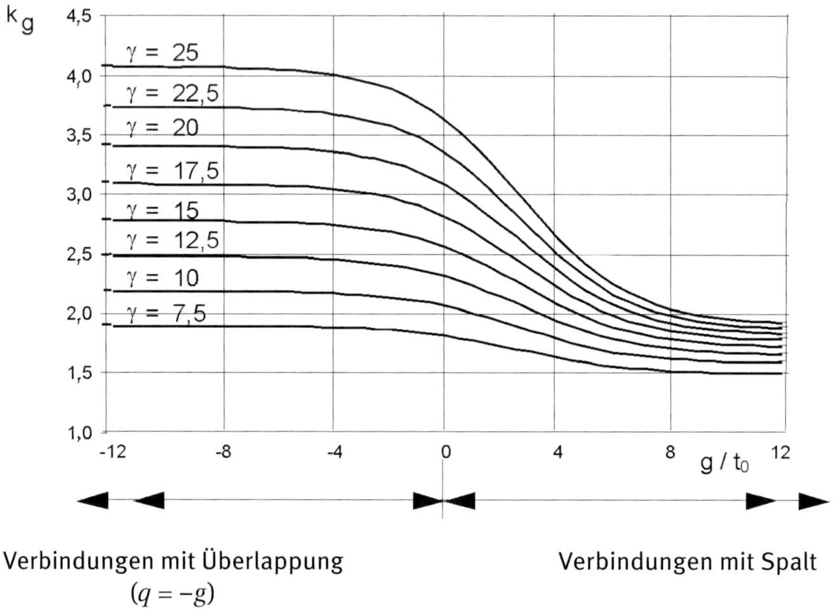

Bild 7.6: Werte für den Beiwert k_{g} zur Verwendung in Tabelle 7.2

Tabelle 7.5: Biegetragfähigkeit von geschweißten Anschlüssen von KHP-Streben an KHP-Gurtstäbe

Flanschversagen des Gurtstabs – T-, X- und Y-Anschlüsse

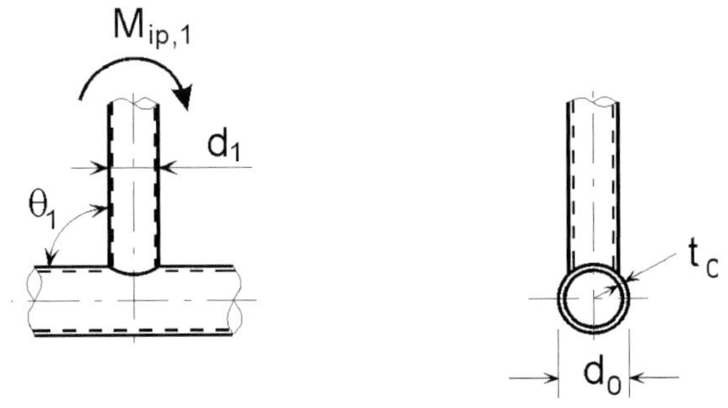

$$M_{\text{ip,1,Rd}} = 4{,}85 \frac{f_{\text{y0}}\, t_0^2\, d_1}{\sin\theta_1} \sqrt{\gamma}\beta k_{\text{p}} / \gamma_{\text{M5}}$$

Flanschversagen des Gurtstabs – K-, N-, T-, X- und Y-Anschlüsse

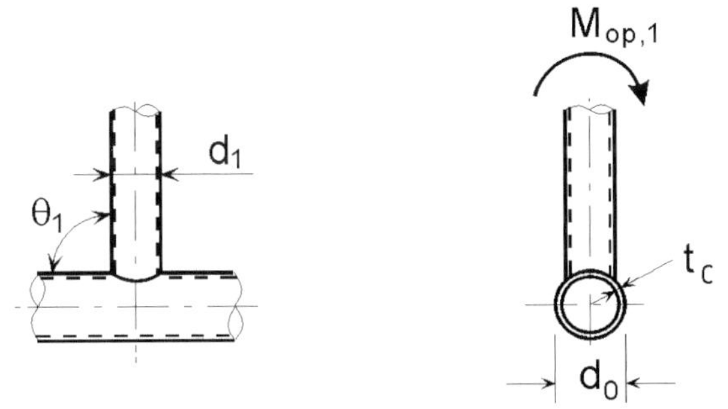

$$M_{\text{op,1,Rd}} = \frac{f_{\text{y0}}\, t_0^2\, d_1}{\sin\theta_1} \frac{2{,}7}{1 - 0{,}81\beta} k_{\text{p}} / \gamma_{\text{M5}}$$

Durchstanzen – K- und N-Anschlüsse mit Spalt und alle T-, X- und Y-Anschlüsse

Falls $d_1 \leq d_0 - 2t_0$:

$$M_{\text{ip,1,Rd}} = \frac{f_{\text{y0}}\, t_0\, d_1^2}{\sqrt{3}} \frac{1 + 3\sin\theta_1}{4\sin^2\theta_1} / \gamma_{\text{M5}}$$

$$M_{\text{op,1,Rd}} = \frac{f_{\text{y0}}\, t_0\, d_1^2}{\sqrt{3}} \frac{3 + \sin\theta_1}{4\sin^2\theta_1} / \gamma_{\text{M5}}$$

Beiwert k_{p}

Bei $n_{\text{p}} > 0$ (Druck): $k_{\text{p}} = 1 - 0{,}3\, n_{\text{p}}\,(1 + n_{\text{p}})$ jedoch $k_{\text{p}} \leq 1{,}0$
Bei $n_{\text{p}} \leq 0$ (Zug): $k_{\text{p}} = 1{,}0$

Tabelle 7.6: Bemessungskriterien für spezielle geschweißte Anschlüsse von KHP-Streben an KHP-Gurtstäbe

<table>
<tr><th>Anschlusstyp</th><th>Bemessungskriterien</th></tr>
<tr><td>Die Kräfte können sowohl Zug- als auch Druckkräfte sein, müssen jedoch in der Regel in beiden Streben in gleicher Richtung wirken.
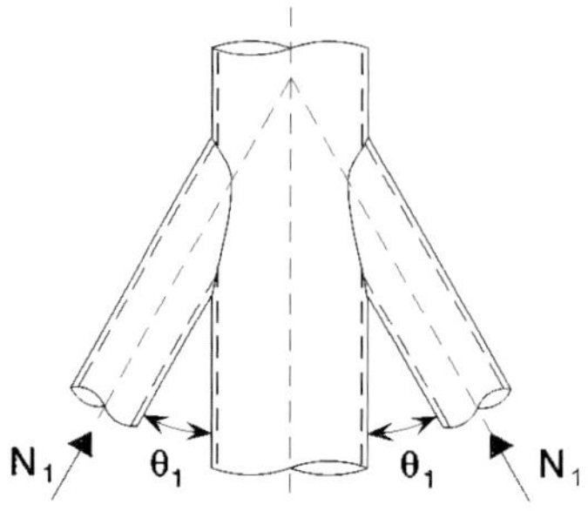
</td><td>$N_{1,\text{Ed}} \leq N_{1,\text{Rd}}$
wobei $N_{1,\text{Rd}}$ dem Wert $N_{1,\text{Rd}}$ für einen X-Anschluss nach Tabelle 7.2 entspricht.</td></tr>
<tr><td>In Strebe 1 immer Druckkraft und in Strebe 2 immer Zugkraft.
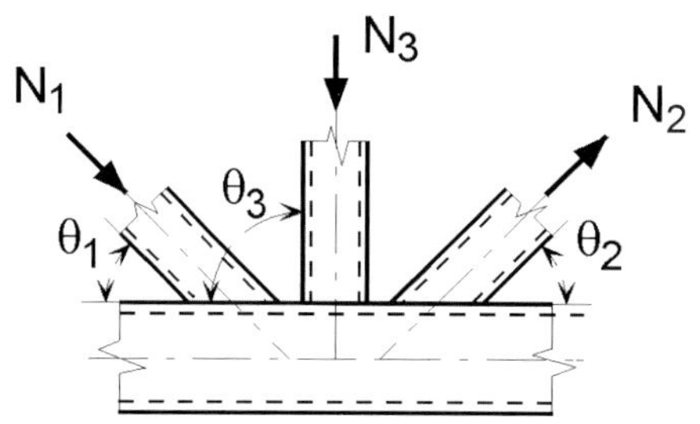
</td><td>$N_{1,\text{Ed}} \sin\theta_1 + N_{3,\text{Ed}} \sin\theta_3 \leq N_{1,\text{Rd}} \sin\theta_1$
$N_{2,\text{Ed}} \sin\theta_2 \leq N_{1,\text{Rd}} \sin\theta_1$
wobei $N_{1,\text{Rd}}$ dem Wert $N_{1,\text{Rd}}$ für einen K-Anschluss nach Tabelle 7.2 entspricht.
Dabei wird
$\frac{d_1}{d_0}$ durch $\frac{d_1 + d_2 + d_3}{3d_0}$ ersetzt.</td></tr>
<tr><td>In allen Streben entweder nur Druck oder nur Zug
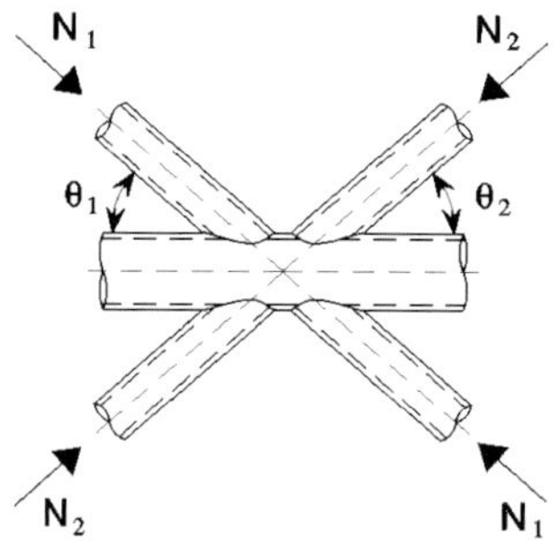
</td><td>$N_{1,\text{Ed}} \sin\theta_1 + N_{2,\text{Ed}} \sin\theta_2 \leq N_{x,\text{Rd}} \sin\theta_x$
wobei $N_{x,\text{Rd}}$ dem Wert $N_{x,\text{Rd}}$ für einen X-Anschluss nach Tabelle 7.2 entspricht,
wobei $N_{x,\text{Rd}} \sin\theta_x$ der größere der beiden folgenden Werte ist:
$|N_{1,\text{Rd}} \sin\theta_1|$ oder $|N_{2,\text{Rd}} \sin\theta_2|$</td></tr>
<tr><td>In Streben 1 und 3 hier Druckkraft und in Strebe 2 hier Zugkraft.
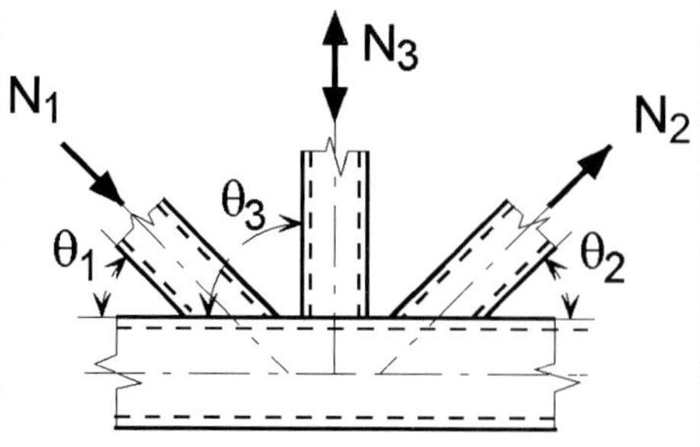
</td><td>$N_{i,\text{Ed}} \leq N_{i,\text{Rd}}$
wobei $N_{i,\text{Rd}}$ dem Wert $N_{i,\text{Rd}}$ für einen K-Anschluss nach Tabelle 7.2 entspricht, vorausgesetzt, dass für den Gurtstab im Schnitt 1-1 bei Anschlüssen mit Spalt gilt:
$\left[\frac{N_{0,\text{Ed}}}{N_{\text{pl},0,\text{Rd}}}\right]^2 + \left[\frac{V_{0,\text{Ed}}}{V_{\text{pl},0,\text{Rd}}}\right]^2 \leq 1{,}0$</td></tr>
</table>

Räumliche Anschlüsse 7.4.3

(1) In jeder maßgebenden Ebene eines räumlichen Anschlusses sind in der Regel die Bemessungskriterien in 7.4.2 unter Verwendung der verminderten Tragfähigkeiten nach 7.4.3(2) zu erfüllen.

(2) Die Tragfähigkeiten für jede maßgebende Ebene von räumlichen Anschlüssen sind mit Hilfe des maßgebenden Abminderungsbeiwerts μ aus Tabelle 7.7 zu bestimmen. Mit dem Abminderungsbeiwert μ wird die jeweilige Tragfähigkeit reduziert, die für den entsprechenden ebenen Anschluss nach 7.4.2 mit Hilfe des Beiwerts k_p für die zugehörige Gurtstabkraft berechnet worden ist.

Tabelle 7.7: Abminderungsbeiwerte für räumliche Anschlüsse

Anschlusstyp	**Abminderungsbeiwert** μ
TT-Anschluss	$60° \leq \varphi \leq 90°$
In Strebe 1 entweder Zugkraft oder Druckkraft 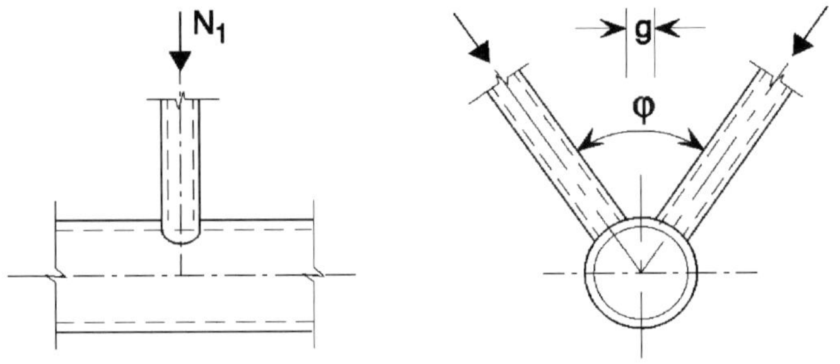	$\mu = 1{,}0$
XX-Anschluss	
In Strebe 1 und Strebe 2 entweder Zugkräfte oder Druckkräfte. Herrscht in einer Strebe Zug und in der anderen Druck, ist der Ausdruck für $N_{2,\mathrm{Ed}}/N_{1,\mathrm{Ed}}$ negativ. 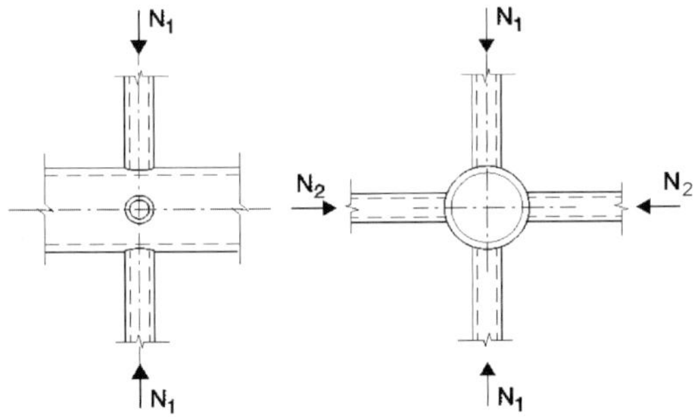	$\mu = 1 + 0{,}33\, N_{2,\mathrm{Ed}}/N_{1,\mathrm{Ed}}$ Die Vorzeichen von $N_{1,\mathrm{Ed}}$ und $N_{2,\mathrm{Ed}}$ sind zu berücksichtigen wobei $\lvert N_{2,\mathrm{Ed}}\rvert \leq \lvert N_{1,\mathrm{Ed}}\rvert$
KK-Anschluss	$60° \leq \varphi \leq 90°$
In Strebe 1 immer Druckkraft und in Strebe 2 immer Zugkraft. 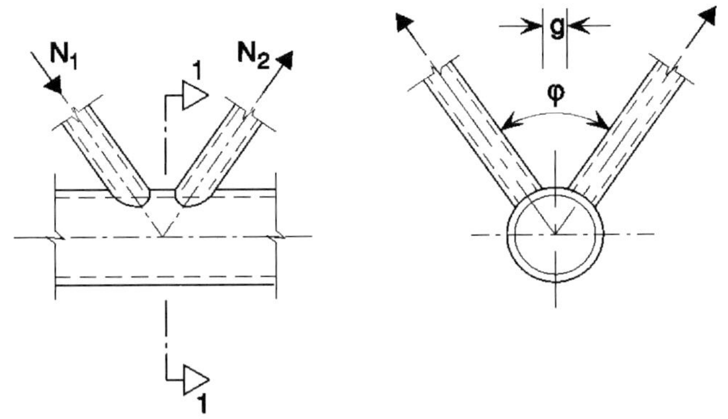	$\mu = 0{,}9$ vorausgesetzt, dass für den Gurtstab im Schnitt 1-1 bei Anschlüssen mit Spalt gilt: $\left[\dfrac{N_{0,\mathrm{Ed}}}{N_{\mathrm{pl,0,Rd}}}\right]^2 + \left[\dfrac{V_{0,\mathrm{Ed}}}{V_{\mathrm{pl,0,Rd}}}\right]^2 \leq 1{,}0$

7.5 Geschweißte Anschlüsse von KHP- oder RHP-Streben an RHP-Gurtstäbe

7.5.1 Allgemeines

(1) Liegen die geometrischen Abmessungen von Anschlüssen innerhalb des Gültigkeitsbereichs nach Tabelle 7.8, dürfen die Tragfähigkeiten von geschweißten Anschlüssen von Hohlprofilstreben an RHP-Gurtstäbe nach 7.5.2 und 7.5.3 bestimmt werden.

(2) Liegen die geschweißten Anschlüsse innerhalb des Gültigkeitsbereichs nach Tabelle 7.8, brauchen nur die in den Tabellen angegebenen Bemessungskriterien beachtet zu werden. Die Tragfähigkeit eines Anschlusses ist durch den kleinsten Wert definiert.

(3) Bei geschweißten Anschlüssen außerhalb des Gültigkeitsbereichs nach Tabelle 7.8 sollten alle Versagensformen untersucht werden, die in 7.2.2 aufgelistet sind. Zusätzlich sollten in diesem Falle bei der Bemessung der Anschlüsse die Sekundärmomente, die sich aus ihrer Rotationssteifigkeit ergeben, berücksichtigt werden.

Tabelle 7.8: Gültigkeitsbereich für geschweißte Anschlüsse von KHP- oder RHP-Streben an RHP-Gurtstäbe

<table>
<tr><th rowspan="3">Anschlusstyp</th><th colspan="6">Anschlussparameter [i = 1 oder 2, j = überlappte Strebe]</th></tr>
<tr><th rowspan="2">b_i/b_0
oder
d_i/b_0</th><th colspan="2">b_i/t_i und h_i/t_i
oder d_i/t_i</th><th rowspan="2">h_0/b_0
und
h_i/b_i</th><th rowspan="2">b_0/t_0
und
h_0/t_0</th><th rowspan="2">Spalt oder Überlappung
b_i/b_j</th></tr>
<tr><th>Druck</th><th>Zug</th></tr>
<tr><td>T, Y oder X</td><td>$b_i/b_0 \geq 0{,}25$</td><td rowspan="2">$b_i/t_i \leq 35$
und
$h_i/t_i \leq 35$
und
Klasse 1
oder 2</td><td rowspan="3">b_i/t_i
≤ 35
und
h_i/t_i
≤ 35</td><td rowspan="3">$\geq 0{,}5$
jedoch
$\leq 2{,}0$</td><td>≤ 35
und
Klasse 1 oder 2</td><td>–</td></tr>
<tr><td>K-Spalt
N-Spalt</td><td>$b_i/b_0 \geq 0{,}35$
und
$\geq 0{,}1 + 0{,}01\ b_0/t_0$</td><td>$\leq 35$
und
Klasse 1 oder 2</td><td>$g/b_0 \geq 0{,}5(1-\beta)$
jedoch $\leq 1{,}5(1-\beta)$[a]
und mindestens
$g \geq t_1 + t_2$</td></tr>
<tr><td>K-Überlappung
N-Überlappung</td><td>$b_i/b_0 \geq 0{,}25$</td><td>Klasse 1</td><td>Klasse 1 oder 2</td><td>$25\ \% \leq \lambda_{ov} \leq \lambda_{ov,lim}$[b]
$b_i/b_j \leq 0{,}75$</td></tr>
<tr><td>KHP-Strebe</td><td>$d_i/b_0 \geq 0{,}4$
jedoch $\leq 0{,}8$</td><td>Klasse 1</td><td>d_i/t_i
≤ 50</td><td colspan="3">Wie oben, jedoch mit d_i anstatt b_i
und d_j anstatt b_j</td></tr>
</table>

[a] Falls $g/b_0 > 1{,}5(1-\beta)$ und $g > t_1 + t_2$ ist der Anschluss wie zwei getrennte T- oder Y-Anschlüsse zu behandeln.

[b] $\lambda_{ov,lim} = 60\ \%$ falls die verdeckte Naht nicht geschweißt ist und 80 % wenn die verdeckte Naht geschweißt ist. Falls die Überlappung $\lambda_{ov,lim}$ überschreitet oder wenn die Streben rechteckige Profile mit $h_i < b_i$ und/oder $h_j < b_j$ sind, muss die Verbindung zwischen den Streben und der Oberfläche des Gurtstabes auf Abscherung überprüft werden.

7.5.2 Ebene Anschlüsse

7.5.2.1 Unverstärkte Anschlüsse

(1) Werden die Streben an den Anschlüssen nur durch Längskräfte beansprucht, dürfen die Bemessungswerte der einwirkenden Schnittgrößen $N_{i,\mathrm{Ed}}$ die Bemessungswerte der Tragfähigkeiten $N_{i,\mathrm{Rd}}$, die aus 7.5.2.1(2) oder 7.5.2.1(4) ermittelt werden, nicht überschreiten.

(2) Liegen die geometrischen Abmessungen von geschweißten Anschlüssen von quadratischen Hohlprofilstreben oder KHP-Streben an quadratische Hohlprofil-Gurtstäbe innerhalb des Gültigkeitsbereichs nach Tabelle 7.8 und werden die zusätzlichen Bedingungen von Tabelle 7.9 erfüllt, können die Tragfähigkeiten mit den Gleichungen der Tabelle 7.10 bestimmt werden.

(3) Liegen die geschweißten Anschlüsse innerhalb des Gültigkeitsbereichs nach Tabelle 7.9, brauchen nur Flanschversagen des Gurtstabes und Versagen der Strebe mit reduzierter wirk-

samer Breite betrachtet zu werden. Als Tragfähigkeit ist in der Regel der kleinere von beiden Werte zu verwenden.

ANMERKUNG Bei der Bestimmung der Tragfähigkeit von geschweißten Anschlüssen von Hohlprofilstreben an quadratische Hohlprofil-Gurtstäbe in Tabelle 7.10 werden alle Bemessungskriterien weggelassen, die innerhalb des Gültigkeitsbereichs nach Tabelle 7.9 nicht maßgebend sind.

(4) Liegen unverstärkte geschweißte Anschlüsse von KHP- oder RHP-Streben an RHP-Gurtstäbe innerhalb des Gültigkeitsbereichs nach Tabelle 7.8, können die Tragfähigkeiten unter Verwendung der Gleichungen in Tabelle 7.11, Tabelle 7.12 oder Tabelle 7.13 ermittelt werden. Zu verstärkten Anschlüssen siehe 7.5.2.2.

Tabelle 7.9: Zusätzliche Bedingungen für die Verwendung von Tabelle 7.10

Querschnitt der Strebe	Anschlusstyp	Anschlussparameter	
Quadratisches Hohlprofil	T, Y oder X	$b_i / b_0 \leq 0{,}85$	$b_0/t_0 \geq 10$
	K-Spalt oder N-Spalt	$0{,}6 \leq \frac{b_1 + b_2}{2b_1} \leq 1{,}3$	$b_0/t_0 \geq 15$
KHP	T, Y oder X		$b_0/t_0 \geq 10$
	K-Spalt oder N-Spalt	$0{,}6 \leq \frac{d_1 + d_2}{2d_1} \leq 1{,}3$	$b_0/t_0 \geq 15$

Tabelle 7.10: Tragfähigkeit von geschweißten Anschlüssen mit quadratischen Hohlprofilen oder KHP

Anschlusstyp	**Tragfähigkeit** [$i = 1$ oder 2, j = überlappte Strebe]
T-, Y- und X-Anschlüsse	**Flanschversagen des Gurtstabs** $\beta \leq 0{,}85$
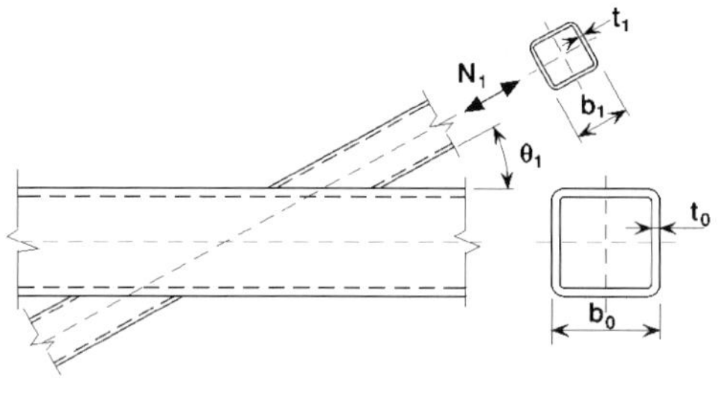	$N_{1,\text{Rd}} = \dfrac{k_\text{n} f_{\text{y}0} t_0^2}{(1-\beta)\sin\theta_1}\left(\dfrac{2\beta}{\sin\theta_1} + 4\sqrt{1-\beta}\right) / \gamma_{\text{M5}}$
K- und N-Anschlüsse mit Spalt	**Flanschversagen des Gurtstabs** $\beta \leq 1{,}0$
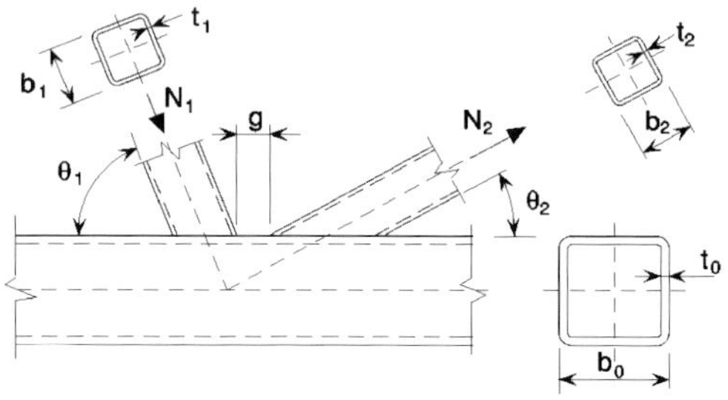	$N_{i,\text{Rd}} = \dfrac{8{,}9\gamma^{0{,}5} k_\text{n} f_{\text{y}0} t_0^2}{\sin\theta_i}\left(\dfrac{b_1 + b_2}{2b_0}\right) / \gamma_{\text{M5}}$
K- und N-Anschlüsse mit Überlappung[a]	**Versagen der Strebe** $25\,\% \leq \lambda_\text{ov} < 50\,\%$
In Strebe i Druckkraft und in Strebe j Zugkraft oder umgekehrt. 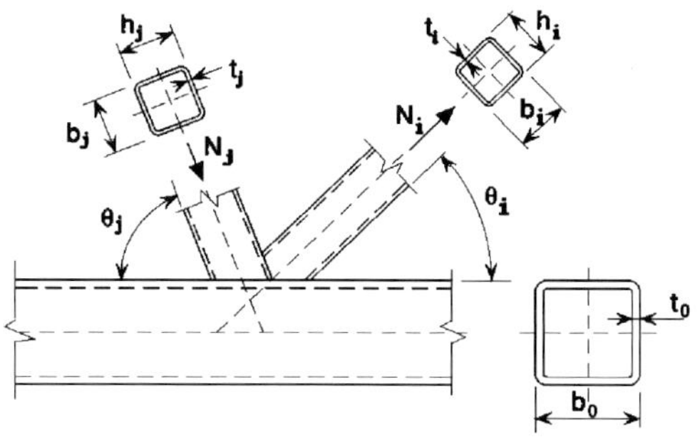	$N_{i,\text{Rd}} = f_{\text{y}i} t_i \left(b_\text{eff} + b_\text{e,ov} + 2h_i \dfrac{\lambda_\text{ov}}{50} - 4t_i\right) / \gamma_{\text{M5}}$ Versagen der Strebe $50\,\% \leq \lambda_\text{ov} < 80\,\%$ $N_{i,\text{Rd}} = f_{\text{y}i} t_i [b_\text{eff} + b_\text{e,ov} + 2h_i - 4t_i] / \gamma_{\text{M5}}$ Versagen der Strebe $\lambda_\text{ov} \geq 80\,\%$ $N_{i,\text{Rd}} = f_{\text{y}i} t_i [b_i + b_\text{e,ov} + 2h_i - 4t_i] / \gamma_{\text{M5}}$
Parameter b_eff, $b_\text{e,ov}$ und k_n	
$b_\text{eff} = \dfrac{10}{b_0 / t_0} \dfrac{f_{\text{y}0} t_0}{f_{\text{y}i} t_i} b_i$ jedoch $b_\text{eff} \leq b_i$	Für $n > 0$ (Druck): $k_\text{n} = 1{,}3 - \dfrac{0{,}4n}{\beta}$ jedoch $k_\text{n} \leq 1{,}0$
$b_\text{e,ov} = \dfrac{10}{b_j / t_j} \dfrac{f_{\text{y}j} t_j}{f_{\text{y}i} t_i} b_i$ jedoch $b_\text{e,ov} \leq b_i$	Für $n \leq 0$ (Zug): $k_\text{n} = 1{,}0$
Bei KHP-Streben sind die obigen Grenzwerte mit $\pi/4$ zu multiplizieren und b_1 und h_1 durch d_1 und b_2 sowie h_2 durch d_2 zu ersetzen.	

[a] Nur die überlappte Strebe i braucht nachgewiesen zu werden. Der Ausnutzungsgrad (d. h. die Tragfähigkeit des Anschlusses dividiert durch die plastische Beanspruchbarkeit der Strebe) der überlappenden Strebe j ist in der Regel mit dem Ausnutzungsgrad der überlappenden Strebe gleichzusetzen. Siehe auch Tabelle 7.8.

Tabelle 7.11: Tragfähigkeit von geschweißten T-, X- und Y-Anschlüssen von RHP- oder KHP-Streben an RHP-Gurtstäbe

Anschlusstyp	Tragfähigkeit
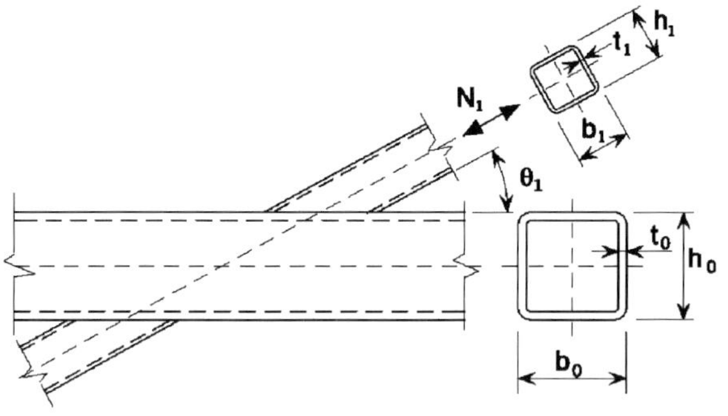	Flanschversagen des Gurtstabs $\beta \leq 0{,}85$
	$N_{1,Rd} = \frac{k_n f_{y0} t_0^2}{(1-\beta)\sin\theta_1}\left(\frac{2\eta}{\sin\theta_1} + 4\sqrt{1-\beta}\right)/\gamma_{M5}$
	Seitenwandversagen des Gurtstabs[a] $\beta = 1{,}0$ [b]
	$N_{1,Rd} = \frac{k_n f_b t_0}{\sin\theta_1}\left(\frac{2h_1}{\sin\theta_1} + 10t_0\right)/\gamma_{M5}$
	Versagen der Strebe $\beta \geq 0{,}85$
	$N_{1,Rd} = f_{yi} t_1 (2h_1 - 4t_1 + 2b_{eff})/\gamma_{M5}$
	Durchstanzen $0{,}85 \leq \beta \leq (1 - 1/\gamma)$
	$N_{1,Rd} = \frac{f_{y0} t_0}{\sqrt{3}\sin\theta_1}\left(\frac{2h_1}{\sin\theta_1} + 2b_{e,p}\right)/\gamma_{M5}$

[a] Bei X-Anschlüssen mit $\cos\theta_1 > h_1/h_0$ ist das Minimum von diesem Wert und der Schubtragfähigkeit der Gurtstabseitenwände für K- und N-Anschlüsse mit Spalt nach Tabelle 7.12 anzusetzen.

[b] Bei $0{,}85 \leq \beta \leq 1{,}0$ wird zwischen den Werten für Flanschversagen des Gurtstabes mit $\beta = 0{,}85$ und für Seitenwandversagen des Gurtstabes (Beulen der Seitenwand oder Schubversagen) mit $\beta = 1{,}0$ linear interpoliert.

Bei KHP-Streben sind die obigen Grenzwerte mit $\pi/4$ zu multiplizieren und b_1 und h_1 ist durch d_1 und b_2 sowie h_2 durch d_2 zu ersetzen.

Für Zug: $f_b = f_{y0}$	$b_{eff} = \frac{10}{b_0/t_0}\frac{f_{y0}t_0}{f_{yi}t_1}b_1$ jedoch $b_{eff} \leq b_1$
Für Druck: $f_b = \chi f_{y0}$ (T- und Y-Anschlüsse); $f_b = 0{,}8\,\chi f_{y0} \sin\theta_1$ (X-Anschlüsse)	$b_{e,p} = \frac{10}{b_0/t_0}b_1$ jedoch $b_{e,p} \leq b_1$
Dabei ist χ der Abminderungsbeiwert nach der maßgebenden Knickkurve für Biegeknicken nach EN 1993-1-1 und einem normalisierten Schlankheitsgrad $\bar{\lambda}$, der wie folgt berechnet wird: $\bar{\lambda} = 3{,}46\frac{\left(\frac{h_0}{t_0} - 2\right)\sqrt{\frac{1}{\sin\theta_1}}}{\pi\sqrt{\frac{E}{f_{y0}}}}$	Für $n > 0$ (Druck): $k_n = 1{,}3 - \frac{0{,}4n}{\beta}$ jedoch $k_n \leq 1{,}0$; Für $n \leq 0$ (Zug): $k_n = 1{,}0$

Tabelle 7.12: Tragfähigkeit von geschweißten K- und N-Anschlüssen von RHP- oder KHP-Streben an RHP-Gurtstäbe

<table>
<tr><th>Anschlusstyp</th><th>Tragfähigkeit [i = 1 oder 2]</th></tr>
<tr><td>K- und N-Anschlüsse mit Spalt</td><td>Flanschversagen des Gurtstabs</td></tr>
<tr><td rowspan="9">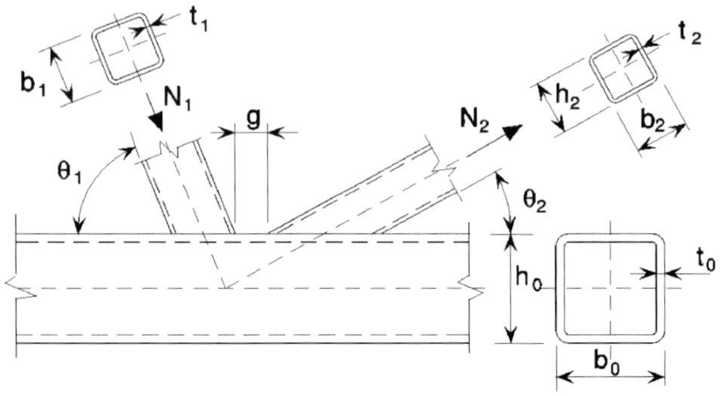</td><td>$N_{i,\mathrm{Rd}} = \frac{8{,}9 k_n f_{y0} t_0^2 \sqrt{\gamma}}{\sin\theta_i}\left(\frac{b_1 + b_2 + h_1 + h_2}{4 b_0}\right) / \gamma_{M5}$</td></tr>
<tr><td>Schubversagen des Gurtstabs</td></tr>
<tr><td>$N_{i,\mathrm{Rd}} = \frac{f_{y0} A_v}{\sqrt{3}\sin\theta_i} / \gamma_{M5}$
$N_{0,\mathrm{Rd}} = \left[(A_0 - A_v) f_{y0} + A_v f_{y0} \sqrt{1 - (V_{Ed} / V_{pl,Rd})^2}\right] / \gamma_{M5}$</td></tr>
<tr><td>Versagen der Strebe</td></tr>
<tr><td>$N_{i,\mathrm{Rd}} = f_{yi}\, t_i\, (2h_i - 4t_i + b_i + b_{\mathrm{eff}}) / \gamma_{M5}$</td></tr>
<tr><td>Durchstanzen $\beta \leq (1 - 1/\gamma)$</td></tr>
<tr><td>$N_{i,\mathrm{Rd}} = \frac{f_{y0}\, t_0}{\sqrt{3}\sin\theta_i}\left(\frac{2h_i}{\sin\theta_i} + b_i + b_{e,p}\right) / \gamma_{M5}$</td></tr>
<tr><td>K- und N-Anschlüsse mit Überlappung</td><td>Wie in Tabelle 7.10.</td></tr>
<tr><td colspan="2">Bei KHP-Streben sind die obigen Grenzwerte mit π/4 zu multiplizieren und b_1 und h_1 ist durch d_1 und b_2 sowie h_2 durch d_2, außer bei Schubversagen des Gurtstabes zu ersetzen.</td></tr>
<tr><td rowspan="3">$A_v = (2h_0 + \alpha b_0) t_0$
Für eine RHP-Strebe: $\alpha = \sqrt{\frac{1}{1 + \frac{4g^2}{3t_0^2}}}$
wobei g die Spaltbreite ist, siehe Bild 1.3 a).
Für KHP-Streben: $\alpha = 0$</td><td>$b_{\mathrm{eff}} = \frac{10}{b_0 / t_0} \frac{f_{y0} t_0}{f_{yi} t_i} b_i$ jedoch $b_{\mathrm{eff}} \leq b_i$</td></tr>
<tr><td>$b_{e,p} = \frac{10}{b_0 / t_0} b_i$ jedoch $b_{e,p} \leq b_i$</td></tr>
<tr><td>Für $n > 0$ (Druck): $k_n = 1{,}3 - \frac{0{,}4n}{\beta}$
jedoch $k_n \leq 1{,}0$
Für $n \leq 0$ (Zug): $k_n = 1{,}0$</td></tr>
</table>

Tabelle 7.13: Tragfähigkeit von geschweißten Anschlüssen von Blechen oder von I- oder H-Profilstreben an RHP-Gurtstäbe

Querblech	**Flanschversagen des Gurtstabs** $\beta \leq 0{,}85$
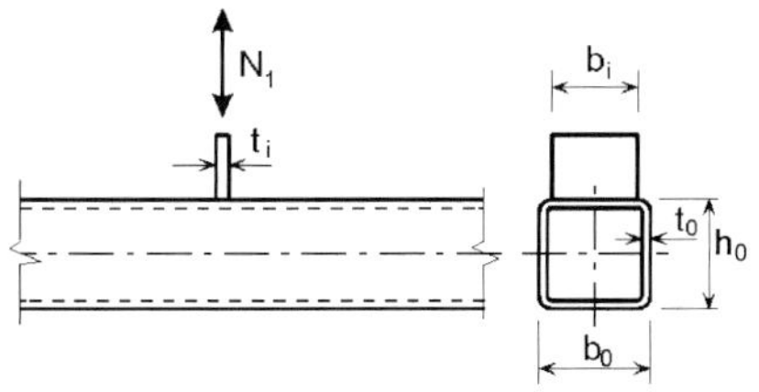	$N_{1,\mathrm{Rd}} = k_n f_{y0} t_0^2 \dfrac{2+2{,}8\beta}{\sqrt{1-0{,}9\beta}} / \gamma_{M5}$ [a]
	Seitenwandversagen des Gurtstabs (plast. Stauchen) für $b_1 \geq b_0 - 2t_0$
	$N_{1,\mathrm{Rd}} = k_n f_{y0}\, t_0\,(2t_1 + 10t_0)/\gamma_{M5}$
	Durchstanzen für $b_1 \leq b_0 - 2t_0$
	$N_{1,\mathrm{Rd}} = \dfrac{f_{y0} t_0}{\sqrt{3}}\left(2t_1 + 2b_{e,p}\right) / \gamma_{M5}$
Längsblech	**Flanschversagen des Gurtstabs**
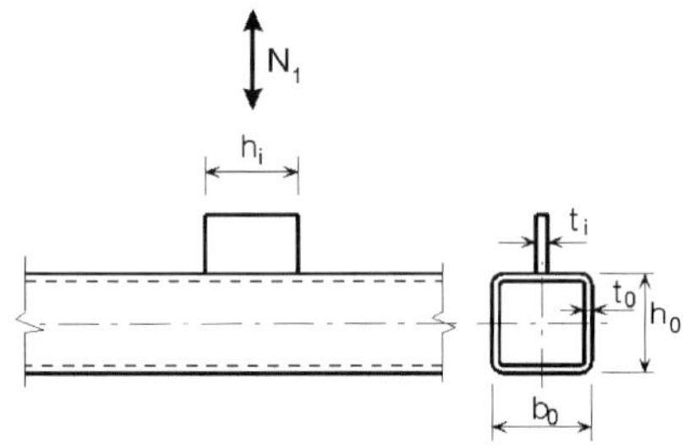 $t_1/b_0 \leq 0{,}2$	$N_{1,\mathrm{Rd}} = \dfrac{k_m f_{y0}\, t_0^2}{\gamma_{M5}}\left(2h_1 / b_0 + 4\sqrt{1-t_1/b_0}\right)$
I- oder H-Profil	
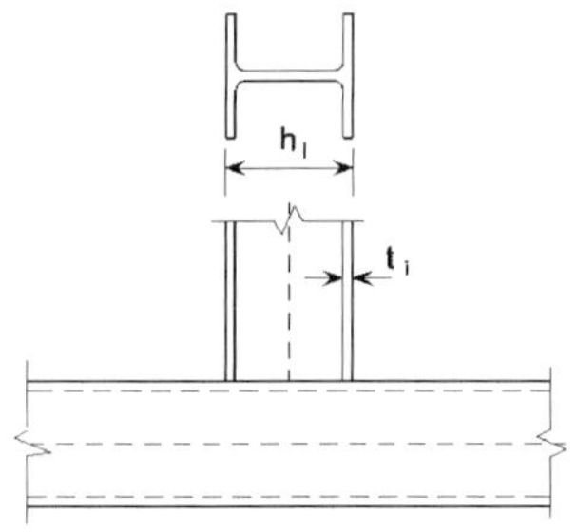	Falls $\eta \geq 2\sqrt{1-\beta}$ kann bei I- oder H-Profilen $N_{1,\mathrm{Rd}}$ auf der sicheren Seite liegend mit Hilfe der Formeln für zwei Querbleche (siehe oben) bestimmt werden, die die gleichen Abmessungen wie die Flansche der I- oder H-Profile haben. Falls $\eta < 2\sqrt{1-\beta}$ sollte $N_{1,\mathrm{Rd}}$ zwischen den Werten für ein Querblech und für zwei Querbleche interpoliert werden. $M_{ip,1,\mathrm{Rd}} = N_{1,\mathrm{Rd}}\,(h_1 - t_1)$ $N_{1,\mathrm{Rd}}$ die Leistung eines Flansches; β das Verhältnis der Breite des Flansches der I- oder H-Profilstreben und der Breite des RHP-Gurtstabes.
Gültigkeitsbereich	
Zusätzlich zu den Grenzen in Tabelle 7.8 gilt: $0{,}5 \leq \beta \leq 1{,}0$ $b_0/t_0 \leq 30$	
Parameter b_{eff}, $b_{e,p}$ und k_m	
$b_{\mathrm{eff}} = \dfrac{10}{b_0/t_0}\dfrac{f_{y0} t_0}{f_{y1} t_1} b_1$ jedoch $b_{\mathrm{eff}} \leq b_i$	Für $n > 0$ (Druck): $k_m = 1{,}3(1-n)$ jedoch $k_m \leq 1{,}0$
$b_{e,p} = \dfrac{10}{b_0/t_0} b_1$ jedoch $b_{e,p} \leq b_i$	Für $n \leq 0$ (Zug): $k_m = 1{,}0$

[a] Kehlnahtverbindungen sollten nach 4.10 bemessen werden.

(5) Werden die Streben an den Anschlüssen durch Biegemomente und Längskräfte beansprucht, ist in der Regel folgende Bedingung zu erfüllen:

$$\frac{N_{i,\mathrm{Ed}}}{N_{i,\mathrm{Rd}}}+\frac{M_{\mathrm{ip},i,\mathrm{Ed}}}{M_{\mathrm{ip},i,\mathrm{Rd}}}+\frac{M_{\mathrm{op},i,\mathrm{Ed}}}{M_{\mathrm{op},i,\mathrm{Rd}}}\leq 1{,}0 \tag{7.4}$$

Dabei ist

$M_{\mathrm{ip},i,\mathrm{Rd}}$ die Momententragfähigkeit des Anschlusses in der Ebene des Fachwerks;

$M_{\mathrm{ip},i,\mathrm{Ed}}$ das einwirkende Biegemoment in der Ebene des Fachwerks;

$M_{\mathrm{op},i,\mathrm{Rd}}$ die Momententragfähigkeit des Anschlusses rechtwinklig zur Ebene des Fachwerks;

$M_{\mathrm{op},i,\mathrm{Ed}}$ das einwirkende Biegemoment rechtwinklig zur Ebene des Fachwerks.

(6) Die einwirkende Schnittgröße $M_{i,\mathrm{Ed}}$ darf am Anschnitt der Strebe am Gurtstabflansch bestimmt werden.

(7) Bei unverstärkten Anschlüssen sind in der Regel die Momententragfähigkeiten $M_{i,\mathrm{Rd}}$ in Fachwerkebene und rechtwinklig dazu nach Tabelle 7.13 oder Tabelle 7.14 zu ermitteln. Zu verstärkten Anschlüssen siehe 7.5.2.2.

(8) Bei speziellen geschweißten Anschlüssen, die in Tabelle 7.15 und Tabelle 7.16 aufgeführt sind, sind in der Regel die dort angegebenen Bemessungskriterien zu erfüllen.

7.5.2.2 Verstärkte Anschlüsse

(1) Geschweißte Anschlüsse können auf verschiedene Arten verstärkt werden. Die angemessene Verstärkungsart hängt von der maßgebenden Versagensform ohne Verstärkung ab.

(2) Durch Gurtlamellen auf den Gurtstabflanschen können die Tragfähigkeiten für Versagen des Gurtstabflansches, Durchstanzen oder Versagen der Strebe durch reduzierte wirksame Breite vergrößert werden.

(3) Paarweise angeordnete Seitenlamellen können die Tragfähigkeit für Versagen der Seitenwände des Gurtstabes oder Schubversagen des Gurtstabes vergrößern.

(4) Um Teilüberlappung der Streben in K- oder N-Anschlüssen zu vermeiden, können die Streben an eine Quersteife angeschweißt werden.

(5) Jede mögliche Kombination dieser Verstärkungsarten ist möglich.

(6) Die Stahlgüte der Verstärkungen sollte nicht geringer sein als die des Gurtstabes.

(7) Die Tragfähigkeiten von verstärkten Anschlüssen sind mit Hilfe der Tabelle 7.17 und Tabelle 7.18 zu bestimmen.

Tabelle 7.14: Biegetragfähigkeit von geschweißten Anschlüssen von RHP-Streben an RHP-Gurtstäbe

T- und X-Anschlüsse	Biegetragfähigkeit
Moment in der Ebene des Fachwerks ($\theta = 90°$)	Flanschversagen des Gurtstabs $\beta \leq 0{,}85$
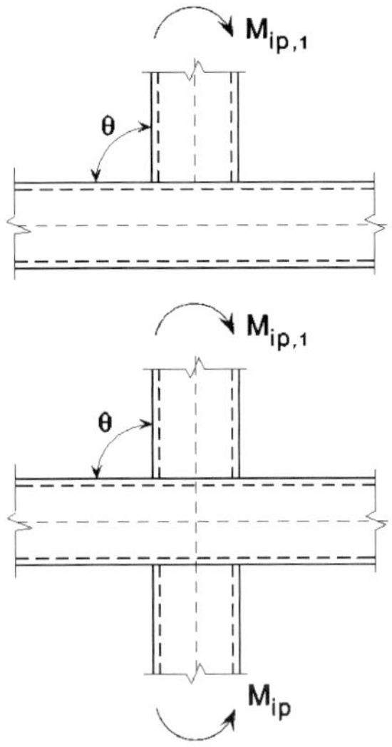	$M_{ip,1,Rd} = k_n f_{y0} t_0^2 h_1 \left(\frac{1}{2\eta} + \frac{2}{\sqrt{1-\beta}} + \frac{\eta}{1-\beta} \right) / \gamma_{M5}$
	Seitenwandversagen des Gurtstabs (plast. Stauchen) $0{,}85 < \beta \leq 1{,}0$
	$M_{ip,1,Rd} = 0{,}5\, f_{yk}\, t_0 (h_1 + 5t_0)_2 / \gamma_{M5}$ $f_{yk} = f_{y0}$ für T-Anschlüsse $f_{yk} = 0{,}8\, f_{y0}$ für X-Anschlüsse
	Versagen der Strebe $0{,}85 < \beta \leq 1{,}0$
	$M_{ip,1,Rd} = f_{y1} \left(W_{pl,1} - (1 - b_{eff} / b_1) b_1 (h_1 - t_1) t_1 \right) / \gamma_{M5}$
Moment rechtwinklig zur Ebene des Fachwerks ($\theta = 90°$)	Flanschversagen des Gurtstabs $\beta \leq 0{,}85$
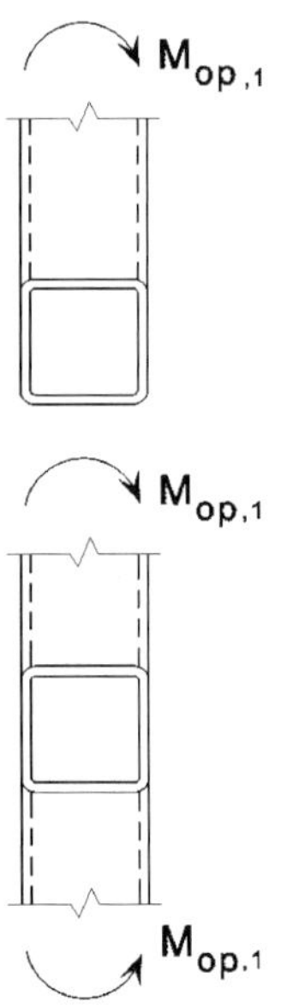	$M_{op,1,Rd} = k_n f_{y0} t_0^2 \left(\frac{h_1 (1+\beta)}{2(1-\beta)} + \sqrt{\frac{2 b_0 b_1 (1+\beta)}{1-\beta}} \right) / \gamma_{M5}$
	Seitenwandversagen des Gurtstabs (plast. Stauchen) $0{,}85 < \beta \leq 1{,}0$
	$M_{op,1,Rd} = f_{yk}\, t_0 (b_0 - t_0)\, (h_1 + 5t_0) / \gamma_{M5}$ $f_{yk} = f_{y0}$ für T-Anschlüsse $f_{yk} = 0{,}8\, f_{y0}$ für X-Anschlüsse
	Versagen des Gurtstabs durch Querschnittsverformung (nur T-Anschlüsse) [a]
	$M_{op,1,Rd} = 2 f_{y0} t_0 \left(h_1 t_0 + \sqrt{b_0 h_0 t_0 (b_0 + h_0)} \right) / \gamma_{M5}$
	Versagen der Strebe $0{,}85 < \beta \leq 1{,}0$
	$M_{op,1,Rd} = f_{y1} (W_{pl,1} - 0{,}5 (1 - b_{eff}/b_1)^2\, b_1^2\, t_1) / \gamma_{M5}$
Parameter b_{eff} und k_n	
$b_{eff} = \frac{10}{b_0 / t_0} \frac{f_{y0} t_0}{f_{y1} t_1} b_1$ jedoch $b_{eff} \leq b_1$	Für $n > 0$ (Druck): $k_n = 1{,}3 - \frac{0{,}4 n}{\beta}$ jedoch $k_n \leq 1{,}0$ Für $n \leq 0$ (Zug): $k_n = 1{,}0$

[a] Dieses Kriterium braucht nicht berücksichtigt zu werden, wenn die Querschnittsverformung des Gurtstabs durch geeignete Maßnahmen verhindert wird.

Tabelle 7.15: Bemessungskriterien für spezielle geschweißte Anschlüsse von RHP-Streben an RHP-Gurtstäben

Anschlusstyp	Bemessungskriterien
Die Kräfte können sowohl Zug- als auch Druckkräfte sein, jedoch in beiden Streben gleich. 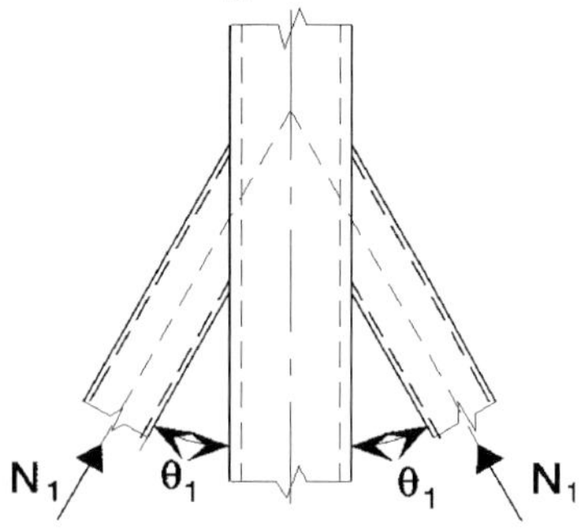	$N_{1,\mathrm{Ed}} \leq N_{1,\mathrm{Rd}}$ wobei $N_{1,\mathrm{Rd}}$ dem Wert $N_{1,\mathrm{Rd}}$ für einen X-Anschluss nach Tabelle 7.11 entspricht.
In Strebe 1 immer Druckkraft und in Strebe 2 immer Zugkraft. 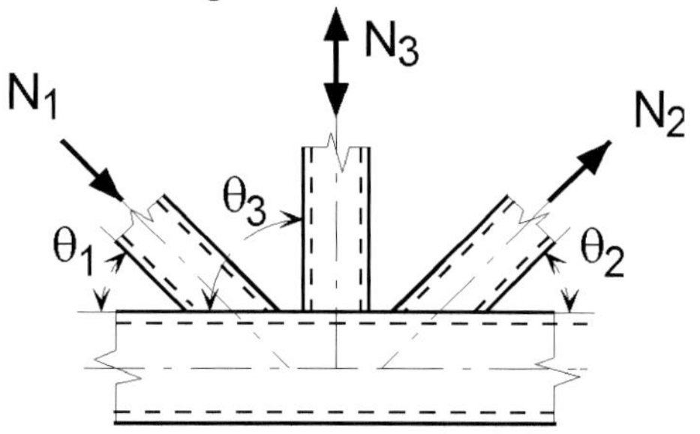	$N_{1,\mathrm{Ed}} \sin\theta_1 + N_{3,\mathrm{Ed}} \sin\theta_3 \leq N_{1,\mathrm{Rd}} \sin\theta_1$ $N_{2,\mathrm{Ed}} \sin\theta_2 \leq N_{1,\mathrm{Rd}} \sin\theta_1$ wobei $N_{1,\mathrm{Rd}}$ dem Wert $N_{1,\mathrm{Rd}}$ für einen K-Anschluss nach Tabelle 7.12 entspricht. Dabei wird $\frac{b_1 + b_2 + h_1 + h_2}{4b_0}$ durch: $\frac{b_1 + b_2 + b_3 + h_1 + h_2 + h_3}{6b_0}$ ersetzt.
In allen Streben entweder nur Druck oder nur Zug. 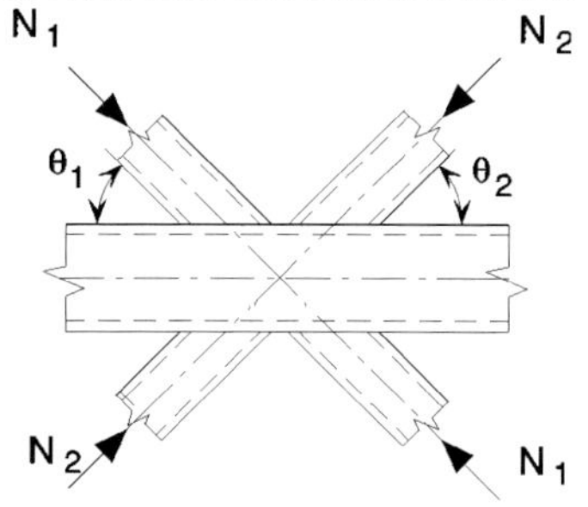	$N_{1,\mathrm{Ed}} \sin\theta_1 + N_{2,\mathrm{Ed}} \sin\theta_2 \leq N_{\mathrm{x,Rd}} \sin\theta_\mathrm{x}$ wobei $N_{\mathrm{x,Rd}}$ dem Wert $N_{\mathrm{x,Rd}}$ für einen X-Anschluss nach Tabelle 7.11 entspricht. Dabei ist $N_{\mathrm{x,Rd}} \sin\theta_\mathrm{x}$ der größere der beiden folgenden Werte: $\lvert N_{1,\mathrm{Rd}} \sin\theta_1 \rvert$ oder $\lvert N_{2,\mathrm{Rd}} \sin\theta_2 \rvert$
In Strebe 1 immer Druckkraft und in Strebe 2 immer Zugkraft. 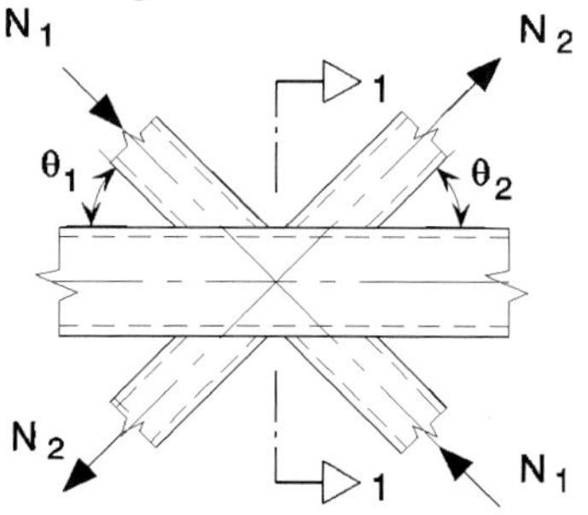	$N_{i,\mathrm{Ed}} \leq N_{i,\mathrm{Rd}}$ wobei $N_{i,\mathrm{Rd}}$ dem Wert $N_{i,\mathrm{Rd}}$ für einen K-Anschluss nach Tabelle 7.12 entspricht, vorausgesetzt, dass für den Gurtstab im Schnitt 1-1 bei Anschlüssen mit Spalt gilt: $\left[\frac{N_{0,\mathrm{Ed}}}{N_{\mathrm{pl,0,Rd}}}\right]^2 + \left[\frac{V_{0,\mathrm{Ed}}}{V_{\mathrm{pl,0,Rd}}}\right]^2 \leq 1{,}0$

Tabelle 7.16: Bemessungskriterien für geschweißte Rahmeneckanschlüsse und abgeknickte Anschlüsse mit RHP-Bauteilen

Anschlusstyp	**Bemessungskriterien**
Geschweißte Rahmeneckanschlüsse	
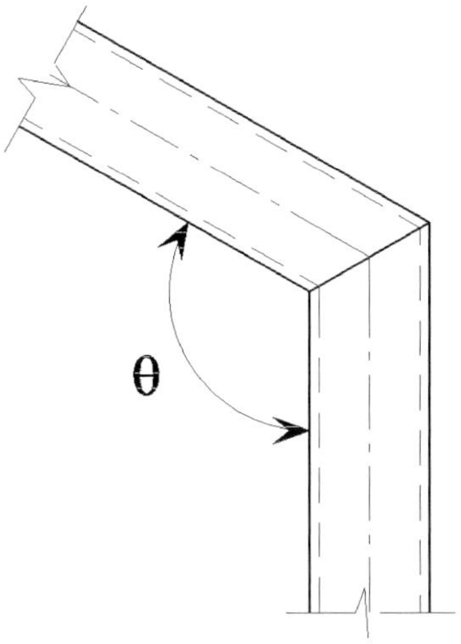	Der Querschnitt sollte für reine Biegung in Klasse 1 eingestuft sein, siehe EN 1993-1-1. $N_{Ed} \leq 0{,}2N_{pl,Rd}$ und $\dfrac{N_{Ed}}{N_{pl,Rd}} + \dfrac{M_{Ed}}{M_{pl,Rd}} \leq \kappa$ Für $\theta \leq 90°$: $\kappa = \dfrac{3\sqrt{b_0 / h_0}}{[b_0 / t_0]^{0{,}8}} + \dfrac{1}{1 + 2b_0 / h_0}$ Für $90° < \theta \leq 180°$: $\kappa = 1 - \left(\sqrt{2}\cos(\theta/2)\right)(1 - \kappa_{90})$ wobei κ_{90} der Wert κ für $\theta = 90°$ ist.
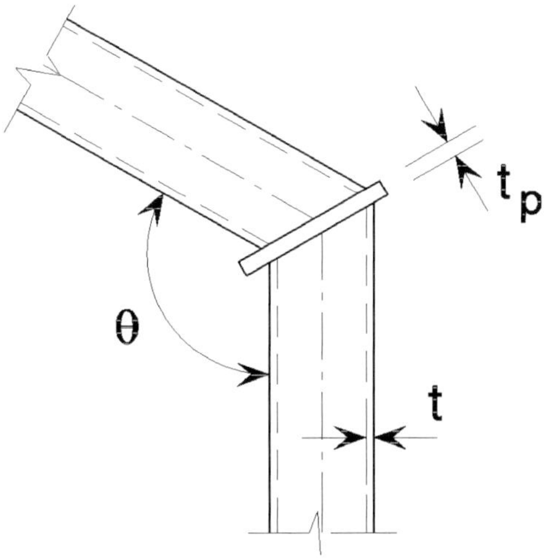	$t_p \geq 1{,}5t$ und $\geq$ 10 mm $\dfrac{N_{Ed}}{N_{pl,Rd}} + \dfrac{M_{Ed}}{M_{pl,Rd}} \leq 1{,}0$
Abgeknickter Gurtstabanschuss	
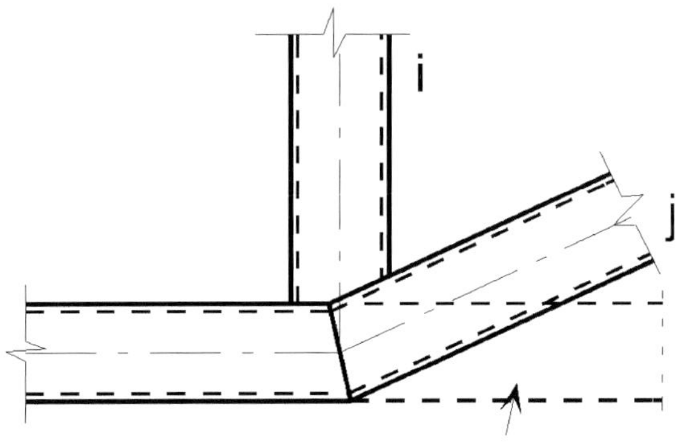gedachte Gurtstabverlängerung	$N_{i,Ed} \leq N_{i,Rd}$ wobei $N_{i,Rd}$ dem Wert $N_{i,Rd}$ für einen K- oder N-Anschluss mit Überlappung nach Tabelle 7.12 entspricht.

Tabelle 7.17: Tragfähigkeit von geschweißten verstärkten T-, Y- und X-Anschlüssen von RHP- oder KHP-Streben an RHP-Gurtstäbe

Anschlusstyp	**Tragfähigkeit**
Verstärkung durch Gurtlamellen auf Gurtstabflanschen zur Vermeidung des Flanschversagens der Gurtstäbe, des Versagens der Strebe oder des Durchstanzens.	
Zugbeanspruchung	$\beta_p \leq 0{,}85$
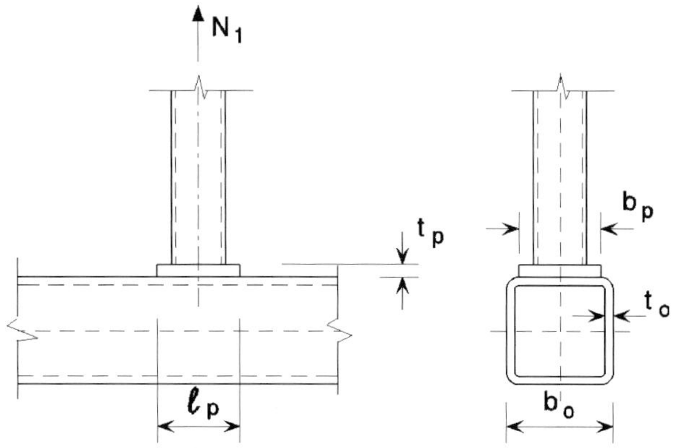 	$l_p \geq \frac{h_1}{\sin\theta_1} + \sqrt{b_p(b_p - b_1)}$ und $b_p \geq b_0 - 2t_0$ $t_p \geq 2t_1$ $N_{1,Rd} = \frac{f_{yp} t_p^2}{(1 - b_1/b_p)\sin\theta_1} \cdot \left(\frac{2h_1/b_p}{\sin\theta_1} + 4\sqrt{1 - b_1/b_p} \right) / \gamma_{M5}$
Druckbeanspruchung	$\beta_p \leq 0{,}85$
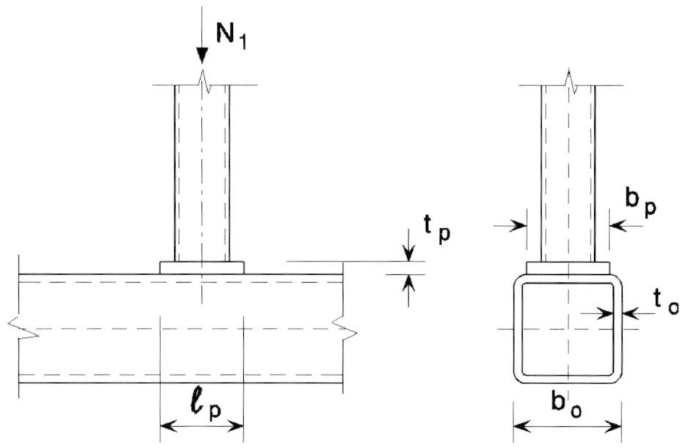 	$l_p \geq \frac{h_1}{\sin\theta_1} + \sqrt{b_p(b_p - b_1)}$ und $b_p \geq b_0 - 2t_0$ $t_p \geq 2t_1$ wobei $N_{1,Rd}$ dem Wert $N_{1,Rd}$ für einen T-, X- oder Y-Anschluss nach Tabelle 7.11 entspricht. Dabei ist $k_n = 1{,}0$ und es ist t_0 durch t_p für Flanschversagen des Gurtstabes, Versagen der Strebe und Durchstanzen zu ersetzen.
Verstärkung durch Seitenlamellen zur Vermeidung des Seitenwandversagens oder des Schubversagens des Gurtstabes.	
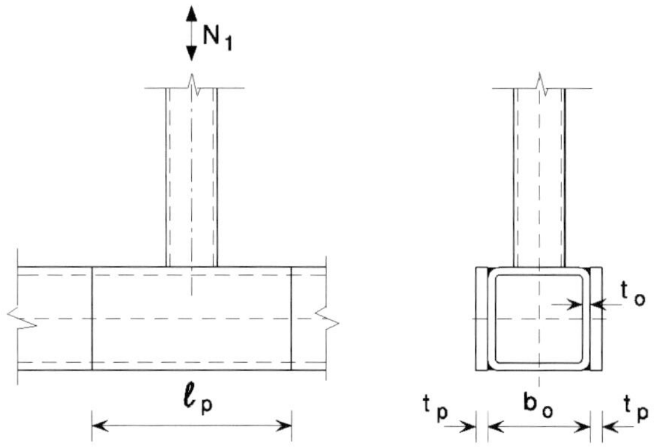 	$l_p \geq 1{,}5 h_1/\sin\theta_1$ $t_p \geq 2t_1$ wobei $N_{1,Rd}$ dem Wert $N_{1,Rd}$ für einen T-, X- oder Y-Anschluss nach Tabelle 7.11 entspricht. Dabei ist t_0 durch $(t_0 + t_p)$ für Seitenwandversagen und Schubversagen des Gurtstabes zu ersetzen.

Tabelle 7.18: Tragfähigkeit von geschweißten verstärkten K- und N-Anschlüssen von RHP- oder KHP-Streben an RHP-Gurtstäbe

<table>
<tr><th>Anschlusstyp</th><th>Tragfähigkeit [$i = 1$ oder 2]</th></tr>
<tr><td colspan="2">Verstärkung durch Gurtlamellen auf Gurtstabflanschen zur Vermeidung des Flanschversagens der Gurtstäbe, des Versagens der Strebe oder des Durchstanzens.</td></tr>
<tr><td>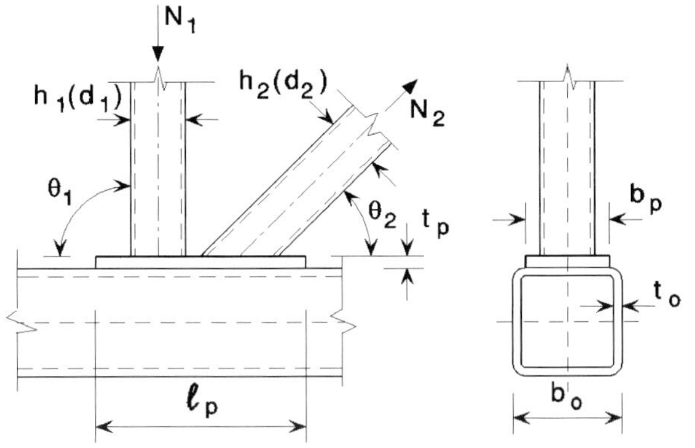
</td><td>$\ell_p \geq 1{,}5\left(\frac{h_1}{\sin\theta_1}+g+\frac{h_2}{\sin\theta_2}\right)$
$b_p \geq b_0 - 2\,t_0$
$t_p \geq 2\,t_1$ und $2\,t_2$
wobei $N_{i,\text{Rd}}$ dem Wert $N_{i,\text{Rd}}$ für einen K- oder N-Anschluss nach Tabelle 7.12 entspricht. Dabei ist t_0 durch t_p für Flanschversagen des Gurtstabs, Versagen der Strebe und Durchstanzen zu ersetzen.</td></tr>
<tr><td colspan="2">Verstärkung durch paarweise Seitenlamellen zur Vermeidung des Schubversagens des Gurtstabes.</td></tr>
<tr><td>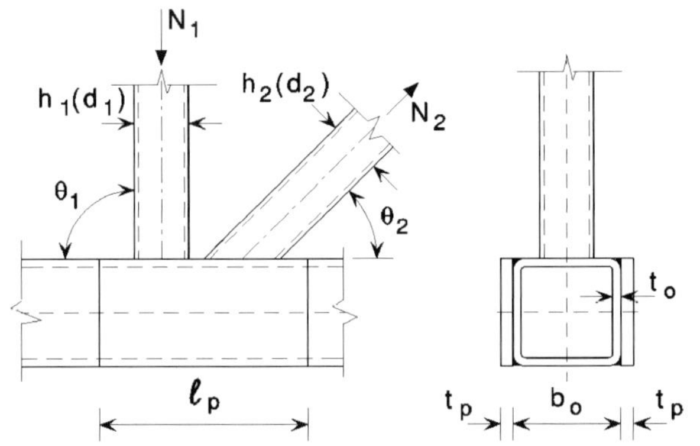
</td><td>$\ell_p \geq 1{,}5\left(\frac{h_1}{\sin\theta_1}+g+\frac{h_2}{\sin\theta_2}\right)$
wobei $N_{i,\text{Rd}}$ dem Wert $N_{i,\text{Rd}}$ für einen K- oder N-Anschluss nach Tabelle 7.12 entspricht. Dabei ist t_0 durch $(t_0 + t_p)$ für Schubversagen des Gurtstabes zu ersetzen.</td></tr>
<tr><td colspan="2">Verstärkung durch eine Quersteife zwischen den Streben bei ungenügender Überlappung.</td></tr>
<tr><td>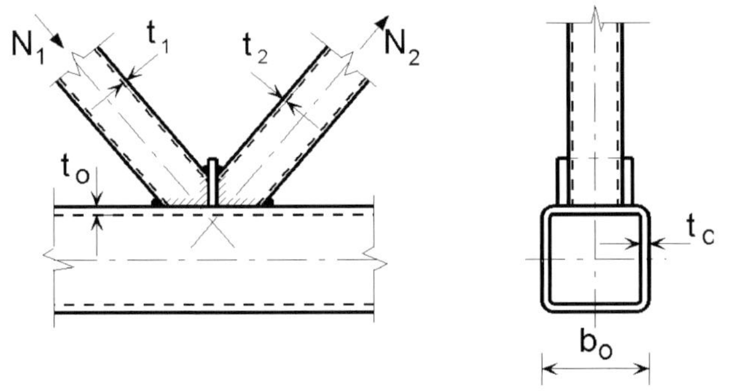
</td><td>$t_p \geq 2\,t_1$ und $2\,t_2$
wobei $N_{i,\text{Rd}}$ dem Wert $N_{i,\text{Rd}}$ für einen K- oder N-Anschluss mit Überlappung nach Tabelle 7.12 mit $\lambda_{\text{ov}} < 80\ \%$ entspricht. Dabei sind b_j, t_j und f_{yj} durch b_p, t_p und f_{yp} im Ausdruck für $b_{e,\text{ov}}$ in Tabelle 7.10 zu ersetzen.</td></tr>
</table>

7.5.3 Räumliche Anschlüsse

(1) Bei räumlichen Anschlüssen sind in jeder maßgebenden Ebene die Bemessungskriterien in 7.5.2 mit den nach 7.5.3(2) abgeminderten Tragfähigkeiten zu erfüllen.

(2) Die Abminderungsbeiwerte μ für die Tragfähigkeiten für jede maßgebende Ebene sind aus Tabelle 7.19 zu bestimmen. Die Tragfähigkeit des ebenen Anschlusses wird nach 7.5.2 unter Verwendung der Gurtstabkraft des räumlichen Anschlusses berechnet.

Tabelle 7.19: Abminderungsbeiwerte für räumliche Anschlüsse

Anschlusstyp	**Abminderungsbeiwert μ**
TT-Anschluss	$60° \leq \varphi \leq 90°$
In Strebe 1 entweder Zugkraft oder Druckkraft 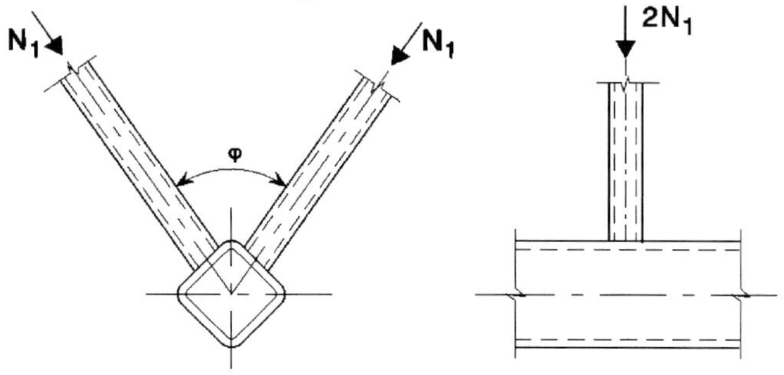	$\mu = 0{,}9$
XX-Anschluss	
In Strebe 1 und Strebe 2 entweder Zugkräfte oder Druckkräfte. Herrscht in einer Strebe Zug und in der anderen Druck ist der Ausdruck für $N_{2,\mathrm{Ed}}/N_{1,\mathrm{Ed}}$ negativ. 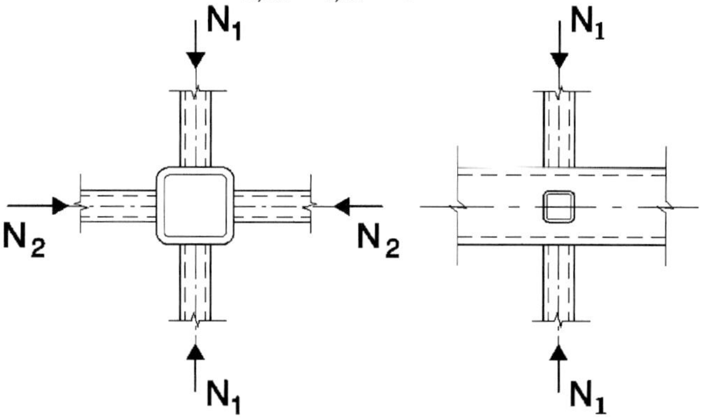	$\mu = 0{,}9(1 + 0{,}33N_{2,\mathrm{Ed}}/N_{1,\mathrm{Ed}})$ Die Vorzeichen von $N_{1,\mathrm{Ed}}$ und $N_{2,\mathrm{Ed}}$ sind zu berücksichtigen, wobei $\lvert N_{2,\mathrm{Ed}}\rvert \leq \lvert N_{1,\mathrm{Ed}}\rvert$
KK-Anschluss	$60° \leq \varphi \leq 90°$
In Strebe 1 immer Druckkraft und in Strebe 2 immer Zugkraft. 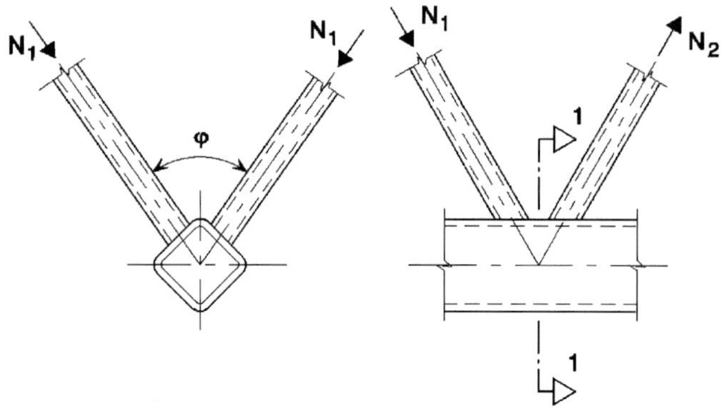	$\mu = 0{,}9$ vorausgesetzt, dass für den Gurtstab im Schnitt 1-1 bei Anschlüssen mit Spalt gilt: $\left[\frac{N_{0,\mathrm{Ed}}}{N_{\mathrm{pl,0,Rd}}}\right]^2 + \left[\frac{V_{0,\mathrm{Ed}}}{V_{\mathrm{pl,0,Rd}}}\right]^2 \leq 1{,}0$

Geschweißte Anschlüsse von KHP- oder RHP-Streben an I- oder H-Profil-Gurtstäbe 7.6

(1) Liegen die geometrischen Abmessungen von Anschlüssen innerhalb des Gültigkeitsbereiches nach Tabelle 7.20, sind in der Regel die Tragfähigkeiten der Anschlüsse mit den Gleichungen in Tabelle 7.21 oder Tabelle 7.22 zu bestimmen.

Tabelle 7.20: Gültigkeitsbereich für geschweißte Anschlüsse von KHP- oder RHP-Streben an I- oder H-Profil-Gurtstäbe

<table>
<tr><th rowspan="3">Anschlusstyp</th><th colspan="6">Anschlussparameter [$i = 1$ oder 2, j = überlappte Strebe]</th></tr>
<tr><th rowspan="2">d_w / t_w</th><th colspan="2">b_i / t_i und h_i / t_i oder d_i / t_i</th><th rowspan="2">h_i / b_i</th><th rowspan="2">b_0 / t_f</th><th rowspan="2">b_i / b_j</th></tr>
<tr><th>Druck</th><th>Zug</th></tr>
<tr><td>X</td><td>Klasse 1 und $d_w \leq 400$ mm</td><td rowspan="4">Klasse 1 oder 2 und $\frac{h_i}{t_i} \leq 35$ $\frac{b_i}{t_i} \leq 35$ $\frac{d_i}{t_i} \leq 50$</td><td rowspan="4">$\frac{h_i}{t_i} \leq 35$ $\frac{b_i}{t_i} \leq 35$ $\frac{d_i}{t_i} \leq 50$</td><td>$\geq 0{,}5$ jedoch $\leq 2{,}0$</td><td rowspan="4">Klasse 1 oder 2</td><td>–</td></tr>
<tr><td>T oder Y</td><td rowspan="3">Klasse 1 oder 2 und $d_w \leq 400$ mm</td><td rowspan="2">1,0</td><td rowspan="2">–</td></tr>
<tr><td>K-Spalt
N-Spalt</td></tr>
<tr><td>K-Überlappung
N-Überlappung
$25\,\% \leq \lambda_{ov} \leq \lambda_{ov,lim}$ [a]</td><td>$\geq 0{,}5$ jedoch $\leq 2{,}0$</td><td>$\geq 0{,}75$</td></tr>
<tr><td colspan="7">[a] $\lambda_{ov,lim} = 60\,\%$ falls die verdeckte Naht nicht geschweißt ist und 80 % wenn die verdeckte Naht geschweißt ist. Falls die Überlappung $\lambda_{ov,lim}$ überschreitet oder wenn die Streben rechteckige Profile mit $h_i < b_i$ und/oder $h_j < b_j$ sind, muss die Verbindung zwischen den Streben und der Oberfläche des Gurtstabes auf Abscherung überprüft werden.</td></tr>
</table>

(2) Liegen die geschweißten Anschlüsse innerhalb des Gültigkeitsbereichs nach Tabelle 7.20, brauchen nur die in den Tabellen angegebenen Versagensformen beachtet zu werden. Die Tragfähigkeit eines Anschlusses ist durch den kleinsten Wert definiert.

(3) Bei geschweißten Anschlüssen außerhalb des Gültigkeitsbereichs nach Tabelle 7.20 sollten alle Versagensformen untersucht werden, die in 7.2.2 aufgelistet sind. Zusätzlich sollten in diesem Fall bei der Bemessung der Anschlüsse die Sekundärmomente, die sich aus ihrer Rotationssteifigkeit ergeben, berücksichtigt werden.

(4) Werden die Streben an den Anschlüssen nur durch Längskräfte beansprucht, dürfen die Bemessungswerte der einwirkenden Schnittgrößen $N_{i,Ed}$ die Bemessungswerte der Tragfähigkeiten $N_{i,Rd}$, die in Tabelle 7.21 angegeben sind, nicht überschreiten.

(5) Werden die Streben an den Anschlüssen durch Biegemomente und Längskräfte beansprucht, ist in der Regel folgende Interaktionsbedingung zu erfüllen:

$$\frac{N_{i,Ed}}{N_{i,Rd}} + \frac{M_{ip,i,Ed}}{M_{ip,i,Rd}} \leq 1{,}0 \qquad (7.5)$$

Dabei ist

$M_{ip,i,Rd}$ die Momententragfähigkeit des Anschlusses in der Ebene des Fachwerks;

$M_{ip,i,Ed}$ das einwirkende Biegemoment in der Ebene des Fachwerks.

Tabelle 7.21: Tragfähigkeit von geschweißten Anschlüssen von RHP- oder KHP-Streben an I- oder H-Profil-Gurtstäbe

Anschlusstyp	**Tragfähigkeit** [i = 1 oder 2, j = überlappte Strebe]	
T-, Y- und X-Anschlüsse	Fließen des Steges des Gurtstabes	
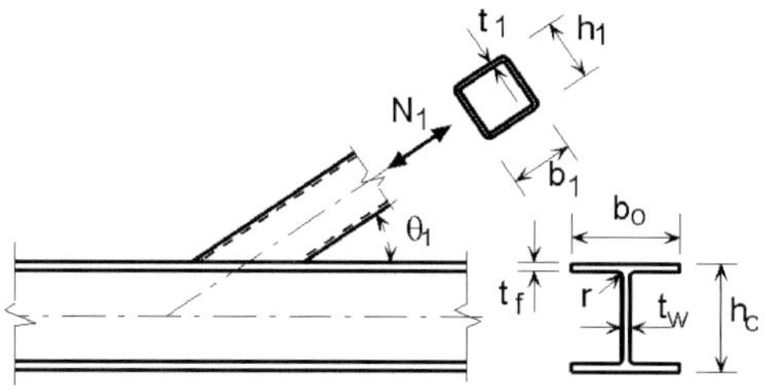	$N_{1,Rd} = \frac{f_{y0} t_w b_w}{\sin\theta_1} / \gamma_{M5}$ Versagen der Strebe $N_{1,Rd} = 2 f_{y1} t_1 p_{eff} / \gamma_{M5}$	
K- und N-Anschlüsse mit Spalt [i = 1 oder 2]	Fließen des Steges des Gurtstabes	Nachweis gegen Versagen der Strebe nicht erforderlich, wenn: $g/t_f \leq 20 - 28\beta$; $\beta \leq 1{,}0 - 0{,}03\gamma$ wobei $\gamma = b_0/2t_f$ und für KHP: $0{,}75 \leq d_1/d_2 \leq 1{,}33$ oder für RHP: $0{,}75 \leq b_1/b_2 \leq 1{,}33$
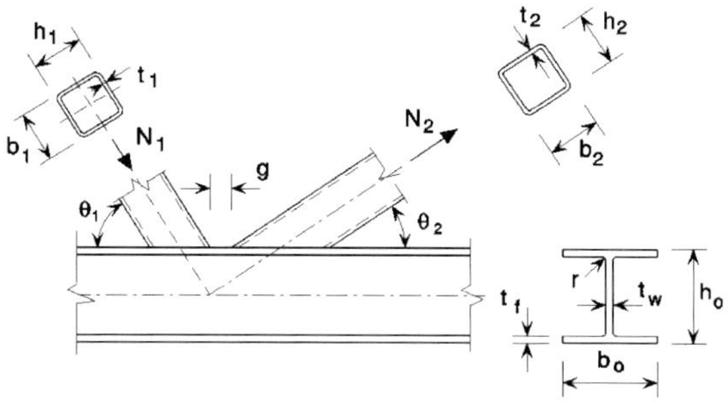	$N_{1,Rd} = \frac{f_{y0} t_w b_w}{\sin\theta_1} / \gamma_{M5}$ Versagen der Strebe $N_{i,Rd} = 2 f_{yi} t_i p_{eff} / \gamma_{M5}$ Schubversagen des Gurtstabes $N_{i,Rd} = \frac{f_{y0} A_v}{\sqrt{3}\sin\theta_i} / \gamma_{M5}$ $N_{0,Rd} = \left[(A_0 - A_v) f_{y0} + A_v f_{y0} \sqrt{1 - \left(V_{Ed} / V_{pl,Rd} \right)^2} \right] / \gamma_{M5}$	
K- und N-Anschlüsse mit Überlappung[a] [i = 1 oder 2]	Versagen der Strebe $25\,\% \leq \lambda_{ov} < 50\,\%$	
Die Kräfte in den Streben i und j können sowohl Zug- als auch Druckkräfte sein. 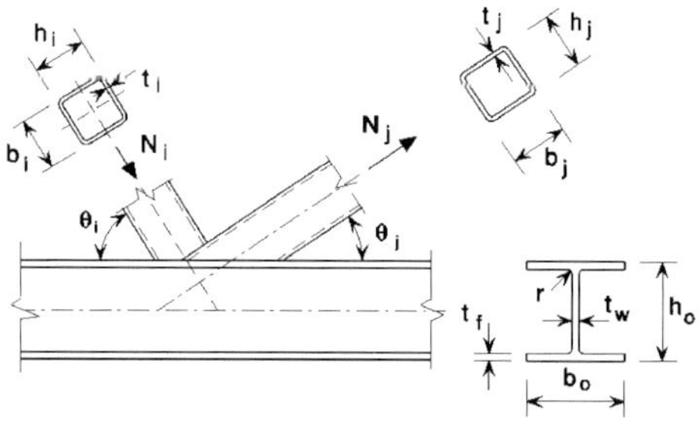	$N_{i,Rd} = f_{yi} t_i (p_{eff} + b_{e,ov} + 2h_i \frac{\lambda_{ov}}{50} - 4t_i) / \gamma_{M5}$ Versagen der Strebe $50\,\% \leq \lambda_{ov} < 80\,\%$ $N_{i,Rd} = f_{yi} t_i (p_{eff} + b_{e,ov} + 2h_i - 4t_i / \gamma_{M5}$ Versagen der Strebe $\lambda_{ov} \geq 80\,\%$ $N_{i,Rd} = f_{yi} t_i (b_i + b_{e,ov} + 2h_i - 4t_i) / \gamma_{M5}$	
$A_v = A_0 - (2 - \alpha) b_0 t_f + (t_w + 2r) t_f$ Bei RHP-Strebe: $\alpha = \sqrt{\frac{1}{\left(1 + 4g^2 / \left(3t_f^2\right)\right)}}$ Bei KHP-Strebe: $\alpha = 0$	$p_{eff} = t_w + 2r + 7 t_f f_{y0} / f_{yi}$ jedoch bei T-, Y-, X-Anschlüssen und K- und N-Anschlüssen mit Spalt: $p_{eff} \leq b_i + h_i - 2t_i$ jedoch bei K- und N-Anschlüssen mit Überlappung: $p_{eff} \leq b_i$ $b_{e,ov} = \frac{10}{b_j / t_j} \frac{f_{yj} t_j}{f_{yi} t_i} b_i$ jedoch $b_{e,ov} \leq b_i$	$b_w = \frac{h_i}{\sin\theta_i} + 5(t_f + r)$ jedoch $b_w \leq 2t_i + 10\,(t_f + r)$
Bei KHP-Streben sind die obigen Grenzwerte mit $\pi/4$ zu multiplizieren und b_1 und h_1 ist durch d_1 und b_2 sowie h_2 durch d_2, außer bei Schubversagen des Gurtstabs zu ersetzen.		

[a] Nur die überlappende Strebe i braucht nachgewiesen zu werden. Der Ausnutzungsgrad (d. h. die Tragfähigkeit des Anschlusses dividiert durch die plastische Beanspruchbarkeit der Strebe) der überlappten Strebe j ist in der Regel mit dem Ausnutzungsgrad der überlappenden Strebe gleichzusetzen. Siehe auch Tabelle 7.20.

(6) Die einwirkende Schnittgröße $M_{i,\mathrm{Ed}}$ darf am Anschnitt der Strebe am Gurtstabflansch bestimmt werden.

(7) Die Biegetragfähigkeit $M_{\mathrm{ip,1,Rd}}$ der Anschlüsse in Fachwerkebene ist Tabelle 7.22 zu entnehmen.

(8) Wird der Gurtstab durch Steifen ausgesteift, siehe Bild 7.7, so wird die Tragfähigkeit $N_{i,\mathrm{Rd}}$ für Versagen der Strebe bei T-, X-, Y-, K-Anschlüssen mit Spalt und N-Anschlüssen mit Spalt, siehe Tabelle 7.22, wie folgt berechnet:

$$N_{i,\mathrm{Rd}} = 2\, f_{yi}\, t_i\, (b_{\mathrm{eff}} + b_{\mathrm{eff,s}})/\gamma_{\mathrm{M5}} \tag{7.6}$$

Dabei ist

$b_{\mathrm{eff}} = t_{\mathrm{w}} + 2r + 7\, t_{\mathrm{f}}\, f_{\mathrm{yo}}/f_{yi}$ jedoch $\leq b_i + h_i - 2t_i$

$b_{\mathrm{eff,s}} = t_{\mathrm{s}} + 2a + 7\, t_{\mathrm{f}}\, f_{\mathrm{yo}}/f_{yi}$ jedoch $\leq b_i + h_{\mathrm{i}} - 2t_i$

$b_{\mathrm{eff}} + b_{\mathrm{eff,s}} \leq b_i + h_i - 2t_i$

a die Schweißnahtdicke an der Steife. Die Nahtdicke ‚$2a$' wird durch ‚a' ersetzt, wenn einseitige Kehlnähte verwendet werden;

s der Index für Steife.

(9) Die Wanddicke der Steifen sollte mindestens der Stegdicke des I-Profils entsprechen.

Tabelle 7.22: Biegetragfähigkeit von geschweißten Anschlüssen von RHP-Streben an I- oder H-Profil-Gurtstäbe

Anschlusstyp	**Biegetragfähigkeit** [i = 1 oder 2, j = überlappte Strebe]
T- und Y-Anschlüsse	Fließen des Steges des Gurtstabes
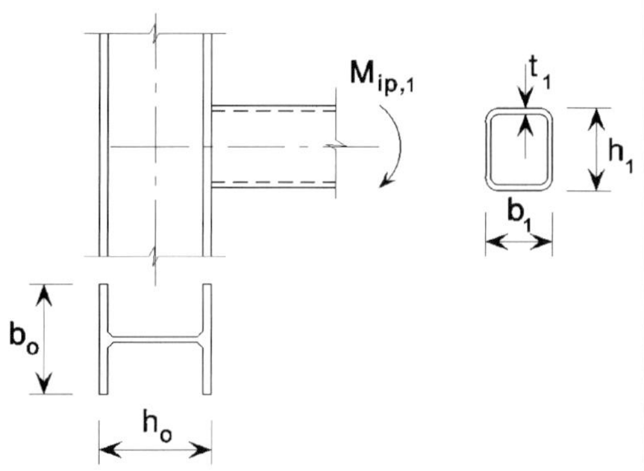	$M_{\mathrm{ip,1,Rd}} = 0{,}5 f_{y0}\, t_{\mathrm{w}}\, b_{\mathrm{w}}(h_1 - t_1)/\gamma_{\mathrm{M5}}$
	Versagen der Strebe
	$M_{\mathrm{ip,1,Rd}} = f_{y1}\, t_1\, p_{\mathrm{eff}}\, h_z/\gamma_{\mathrm{M5}}$
Parameter p_{eff} und b_{w}	
$p_{\mathrm{eff}} = t_{\mathrm{w}} + 2r + 7t_{\mathrm{f}}\, f_{\mathrm{yo}}/f_{y1}$ jedoch $p_{\mathrm{eff}} \leq b_1 + h_1 - 2t_1$	$b_{\mathrm{w}} = \dfrac{h_1}{\sin\theta_1} + 5(t_{\mathrm{f}} + r)$ jedoch $b_{\mathrm{w}} \leq 2t_1 + 10(t_{\mathrm{f}} + r)$

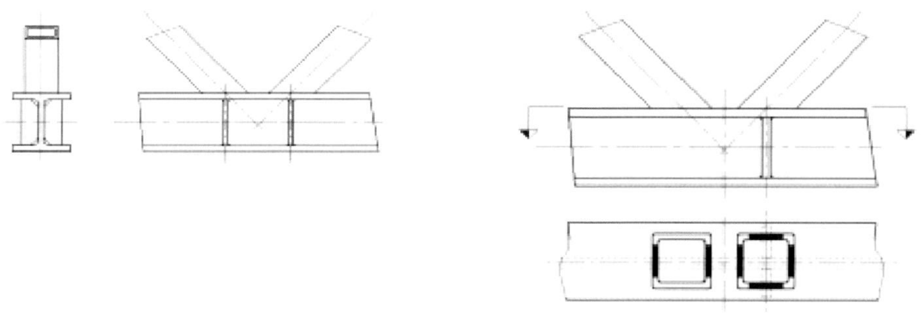

Wirksamer Strebenquerschnitt, ohne (links) und mit (rechts) Steife

Bild 7.7: Steifen an I-Profil-Gurtstäben

7.7 Geschweißte Anschlüsse von KHP- oder RHP-Streben an U-Profil-Gurtstäbe

(1) Liegen die geometrischen Abmessungen von Anschlüssen innerhalb des Gültigkeitsbereiches nach Tabelle 7.23, können die Tragfähigkeiten der Anschlüsse von Hohlprofilstreben an U-Profil-Gurtstäbe nach Tabelle 7.24 bestimmt werden.

(2) Bei der Bemessung der Anschlüsse sollten die Momente aus Sekundärwirkung, die sich aus ihrer Rotationssteifigkeit ergeben, berücksichtigt werden.

(3) Für Anschlüsse mit Spalt ist in der Regel die Tragfähigkeit $N_{0,\mathrm{Rd}}$ des Gurtstabquerschnitts zu bestimmen. Dabei wird die Schubkraftübertragung zwischen den Streben durch den Gurtstab berücksichtigt, jedoch werden die Sekundärmomente vernachlässigt. Der Nachweis ist nach EN 1993-1-1 zu führen.

Tabelle 7.23: Gültigkeitsbereich für geschweißte Anschlüsse von KHP- oder RHP-Streben an U-Profil-Gurtstäbe

<table>
<tr><th rowspan="3">Anschlusstyp</th><th colspan="6">Anschlussparameter [i = 1 oder 2, j = überlappte Strebe]</th></tr>
<tr><th rowspan="2">b_i/b_0</th><th colspan="2">b_i/t_i und h_i/t_i oder d_i/t_i</th><th rowspan="2">h_i/b_i</th><th rowspan="2">b_0/t_0</th><th rowspan="2">Spalt oder Überlappung
b_i/b_j</th></tr>
<tr><th>Druck</th><th>Zug</th></tr>
<tr><td>K-Spalt
N-Spalt</td><td>$\geq 0{,}4$
und
$b_0 \leq 400$ mm</td><td rowspan="2">Klasse 1
oder 2
und
$\frac{h_i}{t_i} \leq 35$
$\frac{b_i}{t_i} \leq 35$
$\frac{d_i}{t_i} \leq 50$</td><td rowspan="2">$\frac{h_i}{t_i} \leq 35$
$\frac{b_i}{t_i} \leq 35$
$\frac{d_i}{t_i} \leq 50$</td><td rowspan="2">$\geq 0{,}5$
jedoch
$\leq 2{,}0$</td><td rowspan="2">Klasse 1
oder 2</td><td>$0{,}5(1-\beta^*) \leq g/b_0^* \leq 1{,}5(1-\beta^*)$[a]
und
$g \geq t_1 + t_2$</td></tr>
<tr><td>K-Überlappung
N-Überlappung</td><td>$\geq 0{,}25$
und
$b_0 \leq 400$ mm</td><td>$25\,\% \leq \lambda_{\mathrm{ov}} \leq \lambda_{\mathrm{ov,lim}}$[b]
$b_i/b_j \geq 0{,}75$</td></tr>
<tr><td colspan="7">$\beta^* = b_1/b_0^*$
$b_0^* = b_0 - 2\,(t_w + r_0)$</td></tr>
<tr><td colspan="7">[a] Diese Bedingung gilt nur, wenn $\beta \leq 0{,}85$.
[b] $\lambda_{\mathrm{ov,lim}} = 60\,\%$ falls die verdeckte Naht nicht geschweißt ist und 80 % wenn die verdeckte Naht geschweißt ist. Falls die Überlappung $\lambda_{\mathrm{ov,lim}}$ überschreitet oder wenn die Streben rechteckige Profile mit $h_i < b_i$ und/oder $h_j < b_j$ sind, muss die Verbindung zwischen den Streben und der Oberfläche des Gurtstabes auf Abscherung überprüft werden.</td></tr>
</table>

Tabelle 7.24: Tragfähigkeit von geschweißten Anschlüssen von RHP- oder KHP-Streben an U-Profil-Gurtstäbe

Anschlusstyp	**Tragfähigkeit** [$i = 1$ oder 2, j = überlappte Strebe]
K- und N-Anschlüsse mit Spalt	Versagen der Strebe
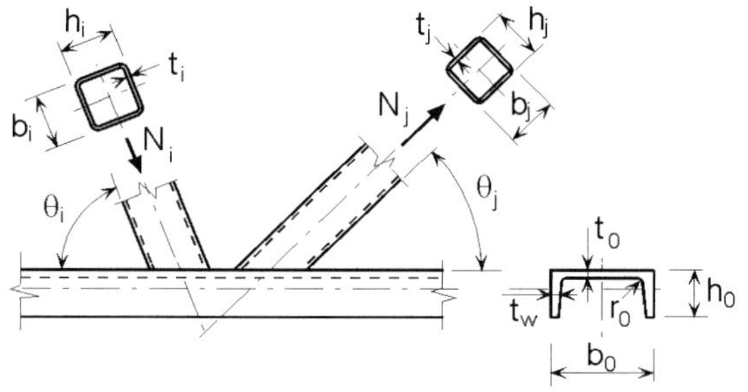	$N_{i,\mathrm{Rd}} = f_{yi}\, t_i (b_i + b_{\mathrm{eff}} + 2h_i - 4t_i)/\gamma_{\mathrm{M5}}$ Versagen des Gurtstabs $N_{i,\mathrm{Rd}} = \dfrac{f_{y0} A_v}{\sqrt{3} \sin\theta_i} / \gamma_{\mathrm{M5}}$ $N_{0,\mathrm{Rd}} = \left[(A_0 - A_v) f_{y0} + A_v f_{y0} \sqrt{1 - \left(V_{\mathrm{Ed}} / V_{\mathrm{pl,Rd}} \right)^2} \right] / \gamma_{\mathrm{M5}}$
K- und N-Anschlüsse mit Überlappung [a]	Versagen der Strebe 25 % $\le \lambda_{ov} <$ 50 %
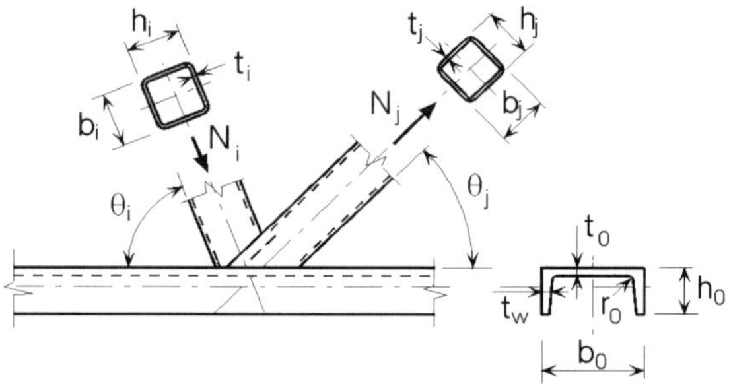	$N_{i,\mathrm{Rd}} = f_{yi}\, t_i \left(b_{\mathrm{eff}} + b_{\mathrm{e,ov}} + 2h_i \dfrac{\lambda_{ov}}{50} - 4t_i\right) / \gamma_{\mathrm{M5}}$ Versagen der Strebe 50 % $\le \lambda_{ov} <$ 80 % $N_{i,\mathrm{Rd}} = f_{yi}\, t_i (b_{\mathrm{eff}} + b_{\mathrm{e,ov}} + 2h_i - 4t_i)/\gamma_{\mathrm{M5}}$ Versagen der Strebe $\lambda_{ov} \ge$ 80 % $N_{i,\mathrm{Rd}} = f_{yi}\, t_i (b_i + b_{\mathrm{e,ov}} + 2h_i - 4t_i)/\gamma_{\mathrm{M5}}$
$A_v = A_0 - (1 - \alpha)\, b_0^*\, t_0$ $b_0^* = b_0 - 2(t_w + r_0)$ Bei RHP: $\alpha = \sqrt{\dfrac{1}{\left(1 + 4g^2 / 3t_f^2\right)}}$ Bei KHP: $\alpha = 0$ $V_{\mathrm{pl,Rd}} = \dfrac{f_{y0} A_v}{\sqrt{3}} / \gamma_{\mathrm{M5}}$ $V_{\mathrm{Ed}} = (N_{i,\mathrm{Ed}} \sin\theta_i)_{\max}$	$b_{\mathrm{eff}} = \dfrac{10}{b_0^* / t_0} \dfrac{f_{y0} t_0}{f_{yi} t_i} b_i$ jedoch $b_{\mathrm{eff}} \le b_i$ $b_{\mathrm{e,ov}} = \dfrac{10}{b_j / t_j} \dfrac{f_{yj} t_j}{f_{yi} t_i} b_i$ jedoch $b_{\mathrm{e,ov}} \le b_i$
Bei KHP-Streben sind die oben genannten Grenzwerte außer bei Schubversagen des Gurtstabs mit $\pi/4$ zu multiplizieren und b_1 und h_1 ist durch d_1 und b_2 sowie h_2 durch d_2 zu ersetzen.	

[a] Nur die überlappende Strebe i braucht nachgewiesen zu werden. Der Ausnutzungsgrad (d. h. die Tragfähigkeit des Anschlusses dividiert durch die plastische Beanspruchbarkeit der Strebe) der überlappten Strebe j ist in der Regel mit dem Ausnutzungsgrad der überlappenden Strebe gleichzusetzen.

NCI Kontaktstoß und Druckübertrag durch Kontakt

Druckkräfte normal zur Kontaktfuge dürfen vollständig durch Kontakt übertragen werden, wenn seitliches Ausweichen der Bauteile am Kontaktstoß ausgeschlossen ist.

Wenn Kräfte aus druckbeanspruchten Querschnitten oder Querschnittsteilen durch Kontakt übertragen werden, müssen

- die Stoßflächen der in den Kontaktfugen aufeinandertreffenden Teile eben und zueinander parallel und
- lokale Instabilitäten infolge herstellungsbedingter Imperfektionen ausgeschlossen oder unschädlich sein und
- die gegenseitige Lage der miteinander zu stoßenden Teile gesichert sein.

Die Grenzdruckspannungen in der Kontaktfuge sind gleich denen des Werkstoffes der gestoßenen Bauteile.

Beim Nachweis der zu stoßenden Bauteile müssen Verformungen, Toleranzen und eventuelles Bilden einer klaffenden Fuge berücksichtigt werden.

Die ausreichende Sicherung der gegenseitigen Lage der Bauteile ist nachzuweisen. Dabei dürfen Reibungskräfte nicht berücksichtigt werden.

In Querschnittsteilen mit Dicken t von 10 mm bis 30 mm aus den Stahlsorten S235, S275 oder S355, die durch Doppelkehlnähte an Stirnplatten angeschlossen sind, genügt für die Druckübertragung die rechnerische Schweißnahtdicke $a = 0{,}15\ t$, wenn die als Stegabstand bezeichnete Spaltbreite h zwischen Querschnittsteil und Stirnplatte nicht größer als 2,0 mm ist.

Sofern in diesem Anschluss des Profils gleichzeitig auch Querkräfte zu übertragen sind, muss die Übertragung der Druckspannungen und der Schubspannungen unterschiedlichen Querschnittsteilen zugewiesen werden. Die Schweißnahtbemessung für die Querkraftübertragung ist nach DIN EN 1993-1-8:2010-12, Abschnitt 4 vorzunehmen. Für die zur Übertragung der Druckspannungen und die zur Übertragung der Schubspannungen aus der Querkraft herangezogenen Kehlnähte ist einheitlich der größere Wert der aus den beiden Nachweisen ermittelten Schweißnahtdicke anzusetzen. Sofern in dem Anschluss des Profils auch Zugspannungen übertragen werden, ist dafür die Schweißnahtbemessung DIN EN 1993-1-8:2010-12, Abschnitt 4 vorzunehmen.

ANMERKUNG 1 Verformungen können hierbei Vorverformungen, elastische Verformungen und lokale plastische Verformungen sein.

ANMERKUNG 2 Toleranzen können einen Versatz in der Schwerlinie von Querschnittsteilen bewirken.

ANMERKUNG 3 Herstellungsbedingte Imperfektionen können z. B. Versatz oder Unebenheiten sein. Lokale Instabilitäten können insbesondere bei dünnwandigen Bauteilen auftreten, siehe z. B. [2], [3].

ANMERKUNG 4 Die Anforderung für die Begrenzung des Luftspaltes gilt z. B. für den Anschluss druckbeanspruchter Flansche an Stirnplatten.

NCI Stumpfstoß von Querschnittsteilen verschiedener Dicken

Wechselt an Stumpfstößen von Querschnittsteilen die Dicke, so sind bei Dickenunterschieden von mehr als 10 mm die vorstehenden Kanten im Verhältnis 1 : 1 oder flacher zu brechen (siehe Bild NA.3).

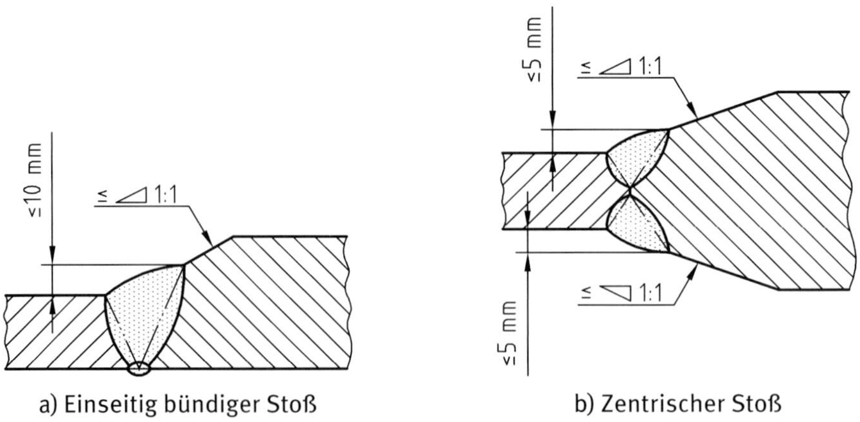

a) Einseitig bündiger Stoß b) Zentrischer Stoß

Bild NA.3: Beispiele für das Brechen von Kanten bei Stumpfstößen von Querschnittsteilen mit verschiedenen Dicken

NCI Geschweißte Endanschlüsse zusätzlicher Gurtplatten

Sofern kein Nachweis für den Gurtplattenanschluss geführt wird, ist die zusätzliche Gurtplatte nach Bild NA.4 a) vorzubinden.

Bei Gurtplatten mit $t > 20$ mm darf der Endanschluss nach Bild NA.4 b) ausgeführt werden. Bei Bauteilen mit vorwiegend ruhender Beanspruchung darf auf die Ausführung nach Bild NA.4 verzichtet werden. Die Stirnkehlnähte können wie die Flankenkehlnähte ausgeführt werden. Deren Dicke ergibt sich nach den statischen Erfordernissen.

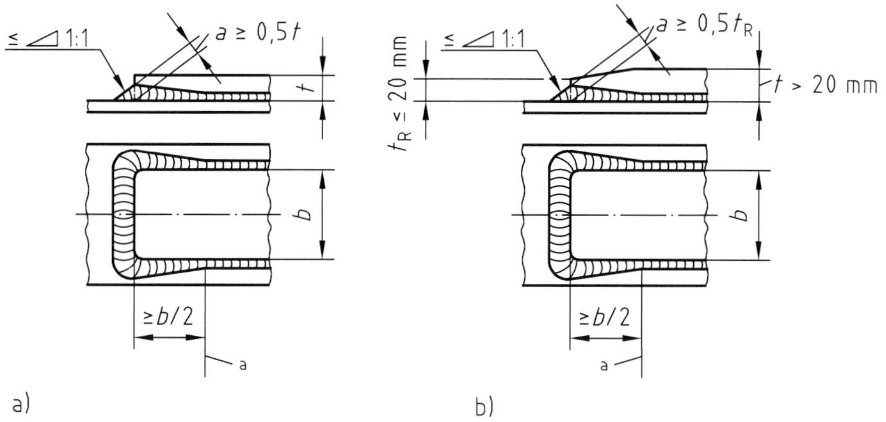

a rechnerischer Endpunkt der zusätzlichen Gurtplatte

Bild NA.4: Vorbinden zusätzlicher Gurtplatten

NCI Gurtplattenstöße

Wenn aufeinanderliegende Gurtplatten an derselben Stelle gestoßen werden, ist der Stoß mit Stirnfugennähten vorzubereiten (siehe Bild NA.5).

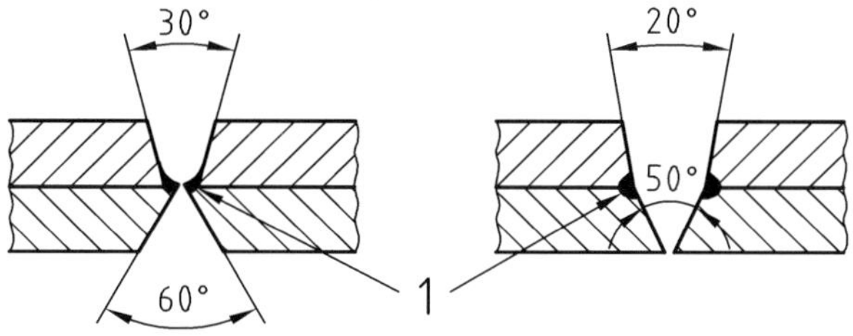

Legende

1 Stirnfugennähte

Bild NA.5: Beispiele für die Nahtvorbereitung eines Stumpfstoßes aufeinanderliegender Gurtplatten

NCI Anhang NA.A
(normativ)

Ergänzende Vorspannverfahren zu DIN EN 1090-2

NCI Allgemeines NA.A.1

Alle Regeln aus DIN EN 1090-2:2008-12, 8.5.1 gelten sinngemäß. Die wesentliche Besonderheit der ergänzenden Vorspannverfahren besteht im Aufbringen der – im Vergleich zur Mindestvorspannkraft $F_{p,C}$ – kleineren Regelvorspannkraft $F_{p,C}$*. Dadurch kann die Ermittlung eines Referenz-Drehmomentes nach DIN EN 1090-2:2008-12, 8.5.2 entfallen. Stattdessen können, eine Schmierung nach k-Klasse K1 vorausgesetzt, feste Werte für die Anziehmomente angegeben werden. Daraus folgen ein modifiziertes Drehmoment-Vorspannverfahren (siehe NA.A.3) und ein modifiziertes kombiniertes Vorspannverfahren (siehe NA.A.4). Ferner ist es dadurch möglich, das traditionelle Drehimpuls-Vorspannverfahren beizubehalten (siehe NA.A.2).

NCI Drehimpuls-Vorspannverfahren NA.A.2

Die Garnituren müssen mit Hilfe eines vorher auf geeignete Weise eingestellten Impuls- oder Schlagschraubers mit einer Unsicherheit von weniger als 4 % angezogen werden. Jedes hierfür benutzte Einstellgerät ist hinsichtlich seiner Messgenauigkeit regelmäßig nach Angaben des Geräteherstellers zu überprüfen. Soll auf die Regel-Vorspannkraft $F_{p,C}$* nach Spalte 2 von Tabelle NA.A.1 bzw. Tabelle NA.A.2 vorgespannt werden, so muss der Schrauber auf den um etwa 10 % höheren Vorspannkraftwert $F_{V,DI}$ nach Spalte 3 von Tabelle NA.A.1 bzw. Spalte 4 von Tabelle NA.A.2 eingestellt werden. Bei kleinerer planmäßiger Vorspannkraft als der Regel-Vorspannkraft $F_{p,C}$* sind die Einstell-Vorspannkraftwerte proportional zu reduzieren.

NCI Modifiziertes Drehmoment-Vorspannverfahren NA.A.3

Das Vorspannen der Garnituren erfolgt nach DIN EN 1090-2:2008-12, 8.5.3, mit folgenden Modifizierungen:

Der erste Anziehschritt kann beliebig gewählt werden. Soll auf die Regelvorspannkraft $F_{p,C}$* nach Spalte 2 von Tabelle NA.A.1 bzw. Tabelle NA.A.2 vorgespannt werden, so muss im zweiten Anziehschritt das in Spalte 4 von Tabelle NA.A.1 bzw. Tabelle NA.A.2 angegebene Anziehmoment M_A aufgebracht werden. Bei kleinerer planmäßiger Vorspannkraft als der Regelvorspannkraft $F_{p,C}$* ist das Anziehmoment proportional zu reduzieren.

ANMERKUNG Dieses Verfahren ermöglicht ein beliebiges stufenweises Vorspannen in Anschlüssen mit vielen Schrauben sowie ein Nachziehen als Kontrolle oder zum Ausgleich von Vorspannkraftverlusten nach wenigen Tagen.

NCI Modifiziertes kombiniertes Vorspannverfahren NA.A.4

Das Vorspannen der Garnituren erfolgt nach DIN EN 1090-2:2008-12, 8.5.4, mit folgenden Modifizierungen:

Das im ersten Anziehschritt aufzubringende Anziehmoment $M_{A,MKV}$ (Voranziehmoment) ist Spalte 5 von Tabelle NA.A.2 zu entnehmen. Das Anziehen kann mit Hilfe eines der in NA.A.2 und NA.A.3 beschriebenen Verfahren erfolgen. Ein Mitdrehen der Schraube relativ zum Bauteil ist zu verhindern.

Der im zweiten Anziehschritt zum Erreichen der Regelvorspannkraft $F_{p,C}$* nach Spalte 2 von Tabelle NA.A.2 aufzubringende Weiterdrehwinkel ϑ_{MKV} ist Tabelle NA.A.3 zu entnehmen.

ANMERKUNG1 Kleinere planmäßige Vorspannkräfte als die Regelvorspannkraft $F_{p,C}$* sind bei Anwendung des modifizierten kombinierten Vorspannverfahrens nicht zulässig.

ANMERKUNG 2 Ist mit Hilfe des Voranziehmomentes $M_{A,MKV}$ eine ausreichend flächige Anlage der zu verbindenden Bauteile nicht erreichbar und das Erreichen der planmäßigen Vorspannkraft somit zweifelhaft, so ist der erforderliche Weiterdrehwinkel ϑ_{MKV} durch eine Verfahrensprüfung an der jeweiligen Originalverschraubung zu ermitteln (z. B. mittels Messung der Schraubenverlängerung).

NA.A.5 NCI Tabellen

Tabelle NA.A.1: Vorspannkräfte und Anziehmomente für Drehimpuls- und modifiziertes Drehmoment-Vorspannverfahren für Garnituren der Festigkeitsklasse 8.8 nach DIN EN ISO 4014, DIN EN ISO 4017, DIN EN ISO 4032 und DIN 34820 – k-Klasse K1 nach DIN EN 14399-1

	1	2	3	4
	Maße	Regel-Vorspannkraft $F_{p,C}$* kN	Drehimpulsverfahren	Modifiziertes Drehmomentverfahren
			Einzustellende Vorspannkraft $F_{V,DI}$ zum Erreichen der Regelvorspannkraft $F_{p,C}$* kN	Aufzubringendes Anziehmoment M_A zum Erreichen der Regel-Vorspannkraft $F_{p,C}$* Nm
			Oberflächenzustand: feuerverzinkt und geschmiert[a] oder wie hergestellt und geschmiert[a]	
1	M12	35	40	70
2	M16	70	80	170
3	M20	110	120	300
4	M22	130	145	450
5	M24	150	165	600
6	M27	200	220	900
7	M30	245	270	1 200
8	M36	355	390	2 100

[a] Muttern mit Molybdänsulfid oder gleichwertigem Schmierstoff behandelt.

Tabelle NA.A.2: Vorspannkräfte und Anziehmomente für Drehimpuls-, modifiziertes Drehmoment- und modifiziertes kombiniertes Vorspannverfahren für Garnituren der Festigkeitsklasse 10.9 nach DIN EN 14399-4, DIN EN 14399-6 und DIN EN 14399-8 – k-Klasse K1 nach DIN EN 14399-1

	1	2	3	4	5
	Maße	Regel-Vorspannkraft $F_{p,C}$* kN	Drehimpulsverfahren	Modifiziertes Drehmomentverfahren	Modifiziertes kombiniertes Verfahren
			Einzustellende Vorspannkraft $F_{V,DI}$ zum Erreichen der Regel-Vorspannkraft $F_{p,C}$* kN	Aufzubringendes Anziehmoment M_A zum Erreichen der Regelvorspannkraft $F_{p,C}$* Nm	Voranziehmoment $M_{A,MKV}$ Nm
			Oberflächenzustand: feuerverzinkt und geschmiert[a] oder wie hergestellt und geschmiert[a]		
1	M12	50	60	100	75
2	M16	100	110	250	190
3	M20	160	175	450	340
4	M22	190	210	650	490
5	M24	220	240	800	600
6	M27	290	320	1 250	940
7	M30	350	390	1 650	1 240
8	M36	510	560	2 800	2 100

[a] Muttern mit Molybdänsulfid oder gleichwertigem Schmierstoff behandelt.

Tabelle NA.A.3: Erforderliche Weiterdrehwinkel ϑ_{MKV} für das modifizierte kombinierte Vorspannverfahren an Garnituren der Festigkeitsklasse 10.9

	1	2	3
	Gesamtnenndicke $\sum t$ der zu verbindenden Teile (einschließlich aller Futterbleche und Unterlegscheiben) d = Schraubendurchmesser	Während des zweiten Anziehschrittes aufzubringender Weiterdrehwinkel ϑ_{MKV}	
			Drehung
1	$\sum t < 2\,d$	45°	1/8
2	$2\,d \leq \sum t < 6\,d$	60°	1/6
3	$6\,d \leq \sum t < 10\,d$	90°	1/4
4	$10\,d < \sum t$	keine Empfehlung	keine Empfehlung

NCI Anhang NA.B
(normativ)

Gussteile, Schmiedeteile und Bauteile aus Vergütungsstählen

NCI Werkstoffe NA.B.1

(1) Die Vergütungsstähle C35+N und C45+N nach DIN EN 10083-2 sind nur für stählerne Lager, Gelenke und spezielle Verbindungselemente (z. B. Raumfachwerkknoten, Bolzen) zu verwenden.

(2) Die Stahlgusssorten GS200, GS240, G17Mn5+QT, G20Mn5+QT und G20Mn5+N nach DIN EN 10340 (Stahlguss für das Bauwesen), die Stahlgusssorten GE200 und GE240 nach DIN EN 10293 (Stahlguss für allgemeine Anwendungen) sowie die Gusseisensorten EN-GJS-400-15, EN-GJS-400-18, EN-GJS-400-18-LT, EN-GJS-400-18-RT nach DIN EN 1563 (Gießereiwesen – Gusseisen mit Kugelgrafit) sind nur für spezielle Formstücke, wie z. B. Verankerungsbauteile für Rundstäbe mit Gewinde, anzuwenden.

NCI Anforderungen NA.B.2

(1) Bauteile aus den oben genannten Werkstoffen dürfen nur elastisch berechnet und bemessen werden.

(2) Für Bauteile aus Stahlguss und Gusseisen sind die Anforderungen an die innere und äußere Beschaffenheit entsprechend dem Verwendungszweck festzulegen. In Tabelle NA.B.2 sind für vorwiegend ruhend beanspruchte Bauteile in Abhängigkeit von den unterschiedlichen Beanspruchungszonen H (hoch), M (mittel) und N (niedrig) die erforderlichen Gütestufen angegeben. Bezüglich der Kriterien für die verschiedenen Beanspruchungszonen gilt, dass jeweils jedes einzelne Kriterium maßgebend wird. Die Beanspruchungszonen eines Gussstückes oder die entsprechende einheitliche Klassifizierung bei kleinen Gussstücken sind in den Bauteilzeichnungen zu definieren. Wegen des Korrosionsschutzes können bezüglich der Oberflächenbeschaffenheit höhere Anforderungen erforderlich sein als in Tabelle NA.B.2 angegeben. Der Nachweis der Gütestufen gilt als erbracht, wenn die Prüfung einer Stichprobe von 10 % der Gussstücke einer Produktionseinheit keine unzulässigen Befunde ergab. Bei Bauteilen, deren Versagen die Standsicherheit wesentliche Teile einer baulichen Anlage gefährdet, ist eine umfassendere Prüfung erforderlich, deren Umfang projektspezifisch festzulegen ist.

(3) Fertigungsschweißungen an Gussstücken nach DIN EN 1559-1 und DIN EN 1559-2 sind zulässig, wenn die dafür erforderliche Qualifizierung des Schweißverfahrens und des Schweißpersonals nach DIN EN 1090-2 vorliegt. Zur Qualifizierung des Schweißverfahrens siehe Tabelle NA.B.1.

Tabelle NA.B.1: Methoden der Qualifizierung von Schweißverfahren

Schweißprozesse nach DIN EN ISO 4063		**Methode der Qualifizierung**		
Ord-nungs-nummer	**Bezeichnung**	**Werkstoff**	**Mechanisie-rungsgrad**	**Methode der Qualifizierung**
111	Lichtbogenhandschweißen	Walzstähle, Schmiedestähle und Stahlgusswerkstoffe $R_e \leq$ 355 N/mm²	Manuell und teilmechanisch	DIN EN ISO 15610, DIN EN ISO 15611, DIN EN ISO 15612, DIN EN ISO 15613 oder DIN EN ISO 15614-1
114	Metalllichtbogenschweißen mit Fülldrahtelektrode ohne Schutzgas			
12	Unterpulverschweißen		Vollmechanisch und automatisch	DIN EN ISO 15613 oder DIN EN ISO 15614-1 unter Beachtung der zusätzlichen Festlegungen der Richtlinie DVS 1702
135	Metall-Aktivgas-Schweißen			
136	Metall-Aktivgas-Schweißen mit Fülldrahtelektrode	Walzstähle, Schmiedestähle und Stahlgusswerkstoffe $R_e \leq$ 355 N/mm²	Alle	
141	Wolfram-Schutzgas-schweißen			
15	Plasmaschweißen			
311	Gasschweißen mit Sauerstoff-Acetylen-Flamme			

(4) Für den Nachweis ausreichender Zähigkeit gilt DIN EN 1993-1-10 entsprechend. Dabei ist für Stahlguss zusätzlich eine Temperaturverschiebung $\Delta T_G = -10$ K zu berücksichtigen und für die Bauteildicke ist der Maximalwert in einem 50 mm breiten Bereich beiderseits der Schweißnaht anzusetzen. Die Zuordnung zu den Walzstahlsorten ist hinsichtlich der Festigkeit und der Kerbschlagarbeit vorzunehmen. Für Stahlguss ist die DIN EN 1993-1-10:2010-12, Abschnitt 3 nicht anzuwenden.

(5) Zur Ermittlung der mechanisch-technologischen Kennwerte von Gussstücken ist in Abhängigkeit von der für den Verwendungsfall erforderlichen Zuverlässigkeit eine Probe zu gießen, deren Abmessungen Abkühlbedingungen sicherstellen, die den Verhältnissen an den höchstbeanspruchten Stellen des Gussstückes entsprechen.

(6) Für alle Schmiede- und Gusserzeugnisse müssen Prüfbescheinigungen nach DIN EN 10204, z. B. Prüfbescheinigung 3.1, vorliegen.

NA.B.3 NCI Charakteristische Werte

(1) Für Stähle im geschmiedeten Zustand gelten als charakteristische Werte für die entsprechenden Wanddickenbereiche die unteren Grenzwerte der Streckgrenze und der Zugfestigkeit in den jeweiligen Technischen Lieferbedingungen.

(2) Bei der Ermittlung von Beanspruchungen und Beanspruchbarkeiten sind für die Gusswerkstoffe die in Tabelle NA.B.3 angegebenen charakteristischen Werte zu verwenden.

(3) Bei Erzeugnisdicken, die größer sind als die in Tabelle NA.B.3, Spalte 2 angegebenen, jedoch kleiner oder gleich den in den jeweiligen Technischen Lieferbedingungen angegebenen, dürfen als charakteristische Werte für die entsprechenden Wanddickenbereiche die unteren Grenzwerte der Streckgrenze und der Zugfestigkeit nach den jeweiligen Technischen Lieferbedingungen verwendet werden.

(4) Bauteile, deren Wanddicken größer als 160 mm sind, gehören nicht zum Anwendungsbereich der Norm.

ANMERKUNG Die Erzeugnisdicken sind auch durch die Güteanforderungen an Gusserzeugnisse begrenzt.

(5) Die temperaturabhängige Veränderung der charakteristischen Werte ist bei Temperaturen über 100 °C zu berücksichtigen.

Tabelle NA.B.2: Anforderungen an die innere und äußere Beschaffenheit von vorwiegend ruhend beanspruchten Bauteilen aus Stahlguss und Gusseisen mit Kugelgraphit

Beanspruchungszonen		**Gütestufen**	
	Kriterien[a]	**Der inneren Beschaffenheit (Volumen) Ultraschallprüfung nach DIN EN 12680-1**[b] **oder DIN EN 12680-3**[c]	**Der äußeren Beschaffenheit (Oberfläche)**[d] **Eindringprüfung nach DIN EN 1371-1 oder Magnetpulverprüfung nach DIN EN 1369**
H	$1{,}00 \geq \eta_{Zug} > 0{,}75$ Wanddicke $t \leq 30$ mm[b] Wanddicke $t \leq 20$ mm[c] Schweißflanken Bereiche von Krafteinleitungen (z. B. Sacklochgewinde) Druckkegel von vorgespannten Schrauben	1[e]	**SP2** oder **SM2** (Einzelanzeigen) **LP2b** oder **LM2b** (lineare Anzeigen) **AP2b** oder **AM2b** (Anzeigen in Reihe)
M	$0{,}75 \geq \eta_{Zug} > 0{,}30$ $1{,}00 \geq \eta_{Druck} > 0{,}75$ Wanddicke 30 mm $< t \leq 50$ mm[b] Wanddicke 20 mm $< t \leq 30$ mm[c]	2[f]	
N	$0{,}30 \geq \eta_{Zug}$ $0{,}75 \geq \eta_{Druck}$ Wanddicke $t > 50$ mm[b] Wanddicke $t > 30$ mm[c]	3[f]	

a Für den Ausnutzungsgrad gilt $\eta = S_d/R_d$.
b Für Stahlguss.
c Für Gusseisen mit Kugelgraphit.
d Zur visuellen Bestimmung der Oberfläche kann auch DIN EN 12454 vereinbart werden.
e Oberflächenrisse mit Tiefen über 3 mm sind unzulässig.
f Innerhalb einer Bezugsfläche dürfen nicht gleichzeitig Reflektoren am Rand und Kern auftreten.

Tabelle NA.B.3: Als charakteristische Eigenschaften für Gusswerkstoffe festgelegte Werte

	1	2	3	4	5	6	7	8
Lfd. Nr.	**Gusswerkstoffe**	**Erzeugnisdicke** t mm	**Streckgrenze** $f_{y,k}$ N/mm²	**Zugfestigkeit** $f_{u,k}$ N/mm²	**E-Modul** E N/mm²	**Schubmodul** G N/mm²	**Temperaturdehnzahl** α_T K^{-1}	**Technische Lieferbedingungen**
1	GS200	$t \leq 100$	200	380	210 000	81 000	12×10^{-6}	DIN EN 10340
2	GS240		240	450				DIN EN 10340
3	GE200	$t \leq 160$	200	380				DIN EN 10293
4	GE240		240	450				DIN EN 10293
5	G17Mn5+QT	$t \leq 50$	240	450				DIN EN 10340
6	G20Mn5+N	$t \leq 30$	300	480				DIN EN 10340
7	G20Mn5+Qt	$t \leq 100$	300	500				DIN EN 10340
8	EN-GJS-M0-15	$t \leq 60$	250	390	169 000	46 000	$12{,}5 \times 10^{-6}$	DIN EN 1563
9	EN-GJS-400-18		250	390				DIN EN 1563
10	EN-GJS-400-18-LT		230	380				DIN EN 1563
11	EN-GJS-400-18-RT		250	390				DIN EN 1563

NA.B.4 NCI Schweißnähte

(1) Bei Bauteilen aus Stahlguss sind in den Beanspruchungszonen H und M nach Tabelle NA.B.2 Schweißverbindungen mit nicht durchgeschweißten Nähten nicht zulässig. Schweißverbindungen in den Beanspruchungszonen H und M sind mit voll durchgeschweißten Nähten (Stumpf-, HV- und DHV-Nähte) auszuführen.

(2) In der Beanspruchungszone N sind nicht durchgeschweißte Nähte (HY-, DHY- und Kehlnähte) zulässig. Zur Berechnung der Tragfähigkeit sind die Korrelationsbeiwerte β_w nach Tabelle NA.B.4 zu verwenden. Der Nachweis der Schweißnähte wird auf das vereinfachte Bemessungsverfahren nach DIN EN 1993-1-8:2010-12, Abschnitt 4.5.3.3 beschränkt.

NA.B.5 NCI Schraubenverbindungen

(1) Bei Sacklochverschraubungen in Bauteilen aus Gusswerkstoffen ist für den Bereich des eingeschnittenen Gewindes durch zerstörungsfreie Prüfung nachzuweisen, dass die für die Übertragung der jeweiligen Beanspruchung erforderliche Werkstoffhomogenität vorhanden ist.

Tabelle NA.B.4: Korrelationsbeiwerte β_w für Kehlnähte

Stahl	β_w
GS200	1,0
GS240	1,0
G17Mn5+QT	1,0
G20Mn5+N	1,0
G20Mn5+QT	1,1

NCI Literaturhinweise

[1] Fischer, M. und Wenk, P.: Vergleich vorhandener Konzepte zur erforderlichen Kehlnahtdicke. Stahlbau 57 (1988), S. 2–8.

[2] Scheer, J., Peil, U. und Scheibe, H.-J.: Zur Übertragung von Kräften durch Kontakt im Stahlbau. Bauingenieur 62 (1987), S. 419–424.

[3] Lindner, J. und Gietzelt, R.: Kontaktstöße in Druckstäben. Stahlbau 57 (1988), S. 39–50, S. 384.

[4] DIN EN 1011 (alle Teile), *Schweißen — Empfehlungen zum Schweißen metallischer Werkstoffe*

[5] JRC — Scientific and Technical Reports: Effects of imperfections of steel columns with contact splices an the design, JRC, September 2010

III Kommentar zu DIN EN 1993-1-8 mit Nationalem Anhang

III Kommentar zu DIN EN 1993-1-8 mit Nationalem Anhang

Inhaltsverzeichnis zum Kommentarteil

Abbildungsverzeichnis

Tabellenverzeichnis

III.0. Vorbemerkung

III.0.1. Allgemeines

Mit Einführung der Normenfamilie DIN EN 1993 liegt nunmehr ein modernes und einheitliches Normenwerk für die Bemessung und Konstruktion von Stahlbauten vor.

Die DIN EN 1993-1-8 [9] und der zugehörige Nationale Anhang [10] enthalten die Regeln zur Bemessung von Anschlüssen und Verbindungen unter vorwiegend ruhender Beanspruchung. Über die Bemessungs- und Konstruktionsregeln für die elementaren Verbindungsmittel Schrauben, Bolzen, Nieten und Schweißnähte hinaus enthält diese Norm ebenfalls Regeln zur Klassifizierung und Berechnung von geschraubten Stirnplattenverbindungen sowie die Berechnung von Hohlprofilknoten.

Die korrespondierenden Regeln zu Fertigung und Montage geschraubter und geschweißter Verbindungen sind in DIN EN 1090-2 angegeben. Hier werden, neben den geltenden Schraubenproduktnormen, die Bestimmungen zur Ausführung – wie beispielsweise das Aufbringen der Vorspannkraft, die Vorbereitung der Reibflächen oder die detaillierte Qualitätssicherung bei geschweißten Verbindungen – angegeben. Ein ausführlicher Kommentar zu DIN EN 1990 findet sich bei [114]. Hierin werden ergänzende Informationen und technische Erläuterungen geliefert.

Der vorliegende Kommentar zur DIN EN 1993-1-8 hat das Ziel, die Anwendung der Norm zu erleichtern. Dazu werden die wissenschaftlichen Hintergründe zu den Normenregeln aufgezeigt und die grundlegenden Bemessungs- und Konstruktionsregeln vorgestellt, insbesondere zu neuen Regelungen werden Hinweise und Erläuterungen gegeben. Er ist im Hinblick auf den bestehenden Kommentar zur DIN EN 1090 auf die Berechnungs- und Konstruktionshinweise beschränkt.

Gliederung und Bezeichnungen im Kommentar entsprechen denen in der Norm DIN EN 1993-1-8. Textstellen aus dem Nationalen Anhang sind gekennzeichnet mit NDP (nationally determined parameters) für national festgelegte Parameter und NCI (non-contradictory complementary information) für ergänzende nicht widersprechende Angaben zur Anwendung der DIN EN 1993-1-8.

Weiterhin werden Hilfen zur Anwendung in Form von tabellarisch gefassten Zahlenwerten gegeben, die im Anhang zu finden sind.

Die Beispielrechnungen zur Anwendung der Norm zeigen vorrangig die Anwendung der neuen Regelungen auf.

III.0.2. Vorgehensweise zur Festlegung der Bemessungsfunktionen

Das Nachweiskonzept der Eurocodes basiert auf dem Nachweis von Grenzzuständen. Für viele Bemessungsmodelle wurden die charakteristischen Festigkeitswerte R_k an umfangreichen Versuchen kalibriert und danach die erforderlichen Teilsicherheitsfaktoren γ_M festgelegt. Das dazu erforderliche Verfahren ist in Anhang D der DIN EN 1990 [5] angegeben.

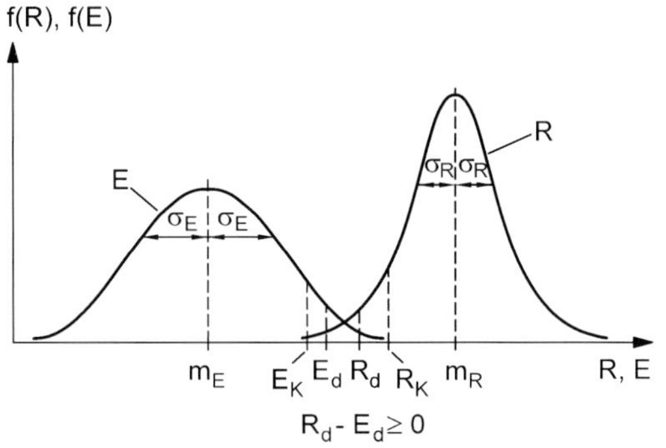

Bild III.0-1: Verteilung von Einwirkung und Widerstand

Es wird angenommen, dass sowohl die Lasten der Einwirkungsseite E als auch die Widerstände R eines Tragwerks statistisch normalverteilt sind. Die Normalverteilung ist durch den Mittelwert „m“ und die Standardabweichung „s“ bestimmt, Bild III.0-1.

Damit ein ausreichender Sicherheitsabstand zwischen der Einwirkung E und dem Widerstand R gewährleistet wird, wird nach [5] ein Sicherheitsindex β

$$\beta = \frac{m_R - m_E}{\sqrt{\sigma_R^2 + \sigma_E^2}} \geq 3{,}8 \tag{III.0-1}$$

gefordert, wobei

m_E – Mittelwert der Einwirkungen,

m_R – Mittelwert der Widerstände,

σ_E – Standardabweichung der Einwirkungen und

σ_R – Standardabweichung der Widerstände

sind.

Die Sicherheitsanforderung an ein Tragwerk ist erfüllt, wenn gilt

$$R_d - E_d \geq 0 \tag{III.0-2}$$

R_d ist der Bemessungswert des Widerstandes und E_d ist der Bemessungswert der Einwirkung.

Auf der Grundlage der statistischen Kenngrößen und mit Hilfe des Sicherheitsindexes können die Bemessungswerte in folgendes Format gebracht werden,

$$\left[m_R - \frac{\sigma_R}{\sqrt{\sigma_R^2 + \sigma_E^2}} \cdot \beta \cdot \sigma_R \right] - \left[m_E - \frac{-\sigma_E}{\sqrt{\sigma_R^2 + \sigma_E^2}} \cdot \beta \cdot \sigma_E \right] \geq 0 \tag{III.0-3}$$

Führt man die Wichtungsfaktoren

$$\alpha_R = \frac{\sigma_R}{\sqrt{\sigma_R^2 + \sigma_E^2}} \tag{III.0-4}$$

$$\alpha_E = \frac{\sigma_S}{\sqrt{\sigma_R^2 + \sigma_E^2}} \tag{III.0-5}$$

ein, können die Bemessungswerte wie folgt bestimmt werden:

$$R_d = m_R - \alpha_R \cdot \beta \cdot \sigma \tag{III.0-6}$$

$$E_d = m_E + \alpha_E \cdot \beta \cdot \sigma_E \qquad \text{(III.0-7)}$$

Mit den in [5] getroffenen Vereinbarungen konstanter Wichtungsbeiwerte $\alpha_R = 0{,}8$ für die Widerstandswerte und $\alpha_E = 0{,}7$ für die Einwirkungswerte können R_d und E_d unabhängig voneinander bestimmt werden. Dadurch kann auch das in Annex D der EN 1990 angegebene statistische Verfahren auf die Bestimmung der Bemessungswerte der Widerstände konzentriert werden.

Das Verfahren erfolgt derart, dass zunächst gestützt auf bestehende Nachweisverfahren, mechanische Modellvorstellungen und Versuchsbeobachtungen sinnvolle Bemessungsmodelle R ausgewählt werden, mit denen dann im Anschluss Bauteilversuche nachgerechnet werden. Hieraus folgt die Widerstandsfunktion $r_t = g_R(x)$, die alle in Versuchen festgestellten relevanten Einflüsse auf das Tragverhalten enthält. Bildet man für jeden Versuch ein Wertepaar aus experimenteller Tragfähigkeit r_e zu der berechneten Tragfähigkeit r_t, Bild III.0-2, kann mit allen Versuchen durch Bestimmung der statistischen Kenngrößen Mittelwertabweichung b, Standardabweichung s_δ und Streukorrektur δ die Vorhersagegenauigkeit des gewählten Bemessungsmodells bestimmt werden.

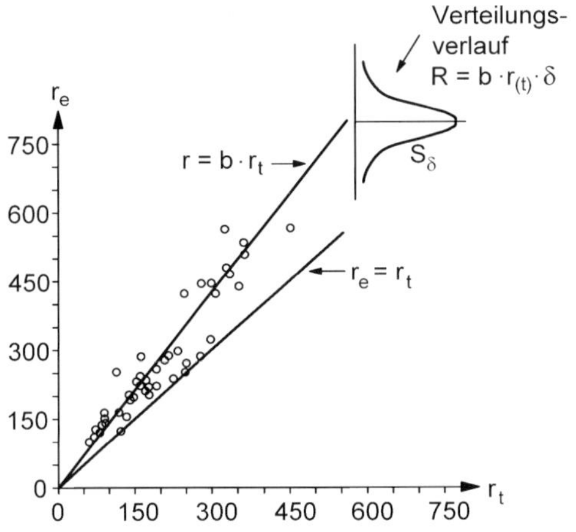

Bild III.0-2: r_e/r_t - Diagramm

Hiermit folgt die Widerstandsfunktion

$$R = b r_t \cdot \delta \qquad \text{(III.0-8)}$$

Im Idealfall eines vollständigen Bemessungsmodells liegen alle Wertepaare auf der in Bild III.0-2 angegebenen Winkelhalbierenden. In der Praxis sind die auftretenden Streuungen mehr oder weniger stark ausgebildet und werden systematisch untersucht. Dies erfolgt durch Aufteilung der Versuchsgesamtheit in geeignete Untergruppen, mit denen der Einfluss einzelner Parameter auf die Streuung bestimmt werden kann. Ziel ist die Entwicklung eines verbesserten Bemessungsmodells, welches zu einer verringerten Streuung und damit zum Erhalt realitätsnäherer und wirtschaftlicherer Bemessungsergebnisse führt.

Ein Beispiel hierfür ist die Interaktionsbeziehung für Schrauben mit Abscher- und Zugbeanspruchung, für die zunächst die vorgeschlagene Interaktion mittels Kreisgleichung an Versuchen überprüft wurde und dann eine verbesserte, multilineare Interaktionsbeziehung entwickelt wurde.

Trägt man die Verteilung der r_e/r_t-Werte in Gauß-Papier auf, weicht diese in den meisten Fällen von einer Geraden, die bei einer Normalverteilung entstehen würde, ab, Bild III.0-3.

Für den nichtlinearen Verlauf wird die maßgebende Normalverteilung aus der Tangente am unteren Verlauf der gemessenen Wahrscheinlichkeitsverteilung bestimmt und hieraus dann die Mittelwertabweichung und die Standardabweichung abgeleitet.

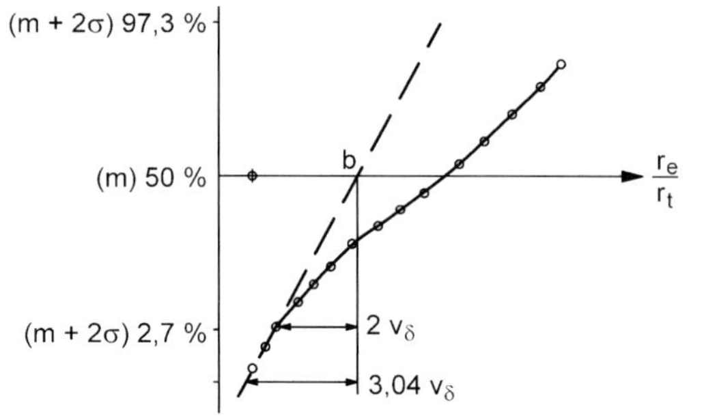

Bild III.0-3: Statistische Verteilungswerte auf Gaußpapier

Häufig kann auch durch Annahme einer logarithmischen Verteilung die tatsächliche Verteilung sehr gut angenähert werden.

Für jeden Versuch sind im Idealfall alle Basisvariablen gemessen und werden zur Bestimmung der rechnerischen Tragfähigkeiten verwendet, so dass die ermittelte Streuung nur aus dem gewählten Bemessungsmodell folgt. Bei der Festlegung der erforderlichen Teilsicherheitsbeiwerte muss berücksichtigt werden, dass die Streuung der verwendeten Eingangsvariablen des Bemessungsmodells eine zusätzliche statistische Unsicherheit erzeugt. In der statistischen Auswertung werden daher die in Tabelle III.0-1 angegebenen Variationskoeffizienten, die aufgrund von Vorinformationen aus einer großen Anzahl von Messungen ermittelt wurden, zusätzlich berücksichtigt:

Tabelle III.0-1: Variationskoeffizienten der Eingangsgrößen

	Mittelwertabweichung	Variationskoeffizient
Zugfestigkeit f_u	$1{,}14\, f_{u,\,nom}$	0,070
Blechdicke t	t_{nom}	0,050
Blechbreite	b_{nom}	0,005
Schraubendurchmesser	d_{nom}	0,005
Loch- und Randabstände	e_{nom}, p_{nom}	0,005
Schweißnahtfläche	A_{nom}	0,100

Die Variationskoeffizienten werden mit der Standardabweichung der Widerstandsfunktion kombiniert

$$\sigma_R = \sqrt{\Sigma\sigma_{Rt,i}^2 + S_\delta^2} \qquad \text{(III.0-9)}$$

Wird eine logarithmische Normalverteilung für die Widerstandsfunktion R angenommen, folgt der charakteristische Wert des Widerstandes als 5%-Fraktile

$$R_k = b \cdot m_r \cdot e^{(-1{,}64 \cdot \sigma_R - 0{,}5 \cdot \sigma_R^2)} \qquad \text{(III.0-10)}$$

Der Bemessungswert des Widerstandes folgt aus

$$R_d = b \cdot m_R \cdot e^{(\alpha_R \cdot \beta \cdot \sigma_R - 0{,}5 \cdot \sigma_R^2)} \qquad \text{(III.0-11)}$$

Wobei $\alpha_R \cdot \beta = -0{,}8 \cdot 3{,}8 = -3{,}04$ ist.

Der Sicherheitsbeiwert γ_M für die Widerstandsseite folgt aus dem Quotienten aus charakteristischem Widerstand und Bemessungswert des Widerstandes

$$\gamma_M = \frac{R_K}{R_D} \qquad \text{(III.0-12)}$$

In den meisten Fällen wird statt der 5%-Fraktilen R_k ein nomineller Wert R_{nom} verwendet, der mit den nominellen Werten der Eingangsparameter, das sind z.B. die Nennwerte für die Querschnittskennwerte, berechnet wird. Hierfür ist ein modifizierter Sicherheitsbeiwert

$$\gamma_M^* = \Delta k \cdot \gamma_M \qquad \text{(III.0-13)}$$

mit $\Delta k = \dfrac{R_{nom}}{R_k}$ zu berücksichtigen.

Dieses statistische Auswerteverfahren ist für die wesentlichen Widerstandsfunktionen in DIN EN 1993-1-8 angewendet worden.

Für alle Bauteil- und Verbindungsmittelwiderstände, die in Bezug auf die Zugfestigkeit f_u formuliert sind, wird in EN 1993 einheitlich γ_{M2} = 1,25 gewählt.

In den Fällen, in denen γ_M^* nicht dem Sicherheitsfaktor γ_{M2} = 1,25 entspricht, wurde die Widerstandsfunktion R_{nom} mit Korrekturfaktoren geändert, beispielsweise die Faktoren α_{ub} zur Bestimmung des Widerstandes der Schrauben aus Abscheren.

Die Festlegung der Nachweisregeln mit den zugehörigen Sicherheitsbeiwerten erfolgte in [124] und [123] und wird an entsprechender Stelle nachfolgend angegeben.

III.1. Allgemeines

III.1.1. Anwendungsbereich

<1> Zu 1.1 (1)

Mit der Einführung der DIN EN 1993-1-12 [12] und der Veröffentlichung des zugehörigen nationalen Anhangs im August 2011 [13] wurde der Anwendungsbereich der DIN EN 1993-1-8 auf Stahlsorten bis einschließlich S700 erweitert. Sofern die zusätzlichen Regeln der DIN EN 1993-1-12 zu berücksichtigen sind, wird hierauf an entsprechender Stelle im Dokument hingewiesen. Für einzelne Anwendungen, wie z.B. den Einsatz in als verformbar einzustufenden Anschlüssen oder bei einseitig angeschlossen Winkeln, dürfen die Regeln von DIN EN 1993-1-8 nicht auf Stahlsorten über S460 bis S700 übertragen werden. Auch auf diese Einschränkungen wird an entsprechender Stelle hingewiesen.

Für die Anwendung der DIN EN 1993-1-8 werden Anforderungen an die Mindestblechdicken gestellt, auf die zu Beginn der jeweiligen Abschnitte im Normentext hingewiesen wird. Die wesentlichen Anforderungen sind nachfolgend zusammengestellt:

Schraubenverbindungen (Abschnitt 3):		$t \geq 3{,}0$ mm
Schweißverbindungen (Abschnitt 4):	allgemein	$t \geq 4{,}0$ mm
Hohlprofile		$t \geq 2{,}5$ mm
Hohlprofilknoten (Abschnitt 7):		$2{,}5$ mm $\leq t \leq 25$ mm

Werden die Mindestblechdicken unterschritten kann z.B. für Schraub- und Schweißverbindungen auf DIN EN 1993-1-3 [8] zurückgegriffen werden.

<2> Zu 1.2.1

Die verwendbaren Baustähle und Konstruktionsmaterialien sind in DIN EN 1090-2 [4] spezifiziert. So sind z.B. in Ergänzung zu den vorhandenen Referenznormen für Schrauben in 1.2.4 die EN 14399-1 für vorgespannte Schrauben und EN 15048-1 für nichtvorgespannte Schrauben gemäß DIN EN 1090-2 anwendbar.

<3> Zu 1.4.6 bis 1.4.8

Mit der DIN EN 1993-1-8 ist die „Komponentenmethode“ zur Berechnung von geschraubten oder geschweißten Anschlüssen eingeführt worden, die die Ermittlung der charakteristischen Anschlusskennwerte „Beanspruchbarkeit“, „Rotationssteifigkeit“ und „Rotationskapazität“ ermöglicht. Anhand der Anschlusskennwerte erfolgt eine Klassifizierung der Anschlüsse für die Trag- und Verformungsnachweise, auf die im Abschnitt 5 noch näher eingegangen wird.

III.1.5. Formelzeichen

<1> Zu 1.5 (2)

Geltende Formelzeichen werden in Abschnitt 1.5 definiert, wobei ab Abschnitt 1.5 (2) nur die in Abschnitt 7 spezifischen Formeln, Symbole und Zeichen für Hohlprofilkonstruktionen aufgeführt sind. Gebräuchliche Abkürzungen sind: HP-Hohlprofil, KHP-Kreis- bzw. Rundhohlprofil und RHP-Rechteckhohlprofil. Rechteckhohlprofile schließen QHP-Quadrathohlprofile als Sonderform begrifflich mit ein.

In Bild 1.3 sind zwei Konstruktionsmöglichkeiten für K-Fachwerkknoten dargestellt, ein Anschluss mit Spalt zwischen zwei Streben und ein Anschluss mit Überlappung zweier Streben.

<2> Zu 1.5 (3)

Durch Änderung AC: 2009 wurde in Abschnitt 1.5 (3) der Abstand (Hebelarm) h_z der Schwerpunkte der strebenseitig wirksamen Teilflächen eines RHP-Träger-Anschlusses an eine Stütze mit I- oder H-Querschnitt ergänzt. Die aus zwei Teilen bestehende wirksame Fläche ist zur Verdeutlichung in Bild III.1-1 dargestellt. h_z wird in Tabelle 7.22 benötigt. Die Berechnung der wirksame Länge p_{eff} ist in Tabelle 7.22 zu finden.

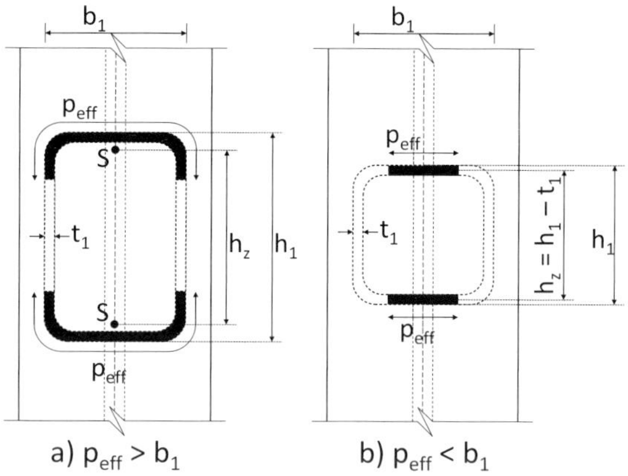

Bild III.1-1: Wirksame Anschlussfläche eines RHP am Flansch eines I-Profils

<3> Zu 1.5 (4) und (5)

Zur Unterscheidung der Bauteile eines Anschlusses wird die Indizierung nach Abschnitt 1.5 (4) verwendet. Der Index i = 0 bezeichnet das untergesetzte Profil, im Fachwerk den Gurtstab, die Indizes i = 1, 2, 3 usw. daran angeschlossene bzw. aufgesetzte Profile, die Streben. In K- oder N-Anschlüssen mit 2 Streben kennzeichnet i = 1 die Druckstrebe und i = 2 die Zugstrebe. Ein weiterer Index j findet sich bei überlappt geschweißten Streben, wobei i die überlappende, obere Strebe kennzeichnet und j die überlappte, untere Strebe, siehe auch Bild 1.4, Anschluss c).

In Abschnitt 1.5 (5) sind die verwendeten Spannungsausnutzungen der Gurtstäbe definiert, die Spannungsverhältnisse n und n_p nach Gleichung (III. 1-1) und (III. 1-2).

für RHP-Gurtstäbe: $n = \sigma_{0,Ed} / f_{yo}$ (III. 1-1)

für KHP-Gurtstäbe: $n_p = \sigma_{p,Ed} / f_{yo}$ (III. 1-2)

Der Index p (engl.: prestress) bedeutet, dass nur die sog. „Gurtvorspannung“ berücksichtigt wird, ohne die Lastkomponenten aus den am Anschluss eingeleiteten Strebenlasten. $\sigma_{0,Ed}$ ist daher die betragsmäßig größere Spannung, $\sigma_{p,Ed}$ die kleinere Spannung oder „Vorspannung“ links bzw. rechts vom Anschluss. Die Gurtspannungen sind in Abschnitt 7.2.1 (3) durch Gleichung (7.1) und (7.2) definiert. Bei Fachwerkträgern dürfen Biegespannungen infolge von Knotenexzentrizität vernachlässigt werden, wenn der Grenzbereich von Abschnitt 5.1.5 (5) nicht verlassen wird. Die Spannungsberechnung auch für den Fall mehrachsiger Beanspruchung wird in III.7.2 kommentiert.

<u>Hinweis:</u> Der Teilsicherheitsbeiwert γ_{M5} ist bei den Spannungsverhältnissen fehl am Platz. Er braucht nur einmal in der Tragfähigkeitsgleichung selbst verwendet werden. Dieser Fehler wirkt sich wegen $\gamma_{M5} = 1$ allerdings nicht aus.

<4> Zu 1.5 (6)

In Abschnitt 1.5 (6) sind die wichtigsten geometrischen Parameter definiert, die die Tragfähigkeiten in Abschnitt 7 bestimmen, die Breitenverhältnisse β und β_p zwischen auf- und untergesetztem Bauteil, das Schlankheitsverhältnis des untergesetzten Gurtstabes 2γ, die Höhen-Breiten-Verhältnisse η, η_p und der obere Grenzwert $\lambda_{ov,lim}$ für das in Bild 1.3 b) genannte Überlappungsverhältnis λ_{ov}, siehe auch Bild III.1-2.

Bei einer Strebenüberlappung überdeckt bzw. überlappt ein Teil der oberen, aufgeschweißten Strebe i die untere Strebe j. Die untere, überlappte Strebe j kann unter der Überlappung auf den Gurt geschweißt sein (vollständig verschweißt) oder auch nicht. Die Länge des Fußabdrucks der Überlappung auf dem Gurt ist q. Die Überlappung q kann als negative Spaltweite g aufgefasst werden. Das Überlappungsverhältnis λ_{ov} ist das Verhältnis der Länge des Fußabdrucks der Überlappung auf dem Gurt q zur gesamten Länge des Fußabdrucks der überlappenden Strebe auf dem Gurt p in Prozent. Dabei ist p die gesamte mögliche Länge einschließlich Überlappung, beim K-Anschluss mit 2 Streben nach Bild III.1-2: $p = h_i / \cos\,\theta_i$. Die Definition von p und q in Abschnitt 1.5 ist leicht verwirrend, die Vermaßung von p in Bild 1.3b) verschoben. In Bild III.1-2 sind deshalb die zu berücksichtigenden Abmessungen eindeutig definiert.

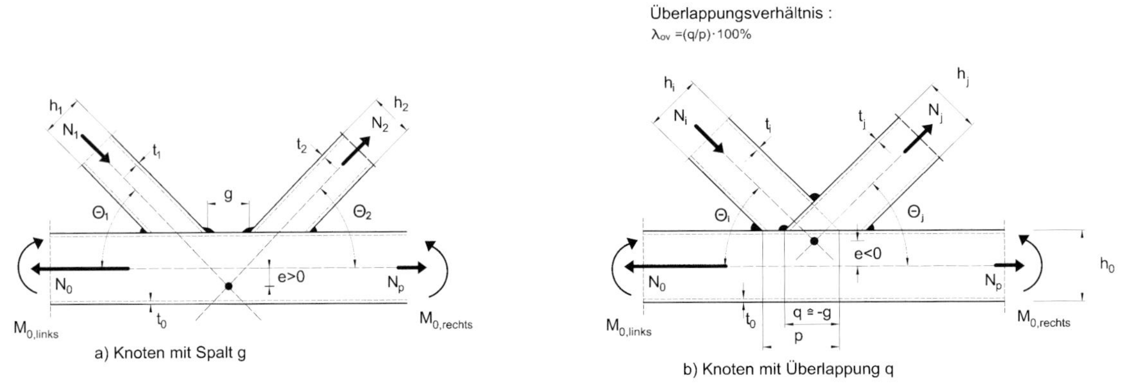

Bild III.1-2: Spalt und Überlappung

Diese und weitere Parameter werden in den einleitenden Abschnitten 7.1 und 7.2 und in den Tabellen, in denen sie gebraucht werden, oft nochmals genannt oder grafisch veranschaulicht. Die Liste in Abschnitt 1.5 ist nicht vollständig.

<5> Zu Bild 1.4

In Abschnitt 1.5, Bild 1.4 sind grundlegende Abmessungen, Symbole und Parameter für HP-Fachwerkknotenanschlüsse dargestellt. Dabei sind auch die Vorzeichendefinitionen zu erkennen. In K- Anschlüssen mit Spalt ist N_1 als Druckkraft positiv, N_2 als Zugkraft. Im Y-Anschluss ist N_1 als Zugkraft positiv. Im K-Anschluss mit Überlappung gehört N_i zur überlappenden Strebe, N_j zur überlappten Strebe.

III.2. Grundlagen der Tragwerksplanung

<1> Zu 2.2. (2) Teilsicherheitsbeiwert γ_{M2}

Während Bauteilnachweise mit Rücksicht auf die Begrenzung der Bauteilverformungen mit der plastischen Beanspruchbarkeit fy erfolgen, werden in einzelnen, beschränkten Bereichen, z.B. bei Schrauben, im Bereich von Lochleibungsbeanspruchungen und Nettoquerschnitten geschraubter Anschlüsse und bei Schweißnahtquerschnitten, wenn das lokale Fließen keine großen Wirkungen auf die Gesamtverformung hat, die Nachweise gegen die Zugfestigkeit fu geführt.

<2> Zu 2.2 (2): Teilsicherheitsbeiwert für Anschlüsse nach Kapitel 7

Der Teilsicherheitsbeiwert für die Tragfähigkeit von Anschlüssen nach Kapitel 7 wird mit $\gamma_{M5} = 1$ festgelegt, da die Grenztragfähigkeiten Bemessungs- und keine charakteristischen Werte sind. Sie enthalten bereits die erforderlichen Sicherheitsreserven, vgl. Abschnitt 2.2 (2), Tabelle 2.1, Anmerkung + NDP zu 2.2 (2) Anmerkung im deutschen Nationalen Anhang.

<3> Zu 2.3 (1)

Die Momenten-Rotations-Charakteristika der Anschlüsse müssen den Annahmen des zur Tragwerksberechnung verwendeten Modells entsprechen. Insbesondere bei Verwendung verformbarer Anschlüsse beeinflusst die Anschlusscharakteristik das Systemverhalten in besonderem Maße. Die eher übliche Trennung in Ausführungsplanung (Schnittgrößenermittlung und Stabbemessung) und Werkstattplanung (Festlegen der Anschlüsse) ist damit nicht mehr gegeben.

<4> Zu 2.4 (3)

Die in 3.9.3 aufgeführte Ausnahme betrifft Hybridverbindungen von Schweißnähten und gleitfest vorgespannten Schrauben der Kategorie C (gleitfeste Verbindung im Grenzzustand der Tragfähigkeit), sofern das endgültige Anziehen der Schrauben nach der vollständigen Ausführung der Schweißarbeiten erfolgt.

<5> Zu 2.5 (1)

Im Vergleich zu linear-elastischen Berechnungen von Schrauben- und Schweißverbindungen können unter Annahme eines plastischen Tragverhaltens deutliche Steigerungen der Beanspruchbarkeiten erzielt werden. Vorteilhaft ist dies besonders, wenn bei exzentrischer Lasteinleitung eine zusätzliche Momentenbeanspruchung erzeugt wird.

<6> Zu 2.5 (2)

Hierzu zählt u.a. der Nachweis einer ausreichenden Rotationskapazität von Anschlüssen an Stellen plastischer Gelenke.

III.3. Schrauben-, Niet- und Bolzenverbindungen

III.3.0. Vorbemerkungen

Die Anforderungen an mechanische Verbindungsmittel und die verbindlichen Regelungen zur Fertigung und Montage sind in DIN EN 1090-2 angegeben. Demnach beträgt der Mindestnenndurchmesser von Schrauben im Stahlbau 12 mm.

Bei der Festlegung der Schraubenlänge ist nach DIN EN 1090-2 sicherzustellen, dass nach Anziehen die Länge des Gewindeüberstandes, gemessen von der Mutteraußenseite, mindestens einen Gewindegang beträgt. Bei planmäßig vorgespannten Schrauben wird gefordert, dass zusätzlich zum Gewindeauslauf mindestens vier vollständige Gewindegänge zwischen der Auflagerfläche der Mutter und dem gewindefreien Teil des Schraubenschaftes liegen. Bei nicht planmäßig vorgespannten Verbindungen reicht ein Gewindegang aus.

III.3.1. Schrauben, Muttern und Unterlegscheiben

III.3.1.1. Allgemeines

Mit den Festlegungen im nationalen Anhang (NCI) gelten für die Verwendung verzinkter Schrauben die gleichen Anforderungen und Einschränkungen wie bereits in DIN 18800-1, Element (407) [2] angegeben.

Im Wesentlichen soll mit den Festlegungen der gerade bei höherfesten Schrauben ab Festigkeitsklasse 8.8 bestehenden Gefahr einer Wasserstoffversprödung begegnet werden. In DIN EN 1090-2 [4] wird daher auch für feuerverzinkte Verbindungsmittel eine Ausführung der Verzinkung in Übereinstimmung mit DIN EN ISO 10684 [21] gefordert, in der auch Vorsichtsmaßnahmen zur Vermeidung einer Wasserstoffversprödung genannt werden. Insbesondere sind möglichst kurze Verweilzeiten in der Beize anzustreben, da in der Beize prozessbedingt atomarer Wasserstoff vorhanden ist, der in den Schraubenwerkstoff diffundieren kann. Werden die Schrauben nach der Verzinkung einer mindestens zweistündigen Wärmebehandlung bei Temperaturen von bis zu 200 °C unterzogen, lässt sich der Wasserstoff bei Schrauben bis 1000 N/mm² Zugfestigkeit weitestgehend austreiben und die Gefahr der Wasserstoffversprödung minimieren. Für Schrauben mit höheren Festigkeiten – also auch für Schrauben der Festigkeitsklasse 10.9 mit Überfestigkeiten – kann die Wasserstoffversprödung nicht sicher ausgeschlossen werden.

Bei der galvanischen Verzinkung entsteht zusätzlich während des Abscheideprozesses im galvanischen Bad atomarer Wasserstoff, so dass die Gefahr der Wasserstoffversprödung besonders hoch ist. Aus diesem Grund wird der Einsatz galvanisch verzinkter Schrauben der Festigkeitsklassen 8.8 und 10.9 im Stahlhochbau ausgeschlossen.

<1> Zu Tabelle 3.1 Nennwerte von Schraubenfestigkeiten

Gemäß dem Nationalen Anhang zur DIN EN 1993-1-8 [10], NAD, ist die Verwendung von Schrauben der Festigkeitsklasse 4.8, 5.8 und 6.8 in Deutschland ausgeschlossen.

<2> Zu 3.1.2 (1): Vorgespannte Schrauben

Die Vorspannverfahren zur Aufbringung einer kontrollierten Vorspannung werden in Abschnitt 8.5 der DIN EN 1090-2 und im Anhang A des Nationalen Anhangs zur DIN EN 1993-1-8 geregelt und werden ausführlich von Prof. Schmidt und Prof. Stranghöner im Stahlbau Kalender 2011, „5 Ausführung geschraubter Verbindungen nach DIN EN 1090-2“ [71], behandelt.

III.3.4. Kategorien von Schraubenverbindungen

Die Kategorisierung von Schraubverbindungen erfolgt wie auch schon in DIN 18800-1 in Abhängigkeit von der Ausführung und den Beanspruchungen.
Bei scherbeanspruchten Schrauben wird zwischen den Kategorien A, B und C differenziert. Die Kategorie A umfasst die Scher-/Lochleibungsverbindungen. Da keine planmäßige Vorspannung erforderlich ist, dürfen Schrauben aller Festigkeitsklassen verwendet werden.
Die Kategorien B und C beinhalten gleitfeste, also planmäßig vorgespannte Verbindungen, sodass hier nur Schrauben der Festigkeitsklassen 8.8 und 10.9 zugelassen sind. Bei Kategorie B-Verbindungen gleitet die Verbindung nach Erreichen der Gebrauchslast und es erfolgt ein Abbau der Vorspannung in hohem Maße. Im Tragfähigkeitszustand liegen die Schrauben an den Lochwänden an und übertragen die Beanspruchung wie eine Kategorie A-Verbindung. Neu ist im Vergleich zur DIN 18800-1 dabei die Kategorie C „Gleitfeste Verbindung im Grenzzustand der Tragfähigkeit“. Anders als bei Verbindungen der Kategorie B „Gleitfeste Verbindung im Grenzzustand der Gebrauchstauglichkeit“ (DIN 18800: GV-/ GVP-Verbindung) muss bei Verbindungen der Kategorie C sichergestellt werden, dass der Gleitwiderstand $F_{s,Rd}$ auch unter Bemessungslasten nicht überwunden wird. Ein Lochleibungsversagen ist damit prinzipiell ausgeschlossen. Jedoch wird unterstellt, dass nach der Montage einige Schrauben in einer Verbindung an der Lochwand anliegen und dann auch zu Lochleibungsbeanspruchung führen. Zur Vermeidung eines vorzeitigen Versagens wird daher zusätzlich der Nachweis der Lochleibungstragfähigkeit geführt. Zusätzlich ist der Grenznachweis des Nettoquerschnittes zur Vermeidung des Bauteilversagens erforderlich.
Die zur DIN EN 1993 gehörende Ausführungsnorm DIN EN 1090-2 bietet für die Ermittlung des Gleitwiderstandes auch Haftreibungszahlen $\mu \geq 0{,}20$ für unbehandelte, oder lediglich durch Drahtbürsten oder durch Flammstrahlen gereinigte Oberflächen an, so dass auf die nach DIN 18800-7 [3] noch zwingend erforderliche Vorbehandlung der Kontaktflächen verzichtet werden kann, wenn die erforderlichen Nachweise für die gleitfest vorgespannten Verbindungen mit den reduzierten Haftreibungszahlen geführt werden können. Auf die Haftreibungszahlen sowie die erforderlichen Oberflächenbehandlungen wird bei Abschnitt 3.9 noch eingegangen.
Zugbeanspruchte Schraubenverbindungen werden in die Kategorien D „Nicht vorgespannt“ und Kategorie E „Vorgespannt“ eingeteilt. Wie auch bei den scherbeanspruchten Verbindungen gilt: für planmäßig vorgespannte Verbindungen der Kategorie E dürfen nur Schrauben der Festigkeitsklasse 8.8 oder 10.9 eingesetzt werden, für nichtvorgespannte Verbindungen der Kategorie D sind alle Schraubenfestigkeitsklassen nach Tabelle 3.1 zulässig, sofern sie nicht wie die Festigkeitsklasse 4.8, 5.8 und 6.8 in Deutschland über den Nationalen Anhang ausgeschlossen werden.
Durch die Vorspannung hochfester Schrauben der Kategorie E-Verbindungen wird eine Kompression der vorgespannten Fuge erzeugt, Bild III.3-1.

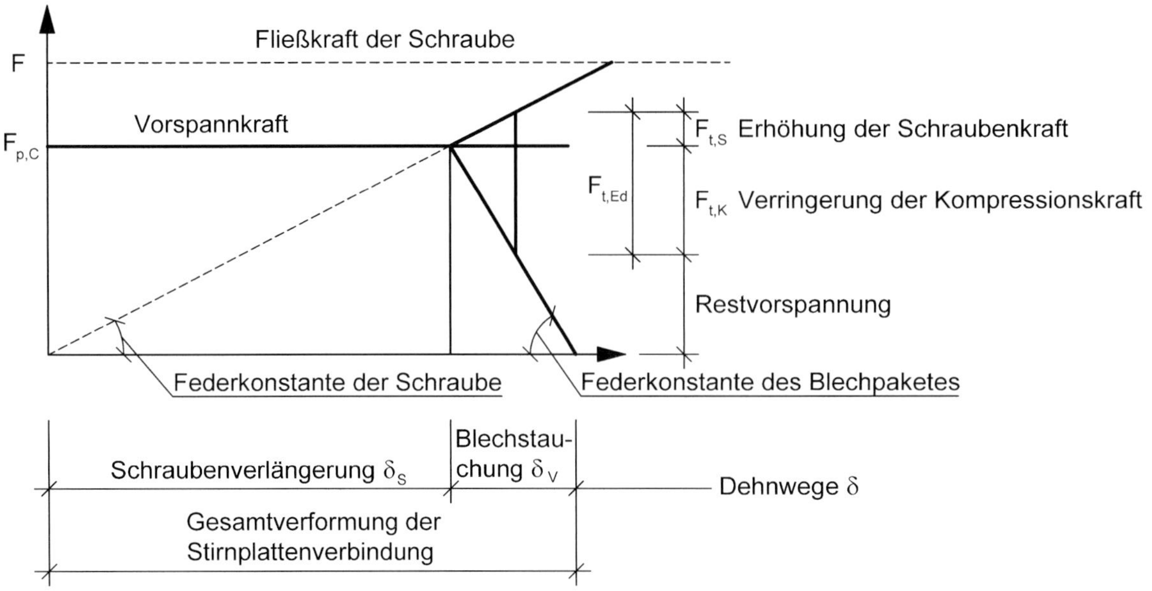

Bild III.3-1: Verspannungsdiagramm

Die Aufteilung der Zugbelastung $F_{t,Ed}$ in eine Dekompressionslast $F_{t,K}$ der Fuge und eine zusätzliche Schraubenbeanspruchung $F_{t,S}$ erfolgt im Verhältnis der vorgespannten Fläche zur Schraubenfläche, welches in der Regel zwischen 4:1 und 5:1 angenommen wird. Folglich ist die zusätzliche Schraubenbeanspruchung sehr gering, was insbesondere bei Ermüdungsbeanspruchung zu einer wesentlich höheren Lebensdauer führt.

<1> Zu Tabelle 3.2

Die Gleichungen zur Ermittlung der Beanspruchbarkeiten von einzelnen Schrauben und Nieten sind in Tabelle 3.4 zusammengestellt. Neu ist im Vergleich zur DIN 18800-1 der für zugbeanspruchte Schrauben geforderte Nachweis gegen Durchstanzen ($B_{p,Rd} \geq F_{t,Ed}$), der aber in der Regel bei sinnvoll auf die Schraubenzugtragfähigkeit abgestimmter Blechdicken mit t_p nach Formel (III.3-1) nicht maßgebend wird.

$$t_p > \frac{k_2 A_s f_{ub}}{0{,}6\pi\, d_m\, f_u} \qquad \text{(III.3-1)}$$

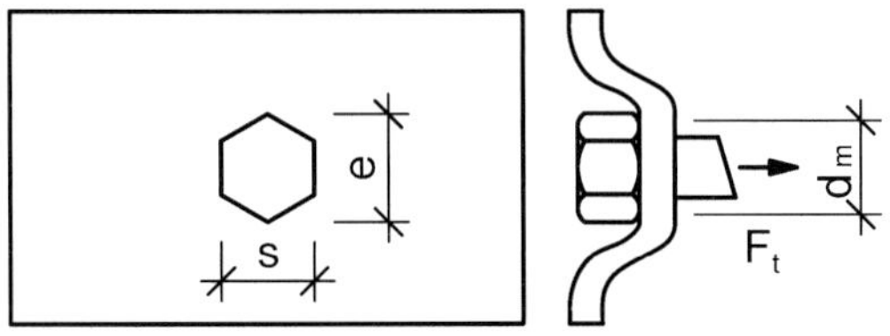

Bild III.3-2: Durchstanzen

Zusätzlich ist für die verbundenen Bauteile in Scherverbindungen der Kategorie A und B nach DIN EN 1993-1-1 [7] nachzuweisen, dass die plastische Beanspruchbarkeit des Bruttoquerschnitts und die Zugbeanspruchbarkeit des Nettoquerschnitts längs der kritischen Risslinie größer ist als der Bemessungswert der einwirkenden Normalkraft. Für Stahlsorten bis S460 sind die beiden folgenden Gleichungen (6.6) bzw. (6.7) nach DIN EN 1993-1-1 zu verwenden:

$$N_{pl,Rd} = \frac{A \cdot f_y}{\gamma_{M0}} \qquad \text{(III.3-2)}$$

$$N_{u,Rd} = \frac{0,9 \cdot A_{net} \cdot f_u}{\gamma_{M2}} \qquad \text{(III.3-3)}$$

Die Gleichungen (6.6) und (6.7) dürfen auch bei Stahlsorten über S460 bis S700 verwendet werden, wobei nach DIN EN 1993-1-12 die Beanspruchbarkeit im Nettoquerschnitt nach Gleichung (6.7) mit dem Teilsicherheitsbeiwert γ_{M12} zu ermitteln ist. Dieser ist im nationalen Anhang mit $\gamma_{M12} = \gamma_{M2} = 1{,}25$ festgelegt.

Wenn für Bauwerke in Erdbebengebieten eine Kapazitätsbemessung gefordert wird, ist sicherzustellen, dass die plastische Zugbeanspruchbarkeit des Bruttoquerschnitts maßgebend wird. Auf den Einsatz von Stahlsorten über 460 sollte dann jedoch verzichtet werden.

Bei Schraubverbindungen der Kategorie C ist die Zugbeanspruchbarkeit in der Regel mit dem maßgebenden Nettoquerschnitt nach DIN EN 1993-1-1 Gleichung (6.8) zu bestimmen.

$$N_{net,Rd} = \frac{A_{net} \cdot f_y}{\gamma_{M0}} \qquad \text{(III.3-4)}$$

Durch die Begrenzung der Beanspruchbarkeit auf den Beginn des Fließens im Nettoquerschnitt wird die Quereinschnürung der Bleche und damit ein Vorspannkraftverlust verhindert. Die Gleitfestigkeit der Verbindungsfuge wird somit nicht beeinflusst.

Für unsymmetrisch angeschlossene Bauteile wie z.B. an nur einem Schenkel angeschlossene Winkel und bei indirekten Anschlüssen gelten die Gleichungen (6.6) bis (6.8) der DIN EN 1993-1-1 nicht. Die Zugbeanspruchbarkeit ist hier nach DIN EN 1993-1-8, Absatz 3.10.3 bzw. 3.10.4, zu bestimmen. Die dort angegebenen Regeln gelten nur für Stahlsorten bis S460 und sind nicht auf höherfeste Stahlsorten übertragbar.

Bei Vorspannung der Schrauben zur Qualitätssicherung weist die Anmerkung der Tabelle 3.2 auf den nationalen Anhang hin. Dieser definiert in Anhang A drei anwendbare Vorspannverfahren. Dabei können alle der aufgelisteten Verfahren angewendet werden, wenn eine Vorspannkraft bis zur $F_{p,C}* = 0{,}7 \cdot f_{yb} \cdot A_s$ angesetzt werden soll, also nur als Qualitätssicherung. Sobald diese aber überschritten ist, die Vorspannanforderungen der Kategorien B und C einzuhalten sind, ist das kombinierte Vorspannverfahren nach DIN EN 1090-2 anzuwenden. Um die Garnitur gegen Lösen zu sichern, ist im nationalen Anhang die notwendige Vorspannungskraft auf $F_{p,C}* = 0{,}35 \cdot f_{yb} \cdot A_s$ festgelegt.

III.3.5. Rand- und Lochabstände für Schrauben und Niete

Rand- und Schraubenabstände sind ebenfalls für versetzte Löcher und Langlöcher angegeben. Bei versetzten Schraubenlöchern darf nach Bild 3.1 der Abstand p_2 senkrecht zur Kraftrichtung kleiner als $2{,}4\ d_0$ gewählt werden, wenn der Abstand L zwischen den versetzten Schraubenlöchern $\geq 2{,}4\ d_0$ ist.

<1> Zu 3.5 (2)

Wird bei dem Ermüdungsnachweis nach DIN EN 1993-1-9 [11], auf das Nennspannungskonzept zurückgegriffen, müssen die Anschlüsse folgende Mindestrand- und Lochabstände aufweisen:

$e_1 \geq 1{,}5\ d_0$; $e_2 \geq 1{,}5\ d_0$

$p_1 \geq 2{,}5\ d_0$; $p_2 \geq 2{,}5\ d_0$

Werden kleinere Rand- und Lochabstände ausgeführt, fehlen entsprechende Kerbfälle in DIN EN 1993-1-9 und es muss der Ermüdungsnachweis auf anderem Wege (z.B. über das Konzept der Strukturspannungen) erbracht werden.

<2> Zu 3.5: NCI Schraubverbindungen mit Sackloch

Die Formel zur Bestimmung der erforderlichen Einschraubtiefe wurde aus den Zulassungsfestlegungen der Einschraubtiefe bei Knotenstücken von Raumtragwerken abgeleitet und führt z.T. zu deutlich auf der sicheren Seite liegenden Ergebnissen. Eine genauere Berechnung der erforderlichen Einschraubtiefe kann nach VDI 2230 [24] erfolgen, siehe Anmerkung 1 im NCI.

<3> Zu Tabelle 3.3: Grenzwerte für Rand- und Lochabstände

Es gelten die gleichen unteren Grenzwerte für die Rand- und Lochabstände wie nach DIN 18800-1. Bei den oberen Grenzwerten ist zu differenzieren zwischen wetterfesten Baustählen nach EN 10025-5 [15] und den weiteren in EN 10025 geregelten Stahlsorten, bei denen zusätzlich zu berücksichtigen ist, ob die Stahlkonstruktion der Witterung oder anderen korrosiven Einflüssen ausgesetzt ist. Die oberen Grenzwerte der Rand- und Lochabstände werden generell in Abhängigkeit von der Dicke t des dünnsten außen liegenden Bleches unter Berücksichtigung absoluter Grenzwerte formuliert. Der Durchmesser der verwendeten Schrauben bzw. der zugehörige Lochdurchmesser bleiben unberücksichtigt. Verglichen mit DIN 18800-1 fallen die maximalen Rand- und Lochabstände in der Regel etwas kleiner aus.

Wetterfeste Baustähle müssen zur Ausbildung einer korrosionshemmenden Sperrschicht einem Wechsel von Feuchte und Trockenheit unterzogen werden. Bei geschraubten Verbindungen kann Kondensation und Kapillarwirkung zur Dauerfeuchtigkeit in den Spalten führen und in Folge zu Korrosion. Durch Einhalten der Rand- und Lochabstände werden die Spalte hinreichend gepresst und die Korrosion wird mangels Sauerstoffzufuhr unterbunden.

Neu sind die konstruktiven Regeln für versetzte Lochreihen und für Langlöcher, siehe Bild 3.1. Die Abmessungen der Langlöcher müssen den Anforderungen der DIN EN 1090-2, Tabelle 11 genügen. Hiernach ist zu differenzieren zwischen kurzen Langlöchern (Längen gestaffelt von 16 mm bei M12 bis 37 mm bei M27) und langen Langlöchern (Länge gleich dem 1,5-fachen Nenndurchmesser), für die in Querrichtung die gleichen Anforderungen gelten wie für normale runde Löcher, Bild III.3-3.

Rohe Schrauben und Bolzen

Nenndurchmesser der Schraube / des Bolzens	M12	M14	M16	M18	M20	M22	M24	M27 und größer
normale runde Löcher	1 [(1)]		2					3
übergroße runde Löcher	3		4				6	8
kurze Langlöcher (Länge) [(2)]	4		6				8	10
lange Langlöcher (Länge) [(2)]	1,5d							

(1) Das Nennlochspiel darf auf 2 mm erhöht werden, wenn die Bedingungen von DIN EN 1993-1-8, Abs. 3.6.1 (5) berücksichtigt werden.

(2) Das Nennlochspiel in Querrichtung muss gleich dem für normale runde Löcher des entsprechenden Durchmessers sein.

Passschrauben und Passbolzen

- Herstellen der Löcher durch Aufreiben entsprechend der Toleranzen der Klasse H11 (ISO 286-2)
- Zul. Lochspiel: M12 – M16: d 110 m = 0,11 mm
  M20 – M30: d 130 m = 0,13 mm
  M36 – M48: d 160 m = 0,16 mm

Bild III.3-3: Zugelassene Lochspiele von Schrauben und Bolzen gemäß DIN EN 1090-2 [4] (in mm)

Anforderungen an die oberen Grenzwerte für Rand- und Lochabstände sind nur zu berücksichtigen, wenn die Stahlkonstruktion korrosiven Einflüssen ausgesetzt ist oder wenn bei Druckbeanspruchungen ein lokales

Beulen ausgeschlossen werden muss. Auf den Nachweis gegen lokales Beulen darf verzichtet werden, wenn die Lochabstände p_1 folgender Bedingung genügen:

$$p_1 \geq 9 \cdot \varepsilon \cdot t = 9 \cdot \sqrt{235/f_y} \cdot t \qquad \text{(III.3-5)}$$

Andernfalls ist der Nachweis nach DIN EN 1993-1-1 entsprechend der Fußnote [2)] zur Tabelle 3.3 zu führen. Die Rand- und Lochabstände, die zu den größten bzw. kleinsten Lochleibungstragfähigkeiten führen, sind im Kommentar zu Tabelle 3.4 angegeben.

III.3.6. Tragfähigkeit einzelner Verbindungsmittel

In DIN EN 1993-1-8 werden grundsätzlich alle Nachweise sowohl für die Verbindungsmittel als auch für die verbundenen Querschnittsteile im Anschlussbereich auf f_u - Niveau mit einem Teilsicherheitsbeiwert $\gamma_{M2} = 1{,}25$ geführt.

Die Regeln zur Ermittlung der Abscher- und Zugtragfähigkeit von Schrauben können auch auf andere Gewindeteile und runde Stäbe aus Vollmaterial übertragen werden.

III.3.6.1. Schrauben und Niete

<1> Zu 3.6.1 (3)

Die Forderung von Fertigungsvorgaben für das Schneiden von Gewinden und der Einführung eines Reduktionsfaktors von 0,85 bei abweichender Fertigung geschah vor dem Hintergrund, dass Tragfähigkeitsversuche an zugbeanspruchten Schrauben mit nicht normgerechter Fertigung des Gewindes deutlich geringere Tragfähigkeiten zeigen.

<2> Zu 3.6.1 (4)

Das Nennlochspiel von normalen runden Löchern ist nach DIN EN 1090-2, Tabelle 11, Bild III.3-3, abhängig vom Nenndurchmesser *d* der Schraube festgelegt.

Für Schrauben M12 und M14 ist nach (5) auch ein Lochspiel von Δd = 2 mm zulässig, sofern die auf 85 % abgeminderte Abschertragfähigkeit $F_{v,Rd}$ größer ist als die Lochleibungstragfähigkeit $F_{b,Rd}$. Damit wird bis zum Erreichen des Versagens durch Lochleibung ein Überwinden des größeren Lochspiels und Anliegen aller Schrauben im Anschluss gewährleistet.

Ein großes Lochspiel ermöglicht eine Verbiegung der Schraube, die zu einer Verringerung der Abschertragfähigkeit führt. Während für die Lochleibungstragfähigkeit mit großem Lochspiel Regelungen angegeben sind, fehlen diese für die Abschertragfähigkeit.

Im Zusammenhang mit dem Lochspiel in Schraubverbindungen wird an dieser Stelle auf die Vorgabe nach Absatz 5.2.1 (6) der DIN EN 1993-1-1 hingewiesen, nach der Verformungen infolge Schlupf bei der Tragwerksberechnung zu berücksichtigen sind, sofern maßgebend. Explizite Hinweise, wann Schlupf nicht maßgebend ist, wie z.B. in Element (733) der DIN 18800-1 sind in der DIN EN 1993-1-1 nicht aufgenommen worden. Es obliegt also der Verantwortung des planenden Ingenieures, zu beurteilen, ob der Schlupf zu berücksichtigen ist oder nicht. Hierbei ist neben dem Grenzzustand der Tragfähigkeit auch der Einfluss des Schupfes auf die Verformungen im Grenzzustand der Gebrauchstauglichkeit zu berücksichtigen.

<3> Zu 3.6.1 (5)

Bei Zugverbindungen ist das erhöhte Lochspiel mit Δd = 2 mm bei M12 und M14 nicht generell zulässig, da das größere Loch zu unsymmetrischen und stark reduzierten Pressungsflächen zur Übertragung der Zugkraft von der Schraube auf das Blech führt. Für Kategorie D Verbindungen ohne Scheiben ist das erhöhte Lochspiel auszuschließen, bei Kategorie E Verbindungen mit vorgeschriebener Scheibe wird davon abgeraten das erhöhte Lochspiel anzusetzen (siehe auch [114]).

<4> Zu 3.6.1 (9)

Das Lochspiel bei Passschrauben und Passbolzen muss der Klasse H11 nach DIN ISO 286-2 [18] entsprechen. Abhängig vom Nenndurchmesser der Schrauben folgt das zulässige Lochspiel aus Bild III.3-3.

Im Vergleich zu dem nach DIN 18800-1 zulässigen Lochspiel von $\Delta d \leq$ 0,3mm für Passschrauben sind die Anforderungen an das zulässige Lochspiel deutlich höher.

<5> Zu 3.6.1 (10): einschnittige Anschlüsse

Die Lochleibungsbeanspruchung in einschnittigen, ungestützten Verbindungen wird durch zusätzliche Biegebeanspruchung reduziert, Bild III.3-4. Der nach Tabelle 3.4 zu führende Lochleibungsnachweis ist daher auf Gleichung (3.2) zu begrenzen.

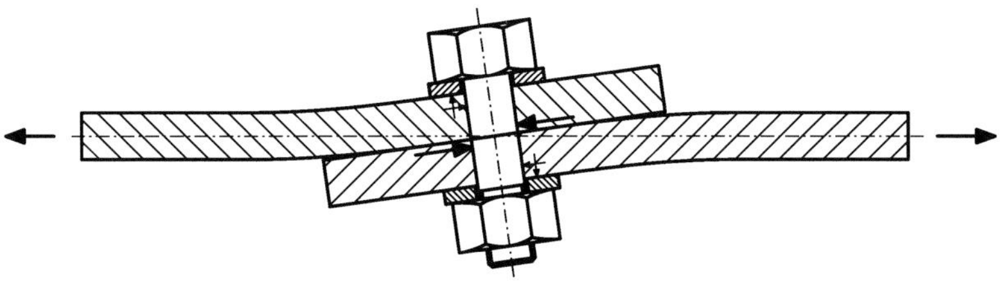

Bild III.3-4: Verformung einer ungestützten Verbindung

Verbindungen mit gestütztem Rand, z.B. einseitig angeschlossene Winkel, fallen nicht unter diese Regelungen.

<6> Zu 3.6.1 (12)

Die Gesamtdicke der Futterbleche t_p in einer scherbeanspruchten Schraubverbindung sollte auf den doppelten Schraubendurchmesser begrenzt werden.

<7> Zu Tabelle 3.4

In Tabelle 3.4 sind die Gleichungen zur Bestimmung der Beanspruchbarkeit einzelner Verbindungsmittel mit Scher- und/oder Zugbeanspruchungen zusammengefasst. Bis auf die kombinierte Scher- und Zugbeanspruchung unterscheiden sich die Nachweisformate unwesentlich von den bekannten Formaten der DIN 18800-1. Im Vergleich zu DIN EN 1993-1-8 zeigt sich, dass die Abschertragfähigkeiten nach DIN 18800 etwa 14 % größer sind, während die Lochleibungstragfähigkeiten für den Fall größtmöglicher Lochleibungsbeanspruchbarkeit etwa 20 % kleiner sind.

Die Unterschiede resultieren aus der konsequenten Festlegung der Bemessungswiderstände auf der Grundlage der Versuchsauswertung für die verschiedenen Versagensarten, vgl. [123] und [124]. Die Hintergrundinformationen zu den Nachweisformaten werden daher nachfolgend zusammenfassend angegeben.

Im Anhang (Abschnitt III.8.2) sind die Bemessungswerte einzelner Verbindungsmittel für die verschiedenen Versagenskriterien angegeben.

<7.1> Scherbeanspruchung im Schraubenschaft

Die Beanspruchbarkeit bei Versagen durch Abscheren des Schraubenschaftes wird auf der Grundlage der Schubfestigkeit des Materials ermittelt,

$$F_{v,s} = 0{,}7 \cdot f_{ub} \cdot A \qquad \text{(III.3-6)}$$

wobei die aus Versuchen festgestellte Schubfestigkeit $\tau_{ub} = 0{,}7 \cdot f_{ub}$ ist.

Zum Erhalt des Bemessungswertes der Beanspruchbarkeit wird der Sicherheitsfaktor $\gamma_{M2} = 1{,}25$ berücksichtigt, so dass

$$F_{v,Rd} = \frac{0{,}7 \cdot f_{ub} \cdot A}{\gamma_{M2}} \qquad \text{(III.3-7)}$$

folgt.

Die Überprüfung mit Versuchen erforderte eine Veränderung der Beanspruchbarkeitsfunktion zum Erhalt des vorgegebenen Sicherheitsniveaus auf

$$F_{v,Rd} = \frac{0{,}6 \cdot f_{ub} \cdot A}{\gamma_{M2}} \qquad \text{(III.3-8)}$$

Diese gilt für alle Schraubengüten. Bild III.3-5 gibt die Ergebnisse der Versuchsauswertung an.

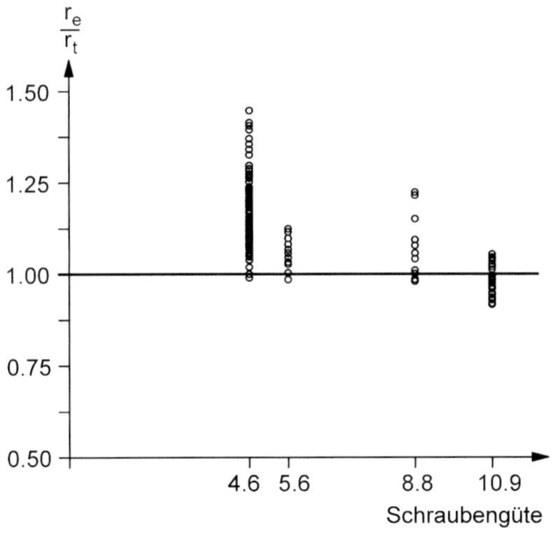

Bild III.3-5: Sensitivitätsdiagramm bei Abscheren im Schaft in Abhängigkeit der Schraubengüte

Auf der Ordinate ist das Verhältnis von experimentell bestimmter Tragfähigkeit r_e zu der berechneten Tragfähigkeit r_t angegeben. Es wurden Untergruppen nach den verschiedenen Schraubengüten gebildet. Es zeigt sich, dass bei Schraubengüte 4.6 die größte Mittelwertabweichung, aber auch die größte Streuung vorhanden ist.

Für die Auswertung lagen 170 Versuche vor, bei denen die vorhandene Zugfestigkeit des Schraubenmaterials nicht dokumentiert wurde und 136 Versuche mit gemessener Zugfestigkeit des Schraubenmaterials. Eine weitere Auswertung erfolgte getrennt nach beiden Gruppen, wobei für die Gruppe mit 170 Versuchen für die Berechnung der Beanspruchbarkeit die nominelle Zugfestigkeit des Schraubenmaterials verwendet wurde. Dies führte bei dieser Gruppe zu größeren Mittelwertabweichungen, größerer Standardabweichung und in

Konsequenz zu einem größeren erforderlichen Sicherheitsbeiwert γ_M , der aber noch kleiner als 1,25 ist. Es zeigt sich deutlich, dass durch eine gute Versuchsdokumentation mit Angabe aller relevanten Daten des Testkörpers die Qualität der Versagensvorhersage verbessert werden kann.

<7.2> Scherbeanspruchung im Schraubengewinde

Die Ermittlung der Beanspruchbarkeit bei Versagen durch Abscheren des Schraubengewindes erfolgt ebenfalls auf der Grundlage der Schubfestigkeit des Materials,

$$F_{v,s} = 0{,}7 \cdot f_{ub} \cdot A_s \qquad \text{(III.3-9)}$$

wobei der Spannungsquerschnitt A_s (Bild III.3-7) zu berücksichtigen ist.

Zum Erhalt des Bemessungswertes der Beanspruchbarkeit wird der Sicherheitsfaktor $\gamma_{M2} = 1{,}25$ berücksichtigt, so dass

$$F_{v,Rd} = \frac{0{,}7 \cdot f_{ub} \cdot A_s}{\gamma_{M2}} \qquad \text{(III.3-10)}$$

folgt.

Die Überprüfung mit Versuchen erforderte eine Veränderung der Beanspruchbarkeitsfunktion zum Erhalt des vorgegebenen Sicherheitsniveaus auf

$$F_{v,Rd} = \frac{0{,}6 \cdot f_{ub} \cdot A_s}{\gamma_{M2}} \quad \text{wenn Schraubengüten 4.6, 5.6 und 8.8 vorliegen und} \qquad \text{(III.3-11)}$$

$$F_{v,Rd} = \frac{0{,}5 \cdot f_{ub} \cdot A_s}{\gamma_{M2}}, \quad \text{wenn Schraubengüte 10.9 vorliegt.} \qquad \text{(III.3-12)}$$

Bild III.3-6 zeigt den Vergleich mit Versuchen für die verschiedenen Schraubengüten. Für die Auswertung lagen 108 Versuche vor, wobei bei keinem Versuch die Zugfestigkeit des Schraubenmaterials gemessen wurde.

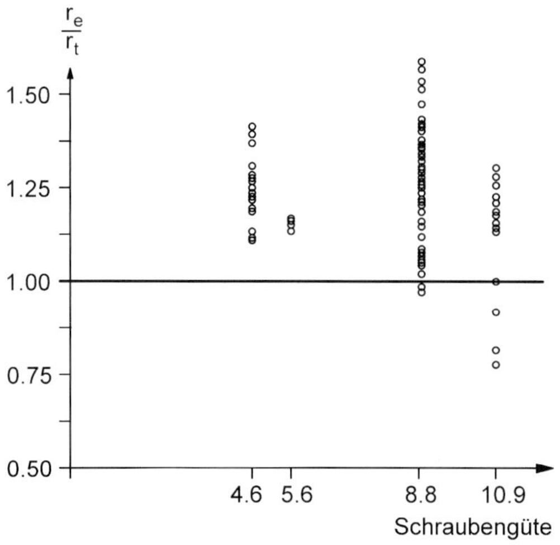

Bild III.3-6: Sensitivitätsdiagramm bei Abscheren im Gewinde in Abhängigkeit der Schraubengüte

<7.3> Zugbeanspruchung

Wird eine Schraube durch Zug beansprucht, wird das Versagen durch Bruch im Gewindebereich eintreten. Die Beanspruchbarkeit wird daher nur durch Versagen des Spannungsquerschnitts A_s, Bild III.3-7, der die gleiche Versagenslast wie der Gewindebereich hat, bestimmt.

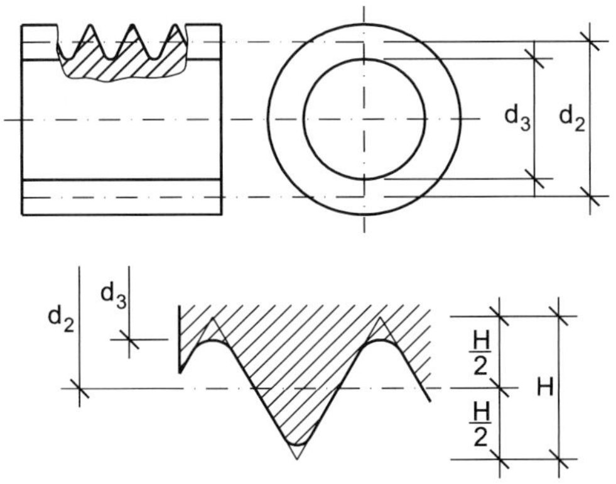

Spannungsquerschnitt:

$$A_S = \frac{\pi}{4}\left(\frac{d_2 + d_3}{2}\right)^2$$

d_2: der Flankendurchmesser des Außengewindes am Grundprofil

d_3: der Kerndurchmesser des Außengewindes

Bild III.3-7: Definition des Spannungsquerschnitts

Diese folgt damit aus

$$F_{t,s} = f_{ub} \cdot A_s \qquad \text{(III.3-13)}$$

wobei f_{ub} die Zugfestigkeit des Materials ist.

Zum Erhalt des Bemessungswertes der Beanspruchbarkeit wird der Sicherheitsfaktor $\gamma_{M2} = 1{,}25$ berücksichtigt, so dass

$$F_{t,Rd} = \frac{f_{ub} \cdot A_s}{\gamma_{M2}} \qquad \text{(III.3-14)}$$

folgt.

Die Überprüfung mit Versuchen erforderte eine Veränderung der Beanspruchbarkeitsfunktion zum Erhalt des vorgegebenen Sicherheitsniveaus auf

$$F_{t,Rd} = \frac{0{,}9 \cdot f_{ub} \cdot A_s}{\gamma_{M2}} \qquad \text{(III.3-15)}$$

Diese gilt für alle Schraubengüten, wie aus Bild III.3-8 entnommen werden kann.

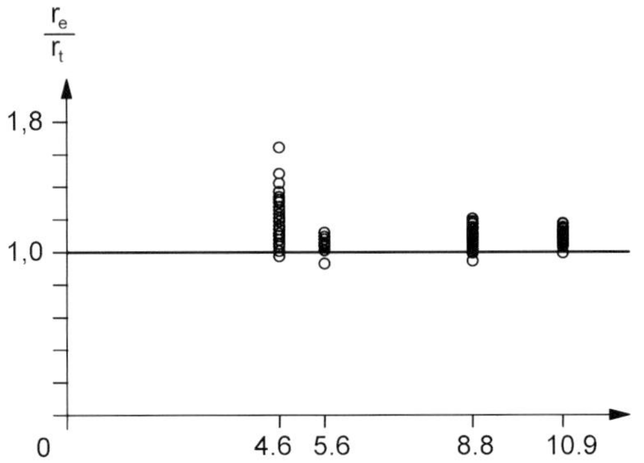

Bild III.3-8: Sensitivitätsdiagramm bei Zugbeanspruchung in Abhängigkeit der Schraubengüte

Für die Auswertung lagen 344 Versuche vor, bei denen die vorhandene Zugfestigkeit des Schraubenmaterials nicht dokumentiert wurde und 344 Versuche mit gemessener Zugfestigkeit des Schraubenmaterials. Die Auswertung erfolgte getrennt nach beiden Gruppen, wobei auch hier bei der Gruppe mit der nicht gemessenen Zugfestigkeit eine größere Mittelwertabweichungen, eine größere Standardabweichung und in Konsequenz ein größerer erforderlicher Sicherheitsbeiwert γ_{M2} folgte, der aber noch kleiner als 1,25 ist.

Gemäß DIN EN 14399-7 [17] sind Garnituren aus Senkschrauben und Muttern nach diesem Dokument so gestaltet, dass sie eine Vorspannung auf mindestens $F_{p,C} = 0{,}7 \cdot f_{ub} \cdot A_s$ in Übereinstimmung mit DIN EN 1993-1-8 erlauben. Die Beanspruchbarkeit nach Gleichung (3.1) liegt damit oberhalb der mit $k_2 = 0{,}63$ für Senkschrauben ermittelten Zugbeanspruchbarkeit nach Tabelle 3.4. Neue Untersuchungen belegen höhere zulässige Zugbeanspruchbarkeiten für Senkschrauben. Diese Erkenntnisse werden in die überarbeitete Fassung der vorliegenden Norm einfließen.

<7.4> Kombination von Scher- und Zugbeanspruchung

Liegt die Scherfuge im Gewinde, tritt Schraubenversagen unter kombinierter Beanspruchung im Gewinde ein. Es lagen zwei Vorschläge für den Nachweis mit einer Interaktionsbeziehung vor, gemäß Eurocode 3 [63] mit einer Kreisgleichung und gemäß einem britischen Vorschlag mit einer trilinearen Interaktion, Bild III.3-9. Der Vorteil der trilinearen Interaktion ist, dass die Interaktion bei einer dominierender Beanspruchungsrichtung und geringen orthogonal wirkenden Beanspruchungen häufig entfallen kann.

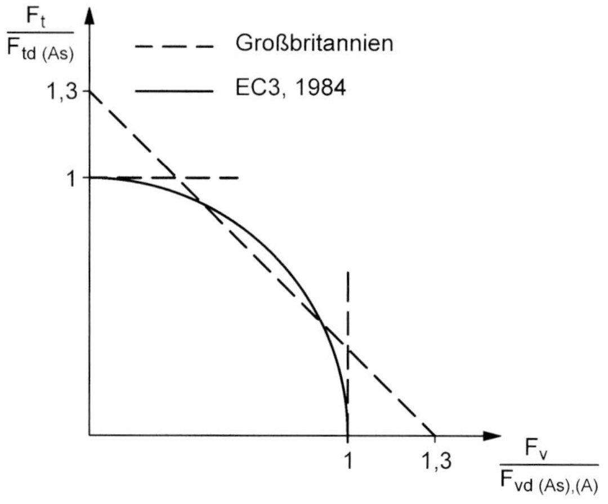

Bild III.3-9: Interaktionsvorschläge für kombinierte Scher- und Zugbeanspruchung

Beide Vorschläge wurden mit vorliegenden, insgesamt 60 Versuchen überprüft. Hierbei zeigte sich, dass die Interaktion mit der Kreisgleichung, die im Bereich etwa gleich großer Ausnutzung auf Schub und Zug eine gleichzeitige Ausschöpfung von 70 % der Einzeltragfähigkeiten erlaubt, zu nichtkonservativen Bemessungsergebnissen führt. Die Versuchsauswertung zeigte auch, dass bereits bei geringer Zugbeanspruchung die Scherbeanspruchbarkeit verringert wird, so dass bei Verwendung der trilinearen Beziehung die Beanspruchbarkeit in diesem Bereich überschätzt wird.

Als Ergebnis dieser Auswertungen wurde eine bilineare Interaktionsbeziehung entwickelt, die in Tabelle 3.4 mit

$$\frac{F_{v,Ed}}{F_{v,Rd}} + \frac{F_{t,Ed}}{1{,}4 \cdot F_{t,Rd}} \leq 1{,}0 \qquad \text{(III.3-16)}$$

und

$$\frac{F_{t,Ed}}{F_{t,Rd}} \leq 1{,}0 \qquad \text{(III.3-17)}$$

angegeben ist, Bild III.3-10. Hierbei sind $F_{v,Rd}$ und $F_{t,Rd}$ die Einzelbeanspruchbarkeiten auf Abscheren bzw. Zug ermittelt mit dem Spannungsquerschnitt A_s.

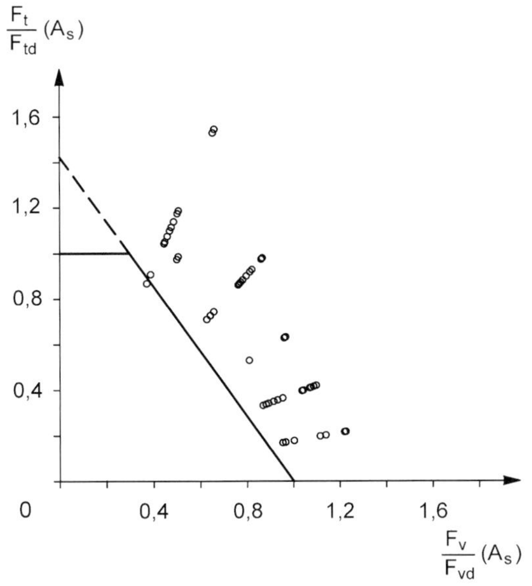

Bild III.3-10: Interaktionsdiagramm nach DIN EN 1993-1-8, Vergleich mit Versuchen bei Gewinde in der Scherfuge

Im gesamten Interaktionsbereich ist eine sehr gute Anpassung an die Versuchswerte gegeben.

Liegt der Schraubenschaft in der Scherfuge, ist in Bild III.3-11 die oben genannte Interaktionsbeziehung im Vergleich zu 81 Versuchen angegeben. Hierfür sind die Schubbeanspruchbarkeit im Schaft und die Zugbeanspruchbarkeit im Gewinde berechnet. Auch hier zeigt sich eine gute Anpassung an die Versuchswerte. Die Versuchsauswertung lässt hierfür auch eine Interaktion nach Bild III.3-12 mit

$$\frac{F_{v,Ed}}{F_{v,Rd}} + \frac{F_{t,Ed}}{1{,}8 \cdot F_{t,Rd}} \leq 1{,}0 \qquad \text{(III.3-18)}$$

zu [123]. Aus Gründen der Vereinheitlichung ist Gleichung (III.3-16) nach Tabelle 3.4 auch für diesen Fall anzunehmen.

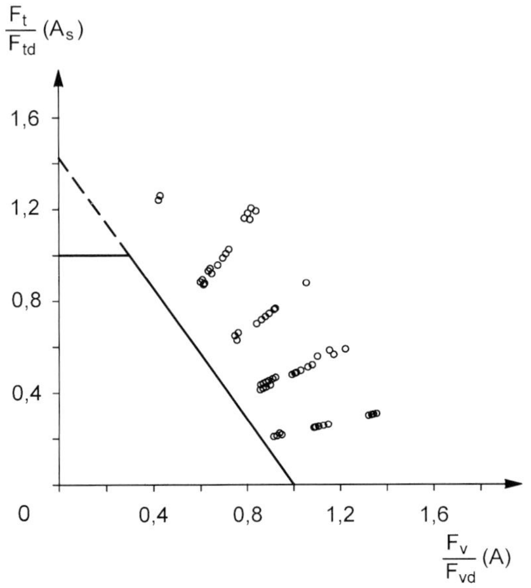

Bild III.3-11: Interaktionsdiagramm nach DIN EN 1993-1-8, Vergleich mit Versuchen bei Schaft in der Scherfuge

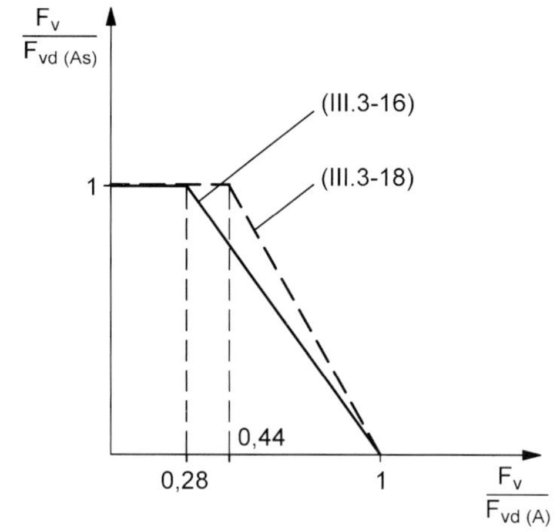

Bild III.3-12: Alternatives Interaktionsdiagramm für Schrauben mit dem Schaft in der Scherfuge

<7.5> Lochleibungsbeanspruchung

Sind die Randabstände des Schraubenloches in Kraftrichtung gering, tritt Schubversagen des Bleches, Bild III.3-13 a), ein. Bei ausreichend großen Randabständen erzeugt die Lochleibungsbeanspruchung zwischen Schraube und Blech eine Ovalisierung des Schraubenlochs, Bild III.3-13 b).

Obwohl bei Eintritt einer signifikanter Ovalisierung noch nicht die Tragfähigkeit erreicht ist, wird diese zur Begrenzung der Verformungen als Grenzzustandskriterium angenommen. Gemäß [43] kann demnach der Lochleibungsdruck mit dem dreifachen der Fließspannung des Blechmaterials angenommen werden, Bild III.3-13 b).

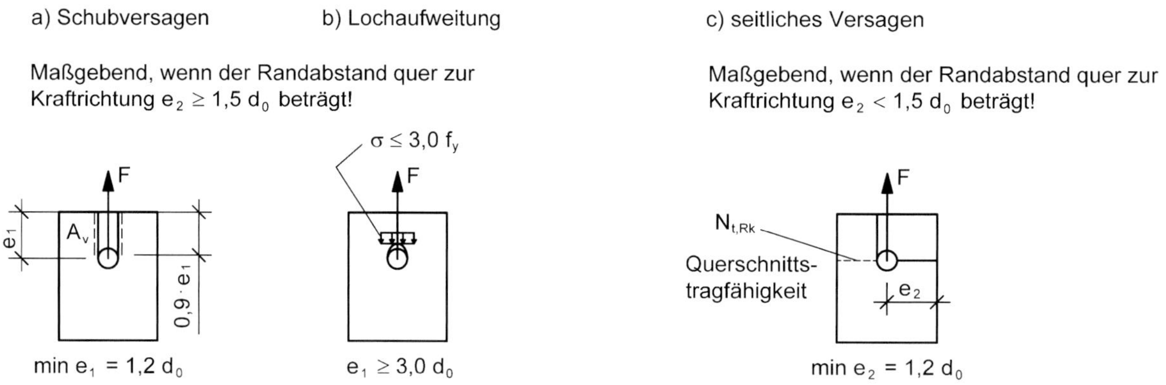

Bild III.3-13: Versagensmöglichkeiten bei Lochleibungsbeanspruchung

Das für die Kalibration an Versuchsergebnissen benutzte Nachweisformat für den Grenzzustand der Lochleibung ist daher

$$F_{bs} = 3 \cdot f_y \cdot d \cdot t \tag{III.3-19}$$

wobei mit d, dem Schraubendurchmesser und t, der Blechdicke, die idealisierte Kontaktfläche zwischen Blech und Schraube unter konstanter Beanspruchung angenommen wird.

Im Nachweisformat sind ebenfalls die Versagensarten bei geringen Randabständen zu berücksichtigen. Für den Fall des Schubversagens in Kraftrichtung, Bild III.3-13 a), kann mit einem einfachen Schubversagensmodell und den Bezeichnungen aus Bild III.3-14 das Nachweisformat ergänzt werden.

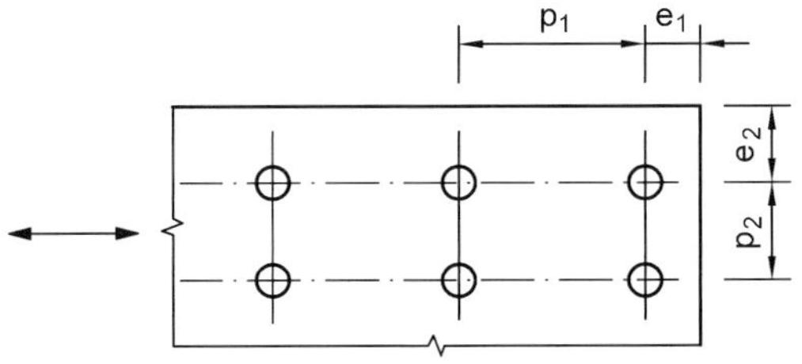

Bild III.3-14: Bezeichnungen der Rand- und Lochabstände

Nimmt man an, dass die Länge des schubbeanspruchten Bleches in Längsrichtung $0{,}9 \cdot e_1$ ist, weiterhin die Schubfließgrenze gemäß dem Mises Fließkriterium $\tau_y \approx 0{,}6 \cdot f_y$ ist, kann das Schubversagen mit

$$F_{Bs} = 2 \cdot 0{,}9 \cdot e_1 \cdot t \cdot 0{,}6 \cdot f_y \tag{III.3-20}$$

$$F_{Bs} = 1{,}1 \cdot \frac{e_1}{d} \cdot f_y \cdot d \cdot t \tag{III.3-21}$$

$$F_{Bs} = \alpha \cdot f_y \cdot d \cdot t \tag{III.3-22}$$

bestimmt werden, wobei $\alpha = \frac{e_1}{d}$ als geometriebeschreibender Beiwert angenommen wird.

Man kann also das Nachweisformat beibehalten, wenn statt des Höchstwertes 3 für Lochleibungsversagen ein geometrieabhängiger Beiwert α mit der Begrenzung $\alpha = \frac{e_1}{d} \leq 3$ verwendet wird, oder wie in Tabelle 3.4 angegeben

$$\alpha_b = \frac{e_1}{3d_0} \leq \begin{cases} 1{,}0 \\ \dfrac{f_{ub}}{f_u} \end{cases} \tag{III.3-23}$$

Schubversagen in Kraftrichtung kann ebenfalls auftreten, wenn der Lochabstand zwischen zwei Schrauben zu gering ist, hierfür ist

$$\alpha_b = \frac{p_1}{3d_0} - \frac{1}{4} \leq \begin{cases} 1{,}0 \\ \dfrac{f_{ub}}{f_u} \end{cases} \tag{III.3-24}$$

Hiermit kann das Nachweisformat zu

$$F_{bs} = 3 \cdot \alpha_b \cdot f_y \cdot d \cdot t \tag{III.3-25}$$

geändert werden.

Beim Nachweis auf Fließniveau mit $\gamma_M = 1{,}0$ entspricht dies dem Bemessungswert. Führt man den Sicherheitsfaktor $\gamma_{M2} = 1{,}25$ für den Nachweis gegen die Zugfestigkeit ein, ist das Nachweisformat zu ändern auf

$$V_{b,Rd} = \frac{3{,}75 \cdot \alpha_b \cdot f_y \cdot d \cdot t}{\gamma_{M2}} \tag{III.3-26}$$

Bezogen auf den Nachweis auf Zugfestigkeitsniveau und bei Annahme, dass $f_u = 1{,}5 \cdot f_y$ ist, folgt

$$F_{b,Rd} = \frac{2{,}5 \cdot \alpha_b \cdot f_u \cdot d \cdot t}{\gamma_{M2}} \tag{III.3-27}$$

Bei zu geringen Randabständen senkrecht zur Kraftrichtung kann das Blech seitlich ausreißen, Bild III.3-13 c), wodurch ebenfalls die Lochleibungsbeanspruchbarkeit reduziert wird.

Man kann auch hierfür das Nachweisformat beibehalten, wenn anstatt des konstanten Höchstwertes 2,5 ein geometrieabhängiger Beiwert k_1 verwendet wird, wie in Tabelle 3.4 angegeben,

für am Rand liegende Schrauben:

$$k_1 = 2{,}8 \cdot \frac{e_2}{d_0} - 1{,}7 \leq 2{,}5 \qquad \text{(III.3-28)}$$

für innen liegende Schrauben:

$$k_1 = 1{,}4 \cdot \frac{p_2}{d_0} - 1{,}7 \leq 2{,}5 \qquad \text{(III.3-29)}$$

Hiermit liegt die in Tabelle 3.4 angegebene Beanspruchbarkeit für Lochleibung fest:

$$F_{b,Rd} = \frac{k_1 \cdot \alpha_b \cdot f_u \cdot d \cdot t}{\gamma_{M2}} \qquad \text{(III.3-30)}$$

Die Grenzlochleibungskraft $F_{b,Rd}$ mit den darin enthaltenen Formulierungen der Beiwerte α_b und k_1 ist anhand von Versuchen bestätigt worden. Für die statistische Auswertung der 165 Versuche bedeutete dies, dass abhängig von der im Versuch festgestellten Versagensart und den maßgebenden Rand- und Lochabständen Untergruppen gebildet wurden, mit denen die Festlegung der Beiwerte bestätigt wurde.

Beispielhaft zeigen Bild III.3-15 und Bild III.3-16 die Sensitivitätsanalysen zur Überprüfung der Streuung in Abhängigkeit der maßgebenden Parameter e_1/d_0 bzw. e_2/d_0. Keine Tendenzen sind erkennbar, sodass die Parameterwahl im Nachweisformat richtig ist.

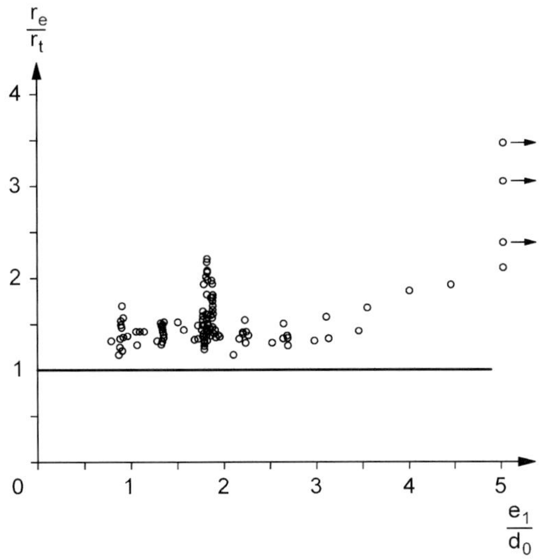

Bild III.3-15: Sensitivitätsdiagramm bei Lochleibungsbeanspruchung in Abhängigkeit von e_1/d_0

Durch den Nachweis der Lochleibung sind damit verschiedene Versagensarten des Bleches im Anschlussbereich abgedeckt. Lediglich der Nachweis des Nettoquerschnittes als Trennbruch des Bleches senkrecht zur Kraftrichtung ist gesondert zu führen.

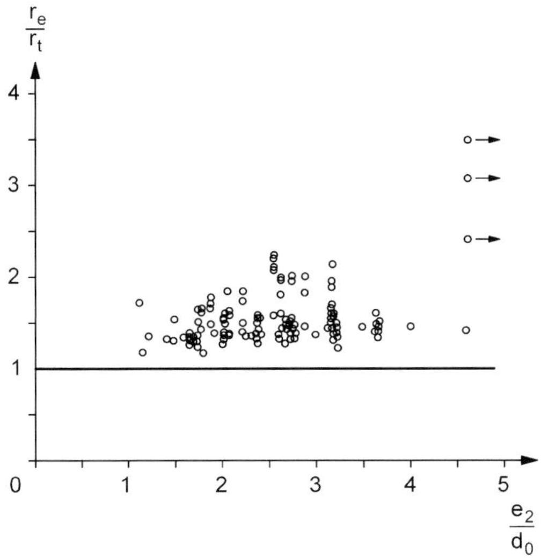

Bild III.3-16: Sensitivitätsdiagramm bei Lochleibungsbeanspruchung in Abhängigkeit von e_2/d_0

Der Größtwert der Lochleibungstragfähigkeit wird erreicht bei folgenden Rand- und Lochabständen,

$$e_1 = 3{,}0 d_0 \qquad e_2 = 1{,}5 d_0$$

$$p_1 = 3{,}75 d_0 \qquad p_2 = 3{,}0 d_0$$

$$\Rightarrow \alpha_b = 1{,}0 \qquad \Rightarrow k_1 = 2{,}5$$

(Voraussetzung: $\frac{f_{ub}}{f_u} \geq 1{,}0$)

Die minimalen Werte ergeben sich für die kleinsten Rand- und Lochabstände (siehe Tabelle 3.3)

$$e_1 = 1{,}2 d_0 \quad \Rightarrow \quad \alpha_b = 0{,}40$$

$$p_1 = 2{,}2 d_0 \quad \Rightarrow \quad \alpha_b = 0{,}48$$

$$e_2 = 1{,}2 d_0 \quad \Rightarrow \quad k_1 = 1{,}67$$

$$p_2 = 2{,}4 d_0 \quad \Rightarrow \quad k_1 = 1{,}67$$

Die Lochleibungstragfähigkeit wurde auf der Grundlage von Versuchskörpern mit normalem Lochspiel festgelegt. Versuche mit größerem Lochspiel oder bei Langlöchern haben gezeigt, dass dafür die Lochleibungstragfähigkeit geringer ist. Die Ursachen liegen zum Einen in der fehlenden seitlichen Stützwirkung der Schrauben, die zu einer zusätzlichen Biegebeanspruchung der Bleche führt und zum Anderen in einer reduzierten Kraftübertragungsfläche zwischen Schraube und Blech bei zunehmendem Lochspiel.
Daher erfolgten weitere statistische Überprüfungen durch Versuchsdaten für die Konstruktion

- mit Schrauben mit großem Lochspiel. Hierfür ist die Lochleibungstragfähigkeit mit dem Beiwert 0,8 abzumindern. Da Angaben zur Abschertragfähigkeit fehlen, vgl. Anmerkung zu 3.6.1 (4), sind diese Regeln allein nicht anwendbar.
- mit Langlöchern mit Längsachse rechtwinklig zur Kraftrichtung. Hierfür ist die Lochleibungstragfähigkeit mit dem Beiwert 0,6 abzumindern.

Langlöcher mit Längsachse rechtwinklig zur Kraftrichtung unterliegen im Vergleich zu Verbindungen mit normalen Löchern, aufgrund von Biegeverformungen des Bleches vor dem Langloch, wesentlich größeren Verformungen bei gleichzeitig reduzierter Tragfähigkeit, Bild III.3-17. Die Auswertung von 70 Versuchen mit Langlochverbindungen zeigt eine starke Abhängigkeit der Lochleibungstragfähigkeit von den Langlochabmessungen, Bild III.3-18. Die konservative Abminderung auf 60 % der Lochleibungsbeanspruchbarkeit wurde auch im Hinblick auf die Gebrauchseigenschaften festgelegt.

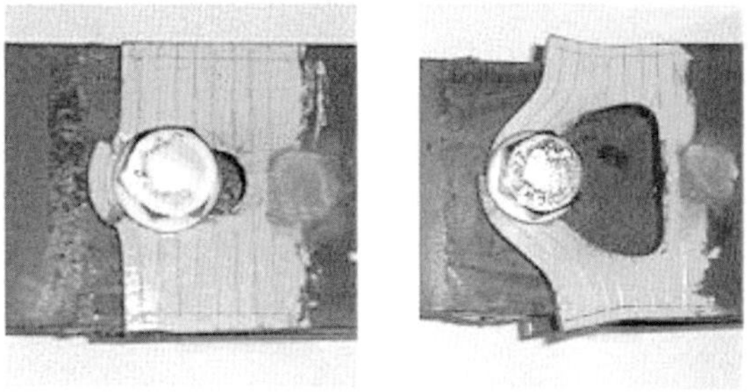

Bild III.3-17: Lochleibungsversuche mit Langlochverbindungen: Schubversagen (links), Biegeversagen (rechts), aus [149]

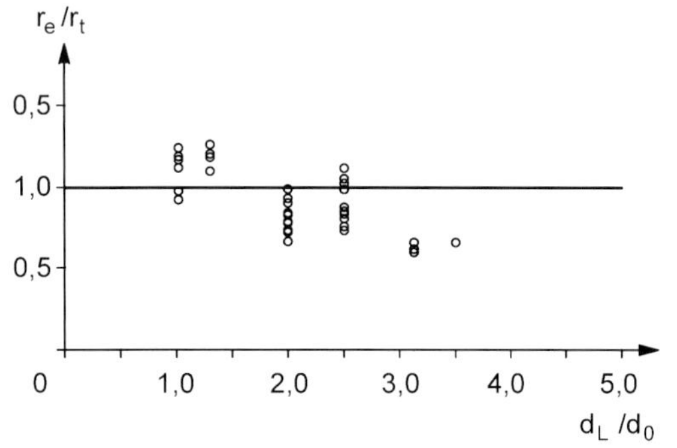

Bild III.3-18: Einfluss der Länge des Langloches auf das Blechversagen, nach [151]

Zur Berechnung der Lochleibungstragfähigkeit von Langlochverbindungen enthält die DASt-Richtlinie 023 [1] ergänzende, nicht widersprüchliche Regelungen zur DIN EN 1993-1-8, die als Stand der Technik zu bewerten sind und auf den Arbeiten des Background Dokuments zur DIN EN 1993-1-8 [117] beruhen. Demnach wird die Lochleibungstragfähigkeit für Blechdicken t > 3 mm nach Gleichung (III.3-31), mit Hilfe des Beiwertes β nach Gleichung (III.3-32) in Abhängigkeit von der Länge des Langlochs und dem Nenndurchmesser der Schraube bestimmt

$$F_{b,Rd} = t \cdot d \cdot \beta \cdot \alpha_b \cdot \frac{f_u}{\gamma_{M2}} \qquad \text{(III.3-31)}$$

mit $\beta = 2{,}5 \cdot \left(1 - 0{,}15 \cdot \left(\frac{d_L}{d} - 1\right)\right)$ (III.3-32)

und α_b nach Tabelle 3.4.

Zusätzlich kann nach der DASt-Richtlinie 023 die Tragfähigkeit im Hinblick auf die Gebrauchstauglichkeit reduziert werden, wenn die bleibende Eindrückung des Schraubenschaftes in den Langlochrand auf maximal 0,1 mm begrenzt werden soll. Die Lochleibungstragfähigkeit berechnet sich dann mit der Streckgrenze f_y zu

$$F_{b,Rd,ser} = t \cdot d \cdot \beta_{fy} \cdot \alpha_b \cdot \frac{f_y}{\gamma_{M2}} \qquad \text{(III.3-33)}$$

mit

$$\beta_{fy} = 1{,}6 \cdot \left(1 - 0{,}15 \cdot \left(\frac{d_L}{d} - 1\right)\right) \quad \text{bei maschinenbearbeiteten Langlöchern} \qquad \text{(III.3-34)}$$

$$\beta_{fy} = 1{,}9 \cdot \left(1 - 0{,}15 \cdot \left(\frac{d_L}{d} - 1\right)\right) \quad \text{bei brenngeschnittenen Langlöchern} \qquad \text{(III.3-35)}$$

Bild (III.3-19) stellt den Verlauf des Beiwertes β zur Berechnung der Grenzlochleibungskraft und β_{fy} zur Berechnung der Gebrauchstauglichkeitsgrenze in Abhängigkeit der Länge des Langlochs und dem Nenndurchmesser der Schraube dar.

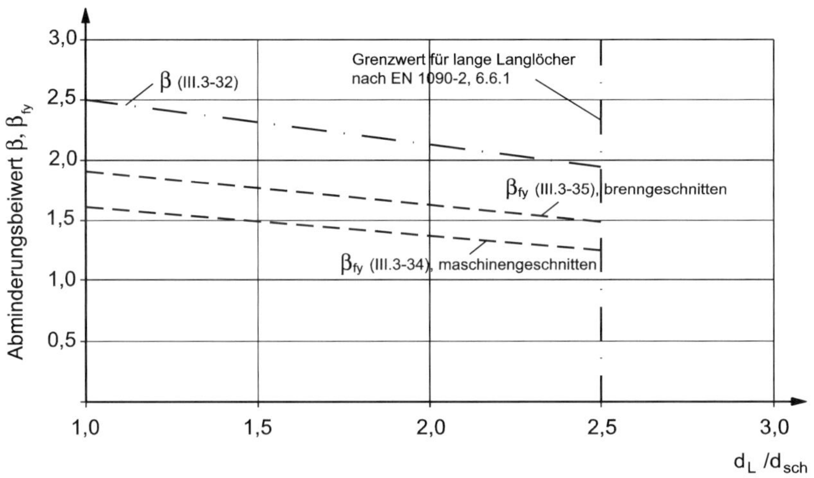

Bild III.3-19: Beiwerte *β* und *βfy* zur Berechnung der Lochleibungstragfähigkeit von Langlöchern nach [1]

Für das Zusammenwirken von Verbindungsmitteln in einem Anschluss sind weitere Regeln angegeben, die zusätzlich zu berücksichtigen sind (siehe u.a. 3.8 und 3.12).

Bei versetzten Lochreihen nach Bild 3.1b) ist bei der Bestimmung des Beiwertes k_1 anstatt p_2 das Abstandsmaß L zwischen zwei Schrauben zu verwenden.

Der Nachweis eines Bleches gegen Durchstanzen ist für zugbeanspruchte Schraubenverbindungen zu führen. Das Durchstanzen ist vergleichbar dem Schubversagen eines Bleches im kritischen Rundschnitt mit dem Durchmesser d_m als Mittelwert aus Eckmaß e und Schlüsselweite s der Schraube, Bild III.3-2.

Die Beanspruchbarkeit wird mit der Blechdicke t des betrachteten Bleches nachgewiesen und nicht mit der in Tabelle 3.4 angegebenen Blechdicke t_p der Unterlegscheibe.

<8> Zu Fußnote 3)

Bei schräg angreifenden Schraubenkräften kann der getrennte Lochleibungsnachweis parallel und senkrecht zum Rand unter Umständen zu einer Überschätzung der Tragfähigkeit bei einer randnahen, schräg angreifenden Kraft führen. Eine genauere Vorgehensweise ist wie folgt:

Zunächst wird die Beanspruchung in die Komponenten $F_{1,b,Ed}$ parallel zum Rand und $F_{2,b,Ed}$ senkrecht zum Rand aufgeteilt. Danach werden die Lochleibungstragfähigkeiten $F_{1,b,Ed}$ parallel zum Rand und $F_{2,b,Ed}$ senkrecht zum Rand mit den Regeln der Tabelle 3.4 bestimmt. Der Nachweis wird dann mit der Kreisgleichung durch Addition der Einzelausnutzungen geführt.

$$\left(\frac{F_{1,b,Ed}}{F_{1,b,Rd}}\right)^2 + \left(\frac{F_{2,b,Ed}}{F_{2,b,Rd}}\right)^2 \leq 1{,}0 \qquad \text{(III.3-36)}$$

III.3.6.2. Injektionsschrauben

Injektionsschrauben sind insbesondere bei der Instandsetzung von Stahltragwerken als kosteneffiziente Alternative zu Niet- oder Passverbindungen der Kategorie A-Verbindungen einsetzbar, vgl. [116] und [44]. Allerdings sind Injektionsschrauben nach DIN EN 1090-2, Absatz 5.6.12 als besondere, d.h. nicht durch internationale oder europäische Normen geregelte Verbindungsmittel einzustufen und ihr Einsatz erfordert einen bauaufsichtlichen Verwendbarkeitsnachweis, z.B. durch eine allgemeine bauaufsichtliche Zulassung durch das DIBT (vgl. auch NDP zu Absatz 2.2(2)), Bild III.3-20. Ein fließfähiges Harz wird durch eine Injektionsöffnung in dem Schraubenkopf in den Hohlraum zwischen Schraube und anschließenden Blechen gepresst. In der mutterseitigen Unterlegscheibe ist eine Luftauslassöffnung eingelassen, die beim Heraustreten des Harzes die Kontrolle der vollständigen Füllung des Hohlraumes anzeigt.

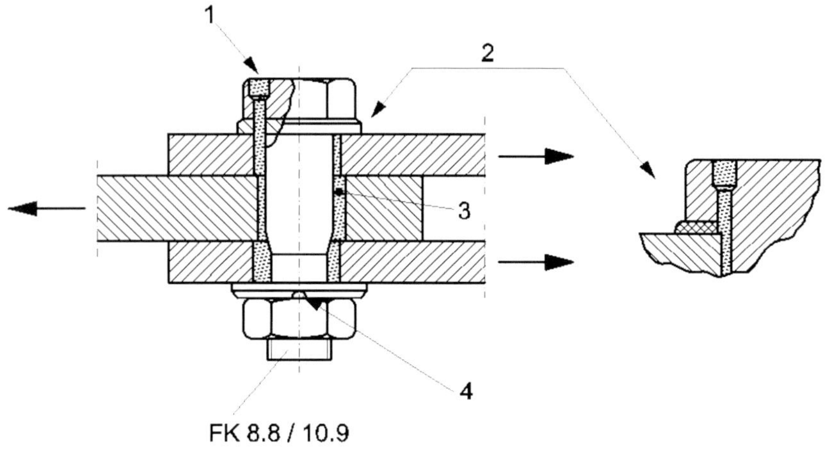

1 Injektionsöffnung
2 Gefaste Scheibe
3 Harz
4 Luftauslass-Öffnung in der Scheibe

Bild III.3-20: Funktionsweise der Injektionsschrauben am Beispiel der Schlossbrücke Oranienburg [50]

III.3.7. Gruppen von Verbindungsmitteln

Dieser Abschnitt gilt nur für schubbeanspruchte Verbindungen.

Für schubbeanspruchte Verbindungen, bei denen die jeweilige Abschertragfähigkeit $F_{v,Rd}$ größer ist als die Lochleibungstragfähigkeit $F_{b,Rd}$, darf nach DIN EN 1993-1-8 im Grenzzustand der Tragfähigkeit von einer plastischen Schraubenkraftverteilung ausgegangen werden, wenn nur Verbindungsmittel der gleichen Größe und Klassifizierung verwendet werden (siehe auch 3.12 (3)). Hierfür ist ein ausreichendes Verformungsvermögen im Anschluss erforderlich, das bei üblichen Baustählen mit Streckgrenzen bis 355 N/mm² durch die Ovalisierung der Löcher infolge der Lochleibungspressungen sowie durch Scherversätze der Schrauben ermöglicht wird.

Voraussetzung ist die Verwendung von Verbindungsmitteln gleicher Steifigkeit im Anschluss, ansonsten ist die gesamte Beanspruchung von dem Verbindungsmittel mit der höchsten Steifigkeit abzutragen.

Eine Kombination von Kategorie C-Verbindungen mit Schweißnähten ist möglich, wenn die Schrauben nach dem Schweißen angezogen werden.

Für hochfeste Baustähle mit Streckgrenzen bis 700 N/mm² gibt DIN EN 1993-1-12 keine zusätzlichen Regeln an und erlaubt ebenfalls den Ansatz einer plastischen Schraubenkraftverteilung, obwohl hochfeste Baustähle im Vergleich zu herkömmlichen Baustählen in der Regel eine geringere Duktilität aufweisen.

Für Anschlüsse mit drei Schrauben in Kraftrichtung hintereinander konnte in [135] gezeigt werden, dass auch bei Verwendung hochfester Baustähle (S690) und hochfester Schrauben (10.9 / 12.9) ein ausreichendes Verformungsvermögen gegeben ist und eine plastische Schraubenkraftverteilung im Grenzzustand der Tragfähigkeit erreicht wird. Es zeigte sich in [135] des Weiteren, dass die Bemessungsregeln der DIN EN 1993-1-8 zur Ermittlung der Lochleibungstragfähigkeit gerade bei kleinen Rand- und Lochabständen konservativ sind. Dies wurde auch schon bei schubbeanspruchten Verbindungen mit nur einer Schraube in [27] beobachtet. In beiden Arbeiten sind auf Basis der durchgeführten Untersuchungen modifizierte Ansätze für die Lochleibungsbeiwerte entwickelt worden, mit denen unter Beibehaltung des gleichen Sicherheitsniveaus die Tragfähigkeiten hochfester Baustähle mit Streckgrenzen bis 700 N/mm² ausgenutzt werden können.

In [135] wurde neben der Lochleibungstragfähigkeit auch die Abschertragfähigkeit sowie in Einzelversuchen die Nettoquerschnittstragfähigkeit von Schraubverbindungen in hochfestem Baustahl untersucht. Auch hier zeigte sich, dass trotz der geringeren Duktilität der hochfesten Baustähle eine plastische Schraubenkraftverteilung im Grenzzustand der Tragfähigkeit erreicht wird und auch die Nettoquerschnittstragfähigkeit in guter Übereinstimmung nach DIN EN 1993-1-12 ermittelt werden kann. Bei den Versuchen zur Abschertragfähigkeit zeigte sich, dass das erforderliche Verformungsvermögen der Anschlüsse im Wesentlichen nur durch die Scherversätze der hochfesten Schrauben (10.9 / 12.9) bereitgestellt wurde.

Nach Auffassung der Autoren können die Regeln für Gruppen von Verbindungsmitteln auch auf hochfeste Baustähle übertragen werden, sofern die Anzahl der Schrauben in Kraftrichtung hintereinander auf drei beschränkt wird. Vorsicht ist jedoch geboten, wenn „unausgewogene" Schraubenbilder z.B. mit kleinen Randabständen e_1 und großen Lochabständen p_1 geplant werden. Hier besteht die Gefahr, dass die Schraube mit der geringsten Lochleibungstragfähigkeit versagt, ohne dass im Grenzzustand der Tragfähigkeit eine plastische Schraubenkraftverteilung erreicht wird. Die Anschlusstragfähigkeit würde überschätzt.

III.3.8. Lange Anschlüsse

Eine gleichmäßige Verteilung der Beanspruchung in einer Scherverbindung wird durch Plastizieren der Verbindung möglich. Bei sehr langen Schraubenverbindungen tritt dieser Zustand nur begrenzt ein und erfordert eine Abminderung der Beanspruchbarkeit.

Auf eine Begrenzung der in einem Anschluss in Kraftrichtung hintereinander liegenden wirksamen Schrauben oder Niete, wie in Element (803) der DIN 18800-1 oder auch VDI 2230 5.5.6.2 festgelegt, wird in DIN EN 1993-1-8 verzichtet. Bei der Ermittlung der Anschlusstragfähigkeit ist nur die Abschertragfähigkeit $F_{v,Rd}$ mit dem Beiwert β_{Lf} nach Gleichung (3.5) abzumindern, Bild III.3-21. Es darf, sofern maßgebend, die volle Lochleibungstragfähigkeit der jeweiligen Verbindungsmittel in Ansatz gebracht werden.

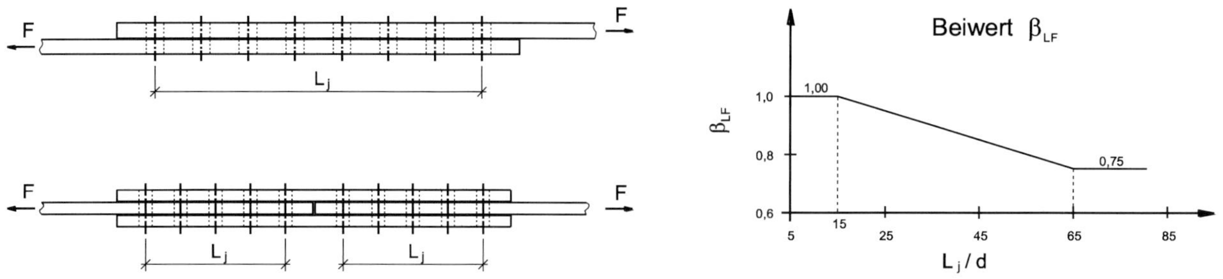

Bild III.3-21: Definition der Anschlusslänge L_j und des Beiwertes β_{LF}

III.3.9. Gleitfeste Verbindungen mit hochfesten Schrauben 8.8 oder 10.9

III.3.9.1. Gleitwiderstand

<1> Zu 3.9.1 (1)

Gleichung (3.6a) gilt für Kategorie C-Verbindungen und Gleichung (3.6b) gilt für Kategorie B-Verbindungen nach Tabelle 3.2.

<2> Zu Tabelle 3.6

Der Gleitwiderstand nimmt ab bei übergroßen Löchern und Langlöchern. Die Ursache liegt in der reduzierten Kontaktfläche. Die damit verbundene höhere lokale Pressung führt zu einer Verringerung der Oberflächenunebenheiten. Eine Zusammenfassung der Forschungsarbeiten zu gleitfesten Verbindungen mit Langlöchern ist in [51] gegeben.

<3> Zu Tabelle 3.7

Eine Auswahl möglicher Oberflächenvorbehandlungen, die geeignet sind, die entsprechenden Haftreibungszahlen der Oberflächenklassen A bis D zu erreichen, sind in der Tabelle 18 der DIN EN 1090-2 [4] zusammengestellt. Die Bandbreite reicht von Oberflächen im Walzzustand (Klasse D), für die mit einer Haftreibungszahl $\mu = 0{,}20$ zu rechnen ist, bis hin zu kugel- oder sandgestrahlten Oberflächen (Klasse A), für die $\mu = 0{,}50$ angesetzt werden darf. Haftreibungszahlen $\mu > 0{,}50$ dürfen angesetzt werden, wenn sie in Verfahrensprüfungen nachgewiesen werden können.

Unabhängig von der Gleitflächenklasse müssen die Kontaktflächen weiterhin vollständig von Verunreinigungen (z.B. Öl oder Farbreste) und Graten befreit werden, die einen festen Sitz der zu verbindenden Teile verhindern würden.

III.3.9.2. Kombinierte Scher- und Zugbeanspruchung

Bei einer gleitfesten Verbindung führt eine zusätzliche Zugbeanspruchung $F_{t,Ed}$ nach Bild III.3-1 zu einer zusätzlichen Beanspruchung in der Schraube und zu einem Abbau der Klemmkraft in der Kontaktfuge im Verhältnis der Schraubenfläche zu einer angenommenen Druckkontaktfläche von 1:4. Hieraus folgt die verbleibende Klemmkraft von

$$F_P = F_{P,C} - 0{,}8 \cdot F_{t,Ed} \qquad \text{(III.3-37)}$$

III.3.10. Lochabminderungen

III.3.10.1. Allgemeines

Bei den Nachweisen der verbundenen Bauteile ist ein Lochabzug bei Zugbeanspruchungen immer zu berücksichtigen. Bei Druckbeanspruchungen darf die Lochschwächung unberücksichtigt bleiben, wenn die Löcher mit Verbindungsmitteln gefüllt sind.

Anschlussexzentrizitäten sind in der Regel zu berücksichtigen. Ausnahmen bestehen für einseitig angeschlossene Winkel und andere unsymmetrisch angeschlossene Bauteile, für die das Bemessungsverfahren nach 3.10.3 die Einflüsse der Exzentrizitäten auf die Tragfähigkeit bereits beinhaltet.

III.3.10.2. Blockversagen von Schraubengruppen

<1> Zu 3.10.2 (1) und (2)

Blockversagen ist durch eine Kombination von Schub- und Zugversagen des gelochten Bleches gekennzeichnet. Es tritt bei größeren Randabständen (kein Lochleibungsversagen) und geringen Lochabständen auf. Im Versagenszustand wachsen die Zugdehnungen schneller als die Schubgleitungen in den zugehörigen Nettoflächen. Das Versagen ist durch Erreichen der Schubfließspannung und der Zugfestigkeit im Blech gekennzeichnet. Die bei großen Zugdehnungen bis zum Versagen eintretende Verfestigung in den Schubbereichen wird nicht berücksichtigt. Die maßgebenden Netto-Querschnittsflächen beziehen sich auf das gelochte Blech. Anschließende Bleche, wie z.B. der Flansch eines Walzprofiles, werden nicht berücksichtigt, Bild III.3-22.

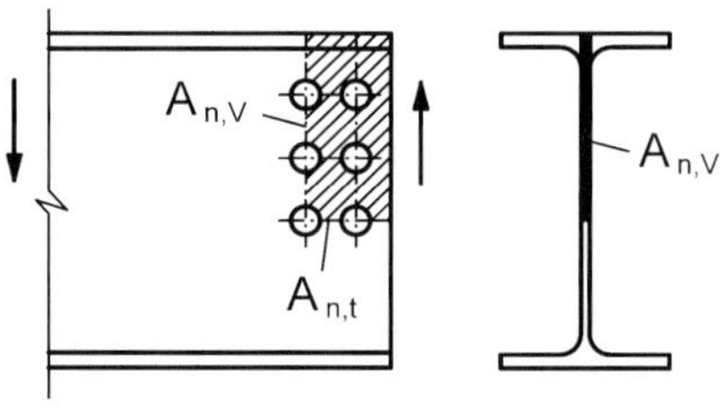

Bild III.3-22: Maßgebende Netto-Querschnittsflächen

Die Regeln zum Blockversagen beinhalten nicht den Nachweis schräg angreifender Kräfte. Hierfür kann der Nachweis über eine lineare Interaktionsbeziehung

$$\frac{F_{Ed,V}}{V_{eff,Rd,V}} + \frac{F_{Ed,H}}{V_{eff,Rd,H}} \leq 1{,}0 \qquad \text{(III.3-38)}$$

mit den Bezeichnungen nach Bild III.3-23 erfolgen.

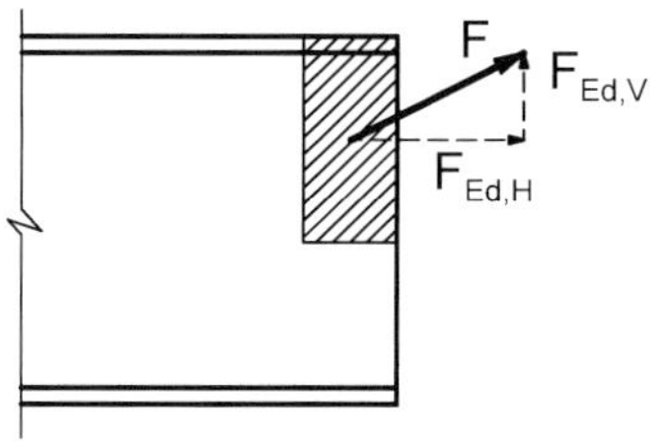

Bild III.3-23: Blockversagen bei schräg angreifenden Kräften

<2> Zu Bild 3.8

Die Regeln für Blockversagen in 3.10.2 sind nicht für Winkel anzuwenden, daher ist die Bildangabe im Normentext irreführend. Für den Nachweis von Winkeln gilt 3.10.3.

III.3.10.3. Einseitig angeschlossene Winkel und andere unsymmetrisch angeschlossene Bauteile unter Zugbelastung

Bei dem Nachweis unsymmetrischer Bauteile oder unsymmetrisch angeschlossener Bauteile, wie der in Bild III.3-24 angegebene einseitig angeschlossene Winkel, sind die Einflüsse der Exzentrizität zu berücksichtigen.

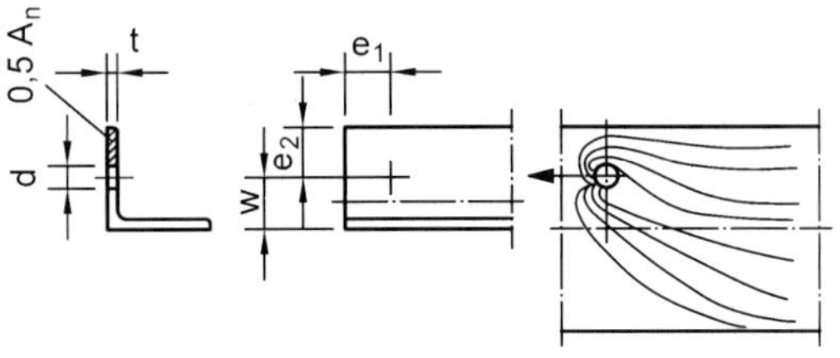

Bild III.3-24: Einseitig angeschlossener Winkel mit einer Schraube im Anschluss

Versuche mit einseitig angeschlossenen Winkeln zeigen, dass Versagen entweder durch Lochleibungsversagen oder weit vor Erreichen der Zugfestigkeit im Nettoquerschnitt durch seitliches Ausreißen eintritt und von der Exzentrizität, den Randabständen und der Anzahl der Schrauben im Anschluss abhängt, Bild III.3-25. Liegt ausreichender Rand- und Lochabstand in Kraftrichtung vor, versagen Winkel im Nettoquerschnitt bei e_2/d_0-Verhältnissen bis etwa 1,5.

Die Festlegung der Bemessungsmodelle erfolgte ebenfalls über eine umfangreiche Auswertung vorhandener Versuche. Dabei wurden zunächst die in Tabelle 3.4 aufgeführten Nachweisregeln für Lochleibungsversagen bestätigt und folgend die in 3.10.3 angegebenen Nachweisregeln für Nettoversagen festgelegt. Nachfolgend werden die wesentlichen Hintergrundinformationen angegeben.

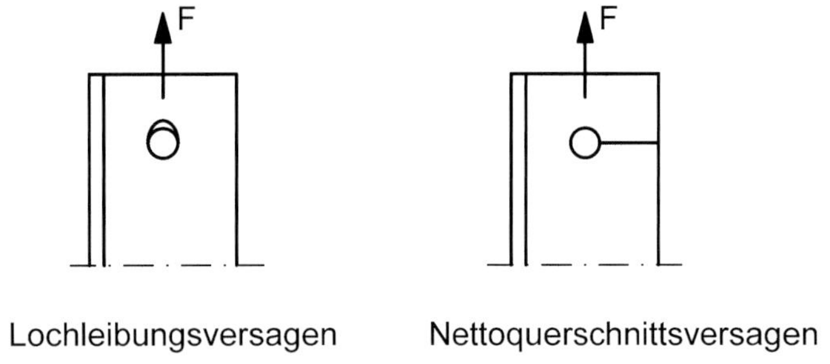

Bild III.3-25: Mögliche Versagensformen bei einseitig angeschlossenen Winkeln

Die Auswertung der Versuche mit Lochleibungsversagen zeigt eine starke Abhängigkeit von der Anzahl der Schrauben, Bild III.3-26. Bei Anschlüssen mit einer Schraube führt das Nachweisformat nach Tabelle 3.4 im Mittel zu sehr konservativen Werten. Im Doppelnachweis mit dem Nettoversagen kann daher auch für Verhältnisse e_2/d_0 größer 1,5 der Nachweis des Lochleibungsversagens maßgebend werden.

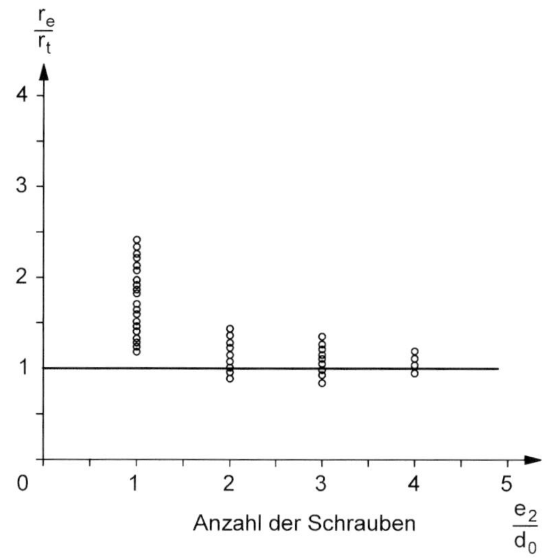

Bild III.3-26: Lochleibungsversagen von einseitig angeschlossenen Winkeln in Abhängigkeit von der Schraubenanzahl

<1> Zu 3.10.3 (2) Einseitig mit einer Schraubenreihe angeschlossene Winkel

<1.1> Einseitig mit einer Schraube angeschlossener Winkel

Das für die Kalibration an Versuchsergebnissen benutzte Nachweisformat für den Grenzzustand ist gemäß [63]

$$N_u = 2{,}2 \cdot (e_2 - 0{,}5 \cdot d_0) \cdot t \cdot f_y \tag{III.3-39}$$

Berücksichtigt man den Sicherheitsfaktor $\gamma_{M2} = 1{,}25$ für den Nachweis gegen die Zugfestigkeit, folgt

$$N_u = \frac{2{,}75 \cdot (e_2 - 0{,}5 \cdot d_0) \cdot t \cdot f_y}{\gamma_{M2}} \tag{III.3-40}$$

und unter der Annahme $f_u = 1{,}5 \cdot f_y$

$$N_u = \frac{1{,}8 \cdot (e_2 - 0{,}5 \cdot d_0) \cdot t \cdot f_u}{\gamma_{M2}} \tag{III.3-41}$$

Dieses Bemessungsmodell wurde an insgesamt 44 Versuchen kalibriert. Bild III.3-27 zeigt die Sensitivitätsanalyse bezüglich des Randabstandes senkrecht zur Kraftrichtung e_2/d_0, die in einem Bereich $0 \le e_2/d_0 \le 1{,}5$ liegt und hierfür das Modell bestätigt.

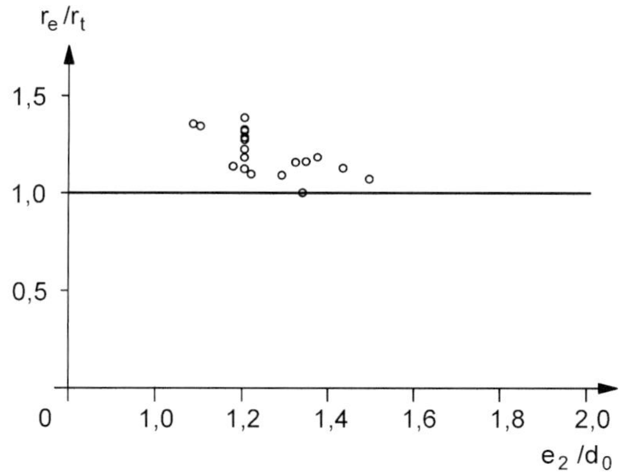

Bild III.3-27: Sensitivitätsdiagramm eines Winkelanschlusses mit einer Schraube im Anschluss in Abhängigkeit von e_2/d_0

Die Auswertung zeigte, dass das Modell bei Verwendung des einheitlichen Sicherheitsbeiwertes von $\gamma_M = 1{,}25$ zu konservativ ist. Dies führte zu einer Anhebung in nachfolgendem Nachweisformat

$$N_u = \frac{2{,}0 \cdot (e_2 - 0{,}5 \cdot d_0) \cdot t \cdot f_u}{\gamma_{M2}} \qquad \text{(III.3-42)}$$

Die Nettofläche $2{,}0 \cdot (e_2 - 0{,}5 \cdot d_0) \cdot t$ kann damit als symmetrisch zur Lochachse wirksame Fläche interpretiert werden.

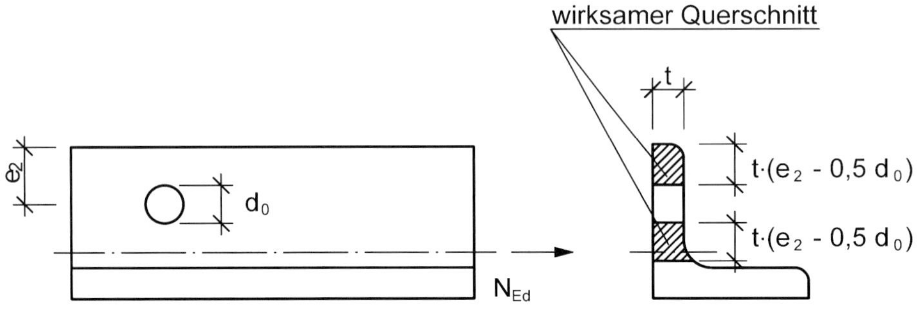

Bild III.3-28: Ein-Schraubenverbindung eines Winkels

<1.2> Einseitig mit zwei Schrauben angeschlossener Winkel

Wird der Winkel exzentrisch mit 2 oder mehr Schrauben angeschlossen, kann das in der Regel vorhandene Exzentrizitätsmoment aufgenommen werden. Die zusätzliche Biegemomentenbeanspruchung des Winkels wird durch die Abminderung des Nettoquerschnittes mit dem Abminderungsbeiwert β berücksichtigt. Der Abminderungsbeiwert β folgt aus der statistischen Auswertung von Versuchstraglasten entsprechender Versuchsserien.

Das für die Kalibration an Versuchsergebnissen benutzte Nachweisformat für den Grenzzustand ist gemäß [63]

$$N_u = \beta \cdot A_{net} \cdot f_y \qquad \text{(III.3-43)}$$

wobei β ein vom Schraubenabstand und von der Anzahl der Schrauben abhängiger Beiwert ist und A_{net} die Nettoquerschnittsfläche des Winkels.

Berücksichtigt man den Sicherheitsfaktor $\gamma_{M2} = 1{,}25$ für den Nachweis gegen die Zugfestigkeit, folgt

$$N_u = \frac{1{,}25 \cdot \beta \cdot A_{net} \cdot f_y}{\gamma_{M2}} \qquad \text{(III.3-44)}$$

und unter der Annahme $f_u = 1{,}5 \cdot f_y$

$$N_u = \frac{1{,}25}{1{,}5} \cdot \beta \cdot A_{net} \cdot \frac{f_u}{\gamma_{M2}} \qquad \text{(III.3-45)}$$

Durch Einführung von $\beta_2 = \frac{1{,}25}{1{,}5} \cdot \beta$ folgt

$$N_{u,Rd} = \beta_2 \cdot A_{net} \cdot \frac{f_u}{\gamma_{M2}} \qquad \text{(III.3-46)}$$

Dieses Bemessungsmodell wurde an insgesamt 129 Versuchen kalibriert. Sensitivitätsanalysen wurden für die geometrischen Bezugsgrößen e_2/d_0, e_1/d_0 und p_1/d_0 durchgeführt, die in Bild III.3-29 bis Bild III.3-31 angegeben sind.

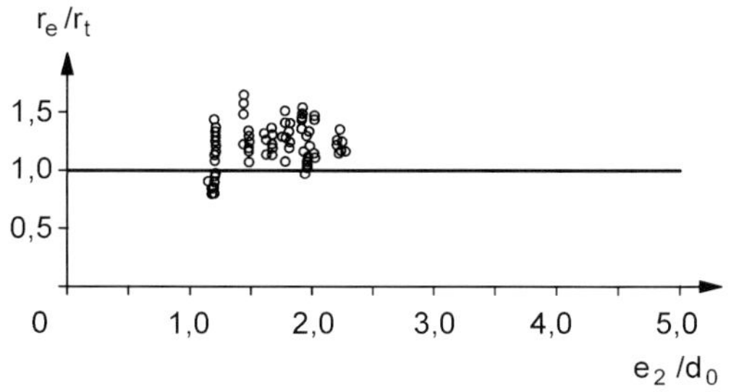

Bild III.3-29: Sensitivitätsdiagramm eines Winkelanschlusses mit zwei Schrauben im Anschluss in Abhängigkeit von e_2/d_0

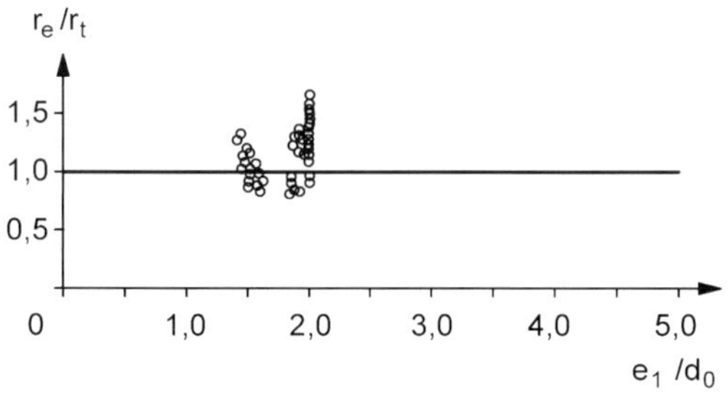

Bild III.3-30: Sensitivitätsdiagramm eines Winkelanschlusses mit zwei Schrauben im Anschluss in Abhängigkeit von e_1/d_0

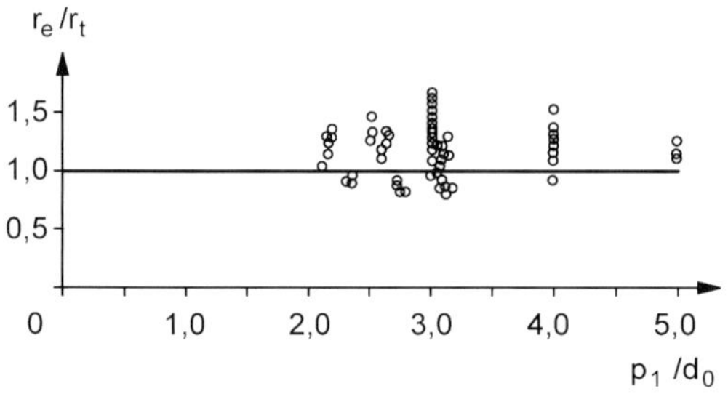

Bild III.3-31: Sensitivitätsdiagramm eines Winkelanschlusses mit zwei Schrauben im Anschluss in Abhängigkeit von p_1/d_0

Die Ergebnisse bestätigen die in Bild III.3-32 angegebenen β_2-Werte. Zwischenwerte können linear interpoliert werden.

p_1	β_2
$\leq 2{,}5\ d$	0,4
$\geq 5\ d$	0,7

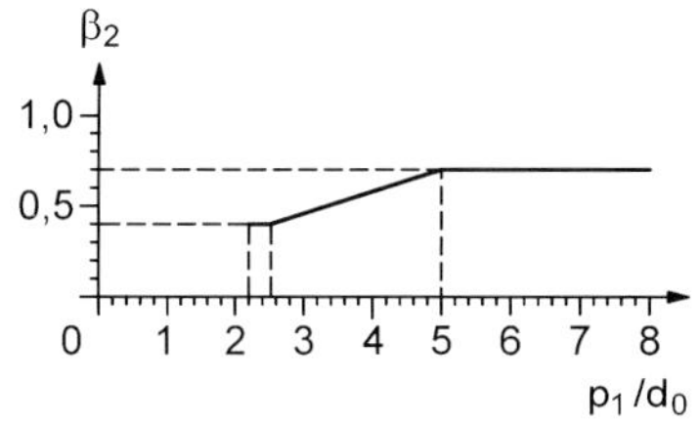

Bild III.3-32: β_2-Werte

Auch aus der Darstellung der Ergebnisse über die Zugfestigkeit der Winkel und über die Winkelbreite kann das Modell bestätigt werden.

<1.3> Einseitig mit drei und mehr Schrauben angeschlossener Winkel

Bereits in [63] war das unterschiedliche Tragverhalten gegenüber einseitigen Anschlüssen mit zwei Schrauben besonders bei kleineren Schraubenabständen berücksichtigt worden. Auf der Grundlage dieser Erkenntnisse erfolgte eine getrennte Auswertung.

Zur Unterscheidung wurde in das für die Kalibration an Versuchsergebnissen benutzte Nachweisformat für den Grenzzustand der Beiwert β_3 eingeführt

$$N_{u,Rd} = \beta_3 \cdot A_{net} \cdot \frac{f_u}{\gamma_{M2}} \tag{III.3-47}$$

Dieses Bemessungsmodell wurde an insgesamt 80 Versuchen kalibriert. Sensitivitätsanalysen wurden für die geometrischen Bezugsgrößen e_2/d_0, e_1/d_0 und p_1/d_0, die Zugfestigkeit der Winkel und die Winkelbreite durchgeführt, die alle zu einer Bestätigung des Modells führen.

Zwischen den in Bild III.3-33 angegebenen β_3-Werten kann linear interpoliert werden.

p_1	β_3
≤ 2,5 d	0,5
≥ 5 d	0,7

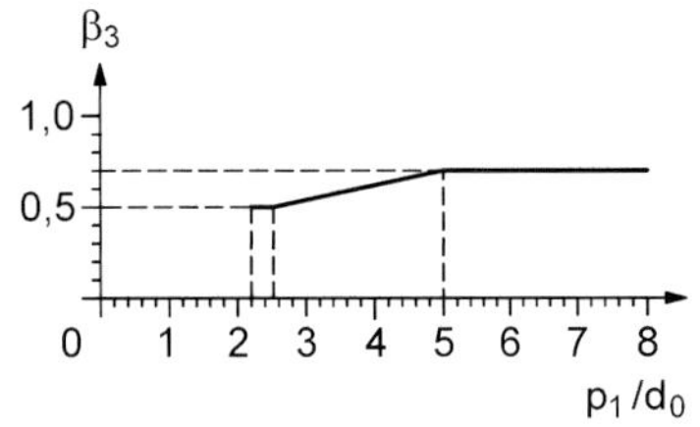

Bild III.3-33: β_3-Werte

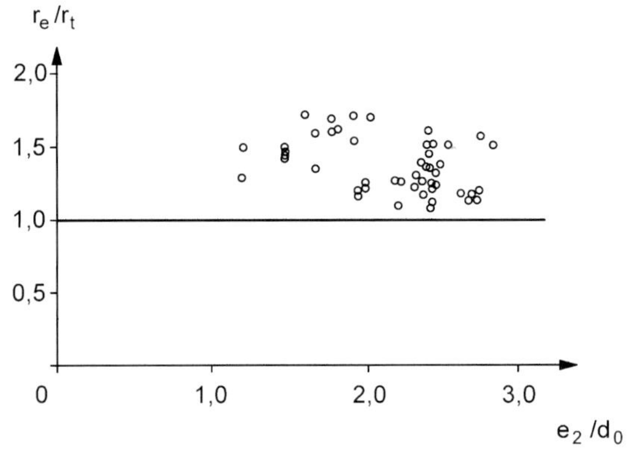

Bild III.3-34: Sensitivitätsdiagramm eines Winkelanschlusses mit drei Schrauben im Anschluss in Abhängigkeit von e_2/d_0

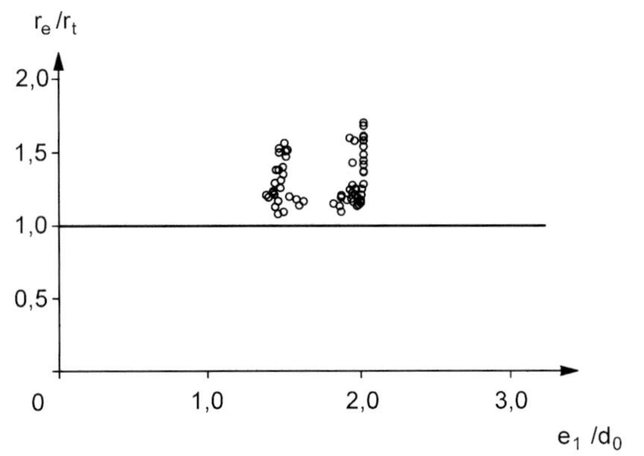

Bild III.3-35: Sensitivitätsdiagramm eines Winkelanschlusses mit drei Schrauben im Anschluss in Abhängigkeit von e_1/d_0

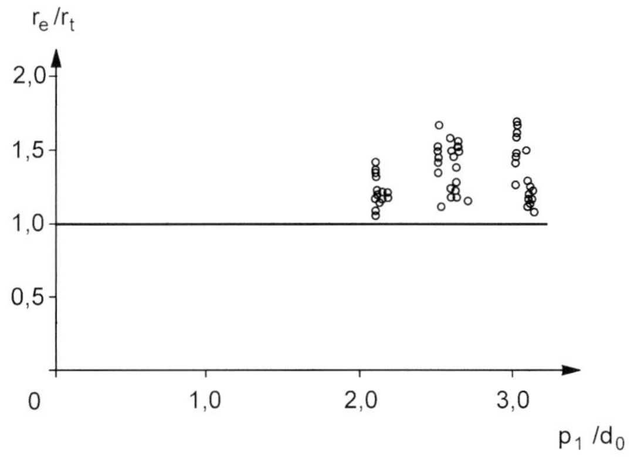

Bild III.3-36: Sensitivitätsdiagramm eines Winkelanschlusses mit drei Schrauben im Anschluss in Abhängigkeit von p_1/d_0

III.3.11. Abstützkräfte

Abstützkräfte können zum Beispiel in einem T-Stoß von Zugstäben auftreten, wie in Bild III.3-37 dargestellt.

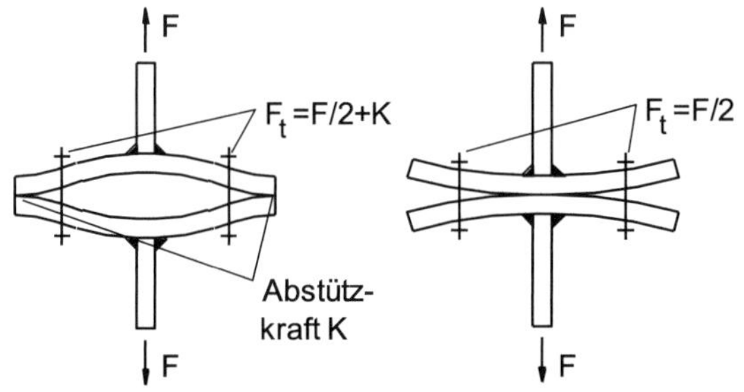

Beispiel für einen zugbeanspruchten T-Stoß
(a) mit Abstützkräften K (b) ohne Abstützkräfte

Bild III.3-37: Zusätzliche Beanspruchungen infolge von Abstützkräften

Die Abstützkräfte vergrößern die Zugbeanspruchungen der Schauben und müssen bei der Bemessung berücksichtigt werden. Ob sich Abstützkräfte einstellen, hängt von den Abmessungen der Stirnplatte und der Schrauben ab. Bei Vorverformungen wie im rechten Teilbild skizziert, stellen sich keine Abstützkräfte ein.
Zur Vereinfachung der Berechnung sind die Abstützkräfte in dem T-Stummel-Modell nach Abschnitt 6.2.4, mit dem in der Komponentenmethode die Tragfähigkeit von auf Biegung beanspruchten Komponenten wie Stirnplatten oder Stützenflansch bestimmt wird, implizit berücksichtigt.

III.3.12. Kräfteverteilung der Verbindungsmittel im Grenzzustand der Tragfähigkeit

Für die Annahme vereinfachender plastischer Kraftverteilungsmodelle, Bild III.3-38, ist eine ausreichende Verformungsfähigkeit der Komponenten erforderlich, die in der Regel bei Kategorie A- Verbindungen vorliegt, wenn Lochleibungsversagen maßgebend ist. Die Modelle gelten auch für Kategorie B-Verbindungen aufgrund plastischer Verteilungen durch Rutschungen im Grenzzustand der Tragfähigkeit. Eine linear elastische Verteilung der Beanspruchungen liegt stets vor bei Kategorie C-Verbindungen und bei Kategorie A- und B-Verbindungen, wenn das Abscherversagen der Schrauben maßgebend ist. Bei Stoß- oder Schwingbeanspruchung, Lastumkehr und bei hochfesten Stählen oberhalb S460, siehe DIN EN 1993-1-12, ist ebenfalls eine lineare Verteilung anzunehmen.

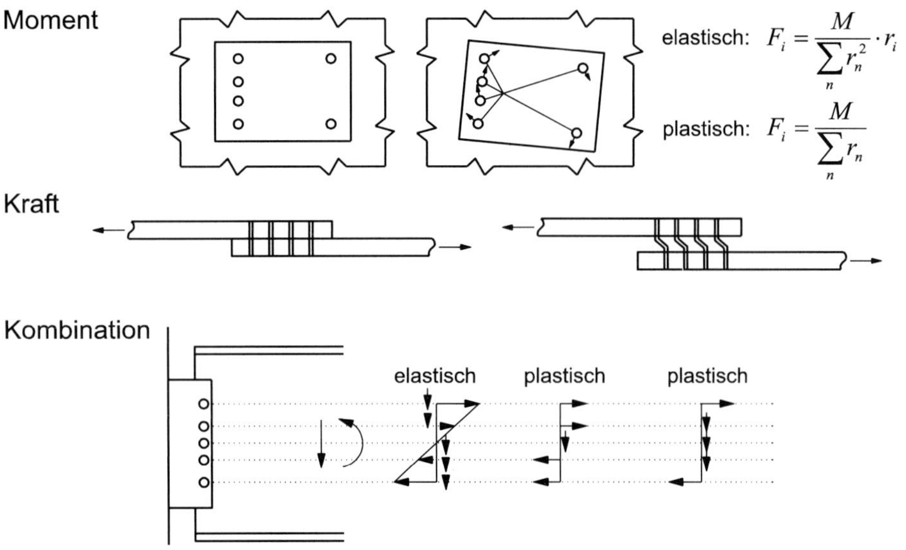

Bild III.3-38: Kräfteverteilung bei Verbindungsmitteln

III.3.13. Bolzenverbindungen

<1> Zu 3.13.2: Bemessung der Bolzen

Die Bemessung von Bolzen entspricht bis auf geringfügige Änderungen bei den Geometrievorgaben für Augenstäbe (Tabelle 3.9, Möglichkeit A+B und den zugelassenen Lochspielen nach Bild III.3-3), den aus DIN 18800-1 bekannten Regeln. Neu sind die Regeln für austauschbare Bolzen. Hier fordert DIN EN 1993-1-8 die Begrenzung der Lochleibungsspannung $\sigma_{h,Ed}$ nach Gleichung (3.14) und, wie in Tabelle 3.10 aufgeführt, die Begrenzung der Lochleibungskraft und der Bolzenbiegung im Grenzzustand der Gebrauchstauglichkeit (GdG). Um sicherzustellen, dass austauschbare Bolzen und auch die Augenstäbe unter Gebrauchslasten im elastischen Bereich bleiben, sind die Beanspruchbarkeiten im GdG um bis zu 60 % zu reduzieren. Bei der Bemessung von austauschbaren Bolzen sind daher die Anforderungen im GdG immer maßgebend. Wann ein Bolzen als austauschbar definiert und entsprechend bemessen werden muss, ist von dem jeweiligen Anwendungsfall abhängig. Bei nur temporär genutzten Tragwerken, wie zum Beispiel Traggerüsten, kann in aller Regel auf die Anwendung der Bemessungsregeln für austauschbare Bolzen verzichtet werden, da die Bolzen ihrem Einsatzzweck entsprechend „nur“ demontierbar sein sollten.

<2> Zu Tabelle 3.9

Die in der Tabelle 3.9 aufgeführten Möglichkeiten zur Festlegung der Geometrie von Augenstäben gehen im Wesentlichen auf die konstruktiven Empfehlungen

$$a = \frac{b}{2} + \frac{2}{3} d_0 \qquad \text{(III.3-48)}$$

und

$$c = \frac{b}{2} + \frac{1}{3} d_0 \qquad \text{(III.3-49)}$$

von Winkler [99] zurück.

Unter der Voraussetzung gleicher Tragfähigkeiten im Stab und Auge ergeben sich hieraus direkt die bei Möglichkeit A angegebenen Bestimmungsgleichungen für a und c.

Möglichkeit B sollte bei Bolzenverbindungen mit dynamsichen Lastanteilen verwendet werden. Petersen leitet in [99] für einen Augenstab mit gleicher Wangen- und Scheiteltragfähigkeit und unter Ansatz eines experimentell abgesicherten Kerbfaktors folgende im Hinblick auf die Ermüdungsfestigkeit besonders geeignete geometrische Vorgaben ab:

$$\frac{c}{d} = 0{,}73; \quad \frac{a}{d} = 1{,}06; \quad \frac{c}{a} = 0{,}67$$

Diese sind mit geringfügigen Modifikationen in DIN EN 1993-1-8 als Möglichkeit B übernommen worden. Die Mindestblechdicke hängt bei Ermüdungsbeanspruchungen von dem Durchmesser d_0 des Loches und der damit verbundenen Kerbwirkung ab.

Unter der Voraussetzung, dass die einwirkende Kraft F_{Ed} der Grenzzugtragfähigkeit des Stabquerschnitts entspricht, folgen die Gleichungen

$$d_0 = 2{,}5 \cdot t \tag{III.3-50}$$

und

$$t \geq 0{,}7\sqrt{F_{Ed} / f_{yd}} \tag{III.3-51}$$

Von diesen Gleichungen kann abgewichen werden. Werden sie befolgt, erhält man ein ausgewogenes Verhältnis von Bolzen- und Augenstabtragfähigkeit.

Bei gering beanspruchten Augenstäben ergeben sich nach der ersten Bestimmungsgleichung unter Umständen sehr kleine erforderliche Blechdicken im Verhältnis zum Bolzen. Dies wird durch die zweite Bedingung verhindert, die eine Mindestdicke von 40 % des Bolzendurchmessers fordert.

III.4. Schweißverbindungen

III.4.1. Allgemeines

Der Begriff Qualitätsstandard in (3) ist irreführend; EN 25817 ist seit Dezember 2003 zurückgezogen. Fachlich richtig ist der Begriff „Bewertungsgruppe“ C nach ISO 5817 [20].

III.4.2. Schweißzusätze

In DIN EN 1993-1-12 [12] werden zusätzliche Regeln zur Erweiterung von EN 1993 auf Stahlgüten bis S700 bereitgestellt. Der Nationale Anhang zu DIN EN 1993-1-12 [13] legt dabei fest, dass nur Schweißzusatzwerkstoffe verwendet werden dürfen, die eine Festigkeit gleich oder größer als die Festigkeit des Grundwerkstoffs aufweisen (kein „undermatching“). Für die Werkstoffe S460 bis S700 wird im nationalen Anhang dabei der Korrelationsbeiwert auf $\beta_w = 1{,}20$ festgelegt. Dies basiert auf den Ergebnissen des Forschungsprojektes P652 „Wirtschaftliche Schweißverbindungen höherfester Baustähle“ [72].

III.4.3. Geometrie und Abmessungen

III.4.3.1. Schweißnahtarten

Im Vergleich zu DIN 18800 [2] wurde das Spektrum der geregelten Schweißnähte mit der Aufnahme von nicht durchgeschweißten Stumpfnähten, Schlitznähten, Lochschweißungen und Hohlkehlnähten deutlich erweitert.

Der datierte Verweis auf EN 12345 [16] ist nicht mehr zutreffend, diese Norm wurde 2005 ersetzt durch ISO 17659 [22].

III.4.3.2. Kehlnähte

III.4.3.2.1 Allgemeines

Zur Veranschaulichung der Flankenöffnungswinkel werden die Abs. (1) bis (3) in Bild III.4-1 zeichnerisch dargestellt.

Für Winkel kleiner 60° → Schweißnaht muss als nicht durchgeschweißte Stumpfnaht behandelt werden	Kehlnähte erlaubt für Winkel von 60°–120°	Für Winkel größer 120° → Nachweis der Beanspruchbarkeit durch Versuche nach DIN EN 1990, Anhang D [5]

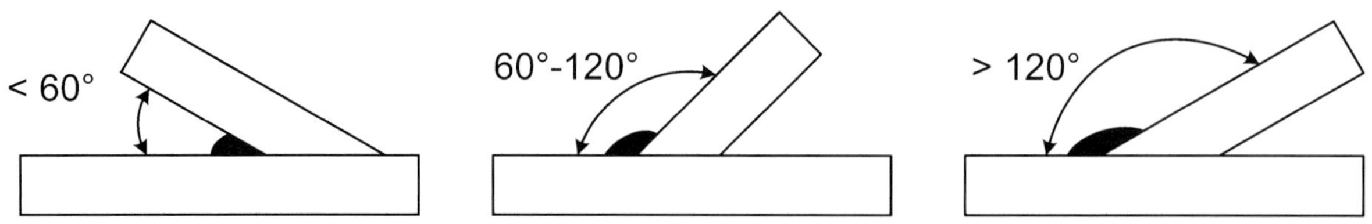

Bild III.4-1: Flankenöffnungswinkel (Fügeteile schematisch dargestellt)

Die Regeln (4) und (5) sind aus praktischer Sicht sehr zu begrüßen. Unklar ist, in welcher Art dieses Ausführungsdetail auf Zeichnungen anzugeben ist, da diesbezüglich keine symbolische Darstellung in ISO 2553 [19] vorgesehen ist. Hier wäre der Vorschlag eines Symbols hilfreich gewesen.

III.4.3.2.2 Unterbrochen geschweißte Kehlnähte

Die Berücksichtigung der unterbrochen geschweißten Kehlnähte bei der Ermittlung der Tragfähigkeit erfolgt nach DIN EN 1993-1-8 Abs. 4.9 (7) [9]. Die dort angegebene Reduktion der Tragfähigkeit durch Multiplikation mit $(e+\ell)/\ell$ entspricht der Vorgehensweise in DIN 18800 [2].

III.4.3.3. Schlitznähte

Die Regelungen für Schlitznähte wurden im Vergleich zu DIN 18800 [2] neu mit aufgenommen. Als Schlitznähte werden nach DIN EN ISO 17659 [22] Überlappstöße mit umlaufender Kehlnaht bezeichnet. Dabei wird im Gegensatz zur Lochschweißung der Schlitz nicht voll ausgeschweißt.

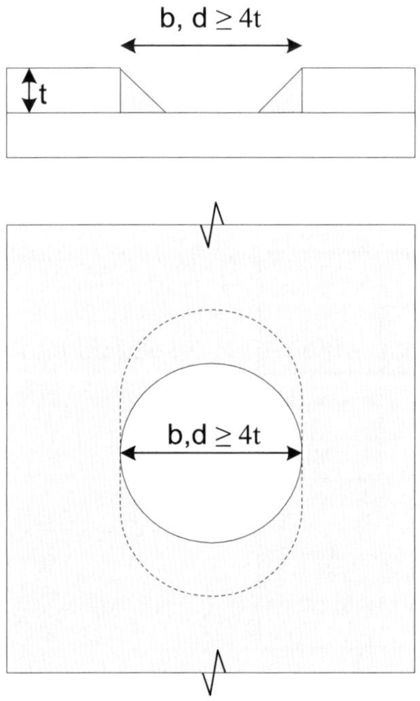

Bild III.4-2: Überlappstoß mit Schlitznaht [147]; durchgezogene Linie: Kreisloch; gestrichelte Linie: Langloch; in Draufsicht ohne Naht dargestellt

Die Maximalabstände für die Abstände der Mittelpunkte der Schlitznähte entsprechen den in DIN EN 1993-1-8 Tabelle 3.3 [9] angegebenen Grenzwerten für Rand- und Lochabstände bei Schraubverbindungen.

III.4.3.4. Stumpfnähte

Bei Verwendung eines Schweißzusatzwerkstoffes, der die in Abschnitt 4.2.2 von DIN EN 1993-1-8 [9] geforderten Anforderungen an Streckgrenze, Bruchfestigkeit, Bruchdehnung und Mindestkerbschlagarbeit erfüllt, wird die Stumpfnaht nicht für die Bemessung maßgebend. Somit ist die Tragfähigkeit des stumpf geschweißten Stoßes gleich der Tragfähigkeit des schwächeren der beiden verbundenen Bauteile.
Der Nachweis für Stumpfnähte in DIN EN 1993-1-8 [9] entspricht dem Nachweis in DIN 18800 [2] bei Verwendung von $\alpha_w = 1{,}0$. Dieser Beiwert durfte in DIN 18800 [2] entweder nur bei nachträglich zu 10 % zerstörungsfrei geprüften oder bei druckbeanspruchten Schweißnähten verwendet werden.

Bei Auslegung nach DIN EN 1993-1-8 [9] ist jedoch zu beachten, dass die Ausführungsnorm DIN EN 1090-2 [4] in Abhängigkeit von der Ausführungsklasse unterschiedliche Anforderungen an die zerstörungsfreie Prüfung stellt [133]. So ist gemäß DIN EN 1090-2 Tabelle 24 [4] bei Ausnutzungsgraden $U = E_d/R_d \geq 0{,}5$ schon bei EXC2 eine zerstörungsfreie Prüfung im Umfang von 10 % erforderlich. Der bei Berechnungen nach DIN 18800 [2] durchaus übliche Verzicht auf den Nachweis der Nahtgüte ging am Beispiel des S235 mit einer Abminderung der Beanspruchbarkeit um 5 % einher. Bei Auslegung nach DIN EN 1993-1-8 [9] bzw. Ausführung nach DIN EN 1090-2 [4] folgt aus dem Verzicht der ZfP der Nahtgüte eine Abminderung der Beanspruchbarkeit um 50 %. Zur Erläuterung ist Tabelle 24 aus DIN EN 1090-2 [4] nachfolgend dargestellt.

Tabelle III.4-1: Umfang der ergänzenden ZfP [4]

Tabelle 24 — Umfang der ergänzenden ZfP

Schweißnahtart	Werkstatt- und Baustellennähte		
	EXC2	EXC3	EXC4
Zugbeanspruchte querverlaufende Stumpfnähte und teilweise durchgeschweißte Nähte in zugbeanspruchten Stumpfstößen:			
$U \geq 0{,}5$	10 %	20 %	100 %
$U < 0{,}5$	0 %	10 %	50 %
Querverlaufende Stumpfnähte und teilweise durchgeschweißte Nähte:			
in Kreuzstößen	10 %	20 %	100 %
in T-Stößen	5 %	10 %	50 %
Zug- oder scherbeanspruchte querverlaufende Kehlnähte:			
mit $a > 12$ mm oder $t > 20$ mm	5 %	10 %	20 %
mit $a \leq 12$ mm und $t \leq 20$ mm	0 %	5 %	10 %
A1) Vollständig durchgeschweißte Längsnähte zwischen Steg und Obergurt bei Kranbahnträgern	10 %	20 %	100 % (A1
A1) Andere Längsnähte und Nähte angeschweißter Steifen	0 %	5 %	10 % (A1

ANMERKUNG 1 Längsnähte verlaufen parallel zur Bauteilachse. Alle anderen Nähte werden als querverlaufende Nähte betrachtet.

ANMERKUNG 2 U = Ausnutzungsgrad von Schweißnähten unter quasi-statischen Einwirkungen. $U = E_d/R_d$, wobei E_d die größte Schweißnahtschnittgröße und R_d die Schweißnahtbeanspruchbarkeit im Grenzzustand der Tragfähigkeit ist.

ANMERKUNG 3 Die Symbole a und t beziehen sich auf die Nahtdicken und den dicksten Grundwerkstoff im Anschluss.

III.4.3.5. Lochschweißungen

Die Regelungen für Lochschweißungen wurden im Vergleich zu DIN 18800 [2] neu aufgenommen. Als Lochschweißung wird nach DIN EN ISO 17659 [22] ein Schweißdetail bezeichnet, bei dem der Überlappungsstoß zweier Bleche durch Ausschweißen eines Loches in einem der beiden Bleche ausgeführt wird. Im Gegensatz zur Schlitzschweißung wird das Loch dabei vollständig ausgeschweißt.

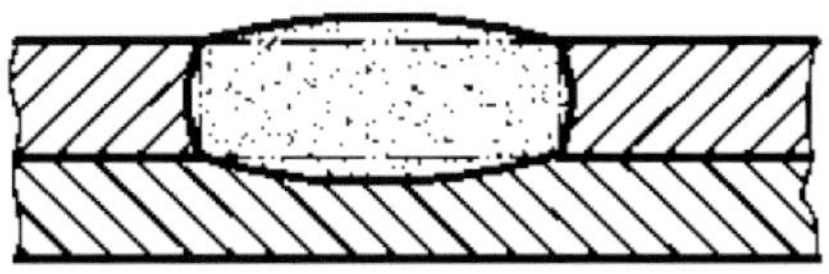

Bild III.4-3: Lochschweißung nach DIN EN ISO 17659 [22]

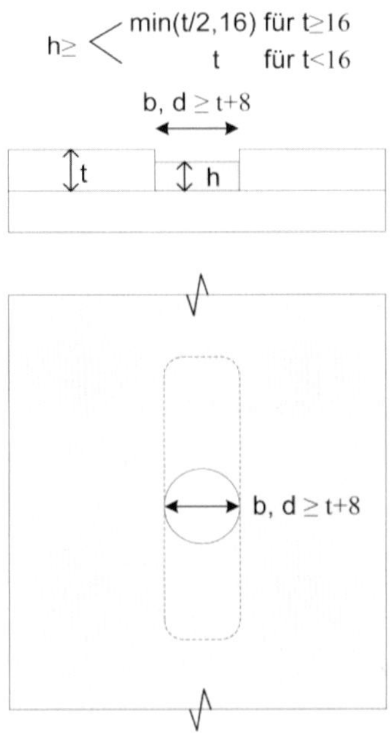

Bild III.4-4: Lochschweißung (in der Draufsicht ohne Naht dargestellt) mit geometrischen Randbedingungen nach DIN EN 1993-1-8; Bild aus [147]; (gestrichelte Linie: Langloch)

III.4.3.6. Hohlkehlnähte

Im Vergleich zu DIN 18800 [2] ebenfalls neu aufgenommen wurde die Hohlkehlnaht. In DIN EN 1993-1-8, Bild 4.2 wird eine Vorgabe zur Bestimmung der wirksamen Nahtdicke von Hohlkehlnähten an Vollquerschnitten gegeben.

Unabhängig davon, dass schon seit geraumer Zeit die Ausführung von Schweißarbeiten nur auf Grundlage von WPS (Welding Procedure Specification, Schweißanweisung) zulässig ist (DIN EN 1090-2 Abs. 7.4.1.1 [4], DIN 18800-7 Abs. 7.1.1 Element (701) [3], diese Forderung war im gleichen Wortlaut schon in der Fassung 2002 enthalten), kann die erzielte Nahtdicke erst nach der zerstörenden Auswertung einer Verfahrensprüfung bestimmt werden.

III.4.4. Schweißen mit Futterblechen

Futterbleche werden zum Ausgleich von Spalten infolge fertigungsbedingter Toleranzen, Schweißverzug, Montageproblemen oder Planungsfehlern eingesetzt. Dabei wird das Futterblech in den Spalt eingelegt und mit den anschließenden Bauteilen verschweißt.

Der Inhalt des Satzes (1) ist nicht klar verständlich. Die in den Abschnitten 4.4 (2) und (3) angegebenen Regelungen sind in Bild III.4-5 zeichnerisch dargestellt.

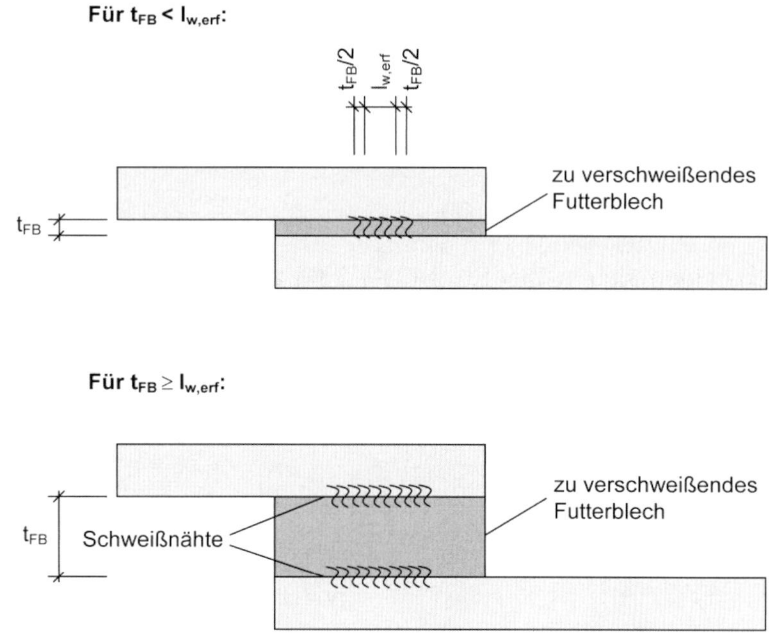

Bild III.4-5: Schweißen mit Futterblechen (t_{FB} = Dicke des Futterblechs; $l_{w,erf}$ = erforderliche Schweißnahtlänge)

III.4.5. Beanspruchbarkeit von Kehlnähten

III.4.5.1. Schweißnahtlänge

Die Regelungen zur wirksamen Schweißnahtlänge entsprechen in großen Teilen der Regelung in DIN 18800 [2]. Neu in DIN EN 1993-1-8 [9] ist die in 4.5.1 (1) geforderte Abminderung der tatsächlichen Schweißnahtlänge um 2 a für nicht voll ausgeführte Schweißnahtenden.

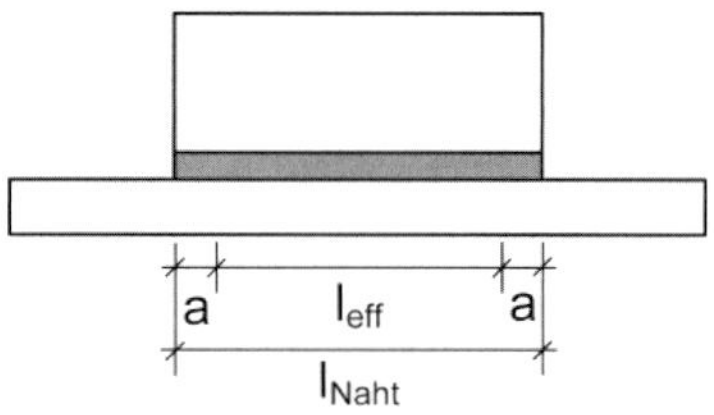

Bild III.4-6: Effektive Nahtlänge bei nicht voll ausgeführten Schweißnahtenden (hier: Naht nicht umlaufend)

III.4.5.2. Wirksame Nahtdicke

Im Gegensatz zu DIN 18800 [2] erlaubt DIN EN 1993-1-8 [9] die Bestimmung der wirksamen Nachtdicke auch über die Höhe eines einschreibbaren nicht gleichschenkligen Dreiecks. In DIN 18800 [2] war hier lediglich die Höhe des einschreibbaren gleichschenkligen Dreiecks ansetzbar. Vorteil der neuen Regelung ist, dass man für planmäßig unsymmetrische Nähte, die z.B. dem Kraftfluss angepasst sind, nicht mehr mit verminderter Tragfähigkeit „bestraft" wird.

Zusätzlich zu der in 4.5.2 (2) geforderten Mindestnahtdicke von 3 mm wird im Nationalen Anhang [10] die bereits in DIN 18800 [2] enthaltene Mindestnahtdicke $a \geq \sqrt{t_{max}} - 0{,}5$ als Muss-Bedingung festgelegt. In einer Anmerkung wird erklärt, die Einhaltung dieser Forderung vermeide ein Missverhältnis von Nahtquerschnitt und verbundenen Querschnittsteilen. Unmittelbar danach wird die unbedingte Forderung wieder aufgehoben: „In Abhängigkeit von den gewählten Schweißbedingungen darf auf die Einhaltung von Bedingung $a \geq \sqrt{t_{max}} - 0{,}5$ verzichtet werden, jedoch sollte für Blechdicken $t \geq 30$ mm die Schweißnahtdicke mit $a \geq 5$ mm gewählt werden".

III.4.5.3. Tragfähigkeit von Kehlnähten

<1> Zu 4.5.3.1 Allgemeines

Zur Bestimmung der Tragfähigkeit von Kehlnähten sind in DIN EN 1993-1-8 [9] zwei Verfahren enthalten. Das vereinfachte Verfahren entspricht im Wesentlichen dem halbempirischen Verfahren zur Bestimmung der Tragfähigkeit von Kehlnähten aus DIN 18800 [2]. Dieses Verfahren liegt im Vergleich zu dem neu in DIN EN 1993-1-8 [9] aufgenommenen, richtungsbezogenen Verfahren für viele Anschlüsse auf der sicheren Seite. In der Anwendung ist das richtungsbezogene Verfahren aufwändiger.

Beide Bemessungsverfahren basieren auf experimentellen Untersuchungen an Kehlnahtverbindungen. Bei derartigen Konstruktionen kann das Versagen sowohl in den zu verschweißenden Bauteilen als auch in der Kehlnaht auftreten. Zur Herleitung der Bemessungsmodelle wurden jedoch nur die Versuche ausgewertet, die ein Versagen der Kehlnaht zeigen. Dabei wird der Spannungsverlauf in der Kehlnaht vereinfachend als gleichmäßig verteilt angenommen. In der realen Verbindung treten jedoch Spannungsspitzen und nichtlineare Spannungsverläufe auf [86], [136]. Die Annahme der gleichmäßigen Spannungsverteilung erfordert folglich eine ausreichende Duktilität und Zähigkeit sowohl des Grundmaterials als auch des Schweißzusatzwerkstoffes. Beiden Nachweisverfahren liegt die wirksame Kehlnahtfläche $A_w = a \cdot l_{eff}$ gemäß den Abschnitten 4.5.1 und 4.5.2 zu Grunde. Die parallel zur Nahtachse wirkende Spannungskomponente $\sigma_{//}$ wird vernachlässigt.

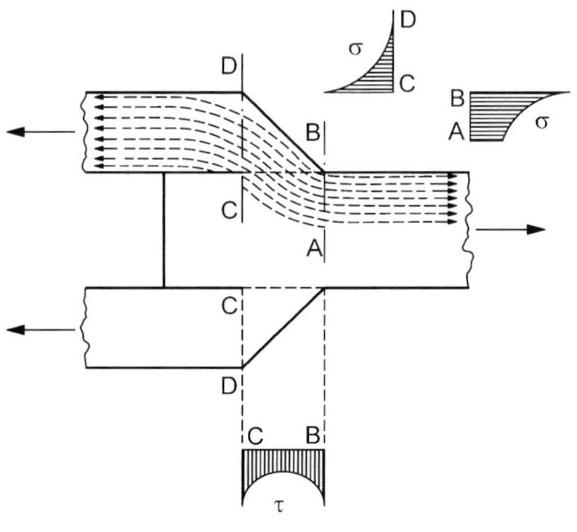

Bild III.4-7: Spannungsverläufe im Kehlnahtanschluss [136]

<2> Grenzschweißnahtspannung

Sowohl beim richtungsbezogenen als auch beim vereinfachten Verfahren ist nicht wie in DIN 18800 [2] die Streckgrenze f_y, sondern die Zugfestigkeit f_u der für die Bemessung von Schweißnähten anzusetzende Werkstoffkennwert. Hiermit wird dem Versagensverhalten der Schweißverbindung Rechnung getragen. Bei steigender Beanspruchung entstehen lokale plastische Verformungen in der Schweißnaht. Diese können jedoch für das Last-Verformungsverhalten der Gesamtkonstruktion als vernachlässigbar betrachtet werden [147]. Dieser Ansatz wurde in DIN 18800 [2] bereits bei der Bemessung des Nettoquerschnittes bei Zugstäben angewendet.

Zu 4.5.3.2 (6) ergänzt der nationale Anhang zu DIN EN 1993-1-8 [10]:

Für Schweißnähte an Bauteilen mit Erzeugnisdicken über 40 mm gilt für die Zugfestigkeit f_u jeweils der Wert für Erzeugnisdicken bis 40 mm.

Einher mit der Verwendung der Zugfestigkeit als Bemessungsgrenzwert geht ein erhöhter Sicherheitsbeiwert, um dem „Versagen ohne Ankündigung" Rechnung zu tragen. Der Sicherheitsbeiwert ist aufgrund der Nachweisführung auf dem Niveau der Zugfestigkeit f_u mit $\gamma_{M2} = 1{,}25$ festgelegt.

Der Korrelationsbeiwert β_w berücksichtigt die jeweiligen Materialeigenschaften des Grundwerkstoffes beim Nachweis der Schweißnaht. Zur Bestimmung des Korrelationsbeiwertes wurden Zugversuche an mit Kehlnähten geschweißten Überlappstößen durchgeführt [136]. Ziel war die Bestätigung der festgelegten Teilsicherheitsbeiwerte γ_M. Durch eine statistische Auswertung der Ergebnisse der Zugversuche nach DIN EN 1990 [5] kann der Korrelationsbeiwert β_w hergeleitet werden.

Die Kombination von Teilsicherheitsbeiwert γ_{M2}, Korrelationsbeiwert β_w und Zugfestigkeit führt jedoch im Vergleich zu DIN 18800 [2] nicht unbedingt zu höheren Grenzschweißnahtspannungen. Eine vergleichende Übersicht über die Tragfähigkeiten nach DIN 18800 [2] und dem vereinfachten Verfahren nach DIN EN 1993-1-8 [9] ist der an [147] angelehnten Tabelle III.4-2: Gegenüberstellung der Bemessungsscherfestigkeit nach DIN 18800 [2] und DIN EN 1993-1-8 [9]Tabelle III.4-2 zu entnehmen.

Tabelle III.4-2: Gegenüberstellung der Bemessungsscherfestigkeit nach DIN 18800 [2] und DIN EN 1993-1-8 [9]

					Scherfestigkeiten [N/mm²]	
Stahl	f_y nach DIN 18800	f_u nach EC 3	β_w nach DIN 18800	β_w nach EC 3	DIN 18800	EC 3 (vereinfachtes Verfahren)
S235 (DIN EN 10025-2)	240	360	0,95	0,80	207	208
S355 (DIN EN 10025-2)	360	490	0,80	0,90	262	251
S460 (DIN EN 10025-3)	460	540	0,70	0,85	293	293

Zu beachten ist, dass für die Werkstoffe S420 und S460 der deutsche nationale Anhang zu DIN EN 1993-1-8 [9] einen von der Grundnorm abweichenden Korrelationsbeiwert vorgibt. So wird für den Werkstoff S420 $\beta_w = 0{,}88$ (Grundnorm $\beta_w = 1{,}0$) und für den Werkstoff S460 $\beta_w = 0{,}85$ (Grundnorm $\beta_w = 1{,}0$) angegeben.

<3> Zu 4.5.3.2: Richtungsbezogenes Verfahren

Das richtungsbezogene Verfahren stellt im Vergleich zu DIN 18800 [2] eine Neuerung dar. In vielen Anwendungsfällen kann mit dem richtungsbezogenen Verfahren eine höhere rechnerische Tragfähigkeit als mit dem vereinfachten Verfahren bestimmt werden. Die Berechnung der Tragfähigkeit beim richtungsbezogenen Verfahren erfolgt über eine Aufteilung der Schnittgrößen in Spannungskomponenten im wirksamen Kehlnahtquerschnitt. Diese vom Wurzelpunkt der Schweißnaht ausgehende Fläche der Breite a unterscheidet sich von der rechnerisch anzusetzenden Kehlnahtfläche beim vereinfachten Verfahren. Die Unterschiede sind in Bild III.4-8 zeichnerisch dargestellt.

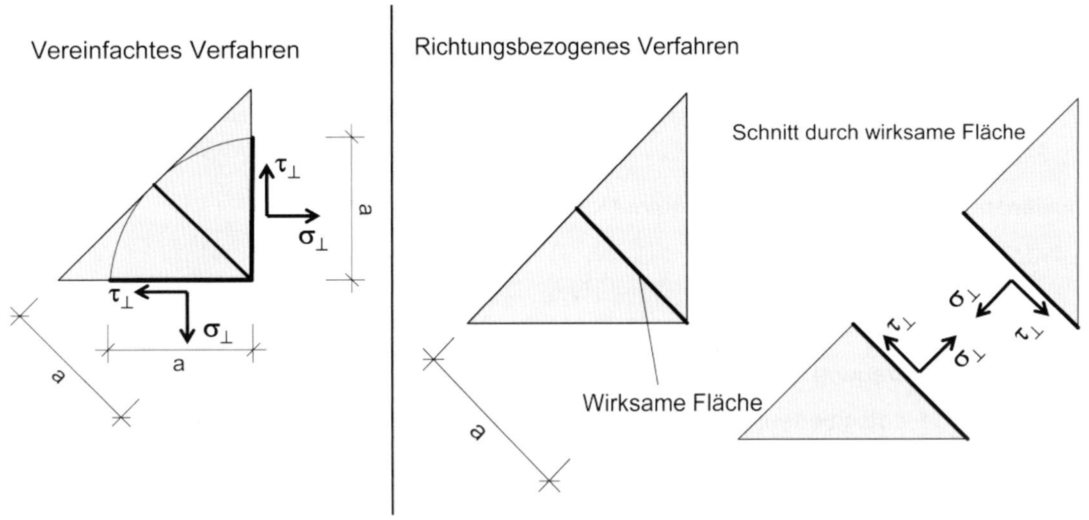

Bild III.4-8: Rechnerische Schweißnahtflächen beim vereinfachten bzw. richtungsbezogenen Verfahren

Der Kehlnahtnachweis erfolgt beim richtungsbezogenen Verfahren durch die Überprüfung der beiden Gleichungen (4.1) in DIN EN 1993-1-8 [9]. Dabei wird zunächst die Von-Mises-Vergleichsspannung, bestehend aus den Komponenten Normalspannung $\sigma_\perp$ sowie den Schubspannungen senkrecht und parallel zur Schweißnahtachse ($\tau_\perp$ bzw. $\tau_{//}$) berechnet und der Grenzschweißnahtspannung gegenübergestellt. Zusätzlich ist ein separater Nachweis der Normalspannungskomponente $\sigma_\perp$ zu führen. Dieser berücksichtigt, dass die Bedingung

$$\sqrt{\sigma_\perp^2 + 3\left(\tau_\perp^2 + \tau_{//}^2\right)} \le f_u / \left(\beta_w \gamma_{M2}\right) \tag{III.4-1}$$

in Einzelfällen unsicher ist. So könnte z.B. die ausschließliche rechnerische Beanspruchung einer Schweißnaht aus S235 mit $\sigma_\perp$ dazu führen, dass

$$\sqrt{\sigma_\perp^2 + 3\left(0_\perp^2 + 0_{//}^2\right)} \le f_u / \left(0{,}8x1{,}25\right) = f_u \tag{III.4-2}$$

ergäbe. Aus diesem Grund wird die Normalspannungskomponente in einer separaten Gleichung abgesichert.

Entwickelt wurde das richtungsbezogene Verfahren durch das IIW. Es wurde später von der ISO übernommen [136]. Grundlage sind experimentelle Untersuchungen an der TNO [129]. Die Schweißnahtgeometrie der Versuchskörper dieser Untersuchungen ist in Bild III.4-9 dargestellt.

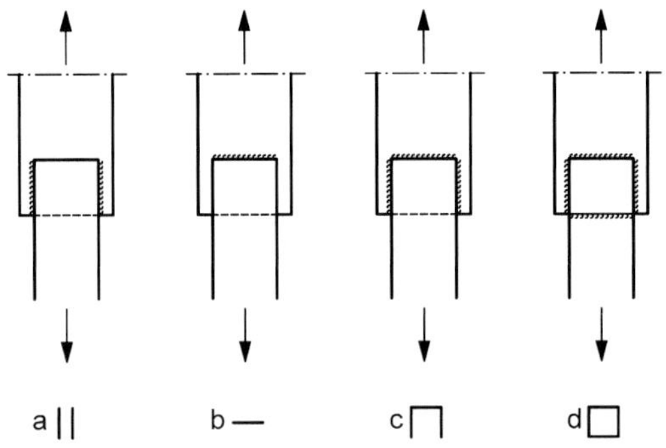

Bild III.4-9: Schweißnahtgeometrien von Probekörpern [136]

Lediglich von den Werkstoffen S235 und S355 stand jedoch eine ausreichende Versuchsanzahl zur Verfügung. Die statistische Auswertung dieser Ergebnisse zeigte, dass die Versuchsergebnisse bei der Konfiguration a (Bild III.4-9) die größte Streuung aufweisen. Um eine einheitliche Anwendung der Bemessungsverfahren zu gewährleisten, wurde entschieden, für alle Konfigurationen ein einheitliches Nachweiskonzept zu erarbeiten, wodurch das Bemessungskonzept für die Konfigurationen b, c und d etwas auf der sicheren Seite liegt [136]. In Bild III.4-10 und Bild III.4-11 sind Sensitivitätsdiagramme bei der Verwendung des richtungsbezogenen Verfahrens für die Stahlgüten S235 bzw. S355 in Abhängigkeit von der untersuchten Nahtgeometrie dargestellt.

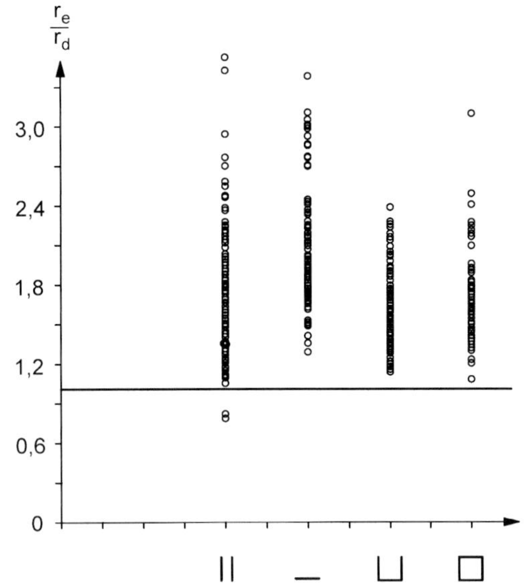

Bild III.4-10: Sensitivitätsdiagramm bei der Verwendung des richtungsbezogenen Verfahrens für die Stahlgüte S235 in Abhängigkeit von der untersuchten Nahtgeometrie [136]

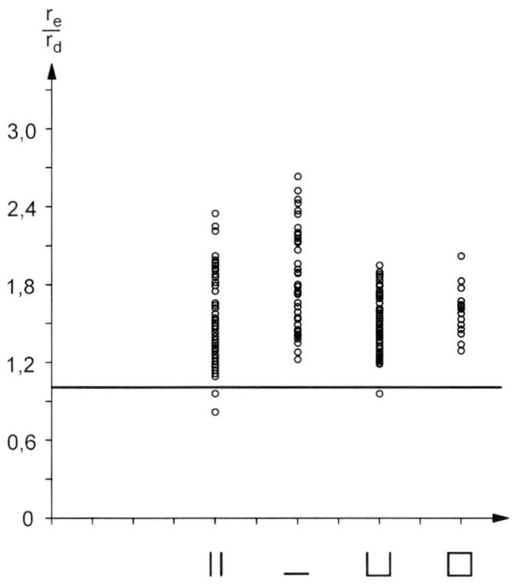

Bild III.4-11: Sensitivitätsdiagramm bei der Verwendung des richtungsbezogenen Verfahrens für die Stahlgüte S355 in Abhängigkeit von der untersuchten Nahtgeometrie [136]

Hierbei ist für S235 eine größere Abweichung der Mittelwerte aus den unterschiedlichen Konfigurationen bei gleichzeitig größerer Streuung feststellbar. Bei der Festlegung der entsprechenden Bemessungswerte in Abhängigkeit der Zugfestigkeit des Grundmaterials f_u führt dies zu einer etwas größeren Beanspruchbarkeit des S235. Dies zeigt sich bei der Festlegung des Korrelationsbeiwertes β_w.

<4> Zu 4.5.3.3: Vereinfachtes Verfahren

Beim vereinfachten Verfahren wird der Nachweis der Tragfähigkeit auf der Ebene von Kräften geführt. Die Resultierende der einwirkenden Kräfte $F_{w,Ed}$ wird dem Bemessungswert der Tragfähigkeit je Längeneinheit $F_{w,Rd}$ gegenübergestellt. Dieses zunächst unbekannt wirkende Nachweisverfahren kann jedoch wie folgt dargestellt werden:

Gemäß DIN EN 1993-1-8, Abs. 4.5.3.3 [9] ist der Nachweis zu führen mit

$$F_{w,Ed} = \frac{F}{l_{eff}} \leq F_{w,Rd} = f_{vw,d} \cdot a \qquad \text{(III.4-3)}$$

Division durch die Kehlnahtdicke a ergibt:

$$\frac{F}{l_{eff} \cdot a} \leq f_{vw,d} \qquad \text{(III.4-4)}$$

Durch diese einfache Umformung wird das vereinfachte Verfahren auf das aus DIN 18800 [2] bekannte Nachweisverfahren auf Spannungsniveau geführt. Die Grenzschweißnahtspannung wird jedoch wie bereits beim richtungsbezogenen Verfahren auf Basis der Zugfestigkeit des Werkstoffes bestimmt. Details hierzu sind im Abschnitt „Grenzschweißnahtspannungen" der Kommentierung ausgeführt.

Weiterhin ist zu beachten, dass die resultierende Einwirkende auf die Schweißnaht $F_{w,Ed}$ als Vektorsumme berechnet wird. Umgeformt auf Spannungsebene führt dies zu der ebenfalls aus DIN 18800 [2] bekannten Gleichung

$$\sigma_{w,Ed} = \sqrt{\sigma_\perp^2 + \tau_\perp^2 + \tau_{//}^2} \leq \frac{f_u}{\sqrt{3} \cdot \beta_w \cdot \gamma_{M2}} \qquad \text{(III.4-5)}$$

Hierbei ist zu beachten, dass dieser Vergleichswert der Spannung nicht mit der beim richtungsbezogenen Verfahren zur Anwendung kommenden Vergleichsspannung verwechselt werden darf. Die Vergleichsspannung führt eine mehraxiale Beanspruchung eines Bauteiles rechnerisch auf eine einaxiale Beanspruchung zurück. Da zähe Werkstoffe nur in einer Ebene gleiten und spröde Werkstoffe ebenso nur in einer Ebene brechen, entspricht dieser Rechenschritt der Realität [127]. Die über die Vergleichsspannung ermittelte Beanspruchung ist somit auch tatsächlich im Bauteil vorhanden. Der in DIN EN 1993-1-8 Abs. 4.5.3.3 [9] und DIN 18800 [2] angegebene Vergleichswert der Spannung beschreibt jedoch keine tatsächliche Beanspruchung, sondern dient als Rechenwert, der die tatsächliche Beanspruchung beurteilt [127]. Nähere Informationen zur Erarbeitung des Vergleichswertes der Schweißnahtspannung können [127] entnommen werden.

Auch das vereinfachte Verfahren beruht auf experimentellen Untersuchungen an der TNO an Nahtgeometrien nach [129]. Die Sensitivitätsdiagramme für das vereinfachte Verfahren sind in Bild III.4-12 und Bild III.4-13 dargestellt.

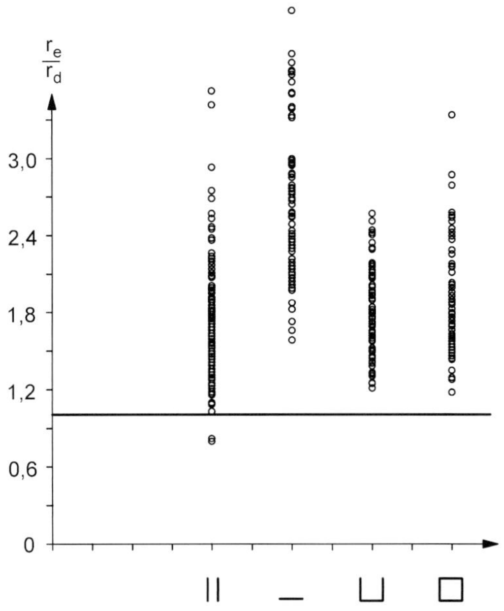

Bild III.4-12: Sensitivitätsdiagramm bei der Verwendung des vereinfachten Verfahrens für die Stahlgüte S235 in Abhängigkeit von der untersuchten Nahtgeometrie [136]

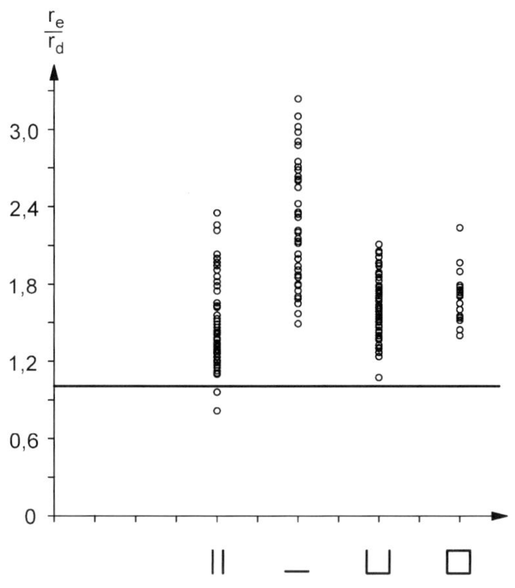

Bild III.4-13: Sensitivitätsdiagramm bei der Verwendung des vereinfachten Verfahrens für die Stahlgüte S355 in Abhängigkeit von der untersuchten Nahtgeometrie [136]

Es zeigen sich ähnliche Tendenzen bei der Sensitivitätsanalyse wie beim richtungsbezogenen Verfahren [136].

Die endgültige Festlegung der Korrelationsbeiwerte für S235 und S355 zu

$\beta_w = 0{,}85$ für S235 bzw.

$\beta_w = 0{,}90$ für S355

ist wie folgt zu begründen.

Wie oben erläutert ergibt die statistische Auswertung der Versuchsergebnisse eine größere Mittelwertabweichung für den Werkstoff S235. Die Tragfähigkeit der geschweißten Verbindung hängt jedoch nicht nur von der Festigkeit des Grundmaterials f_u sondern auch von der Festigkeit des verwendeten Schweißzusatzwerkstoffes $f_{u,wm}$ ab. Bei S235 werden meistens die gleichen Zusatzwerkstoffe wie bei S355 verwendet. Dies führt dazu, dass sich bei der Bildung des Quotienten $f_u / f_{u,wm}$ für den S235 eine größere Mittelwertabweichung bei deutlich größerer Standardabweichung zeigt. Die Kombination beider Einflüsse führte dazu, dass die Schweißnahtfestigkeiten des S235 nur geringfügig höher ausgenutzt werden dürfen.

Neuere Untersuchungen zum Tragverhalten von Kehlnahtverbindungen bei höherfesten Stählen ermöglichen die Berücksichtigung unterschiedlich hoher Festigkeiten des Schweißzusatzwerkstoffes [109]. Der Vorschlag wird derzeit in der Working Group zu EN 1993-1-8 diskutiert und wahrscheinlich in die Norm aufgenommen.

<5> Gegenüberstellung des richtungsbezogenen und des vereinfachten Verfahrens anhand von Beispielen

Beispiel für das richtungsbezogene Verfahren:

Lasche oder Augenblech FL 100x10x100 – S235JR mittig angeschweißt auf den Flansch eines Walzprofils mit einer Doppelkehlnaht a = 4 mm. Die Last in Richtung senkrecht zum Trägerflansch beträgt 100 kN. Die Normalspannung senkrecht zur Schweißnahtachse nach Bild 4.5 beträgt

$$\sigma_{\perp} = \frac{0{,}5 \cdot 100kN}{\sqrt{2}} \cdot \frac{1}{100mm \cdot 4mm} = 88\frac{N}{mm}$$

Die Schubspannung (in der Ebene der Kehlnahtfläche) senkrecht zur Schweißnahtachse nach Bild 4.5 beträgt

$$\tau_{\perp} = \frac{0{,}5 \cdot 100kN}{\sqrt{2}} \cdot \frac{1}{100mm \cdot 4mm} = 88\frac{N}{mm}$$

Die Komponenten $\sigma_{//}$ und $\tau_{//}$ sind jeweils null.

Die Vergleichsspannung (nach von Mises) nach Gl. (4.1) beträgt

$$\sigma_{vwd} = \sqrt{\left(88\frac{N}{mm^2}\right)^2 + 3 \cdot \left(88\frac{N}{mm^2}\right)^2}$$

$$\sigma_{vwd} = \sqrt{4 \cdot \left(88\frac{N}{mm^2}\right)^2} = 2 \cdot \left(88\frac{N}{mm^2}\right) = 176\frac{N}{mm^2}$$

Die aufnehmbare Spannung $\sigma_{\perp,Rd}$ nach Gl. (4.1) beträgt

$$\sigma_{\perp,Rd} = \frac{0{,}9 \cdot f_u}{\gamma_{M2}}$$

$$\sigma_{\perp,Rd} = \frac{0{,}9 \cdot 360\frac{N}{mm^2}}{1{,}25} = 259\frac{N}{mm^2}$$

Der aufnehmbare Vergleichsspannung σ_{vwRd} nach Gl. (4.1) beträgt

$$\sigma_{vw,Rd} = \frac{f_u}{\beta_w \cdot \gamma_{M2}}$$

$$\sigma_{vw,Rd} = \frac{360\frac{N}{mm^2}}{0{,}8 \cdot 1{,}25} = 360\frac{N}{mm}$$

Der Ausnutzungsgrad nach Gl. (4.1a) beträgt

$$\eta = \frac{177\frac{N}{mm^2}}{360\frac{N}{mm^2}} = 0{,}49$$

Der Ausnutzungsgrad nach Gl. (4.1b) beträgt

$$\eta = \frac{88 \frac{N}{mm^2}}{259 \frac{N}{mm^2}} = 0{,}34$$

Rechengang nach dem vereinfachten Verfahren:

Die einwirkende Kraft je Längeneinheit nach Gl. (4.2) beträgt

$$F_{w,Ed} = \frac{100kN}{2 \cdot 100mm} = 500 \frac{N}{mm}$$

Der Bemessungswert der Scherfestigkeit der Schweißnaht nach Gl. (4.4) beträgt

$$f_{vw,d} = \frac{f_u}{\beta_w \cdot \gamma_{M2} \cdot \sqrt{3}}$$

$$f_{vw,d} = \frac{360 \frac{N}{mm^2}}{0{,}8 \cdot 1{,}25 \cdot \sqrt{3}} = 208 \frac{N}{mm^2}$$

Die Tragfähigkeit der Schweißnaht nach Gl. (4.3) beträgt

$$F_{w,Rd} = f_{vw,d} \cdot a$$

$$F_{w,Rd} = 208 \frac{N}{mm^2} \cdot 4mm = 831 \frac{N}{mm}$$

Der Ausnutzungsgrad beträgt

$$\eta = \frac{500 \frac{N}{mm}}{831 \frac{N}{mm}} = 0{,}60$$

Man erkennt im Vergleich zum richtungsbezogenen Verfahren, dass nach dem vereinfachten Verfahren ein um etwa 20 % höherer Ausnutzungsgrad ermittelt wird.

III.4.7. Tragfähigkeit von Stumpfnähten

III.4.7.2. Nicht durchgeschweißte Stumpfnähte

Die Ermittlung der Nahtdicke a bei Kehlnähten mit tiefem Einbrand ist in DIN EN 1993-1-8 Bild 4.4 [9] dargestellt. Die wirksame Nahtdicke bei nicht durchgeschweißten Stumpfnähten kann demnach wie in Bild III.4-14 dargestellt bestimmt werden zu

$$a = a_{nom,1} + a_{nom,1} = t - t_{spalt} \qquad \text{(III.4-6)}$$

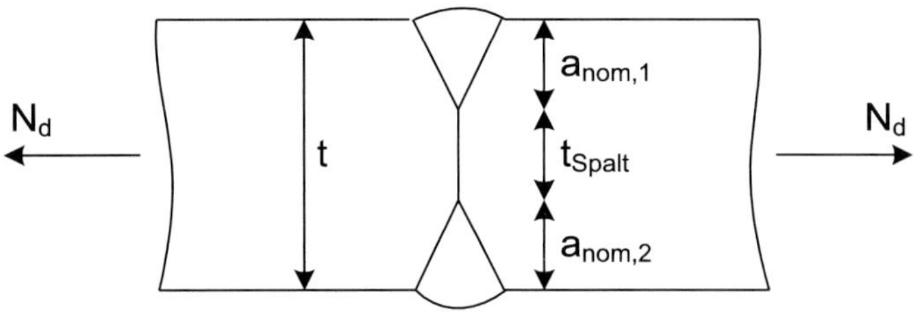

Bild III.4-14: Nicht durchgeschweißte Stumpfnaht; Bild aus [147]

Zur Berechnung der Tragfähigkeit der nicht durchgeschweißten Stumpfnaht ist das Nachweisverfahren für Kehlnähte anzuwenden. Bei reiner Zugbeanspruchung wie in Bild III.4-14 dargestellt wird somit Teil 2 von Gleichung (4.1) aus DIN EN 1993-1-8 [9] maßgebend.
Somit lautet der Nachweis

$$\sigma_{\perp} = \frac{N_d}{a \cdot l_{eff}} = \frac{N_d}{(t - t_{Spalt}) \cdot b} \leq 0{,}9 \cdot \frac{f_u}{\gamma_{M2}} \qquad \text{(III.4-7)}$$

Durch Umformung können mit dieser Gleichung zulässige Spaltgrößen bei Vollanschlüssen bestimmt werden. Details hierzu können [54] entnommen werden. Diese Untersuchungen zeigen, dass auch die Ermüdungsfestigkeit gegenüber der für den Kreuzstoß mit durchgeschweißten Nächten zutreffenden Festigkeit (FAT 71) nicht verringert wird, sofern das Stegblech beidseitig angeschlossen ist. Nur bei einseitiger, nicht durchgeschweißter Nahtkonfiguration ist ein deutlicher Abfall der Ermüdungsfestigkeit zu verzeichnen [54].

III.4.10. Steifenlose Anschlüsse an Flansche

Die in Abschnitt 4.10 eingeführte wirksame Breite bei steifenlosen Flanschanschlüssen ist bereits aus der Bemessung von Plattenbalken des Stahlbetonbaus oder von Stahl-Beton-Verbundträgern bekannt.
Durch die Berechnung einer wirksamen Breite wird berücksichtigt, dass sich die Spannungsverteilung im steiferen Teil des Profils (Stegbereich) konzentriert und mit zunehmendem Abstand abnimmt. Beim Ansatz einer wirksamen Breite b_{eff} darf diese ungleichmäßige Spannungsverteilung vernachlässigt werden.

III.4.11. Lange Anschlüsse

Die ungleichmäßige Spannungsverteilung bei längeren Schweißnähten (siehe Bild III.4-15) erfordert eine Abminderung der Tragfähigkeit der Kehlnaht mit $\beta_{Lw,1}$.

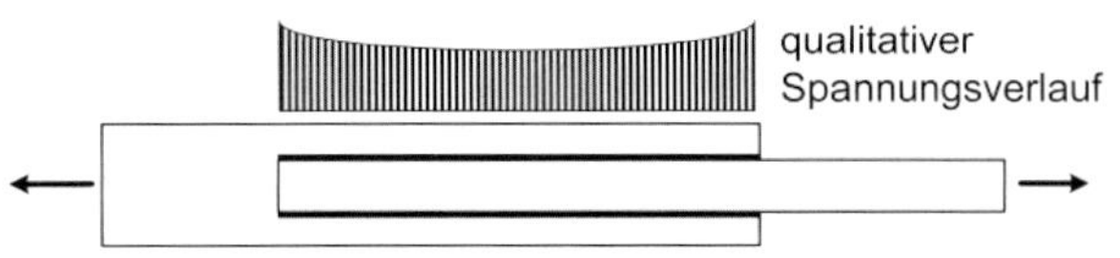

Bild III.4-15: Qualitative Spannungsverteilung bei langen Schweißnähten

In Bild III.4-16 und Bild III.4-17 sind die Abminderungsbeiwerte β_{Lw} in Abhängigkeit von der Überlappungslänge L_j nach Abs. (3) Gl. (4.9) bzw. in Abhängigkeit der Nahtlänge L_w nach Absatz (4) Gl. (4.10) grafisch dargestellt.

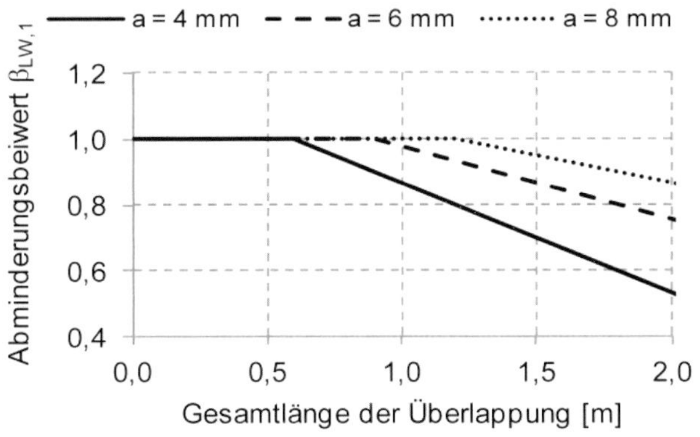

Bild III.4-16: Auswertung von Gleichung (4.9) in [9]

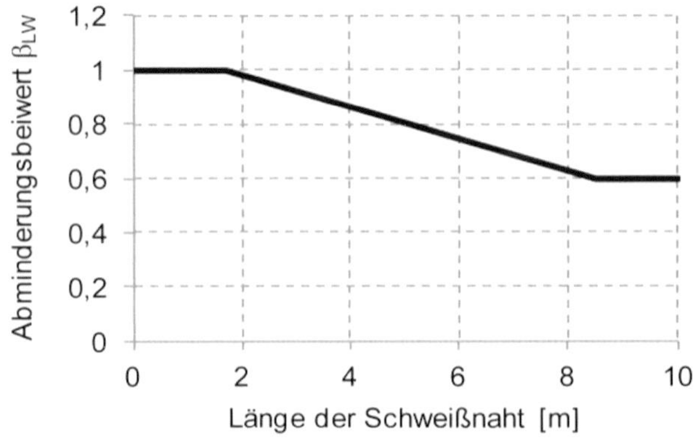

Bild III.4-17: Auswertung von Gleichung (4.10) in [9]

III.4.13. Einschenkliger Anschluss von Winkelprofilen

Die anzusetzenden Querschnittsflächen für einschenklige Anschlüsse von Winkelprofilen nach (2) und (3) können Bild III.4-18 und Bild III.4-19 entnommen werden.

<1> zu (2)

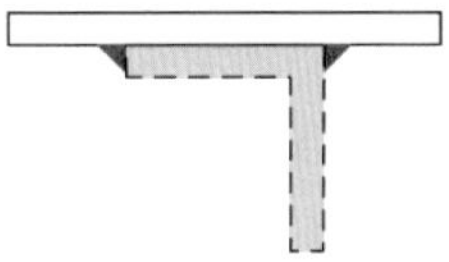

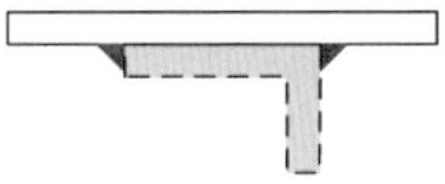

Bild III.4-18: Querschnittsfläche für einschenklige Anschlüsse von Winkelprofilen; der längere Schenkel ist anliegend

<2> zu (3)

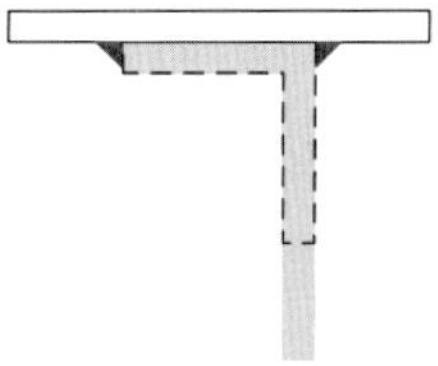

Bild III.4-19: Querschnittsfläche für einschenklige Anschlüsse von Winkelprofilen; der längere Schenkel ist abliegend

III.4.14. Schweißen in kaltverformten Bereichen

Die Bedingungen für das Schweißen in kaltverformten Bereichen unterscheiden sich zwischen DIN EN 1993-1-8 [9] und DIN 18800 [2]. In DIN EN 1993-1-8 Tabelle 4.2 wird bei der maximal zulässigen Dicke nun zwischen überwiegend statischen Lasten und „überwiegend ermüdungsbeansprucht“ unterschieden.
Am häufigsten wird diese Regelung für kaltgeformte Hohlprofile überprüft, wobei sie aber auch für analoge Fälle gilt.
Während der Kaltumformung von Hohlprofilen können sich Härte und Festigkeit erhöhen. Dabei ändert sich das Gefüge in den am stärksten plastizierten Eckbereichen von RHP wesentlich. Plastische Dehnungen verursachen Aufhärtungen mit verringerter Bruchdehnung, man spricht von Versprödung. Die Eigenspannungen sind ungleichmäßig verteilt.
Wegen der Gefahr von Rissbildung ist die Zulässigkeit des Schweißens in den kaltgeformten Eckbereichen von RHP in DIN EN 1993-1-8: 2005, Abschnitt 4.14 (1) an altbekannte Bedingungen geknüpft. Anerkannt wurde zunächst nur der Einfluss der Normalisierung, einer Wärmebehandlung nach dem Kaltverformen, bei der die Korngrößen und das Gefüge wieder den Ausgangszustand vor der Kaltverformung erreichen. Für den Fall, dass auf Normalisierung verzichtet wird, galten die Wanddickenbeschränkungen in Abhängigkeit vom Biegeradius r/t nach Tabelle 4.2 als Bedingung für das Schweißen in den kaltgeformten Ecken und in einer Entfernung von bis zu $5\ t$ (mit t: Wanddicke), in alle Richtungen.
Die Werte der Tabelle 4.2 beruhen jedoch auf sehr alten Untersuchungsergebnissen. Deshalb wurden von CIDECT erneut Versuchsreihen in Auftrag gegeben, vgl. Puthli & Herion [101], mit deren Hilfe die Bedingungen schließlich an den Stand der Technik der Herstellung kaltgefertigter Hohlprofile angepasst werden konnten. Die Tabelle 4.2 wurde per Änderung AC um die Fußnote „Anmerkung“ ergänzt. Obwohl die Fußnote etwas schwer verständlich ist, wird deutlich, dass Schweißen in den Ecken und in einer Entfernung von bis zu $5\ t$ (mit t: Wanddicke) in alle Richtungen ebenfalls erlaubt ist, wenn folgende Bedingungen erfüllt werden:

- Wanddicke $t \leq 12{,}5$ mm
- Der Stahl ist Aluminium-beruhigt.
- Stahlgüten mindestens: J2H, K2H, MH, MLH, NH oder NLH
- Die chemische Analyse muss die folgenden Grenzwerte einhalten: C ≤ 0,18 %, P ≤ 0,020 % und S ≤ 0,012 %

Diese Fälle entsprechen dem Standard in der europäischen HP-Herstellung nach DIN EN 10219, vgl. Ritakallio [111]. Stähle europäischer HP-Hersteller müssen generell Aluminium-beruhigt vergossen werden. Moderne Stahltechnologien, z.B. Mikrolegieren und kontrolliertes Walzen, ermöglichen die Herstellung von qualitativ hochwertigen Konstruktionsstählen mit niedrigem Kohlenstoffgehalt (C-Äquivalent) und feinkörniger Gefügeausbildung, bei denen keine nachteiligen Zähigkeitseigenschaften mehr auftreten, die ihre Verwendung einschränken könnten, siehe Puthli & Packer [103].
Die aktuelle ISO 14346 [23] enthält in Annex A aktuelle Qualitätsanforderungen an das Schweißen in kaltverformten Bereichen. In anderen Fällen kann durch eine gesonderte Verfahrensprüfung nachgewiesen werden, dass Schweißen in den kaltverformten Bereichen zulässig ist.
In diesem Zusammenhang weisen die Autoren darauf hin, dass es auch für nicht geschweißte, kaltverformte Bauteile Grenzwerte für Krümmungsradien gibt. Hierzu sind in EN 10025-2 Tabelle 12 „empfohlene Mindestwerte“ festgelegt [14].

III.4. NCI Nationaler Anhang zu DIN EN 1993-1-8, Abschnitt 4 [10]

<1> NCI Stumpfstoß von Querschnittsteilen verschiedener Dicken

Die Forderung nach der Brechung der Kanten bei Stumpfstößen im NCI des nationalen Anhangs basiert auf Element (515) aus DIN 18800 [2]. Die konstruktive Ausführung der Kantenbrechung kann Bild NA.3 entnommen werden. Hintergrund hierfür ist die Vermeidung von lokalen Spannungsspitzen infolge Blechdickensprüngen. Dies ist insbesondere bei nicht ruhender und bei Beanspruchungen bei tiefen Temperaturen von großer Bedeutung.

<2> NCI Geschweißte Endanschlüsse zusätzlicher Gurtplatten

Die im NCI dargestellten Konstruktionsvorgaben zum Vorbinden zusätzlicher Gurtplatten (siehe Bild NA.4) entsprechen Element (517) aus DIN 18800 [2].

<3> NCI Gurtplattenstöße

Die Anforderung an Gurtplattenstöße im NCI (siehe Bild NA.5) entspricht Element (518) in DIN 18800 [2].

III.5. Tragwerksberechnung, Klassifizierung und statische Modelle

III.5.1. Tragwerksberechnung

<1> Zu 5.1.1 (1) und (2): Allgemeines

Im klassischen Stahlbau werden Anschlüsse entweder gelenkig oder biegesteif betrachtet und entsprechend konstruiert. Mit der Einführung der Komponentenmethode, die in Kapitel 6 der DIN EN 1993-1-8 geregelt ist, können nun auch verformbare Anschlüsse konzipiert werden. Verformbar heißt in diesem Zusammenhang, dass der Anschluss eine signifikante Momententragfähigkeit besitzt, die aber unter der der angeschlossenen Bauteile liegt. Der Anschluss kann daher nicht als gelenkig klassifiziert werden. Gleichzeitig sind die Rotationen im Anschluss infolge der Momentenbeanspruchung so groß, dass der Anschluss nicht als starr eingestuft werden kann. Die Rotationssteifigkeit des Anschlusses beeinflusst die Verteilung der Schnittgrößen im System und muss bei der Stabwerksberechnung zum Beispiel über eine Drehfeder berücksichtigt werden. Dies bedingt, dass der planende Ingenieur schon zu Beginn eines Projektes die wesentlichen Anschlüsse konzipieren und festlegen muss. Damit ist ein deutlich erhöhter Planungsaufwand verbunden, jedoch können die Materialkosten des Tragwerkes und die Fertigungskosten der verformbaren Verbindung gemeinsam in die Entwicklung einer wirtschaftlich optimierten Konstruktion einfließen, wie in [167] und [168] gezeigt wurde. So kann bei unverschieblichen Rahmensystemen, die häufig durch gelenkige Anschlüsse der Träger an die Stützen gekennzeichnet sind, durch minimale Veränderung der Anschlüsse bereits eine höhere Momentenbeanspruchbarkeit erzeugt werden, die eine vorteilhaftere Montage durch Wegfall von Montageaussteifungen gewährleistet und eine verbesserte Biegemomentenbeanspruchbarkeit des Trägers und damit eine Verringerung der Materialkosten erlaubt, Bild III.5-1.

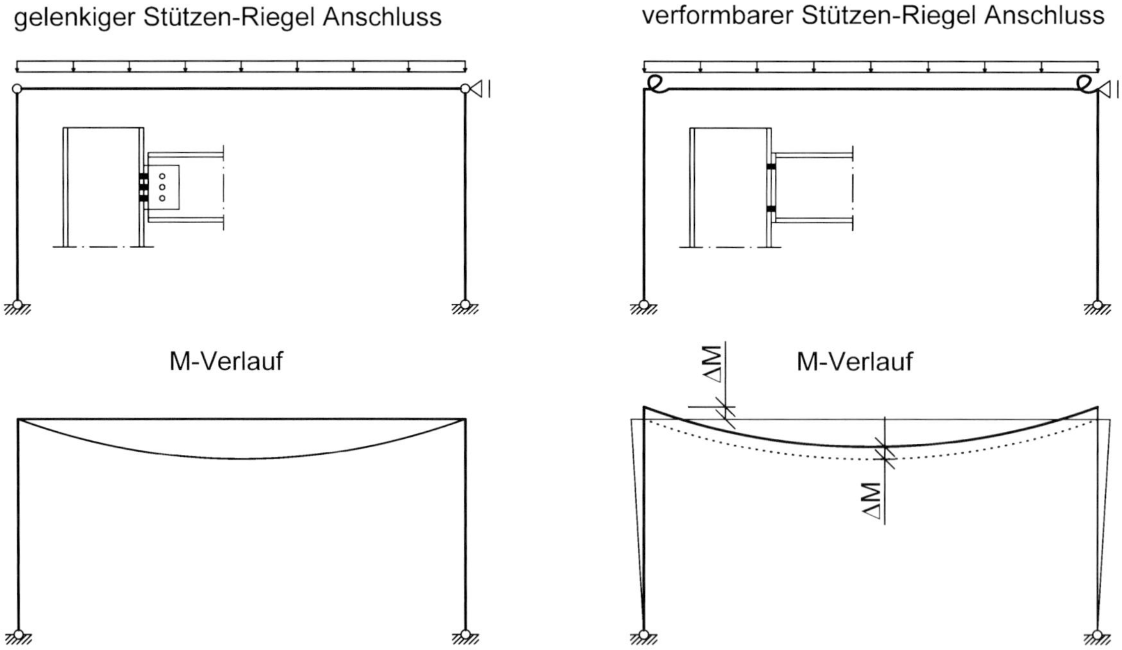

Bild III.5-1: Beispiel einer optimierten Stützen-Riegel-Konstruktion eines unverschieblichen Rahmensystems

Bei verschieblichen Rahmensystemen mit hoher Momentenbeanspruchbarkeit der Anschlüsse kann durch den Nachweis ausreichender Beanspruchbarkeit einzelner Anschlussbereiche ohne zusätzliche Aussteifung eine Verringerung der Fertigungskosten erzielt werden, Bild III.5-2.

starrer Stützen-Riegel Anschluss | verformbarer Stützen-Riegel Anschluss

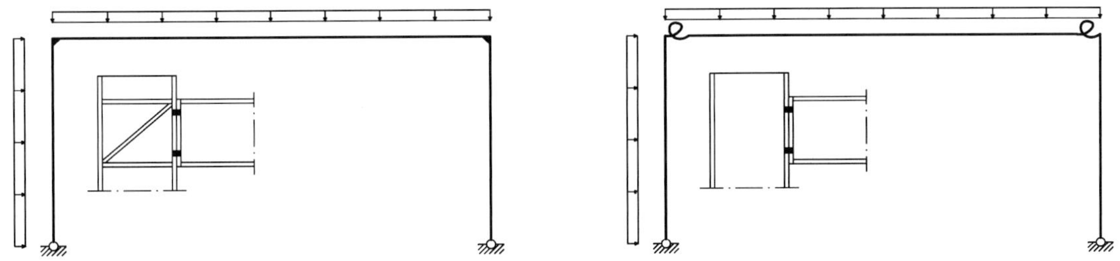

Vergrößerung der Effekte aus Theorie II. Ordnung

Die Wirtschaftlichkeit der Konstruktion wird über die Optimierung der Profile beeinflusst

Die Wirtschaftlichkeit der Konstruktion kann über die Optimierung der Profile und der Anschlüsse beeinflusst werden

Bild III.5-2: Beispiel einer optimierten Stützen-Riegel-Konstruktion eines verschieblichen Rahmensystems

So kann durchaus bereits eine Rahmenecke mit einer Stützenstegaussteifung nur auf Höhe des Trägerdruckflansches eine ausreichende Momententragfähigkeit besitzen, Bild III.5-3, und damit zur Reduktion der Fertigungskosten beitragen.

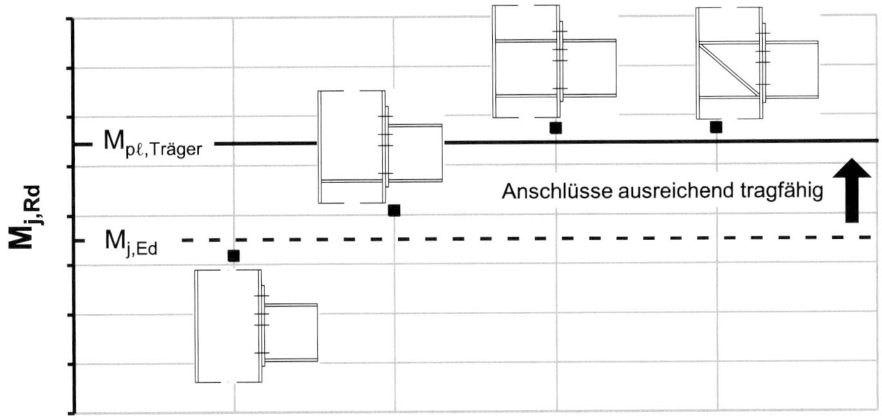

Bild III.5-3: Momententragfähigkeit $M_{j,Rd}$ einer Rahmeneckverbindung mit unterschiedlichen Aussteifungen des Stützensteges

Neben dem Nachweis der Tragfähigkeit ist die Kenntnis der Anschlusssteifigkeit S_j Voraussetzung für die Berücksichtigung des Anschlusses bei der Tragwerksberechnung. Im Fall einer plastischen Berechnung ist weiterhin die Kenntnis der Rotationsfähigkeit erforderlich, wenn im Anschlussbereich ein Fließgelenk liegt. Die Klassifizierung eines Anschlusses erfolgt damit anhand der drei charakteristischen Kenngrößen

- Momententragfähigkeit $M_{j,Rd}$
- Rotationssteifigkeit $S_{j,ini}$; S_j
- Rotationskapazität ϕ_{cd}

die aus der Momenten-Rotationscharakteristik eines Anschlusses nach Bild 6.1c abgeleitet werden kann. Die Bestimmung der charakteristischen Kenngrößen ist in Kapitel 6 der DIN EN 1993-1-8 geregelt. Näherungsfunktionen können aber auch [113] und [45] entnommen werden.

Aus der Momenten-Rotations-Kurve eines Anschlusses folgt die Verformung als relative Verdrehung Φ zwischen Stützenachse und Trägerachse, Bild 6.1b. Die Rotationssteifigkeit S_j ist definiert als Steigung der Momenten-Rotations-Kurve. Abhängig von der Höhe der Beanspruchung wird gemäß 5.1.2 die elastische Anfangssteifigkeit oder die Sekantensteifigkeit zur Beschreibung der Verformbarkeit verwendet.

<2> Zu 5.1.2 (1): Elastische Tragwerksberechnung

Bei einer elastischen Tragwerksberechnung ist die Verteilung der Schnittgrößen nur von der Steifigkeit der Bauteile und Anschlüsse abhängig. Je nach Rotationssteifigkeit des Anschlusses ist entweder ein Gelenk, ein biegesteifer Anschluss oder bei einem verformbaren Anschluss eine Drehfeder im statischen System anzusetzen. Da keine plastischen Systemreserven ausgenutzt werden, müssen Anschlüsse nur die auf sie einwirkenden Schnittgrößen übertragen können. Anforderungen hinsichtlich der Rotationskapazität bestehen nicht, so dass Anschlüsse bei einer elastischen Tragwerksberechnung nur über die Rotationssteifigkeit klassifiziert werden.

<3> Zu 5.1.2 (3) und (4): Elastische Tragwerksberechnung

Für Biegemomente $M_{j,Ed} > 2/3\ M_{j,Rd}$ muss die Rotationssteifigkeit aufgrund der nichtlinearen Momenten-Rotationscharakteristik abgemindert werden. In Abhängigkeit von dem einwirkenden Biegemoment und der Anschlusskonstruktion kann die Anschlusssteifigkeit nach Abschnitt 6.3.1 bestimmt werden. Aufgrund der Verknüpfung von einwirkendem Biegemoment und Anschlusssteifigkeit ist eine iterative Tragwerksberechnung erforderlich, wenn nicht das vereinfachte Verfahren nach 5.1.2 (4) mit dem Anpassungsbeiwert $\eta = 2{,}0$ angewendet wird. Für Anschlüsse mit einwirkenden Biegemomenten $M_{j,Ed}$ nahe der Anschlusstragfähigkeit $M_{j,Rd}$ kann das vereinfachte Verfahren mit dem Anpassungsbeiwert η zu nichtkonservativen Bemessungen führen. Daher sollte bei einwirkenden Biegemomenten von $M_{j,Ed} > 0{,}90\ M_{j,Rd}$ auf das genauere Verfahren nach 5.1.2 (3) zurückgegriffen werden.

<4> Zu 5.1.3: Starr-plastische Tragwerksberechnung und 5.1.4 Elastisch-plastische Tragwerksberechnung

Eine ausreichende Rotationskapazität der einzelnen Bauteile vorausgesetzt, kann eine plastische Tragwerksberechnung erfolgen. Lassen sich dabei Einflüsse aus der Tragwerksverformung vernachlässigen, ist eine starr-plastische Berechnung möglich, bei der die Schnittgrößenverteilung im Gesamtsystem nur von der Tragfähigkeit der einzelnen Bauteile abhängt. Die Klassifizierung erfolgt dann nur nach der Beanspruchbarkeit. Können Effekte aus der Tragwerksverformung nicht vernachlässigt werden, ist eine elastisch-plastische Berechnung durchzuführen, bei der neben der Beanspruchbarkeit auch die Steifigkeit der einzelnen Bauteile einen Einfluss auf die Schnittgrößenverteilung im Gesamtsystem hat. Folglich muss die Klassifizierung der Anschlüsse auf Basis der Beanspruchbarkeit und der Rotationssteifigkeit erfolgen. In diesem Zusammenhang wird der Begriff „nachgiebiger Anschluss“ (semi-rigid joint) eingeführt, unter dem die möglichen Kombinationen von starren, verformbaren (siehe 5.2.2), voll- und teiltragfähigen Anschlüssen (siehe 5.2.3) zusammengefasst werden.

Eine Übersicht über die anzuwendende Klassifizierungsmethode und die entsprechende Modellierung der Anschlüsse zeigt Tabelle III.5-1.

Tabelle III.5-1: Klassifizierung und Anschlussmodelle für die Tragwerksberechnung

Berechnungs-verfahren	**Klassifizierung der Anschlüsse nach**	**Klassifizierung der Anschlüsse**		
elastisch	Steifigkeit	gelenkig	starr	verformbar
starr-plastisch	Beanspruchbarkeit	gelenkig	volltragfähig	teiltragfähig
elastisch-plastisch	Steifigkeit + Beanspruchbarkeit	gelenkig	biegesteif = starr + volltragfähig	nachgiebig = verformbar + volltragfähig verformbar + teiltragfähig starr + teiltragfähig
Anschlussmodell für die Tragwerksberechnung		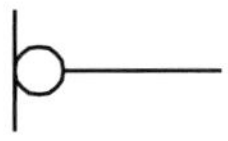 $M = 0$ und $\phi \neq 0$	 $M \neq 0$ und $\phi = 0$	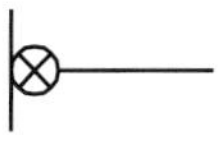 $M \neq 0$ und $\phi \neq 0$

<5> Zu 5.1.5: Berechnung von Fachwerkträgern

Wie in (1) angegeben, gelten die Regeln nur für Fachwerkträger aus Hohlprofilen, nicht Fachwerke mit anderen Querschnittsformen. Hinweise und Regeln zur statischen Modellbildung bei Hohlprofil-Fachwerkträgern sind in Abschnitt 5.1.5: „Berechnung von Fachwerkträgern" gegeben, nicht in Abschnitt 7: „Anschlüsse mit Hohlprofilen". Die Regeln beider Abschnitte sind jedoch untrennbar miteinander verbunden. Die Nachweise nach Abschnitt 7 sind nur dann auf Fachwerkknoten anwendbar, wenn die Regeln nach Abschnitt 5.1.5 genau beachtet wurden.

Fachwerkträger werden traditionell mit gelenkigen Fachwerkknoten modelliert. Die Systemlinien von Streben und Gurt sollten sich in einem Punkt schneiden (Gelenke ohne Knotenexzentrizität: $e = 0$). Das ist jedoch aus fertigungstechnischen Gründen (geometrische Randbedingungen, einzuleitende Lasten (aus Pfetten, Querträgern, Aussteifungen, Spalt, Überlappung) oft nicht möglich. Für weitere Überlegungen zur Fachwerkträgergeometrie und -optimierung, siehe z.B. Herion & Fleischer [52], Puthli, et. al. [105] und die CIDECT-Handbücher Nr. 1, 2 und 3 [159], [112], [93] [158], [94].

In der Praxis wird man die Gurtstäbe so weit wie möglich durchlaufend ausführen. Hohlprofil-Streben werden am einfachsten unmittelbar angeschweißt. Besonders ebene Fachwerkträger mit parallelen Ober- und Untergurten sind relativ einfach zu fertigen und zu entwerfen. Strebenfachwerke mit wenigen, gleichen Streben (traditionell: Füllstäbe) und wenigen Knoten werden heute wegen des geringeren Arbeitsaufwandes bevorzugt, siehe Bild III.5-4. Der größere Materialaufwand infolge größerer Knicklängen für Druckgurt und Druckstreben wirkt sich marginal auf die Gesamtkosten aus.

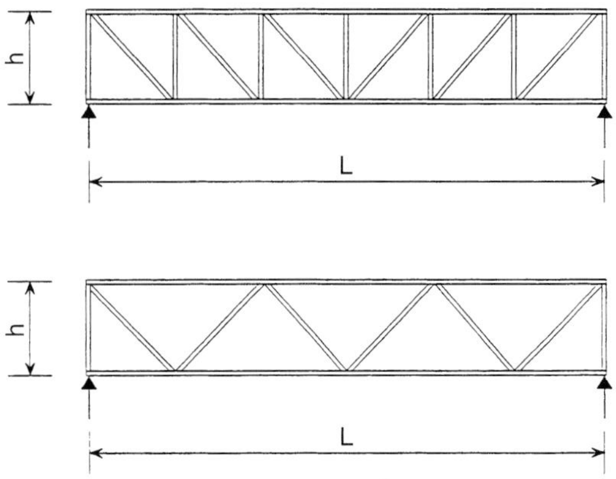

Bild III.5-4: Ebene Fachwerkträger (oben: Ständerfachwerk; unten Strebenfachwerk)

Die Fachwerkträgerhöhe h muss im Rahmen der Vorbemessung in Abhängigkeit von Belastung, Spannweite L und evtl. zu begrenzender Durchbiegung festgelegt werden. Größere Trägerhöhen reduzieren die Druckgurtbeanspruchung, jedoch zu Lasten der Strebenknicklängen. Als günstig gelten Verhältnisse von Fachwerkträgerhöhe h zu Spannweite L zwischen 1/10 und 1/16.

Der Neigungswinkel der Streben sollte zwischen 30° und 50° liegen. Kleinere Neigungswinkel bereiten Probleme beim Schweißen, bei größeren Neigungswinkeln werden die Knotenexzentrizitäten manchmal zu groß.

Hohlprofil-Fachwerkträger werden üblicherweise ganz oder in transportgeeigneten Abschnitten in der Werkstatt vorgefertigt, wobei die unmittelbaren Strebenanschlüsse neben einer kontrollierten Schweißnahtqualität ein sauberes Erscheinungsbild und einen gleichmäßigen Kraftfluss ermöglichen.

Anschlüsse mit Spalt zwischen auf- und absteigender Strebe werden aus Gründen der einfachen Fertigung Anschlüssen mit Strebenüberlappung oder gar mit Steifen, Lamellen bzw. Verstärkungsblechen vorgezogen. Die Spaltweite g zwischen den Streben muss den für Kehlnähte bzw. HV-Nähte schweißtechnisch erforderlichen Platz ermöglichen. Deshalb muss die Spaltweite mindestens größer als die Summe der Strebenwanddicken $t_1 + t_2$ sein. Das reicht jedoch für RHP-K-oder N- und davon abgeleitete RHP-Anschlüsse mit Breitenverhältnissen von Streben zu Gurtstab $\beta < 1$ oft nicht aus. Maßgebend für die erforderliche Spaltweite wird die Gültigkeitsgrenze der zugehörigen Anschlusstragfähigkeit nach Tabelle 7.8. Damit sich das anschlusstypische Fließlinenmuster ausbilden kann, muss nach Gleichung (III.5-1) gelten:

$$g \geq t_1 + t_2 \quad \text{und} \quad g \geq \tfrac{1}{2}\, b_0 (1 - \beta) \qquad \text{(III.5-1)}$$

Derart geschweißte Anschlüsse entsprechen jedoch nicht mehr idealen Fachwerkgelenken. Entlang der geschweißten Verschneidungslinien von Streben und Gurt entstehen ungleichmäßig verteilte, sekundäre Biegespannungen. Haben die Knoten jedoch ausreichend Verformungs- bzw. Rotationskapazität, können sekundäre Biegemomente durch lokale Plastizierung umverteilt werden und Spannungsspitzen abgebaut werden. Daher kann bei der Schnittgrößenermittlung und Nachweisführung im Rahmen der statischen Berechnung trotzdem vom idealen Fachwerk ausgegangen werden, siehe Abschnitt 5.1.5 (2). Voraussetzung ist, dass die in Abschnitt 5.1.5 (3) bis (6) genannten Bedingungen eingehalten werden. Dabei handelt es sich um Schlankheitsgrenzen und geometrische Grenzen für die Stäbe (Stab: $l/h_i > 6$), Grenzbereiche für die Knotenexzentrizität e und für Spalt oder Überlappung. Dazu wird auch auf die entsprechenden Tabellen mit anschlussspezifischen Gültigkeitsgrenzen für die zugehörigen Nachweise in Abschnitt 7.4 bis 7.7 verwiesen.

Primäre Biegemomente aus der Knotenexzentrizität dürfen nach Abschnitt 5.1.5 (5) beim Anschlussnachweis, beim Nachweis zugbeanspruchter Gurtstäbe und beim Nachweis der Streben vernachlässigt werden, wenn die Knotenexzentrizität klein bleibt. Klein bedeutet, dass die Exzentrizität e gemäß Gleichung (5.1a) bzw. (5.1b) den Bereich von –55 % bis 25 % der Gurtstabhöhe h_0 (RHP) bzw. d_0 (KHP) nach Gleichung (III.5-2) nicht überschreitet.

Anschluss mit RHP-Gurt bzw. KHP-Gurt: $-0{,}55 \leq (e\,/\,h_0 \; bzw. \; e\,/\,d_0) \leq 0{,}25$ (III.5-2)

Die Knotenexzentrizitäten müssen jedoch bei Gurtstabnachweisen unter Druckbelastung (z.B. Stabilität) und bei der Ermittlung der Gurtspannung selbst stets berücksichtig werden, vgl. Abschnitt 5.1.5 (6) und (9). Eine Übersicht über die Berücksichtigung der verschiedenen Einflüsse ist in Tabelle 5.3 zu finden. Querbelastungen, z.B. aus Pfetten, Querträgern oder Aussteifungsstäben und die Knotenexzentrizität sind dabei Ursache primärer Biegemomente und von den Sekundäreinflüssen zu unterscheiden.

Bei Verwendung von Stabwerksprogrammen ist es möglich, die Fachwerkträgergurte durchlaufend zu modellieren und die Streben gelenkig anzuschließen bzw. als Fachwerkstäbe zu definieren. Das hat den Vorteil, dass die primäre Stabbiegung infolge von Querlasten oder von Knotenexzentrizitäten wirklichkeitsnah erfasst werden kann, ggf. auch durch Modellierung der Exzentrizität e als kleinen Kragarm auf dem Gurtstab. Das ist jedoch nicht unbedingt erforderlich. Nach Abschnitt 5.1.5 (2) und unter Beachtung von 5.1.5 (6) können die resultierenden Exzentrizitätsmomente am Anschluss $M_e = H_e \cdot e = \Sigma\,(N_i \cdot cos\;\theta_i) \cdot e$ auch sehr einfach separat ermittelt und auf die angeschlossenen Gurtstäbe links und rechts gemäß dem Verhältnis der Biegesteifigkeiten $(E{\cdot}I)_0\,/\,\ell_0$ aufgeteilt werden, siehe Bild III.5-5. Bei Gurtstäben mit konstantem Querschnitt I_0 und gleichen Knotenabständen ℓ_0 verteilt sich das Exzentrizitätsmoment M_e links und rechts vom Anschluss zu je 50 %.

Hinweis: Der pauschale Hinweis nach Abschnitt 5.1.5 (7), dass bei Anschlüssen außerhalb der genannten Grenzen alle möglichen Versagensformen zu untersuchen sowie sekundäre Biegemomente bei den Anschlussnachweisen zu berücksichtigen sind, ist als Warnung zu verstehen. Sekundäre Biegemomente sind nur durch aufwändige FE-Berechnungen mit detaillierten 3-D-Knotenmodellen zu ermitteln, nicht mit einer Stabstatik allein. Zur Verfügung stehende Nachweise mit effektiven Breiten und Fließlinienmechanismen gelten nicht für zu dünnwandige oder für beulgefährdete Gurtstäbe, für zu geringe Abstände zwischen den Diagonalen oder für zu kleine Breitenverhältnisse. Biegetragfähigkeiten von K-Anschlüssen sind nicht genormt. Der Nachweis „aller möglichen Versagensformen“, vor allem mit sekundärer Biegung und in Überlagerung mit örtlichem Beulen, ist deshalb in der Praxis mit vernünftigen Mitteln nicht umsetzbar.

Zur Erleichterung des Einstiegs in die Thematik und zur Begrenzung des Berechnungsaufwandes sind in der Literatur Beispiele und Bemessungshilfen zu finden, siehe unter Literaturhinweise zum Kommentarteil: Bücher, Zeitschriftenartikel und weitere Literatur. Die CIDECT-Handbücher sind im freien Download erhältlich. Für eine Reihe von Anschlüssen sind Bemessungsdiagramme oder Tragfähigkeitstabellen verfügbar. Inzwischen wird auch bereits geprüfte Software auf den Markt angeboten, siehe Weynand et. al. [169].

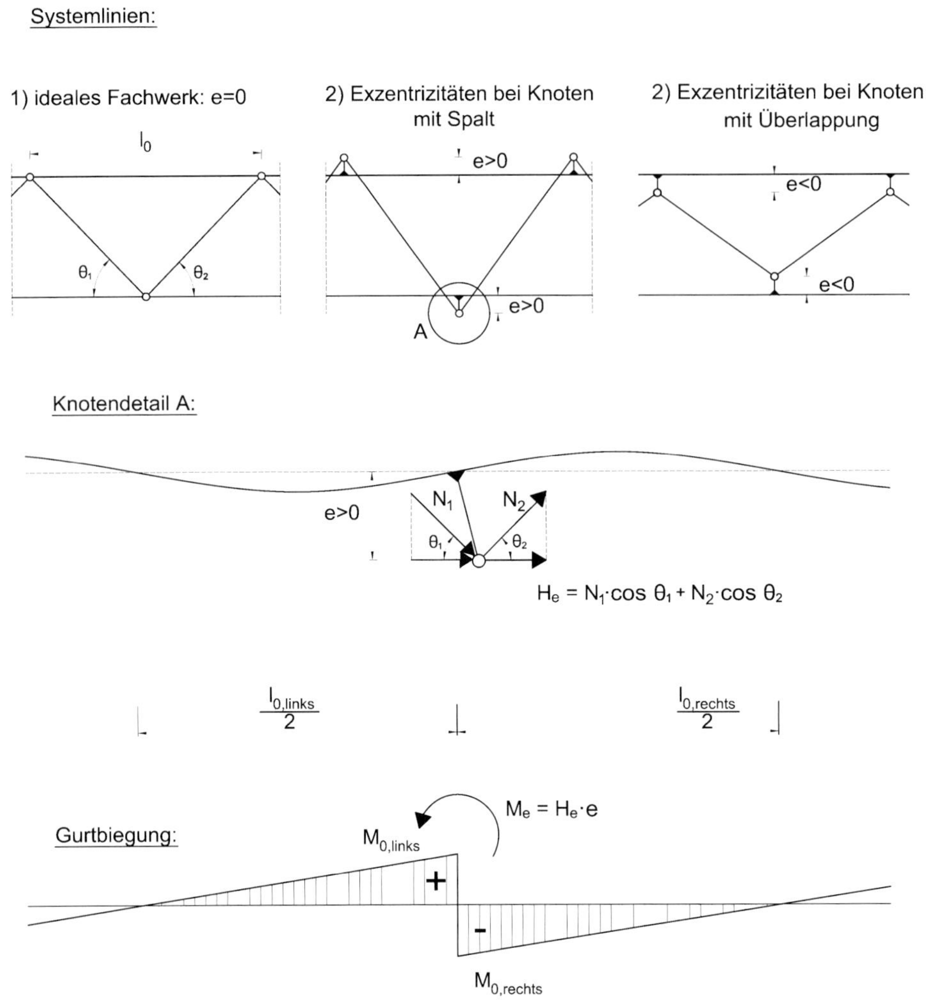

Bild III.5-5: Knotenexzentrizitätsmoment und Gurtbiegung

III.5.2. Klassifizierung von Anschlüssen

<1> Zu Element 5.2.2 Klassifizierung nach der Steifigkeit

Bei der Klassifizierung nach der **Rotationssteifigkeit** ist nach Bild 5.4 zu differenzieren zwischen: starren (biegesteifen), gelenkigen und verformbaren (nachgiebigen) Anschlüssen. Die Unterteilung erfolgt in Abhängigkeit der Anfangssteifigkeit des Anschlusses, Bild III.5-6.

Die Definition des starren Anschlusses unter Ausschluss jeglicher Verformung wird damit auf einen Bereich mit geringer Anschlussverformung erweitert. Bei Wegnahme einzelner Steifen im Anschluss derart, dass der Anschluss verformbarer wird, aber noch als starr gelten kann, verbinden sich folglich der Vorteil einer einfachen Tragwerksberechnung ohne Berücksichtigung des Anschlussverhaltens mit dem Vorteil der kostensparenden Ausführung des Anschlusses. Ein Anschluss wird als starr eingestuft, wenn die Anschlussverformung gegenüber der Riegelverformung gering ist und die Auswirkung auf die Schnittgrößenverteilung am Gesamtsystem vernachlässigbar ist.

Der gelenkige Anschluss lässt Rotationen zwischen den angeschlossenen Bauteilen zu, wobei die dabei übertragbaren Momente derart gering sind, dass das Verhalten des Gesamtsystems unter Annahme eines idealen Gelenkes abgebildet werden kann.

Alle Anschlüsse, die weder starr noch gelenkig sind, werden als verformbar klassifiziert.

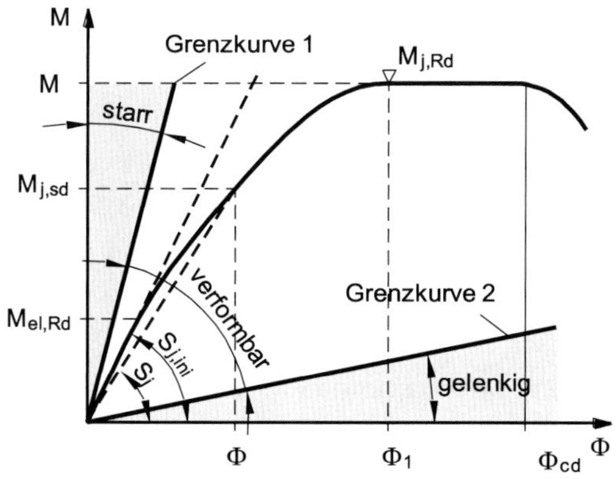

1. Momentenbeanspruchbarkeit M $_{j,rd}$
2. Anfangssteifigkeit S $_{j,ini}$
3. Rotationskapazität Φ_{cd}

Bild III.5-6: Momenten-Rotationsverhalten eines Anschlusses

Die Abgrenzung zwischen starren und verformbaren Anschlüssen und zwischen verformbaren und gelenkigen Anschlüssen erfolgt mit Hilfe der zugehörigen Grenzkriterien, die in 5.2.2.5 für Träger- und Stützenfußanschlüsse angegeben sind. Die Berechnung der elastischen Anschlussanfangssteifigkeit $S_{j,ini}$ erfolgt nach Abschnitt 6.3. Die Grenzkriterien werden über das Verhältnis von Anschlusssteifigkeit zur Riegelsteifigkeit festgelegt, wobei unterschieden wird in unverschiebliche, verformungsunempfindliche sowie seitenverschiebliche und demnach verformungsempfindliche Tragwerke.
So kann durchaus bereits eine Rahmenecke mit einer Stützenstegaussteifung nur auf Höhe des Trägerdruckflansches eine Anschlusssteifigkeit besitzen, die als starr klassifiziert wird und daher einen Tragwerksnachweis ohne Anschlussverformungen gestattet, Bild III.5-7.

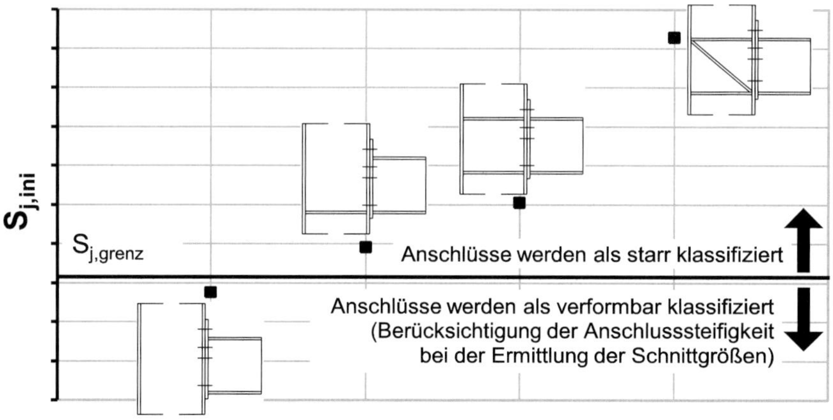

Bild III.5-7: Anschlusssteifigkeit $S_{j,ini}$ einer Rahmeneckverbindung mit unterschiedlichen Aussteifungen des Stützensteges

Sollen verformbare Anschlüsse zur statischen und wirtschaftlichen Optimierung der Konstruktion eingesetzt werden, ist ein iterativer Prozess erforderlich. Mit einer geschätzten Rotationssteifigkeit $S_{j,app}$ sind die Schnittgrößen des Systems zu bestimmen. Dann wird der Anschluss für die einwirkenden Beanspruchungen bemessen und die zugehörige elastische Anfangssteifigkeit $S_{j,ini}$ ermittelt und mit der ersten Abschätzung verglichen. Von einer ausreichenden Genauigkeit der Abschätzung kann ausgegangen werden, wenn die mit $S_{j,ini}$ ermittelten Schnittgrößen um nicht mehr als 10 % von den im ersten Schritt ermittelten abweichen.

Für häufig vorkommende Anschlusskonfigurationen kann die Rotationssteifigkeit $S_{j,app}$ von Stirnplattenanschlüssen und Anschlüssen mit Gurtwinkeln nach [45] mit folgender Gleichung geschätzt werden:

$$S_{j,app} = \frac{E \cdot z^2 \cdot t_{fc}}{c} \qquad \text{(III.5-3)}$$

Dabei ist z der Abstand zwischen der Druck- und Zugkraftresultierenden, t_{fc} die Stützenflanschdicke und c ein von der Anschlusskonfiguration abhängiger Hilfswert, der im Anhang III.8.5.1 angegeben ist. Das Verfahren beruht auf vereinfachten Ansätzen und ist an die Einhaltung bestimmter Parameter (z.B. $d = 1{,}5t_{fc}$) gebunden, siehe hierzu auch [138].

Für Anschlusskonfigurationen mit vier Schrauben in einer Reihe hat Schmidt in [113] zwei Näherungsfunktionen aufgestellt, mit denen in Abhängigkeit von Stirnplattendicke und Schraubendurchmesser die Rotationssteifigkeit von IH2- und IH4-Anschlüssen abgeschätzt werden kann. Die bilinearen Näherungsfunktionen sind in Bild III.5-8 dargestellt.

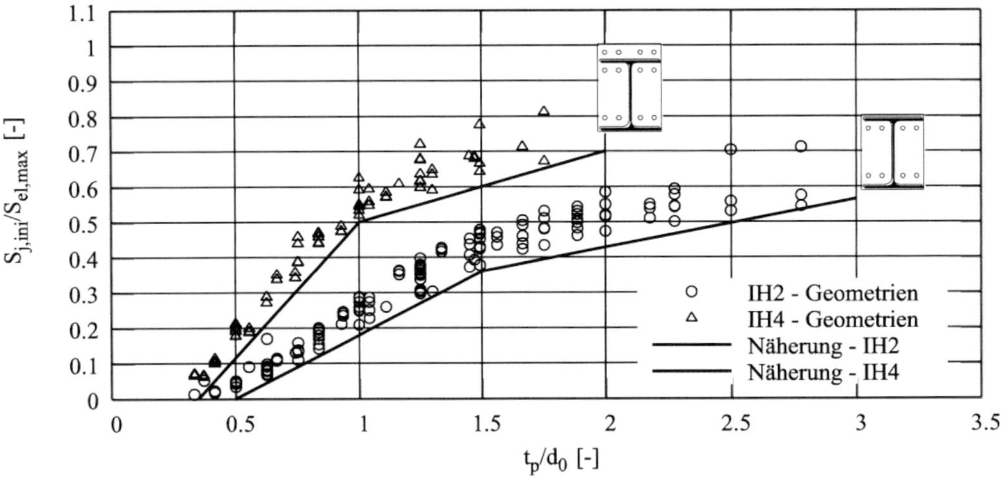

Bild III.5-8: Steifigkeit von bündigen und überstehenden Anschlusskonfigurationen mit vier Schrauben in einer Reihe

Der Bezugswert $S_{el,max}$ wird aus der zur maximalen elastischen Anschlusstragfähigkeit M_{el} korrespondierenden Schraubendehnung $\delta_{el,B} = f_y \cdot A_s \cdot L_B / (E \cdot A)$ wie folgt ableitet, Bild III.5-9:

$$S_{el,max} = \frac{M_{el}}{\varphi_{max}} = \frac{2/3 \cdot M_{max}}{\delta_{el,B} / h_1} \qquad \text{(III.5-4)}$$

Bei der Ermittlung der Schraubendehnung $\delta_{el,B}$ ist die Dehnlänge L_B der Schrauben nach Bild III.6-34 zu berücksichtigen, die sich aus der Dicke des gesamten Blechpaketes, der Höhe der Unterlegscheiben und jeweils der halben Kopf- und Mutterhöhe ergibt.

Die maximale Anschlusstragfähigkeit M_{max} *folgt aus* der Herleitung der Näherungsfunktion für die Momententragfähigkeit von vierreihigen Anschlüssen in [113]. Dies wird im Kommentar zu 6.1 näher erläutert.

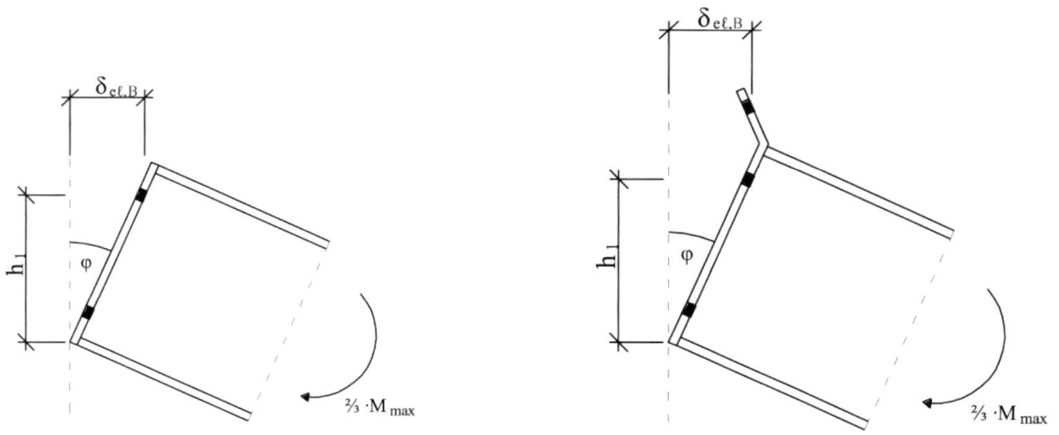

Bild III.5-9: Ansatz für die Stirnplattenverformung

Neben der Rotationssteifigkeit ist die **Rotationskapazität** – also die maximale im Anschluss mögliche Rotation vor dem Versagen – eine entscheidende, den Anschluss charakterisierende Kenngröße. Bei der Rotationskapazität werden die **Klassen 1, 2 und 3** unterschieden, die in Bild III.5-10 dargestellt sind:

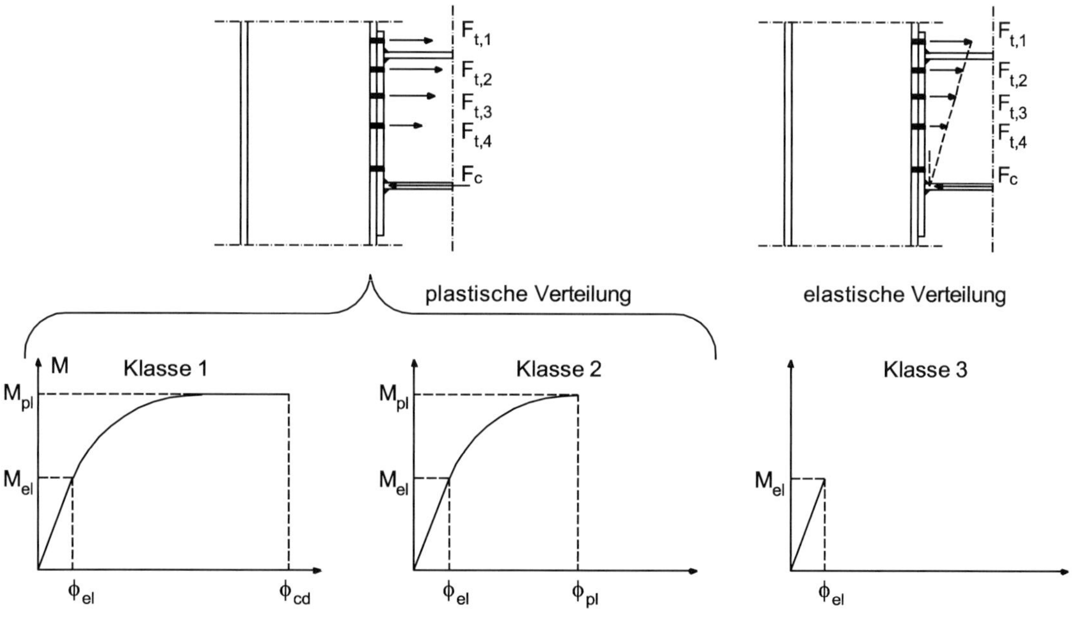

Bild III.5-10: Anschlussklassifizierung nach der Rotationskapazität

Anschlüsse der Klasse 1 erreichen ihre plastische Beanspruchbarkeit und können aufgrund der Verformbarkeit des Anschlusses ohne Verlust der plastischen Beanspruchbarkeit ein plastisches Gelenk ausbilden. Ein Anschluss der Klasse 1 besitzt dabei eine ausreichend große Rotationskapazität für eine plastische Umlagerung der Schnittgrößen im System. Diese ausreichende Rotationskapazität ist bei Anschlüssen der Klasse 2 nicht mehr gegeben, jedoch erreichen sie aufgrund der Verformbarkeit einzelner Komponenten und der damit möglichen inneren Umlagerung der Beanspruchungen die plastische Anschlusstragfähigkeit. Bei Anschlüssen der Klasse 3 bestimmen verformungsarme Komponenten wie Schweißnähte oder Schrauben die Beanspruchbarkeit des Anschlusses. Innere plastische Umlagerungen sind nicht möglich, der Querschnitt erreicht nur die elastische Momententragfähigkeit.

<2> Zu Element 5.2.2.5

Ein Stirnplattenanschluss kann als starr im Vergleich zu dem angeschlossenen Träger angenommen werden, wenn seine Rotationssteifigkeit oberhalb der in Bild III.5-12 angegebenen Grenzlinie liegt. Für Beanspruchungen kleiner als $2/3\ M_{pl,Rd}$ muss K_b mindestens 25 bei seitlich verschiebbaren Rahmen bzw. 8 bei seitlich gehaltenen Rahmen sein. Die Grenzwerte für K_b folgen aus der Bedingung, dass am einstöckigen Rahmen mit dem Steifigkeitsverhältnis $K_b/K_c = 1{,}4$ die idealkritische Last mindestens 95 % derjenigen idealkritischen Last des Rahmens mit starren Anschlüssen $K_b = \infty$ entspricht. Für Werte $K_b/K_c < 1{,}4$ wird das 95%-Kriterium geringfügig unterschritten. Die Grenzwerte liegen damit für baupraktisch übliche Rahmen auf der sicheren Seite.

In der Regel werden die in Bild III.5-11 angegebenen gelenkigen Anschlüsse verwendet. Im Vergleich zu dem Grenzkriterium $0{,}5\ EI/\ell$ nach Bild 5.4 sind diese Anschlüsse als verformbar einzustufen. Für die praktische Anwendung kann man diese Anschlüsse vereinfacht als gelenkig annehmen, unter der Voraussetzung, dass eine ausreichende Verformbarkeit des Anschlusses gegeben ist. Hierfür sind Entwurfskriterien in [59] angegeben.

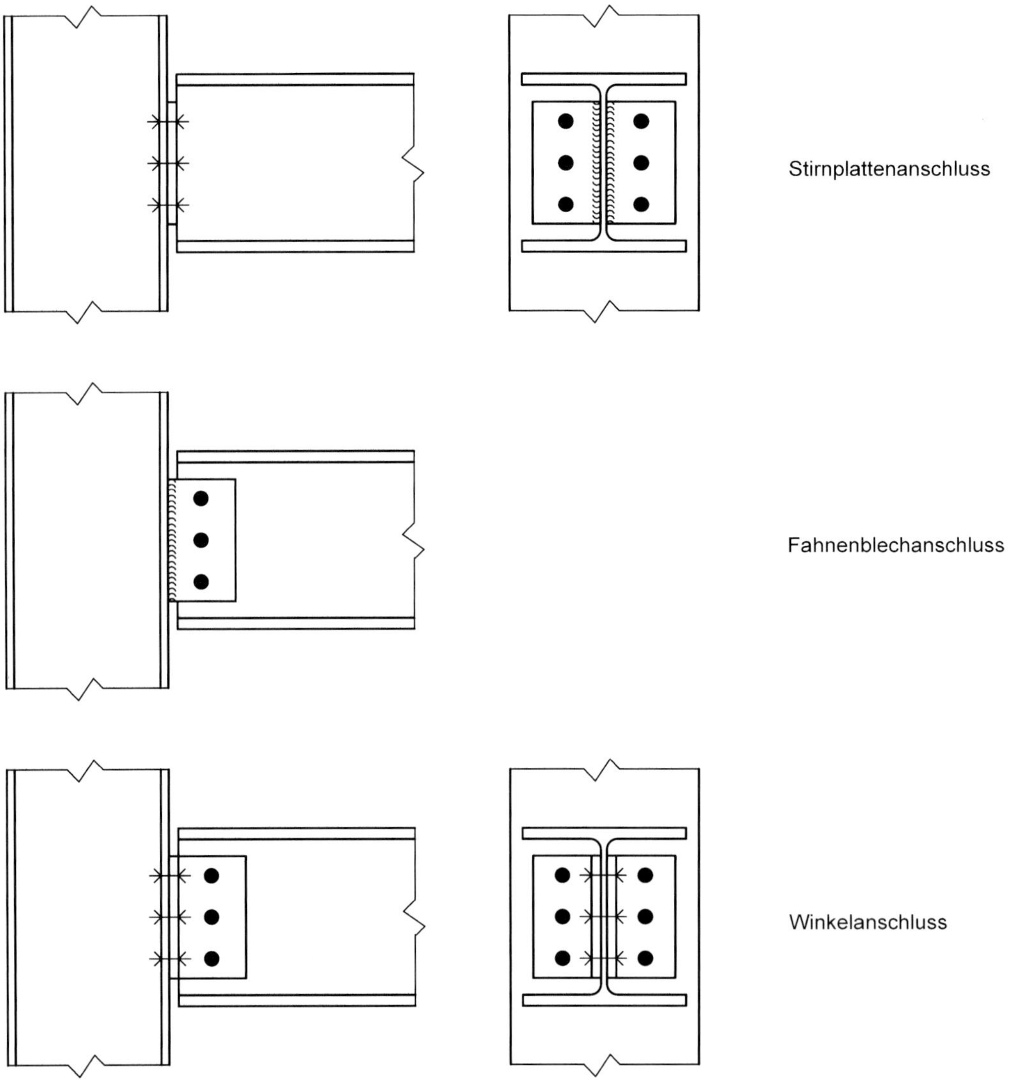

Bild III.5-11: Gelenkige Riegelanschlüsse

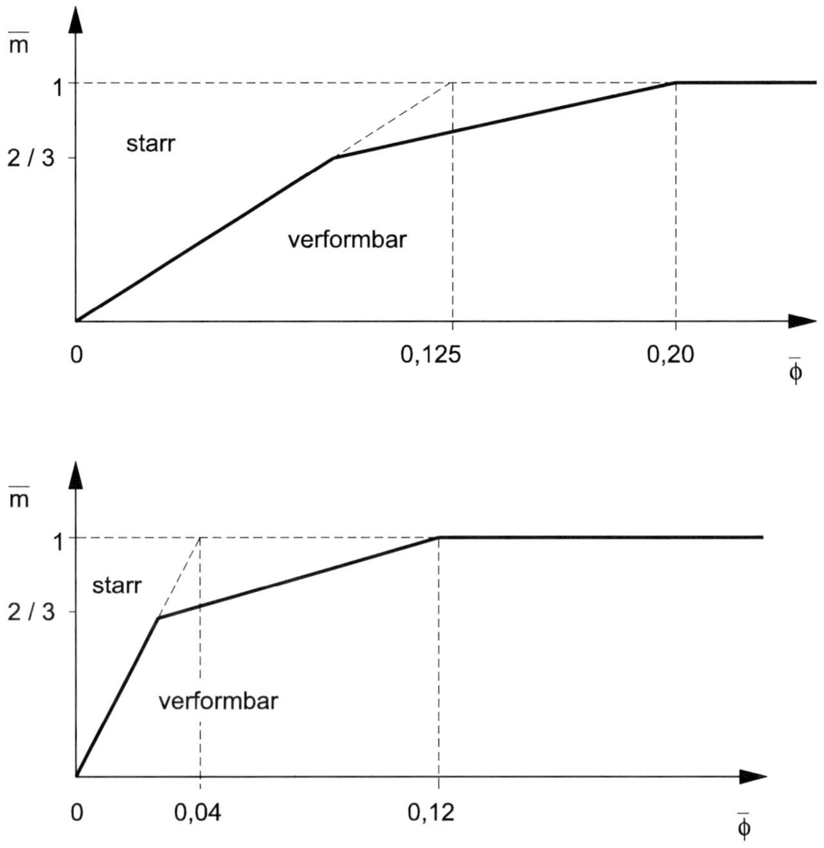

seitlich gehaltene Rahmen

$\overline{m} \leq \frac{2}{3}: \quad \overline{m} = 8\overline{\phi}$

$\frac{2}{3} \leq \overline{m} \leq 1{,}0: \quad \overline{m} = \left(20\,\overline{\phi} + 3\right)/7$

seitlich gehaltene Rahmen

$\overline{m} \leq \frac{2}{3}: \quad \overline{m} = 25\overline{\phi}$

$\frac{2}{3} \leq \overline{m} \leq 1{,}0: \quad \overline{m} = \left(25\,\overline{\phi} + 4\right)/7$

$$\overline{m} = \frac{M}{M_{pl,Rd}} \qquad \overline{\phi} = \frac{EI_b}{L_b M_{pl,Rd}}$$

Bild III.5-12: Grenzlinien für starre Stirnplattenanschlüsse nach [57]

Bei seitlich verschiebbaren Rahmen bedeutet die Zusatzbedingung $K_b/K_c \geq 0{,}1$, dass die Träger selbst bei starren Anschlüssen über eine ausreichende Steifigkeit zur Verhinderung zu großer Seitenverformungen verfügen müssen. Diese Bedingung wird bei Einhaltung aller Gebrauchstauglichkeits- und Tragfähigkeitsbedingungen erfüllt.

<3> Zu Element 5.2.3: Klassifizierung nach der Tragfähigkeit

Bei der Klassifizierung nach der Tragfähigkeit wird die Momententragfähigkeit des Anschlusses $M_{j,Rd}$ mit der plastischen Momententragfähigkeit $M_{pl,Rd}$ des angeschlossenen Bauteils verglichen.

Dabei wird in die drei Kategorien **gelenkig – teiltragfähig – volltragfähig** unterschieden, Bild III.5-13.

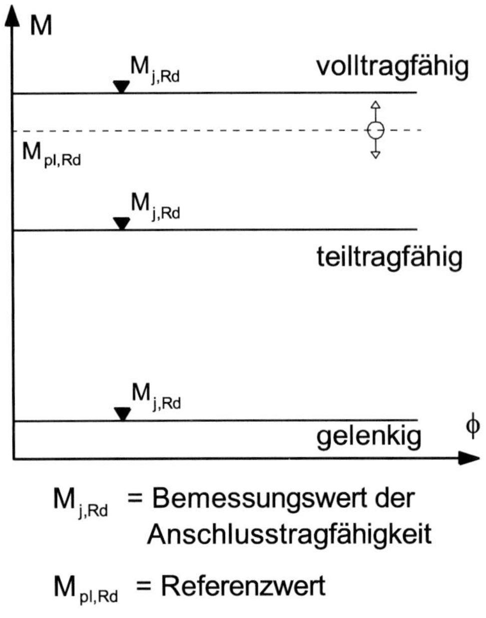

Bild III.5-13: Klassifizierung nach der Tragfähigkeit

Als Grenzkriterien wird für gelenkige Anschlüsse eine Momententragfähigkeit von weniger als 25 % der plastischen Momententragfähigkeit der angeschlossenen Bauteile definiert. Ein gelenkiger Anschluss muss zudem Rotationen zulassen und eine ausreichende Rotationskapazität aufweisen, so dass er bei der Tragwerksberechnung als ideales Gelenk betrachtet werden kann. Als volltragfähig gilt ein Anschluss, wenn seine Momententragfähigkeit größer ist als die plastische Momententragfähigkeit der angeschlossenen Bauteile. Bei einer plastischen Schnittgrößenermittlung liegt der Ort der plastischen Gelenke im Bauteil und nicht im Anschluss.

III.6. Anschlüsse mit H- oder I-Querschnitten

III.6.1. Allgemeines

Im Kapitel 6 der DIN EN 1993-1-8 ist die Komponentenmethode zur Berechnung allgemeiner Anschlüsse mit H - oder I-Querschnitten geregelt. Die Komponentenmethode lässt sich auf beliebige geschweißte und mit Flanschwinkeln ausgeführte Anschlüsse anwenden. Auch geschraubte Stirnplattenverbindungen und Stützenfußverbindungen können nach der Komponentenmethode berechnet werden, wobei die zugrunde liegenden Modelle hier auf zwei Schrauben in einer Reihe beschränkt sind. Die Komponentenmethode kann daher derzeit nicht direkt auf in Deutschland gebräuchlichen IH2- und IH4-Anschlüssen angewandt werden.

Das Prinzip der Komponentenmethode basiert auf der gedanklichen Zerlegung eines Anschlusses in seine Grundkomponenten, für die jeweils Modelle zur Bestimmung der Beanspruchbarkeiten und Steifigkeiten in DIN EN 1993-1-8 bereitgestellt werden. Unter Berücksichtigung der Gleichgewichtsbedingungen und der Kraft-Verformungsbeziehungen wird aus den Beanspruchbarkeiten und den Steifigkeiten der den Anschluss bildenden Grundkomponenten die Anschlusstragfähigkeit $M_{j,Rd}$ und die Anschlusssteifigkeit S_j bestimmt. Im Stahlbaukalender 2005 [69] und 2010 [70] ist der Komponentenmethode ein umfassender Artikel gewidmet.

Mit den in Tabelle 6.1 angegebenen Grundkomponenten ist es möglich, die in Bild III.6-1 aufgeführten Anschlussformen zu berechnen.

Die Anwendung gilt für Stähle bis S460.

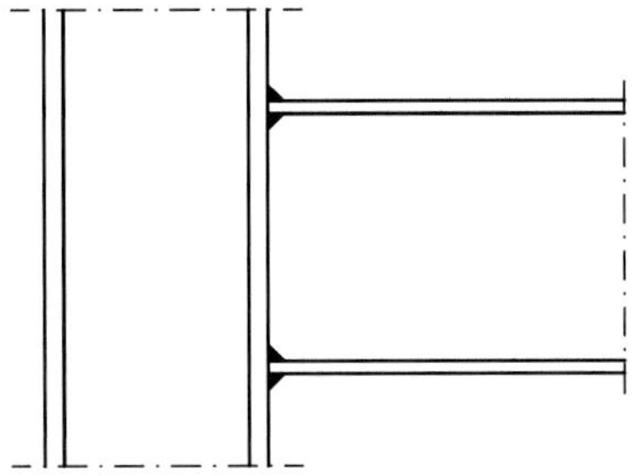

a) Geschweißter Anschluss

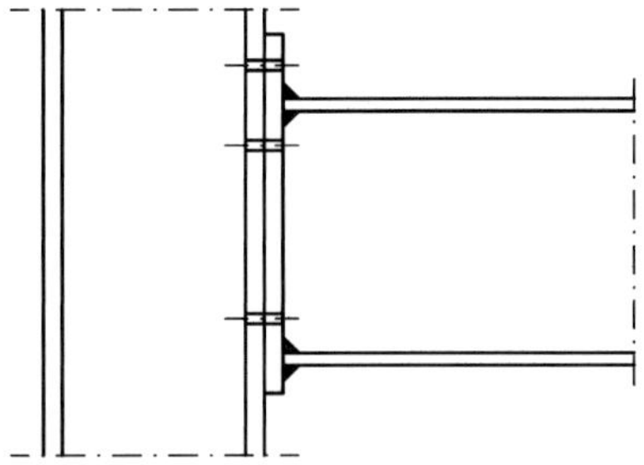

b) Geschraubter Anschluss mit überstehender Stirnplatte

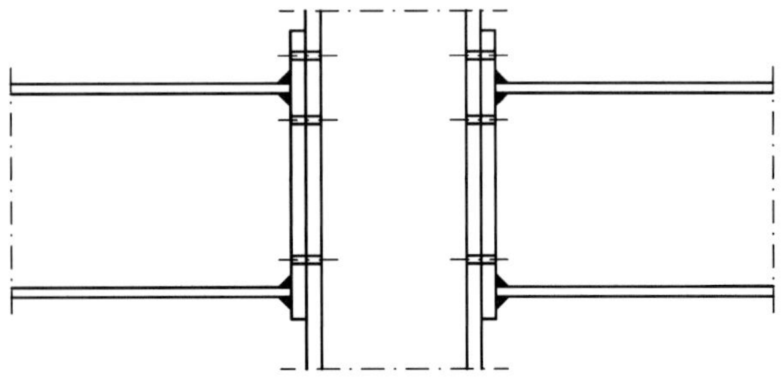

c) Zwei Anschlüsse mit bündigen Stirnplatten (zweiseitige Anschlusskonfiguration)

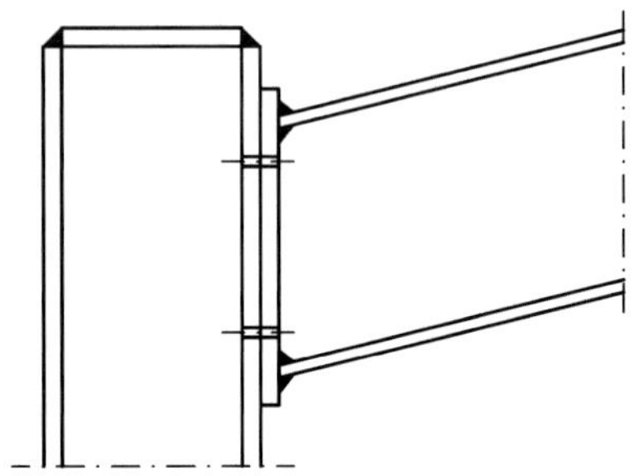

d) Einseitiger Anschluss mit bündiger Stirnplatte

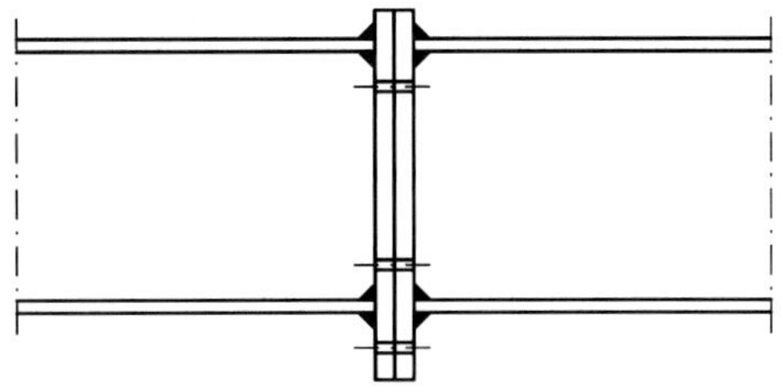

e) Trägerstoß mit Stirnplatte

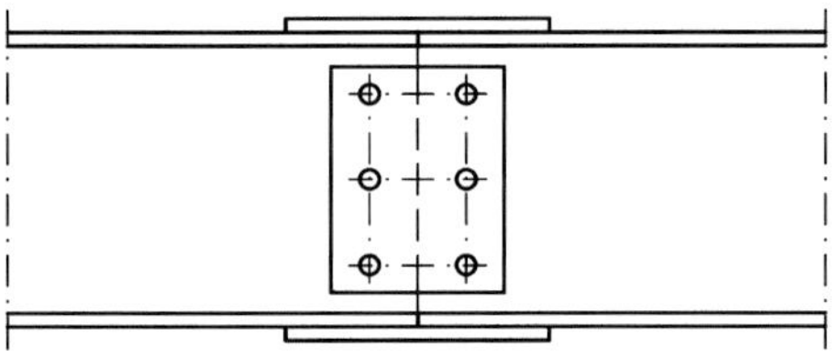

f) Trägerstoß mit Laschen

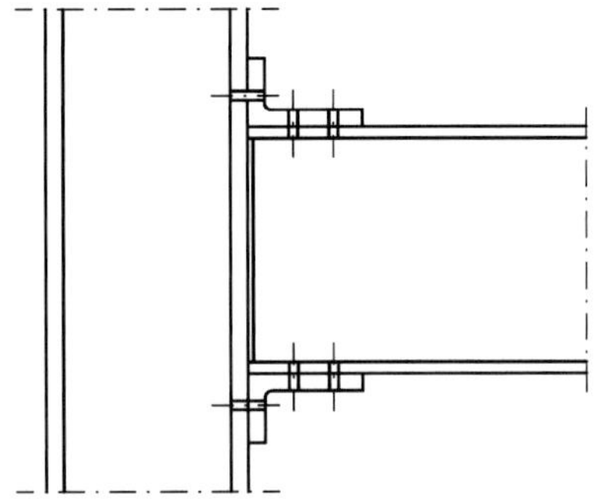

g) Geschraubter Anschluss mit Flanschwinkeln

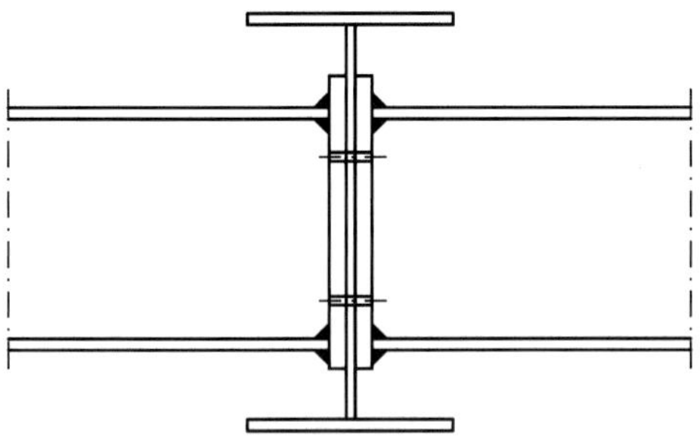

h) Träger-Unterzug Anschlüsse (Zweiseitige Anschlusskonfiguration)

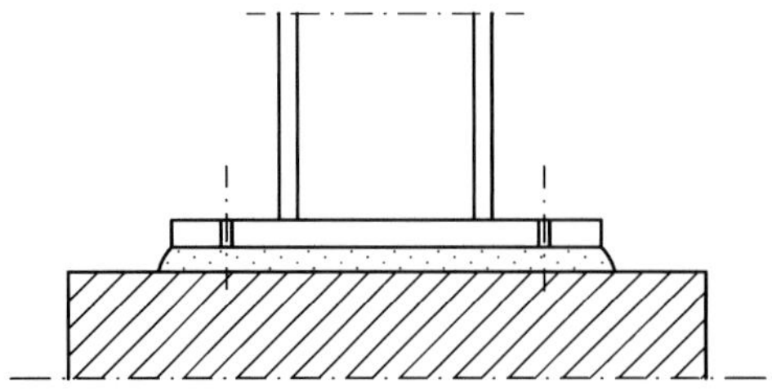

i) Fußplatte

Bild III.6-1: Mögliche Anschlussformen nach DIN EN 1993-1-8

Die Komponentenmethode ermöglicht es dem planenden Ingenieur, Anschlüsse statisch und wirtschaftlich zu optimieren, wobei der erforderliche Rechenaufwand den Einsatz von qualifizierten Softwareprogrammen in der Regel unumgänglich macht. Bereits seit Juli 2000 kann alternativ auch auf die „Typisierten Anschlüsse im Stahlhochbau" [120] des DSTV zurückgegriffen werden, in denen die Tragfähigkeiten und Anschlusssteifigkeiten für geschraubte, momententragfähige Stirnplattenanschlüsse (Typ IH1 und IH3) nach DIN EN 1993-1-8 vertafelt sind. Im Vergleich zu den „Bemessungshilfen für profilorientiertes Konstruieren" von Prof. Oberegge [89], die noch auf dem sogenannten DASt-Modell beruhen und auf Stirnplatten aus S235 und die Verwendung hochfester, vorgespannter Schrauben beschränkt waren, sind in [120] Anschlüsse aus S235 und S355 für Schrauben der Festigkeitsklassen 8.8 und 10.9 typisiert. Eine Vorspannung der Schrauben ist bei der Komponentenmethode anders als beim DASt-Modell nicht zwingend erforderlich, wird jedoch im Hinblick auf die Gebrauchstauglichkeit empfohlen. Mit der zweiten Auflage der „Typisierten Anschlüsse im Stahlhochbau" [119] erfolgte eine Erweiterung auf Anschlüsse mit vier Schrauben in einer Reihe (Typ IH2 und IH4). Hierfür wurde in [119] ein Modell entwickelt, das die Stirnplatte gedanklich in einen inneren und äußeren Bereich zerlegt. Bei der Modellbildung mussten zum Teil konservative Ansätze gewählt werden, da keine Versuchsdaten zur Validierung des Modells zur Verfügung standen. Dies führt dazu, dass nach dem Modell der erweiterten Komponentenmethode von Sedlacek und Weynand Anschlüsse zum Teil kleinere Tragfähigkeiten aufweisen als nach dem DASt-Modell. Die Erweiterung der Komponentenmethode auch auf vier Schrauben in einer Schraubenreihe ist Gegenstand aktueller Forschungsvorhaben. Erste Vorschläge zur Erweiterung der Komponentenmethode auch auf Konfigurationen mit vier Schrauben in einer Reihe wurden unter anderem in [113], [134] und [115] entwickelt.

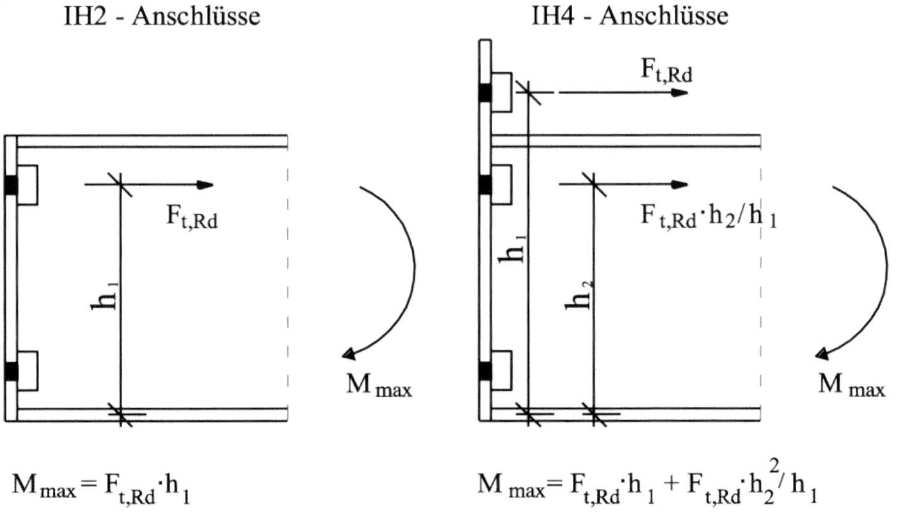

Bild III.6-2: Bestimmung von M_{max} als Bezugswert der Näherungsfunktion

Schmidt gibt in [113] eine Näherungsfunktion an, mit der in Abhängigkeit von Schraubendurchmesser, Stirnplattendicke und der Bezugsgröße M_{max} nach Bild III.6-2 die Momententragfähigkeit von vierreihigen Anschlüssen überschläglich ermittelt werden kann. Anders als bei der Näherungsfunktion für die Anschlusssteifigkeit (siehe Kommentar zu 5.2.2), kann die Anschlusstragfähigkeit mit nur einer bilinearen Näherungsfunktion hinreichend genau beschrieben werden, Bild III.6-3.

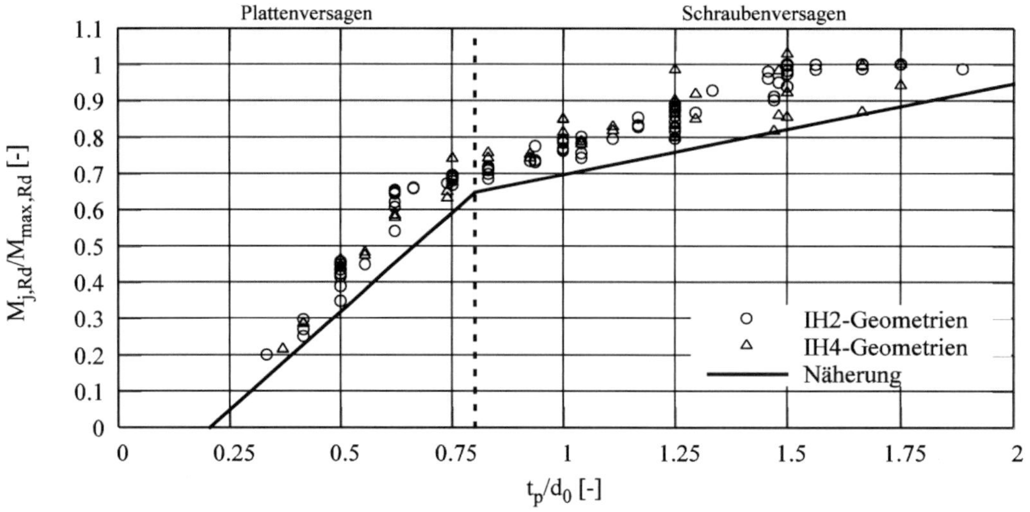

Bild III.6-3: Momententragfähigkeit von bündigen und überstehenden Anschlusskonfigurationen mit vier Schrauben in einer Reihe

<1> Zu 6.1.1

Die Regeln zur Berechnung der Tragfähigkeit von geschraubten Verbindungen gelten sowohl für nicht vorgespannte Schrauben als auch für vorgespannte Schrauben. Die Vorspannung hat keinen Einfluss auf die Tragfähigkeit der Komponenten. Die Steifigkeit der Komponenten von geschraubten Verbindungen wird hingegen maßgeblich durch die Vorspannung von Schrauben beeinflusst. Siehe hierzu auch den Kommentar zu Tabelle 6.11.

<2> Zu 6.1.3: Grundkomponenten eines Anschlusses

Im Bild III.6-4 werden die Grundkomponenten am Beispiel eines Träger-Stützenanschlusses anschaulich dargestellt:

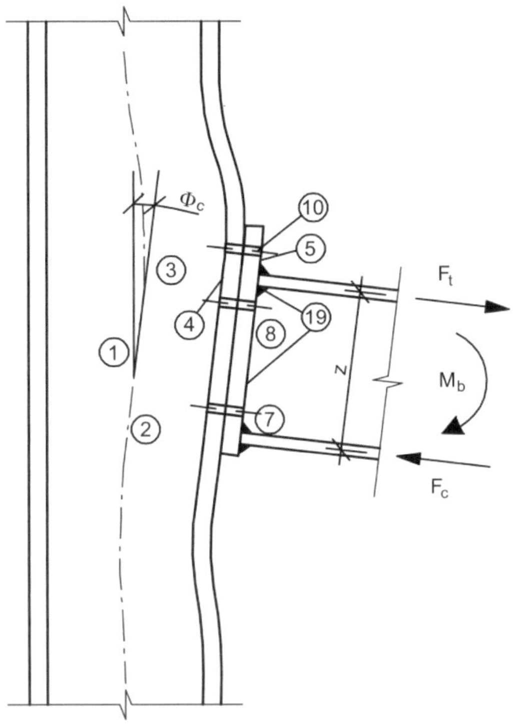

Globale Grundkomponenten:

1. Stützenstegfeld auf Schub
2. Stützensteg auf Druck
7. Trägerflansch und Trägersteg auf Druck
19. Schweißnaht

Lokale Grundkomponenten:

3. Stützensteg auf Zug
4. Stützenflansch auf Biegung
5. Stirnplatte auf Biegung
8. Trägersteg auf Zug
10. Schrauben auf Zug

Bild III.6-4: Grundkomponenten einer Stirnplattenverbindung

Die Grundkomponenten von Stützenfußanschlüssen sind in Abhängigkeit der Beanspruchung im Bild III.6-5 angegeben. Die Kombination von Normalkraft- und Momentenbeanspruchung hat einen erheblichen Einfluss auf das Trag- und Verformungsverhalten und die für den Abtrag der Beanspruchung aktivierten Grundkomponenten.

Während bei einer dominierenden Druckbeanspruchung der Beton und das Mörtelbett und die Fußplattenbiegung infolge Druckbeanspruchung maßgebend ist, ist bei einer überwiegenden Zugbeanspruchung in der Regel die Fußplattenbiegung und die Ankerschraube infolge Zugbeanspruchung vorrangig zu untersuchen. Bei einer überwiegenden Biegebeanspruchung sind die oben beschriebenen Grundkomponenten im Druck- bzw. im Zugbereich nachzuweisen.

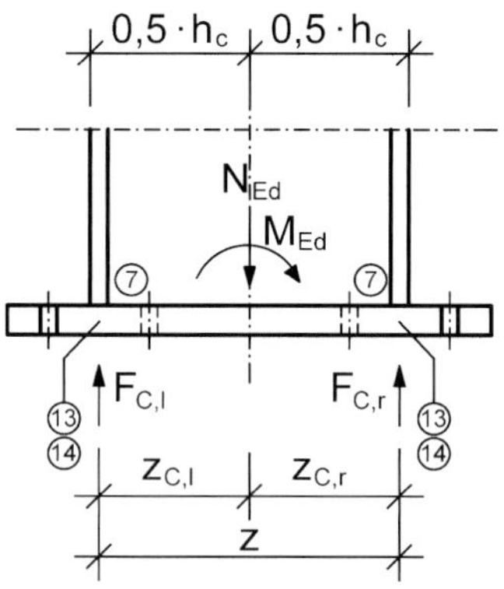

a) Druckkraft maßgebend

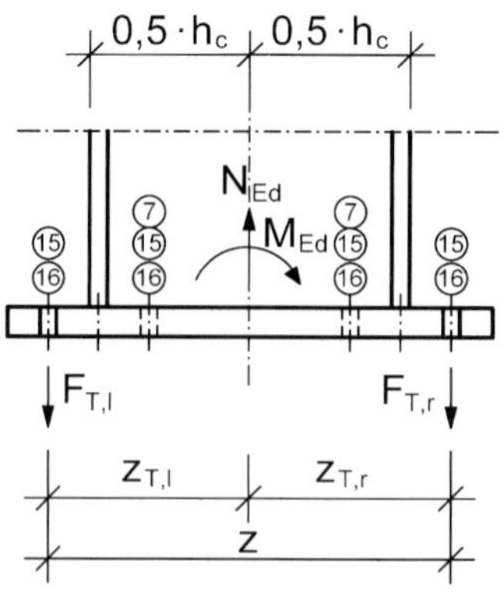

b) Zugkraft maßgebend

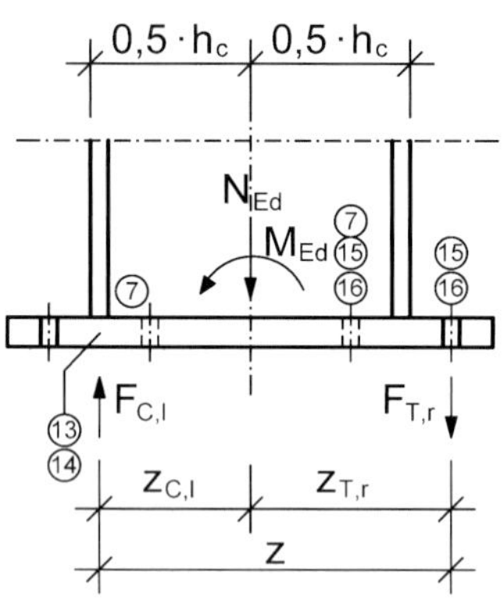

c) Biegemoment maßgebend

⑦ Stützenflansch und -steg mit Druckbeanspruchung

⑧ Stützensteg mit Zugbeanspruchung

⑬ Fundament (Beton) mit Druckbeanspruchung

⑭ Fußplatte mit Biegebeanspruchung infolge Druck

⑮ Fußplatte mit Biegebeanspruchung infolge Zug

⑯ Ankerschrauben mit Zugbeanspruchung

Bild III.6-5: Grundkomponenten von Stützenfußanschlüssen

Die Berechnungsverfahren zur Bestimmung der Kenngrößen der einzelnen Komponenten sind in den nachfolgenden Abschnitten III.6.2 (Tragfähigkeit), III.6.3 (Steifigkeitskoeffizient) und III.6.4 (Rotationskapazität) geregelt. Im Anhang III.8.6 sind die Berechnungsansätze für die Tragfähigkeit und die Steifigkeit der einzelnen Komponenten tabellarisch zusammengefasst.

Bevor im Detail auf die einzelnen Komponenten eingegangen wird, wird zum besseren Verständnis ein Überblick über das generelle Vorgehen bei der Ermittlung der Anschlussbiegetragfähigkeit und Anschlusssteifigkeit anhand des oben dargestellten Anschlusses gegeben. In der DIN EN 1993-1-8 werden diese Punkte zum Abschluss der Kapitel 6.2 und 6.3 aufgenommen und detailliert dargestellt.

(1) Ermittlung der Anschlussbiegetragfähigkeit:

Die Anschlussbiegetragfähigkeit wird für geschraubte Stirnplattenverbindungen allgemein nach folgender Gleichung bestimmt:

$$M_{j,Rd} = \sum_r h_r \cdot F_{tr,Rd} \text{ (Gleichung (6.25))} \qquad \text{(III.6-1)}$$

Dabei ist $F_{tr,Rd}$ die maßgebende Grenzzugkraft der Schraubenreihe r, die von den Tragfähigkeiten der lokalen und globalen Grundkomponenten des Anschlusses abhängt, h_r ist der Hebelarm der Schraubenreihe r bezogen auf den Druckpunkt, Bild 6.15, der i.d.R. in der Mittelachse des Druckflansches angenommen wird,

Bild III.6-6. Aufgrund des kleinen Hebelarms liefern die nahe dem Druckpunkt liegenden Schrauben nur einen geringen Anteil zu der Anschlusstragfähigkeit und werden im Allgemeinen vernachlässigt und ausschließlich für den Abtrag der Querkräfte im Anschluss herangezogen.

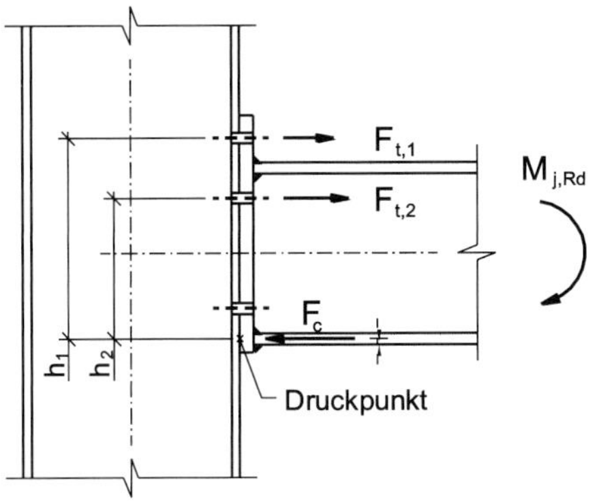

Bild III.6-6: Druckpunkt zur Berechnung der Anschlussbiegetragfähigkeit

Für die Ermittlung der maßgebenden Grenzzugkraft werden im ersten Schritt die Beanspruchbarkeiten der lokalen Grundkomponenten für jede Schraubenreihe individuell und für jede mögliche Schraubenreihengruppe bestimmt. Im nächsten Schritt wird überprüft, ob eine Schraubenreihengruppe eine geringere Beanspruchbarkeit aufweist als die Summe der zugehörigen individuellen Beanspruchbarkeiten der jeweiligen Schraubenreihen. Wenn dies der Fall ist, muss die Summe der Grenztragfähigkeiten der Schraubenreihen auf die maßgebende Grenzzugtragfähigkeit der Schraubenreihengruppe beschränkt werden. Hierzu wird die Beanspruchbarkeit der dem Druckpunkt am nächsten liegenden Schraubenreihe soweit reduziert, dass die Grenzzugtragfähigkeit der Schraubenreihengruppe nicht überschritten wird.

Kann dies nicht mit der Reduktion bei der dem Druckpunkt am nächsten liegenden Schraubenreihe erreicht werden, muss die Beanspruchbarkeit dieser Schraubenreihe zu null gesetzt und die erforderliche Reduktion bei der nächsten Schraubenreihe fortgesetzt werden.

Ist auf Basis der Beanspruchbarkeiten der lokalen Grundkomponenten die Grenzzugtragfähigkeit jeder Schraubenreihe bestimmt worden, muss anschließend noch überprüft werden, ob die Beanspruchbarkeiten der globalen Grundkomponenten (Stützenstegfeld auf Schub, Stützensteg und Trägersteg / Trägerflansch auf Druck) ausreichend groß sind oder ob eine weitere Abminderung der Beanspruchbarkeiten analog zu dem oben dargestellten Vorgehen erforderlich ist. Mit den maßgebenden Grenzzugkräften $F_{tr,Rd}$ der Schraubenreihen kann abschließend die Momententragfähigkeit $M_{j,Rd}$ des Anschlusses unter Verwendung der Hebelarme h_r bestimmt werden. Eine Übersicht über den Ablauf zur Bestimmung der Momententragfähigkeit wird in Bild III.6-28 gegeben.

(2) Ermittlung der Anschlusssteifigkeit:

Bei der Anschlusssteifigkeit ist, wie in Bild 6.1 an der Momenten-Rotations-Charakteristik eines geschraubten Träger-Stützenanschlusses dargestellt, zu unterscheiden zwischen:

$S_{j,ini}$	elastischen Anfangssteifigkeit für:	$M_{j,Ed} \leq 2/3\ M_{j,Rd}$
S_j	Sekantensteifigkeit für:	$M_{j,Ed} > 2/3\ M_{j,Rd}$

Diese Differenzierung ist erforderlich, da die Momenten-Rotations-Charakteristiken von Anschlüssen nichtlinear sind und der Ansatz von $S_{j,ini}$ für Momentenbeanspruchungen größer als $2/3\ M_{j,Rd}$ zu einer Überschätzung der Anschlusssteifigkeit führen würde.

Die Ermittlung der Anschlusssteifigkeit erfolgt bei der Komponentenmethode mit Hilfe eines Gesamtfedermodells, bei dem jede im Anschluss vorhandene Grundkomponente als Wegfeder mit einer definierten Steifigkeit k_i erfasst wird. Aufgrund der sehr hohen Steifigkeitskoeffizienten einzelner Grundkomponenten, wie z.B. Trägerflansch und -steg auf Druck, den Schweißnähten zwischen Träger und Stirnplatte, können diese bei der Ermittlung der Anschlusssteifigkeit vernachlässigt werden. Die Bestimmungsgleichung für die Anschlusssteifigkeit lautet allgemein:

$$S_j = \frac{1}{\mu} \cdot S_{j,ini} = \frac{E \cdot z^2}{\mu \cdot \sum_i \frac{1}{k_i}} \qquad \text{Gleichung (6.27)} \qquad \text{(III.6-2)}$$

Dabei ist E der Elastizitätsmodul, z der Hebelarm der betrachteten Schraubenreihe, μ ein Koeffizient, der das Steifigkeitsverhältnis $S_{j,ini}/S_j$ in Abhängigkeit von der Beanspruchung und dem Anschlusstyp erfasst und k_i der Steifigkeitskoeffizient der Grundkomponente. Für $\mu = 1{,}0$ geht S_j in die elastische Anfangssteifigkeit $S_{j,ini}$ über.

Bild III.6-30 zeigt das Gesamtfedermodell für einen geschraubten Träger- Stützenanschluss, wobei die Benennung der Steifigkeitskoeffizienten unter Berücksichtigung der Nummerierung der Grundkomponenten nach Tabelle 6.1 erfolgt.

Unter der Annahme, dass die Verformungen in der Achse der Schraubenreihen proportional zum Abstand vom Druckpunkt sind, lassen sich die Steifigkeitskoeffizienten zu einer äquivalenten Federsteifigkeit k_{eq} und die Hebelarme zu einem äquivalenten Hebelarm z_{eq} zusammenfassen. Dem Gesamtfedermodell liegen dabei die Annahmen zugrunde, dass die Verformungen der einzelnen Grundkomponenten untereinander verträglich sind, dass die Beanspruchbarkeit und Verformbarkeit jeder Grundkomponente eingehalten wird und dass die inneren Schnittgrößen mit den äußeren Beanspruchungen im Gleichgewicht stehen.

III.6.2. Tragfähigkeit

III.6.2.2. Querkräfte

<1> Zu Element 6.2.2 (5)

Bild III.6-7 stellt zwei Möglichkeiten zur Übertragung von Horizontalkräften am Stützenfuß dar. In a) wird eine Schubknagge als spezielles Schubelement zur Einleitung von Horizontalkräften in den Betonkörper verwendet. Ohne spezielles Schubelement muss die Abschertragfähigkeit der Ankerschrauben nachgewiesen werde. Im Falle übergroßer Löcher in der Fußplatte, Bild III.6-7 b), die als Toleranzausgleich bei fest einbetonierten Ankern erforderlich sind, ist ein ausreichender Gleitwiderstand nach 6.2.2 (6) nachzuweisen.

a)

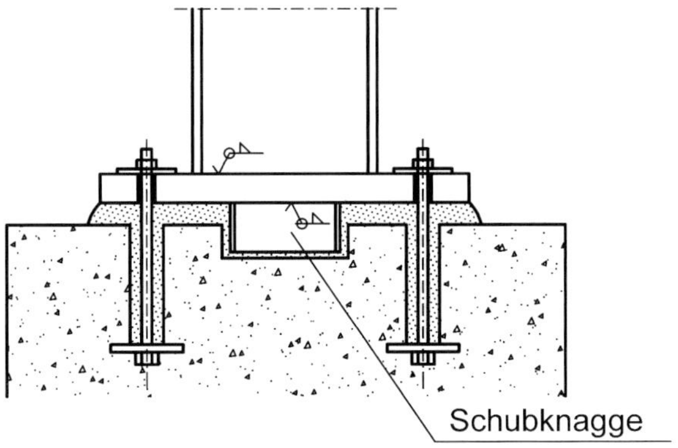

b)

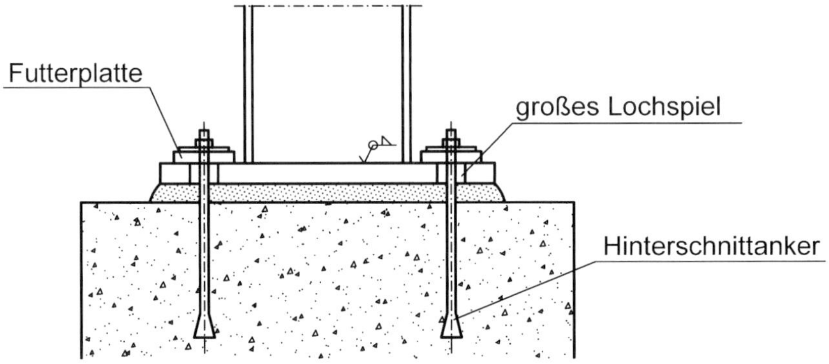

Bild III.6-7: Mögliche Ausführungsformen einer Fußplattenverbindung: a) mit Schubknagge und nachträglich eingesetzten Ankern, b) ohne Schubknagge mit einbetonierten Ankern

<2> Zu Element 6.2.2 (7)

Gleichung (6.2) ist immer maßgebend.

III.6.2.3. Biegemomente

<1> Zu Element 6.2.3 (4) und (5)

Schweißnähte sind aufgrund des geringen Verformungsvermögens als nicht duktile Grundkomponenten eingestuft und sollten daher grundsätzlich so ausgelegt sein, dass sie selbst bei Überfestigkeit im Grundmaterial nicht bemessungsmaßgebend werden. Insbesondere wenn eine ausreichende Rotationskapazität bei der Ausnutzung plastischer Systemreserven gefordert wird und ein plastisches Gelenk im Anschluss entstehen kann, muss sichergestellt werden, dass Grundkomponenten mit einem ausreichenden Verformungsvermögen (z.B. Stirnplatte auf Biegung) maßgebend werden. In (5) wird daher über den α-Wert eine Auslegung der Schweißnähte für die 1,4-fache Anschlusstragfähigkeit für unverschiebliche Rahmensysteme gefordert, für die eine Berechnung nach Theorie I. Ordnung möglich ist. Für alle anderen Systeme, insbesondere verschiebliche Rahmensysteme gilt $\alpha = 1{,}7$.

Bei der plastischen Biegetragfähigkeit der angeschlossenen Bauteile darf nach (5) ohne Materialüberfestigkeiten gerechnet werden. Hier empfiehlt es sich aber gerade bei Anschlüssen mit S235 aus den oben aufgeführten Gründen mindestens eine Überfestigkeit von 20 % zu berücksichtigen.

III.6.2.4. Äquivalenter T-Stummel mit Zugbeanspruchung

Nachfolgend sind die Grundgleichungen für das Modell des äquivalenten T-Stummels zusammengestellt, mit dem in der Komponentenmethode die Beanspruchbarkeiten der biegebeanspruchten Grundkomponenten nach 6.2.4.1 (1) bestimmt werden. Bild III.6-8 illustriert das Prinzip des T-Stummels anhand der Grundkomponente Stützenflansch auf Biegung:

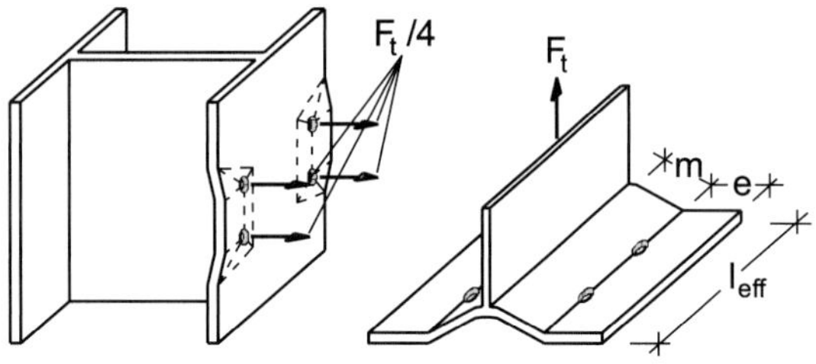

Bild III.6-8: T-Stummel

Der T-Stummel besteht aus einem Last einleitenden Steg und einem biegebeanspruchten Flansch, der in den Schraubenachsen auf Zug und an den Außenrändern unter Annahme einer unendlich starren Unterlage auf Druck gelagert ist. Die Länge des T-Stummels folgt aus der wirksamen Länge l_{eff} der Schraubenreihe in der Zugzone.

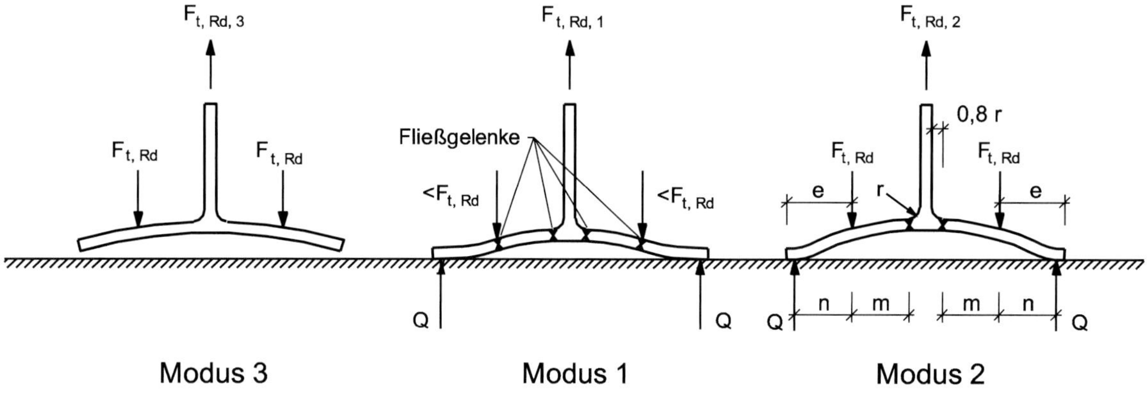

Bild III.6-9: Versagensarten des T-Stummels mit zwei Schrauben in einer Reihe

Die Parameter m und e ergeben sich aus der Geometrie des Stützenprofils, wobei die Ausführung des Stützenprofils (geschweißt oder gewalzt) nach Bild 6.2 zu berücksichtigen ist. Die Beanspruchbarkeit des T-Stummels hängt von dem maßgebenden Versagensmodus ab. Die drei möglichen Versagensmodi sind, Bild III.6-9:

Modus 3: Schraubenversagen, in der Regel bei dicken Stützenflanschen / Stirnplattendicken. Die Beanspruchbarkeit des T-Stummels wird ausschließlich von der Zugtragfähigkeit der Schrauben bestimmt.

Modus 1: Vollständiges Fließen der Flansche, es stellen sich vier plastische Fließlinien ein. In der Regel bei dünnen Stützenflanschen / Stirnplattendicken maßgebend. Durch die Biegeverformung entstehen Abstützkräfte Q an den Außenrändern. Die Beanspruchbarkeit des T-Stummels wird von der Momententragfähigkeit des Stützenflansches / der Stirnplatte bestimmt, wobei aus den möglichen Fließlinienmustern die maßgebende Länge des T-Stummels l_{eff} abgeleitet wird. Die Zugkräfte in den Schrauben sind geringer als die Zugtragfähigkeit F_{t,Rd^*}.

Modus 2: Kombiniertes Versagen aus dem Fließen der Flansche (zwei Fließlinien) und dem Versagen der Schrauben. In der Regel bei Stützenflanschen / Stirnplatten mittlerer Dicke maßgebend. Die Beanspruchbarkeit des T-Stummels wird von der Schraubentragfähigkeit und der Momententragfähigkeit des Stützenflansches / der Stirnplatte unter Berücksichtigung des maßgebenden Fließlinienmusters bestimmt.

Bei den Versagensmodi 1 und 2 können Abstützkräfte Q auftreten, die die Beanspruchungen in den Schrauben vergrößern. Diese Abstützkräfte sind implizit in den in Tabelle 6.2 aufgeführten Gleichungen berücksichtigt. Die Ermittlung der Fließlinienlängen ist für die biegebeanspruchten Komponenten, die über das T-Stummel-Modell beschrieben werden, in den Abschnitten 6.2.6.4 und 6.2.6.5 geregelt.

In [134] ist das T-Stummel-Modell auf Konfigurationen mit vier Schrauben in einer Reihe erweitert und experimentell verifiziert worden. Bild III.6-10 zeigt die verschiedenen Versagensmodi für das erweiterte T-Stummel-Modell:

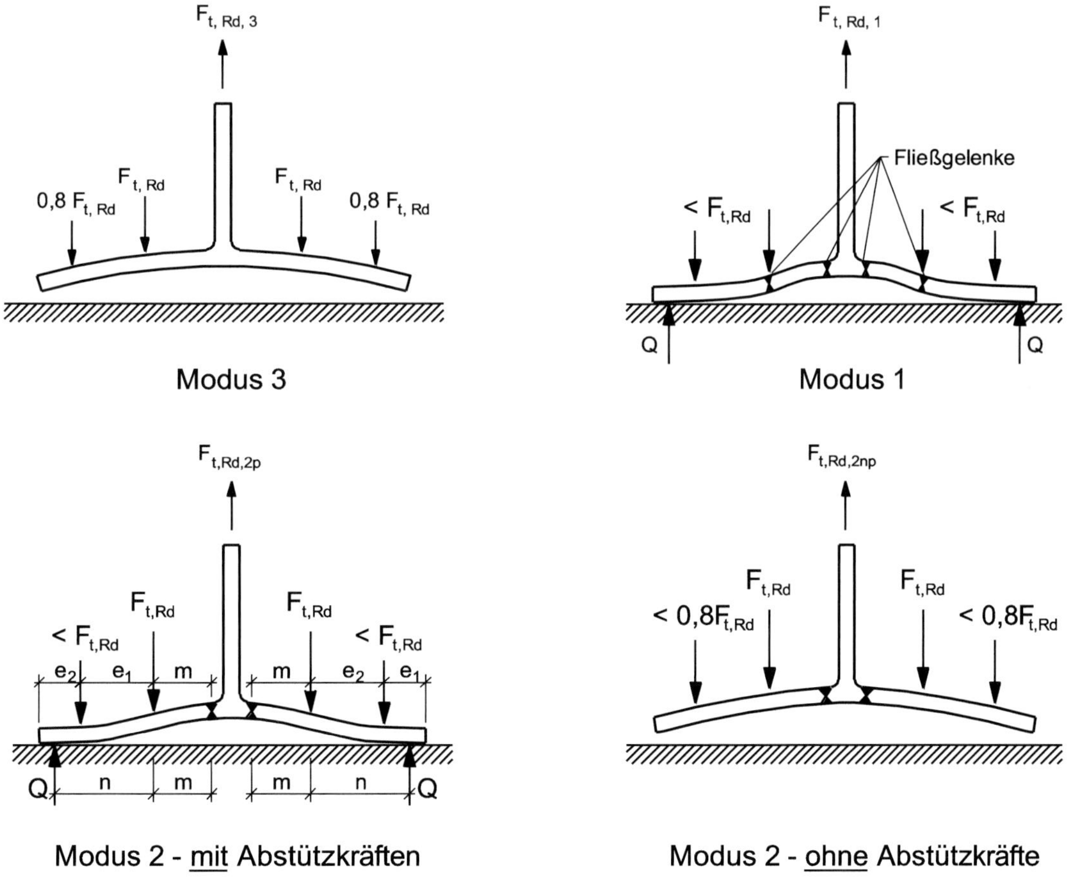

Bild III.6-10: Versagensarten des T-Stummels mit vier Schrauben in einer Reihe

Bei Modus 2 ohne Abstützkräfte und Modus 3 wird in dem erweiterten Modell wie auch schon in [89] eine Beschränkung der Zugkräfte in den äußeren Schrauben auf 80 % von $F_{t,Rd}$ vorgenommen. Die Gleichungen für die Ermittlung der Beanspruchbarkeiten und auch die möglichen Fließlinienmuster zur Bestimmung der effektiven Länge des äquivalenten T-Stummels können [134] entnommen werden.

Bei der Unterscheidung in die drei Versagensmodi wird unterstellt, dass das Fließmuster nach Bild III.6-11 a) maßgebend wird. Abhängig von der Geometrie des Flansches kann es aber auch zur Ausbildung von Fließkegeln um jede einzelne Schraube kommen, Bild III.6-11 b), die zu anderen wirksamen Längen führen. Neben den unterschiedlichen wirksamen Längen ist aber von entscheidender Bedeutung, dass bei Ausbildung eines Fließkegels um die Schraube keine Abstützkräfte entstehen, die bei Modus 2 zu einer Überbelastung der Schrauben und damit zu dem kombinierten Versagenszustand führen. Modus 2 kann folglich nicht bei Ausbildung von Fließkegeln eintreten, es folgt ein unmittelbarer Übergang von Modus 1 zu Modus 3, Bild III.6-12. Der im Bild III.6-12 angegebene Wert λ ist von der Lage des Schraubenloches abhängig und folgt aus Bild 6.11.

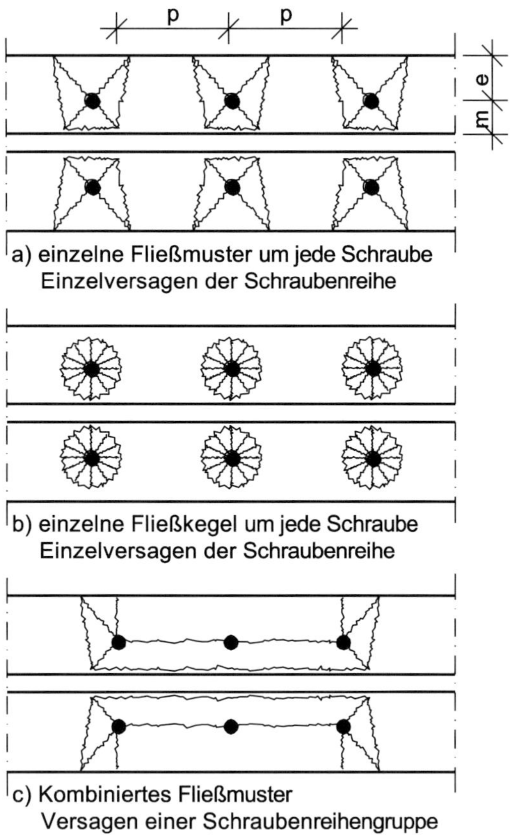

Bild III.6-11: Mögliche Fließmuster

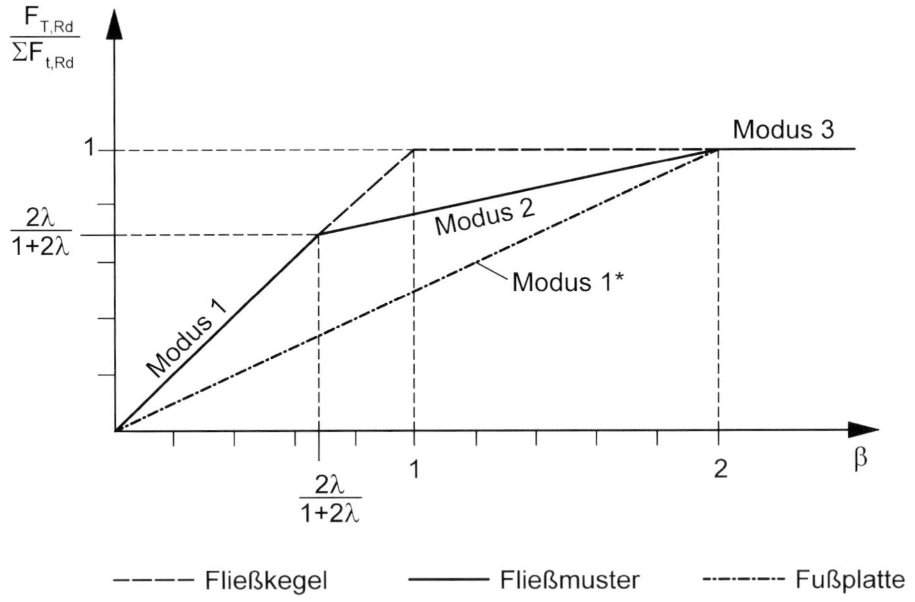

Bild III.6-12: Abhängigkeit der Versagensart von der Verbindungsgeometrie des T-Stummels

<1> Zu Tabelle 6.2: Tragfähigkeit $F_{T,Rd}$ eines T-Stummelflansches bei Zugbeanspruchung

In Tabelle 6.2 sind die Gleichungen zur Ermittlung der Beanspruchbarkeit des äquivalenten T-Stummels für alle drei Versagensmodi zusammengestellt. Die Gleichungen können sowohl bei nicht ausgesteiften und ausgesteiften Stützenflanschen sowie bei Stirnplatten verwendet werden. Der Einfluss von Steifen oder die Stirnplatte stützenden Flanschen wird über die wirksamen Längen ℓ_{eff} erfasst, die nach den Tabellen 6.4 bis 6.6 zu bestimmen sind.

Bei den Versagensmodi 1 und 2 können in Abhängigkeit von den geometrischen Verhältnissen Abstützkräfte auftreten, die implizit in Tabelle 6.2 berücksichtigt sind. Die im Kopf von Tabelle 6.2 angegebene Grenzbedingung $L_b \leq L_b^*$ für das Auftreten von Abstützkräften wurde für biegebeanspruchte Stützenfußplatten hergeleitet und soll daher zukünftig in Absatz 6.2.6.12 aufgenommen werden. Für Stütze-Riegel-Verbindungen kann die Grenzbedingung aus Bild III.6-12 aus dem Übergang von Modus 2 nach Modus 3 bei $\beta = 2$ hergeleitet werden:

$$\beta = \frac{4\,M_{pl,Rd}}{m\sum F_{t,Rd}} = \frac{l_{eff}\,t^2 f_y}{m\sum F_{t,Rd}} = 2 \qquad \text{(III.6-3)}$$

und daraus

$$t \leq \sqrt{\frac{2m\sum F_{t,Rd}}{l_{eff}\,f_y}} = 2\sqrt{\frac{m\,F_{t,Rd}}{l_{eff}\,f_y}} \qquad \text{(III.6-4)}$$

mit

$$F_{t,Rd} = 0{,}72\,\frac{\pi\,d^2}{4}\,f_{ub} = 0{,}565 d^2 f_{ub} \qquad \text{(III.6-5)}$$

folgt

$$t \leq 1{,}5\,d\sqrt{\frac{m\,f_{ub}}{l_{eff}\,f_y}} \qquad \text{(III.6-6)}$$

Diese Grenzbedingung wird bei den nächsten redaktionellen Änderungen in die DIN EN 1993-1-8 aufgenommen.

Für den Versagensmodus 1 werden zur Bestimmung der Beanspruchbarkeit des Stützenflansches auf Biegung zwei verschiedene Verfahren angegeben. In beiden Verfahren wird unterstellt, dass sich die inneren Fließlinien im Übergang des Flansches zum Walzradius einstellen. Bei der Lage der äußeren Fließlinien werden in beiden Verfahren unterschiedliche Ansätze gewählt: In Verfahren 1 wird vereinfachend und auf der sicheren Seite liegend angenommen, dass sich die äußeren Fließlinien in der Achse der Schrauben bilden. Dabei wird vernachlässigt, dass die Fließlinien im Bereich der Schrauben eine Einschnürung erfahren, Bild III.6-13, die von den geometrischen Abmessungen des Schraubenkopfes, der Steifigkeit der Schraube und dem Vorspanngrad abhängt. Diese, die Beanspruchbarkeit vergrößernden Einflüsse, werden näherungsweise im Verfahren 2 berücksichtigt, indem die Annahme der Fließlinienverläufe dem Verfahren 1 entspricht, aber der günstige lastverteilende Einfluss des Schraubenkopfes durch Annahme einer verteilten Beanspruchung zwischen Schraube und Flansch erfolgt.

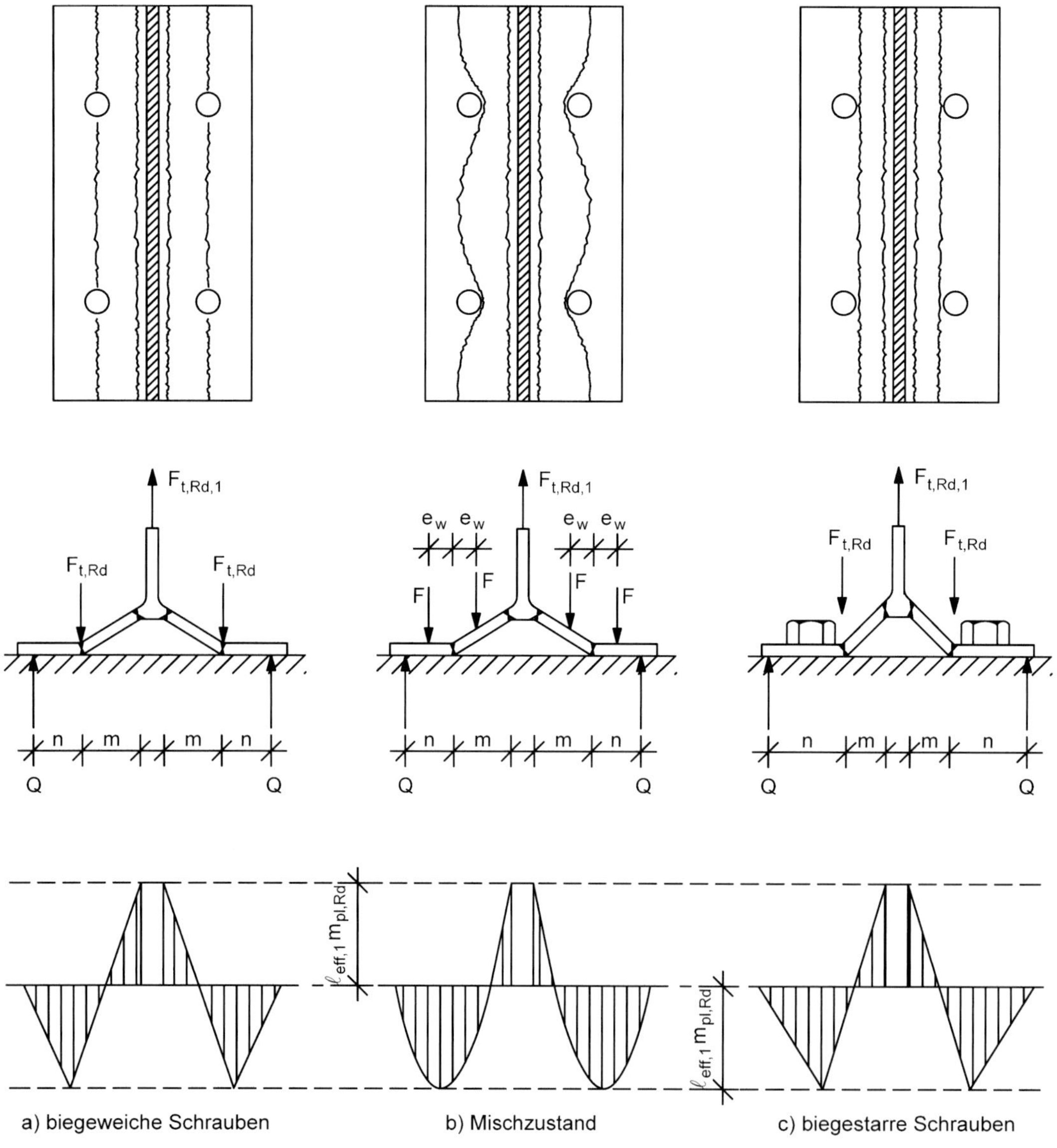

Bild III.6-13: Einfluss des Schraubendurchmessers auf die Lage der Fließlinien

Auch durch die Anordnung von Futterplatten lässt sich die Beanspruchbarkeit des Stützenflansches im Modus 1 erhöhen. Die Biegetragfähigkeit wird unter Berücksichtigung der plastischen Momententragfähigkeit der Futterplatten $M_{bp,Rd}$ ermittelt, wobei die Lage der äußeren Fließlinien entweder in Achse der Schrauben (Verfahren 1) oder nach innen in Richtung des Stegbleches versetzt (Verfahren 2) angenommen wird. Die Futterplatten müssen dabei den geometrischen Anforderungen nach Abschnitt 6.2.4.3 und Bild 6.3 entsprechen. Ist der Versagensmodus 2 maßgebend, das heißt ein kombiniertes Versagen der Schrauben mit Bildung von Fließlinien im Übergang vom Flansch zum Walzradius, dann haben weder die Schraubenköpfe noch die Futterplatte einen positiven Einfluss auf die Beanspruchbarkeit des Stützenflansches und die Beanspruchbarkeit bestimmt sich ausschließlich über die plastische Momententragfähigkeit des Stützenflansches $M_{pl,2,Rd}$ und die Zugtragfähigkeit $F_{t,Rd}$ der Schrauben.

Wird z.B. in einem Träger-Stützenanschluss eine Stirnplatte mit einer geringeren Breite als die des Stützenflansches verbaut, ist dies bei der Festlegung der geometrischen Abmessungen des äquivalenten T-Stummels entsprechend Bild 6.2 zu berücksichtigen. Auch die Lage der inneren Fließlinien hängt von der Ausführung des Stützenprofils (gewalzt / geschweißt) ab und kann Bild 6.2 entnommen werden.

<2> Zu 6.2.4.3 und Bild 6.3

Mit Verstärkungsblechen sind die in Tabelle 6.2 angegebenen Futterplatten gemeint.

III.6.2.5. Äquivalenter T-Stummel mit Druckbeanspruchung

Der lastkonzentrierende Einfluss einer biegeweichen Fußplatte wird durch die in Bild 6.4 angegebene Fläche des äquivalenten T-Stummels unter Druckbeanspruchung und Angabe einer zusätzlichen Ausbreitungsbreite c berücksichtigt. In diesem Bereich wird dann eine konstante Druckverteilung unterstellt. Unter Annahme der elastischen Momentenbeanspruchbarkeit

$$M = \frac{1}{6} t^2 f_y \qquad \text{(III.6-7)}$$

und Gleichsetzen mit dem Kragarmmoment der überstehenden Fußplatte

$$M = \frac{1}{2} f_j c^2 \qquad \text{(III.6-8)}$$

folgt die Bestimmungsgleichung für c mit (6.5).

In [62] sind für die gängigen Kombinationen von Betonfestigkeit und Fußplattendicke aufbereitete Werte für c angegeben, Anhang III.8.4. Die Tragfähigkeit des T-Stummels mit Druckbeanspruchung, Bild III.6-14, kann dann gemäß 6.2.5 (6.4) als Produkt der wirksamen Fläche und der Betonfestigkeit bestimmt werden.

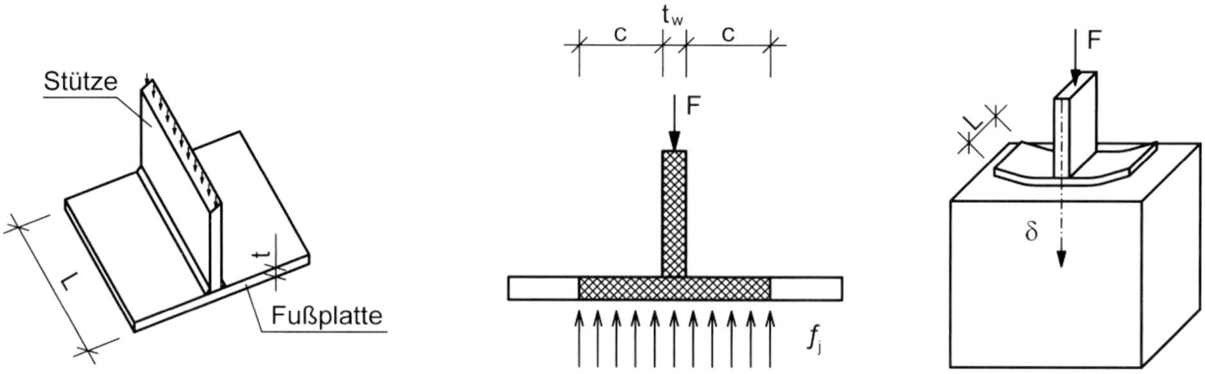

Bild III.6-14: T-Stummel unter Druckbeanspruchung

Im Vergleich zu Versuchen führt die Beanspruchbarkeit nach Gleichung (6.4) zu konservativen Ergebnissen, Bild III.6-15.

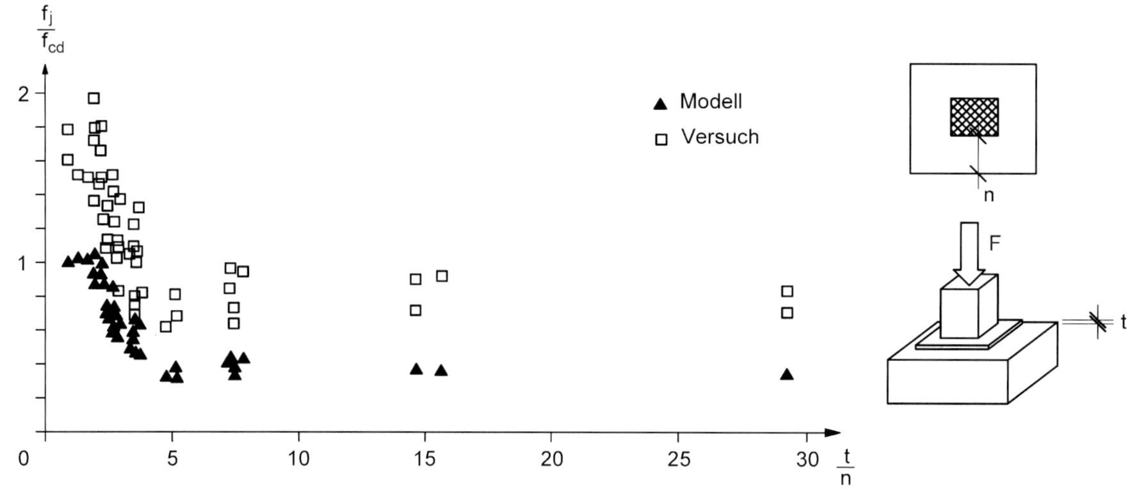

Bild III.6-15: Verhältnis des bezogenen Betonwiderstandes zur Fußplattenschlankheit nach [126]

III.6.2.6. Tragfähigkeit der Grundkomponenten

<1> Zu 6.2.6.1: Stützensteg mit Schubbeanspruchung

Am Innenknoten folgt die Schubkraft im Stützensteg nach Bild III.6-16 zu

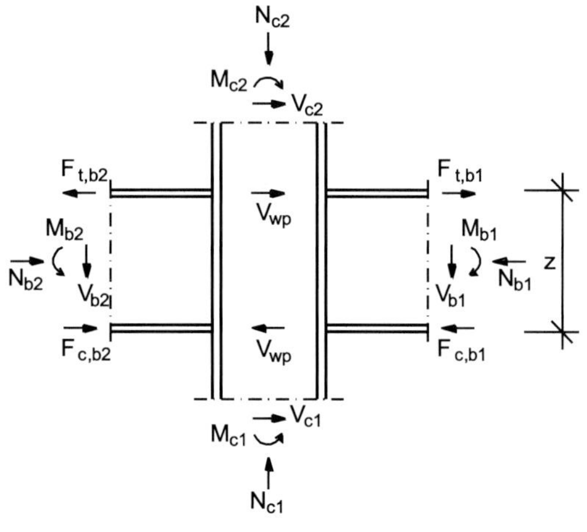

Bild III.6-16: Anschlussrelevante Schnittgrößen am Innenknoten

$$V_{wp,Ed} = \left(M_{b1,Ed} - M_{b2,Ed}\right)/\,z - \left(V_{c1,Ed} - V_{c2,Ed}\right)/\,2 \qquad \text{(III.6-9)}$$

bei Rahmeneckknoten, Bild III.6-17 zu

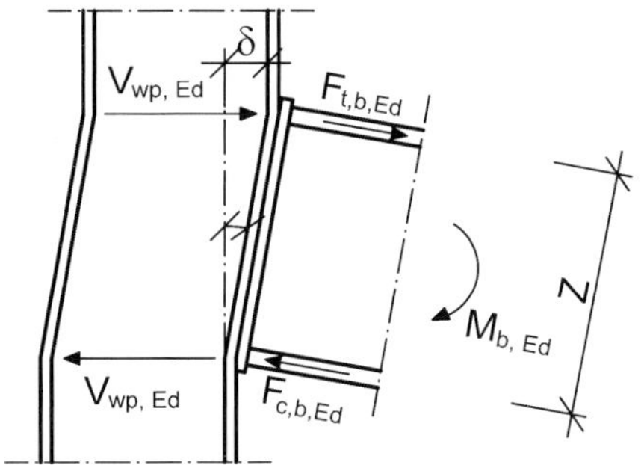

Bild III.6-17: Stützensteg auf Schub bei einer Rahmenecke

$$V_{wp,Ed} = \frac{M_{b,Ed}}{z} = F_{t,b,Ed} = -F_{c,b,Ed} \qquad \text{(III.6-10)}$$

Ist der Stützensteg nicht beulgefährdet, d.h. $d_w/t_w \leq 69\,\varepsilon$, kann der Schubwiderstand aus der plastischen Beanspruchbarkeit des Stützensteges nach (6.7) ermittelt werden.

Die Schubfläche A_{vc} der Stütze folgt aus der Stegfläche zwischen den Flanschen und einem Flächenanteil der Breite t_w und dem Ausrundungsradius r bis zur Flanschschwerelinie nach DIN EN 1993-1-1,

$$A_{vc} = A - 2bt_f + \left(t_w + 2r\right)t_f \qquad \text{(III.6-11)}$$

Die Beanspruchbarkeit des Stützenstegfeldes auf Schub folgt aus

$$F_{wp,Rd} = V_{wp,Rd}\,/\,\beta \qquad \text{(III.6-12)}$$

Der Übertragungsparameter β gibt die Höhe der Schubbeanspruchung infolge des Anschlussmomentes an und kann für verschiedene Anschlusskonfigurationen und Einwirkungen Tabelle 5.4 entnommen werden.

Werden Stegsteifen zur Erhöhung der Schubbeanspruchbarkeit verwendet, müssen diese in der Druckzone und der Zugzone angeordnet werden, wobei ein Vollanschluss an den Stützenflanschen und dem Stützensteg erforderlich ist. Steifen und Stützenflansch bilden dann im Tragfähigkeitszustand bei Schubfließen des Stützensteges einen Vierendeelmechanismus zur Übertragung zusätzlicher Schubkräfte. Das Versagen tritt durch die Bildung von plastischen Gelenken in den Ecken des ausgesteiften Schubfeldes ein. Die zusätzlich aufnehmbare Schubkraft wird nach 6.2.6.1 (4) ermittelt.

Damit der Versagensmechanismus erzeugt werden kann, müssen die plastischen Gelenke in den Stützenflanschen liegen. Der Anteil an der Gesamttragfähigkeit ist in der Regel sehr gering, zumal zusätzlich eine Abminderung der plastischen Flanschmomente infolge gleichzeitig wirkender Normalkräfte in den Stützenflanschen erfolgen muss.

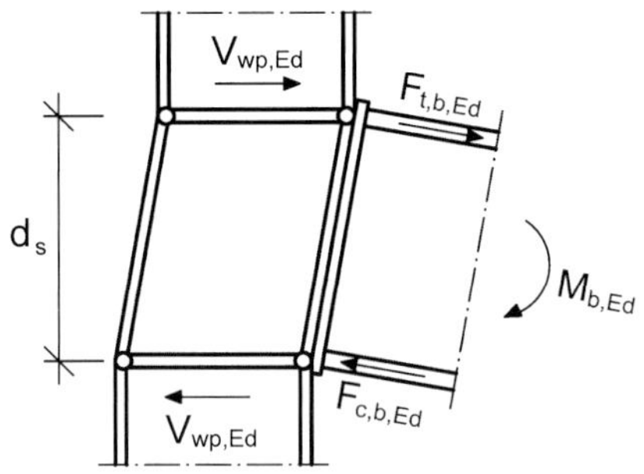

Bild III.6-18: Vierendeelmechanismus zur Übertragung von Schubkräften

Wesentlich effizienter zur Erhöhung der Schubtragfähigkeit ist die Anordnung eines zusätzlichen Stegbleches gemäß Bild 6.5. Die zusätzlich aufnehmbare Schubkraft folgt aus der Erhöhung der wirksamen Stegfläche A_{vc} um den Flächenanteil des Zusatzsteges $b_s \cdot t_s$.

Das zusätzliche Stegblech muss rundum verschweißt werden. Bei steifenloser Lasteinleitung im Zug- und Druckbereich des Steges soll die Länge l_s des zusätzlichen Stegbleches mindestens die wirksamen Breiten b_{eff} in den Lasteinleitungsbereichen abdecken. Die Dicke des zusätzlichen Stegbleches t_s sollte konstruktiv mindestens der Stützenstegdicke entsprechen, wobei Stabilitätsverlust durch Einhaltung einer Mindestschlankheit von $40\ \varepsilon\ t_s$ ausgeschlossen wird.

<2> Zu 6.2.6.1 (5)

Die nach DIN EN 1993-1-1 zu ermittelnde plastische Schubtragfähigkeit des Stützensteges ist

$$V_{pl,Rd} = \frac{f_y \cdot A_{vc}}{\sqrt{3} \cdot \gamma_{M0}} \text{ (DIN EN 1993-1-1, (6.18)),} \qquad \text{(III.6-13)}$$

liegt also 1/0,9 oberhalb der plastischen Schubtragfähigkeit nach Gleichung (6.7). Die diagonale Stegsteife, Bild III.6-19, wird dann für die Differenzkraft $V_{wp,Ed} - V_{pl,Rd}$ bemessen.

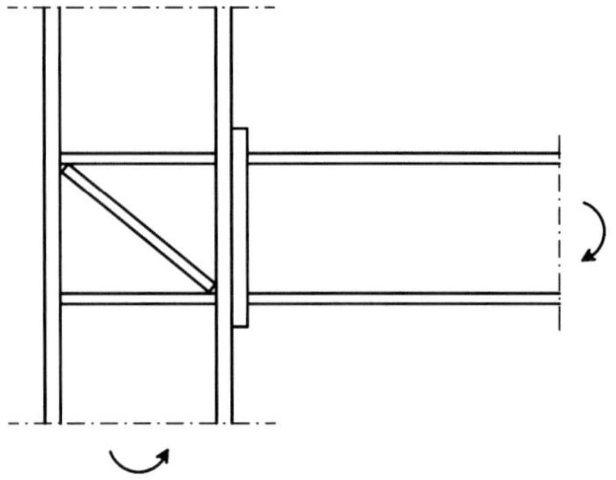

Bild III.6-19: Diagonale Steife im Stützensteg

<3> Zu 6.2.6.2: Stützensteg mit Beanspruchung durch Querdruck

Die Regeln zur Bestimmung der Tragfähigkeit querdruckbeanspruchter, unversteifter Stege von Walzprofilen gehen auf die Arbeiten von Zoetemeijer [176] zurück, der durch Auswertung von Versuchsergebnissen ein Modell zur Bestimmung der Beanspruchbarkeit herleitete. Die Herleitung gilt für Stege von Walzprofilen mit geringer Beulschlankheit, so dass die plastischen Tragreserven voll ausgenutzt werden können. Im Bemessungsmodell wird eine konstante Spannungsverteilung in einem Bereich von $b_{eff,c,wc}$ unterhalb der einzuleitenden Kraft angenommen, Bild III.6-20.

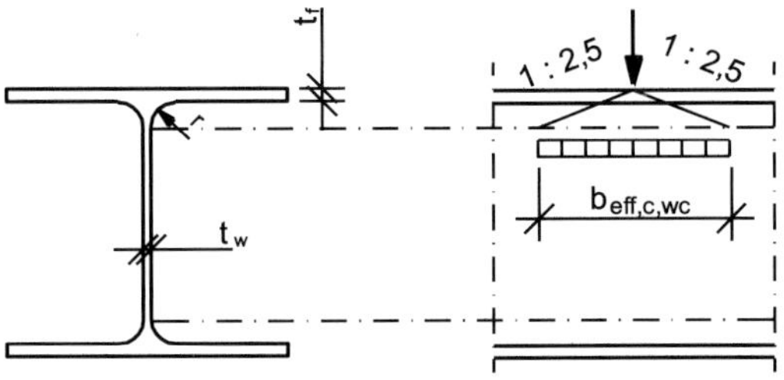

Bild III.6-20: Lasteinleitung in unversteifte Stege nach [176]

Erst nach Erreichen der maximalen Beanspruchbarkeit tritt plastisches Beulen mit größeren Verformungen im Lasteinleitungsbereich ein. Ungermann [137] zeigt, dass die mit dem Berechnungsmodell von Zoetemeijer berechneten Beanspruchbarkeiten im Mittel Übereinstimmung mit Versuchsergebnissen an Walzprofilen zeigen.

Der Bereich der plastischen Einleitungslänge wird mit den Gleichungen (6.10) bis (6.12) bestimmt. Die beidseitige Lastausbreitung durch den belasteten Flansch und die Ausrundungsradien $s = r_c$ (bei Walzprofilen) bzw. Kehlnahtdicken $s = \sqrt{2} \cdot a_c$ (bei Schweißprofilen) erfolgt im Verhältnis 1:2,5.

Vorzeitiges Beulen vor Erreichen der Beanspruchbarkeit kann eintreten, wenn die Beulschlankheit des Stützensteges im Lasteinleitungsbereich $\bar{\lambda}_p > 0{,}72$ ist.

Die Plattenschlankheit wird für ein Blech der Breite $b_{eff,c,wc}$ und der Höhe d_{wc} bestimmt.

Die Beulfeldhöhe d_{wc} entspricht der Steghöhe zwischen den Enden der Ausrundungsradien bzw. Kehlnahtansätzen bei geschweißten Profilen.

Der Einfluss der Schubbeanspruchung im Stützensteg wird durch den Abminderungsfaktor ω berücksichtigt, der abhängig von dem Übertragungsparameter β formuliert ist, (Tabelle 6.3).

Der Abminderungsbeiwert k_{wc} berücksichtigt den Einfluss der Druckspannung aus Biegemoment und Normalkraft in der Stütze, wenn diese mehr als 70 % der Fließspannung im Steg beträgt. In der Regel ist dies nicht der Fall, sodass $k_{wc} = 1{,}0$ ist.

<4> Zu Bild 6.8

Für das Modell des äquivalenten T-Stummels ist der minimale Randabstand e_{min} maßgebend, da dies in der Regel dem rechnerischen Abstand n zwischen Abstützkraft und Schraubenreihe entspricht. An überstehenden Plattenbereichen kann keine Abstützkraft entstehen.

<5> Zu Tabelle 6.4: Wirksame Längen für nicht ausgesteifte Stützenflansche

Die wirksamen Längen des äquivalenten T-Stummels, die zur Ermittlung der Beanspruchbarkeit nach Tabelle 6.2 benötigt werden, sind für nicht ausgesteifte Stützenflansche in Tabelle 6.4 geregelt. Es ist zu unterscheiden zwischen:

Kreisförmigen Fließmustern	(circular pattern → Index cp)
Nicht kreisförmigen Fließmustern	(non-circular pattern → Index nc)

Die zur kleinsten Beanspruchbarkeit zugehörigen Fließlinienmuster sind individuell für jede Schraube und auch für jede mögliche Schraubenreihengruppe zu bestimmen. In Tabelle III.6-1 sind die Fließmuster zu der Tabelle 6.4 graphisch dargestellt.

Tabelle III.6-1: Wirksame Längen für einen nicht ausgesteiften Stützenflansch

Lage der Schrauben-reihe	Schraubenreihe einzeln betrachtet		Schraubenreihe als Teil einer Gruppe von Schraubenreihen	
	Kreisförmiges Muster	**Nicht kreis-förmiges Muster**	**Kreisförmiges Muster**	**Nicht kreis-förmiges Muster**
Innere Schrauben-reihe	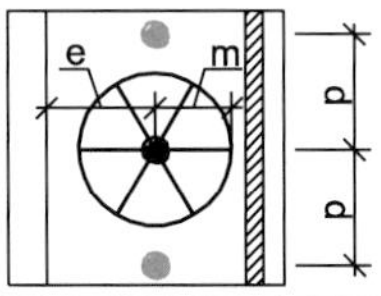	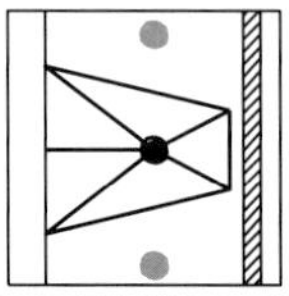	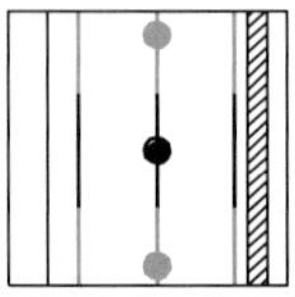	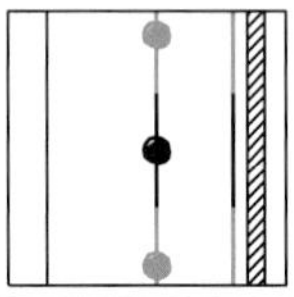
Äußere Schrauben-reihe	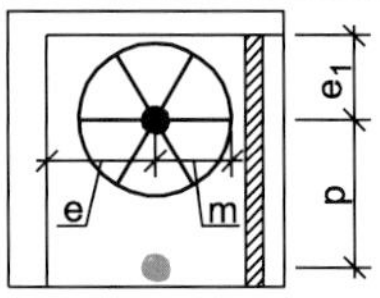	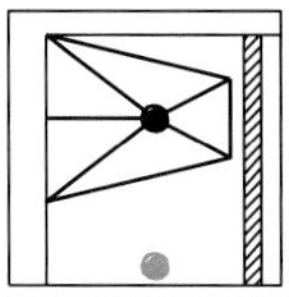	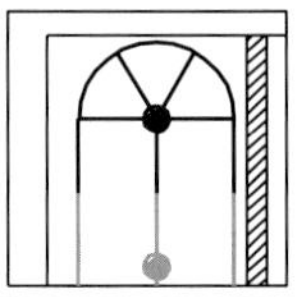	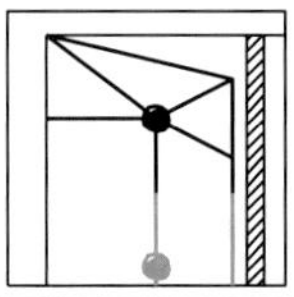
	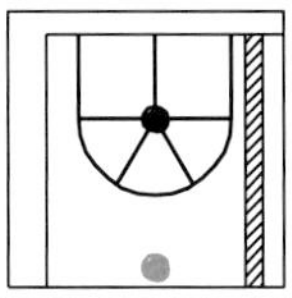	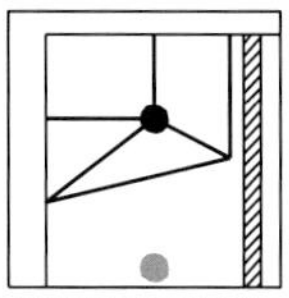	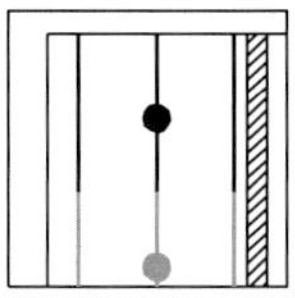	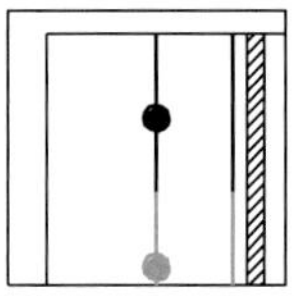

<6> Zu Tabelle 6.5: Wirksame Längen für ausgesteifte Stützenflansche

Eine Steigerung der Biegebeanspruchbarkeit kann durch Einbau von Quersteifen in das Stützenprofil und Anschluss an den Stützenflansch erfolgen. Durch die Lagerung des Stützenflansches in der Steifenachse wird die Zugzone in zwei unabhängig voneinander wirkende Bereiche oberhalb und unterhalb der Steife getrennt. Die Beanspruchbarkeit und die Versagensform sind für jeden Bereich mit einem zugehörigen äquivalenten T-Stummel entsprechend der Vorgehensweise bei unausgesteiften Flanschen zu bestimmen.

Im Bereich der Aussteifung ist der Stützenflansch zweiseitig gelagert. Hierfür sind die Bedingungen für den äquivalenten T-Stummel nicht anwendbar. Abhängig von der Schraubenlage bezüglich des Stützensteges und bezüglich der Steife ist ein Hilfswert α angegeben (Bild 6.11), mit dem die wirksamen Längen bestimmt werden können. Abhängig vom Abstand der betrachteten Schraube zum Stützensteg und zur Steife liegen die α-Werte zwischen $4{,}45 \leq \alpha \leq 8{,}00$.

Aus der zusätzlichen, stützenden Wirkung der Steife folgt ein größerer Biegewiderstand des Flansches, der durch eine größere wirksame Länge im Ersatzmodell des nicht ausgesteiften T-Stummels berücksichtigt wird. Dies führt dazu, dass die rechnerische T-Stummellänge über die geometrische Grenze der Aussteifung hinausgeht.

In Tabelle 6.5 sind die wirksamen Längen für ausgesteifte Stützenflansche geregelt. Für innere und äußere Schraubenreihen, die nicht neben einer Steife liegen, entsprechen die Fließmuster und die wirksamen Längen denen von nicht ausgesteiften Stützenflanschen (siehe Kommentar zu Tabelle 6.4). Für Schraubenreihen neben einer Steife zeigt Tabelle III.6-2 die möglichen Fließmuster und gibt die zugehörigen wirksamen Längen entsprechend Tabelle 6.5 an.

Tabelle III.6-2: Wirksame Längen für einen ausgesteiften Stützenflansch

Lage der Schrauben-reihe	Schraubenreihe einzeln betrachtet		Schraubenreihe als Teil einer Gruppe von Schraubenreihen	
	Kreisförmiges Muster	Nicht kreis-förmiges Muster	Kreisförmiges Muster	Nicht kreis-förmiges Muster
Innere Schraubenreihe neben einer Steife	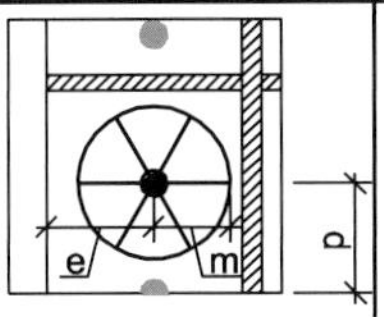 $l_{eff,cp} = 2\pi m$	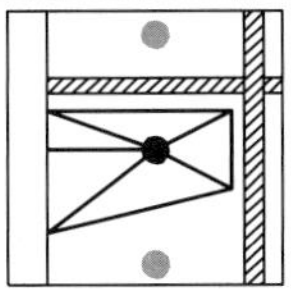 $l_{eff,np} = \alpha m$	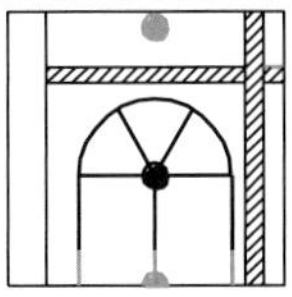 $l_{eff,cp} = \pi m + p$	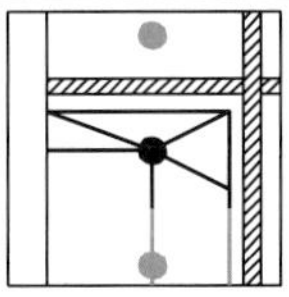 $l_{eff,np} = 0{,}5p + \alpha m - (2m + 0{,}625e)$
Äußere Schraubenreihe neben einer Steife	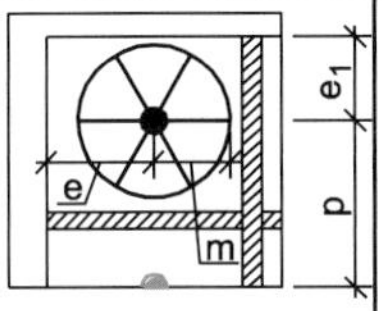 $l_{eff,cp} = 2\pi m$ 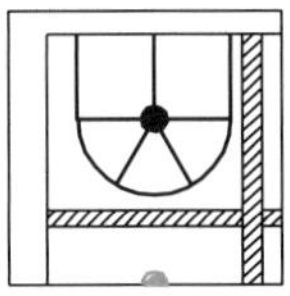 $l_{eff,cp} = \pi m + 2e_1$	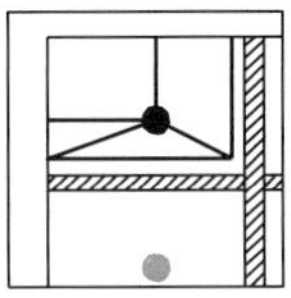 $l_{eff,np} = e_1 + \alpha m - (2m + 0{,}625e)$	nicht relevant	

<7> Zu Bild 6.11

Der zur Berechnung der wirksamen Längen ausgesteifter Stützenflansche benötigte α-Wert ist in Bild 6.11 in Abhängigkeit der Parameter, die die geometrische Lage der Schraube zum Steg λ_1 bzw. zur Steife λ_2 beschreiben, angegeben.

In guter Näherung können nach [125] die α-Werte durch folgende Gleichungen im Bereich $4{,}45 \leq \alpha \leq 8$ beschrieben werden:

- Oberer, konstanter Bereich $\lambda_1 = \lambda_{1,lim}$ für $\lambda_2 \geq \lambda_{2,lim}$

mit $\lambda_{1,lim} = \dfrac{1{,}25}{(\alpha - 2{,}75)}$ (III.6-14)

und $\lambda_{2,lim} = \dfrac{\alpha\,\lambda_{1,lim}}{2}$ als kleinster Wert λ_2 des konstanten Bereiches (III.6-15)

- Unterer Bereich

$$\lambda_1 = \lambda_{1,lim} + (1 - \lambda_{1,lim})\left(\frac{\lambda_{2,lim} - \lambda_2}{\lambda_{2,lim}}\right)^{0{,}185\alpha^{1{,}785}} \quad \text{für } \lambda_2 < \lambda_{2,lim} \qquad \text{(III.6-16)}$$

<8> Zu 6.2.6.5 (5)

m und m_x in Tabelle 6.6 sind für m Bild 6.9 und für m_x Bild 6.10 zu entnehmen.

<9> Zu Tabelle 6.6: Wirksame Längen für Stirnbleche

Ähnlich dem ausgesteiften Stützenflansch wird ein Stirnblech durch den angeschlossenen Trägerzugflansch in zwei unabhängig voneinander wirkende Plattenbereiche unterteilt. Besondere Beachtung gilt hierbei dem außerhalb der Trägerkammer liegenden Bereich oberhalb des Trägerzugflansches. Infolge des fehlenden Mittelsteges ist die Annahme eines auf die obere Schraubenreihe bezogenen, querliegenden äquivalenten T-Stummels nicht möglich. Gedanklich wird daher ein längsliegender T-Stummel aus dem Stirnblech und dem Trägerzugflansch als T-Stummelsteg gebildet, wobei die wirksame Breite der halben Stirnblechbreite entspricht. Die geometrischen Maße e und m werden hierbei durch e_x bzw. m_x ersetzt.

Die Zugzonen von Stirnblech und Stützenflansch sind über die Schrauben gekoppelt. Die tatsächlich wirkende Beanspruchbarkeit einer Schraubenreihe in dem Stirnblech muss daher mit der Beanspruchbarkeit im Stützenflansch verträglich sein.

In der Regel wird außerhalb der Trägerkammer nicht mehr als eine Schraubenreihe angeordnet. Daher sind in DIN EN 1993-1-8 keine wirksamen Längen für Gruppenbetrachtungen von außerhalb der Trägerkammer liegenden Schrauben angegeben. Die möglichen Fließmuster und die wirksamen Längen sind in Tabelle III.6-3 zusammengefasst.

Die wirksame Länge des T-Stummels ist dabei auf die halbe Breite der Stirnplatte b_p zu beschränken. Für die innerhalb der Trägerkammer liegenden Schrauben sind die gleichen Fließmuster wie bei einem biegebeanspruchten, ausgesteiften Stützenflansch zu berücksichtigen (siehe Tabelle 6.5).

Tabelle III.6-3: Fließmuster und wirksame Längen für eine Stirnplatte

Lage der Schraubenreihe	Schraubenreihe einzeln betrachtet	
	Kreisförmiges Muster	**Nicht kreisförmiges Muster**
Äußere Schraubenreihe neben Trägerzugflansch	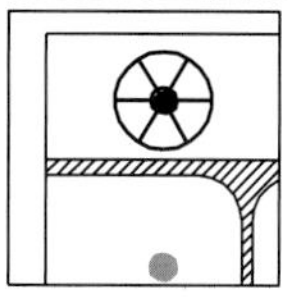 $l_{eff,cp} = 2\pi m_x$ 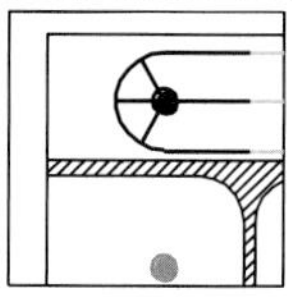 $l_{eff,cp} = \pi m_x + w$ 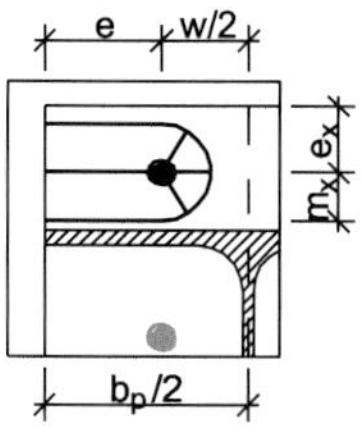 $l_{eff,cp} = \pi m_x + 2e$	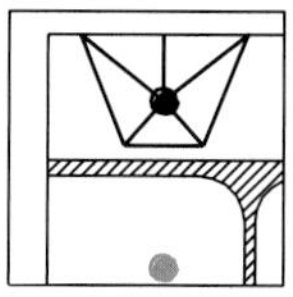 $l_{eff,nc} = 4m_x + 1{,}25e_x$ 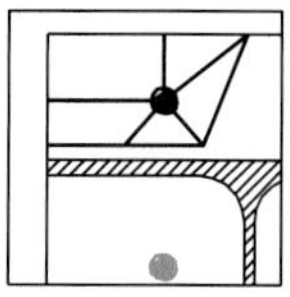 $l_{eff,nc} = 2m_x + e + 0{,}625e_x$ 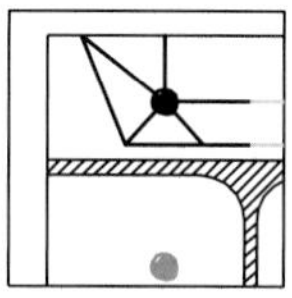 $l_{eff,nc} = 2m_x + 0{,}5w + 0{,}625e_x$

<10> Zu 6.2.6.7: Voutenträger

Über die in DIN EN 1993-1-8 geregelten parallelFlanschigen Anschlusstypen hinaus bestehen Nachweisverfahren für Anschlüsse gevouteter Träger, die [45] entnommen werden können.

Die Grundkomponente „Trägerflansch und Trägersteg auf Druck" wird durch die Grundkomponente „Voutenflansch auf Druck" ersetzt. Daneben folgt bei quersteifenlosen Trägerstegen der Nachweis der Krafteinleitung der Umlenkkraft am Voutenansatz im Rahmen der Grundkomponente „Trägersteg auf Druck", Bild III.6-21.

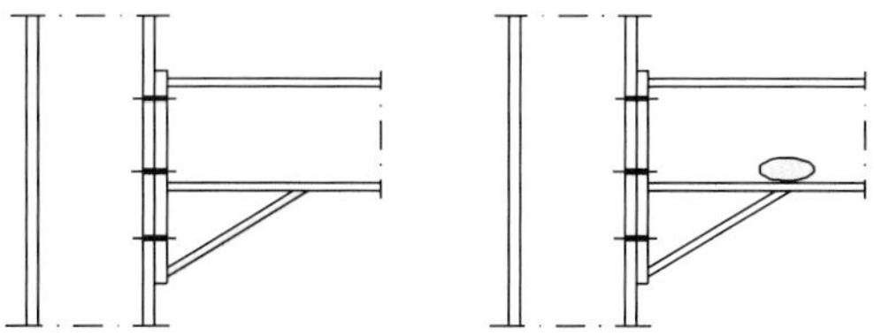

a) Voutengurt auf Druck b) Trägersteg auf Druck

Bild III.6-21: Zusätzliche Grundkomponenten bei Voutenanschlüssen

<11> Voutenflansch auf Druck

Die Druckbeanspruchbarkeit folgt aus der plastischen Normalkraft unter Berücksichtigung des Voutenneigungswinkels β, Bild III.6-22, mit

$$F_{Voute,Rd} = \frac{b_V \cdot t_{Vf} \cdot f_{y,Vf} \cdot cos\,\beta}{\gamma_{M0}} \qquad \text{(III.6-17)}$$

mit

t_{Vf} die Dicke des Voutenflansches,

$f_{y,Vf}$ die Fließspannung des Voutenflansches,

b_V $min\,(b_{Vf},\, b_{Vi})$ wobei

b_{Vf} die Breite des Voutenflansches ist und

$b_{Vi} = 42 \cdot t_{Vf} \cdot \sqrt{\frac{235}{f_{y,Vf}}}$ mit $f_{y,Vf}$ in N/mm² die maximal mögliche Flanschbreite ohne Auftreten lokalen Beulens bei Erreichen von $f_{y,Vf}$ ist.

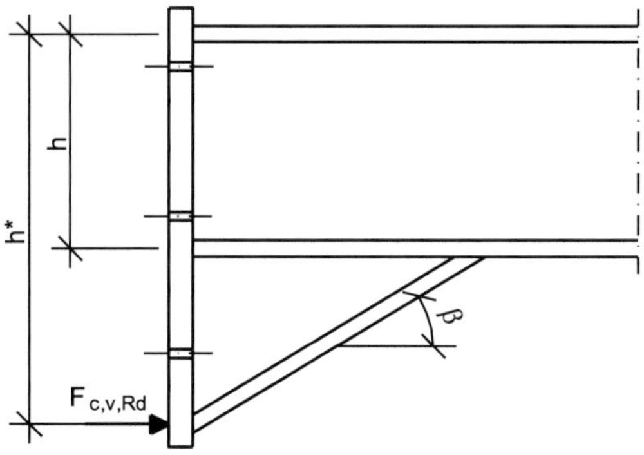

Bild III.6-22: Voutenflansch auf Druck

Die Bestimmung der Momentenbeanspruchbarkeit des Anschlusses erfolgt nach Bild III.6-22 mit dem inneren Hebelarm h^*.

<12> Trägersteg auf Druck

Die maßgebende Einwirkung zur Bestimmung der Umlenkkraft folgt aus dem Trägermoment am Voutenansatz, Bild III.6-23.

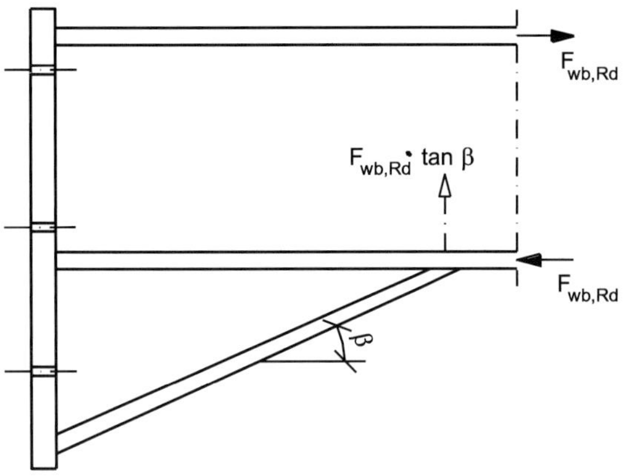

Bild III.6-23: Trägersteg auf Druck

Die Beanspruchbarkeit folgt wie bei der Grundkomponente Stützensteg auf Druck unter Berücksichtigung des Voutenneigungswinkels β mit

$$F_{wb,Rd} = \frac{b_{eff,c,wb} \cdot t_{wb} \cdot f_{y,Vb} \cdot k_{wb}}{tan\beta \cdot \gamma_{M0}} \tag{III.6-18}$$

mit

$b_{eff,c,wb}$ wirksame Breite nach (6.2.6.2),

t_{wb} die Dicke des Trägersteges,

f_{ywb} die Fließspannung des Trägersteges,

k_{wb} der Abminderungsfaktor infolge der Druckspannungen im Trägersteg, berechnet nach (6.2.6.2(2))

Bei schlanken, beulgefährdeten Blechen mit

$$\bar{\lambda}_p = 0{,}932 \cdot \sqrt{\frac{b_{eff,c,wb} \cdot d_{wb} \cdot f_{y,wb}}{E \cdot t_{wb}^{2}}} > 0{,}72 \tag{III.6-19}$$

ist die Beanspruchbarkeit $F_{wb,Rd}$ mit dem Abminderungsfaktor ρ gemäß 6.2.6.2 zu multiplizieren.

<13> Zu 6.2.6.9 bis 6.2.6.12: Grundkomponenten der Fußplatten

Die wesentlichen Arbeiten zur Modellierung von Fußplattenanschlüssen mit der Komponentenmethode und die Bestimmung von Tragfähigkeit und Rotationssteifigkeit der einzelnen Grundkomponenten gehen auf Arbeiten von Wald zurück und sind in [57] und [152] zusammengefasst.

Der traditionelle Ansatz mit elastischen Modellen für die Fußplatte und einer dreiecksförmigen Druckverteilung im Beton führt zu konservativen Ergebnissen und zumeist zu relativ großen Blechdicken der Fußplatte. Die Berücksichtigung der realen Biegesteifigkeit der Fußplatte, des Verformungsverhaltens der eingebetteten Ankerstäbe und einer realen Druckbeanspruchung des Betonkörpers führt zu realitätsnahen Bestimmungen der Tragfähigkeit und der Steifigkeit. Die Festlegung der entsprechenden Nachweisregeln wurde durch Kalibration an Versuchsergebnissen bestätigt.

Demnach wird in vier Grundsysteme unterschieden, denen die aktiven Grundkomponenten einer Fußplattenverbindung zugeordnet sind, Bild III.6-24.

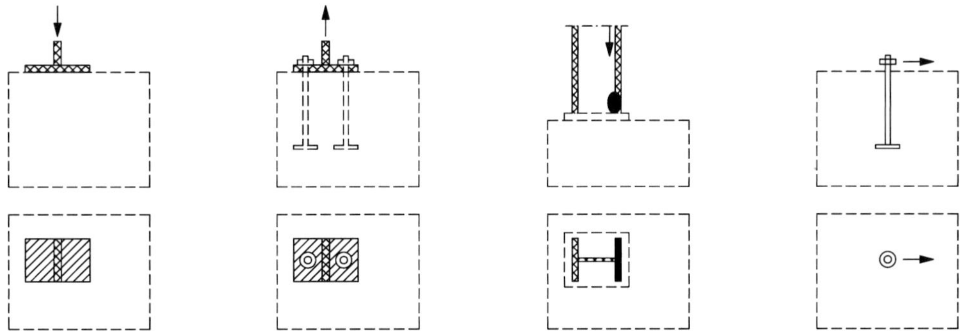

a) Fußplatte mit Biegebeanspruchung infolge Druck und Beton mit Druckbeanspruchung

b) Fußplatte mit Biegebeanspruchung infolge Zug und Ankerschraube mit Zugbeanspruchung

c) Stützensteg mit Schubbeanspruchung und Stützenflansch mit Druck

d) Ankerschraube mit Schubbeanspruchung

Bild III.6-24: Grundkomponenten einer Fußplattenverbindung nach [152]

Die unter a) für Druckbeanspruchung und b) für Zugbeanspruchung aufgeführten Grundkomponenten beschreiben das Fußplattenverhalten, die Verankerung und das Beton- bzw. Mörtelverhalten. Unter c) sind die möglichen Versagensarten des Stützenprofils aufgeführt, die mit den bekannten Grundkomponenten der Stirnplattenverbindungen berechnet werden können. Die unter d) aufgezeigte Versagensart der Ankerschraube unter Schubbeanspruchung ist nicht in DIN EN 1993-1-8 aufgenommen worden, da sie einen vernachlässigbaren Einfluss auf das Trag- und Verformungsverhalten unter Normalkraft- und Biegebeanspruchung hat. Sie ist aber bei den unter 6.2.8.1 (5) angegebenen Nachweisen für die Übertragung der Schubkräfte von dem Stahlüberbau in den Fundamentkörper zu beachten.

<14> Zu 6.2.6.9: Beton oder Mörtel mit Druckbeanspruchung

Das Trag- und Verformungsverhalten des Betonfundamentes wird im Wesentlichen durch die Betonfestigkeit, die Geometrie des Fundamentkörpers, die Bewehrung, die Größe des Lasteinleitungsbereiches und die Lage der Last auf dem Betonfundament beeinflusst. Die Mörtelschicht hat aufgrund der geringen Dicke keinen nennenswerten Beitrag zum Verformungsverhalten. Minderwertige Mörtelschichten reduzieren aber in erheblichem Maße die Biegebeanspruchbarkeit der Fußplatte und sollten daher vermieden werden.

<15> Zu 6.2.6.11: Fußplatte mit Biegebeanspruchung infolge Zug

Das Verhalten kann wie bei Stirnplatten und Stützenflanschen mit einem T-Stummel-Modell beschrieben werden. Besonders hierbei ist, dass die zugübertragenden Ankerschrauben aufgrund der Mörtelschicht und der Verankerungslänge im Betonfundament eine wesentlich größere Dehnlänge im Vergleich zu Schrauben in Stirnplatten besitzen.

Der in Tabelle 6.2 angegebene Grenzwert L_b zum Auftreten von Abstützkräften ist in [150] für eine Fußplatte unter Biegebeanspruchung und Ankerschrauben auf Zug hergeleitet worden. Dieser nicht zu vernachlässigende Verformungsanteil wird in der Betrachtung des Trag- und Verformungsverhaltens des T-Stummels berücksichtigt.

Ähnlich dem T-Stummel bei Stirnplattenanschlüssen können zwei Grenzfälle definiert werden, Bild III.6-25:

- Die Fußplatte ist biegestarr und die Fußplatte rotiert um den Druckpunkt aufgrund der Dehnung der Ankerschrauben. Hierbei entstehen keine Abstützkräfte Q.
- Der Rand der Fußplatte ist aufgrund der Biegeverformung in Kontakt mit der Mörtelschicht, es entstehen Abstützkräfte, die zu einer Zusatzbeanspruchung der Ankerschrauben führen.

Neben den Biegeverformungen der Platte δ_p treten zusätzliche Verformungen δ_b infolge der Schraubendehnung auf. Abhängig von der Plattenbiegesteifigkeit und der Schraubendehnsteifigkeit kann Gleichgewicht am Balkenmodell und die Größe der Abstützkräfte berechnet werden.

Setzt man $n = 1{,}25 \cdot m$ erhält man

$$L_b^* \leq \frac{8{,}8 m^3 A_s n_b}{\sum l_{eff,1} t_f^3} \qquad \text{(III.6-20)}$$

als Grenzdehnlänge der Schraube, bei der Abstützkräfte entstehen.

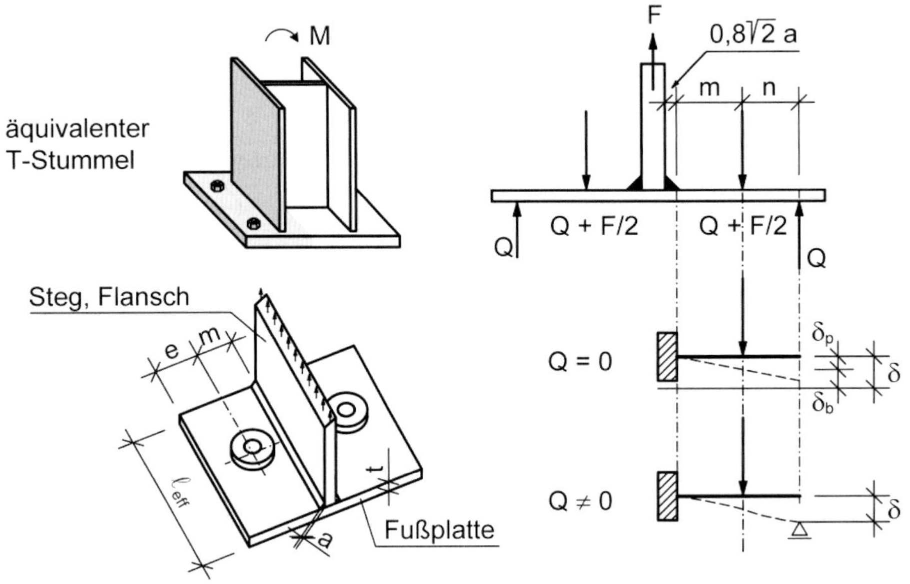

Bild III.6-25: T-Stummelmodell einer Fußplatte auf Biegung und Ankerschrauben auf Zug mit angenommener Lage der Kräfte am verformten Modell

Die Verformung δ_b an der Ankerschraube folgt aus der Dehnung der Ankerschraube und der Verformung des Betonkörpers. Versuche haben gezeigt, dass die Einleitung der Ankerkraft in den Beton auf einer Länge $L_{vm} = 24\ d$ erfolgt. Vereinfacht kann δ_b bei Annahme eines dreiecksförmigen Spannungsverlaufes mit, Bild III.6-26,

$$L_{be} = \frac{L_{vm}}{3} = 8d \qquad \text{(III.6-21)}$$

berechnet werden.

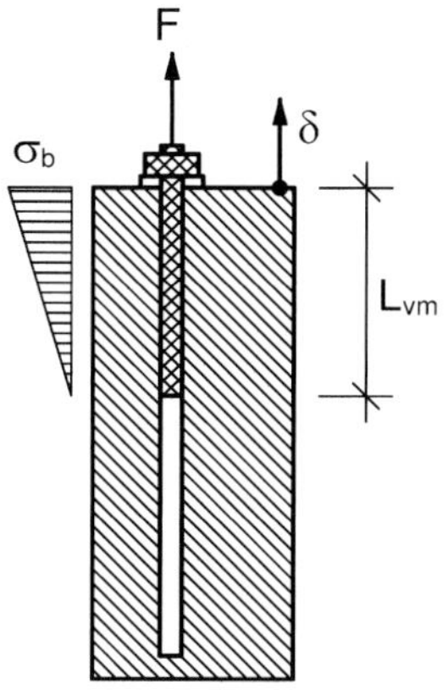

Bild III.6-26: Bettungslänge eines einbetonierten Ankerstabes

Aufgrund der großen Dehnlänge der Ankerschrauben kann das Versagen des T-Stummels ohne Entstehung von Abstützkräften durch Ausbildung eines Fließmechanismus mit zwei Fließlinien am Übergang zum Steganschluss entstehen, Bild III.6-27.

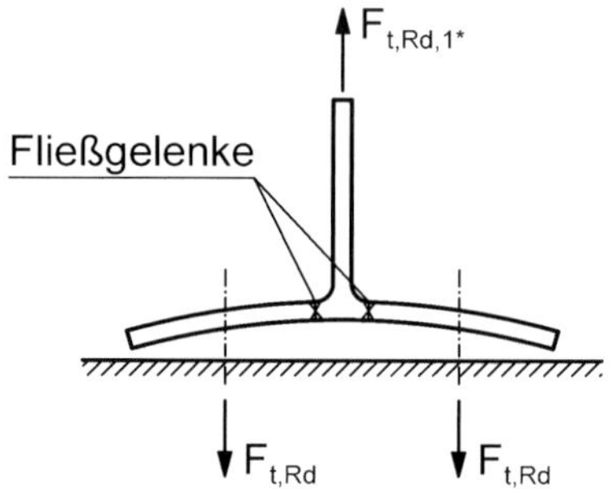

Bild III.6-27: Modus 1* mit großer Dehnlänge der Ankerschrauben

Dieser Versagensmodus wird als Modus 1^* bezeichnet, Bild III.6-12. Der Übergang erfolgt dabei unmittelbar zum Modus 3, Bild III.6-12, mit der zugehörigen Beanspruchbarkeit

$$F_{Rd,1*} = \frac{2\,l_{eff}\; m_{pl,Rd}}{m} \qquad \text{(III.6-22)}$$

Eine weitere Laststeigerung führt zu großen Verformungen, bis ein Kontakt zwischen Fußplatte und Beton und damit Abstützkräfte im Modus 2 entstehen.
Die Regeln in 6.2.6.5 sind daher ohne Einschränkungen für Fußplatten mit Biegebeanspruchung infolge Zug anwendbar.

III.6.2.7. Biegetragfähigkeit von Träger-Stützenanschlüssen und Stößen

<1> Zu 6.2.7.1 (2), (3)

Es wird unterstellt, dass es sich um plastisch ausnutzbare Querschnitte handelt, was in der Regel der Fall ist.

<2> Zu 6.2.7.2

Für geschraubte Stegblechverbindungen ist das nachfolgende Ablaufdiagramm, Bild III.6-28, zur Veranschaulichung der durchzuführenden Berechnungsschritte zur Bestimmung der Biegetragfähigkeit $M_{j,Rd}$ angegeben.

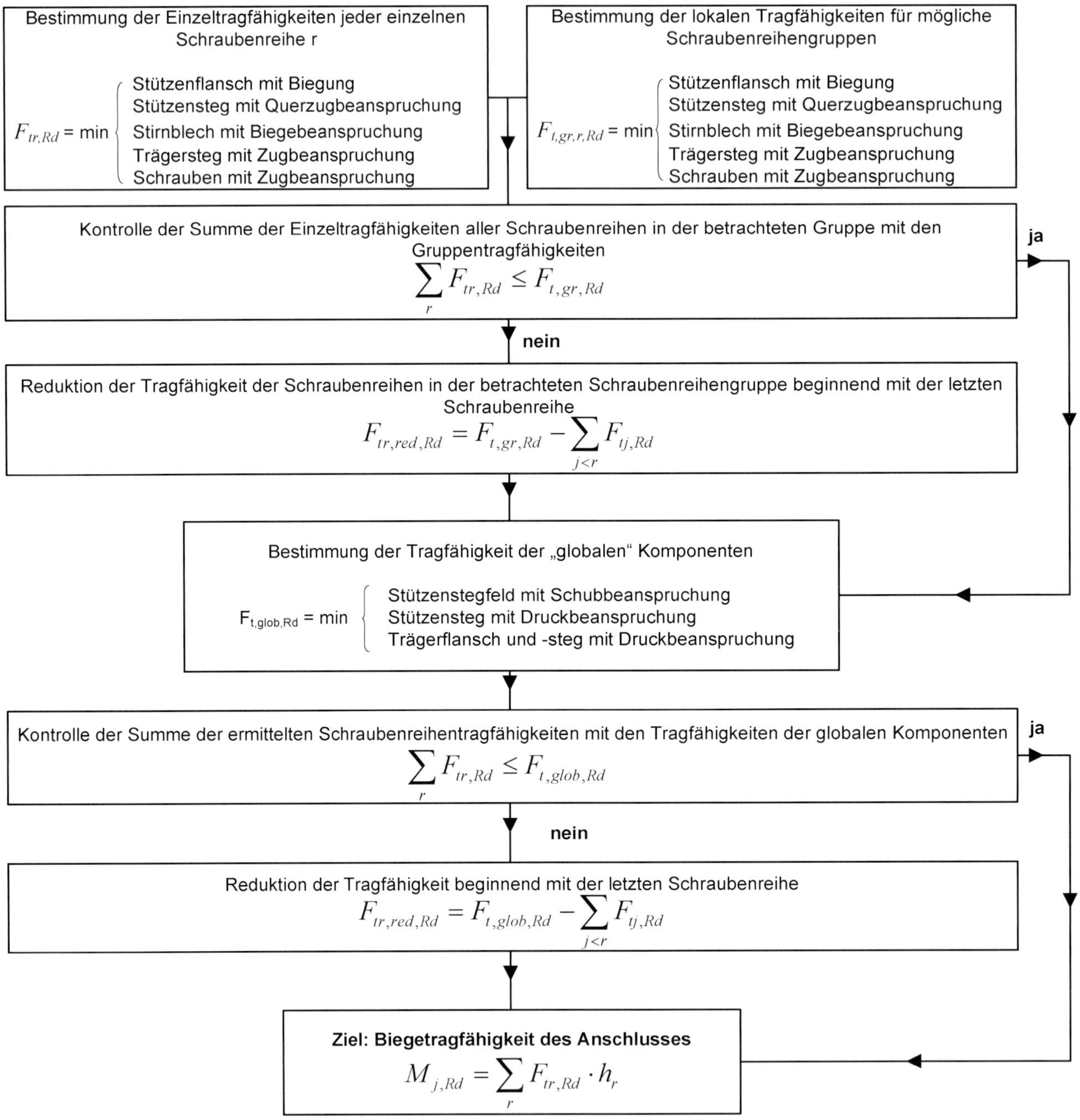

Bild III.6-28: Ablaufdiagramm

III.6.2.8. Tragfähigkeit von Stützenfüßen mit Fußplatten

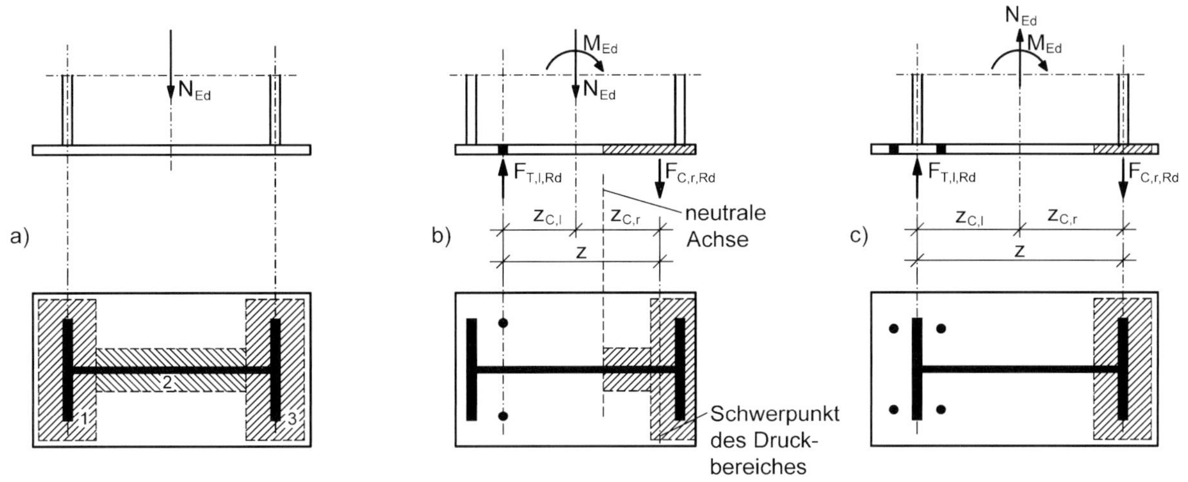

Bild III.6-29: Fläche der äquivalenten T-Stummel: a) reine Normalkraftbeanspruchung, b) vorherrschende Zugkraft, c) vorherrschendes Biegemoment

Die wirksame Fläche im Bereich des Steges, die sich bei alleiniger Drucknormalkraft oder vorherrschender Momentenbeanspruchung einstellt, wird in der Regel vernachlässigt. Sollte der Steganteil berücksichtigt werden, ist zu beachten, dass sich die einzelnen wirksamen Flächen nicht überschneiden und gemäß Bild III.6-29b) der Schwerpunkt des Druckbereiches bestimmt werden muss.

<1> Zu 6.2.8.1 (5)

Regelungen zur lokalen Tragfähigkeit des Betons sind im Normentwurf zur DIN EN 1992-4 „Bemessung von Befestigungsmitteln für die Verwendung in Beton" [6] zu finden.

<2> Zu 6.2.8.3(2) und 6.2.8.3.(3)

Bei der Ermittlung der Tragfähigkeit von Stützenfußverbindungen ist die Tragfähigkeit des Stützensteges in (2) und (3) gemäß 6.2.6.8 nachzuweisen.

<3> Zu Tabelle 6.7

Die Exzentrizität e am Stützenfuß ist mit den maßgebenden Einwirkungen M_{Ed} und N_{Ed} zu berechnen.

III.6.3. Rotationssteifigkeit

III.6.3.1. Grundmodell

Die Momenten-Rotationskurve für den Anschluss wird aus den Kraft-Verformungskurven der einzelnen Grundkomponenten ermittelt. Dies erlaubt dem entwerfenden Ingenieur eine größtmögliche Freiheit bei der Wahl der Anschlusskonfiguration.

Aus Tabelle 6.9 und Tabelle 6.10 folgen die einzelnen, für die verschiedenen Anschlusstypen relevanten Grundkomponenten, die für die Berechnung der Rotationssteifigkeit zu beachten sind.

Nachdem die im Anschluss wirkenden Grundkomponenten ermittelt sind, wird im zweiten Schritt für jede Grundkomponente aus der zugehörigen Kraft-Verformungskurve eine für den elastischen Bereich geltende

Wegfeder und daraus ein repräsentativer Steifigkeitskoeffizient k_i aus Tabelle 6.11 bestimmt, mit dem das Verformungsverhalten in Form einer Feder beschreibbar ist.
Die Kraft-Verformungsbeziehung der Wegfeder ist durch

$$F_i = k_i \cdot E \cdot \delta_i \tag{III.6-23}$$

beschreibbar, wobei

F_i die Beanspruchung der Wegfeder i,

k_i die Steifigkeit der Wegfeder i,

E der E-Modul und

δ_i die Verformung der Wegfeder i unter der Beanspruchung F_i

ist.

Die Federn werden zu einem Gesamtfedermodell zusammengesetzt, mit dem die Momenten-Rotationscharakteristik des Anschlusses und damit die Rotationssteifigkeit bestimmt werden kann. Für das in Bild III.6-30 angegebene Federmodell einer unausgesteiften Stirnplattenverbindung sind die Verformungen der Grundkomponenten Stützenstegfeld mit Schubbeanspruchung (1), Stützensteg mit Querdruckbeanspruchung (2), Stützensteg mit Querzugbeanspruchung (3), Stützenflansch mit Biegebeanspruchung (4), Stirnblech mit Biegebeanspruchung (5), und Schrauben mit Zugbeanspruchung (10) maßgebend.

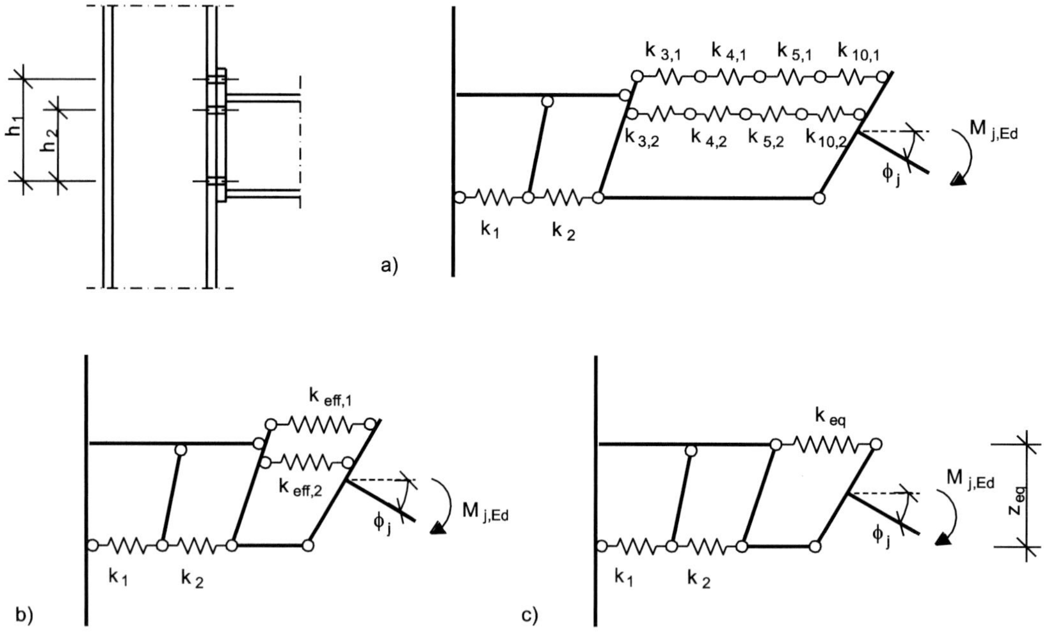

Bild III.6-30: Federmodell für einen unausgesteiften Stirnplattenanschluss mit zwei Schraubenachsen im Zugbereich

Unter der Annahme, dass die Verformungen in der Achse der Schraubenreihen proportional zum Abstand vom Druckpunkt sind, folgt zunächst für jede Schraubenreihe r der Federkennwert aus den Grundkomponenten (3), (4), (5) und (10)

$$k_{eff,r} = \frac{1}{\sum_r \frac{1}{k_{i,r}}} \tag{III.6-24}$$

Diese effektiven Federn können durch eine, im Abstand z_{eq} zum Druckpunkt wirkende, äquivalente Feder k_{eq} ersetzt werden. Hierbei folgt

$$z_{eq} = \frac{\sum_r k_{eff,r} \cdot h_r^2}{\sum_r k_{eff,r} \cdot h_r} \qquad \text{(III.6-25)}$$

und

$$k_{eq} = \frac{\sum k_{eff,r} \cdot h_r}{z_{eq}} \qquad \text{(III.6-26)}$$

Die Anfangssteifigkeit des Anschlusses ist demnach

$$S_{j,ini} = \frac{M_j}{\phi_j} = \frac{F \cdot z}{\frac{\sum_i \delta_i}{z}} = \frac{F \cdot z^2}{\frac{F}{E} \cdot \sum_i \frac{1}{k_i}} = \frac{E \cdot z^2}{\sum_i \frac{1}{k_i}} \qquad \text{(III.6-27)}$$

[Ersatz z durch z_{eq} und mit $_{i} = {}_{1,\ 2,\ eq}$]

Im Federmodell liegen folgende Annahmen zugrunde:

1. Die inneren Schnittgrößen müssen mit dem äußeren Biegemoment im Gleichgewicht stehen.
2. Die Verformungen der einzelnen Grundkomponenten untereinander müssen verträglich sein. Dies wird durch die Annahme des Anschlusses an einen starren Träger gewährleistet.
3. Die Beanspruchbarkeit und die Verformbarkeit jeder Grundkomponente muss eingehalten werden.

Bei einer Momentenbeanspruchung $M_{j,Ed} > 2/3\ M_{j,Rd}$ wird das nichtlineare Verhalten in der Momenten-Rotationscharakteristik nach Bild 6.1 c) durch eine Reduktion der Steifigkeit derart erfasst, indem die Sekantensteifigkeit S_j aus der Anfangssteifigkeit mit einem konstanten Steifigkeitsverhältnis $\mu = S_{j,ini} / S_j$ mit (6.27) berechnet wird.

Das Steifigkeitsverhältnis μ folgt aus Versuchsauswertungen und Modellberechnungen und gilt bei Erreichen der vollplastischen Momentenbeanspruchbarkeit $M_{j,Rd}$.

Der nichtlineare Bereich zwischen $2/3\ M_{j,Rd}$ und $M_{j,Rd}$ wird mit einer Interpolationsformel unter Verwendung eines Formbeiwertes ψ berücksichtigt, der ein von dem Anschlusstyp abhängiger Koeffizient ist und Tabelle 6.8 entnommen werden kann.

Alternativ darf nach 5.1.2 (4) der Anpassungsbeiwert $\eta = 2{,}0$ verwendet werden, so dass nicht auf eine iterative Tragwerksberechnung mit einer von dem einwirkenden Biegemoment anhängigen Anschlusssteifigkeit zurückgegriffen werden muss.

III.6.3.2. Steifigkeitskoeffizienten für die Grundkomponenten eines Anschlusses

Für die einzelnen Federn der Grundkomponenten werden nachfolgend die entsprechenden Steifigkeitskoeffizienten k_i für diejenigen Grundkomponenten angegeben, die nennenswerte Verformung besitzen.

<1> Stützensteg auf Schub

Die Verformungsbeziehung ist gemäß Bild III.6-17 bei Annahme einer gleichmäßig verteilten Schubspannung im Stützenstegfeld

$$\gamma = \frac{\delta}{z} \tag{III.6-28}$$

Mit $V_{wp} = A_{vc} \cdot \tau$ und $\tau = G \cdot \gamma$ folgt

$$F = \frac{A_{vc} \cdot G \cdot \delta}{\beta \cdot z} \tag{III.6-29}$$

und mit $G = \frac{E}{2 \cdot (1+\nu)}$ $\quad mit \ \nu = 0{,}3$

$$k_i = \frac{A_{vc}}{2 \cdot (1+\nu) \cdot \beta \cdot z} \approx \frac{0{,}38 \cdot A_{vc}}{\beta \cdot z} \tag{III.6-30}$$

<2> Stützensteg auf Zug oder Druck

Jaspart [58] ermittelt für den elastischen Bereich eine Beziehung zwischen der Zug- bzw. Druckkraft F, die über den Stützenflansch in den unausgesteiften Stützensteg eingeleitet wird, und der Verformung des Stützensteges, Bild III.6-31.

$$F = \frac{E \cdot t_{wc}}{d_c \cdot \xi \cdot \delta} \tag{III.6-31}$$

mit

t_{wc} Dicke des Stützensteges,

d_c Höhe des Stützensteges,

ξ Koeffizient in Abhängigkeit des Steifigkeitsverhältnisses von Stützenflansch zu Stützensteg.

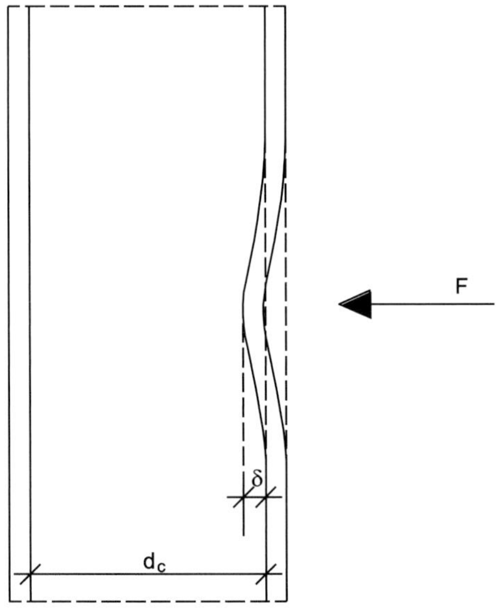

Bild III.6-31: Stützensteg auf Zug oder Druck

Vereinfachend kann bis einer Momentenbeanspruchung von $2/3\ M_{j,Rd}$ eine linearisierte Steifigkeit angenommen werden. Die zugehörige elastische Grenzbeanspruchung ist

$$F_{el} = \frac{\xi \cdot t_{wc} \cdot E \cdot \delta}{d_c} = \xi \cdot t_{wc} \cdot E \cdot \varepsilon_{el} = \xi \cdot t_{wc} \cdot f_{y,wc} \qquad \text{(III.6-32)}$$

Mit (6.9) kann die zugehörige elastische Beanspruchbarkeit mit

$$F_{el} = \frac{2}{3} \cdot b_{eff,c,wc} \cdot t_{wc} \cdot f_{y,wc} \qquad \text{(III.6-33)}$$

bestimmt werden. Setzt man beide Ausdrücke für F_{el} gleich, folgt daraus eine Abschätzung für den Koeffizienten ξ:

$$\xi = 0{,}667 \cdot b_{eff,c,wc} \qquad \text{(III.6-34)}$$

Hieraus folgt der Steifigkeitskoeffizient

$$k_i = \frac{0{,}667 \cdot b_{eff,c,wc} \cdot t_{wc}}{d_c} \approx \frac{0{,}7 \cdot b_{eff,c,wc} \cdot t_{wc}}{d_c} \qquad \text{(III.6-35)}$$

<3> Platten auf Biegung und Schrauben auf Zug

Die Beanspruchbarkeiten der biegebeanspruchten Komponenten Stützenflansch, Stirnplatte und Flanschwinkel können unter der Annahme eines auf einer starren Unterlage abgestützten T-Stummels bestimmt werden.

Die wirksame Länge ℓ_{eff} des T-Stummels zur Bestimmung der Beanspruchbarkeit nach 6.2.6.4 bis 6.2.6.6 ist derart definiert, dass Versagensart und Grenzzugkraft mit der entsprechenden Komponente des Anschlusses übereinstimmen. Für die Bestimmung der Steifigkeitskoeffizienten wird ebenfalls auf das T-Stummel-Modell zurückgegriffen. Hierbei ist jedoch eine wirksame Länge $\ell_{eff,ini}$ erforderlich, die zu gleicher Anfangssteifigkeit von T-Stummel und entsprechender Komponente im Anschluss führt.

Die elastischen Verformungen werden im Hinblick auf die einzelnen Komponenten in die Verformungsanteile aus Plattenbiegung und Schraubenverlängerung aufgeteilt, Bild III.6-32. Jaspart [58] untersucht die Lage der Abstützkräfte und gibt vereinfachte Werte zur Bestimmung des Steifigkeitskoeffizienten an.

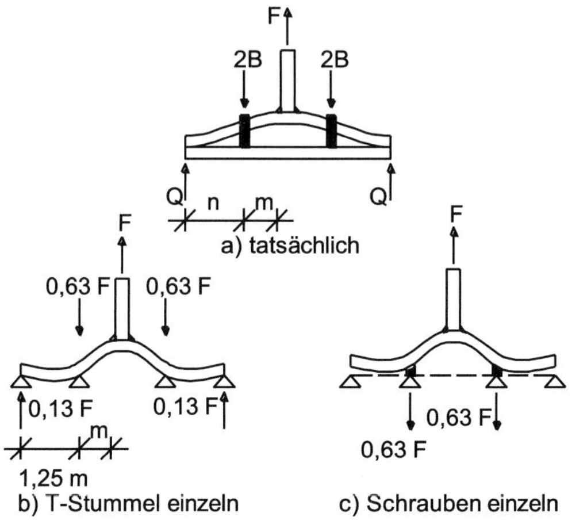

Bild III.6-32: Elastische Verformung eines T-Stummels

Demnach wird der Abstand des Druckpunktes der Abstützkräfte von den Schrauben mit $n = 1{,}25 \cdot m$ angenommen.

Steifigkeitskoeffizient des T-Stummels

Der Steifigkeitskoeffizient für den T-Stummel wird unter Ausnutzung der Symmetrie am halben T-Stummel bestimmt, Bild III.6-33. Aus der elastischen Schnittgrößenverteilung folgt die Verformung am Kraftangriffspunkt

$$E \cdot I \cdot \delta = \frac{1}{6} \cdot (-0{,}3235 + 2 \cdot 0{,}1765) \cdot F \cdot m \cdot m + \frac{1}{3} \cdot 1{,}25 \cdot m \cdot 0{,}1765 \cdot F \cdot m \cdot m \qquad \text{(III.6-36)}$$

und damit

$$E \cdot I \cdot \delta = 0{,}07846 \cdot F \cdot m^3 \qquad \text{(III.6-37)}$$

Stellt man die Gleichung nach F um und setzt für das Trägheitsmoment

$I = \frac{1}{12} \cdot l_{eff,ini} \cdot t^3$ ein, ergibt sich

$$F = \frac{1{,}0621 \cdot E \cdot \delta \cdot l_{eff,ini} \cdot t^3}{m^3} \qquad \text{(III.6-38)}$$

und daraus

$$k_i \approx \frac{l_{eff,ini} \cdot t^3}{m^3} \qquad \text{(III.6-39)}$$

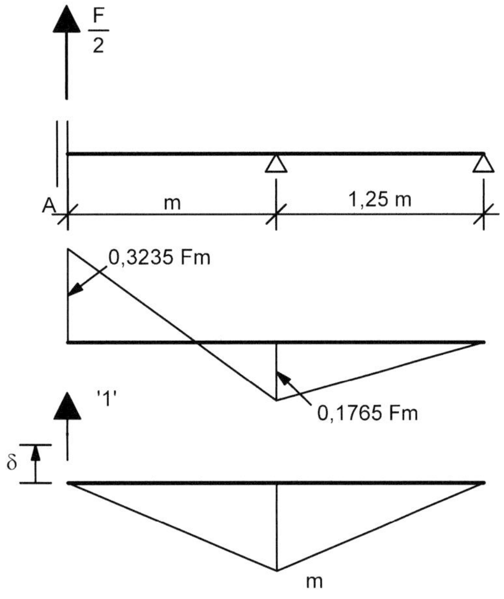

Bild III.6-33: Statisches Modell

Zur Bestimmung von $\ell_{eff,ini}$ wird zunächst durch Gleichsetzen der maximalen Momentenbeanspruchung am Übergang zum Ausrundungsradius, Bild III.6-33, $M_{max} = 0{,}3235 \cdot F_{el} \cdot m$ mit dem plastischen Grenzmoment $M_{pl} = 0{,}25 \cdot t^2 \cdot l_{eff,ini} \cdot f_y$ die maximale Kraft bei Eintreten des ersten plastischen Momentes im T-Stummel bestimmt:

$$F = \frac{0{,}7728 \cdot t^2 \cdot l_{eff,ini} \cdot f_y}{m} \qquad \text{(III.6-40)}$$

Für jede Grundkomponente wird das Verhältnis von plastischer Beanspruchbarkeit und elastischer Beanspruchbarkeit mit 1,5 angenommen. Hieraus folgt die plastische Beanspruchbarkeit mit

$$F_{Rd} = 1{,}5 \cdot F = \frac{1{,}159 \cdot t^2 \cdot l_{eff,ini} \cdot f_y}{m} \tag{III.6-41}$$

Das in Bild III.6-32b) angegebene Verformungsverhalten des T-Stummels entspricht der Versagensart 1 (Vollständiges Fließen der Flansche) im Modell zur Bestimmung der Beanspruchbarkeit. Die zugehörige Beanspruchbarkeit folgt demnach mit

$$F_{T,Rd,1} = \frac{t^2 \cdot l_{eff,1} \cdot f_y}{m} \tag{III.6-42}$$

wobei $\ell_{eff,1}$ die wirksame Länge des T-Stummels für die Berechnung der Beanspruchbarkeit bei Versagensart 1 ist.

Setzt man F_{Rd} und $F_{T,Rd,1}$ gleich, erhält man die wirksame Länge zur Bestimmung der Steifigkeit in Abhängigkeit der wirksamen Länge zur Bestimmung der Beanspruchbarkeit

$$l_{eff,ini} = 0{,}859 \cdot l_{eff,1} \approx 0{,}85 \cdot l_{eff,1} \tag{III.6-43}$$

Damit erhält man den Steifigkeitskoeffizienten $k_i = \dfrac{0{,}85 \cdot l_{eff} \cdot t^3}{m^3}$, wobei in Tabelle 6.11 dieser Ausdruck mit

$$k_i = \frac{0{,}9 \cdot l_{eff} \cdot t^3}{m^3} \tag{III.6-44}$$

angegeben wird.

Die Verformungsberechnung für Flanschwinkel erfolgt analog.

<4> Schrauben auf Zug

Infolge der Abstützkräfte steigt die Beanspruchung der Schrauben von $0{,}5 \cdot F$ auf $0{,}63 \cdot F$. Die Schraubendehnung folgt aus

$$\delta = \frac{0{,}63 \cdot F \cdot L_B}{E \cdot A} \tag{III.6-45}$$

mit L_B als Dehnlänge der Schraube nach Bild III.6-34.

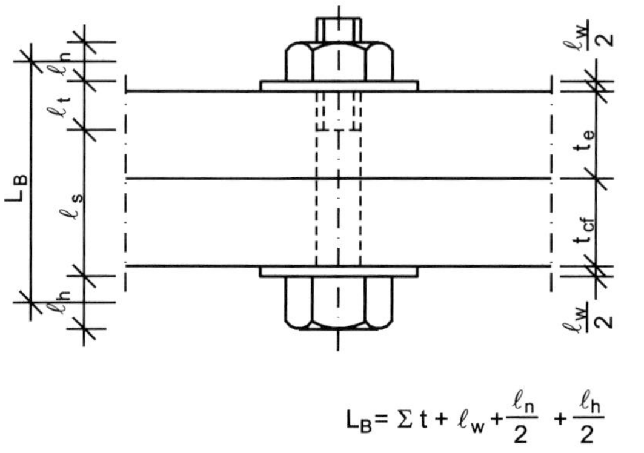

Bild III.6-34: Schraubendehnlänge

Umgestellt nach der Beanspruchung $0{,}63 \cdot F = E \cdot A \cdot \varepsilon = \dfrac{E \cdot A_s \cdot \delta}{L_B}$ folgt der Steifigkeitskoeffizient

$$k_i = \frac{1{,}587 \cdot A_s}{L_B} \approx \frac{1{,}6 \cdot A_s}{L_B} \qquad \text{(III.6-46)}$$

Dieser Ausdruck beschreibt die Verformung einer Schraube auf Zug und gilt für nicht vorgespannte Schrauben, bei denen die gesamte Zugbeanspruchung durch die Schrauben übertragen wird.
Bei Verbindungen mit vorgespannten Schrauben wird die äußere Zugbeanspruchung durch eine additive Zugbeanspruchung der Schraube sowie durch den Abbau der Druckkraft in der vorgespannten Verbindungsfuge übertragen, Bild III.3-1. Die Aufteilung der Zugbeanspruchung erfolgt im Verhältnis der Dehnsteifigkeiten von Verbindungsfuge und Schraube. Agerskov [25] gibt ein Steifigkeitsverhältnis von $\zeta = 5$ an. Im Ergebnis bedeutet dies, dass die Schraubenverformung bis zum Abbau der Druckkraft in der Verbindungsfuge wesentlich geringer ist und damit ein höherer Steifigkeitskoeffizient erreicht wird,

$$k_i = \frac{1{,}6 \cdot (\zeta + 1) \cdot A_s}{L_B} \approx \frac{9{,}5 \cdot A_s}{L_B} \qquad \text{(III.6-47)}$$

Versuche an der Universität Lüttich an T-Stummeln zeigen den signifikanten Einfluss der Schraubenvorspannung auf die Anfangssteifigkeit, Bild III.6-35, während infolge des gesamten Abbaus der Vorspannung bei höheren Lasten der Einfluss auf die Tragfähigkeit der T-Stummel vernachlässigbar ist.

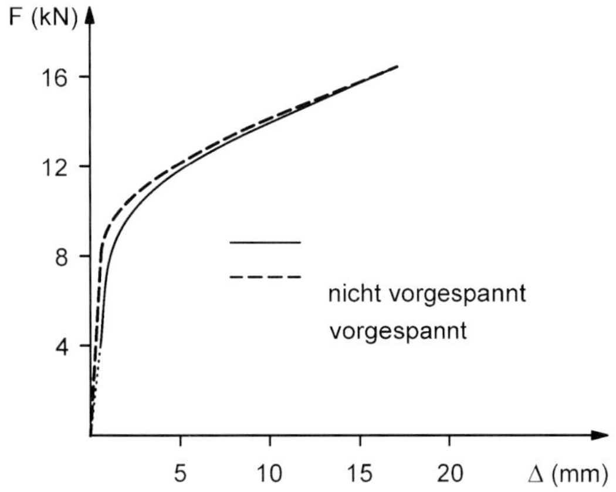

Bild III.6-35: Auswirkung der Schraubenvorspannung auf das Tragverhalten der T-Stummel

<5> Schrauben auf Abscheren und Lochleibung

Aufbauend auf Arbeiten von [61] wurden von Jaspart [58] Steifigkeitskoeffizienten entwickelt, die konsistent mit denjenigen der anderen Grundkomponenten sind. Pavlov hat Versuche an über 500 Schraubenverbindungen auf Schub durchgeführt, aus denen Jaspart die Steifigkeiten für Schrauben auf Schub und Lochleibung hergeleitet hat. Da bei vorgespannten Schrauben die Kräfte verformungsarm über Reibung übertragen werden, sind die Steifigkeitskoeffizienten nur bei nicht vorgespannten Schrauben zu berücksichtigen.

- **Schrauben auf Abscheren**

Der Steifigkeitskoeffizient folgt aus

$$k_i = \frac{16 \cdot n_b \cdot d^2 \cdot f_{ub}}{E \cdot d_{M16}} \qquad \text{(III.6-48)}$$

mit

n_b Anzahl der Schraubenreihen auf Schub und

d_{M16} Nenndurchmesser einer Schraube M16.

- **Schrauben auf Lochleibung**

Der Steifigkeitskoeffizient folgt aus

$$k_i = \frac{25 \cdot n_b \cdot k_b \cdot k_t \cdot d \cdot f_u}{E} \qquad \text{(III.6-49)}$$

mit

$k_b = k_{b1}$ jedoch $k_b \leq k_{b2}$

$k_{b1} = 0{,}25\ e_b / d + 0{,}5$ jedoch $k_{b1} \leq 1{,}25$

$k_{b2} = 0{,}25\ p_b / d + 0{,}375$ jedoch $k_{b2} \leq 1{,}25$

$k_t = 1{,}5\ t_j / d_{M16}$ jedoch $k_t \leq 2{,}5$

wobei

e_b Randabstand der Schraubenreihe in Kraftrichtung,

f_u Zugfestigkeit des Stahls, der auf Lochleibung beansprucht ist,

p_b Abstand der Schraubenreihen in Kraftrichtung,

t_j Dicke des auf Lochleibung beanspruchten Bleches.

<6> Beton mit Druckbeanspruchung

Die komplexe Interaktionsbeziehung zwischen dem Betonkörper und der biegsamen Fußplatte wird durch Ansatz einer wirksamen, starren Fläche der Fußplatte, gelagert auf einem elastischen Halbraum bei der Bestimmung der Verformung angenähert.

Die in Tabelle 6.11 angegebene Steifigkeit k_{13} ist unter Berücksichtigung der begrenzten Betonkörpergeometrie, dem Einfluss der Mörtelschicht und der Oberflächenqualität des Betons auf der Grundlage von Versuchswerten kalibriert worden.

<7> Voutenträger

Wie bei dem Trägerflansch auf Druck und dem Trägersteg auf Druck kann die geringe
Verformung der Grundkomponente bei der Ermittlung der Rotationssteifigkeit vernachlässigt werden. Hieraus folgt

$$k_{Voute} = \infty \qquad \text{(III.6-50)}$$

III.6.4. Rotationskapazität

III.6.4.1. Allgemeines

Momententragfähige Anschlüsse können abhängig von der Ausführung ein ausgeprägtes nichtlineares Momenten-Rotationsverhalten mit großen duktilen Rotationen zeigen, Bild III.6-36.

Einem anfänglich linearen Verlauf mit der Anfangssteifigkeit $S_{j,ini}$ folgt ein ausgeprägtes plastisches Verhalten bis zum Erreichen der Momentenbeanspruchbarkeit. Eine weitere Steigerung der Beanspruchbarkeit wird durch das Erreichen des Verfestigungsbereiches im Material und durch die Ausbildung von Membraneffekten in den verformten Anschlussbereichen erzielt. Bei Anschlüssen, die dieses gutmütige Verhalten zeigen, Bild III.6-36a), wird häufig im Versuch, selbst beim Einprägen großer Verformungen, die maximale Versagenslast nicht erreicht.

Bild III.6-36b) gilt für diejenigen Anschlusstypen, bei denen nach großen plastischen Verformungen das Material versagt oder Beulinstabilität von Teilen des Anschlusses die Beanspruchbarkeit begrenzt.
Ein frühzeitiges Versagen einer Grundkomponente des Anschlusses führt in der Regel zu einer begrenzten Momentenbeanspruchbarkeit und zu nichtduktilem Verhalten, Bild III.6-36c).

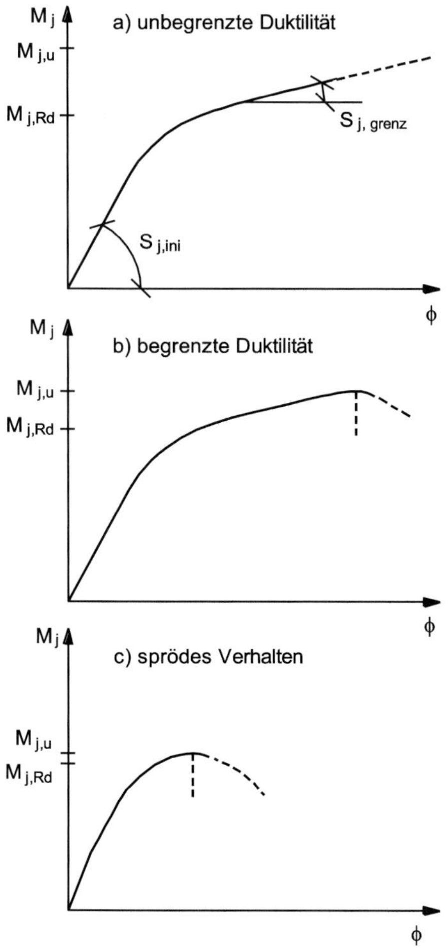

Bild III.6-36: *M-ϕ*-Verläufe

Bei starr-plastischer Berechnung müssen die Anschlüsse an Stellen, wo plastische Gelenke auftreten können, über ausreichende Rotationskapazität verfügen, Bild III.6-37.

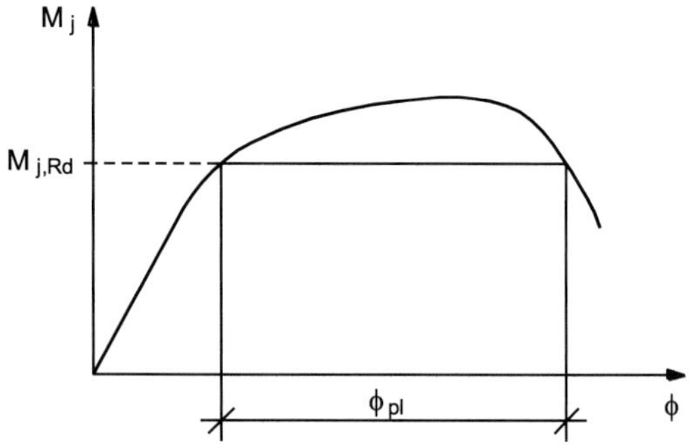

Bild III.6-37: Plastische Rotationskapazität

Liegt die Momentenbeanspruchbarkeit des Anschlusses oberhalb der 1,2-fachen Momentenbeanspruchbarkeit des angeschlossenen Bauteils, entsteht das plastische Gelenk im Bauteil, selbst wenn dort eine Materialüberfestigkeit vorliegt. Daher kann der Nachweis der Rotationskapazität für den Anschluss entfallen.
Die angegebenen Regelungen zum Nachweis der Rotationskapazität gelten bei Verwendung der Stahlgüten S235, S275 und S355 unter der Voraussetzung, dass die im Bauteil wirkende Normalkraft nicht mehr als 5 % der plastischen Normalkraftbeanspruchbarkeit des Querschnittes beträgt.
Für eine begrenzte Anzahl von Fällen werden Regeln zum Nachweis der Rotationskapazität angegeben. Für andere Fälle kann ein Nachweis über Versuche erfolgen. Durch das Bemessungsmodell für Anschlüsse sind die Versagensart und die Beanspruchung der einzelnen Komponenten bekannt. Damit ist eine Aussage über die Rotationsfähigkeit des Anschlusses durchführbar.

III.6.4.2. Geschraubte Anschlüsse

Bild III.6-38 gibt das Ablaufdiagramm zur Bestimmung der Rotationsfähigkeit an.
Ausreichende duktile Verformungen sind möglich, wenn die Grundkomponenten

- Stützensteg auf Schub und
- Biegung von Stützenflansch, Stirnplatte oder Flanschwinkel

maßgebend sind.

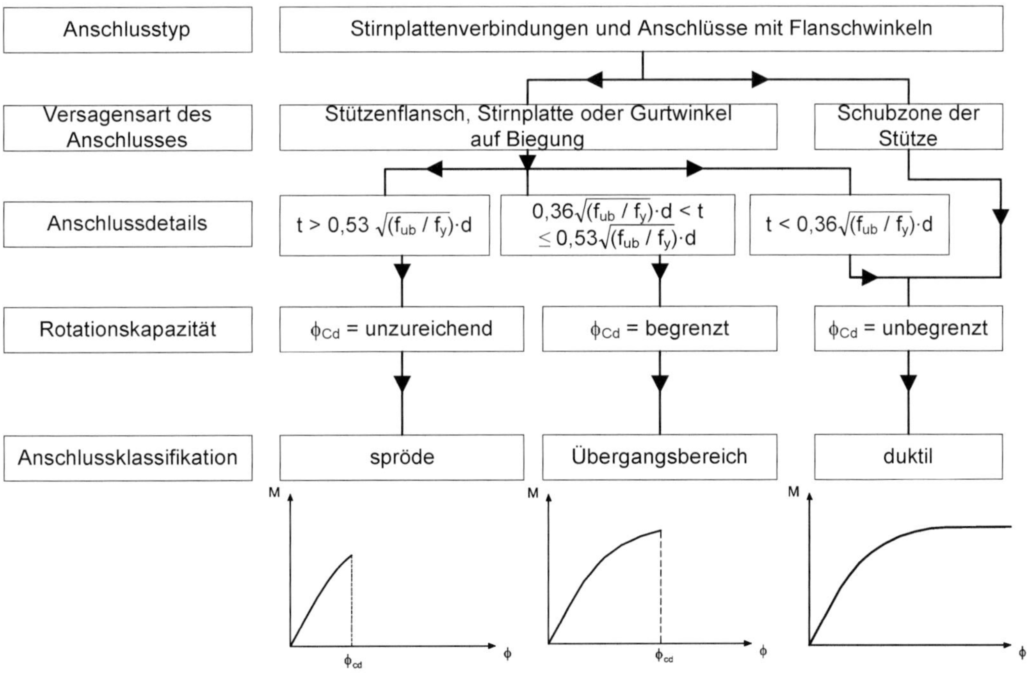

mit : t : Dicke des betrachteten Bauteils (Stützenflansch, Stirnplatte oder Flanschwinkel)
d : Durchmesser der Schraube
f_{ub} : Zugfestigkeit des Schraubenmaterials
f_y : Streckgrenze der betrachteten Grundkomponente

Bild III.6-38: Bewertung der Rotationskapazität geschraubter Anschlüsse

Ist die Momentenbeanspruchbarkeit durch die Schubbeanspruchbarkeit des Stützenstegfeldes bestimmt, kann von einer ausreichenden Rotationskapazität für eine starr-plastische Berechnung ausgegangen werden. Dies setzt voraus, dass eine plastische Schubverzerrung des Stützensteges ohne Beulen auftritt. Hierfür ist die Grenzschlankheit nach 6.2.6.1 einzuhalten.

Ist die Momententragfähigkeit durch die Biegebeanspruchbarkeit des Stützenflansches, der Stirnplatte oder der Flanschwinkel bestimmt, liegt eine ausreichende Rotationskapazität für die starr-plastische Berechnung vor, wenn das Versagen durch ausgeprägte plastische Biegeverformungen der Plattenkomponenten erfolgt und nicht durch Schraubenversagen. Durch Einhaltung von Grenzwerten für die verwendeten Blechdicken im Verhältnis zu der Dicke der verwendeten Schrauben kann diese Versagensform erzeugt werden.
Die in Bild III.6-38 angegebenen Gleichungen zur Bestimmung der Grenzblechdicken eignen sich ebenfalls vorteilhaft für den Vorentwurf einer duktilen, geschraubten Verbindung.
Ist die Momententragfähigkeit durch die Beanspruchbarkeit der Schrauben auf Abscheren begrenzt, kann nicht von einer ausreichenden Rotationskapazität für die starr-plastische Berechnung ausgegangen werden.

III.6.4.3. Geschweißte Anschlüsse

Bild III.6-39 gibt das Ablaufdiagramm zur Bestimmung der Rotationsfähigkeit geschweißter Anschlüsse an.

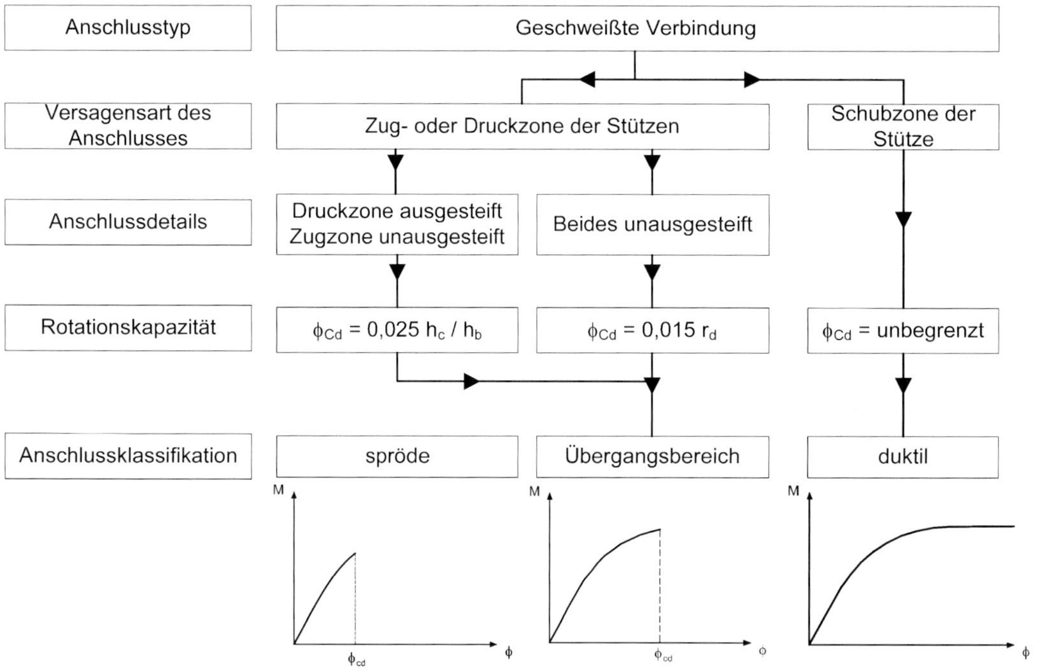

mit : h_c : Profilhöhe der Stütze
h_b : Profilhöhe des Trägers

Bild III.6-39: Bewertung der Rotationskapazität geschweißter Anschlüsse

Ausreichende duktile Verformungen sind nur möglich, wenn die Grundkomponenten

- Stützensteg auf Schub
- Stützensteg auf Druck und
- Stützensteg auf Zug

maßgebend sind.
Ist die Momentenbeanspruchbarkeit durch die Schubbeanspruchbarkeit des Stützenstegfeldes bestimmt, kann von einer ausreichenden Rotationskapazität für eine starr-plastische Berechnung ausgegangen werden. Dies setzt voraus, dass eine plastische Schubverzerrung des Stützensteges ohne Beulen auftritt. Hierfür ist die Grenzschlankheit nach 6.2.6.1 einzuhalten.

III.7. Anschlüsse mit Hohlprofilen

III.7.0. Vorbemerkungen

III.7.0.1. Grundsätzliches

Die folgenden Kommentare sind eine Erweiterung und Aktualisierung eines entsprechenden Fachbeitrags im Stahlbau-Kalender 2011 [105]. Die Übernahme von Textstellen ist daher beabsichtigt und nicht im Einzelnen als Zitat gekennzeichnet!

Folgende Grundlagen sind in anderen Abschnitten von DIN EN 1993-1-8 zu finden:

Nomenklatur (Abschnitt 1.5)

Teilsicherheitsbeiwert für Anschlüsse nach Abschnitt 7 (Abschnitt 2.2(2))

Schweißen in kaltverformten Bereichen (Abschnitt 4.14)

Modellierung von HP-Fachwerkträgern (Abschnitt 5.1.5)

In DIN EN 1991-1-1 ist geregelt:

Knicklängen von HP-Fachwerkstäben (DIN EN 1993-1-1, Anhang BB, 1.3 (1) bis (3) + NDP zu BB 1.3 (3) Anmerkung)

Zu den genannten Abschnitten gibt es ebenfalls Kommentare.

III.7.0.2. Forschungsbasis, experimentelle und numerische Verifizierung

Die Grundlagen der Fließlinien-, Schub- und Lastverteilungsmodelle und die Methoden zur Entwicklung der Tragfähigkeitsformeln wurden bereits in den 70er-Jahren erarbeitet, der damalige Stand der Technik wird von Wardenier [153] zusammengefasst. Er fand später Eingang in die frühen Eurocode-Entwürfe, beginnend mit dem Anhang K für Hohlprofilfachwerkknoten. Seitdem ist der verfügbare Nachweisumfang angewachsen. Hinzugekommen sind weitere Anschlusstypen wie T-, Y-, X-, KT-, DK-, DX- und DY-Knoten, räumliche Knoten, Anschlüsse von Quer- und Längsblechen oder Mischanschlüsse mit offenen Profilen, hochfeste Stähle. Wesentliche Beiträge lieferten z.B. die Dissertationen von Zhao [174] für kaltgeformte RHP, von van der Vegte [139] für räumliche KHP-Knoten, von Yu [173] für räumliche RHP-Knoten, von Lu [80] und de Winkel [172] für Anschlüsse von I-Trägern an KHP- und RHP-Gurte oder von Willibald [171] für geschraubte Verbindungen. Weitere ergänzende Untersuchungen sind die von Björk [28], Chen et. al [30], Choo, et. al. [32], [31], [33], Fleischer [46], Liu et. al. [77], [78], [76], [79], Packer [91], [90], [92], Puthli, et. al. [100], [101], [104], [105], [102], [103], Pecknold, et. al. [97], [98], Qian, et. al. [106], [107], Ummenhofer & Lipp [132], [131], van der Vegte, et. al. [143], [142], [140], [141], [144], [145], [146], Voth & Packer [148], Wardenier et. al. [154], [160], [165], [155], [162] und Zhao et. al. [175].

Alle analytischen oder semi-empirischen Modelle mussten durch Versuchsreihen und numerische Parameterstudien überprüft und statistisch abgesichert werden. Wirksame Breiten und Flächen mussten experimentell ermittelt werden. Diese Untersuchungen wurden weltweit in vielen verschiedenen Ländern durchgeführt, koordiniert von IIW, EGKS und CIDECT und in gewissen zeitlichen Abständen in Entwurfsempfehlungen zusammengefasst. So basiert der hier kommentierte Abschnitt 7 der DIN EN 1991-1-8: 2010 auf den IIW-

Empfehlungen [55] und den CIDECT-Entwurfsempfehlungen der 1. Generation, siehe Handbuchreihe Nr.1 [159], Nr. 2 [112], Nr. 3 [93] und Nr. 9 [74]. CIDECT ist der Weltverband der Hohlprofilhersteller (Comité International pour le Développement et l'Étude de la Construction Tubulaire). Untersucht wurden meist einzelne Knoten (neu: Anschlüsse). Es existieren aber auch vereinzelt Untersuchungsergebnisse für vollständige HP-Träger, z.B. Koning & Wardenier [64], Coutie et. al. [35], Frater [48], Packer & Henderson [92].

Noch lässt die Konsistenz des existierenden Formelwerks in seinen Gültigkeitsgrenzen Wünsche offen, von der Fehlerträchtigkeit auf dem langen Weg in die Normung ganz zu schweigen. Deshalb existieren bereits überarbeitete Entwurfsempfehlungen von IIW [56], die in die 2. Auflage der CIDECT-Handbücher Nr. 1 [158] und Nr. 3 [94] aufgenommen wurden. Sie zeichnen sich durch ein systematischeres, kompakteres und übersichtlicheres Format aus, das weniger fehleranfällig ist, jedoch ohne Abstriche bei geregeltem Inhalt, Wirtschaftlichkeit oder Sicherheit zuzulassen. Diese IIW- und CIDECT-Grundlagendokumente der 2. Generation sind in der aktuellen ISO 14346 [23] zu geschweißten Hohlprofilverbindungen umgesetzt.

Dieses neue Regelungsformat unterscheidet sich jedoch in vielen Details von der vorliegenden Eurocode-Version. An einigen Stellen mussten aus Sicherheitsgründen bereits Anleihen daraus direkt in den Eurocode übernommen werden, siehe AC-Korrekturen und Fußnoten. Wo erforderlich, wird in den folgenden Kommentaren darauf und auf weitere sicherheitsrelevante oder irreführende Fehler aufmerksam gemacht, siehe *Hinweise*. Ebenso ist es erforderlich, Berechnungshilfsmittel zu ergänzen, um manche der in der Norm geforderten Nachweise überhaupt führen zu können. Auch darauf wird hingewiesen.

III.7.1. Allgemeines

III.7.1.1. Geltungsbereich

<1> Grundlegendes

Gemäß Abschnitt 7.1.1 (1) gelten die Regeln und Nachweise für ebene und räumliche Anschlüsse mit runden, rechteckigen und damit auch quadratischen Hohlprofilen unter vorwiegend ruhender Belastung. Nachweise gegen Ermüdung sind nicht enthalten, vgl. 7.1.1 (7). Geregelt sind Tragfähigkeiten, auch solche für Einwirkungen aus Biegemomenten. Für keinen dieser Anschlüsse sind jedoch Rotationssteifigkeiten genormt, siehe Abschnitt 5.2.3.1(1). Sind Hohlprofil-Anschlüsse nicht versteift, so handelt es sich meistens um verformbare, nachgiebige Anschlüsse, es sei denn, an anderer Stelle wird etwas anderes vereinbart, siehe quasi gelenkige Fachwerkanschlüsse nach Abschnitt 5.1.5. Unter günstigen Verhältnissen (z.B. für große β, t_0/b_0 *und* t_0/t_1) können auch voll tragfähige, biegesteife Anschlüsse entstehen, siehe z.B. Vierendeelknoten nach ISO 14346 [23]. Allgemein gilt jedoch, werden nachgiebige Anschlüsse zur Aussteifung herangezogen, müssen sie mit Rotationsfedern / Fließgelenken modelliert werden. Zur Ermittlung der Federkennwerte ist eine Momenten-Rotationscharakteristik auf Basis von realitätsnahen FE-Berechnungen, Versuchsauswertungen und / oder Literatur-Datenanalysen notwendig. Für jeden der genormten Hohlprofilanschlüsse existiert bereits eine veröffentlichte Versuchsbasis, siehe auch Literaturhinweise zum Kommentarteil: Bücher, Zeitschriften und weitere Literatur, die dazu herangezogen werden sollte. Die Tragfähigkeiten der Anschlüsse werden in Form von Grenzschnittgrößen (Normalkraft oder Biegemoment) für das aufgeschweißte Bauteil, im Fachwerk für die Streben, angegeben. In einzelnen Fällen sind aber auch Grenzlasten für die untergesetzten Bauteile, die Gurte (Schubversagen, Querschnittsverformung) oder Grenzspannungen (Durchstanzen) zu überprüfen.

Wegen gleichartiger Versagensmechanismen sind die Tragfähigkeiten in Abschnitt 7 in folgende vier Gruppen eingeteilt, die in 4 Abschnitten behandelt werden. Entscheidend ist die Profilform des untergesetzten Profils, im Fachwerk des Gurtstabes, an oder auf das geschweißt wird.

Abschnitt 7.4: Anschlüsse an KHP-Gurtstäbe
Abschnitt 7.5: Anschlüsse an RHP-Gurtstäbe
Abschnitt 7.6: Anschlüsse an I- oder H-Profile
Abschnitt 7.7: Anschlüsse an U-Profile

<2> Zu 7.1.1 (3): Produktnormen, Festigkeiten

Nach Abschnitt 7.1.1(3) sind warm- und kaltgefertigte Hohlprofile nach DIN EN 10210 oder DIN EN 10219 mit Nennwerten der Streckgrenze von 235 N/mm^2 bis 460 N/mm^2 abgedeckt. Wegen der im Vergleich zu den niederfesteren Stählen geringeren Duktilität des höherfesten Feinkornbaustahls S460 wurde vereinbart, bei Verwendung desselben einen Abminderungsbeiwert von 0,9 für alle Tragfähigkeitskriterien zu verwenden, siehe 7.1.1 (4).

<3> Zu 7.1.1 (4): Erweiterung des Geltungsbereichs auf S 460

In den frühen ENV-Versionen von Eurocode 3, Teil 1-8 war die Gültigkeit der Tragfähigkeiten für Hohlprofil-Anschlüsse eingeschränkt auf Stähle bis zur Festigkeitsklasse S355. Da die Versuchsbasis für S460 auf wenige Versuche aus Japan, Deutschland und den Niederlanden beschränkt blieb, wurde neben der Neuauswertung der vorhandenen spezifischen Versuchsdaten eine zusätzliche numerische Studie für RHP-K-Anschlüsse durchgeführt, vgl. Liu & Wardenier [76]. Die dabei nachgewiesenen, größeren Verformungen bis zum Gurtflanschversagen (Verformungsgrenzwert von 3 % b_0, vgl. Lu, et. al. [81]) können mit dem Korrekturfaktor von 0,9 abgedeckt werden, der in Anbetracht der niedrigeren Duktilität von S460 aber für alle Tragfähigkeitsgleichungen zu verwenden ist. Der Faktor 0,9 wurde in weiteren Studien bestätigt, siehe Puthli at. al. [104].
Die erhöhte Tendenz zum örtlichen Beulen von hochbeanspruchten RHP-Seitenwänden aus S460 ist bei den Biegetragfähigkeiten nach Tabelle 7.14 jedoch noch nicht hinreichend berücksichtigt, vgl. Wardenier & Puthli [164]. Für weitere Hinweise siehe III.7.5.2.1<3>.

<4> Zu 7.1.1 (5): Wanddicken

Die HP-Nennwanddicken sind gemäß Abschnitt 7.1.1 (5) durch den Mindestwert von 2,5 mm und gemäß 7.1.1(6) durch den Höchstwert von 25 mm begrenzt. Diese Werte definieren keine starren Grenzen. Außerhalb der Grenzen sind lediglich zusätzliche Nachweise erforderlich, der Nachweis gegen Terrassenbruch bei dickwandigeren HP und der Nachweis der Wanddickentoleranzen und der Schweißbarkeit (Verfahrensprüfung) für dünnwandigere HP.
Die untere Wanddickengrenze von 2,5 mm entsprach und entspricht bei kaltgeformten Hohlprofilen jedoch nicht dem Stand der Technik, wie von Puthli et. al. nachgewiesen wurde. Das Internationale Regelwerk ISO 14346 (März 2013) [23] „Static design procedure for welded hollow section joints – Recommendations" erlaubt deshalb minimale nominelle Wanddicken von 1,5 mm.

<5> Zu 7.1.1 (8) und Bild 7.1: Geregelte Anschlusstypen

In Bild 7.1 werden geregelte Anschlusstypen zusammengestellt. Der Anschlusstyp ist ein wichtiges Klassifizierungsmerkmal für die Tragfähigkeitsnachweise. Einige der Anschlusstypen kommen nicht nur in Fachwerken vor, deshalb ist die Bildunterschrift unzutreffend. Bei der Klassifizierung ist zwischen den ebenen Grundformen, wie den T-, Y-, X-, K- und N-Anschlüssen, und den abgeleiteten ebenen Sonderformen, wie KT-, DK-, DX- und DY-Anschlüssen zu unterscheiden. Ebenfalls von den Grundformen abgeleitet werden räumliche Anschlusstypen, wie TT-, XX- und KK-Anschlüsse. Doch der Anschlusstyp ist nicht allein auf Basis der Form und des Aussehens zu beurteilen, sondern auch auf Basis der Beanspruchung, besonders wenn diese für den Anschluss untypisch ist. Örtliche Beanspruchungen und Kräfteverläufe bestimmen die lokale Verformung und damit die Tragfähigkeit.

Nullstäbe müssen vernachlässigt werden. Sie beanspruchen die Verbindung nicht. Ist z.B. bei einem X-Anschluss eine der beiden gegenüberliegenden Streben ein Nullstab, so wird aus Sicht der Beanspruchung aus dem X-Anschluss ein T-Anschluss. Ein N- oder K-Anschluss mit einem Nullstab wird zum T- oder Y-Anschluss. Ein KT-Anschluss mit einer Nullstab-Vertikale wird zum K-Anschluss, mit einer Nullstab-Strebe zum N-Anschluss. Aus räumlichen Anschlüssen können bei ebenen Beanspruchungen ebene Anschlüsse werden.

Wird ein K-Anschluss untypisch durch gleichgerichtete Strebenkräfte belastet, z. B. in Trägermitte nur durch Druck- oder nur durch Zugkräfte, so verhält er sich wie ein T-Anschluss und ist auch als solcher nachzuweisen.

Hinweis: Wird der DK-Anschluss nach Tabelle 7.6 durch gleichgerichtete Strebenkräfte, nur Druck oder nur Zug, belastet, so handelt es sich um einen DX-Anschluss, der zwar gleich aussieht, aber anders nachzuweisen ist als ein DK-Anschluss, siehe Bild III.7-1.

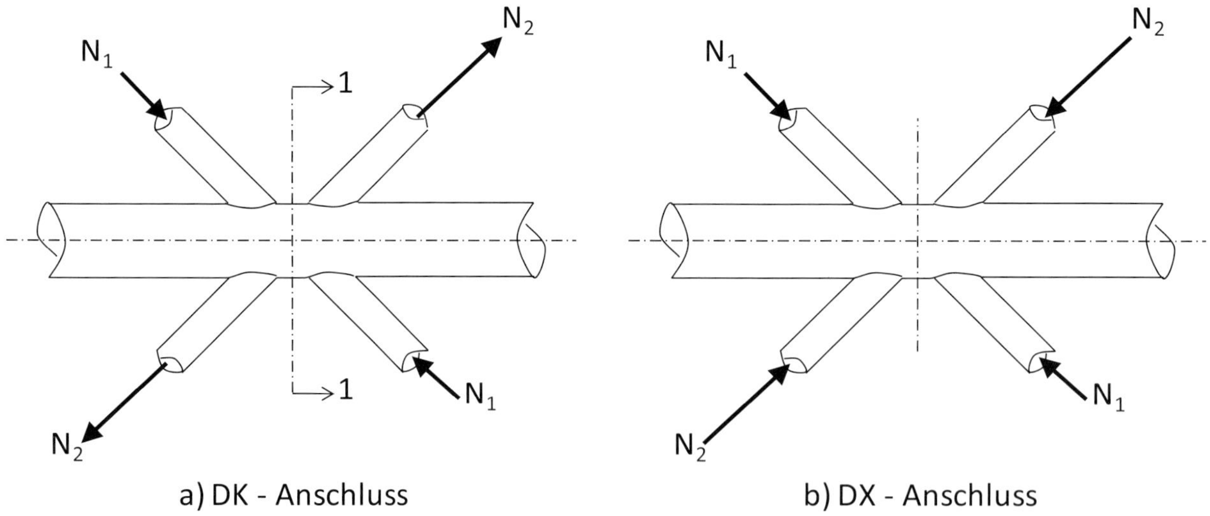

Bild III.7-1: DK- und DX-Anschluss im Vergleich

Wird bei K- oder N-Anschlüssen der Spalt zwischen den Streben zu groß, so entkoppelt sich der örtliche Einfluss der beiden Streben. Die örtliche Steifigkeit und die Lastabtragung ändern sich. Die örtlichen Nachweise (Flanschversagen, Seitenwandversagen, Strebenversagen, Durchstanzen) für diese Anschlüsse sind dann wie für zwei einzelne Y- oder T-Anschlüsse zu führen. Deshalb existiert eine obere Grenze für die Spaltweite: $g \leq 1{,}5\ (b_0 - b_i)$, allerdings nur für RHP-Gurtstäbe und für U-Gurtstäbe mit Einschränkung. Im

Gegensatz dazu ist bei KHP-Gurtstäben der Spalteinfluss bereits vollständig im Beiwert k_g für Spalt / Überlappung enthalten, der bewirkt, dass sich bei anwachsender Spaltweite die größere Tragfähigkeit des K- oder N-Knotens der geringeren Tragfähigkeit eines Y- oder T-Knotens annähert. Für KHP-Gurtstäbe ist deshalb das Formelwerk dahingehend konsistent.

Zusätzliche örtliche Lasteinleitungen müssen ebenfalls berücksichtigt werden. So können aus T-, N- oder K-Anschlüssen in Vierendeel- oder Fachwerkträgern infolge lokaler Zusatzbeanspruchung aus aufliegenden Pfetten oder Querträgern X-Anschlüsse werden. Das ungünstigere Tragverhalten des X-Anschlusses dominiert selten völlig. Die Beanspruchungen können aufgeteilt werden auf einen Anteil, der wie bei einem X-Anschluss zwischen gegenüberliegenden Streben übertragen wird und einen zweiten, der wie beim ursprünglichen T-, N- oder K-Anschluss übertragen wird, also ohne örtliche Zusatzlast. Man spricht vom Anschluss mit Lastungleichgewicht (imbalanced loads). Bild III.7-2 zeigt die dann mögliche Zerlegung der beiden Strebenbelastungen $N_{1,Ed} = 0{,}75 \cdot N$ *und* $N_{2,Ed} = 0{,}25 \cdot N$, wenn eine Zusatzlast von $N_z = 0{,}5 \cdot N \cdot sin\ \theta$ angreift.

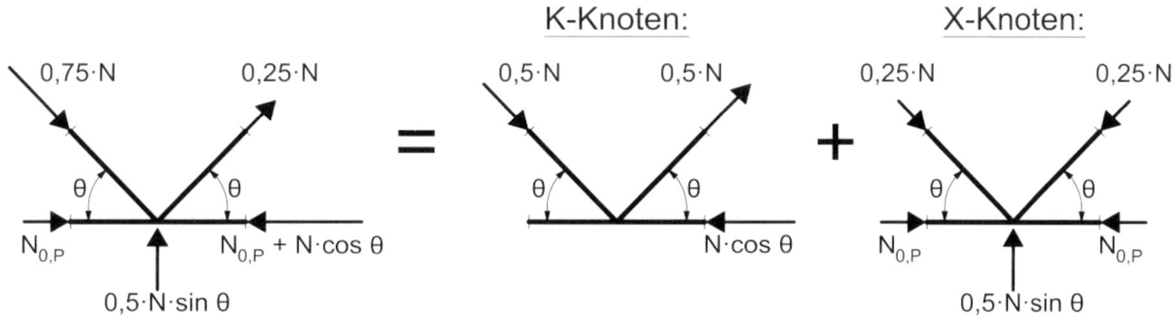

Bild III.7-2: K-Anschluss mit Zusatzlast: Zerlegung in K-Anschluss + X-Anschluss

Ohne die Zerlegung würde ein K-Anschluss für $N_{1,Ed} = 0{,}75\ N$ bemessen. Mit der Zerlegung wird der Anschluss für $0{,}5 \cdot N = 2/3\ N_{1,Ed}$ als K-Anschluss (Grenzlast $N_{1,Rd}$) und für die Zusatzlast: $N_z = 2 \cdot 0{,}25 \cdot N \cdot sin\ \theta = 0{,}5 \cdot N \cdot sin\ \theta$ als X-Anschluss (Grenzlast $N_{1X,Rd}$) nachgewiesen. Beide Wirkungen sind kombiniert zu betrachten, siehe Gleichung (III.7-1).

$$2/3\ N_{1,Ed} / N_{1,Rd}\ \text{(K-Anschluss)} + N_z / N_{1X,Rd}\ \text{(X-Anschluss)} \leq 1 \qquad \text{(III.7-1)}$$

Der lange Fußabdruck beider Streben entschärft den X-Anschlussnachweis, sofern die Zusatzlast aus Pfette bzw. Querträger ebenfalls gut verteilt wird. Ansonsten ist die Beanspruchung unter deren Fußabdruck ebenfalls nachzuweisen.

III.7.1.2. Anwendungsbereich

<1> Grundlegendes

Die in Abschnitt 7 angegebenen Tragfähigkeiten für bestimmte Versagensformen und Knotentypen gelten nur innerhalb genau definierter Gültigkeitsgrenzen. Zu Beginn der Abschnitte 7.4, 7.5, 7.6 und 7.7 ist deshalb stets mindestens eine Tabelle zum Gültigkeitsbereich zu finden, siehe Tabellen 7.1, 7.8, 7.20 und 7.23. Im Text finden sich weitere Nebenbedingungen. Es genügt also nicht, nur mit den Tragfähigkeitstabellen zu arbeiten. Im Abschnitt 7.1 sind die grundlegenden Anforderungen noch einmal zusammengefasst.

<2> Zu 7.1.2 (2): Querschnittsklassen

Um das örtliche Beulen sicher auszuschließen, kommen nach Abschnitt 7.1.2 (2) für druckbeanspruchte Stäbe bzw. deren Querschnittsteile nur Querschnitte der Klassen 1 oder 2 (für axialen Druck) in Frage. Für Querschnitte der Klassen 3 und 4 gelten viele der Berechnungshilfsmittel prinzipiell nicht. In den Tabellen zu den Gültigkeitsbereichen finden sich weitere, anschlusstypische Schlankheitsgrenzen.

<3> Zu 7.1.2 (3): Strebenneigung

Weil unter flach geneigten Streben die Schweißbarkeit eingeschränkt ist, soll nach Abschnitt 7.1.2 (3) der Anschlusswinkel für Streben mindestens 30° betragen, es gilt: $\theta_i \geq 30°$. Das ist nur eine Empfehlung. Wenn es trotzdem möglich ist zu schweißen, so kann der Mindestwinkel auch unterschritten werden. Aus Sicherheitsgründen (Toleranzen) sollte dabei rechnerisch kein Winkel kleiner als 30° angenommen werden.

<4> Zu 7.1.2 (5): Anschlüsse mit Spalt

Nach Abschnitt 7.1.2 (5) muss auch die Spaltweite g zwischen den Streben von K- oder N-Anschlüssen nach Bild 1.3 ausreichend Platz zum Schweißen bieten, siehe Gleichung (III.7-2).

$$g \geq t_1 + t_2 \qquad \text{(III.7-2)}$$

<5> Zu 7.1.2 (6) bis (8): Anschlüsse mit Strebenüberlappung

In Abschnitt 7.1.2 (6) bis (8) wird auf besondere Ansprüche an das Schweißen von Strebenüberlappungen eingegangen. Bei Verwendung unterschiedlicher Werkstofffestigkeiten oder Strebenbreiten sind Hierarchien zu beachten. Die schwächere Strebe muss die stärkere Strebe überlappen. Die Strebenüberlappungen nach Bild 1.3 müssen mindestens 25 % betragen, siehe Gleichung (III.7-3).

Mindestüberlappung: $\lambda_{ov} = (\frac{q}{p}) \cdot 100\ \% \geq 25\ \%$ (III.7-3)

Zu geringe Überlappungen führen zu Spannungskonzentrationen bzw. großen Werkstoffdehnungen an der Überlappung mit der Gefahr einer vorzeitigen Rissbildung (ungenügende Verformungskapazität). Ursache ist die größere Steifigkeit der Verbindung zwischen überlappender und überlappter Strebe im Vergleich zu der zwischen Streben und Gurtstab, siehe Wardenier [94]. Es ist nachvollziehbar, dass die Beanspruchung von Strebe zu Strebe übertragen wird, da von der Strebe in den Gurt, dessen Flansch durch Biegung in der Mitte nachgeben kann, eine wesentlich geringere Steifigkeit vorliegt. Ist die Überlappung zu klein, reicht die mitwirkende Fläche zur Übertragung der Kräfte nicht mehr aus.

Auf Grund neuerer Untersuchungen, vgl. Qian et. al. [108], Wardenier [155], sind im Zuge der letzten Änderung AC aus Sicherheitsgründen **Obergrenzen für das Überlappungsverhältnis** $\boldsymbol{\lambda_{ov,lim}}$ eingeführt worden. Dabei sind die zwei Methoden der Herstellung einer Überlappung zu unterscheiden:

i. vollständig umlaufende Verschweißung der Streben miteinander und mit dem Gurt
ii. der verdeckte Teil der überlappten Strebe j wird nicht mit dem Gurt verschweißt.

Bei Überschreitung der Obergrenze für das Überlappungsverhältnis $\lambda_{ov,lim}$ von 80 % im Fall i) und von 60 % im Fall ii) reichen die in Abschnitt 7 angegebenen Strebennachweise für die überlappende Strebe allein (Index i) nicht mehr aus, es wird ein zusätzlicher Nachweis gegen Abscheren beider Streben (Index i und j) von der Oberfläche des Gurtstabes erforderlich. Dieses Bemessungskriterium umfasst auch automatisch den

Nachweis gegen örtliches Beulen des Gurtflansches. Nach 7.1.2(6) sind folgende drei Situationen als kritisch einzustufen:

1. breitflache RHP-Strebenprofile mit $h_j < b_j$ oder $h_i < b_i$,
2. sehr große Überlappung ($\lambda_{ov} > 80\ \%$) bei vollständiger Verschweißung,
3. große Überlappung ($\lambda_{ov} > 60\ \%$), wenn der verdeckte Teil der überlappten Strebe j nicht mit dem Gurt verschweißt ist

Bei Überschreitung von $\lambda_{ov,lim}$ oder bei breitflachen RHP-Streben mit $h_i < b_i$ und/oder $h_j < b_j$ ist gemäß Abschnitt 7.1.2 (6) und gemäß weiteren Hinweisen oder Fußnoten in den Tabellen 7.1, 7.8, 7.20 und 7.23 ein zusätzlicher Nachweis auf Abscheren der Verbindung zwischen den überlappten Streben und der Oberfläche des Gurtstabes zu führen.

<u>Hinweis:</u> Für solch einen Nachweis fehlen in der gegenwärtigen Eurocode-Version weitere Berechnungshilfsmittel, z.B. die wirksamen Breiten der gesamten Strebenverbindung für die Fälle i) und ii) auf dem Gurtstab. Dabei liegt ja auch eine neue Versagensform mit einem weiteren analytischen Modell vor: h) Abscheren der überlappten Streben vom Gurt. Solange der Eurocode Teil 1-8 für diese Fälle nicht genügend Berechnungshilfsmittel bereitstellt, sollten die Grenzen für $\lambda_{ov,lim}$ nicht überschritten werden. Bei einer Überschreitung müssen die neue ISO 14346 [23] oder die CIDECT-Empfehlungen in 2. Auflage der Handbücher Nr. 1 [158] und Nr. 3 [94] zu Rate gezogen werden.

III.7.2. Berechnung und Bemessung

III.7.2.1. Allgemeines

<1> Zu 7.2.1 (3) und Gleichung (7.1) und (7.2): Gurtspannungen

Die im Gurt oder im untergesetzten Bauteil, auf das geschweißt wird, bereits vorhandenen Spannungen können die Tragfähigkeit des Anschlusses beeinträchtigen. Zur Berücksichtigung der sog. Gurtauslastung n bzw. n_p nach Abschnitt 1.5 (5) und 7.2.1 (3) sind daher folgende elastische Spannungen zu ermitteln.

Zum Nachweis von Anschlüssen an RHP-Gurtstäbe nach Abschnitt 7.5 wird die betragsmäßig größte elastische Spannung im Gurt $\sigma_{0,Ed}$ nach Gleichung (7.1) benötigt.

Beim Nachweis von Anschlüssen an KHP-Gurtstäbe nach Abschnitt 7.4 wird dagegen von der elastischen Gurtvorspannung $\sigma_{p,Ed}$ nach Gleichung (7.2) ausgegangen, die nicht notwendigerweise mit der größten Gurtspannung $\sigma_{0,Ed}$ übereinstimmt. Die Vorspannung ergibt sich nach Abzug des Anteils, der durch die Strebennormalkräfte $N_{i,Ed}$ des betreffenden Knotens in den Gurt hinzugekommen ist, z.B. beim K-Knoten nach Bild 1.4 b) die Summe der Horizontalkomponenten ($N_{1,Ed} \cos \theta_1 + N_{2,Ed} \cos \theta_2$) der Strebendruckkraft N_1 (Betrag) und der Strebenzugkraft N_2. Die Kräfte müssen am Knoten im Gleichgewicht stehen. Es ist nicht richtig, mit Max/Min-Bemessungskräften, die nicht zusammengehören, zu arbeiten.

<u>Hinweis:</u>

Ist der Gurt mehrachsig auf Biegung beansprucht, so ergeben sich die Gurtspannungen nach Gleichung (III.7-4) und (III.7-5).

(III.7-4)

Für RHP-Gurtstäbe: $\sigma_{0,Ed} = \frac{|N_{0,Ed}|}{A_0} + \frac{|M_{ip,0,Ed}|}{W_{ip,el,0}} + \frac{|M_{op,0,Ed}|}{W_{op,el,0}} \leq f_{y0} / \gamma_{M5}$

Für KHP-Gurtstäbe : $\sigma_{p,Ed} = \frac{|N_{p,Ed}|}{A_0} + \left[\left(\frac{M_{ip,0,Ed}}{W_{el,0}}\right)^2 + \left(\frac{M_{op,0,Ed}}{W_{el,0}}\right)^2\right]^{0,5} \leq f_{y0} / \gamma_{M5}$ (III.7-5)

Dabei ist: $N_{p,Ed} = N_{0,Ed} - \sum_{i>0}\left(N_{i,Ed}\cos\theta_i\right)$

III.7.2.2. Versagensformen von Anschlüssen mit Hohlprofilen

Zum Verständnis des Tragverhaltens am Anschluss wurden aufwändige experimentelle, numerische und analytische Untersuchungen der Lastabtragung unter Berücksichtigung der Steifigkeitsverteilung und der Materialeigenschaften durchgeführt. Dabei sind verschiedene Versagensformen beobachtet worden. Die Versagensformen, für die inzwischen Nachweise bereitstehen, sind in Bild 7.2, 7.3 und 7.4 anschaulich dargestellt. Allgemein handelt es sich um folgende Versagensformen:

a) Plastisches Flanschversagen des Gurtstabes bzw. untergesetzten Profils, auf das geschweißt wird
b) Seitenwandversagen (bei Rechteckhohlprofilen) oder Steg- bzw. Flanschblechversagen (bei offenen Profilen) des Gurtstabes durch Fließen, plastisches Stauchen, Krüppeln oder örtliches Beulen
c) Schubversagen (Abscheren) des wirksamen Gurtstabquerschnitts zwischen den Streben
d) Durchstanzen oder Herausreißen (auch örtlich) der Hohlprofilwandung um die Strebe bzw. Schweißnaht herum
e) Örtliches Versagen der Strebe infolge verminderter effektiver Breite (Rissbildung von Strebe oder Schweißnaht)
f) Örtliches Beulen der Streben oder der Gurtstäbe am Anschluss

In besonderen Fällen sind durch Fußnoten eingeführte, zusätzliche Versagensformen zu untersuchen:

g) Versagen des RHP-Gurtstabes durch Querschnittsverzerrung (nur bei T-Anschlüssen) infolge Biegung aus der Anschlussebene
h) Abscheren zwischen überlappt geschweißten Streben und der Gurtoberfläche bei Anschlüssen mit Strebenüberlappung

Welche Versagensform maßgebend wird, hängt von Beanspruchung, Querschnitt, Anschlusstyp und örtlicher Geometrie ab, d. h. von den örtlichen Steifigkeitsverhältnissen und der daraus resultierenden örtlichen Lastverteilung und -weiterleitung. Prinzipiell sind alle Versagensformen möglich. Bei Einhaltung bestimmter Gültigkeitsgrenzen lässt sich der Nachweisumfang jedoch entscheidend verringern. Die Versagensform f) örtliches Beulen kann z.B. durch Begrenzung der Schlankheiten völlig vermieden werden. Das vorzeitige Versagen der Schweißnähte wird bei Einhaltung der konstruktiven Anforderungen nach Abschnitt 7.3 vermieden.

Plastische Versagensformen können von größeren Verformungen begleitet sein. Deshalb ist für die Tragfähigkeit zusätzlich eine Verformungsgrenze für die Gurtwand von 3 % bzw. 0,03 d_0 bzw. 0,03 b_0 berücksichtigt, vgl. Lu, et. al. [81]. Damit werden auch Rissbildung infolge zu hoher plastischer Dehnungen und übermäßige Verformungen im Gebrauchszustand verhindert.

In Abschnitt 7.2.2 (5) wird darauf hingewiesen, dass die Tragfähigkeiten im Allgemeinen für Streben unter Druckbelastung gelten, da diese Beanspruchung ungünstiger sein soll als eine Zugbeanspruchung. Damit seien außerdem größere örtliche Verformungen oder eine Abminderung der Rotations- oder Deformationskapazität unter Zugbeanspruchung zu vermeiden. Im konkreten Fall ist aber ungeachtet dieses allgemeinen Hinweises die Orientierung der Strebenbelastung gemäß den betreffenden Tabellen zu überprüfen. Pfeilrichtung zum Streben-Schnitt bedeutet Druck, Pfeilrichtung vom Streben-Schnitt weg Zug, es sei denn, es wird etwas anderes vereinbart.

In besonderen Fällen reicht die Betrachtung der Versagensformen a) bis f) nicht aus, z.B. für K- und N-Anschlüsse mit Strebenüberlappung, für die in kritischen Fällen Versagensform h) maßgebend sein kann, vgl. 7.1.2 (6). Leider hat man über Hinweise und kleine Fußnoten in der Berichtigung zu DIN EN 1993-1-8 die Probleme zwar in der gegenwärtigen 1. Normengeneration angerissen und auf die Erfordernis von Nachweisen hingewiesen, aber im Zuge der Berichtigung keine Lösungen anbieten dürfen. Auch für X-Anschlüsse mit schwach geneigten Streben wird über kleine Fußnoten die Ermittlung der Schubtragfähigkeit (Versagensform c) verlangt. Diese Besonderheiten werden in den Tabellen 7.2 und 7.11 kommentiert.

III.7.3. Schweißnähte

III.7.3.1. Tragfähigkeit

Schweißnähte sind allgemein nach DIN EN 1993-1-8: 2010, Abschnitt 4 auszulegen, wobei es für Hohlprofil-Anschlüsse eine Reihe von konstruktiven Besonderheiten, aber auch Vereinfachungen in der Nachweisführung gibt. Zu den Besonderheiten zählen umlaufende einseitige Schweißnähte bei denen ein Gegenschweißen nicht möglich ist. Bei Anschlüssen an Rundhohlprofile sind räumliche Verschneidungskurven mit einer Kombination aus Kehl- und Stumpfnähten und evtl. eine Schweißkantenvorbereitung erforderlich. Bei Anschlüssen an Rechteckhohlprofile stellen die Eckbereiche eine Besonderheit dar, das Schweißen von Hohlkehlnähten und das Schweißen mit Spalt (Spaltweite beachten).

Auf eine besondere Anforderung an das Schweißen von Teilüberlappungen einer Strebe durch eine andere weist Abschnitt 7.3.1 (2) hin. Ist die Beanspruchungskomponente der Streben orthogonal zum Gurt nicht zu unterschiedlich ($\Delta(N_i \cdot \cos\theta_i) \leq 20\ \%$), braucht der sich unter der Überlappung befindende verdeckte Teil der überlappten Strebe nicht auf den Gurt geschweißt zu werden. Diese Ausführungsvariante verringert die Tragfähigkeit nicht, solange das Überlappungsverhältnis nicht zu groß ($\lambda_{ov} \leq \lambda_{ov,lim}$) wird und damit Strebenversagen der überlappenden Strebe maßgebend bleibt, vgl. 7.1.2 (6).

Nach Abschnitt 7.3.1 (1) müssen sowohl die Tragfähigkeit unter Berücksichtigung der nichtlinearen Spannungsverteilung mit Spannungsspitzen, als auch ein ausreichendes Rotations- und Deformationsvermögen für die Umlagerung von sekundären Biegemomenten gewährleistet sein. Für Schweißnahtdetails wird in 7.3.1 (3) auf Abschnitt 1.2.7 und DIN EN 1090-2: Bezugsnormengruppe 7 verwiesen.

Um vorzeitiges Schweißnahtversagen zu vermeiden, wird bei geschweißten Anschlüssen von Hohlprofil-Fachwerken empfohlen, die Schweißnähte stärker auszubilden als die angeschlossenen Streben (volltragfähige Schweißnaht), vgl. 7.3.1 (4). Bei Hohlprofilstreben mit der Wanddicke t_i ergeben sich in Abhängigkeit von der Stahlqualität für umlaufende Schweißnähte mit der Dicke a nach DIN EN 1993-1-8: 2010, Abschnitt 4 folgende Mindestwerte:

S235:	min $a \geq 0{,}92\ t_i$	für f_{yi} = 235 N/mm^2
S275:	min $a \geq 0{,}96\ t_i$	für f_{yi} = 275 N/mm^2
S355:	min $a \geq 1{,}10\ t_i$	für f_{yi} = 355 N/mm^2
S420:	min $a \geq 1{,}42\ t_i$	für f_{yi} = 420 N/mm^2
S460:	min $a \geq 1{,}48\ t_i$	für f_{yi} = 460 N/mm^2

Wird der Mindestwert unterschritten oder kann nicht umlaufend geschweißt werden, so ist nach 7.3.1 (6) die Wirksamkeit der Schweißnaht im Hinblick auf Tragfähigkeit, Verformungs- und Rotationskapazität nachzuweisen. Dies ist als Warnung vor dem Aufwand zu verstehen.

<1> Zu 7.3.1 (8): Schweißen in kaltgeformten Bereichen

Für das Schweißen in kaltgeformten Bereichen wird auf Abschnitt 4.14 und Tabelle 4.2 verwiesen. Der zugehörige Kommentar ist in Abschnitt III.4.14 zu finden.

III.7.4. Geschweißte Anschlüsse von KHP-Bauteilen

III.7.4.1. Allgemeines

<1> Zu 7.4.1 (1) bis (3) und Tabelle 7.1: Versagensformen und Gültigkeitsgrenzen

Die zu berücksichtigenden 6 Versagensformen a) bis f) für KHP-Anschlüsse nach Abschnitt 7.2.2 (2) und Bild 7.2 für Längskraft- und für Biegemomentenbelastung der Streben lassen sich für praktische Zwecke einschränken.

Die angegebenen Tragfähigkeitsformeln basieren auf plausiblen mechanischen Modellen, die den Einfluss der Haupteinflussparameter möglichst realistisch berücksichtigen sollen. Das Ringmodell geht z.B. auf Togo [130] zurück, das Durchstanzmodell (punching shear) stammt aus der Offshore-Technik. Diese Modelle wurden mit statistischen Methoden an Versuchsergebnissen kalibriert. Zudem wurden alle Modelle und Ansätze durch aufwändige Versuchsreihen [130], [73], [153], [83] und mit der Entwicklung der Computertechnik durch numerische Parameterstudien verifiziert [107]. Dabei zeigte sich, dass innerhalb praktisch gegebener Grenzen (Gültigkeitsgrenzen) bestimmte Versagensformen dominieren, einige gar nicht vorkommen oder andere durch einfache Erweiterungen mit abgedeckt werden können. Bei den KHP-Anschlüssen innerhalb der in 7.4.1 (1), Tabelle 7.1 gegebenen Gültigkeitsgrenzen ließ sich das Tragverhalten bisher mit drei analytischen Modellen ausreichend beschreiben:

(1) Ringmodell Gurt: plastisches Fließlinienmodell (Versagensformen a und b)

(2) Durchstanzmodell (Versagensform d)

(3) Abschermodell Gurt (Versagensform c)

Die Schlankheitsgrenzen für Gurtstäbe und Streben sind dazu da, bei Druckbeanspruchung das örtliche Beulen (Versagensform f) auszuschließen und allgemein duktile Versagensformen ohne vorzeitige Rissbildung zu ermöglichen. Bei Fachwerken soll damit die Umverteilung sekundärer Biegemomente sichergestellt werden. So ist für Druckgurte und Druckstreben die Querschnittsklasse 1 oder 2 erforderlich, für Zugstreben und für die Gurtstäbe (Zug und Druck) die Einhaltung von d_i/t_i *bzw.* $d_0/t_0 \leq 50$, für hoch beanspruchte X-Anschlüsse $d_0/t_0 \leq 40$.

Auch separate Nachweise gegen Abscheren des Gurtstabquerschnitts bei K- und N-Knoten mit Spalt (Versagensform c) können im Gültigkeitsbereich von Tabelle 7.1 entfallen. Das Abscheren des Gurtes kann durch ein modifiziertes Ringmodell (Versagensform a und b) mit abgedeckt werden. Der Spalt- oder Überlappungseinfluss wird durch einen Beiwert k_g nach Bild 7.6 berücksichtigt. Eine Ausnahme bilden DK-Anschlüsse nach Tabelle 7.6, letzte Zeile, für die zusätzlich ein Gurtstabnachweis im Schnitt 1-1 des Spalts erforderlich ist. (*Hinweis:* Die zugehörige Abbildung in Tabelle 7.6 stellt jedoch keinen DK-Anschluss, sondern einen weiteren KT-Anschluss dar, vgl. analoge Tabelle 7.15, in der der korrekte DK-Anschluss dargestellt ist).

Örtliches Strebenversagen (Versagensform e) tritt nur bei einer sehr ungleichmäßigen Spannungsverteilung infolge von Steifigkeitsunterschieden vor dem Versagen des Gurtstabes auf. Diese Versagensform ist bei den genormten KHP-Anschlüssen in der Vergangenheit nicht beobachtet worden, so dass gemäß Tabelle 7.2 bis 7.7 auch keine Nachweise gegen Versagen der Streben zu führen sind. Das ist nachvollziehbar, wenn man bedenkt, dass es bei KHP im Unterschied zu RHP oder QHP keine abrupten Steifigkeitsänderungen gibt, es treten allmähliche Änderungen der örtlichen Spannung ein, aber keine Spannungssprünge. Vorausgesetzt werden volltragfähige Schweißnähte nach Abschnitt 7.3.

Bei den KHP-K- und N-Anschlüssen **mit Überlappung** nach Tabelle 7.2 ist nur das sog. „Flansch"versagen des Gurtstabes, woran allerdings der gesamte Querschnitt beteiligt ist (Versagensform a und b), zu untersuchen. Im Unterschied dazu ist bei entsprechenden QHP-Anschlüssen nach Tabelle 7.10 nur e) Strebenversagen zu untersuchen. Hier enthält der Eurocode noch Inkonsistenzen.

Hinweis: Mit der Neuevaluierung des Datenbestandes für die IIW-Empfehlungen [56] wurden hierzu Forschungsergebnisse vorgelegt, vgl. [108], [155]. In den neuen CIDECT-Entwurfsempfehlungen nach Handbuch Nr. 1 [158] und Nr. 3 [94] und in der ISO 14346 [23] werden die Nachweise für alle überlappten Anschlüsse deshalb neu und einheitlich geregelt. Für K-Anschlüsse mit großen Überlappungen musste man aus Sicherheitsgründen bereits eine erste Anleihe daraus in Anspruch nehmen, die Einführung der Grenzüberlappungsverhältnisse $\lambda_{ov,lim}$ nach Abschnitt 7.1.2 (6). Bei Überschreitung dieser hilft die o.g. Fachliteratur.

Die zweite Anleihe wurde für X-Anschlüsse mit stark geneigten Streben cos $\theta_1 > d_1/d_0$ gemacht, bei denen die örtliche Lasteinleitung in den Gurtstab einen horizontalen Versatz aufweist. Das ist bei X-Anschlüssen nach Tabelle 7.2, 4. Zeile und folgerichtig auch bei entsprechenden DX-Anschlüssen nach Tabelle 7.6, 4. Zeile und XX-Anschlüssen nach Tabelle 7.7, 5. Zeile der Fall. Der dazugehörende Abschernachweis wird für KHP- und QHP-Gurtstäbe nach DIN EN 1993-1-8, Abschnitt 7 bisher nicht verlangt. Bei KHP-X-Anschlüssen ist das Abscheren des Gurtquerschnitts stattdessen in Tabelle 7.1 durch das Herabsetzen der Schlankheitsgrenze für Gurtstäbe (Druck und Zug) von $d_0/t_0 \leq 50$ auf $d_0/t_0 \leq 40$ mit abgedeckt.

<2> Zu 7.4.2 (2), Gleichung (7.3): Interaktion: KHP-Interaktionsformel

Liegt kein Fachwerkträger vor, so können angeschlossene Bauteile (Strebe i) auch durch Normalkräfte und planmäßige Biegemomente beansprucht werden. In diesem Fall ist für die Streben (Index i) der Interaktionsnachweis nach Abschnitt 7.4.2 (2), Gleichung (7.3) zu führen. Der Nachweis für Anschlüsse an KHP-

Gurtstäbe unterscheidet sich vom entsprechenden Nachweis für Anschlüsse an RHP-Gurtstäbe nach Abschnitt 7.5.2.1 (5), Gleichung (7.4). Untersuchungen von Hoadley & Yura [53] wiesen auf den kleineren Einfluss von Biegung in der Ebene (M_{ip}) gegenüber Biegung aus der Ebene (M_{op}) hin.

Voraussetzung für die Anwendung sind geringe Querkräfte: $V_{i,Ed} < 0{,}5\ V_{i,pl,Rd}$, siehe DIN EN 1993-1-1, Abschnitt 6.2.8 (2). Andernfalls muss die Fließspannung zur Ermittlung der plastischen Querschnittswerte um den Anteil der mit der Querkraft „belegten“ Querschnittsfläche nach Gleichung (III.7-6) reduziert werden.

$$red\ f_y = f_y \left[1 - \left(2 \frac{V_{i,Ed}}{V_{i,pl,Rd}} - 1 \right)^2 \right] \qquad \text{(III.7-6)}$$

III.7.4.2. Ebene Anschlüsse

<1> Zu Tabelle 7.2: Anschluss von KHP-Streben

<1.1> Allgemeines

Die Tragfähigkeiten der Anschlüsse von KHP-Streben an KHP-Gurtstäbe nach Tabelle 7.2 basieren auf nur zwei analytischen Modellen, (1) Ringmodell Gurtstab und (2) Durchstanzmodell. In Tabelle 7.2 ist von "Flanschversagen des Gurtstabes" die Rede, die Tragfähigkeitsformeln decken jedoch das Versagen des gesamten Gurtquerschnitts mit ab, „Gurtversagen“ oder „Querschnittsversagen des Gurtstabes“ wären passende Bezeichnungen. Beim Durchstanzen durch die Gurtwandung handelt es sich dagegen um ein örtliches Problem.

<1.2> Zu Tabelle 7.2, 4. Zeile: Modell (1): Ursprüngliches Ringmodell für X-Anschlüsse

Das Ringmodell wurde ursprünglich in Japan zur Berechnung von X-Anschlüssen entwickelt [130]. Der Gurtstab wird als Ring mit dem Durchmesser $d_0 \approx d_0 - t_0$ und der wirksamen Breite B_e idealisiert. Der Ring versagt unter Ringbiegung mit breitovaler Abplattung durch Bildung von mehreren plastischen Gelenken, siehe Bild III.7-3.

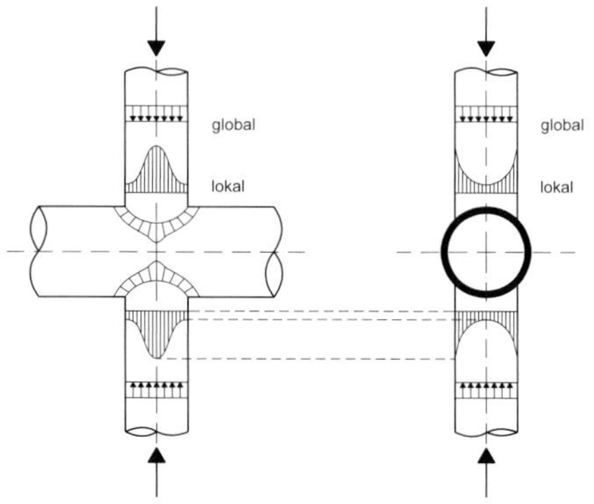

Bild III.7-3: Ungleichmäßige elastische Spannungsverteilung an KHP-X-Anschlüssen

Am realen X-Anschluss sind die örtlichen Spannungen σ_{lokal} nach Bild III.7-3 an der Verschneidungskurve von Strebe und Gurt ungleichmäßig verteilt. Wegen der Nachgiebigkeit an der Gurtkrone oben (geringe Biegesteifigkeit) sind die Spannungen dort kleiner, die Krone entzieht sich der Mitwirkung. Gleichzeitig steigt die Spannung an den Gurtsattelpunkten weiter unten an. Deshalb kann die Strebenlast N_1 in einem Modell, wie in Bild III.7-4, durch zwei Linienlasten ½ N_1 nahe den Sattelpunkten ersetzt werden. Je ungleichmäßiger die Spannungsverteilung ausfällt, desto zutreffender ist das Modell.

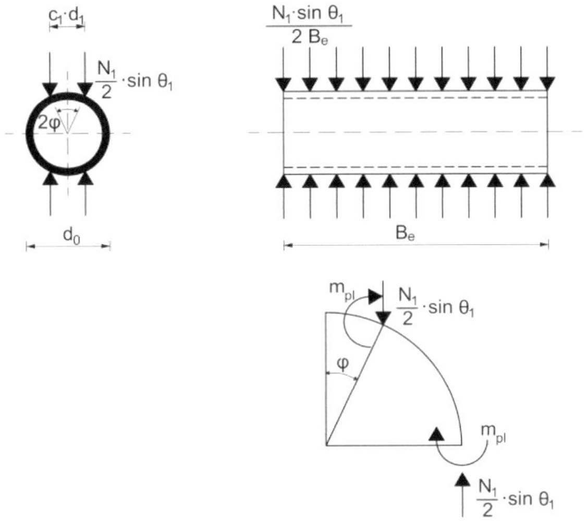

Bild III.7-4: Ringmodell

Sind die Streben geneigt, so verursacht nur die orthogonale Komponente $N_1 \cdot sin\ \theta_1$ Biegung. Am gesamten Ringmodell greifen somit vier paarweise entgegengesetzte Linienlasten ½ $N_1 \cdot sin\ \theta_1$ nahe den Sattelpunkten (Abstand $c_1 \cdot d_1$) an. Exakte Werte für B_e und c_1 wurden später auf Basis von Versuchen festgelegt. Das Ringmodell ist im Gegensatz zur Realität nur zweidimensional. Außerdem wird der Einfluss von Normal- und Querkräften im Ring im Modell vernachlässigt. Bei Einhaltung strenger Symmetrie (Doppelsymmetrie) sind beim X-Anschluss im Versagenszustand 6 plastische Gelenke an den höchstbeanspruchten Seiten (in der Horizontale) und an allen vier Sattelpunkten (Lasteinleitungspunkten) vorhanden.

Betrachtet man in Bild III.7-4 nur ein Kreisviertel mit dem Radius $d_0/2$ und ersetzt $d_1/b_0 = \beta$, so lautet die Gleichgewichtsbedingung nach Gleichung (III.7-7):

$$2\ m_{pl} = \frac{N_1\, sin\theta_1}{2}\left(\frac{d_0}{2} - \frac{c_1\, d_1}{2}\right) = 0{,}25 N_1\, sin\theta_1 (1 - c_1\beta) d_0 \qquad \text{(III.7-7)}$$

Mit dem plastischen Moment eines Rings der Breite B_e von $m_{pl} = \frac{1}{4} B_e t_0^2 f_{y0}$ ergibt sich bereits eine einfache Berechnungsformel der Tragfähigkeit von KHP-X-Anschlüssen nach Gleichung (III.7-8):

$$N_1 = \frac{f_{y0} t_0^2}{sin\theta_1} \frac{2\ B_e/d_0}{(1 - c_1\beta)} \qquad \text{(III.7-8)}$$

Die effektive Breite B_e hängt vom Breitenverhältnis β zwischen Streben und Gurtstab ab. Bei größeren Breitenverhältnissen kann die Last direkt von Strebenwand zu Strebenwand übertragen werden, B_e bleibt in Längsrichtung örtlich begrenzt. Bei kleineren Breitenverhältnissen muss die Last breiter in die Gurtwände verteilt werden, um zur gegenüberliegenden Strebe zu gelangen. Dabei biegt sich die Gurtkrone am Strebenanschluss zusätzlich durch. Diese Verformung ist später für den allgemeinen Stahlbau auf 3 % des Gurtdurchmessers begrenzt worden, siehe Verformungskriterium nach Lu et. al. [81]. In den Versuchsreihen für KHP-Anschlüsse wurden für B_e Werte zwischen 2,5 d_0 und 3 d_0 ausgewertet. Für KHP-X-Anschlüsse in Tabelle 7.2, 4. Zeile ist der Wert von $2\ B_e / d_0$ nach statistischer Analyse der Versuchswerte auf 5,2 bzw. $B_e = 2{,}6\ d_0$ festgesetzt worden. Der ebenfalls experimentell ermittelte Abstandsfaktor c_1 beträgt 0,81.

<1.3> Zu Tabelle 7.2, letzte Zeile: Einfluss der Gurtnormalspannungen: Beiwert k_p der Gurtauslastung

Bereits vorhandene Normalspannungen im Gurtstab können die Tragfähigkeit beeinflussen. Deren Einfluss wird durch einen zusätzlichen Beiwert k_p für die Gurtauslastung n_p nach Abschnitt 1.5 (5) berücksichtigt, bei KHP wird traditionell nur der Vorspannungsanteil $\sigma_{p,Ed}$ berücksichtigt. In der Vergangenheit ging man davon aus, dass Zugspannungen die Gurtwand stabilisieren und die Knotentragfähigkeit nicht beeinträchtigen, deshalb gilt für Zugspannungen $k_p = 1$. Diese Annahme wurde gegenwärtig erneut untersucht und diskutiert, vgl. van der Vegte et. al. [143], [140] Choo et. al. [32], [31], [33], Wardenier & Puthli [164] und Ummenhofer & Lipp [132], [131]. Die Gurtauslastung infolge Vorspannung wird mit elastischen Widerstandsmomenten ermittelt, vgl. 7.2.1 (3). Deshalb kann der Gurtstab auch bei $n_p = 1$ noch plastische Reserven besitzen. Darüber hinaus ist örtlich Membranwirkung mit Wiederverfestigung möglich. Mit der neuen ISO 14346 [23] und den CIDECT-Empfehlungen, vgl. Handbuch Nr. 1 [158], werden auch Zugspannungen im Gurt berücksichtigt. Allerdings werden die Tragfähigkeitsabminderungen nicht mehr auf die Gurtvorspannung, sondern auf die maximale Spannung bezogen, wie für RHP- und andere Anschlüsse auch (Konsistenz). Dabei werden Biegespannungen dann mit plastischen Widerstandsmomenten berechnet. Diese Änderung der Bezugsbasis erforderte für KHP jedoch die Anpassung aller Tragfähigkeitsgleichungen, vgl. van der Vegte et. al. [141], [144], [145], [146], Zhao et. al. [175] und Wardenier et. al. [162]. Diese Änderungen sind im Eurocode noch nicht umgesetzt, weshalb auch die Zuggurt-Abminderungen für k_p noch fehlt.

Bei Druckspannungen im Gurt wird die Tragfähigkeit des Anschlusses in Abhängigkeit von der Vorspannungs-Auslastung n_p drastisch reduziert. Druckspannung bzw. Druck-Auslastung sind in den Tabellen 7.2 bis 7.5 stets mit positivem Vorzeichen einzusetzen, was im Widerspruch zu anderen Normenteilen oder Normen steht. Um Missverständnisse zu vermeiden, kann die Betragsform wie in Gleichung (III.7-9) verwendet werden.

$$k_p = 1 - 0{,}3\ |n_p| \cdot (1 + |n_p|) \leq 1 \qquad \text{(III.7-9)}$$

Die Gurtstab-Auslastung n_p ist in Abschnitt 1.5 (5) definiert, die Berechnung der Vorspannung $\sigma_{p,Ed}$ in Abschnitt 7.2.1 (3) mit Gleichung (7.2). Diese Abschnitte sind an entsprechender Stelle kommentiert, wobei *Hinweise* gegeben werden.

<1.4> Zu Tabelle 7.2, 2. Zeile: Anpassungen des Ringmodells für T- und Y-Anschlüsse

Das Ringmodell ist nach einigen Anpassungen (nur eine Strebe und Erweiterungen zur Berücksichtigung der Lastabtragung in Gurtstablängsrichtung) auch zur Ermittlung der Tragfähigkeit von T- und Y-Anschlüssen herangezogen worden. Dazu ist eine der beiden Streben mit ihren zwei Linienlasten $\frac{1}{2}\ N_1$ durch die im Gleichgewicht stehenden Schubspannungen im Ring zu ersetzen. Der Schubfluss folgt einer Sinus-Funktion über den Kreisumfang. Die Grenzlast ist nach Bildung von 5 plastischen Gelenken erreicht, siehe van der Vegte [139].

<1.5> Zu 7.4.2 (6) und Tabelle 7.2, 6. und 10. Zeile: Erweiterung des Ringmodells für K- und N-Anschlüsse mit Spalt oder Überlappung: Beiwert k_g für Spalt und Überlappung

Während das Ringmodell für ebene X-, T- und Y-Anschlüsse gute Ergebnisse liefert, musste es für Anschlüsse mit komplizierterer Steifigkeits- und Spannungsverteilung, zu denen bereits die ebenen K-Anschlüsse zählen, semi-experimentell angepasst werden.

Für K- und N-Anschlüsse kommt die örtliche Lastabtragung in Längsrichtung im Spalt bzw. bei Überlappung hinzu. Die dazu nötigen Anpassungen sind auf dem Versuchswege ermittelt worden. Bild 7.6 veranschaulicht den vom Gurtschlankheits-Parameter γ abhängigen Einfluss k_g von Spalt und Überlappung in K-, N- und KT-Anschlüssen.

Beim Nachweis von K- oder N-Anschlüssen nach Tabelle 7.2, 6. Zeile ist die Orientierung (Druck oder Zug) der Strebennormalkräfte N_1 und N_2 zu beachten. Die Tragfähigkeitsgleichung $N_{1,Rd}$ gilt für die druckbeanspruchte Strebe $i = 1$. Die Tragfähigkeit $N_{2,Rd}$ der zugbeanspruchten Strebe $i = 2$ unterscheidet sich von dieser nur um das Verhältnis $(sin\ \theta_1/sin\ \theta_2)$, um das sich auch der Betrag der Strebenkräfte unterscheidet, wenn die Beanspruchungen am Fachwerkknoten im Gleichgewicht stehen. Daher ist es wenig sinnvoll, Zugstreben kleiner auszulegen als Druckstreben.

<1.6> Zu Tabelle 7.2, 8. Zeile: Modell (2): Durchstanzen von KHP-Gurtwandungen

Beim Durchstanzen geht es um das Abscheren der Gurtwand unter Druck oder Zug um die Strebe einschließlich Schweißnaht herum. Im Unterschied zum Streben- oder Schweißnahtversagen wird dabei ein Teil der Gurtwand herausgerissen.

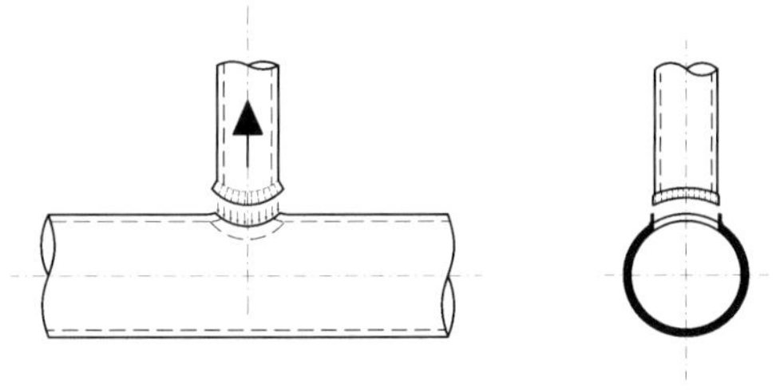

Bild III.7-5: Durchstanzmodell

Wegen seiner Einfachheit hatte sich das Durchstanzmodell (punching shear model) nach Bild III.7-5 in verschiedenen internationalen Regelwerken (z.B. Offshore-Codes) schneller verbreitet als das anspruchsvollere Ringmodell. Im Vergleich ist aber für normale Verhältnisse im Hochbau die Gurtplastizierung (Ringmodell) meist maßgebend. Nur bei geringen Gurtschlankheiten d_0/t_0, d. h. großen Wanddicken mit gleichmäßigeren Spannungen kann das Durchstanzen ohne vorherige exzessive Ringbiegung maßgebend werden. Trotzdem ist das Durchstanzen für alle Anschlusstypen noch als 2. Versagensform mit zu überprüfen, siehe Tabellen 7.2 bis 7.5. Nur für $d_i > d_0 - 2\ t_0$ ist Durchstanzen geometrisch nicht mehr möglich.

Beim Durchstanzmodell wird im Unterschied zum Ringmodell zunächst angenommen, die örtliche Schubspannung im Gurt sei um den Strebenumfang herum konstant. Deshalb trifft es auch bei geringer Gurtschlankheit b_0/t_0 besser zu. Vereinfachend wird nur die horizontale Projektion des Strebenumfangs berücksichtigt, die wirkliche räumliche Verschneidungsfläche in Form eines Sattels bleibt unberücksichtigt. Für einen T-Anschluss (Y-Anschluss mit θ_1 = 90°) kann der Grenzzustand nach Gleichung (III.7-10) beschrieben werden.

$$\frac{N_1}{\pi d_1 t_0} = \frac{f_{y0}}{\sqrt{3}} \qquad \text{(III.7-10)}$$

Für Y-Anschlüsse mit geneigten Streben vergrößert sich die Durchstanzfläche um den Faktor $(1+\sin\theta_1) / (2\sin\theta_1)$. Außerdem wird das Durchstanzen lediglich durch Belastungskomponenten rechtwinklig zum Gurt $N_1 \cdot \sin\theta_1$ verursacht. Damit ergibt sich das Durchstanzkriterium nach Gleichung (III.7-11).

$$N_1 = \frac{f_{y0}}{\sqrt{3}}\, \pi\, d_1\, t_0\, \frac{1+\sin\theta_1}{2\sin^2\theta_1} \qquad \text{(III.7-11)}$$

<1.7> Modell (3): Abschermodell und andere zusätzliche Bemessungskriterien

Bei K- oder N-Anschlüssen mit Spalt und großen Druck- und Zugstreben (großes Breitenverhältnis β) kann der Gurtquerschnitt im Spalt unter Schub, ggf. in Kombination mit vorhandener Normalkraft und Biegung (Interaktion) versagen, vgl. auch RHP-Gurtquerschnitte. Für ebene KHP-K- und N-Anschlüsse nach Tabelle 7.2, 6. Zeile, ebenso wie für KT-Anschlüsse nach Tabelle 7.6, 3. Zeile kann jedoch auf den Nachweis des Abscherens und der Interaktion verzichtet werden, da dies durch die vorhandene Tragfähigkeitsgleichung mit abgedeckt wird.

Bei ebenen DK-Anschlüssen nach Tabelle 7.6, letzte Zeile (*Hinweis*: Die zugehörige Abbildung zeigt einen KT-Anschluss und ist falsch, vgl. Tabelle 7.15.) und bei räumlichen KK-Anschlüssen nach Tabelle 7.7, letzte Zeile ist dagegen der Interaktionsnachweis im Schnitt 1-1 zu führen, weshalb das Abschermodell für KHP-Gurtstäbe, siehe auch Bild III.7-6, in <5> zum DK-Anschluss nach Tabelle 7.6, letzte Zeile näher erläutert wird.

<2> Zu Tabelle 7.3: Anschluss von Blechen

Für Blechanschlüsse an KHP sind zusätzlich zu Tabelle 7.1 zwei Gültigkeitsgrenzen zu beachten, siehe Tabelle 7.3, letzte Zeile. Die Bleche dürfen im Verhältnis zum Gurtstab nicht zu klein oder zu groß werden. Einschließlich der im Eurocode 3 fehlenden Untergrenze für die Höhe von Längsblechanschlüssen $h_1 \geq d_0$ (Wardenier et. al. [166]) gilt:

Breitenverhältnis: $\beta = b_1 / d_0 \geq 0{,}4$ (III.7-12)

Höhenverhältnis: $1 \leq \eta = h_1 / d_0 \leq 4$ (III.7-13)

Die Tragfähigkeiten der Blechanschlüsse basieren auf den gleichen Modellen wie die der Anschlüsse mit KHP-Streben, Ringmodell und Durchstanzmodell, allerdings mit den für einfache Bleche charakteristischen Parametern, wie z.B. $\sin\theta_1 = 1$. Die Tragfähigkeiten basieren auf analytischen und experimentellen Untersuchungen in Japan (Togo [130], Kurobane [73]), die später erweitert und aktualisiert wurden, vgl. Wardenier [153] und de Winkel [172]. Die Tragfähigkeit von Längsblechanschlüssen ist wesentlich kleiner als die Tragfähigkeit von Querblechanschlüssen.

Für den X-Querblechanschluss nach Tabelle 7.3, 3. Zeile wird das Ringmodell verwendet, für den experimentell ermittelten Einfluss der effektiven Breite findet man hier den Mindestwert 5 statt 5,2. Das entspricht einer mitwirkenden Breite von $B_e = 2{,}5\ d_0$.

Die Tragfähigkeit eines T-Querblechanschlusses in Tabelle 7.3, 2. Zeile wird aus der Tragfähigkeit des KHP-T-Anschlusses nach Tabelle 7.2, 2. Zeile erhalten, wenn man den Ausdruck $\gamma^{0,2}$ durch einen konstanten Faktor von ca. 1,42 ersetzt.

Die X- und T-Längsblechanschlüsse in Tabelle 7.3, 4. und 5. Zeile erhalten eine Erweiterung der mitwirkenden Breite um den Einfluss der Blechhöhe h_1 mit einem Faktor von $(1+ \frac{1}{4}\, h_1/d_0)$. Die mitwirkende Breite beträgt dann $B_e = 2{,}5\; d_0 + 0{,}25\; h_1$. Diese Abmessung sollte im Gurtstab auch zur Verfügung stehen. Da die Breite t_1 klein gegenüber d_0 ist, ist kein Parameter β definiert, die Tragfähigkeiten von X- und T-Anschluss sind gleich. Neuere Untersuchungen belegen die plastischen Reserven dieser Anschlüsse, die bei Bedarf eine Vergrößerung der konservativ angesetzten wirksamen Breiten erlauben, siehe Thiele et. al. [128].

In Tabelle 7.3 sind auch **Biege-Tragfähigkeiten** $M_{ip,1,Rd}$ und $M_{op,1,Rd}$ angegeben, je nachdem in welche Richtung die Übertragung von Biegemomenten möglich ist. Quer zu dünnen Blechen ist keine wesentliche Steifigkeit vorhanden. Die Biegetragfähigkeiten werden direkt aus den zugehörigen Tragfähigkeiten für Axialbelastung hergeleitet, wobei die wirksamen Hebelarme von $0{,}5 \cdot b_1$ für Querbleche und von h_1 für Längsbleche auf dem Versuchswege abgesichert wurden.

Die Bedingung für das **Durchstanzen** nach Tabelle 7.3, 3. Zeile von unten, ergibt sich aus der allgemeinen Gleichung mit $\theta_1 = 90°$ und Ersatz des Strebenumfangs $\pi \cdot d_i$ durch den jeweils maßgebenden Umfang um den maximal beanspruchten Teil des Bleches. Dabei kann die Blechdicke t_1 im Verhältnis zur Breite b_1 oder Länge h_1 vernachlässigt werden. Bei Beanspruchung eines Querbleches durch eine Normalkraft N_1 allein ergibt sich die Grenzbedingung nach **Gleichung** (III.7-14) .

$$\frac{N_{1,Ed}}{2b_1 t_0} \leq \frac{f_{y0}}{\sqrt{3}} / \gamma_{M5} \qquad \text{(III.7-14)}$$

Für ein Längsblech mit Normalkraftbeanspruchung durch $N_{1,Ed}$ wäre b_1 durch h_1 zu ersetzen. Hier wird schon deutlich, dass in der Bedingung für das Durchstanzen nach Tabelle 7.3 auf der Einwirkungsseite der Index 1 für das Blech vergessen wurde. Es muss heißen: $\sigma_{1,max}$, $N_{1,Ed}$, $M_{1,Ed}$, A_1 und $W_{1,el}$.

Bei zusätzlicher Beanspruchung durch ein Biegemoment $M_{1,Ed}$ infolge $M_{1,ip}$ oder $M_{1,op}$ muss am Blechanschluss von einer elastischen Spannungsverteilung mit dem Maximalwert $\sigma_{1,max}$ nach Gleichung (III.7-15) ausgegangen werden.

$$\sigma_{1,max} = N_{1,Ed}/A_1 + M_{1,Ed}/W_{1,el} \qquad \text{(III.7-15)}$$

Damit ergibt sich die allgemein geltende Grenzbedingung unter der über die Blechdicke t_1 gleichmäßig verteilten maximalen Spannung $\sigma_{1,max}$ an der Ecke des Bleches nach Tabelle 7.3, 7. Zeile:

$$\sigma_{1max} \cdot t_1 \leq 2 \cdot t_0\, (f_{y0} / \sqrt{3}) / \gamma_{M5} \qquad \text{(III.7-16)}$$

<3> Zu Tabelle 7.4: Anschluss von I-, H- oder RHP-Streben

Wie bei den Blechanschlüssen nach Tabelle 7.3 gelten auch für die Anschlüsse nach Tabelle 7.4 die zusätzlichen Begrenzungen nach Gleichung (III.7-13) und (III.7-14) für die Blechabmessungen bei den I- oder H-Profilen.

Außerdem müssen die I- oder H-Profil-Streben oder die RHP-Streben folgende grundlegenden Schlankheitskriterien erfüllen, vgl. auch Abschnitt 5.1.5 und Tabelle 7.8 und 7.20:

I- oder H-Profil-Streben auf Druck: Querschnittsklasse 1 oder 2

RHP-Streben auf Zug: $b_1/t_1 \leq 35$ und $h_1/t_1 \leq 35$

RHP-Streben auf Druck: Querschnittsklasse 1 oder 2 und b_1/t_1 wie für Zug

Auch die X-Anschlüsse von I-, H- oder RHP-Streben nach Tabelle 7.4, 3. und 5. Zeile basieren auf dem Ringmodell mit dem kleineren Faktor 5 und mit der Erweiterung um den Einfluss der Strebenhöhe $(1+ \frac{1}{4}\, h_1/d_0)$. Darüber hinaus werden die Tragfähigkeiten der Blechanschlüsse eingearbeitet und kombiniert.

Auch in Tabelle 7.4 sind **Biege-Tragfähigkeiten** M_{ip} und M_{op} angegeben. Diese werden jedoch direkt aus den zugehörigen Tragfähigkeiten für Axialbelastung hergeleitet, wobei die wirksamen Hebelarme von $0{,}5\, b_1$ für Querbleche, von h_1 für Längsbleche und von $h_1 / (1 + \frac{1}{4}\, h_1/d_0)$ für I- und H-Querschnitte auf dem Versuchswege abgesichert wurden, vgl. de Winkel [172].

Das **Durchstanzkriterium** gleicht dem Kriterium für Blech-Anschlüsse in Tabelle 7.3 mit einer Ausnahme. Bei Beanspruchung durch zweiachsige Biegung M_{ip} und M_{op} wird die maximale Spannung $\sigma_{1,max}$ über die Blechdicken t_1 (der Flansche von I- oder H-Profilen bzw. der Wände von RHP-Profilen) nicht mehr gleichmäßig verteilt angenommen. Bei ausgeprägter Schräglage wird eine Ecke des Profils am meisten beansprucht. Darunter ist beim Durchstanzen die Gurtwanddicke t_0 nur einseitig anzusetzen, so dass Gleichung (III.7-17) gilt.

$$\sigma_{1,max} \cdot t_1 \leq t_0\, (f_{y0} / \sqrt{3}) \,/\, \gamma_{M5} \qquad \text{(III.7-17)}$$

<u>Hinweis:</u> Die erste Zeile des Textes in der Zeile mit den Gleichungen für Durchstanzen enthält einen groben Druckfehler bei der η-Begrenzung. Das Durchstanzkriterium ist nicht für lange Bleche mit $\eta = h_1/d_0 > 2$, sondern für kurze Bleche mit $\eta \leq 2$ zu überprüfen, siehe Wardenier und Puthli, 2011.

<4> Zu Tabelle 7.5, auch in Tabelle 7.3 und 7.4: Biegetragfähigkeit

Das Ringmodell erwies sich als unzureichend für die Ermittlung der Biegetragfähigkeit von KHP-Anschlüssen in der Ebene M_{ip}. Die Biege-Tragfähigkeiten in der Ebene M_{ip} wurden von Gibstein [49] aus dem Durchstanzmodell hergeleitet und zusammen mit den Biege-Tragfähigkeiten aus der Ebene M_{op} von Wardenier [153] modifiziert. Die in Tabelle 7.5, 2. und 4. Zeile angegebenen Biege-Tragfähigkeiten sind das Ergebnis einer Neuauswertung von Sedlacek et. al. [118].

Bei Beanspruchung durch Biegung aus der Ebene M_{op} lässt sich das Ringmodell zugrunde legen. Die zwei in den Sattelpunkten einwirkenden Kräfte N_1 sind jedoch entgegengesetzt gerichtet und bilden ein Kräftepaar mit Hebelarm $c_1 \cdot d_1$. Die Biegetragfähigkeit M_{op} in Tabelle 7.5, 4. Zeile wurde aus der Tragfähigkeit des X-Anschlusses unter Axialbelastung nach Tabelle 7.2, 4. Zeile hergeleitet, wobei der Faktor 5,2 durch $2{,}7 \cdot d_1$ ersetzt ist. Experimentelle Parameterstudien sichern das Modell statistisch ab, siehe Wardenier [153] und Sedlacek et. al. [118].

Für das **Durchstanzkriterium** bei Biegemomentenbelastung M_{ip} und M_{op} nach Tabelle 7.5, 6.Zeile wird eine Vereinfachung aus den amerikanischen Standards API und AWS für $\theta_1 < 90°$ verwendet, wobei der runde Querschnitt in eine elliptische Form transformiert wird. Das ist für Winkel kleiner als 60° konservativ.

Hinweis: In der 2. und 4. Zeile, linke Spalte, handelt es sich beim Index „c" bei der Gurtstabwanddicke um einen Druckfehler. Gemeint ist t_0.

<5> Zu Tabelle 7.6: Weitere spezielle Anschlusstypen

Hinweis: Bei der letzten AC-Korrektur wurde in der deutschen Ausgabe in Tabelle 7.6, letzte Zeile das korrekte Bild eines KHP-DK-Anschlusses leider durch das falsche Bild eines KHP-KT-Anschlusses ersetzt. Für spezielle ebene KHP-Anschlüsse fehlen in Tabelle 7.6 die Typenbezeichnungen im Sinne von Bild 7.1 (von oben nach unten: DY, KT, DX und DK), sonst wäre das Versehen aufgefallen. Ein korrektes Bild eines DK-Anschlusses findet man jedoch auch in der entsprechenden Tabelle 7.15, letzte Zeile für RHP-Anschlüsse. Darin wird auch der Schnitt 1-1 dargestellt. In der englischsprachigen Ausgabe ist das korrekte Bild für den KHP-DK-Anschluss gezeigt. Dort ist jedoch das Bild des KHP-KT-Anschlusses in Zeile 3 nicht ganz korrekt.
In Tabelle 7.6 sind im Unterschied zu den vorangestellten Tabellen keine Tragfähigkeiten mehr angegeben, sondern Bemessungskriterien. Die Tragfähigkeiten der speziellen Anschlüsse nach Tabelle 7.6 werden aus den entsprechenden Tragfähigkeiten der ebenen Anschlüssen nach Tabelle 7.2 hergeleitet und sind mit Hilfe von Experimenten statistisch abgesichert, siehe Wardenier [153]. DY-Anschlüsse nach Zeile 2 und DX-Anschlüsse nach Zeile 4 verhalten sich wie X-Anschlüsse, KT-Anschlüsse nach Zeile 3 und DK-Anschlüsse nach Zeile 5 dagegen wie K-Anschlüsse. Bei den angegebenen Bemessungskriterien handelt es sich um Bemessungskriterien für Gurtversagen. Für die einwirkenden Lasten sind die positiven Definitionen entsprechend der Pfeilrichtungen in Tabelle 7.6 bindend.
Beispielsweise treffen die Bemessungskriterien für den KT-Anschluss nach Tabelle 7.6, 3 Zeile nur dann zu, wenn die einwirkende Kraft in der Vertikalen $N_{3,Ed}$ ebenso wie $N_{1,Ed}$ eine Druckkraft ist (Pfeilrichtung auf den Strebenschnitt zu). Eine Zugkraft in der Vertikalen $N_{3,Ed}$ würde die Summe der einwirkenden Vertikallasten verringern und den Nachweis verfälschen. Für solch einen Fall sind die Bemessungskriterien aber leicht anzupassen. $N_{3,Ed}$ als Zugkraft wäre im Nachweis auf der anderen Seite (zusammen mit der Zugkraft $N_{2,Ed}$) zu berücksichtigen, womit die Bemessungskriterien nach Gleichung (III.7-18) und (III.7-19) gelten.

$$N_{1,Ed} \le N_{1,Rd} \tag{III.7-18}$$

$$N_{2,Ed} \cdot \sin\theta_2 + N_{3,Ed} \cdot \sin\theta_3 \le N_{1,Rd} \cdot \sin\theta_1 \tag{III.7-19}$$

Dass zusätzlich für jede Strebe Durchstanzen nachzuweisen ist, ergibt sich aus Tabelle 7.2, wobei KT-Anschlüsse in der 7. Zeile explizit genannt werden.

<6> Zu Tabelle 7.6, letzte Zeile: Interaktion DK-Anschluss

Bei ebenen DK-Anschlüssen mit Spalt kann der Gurtquerschnitt im Schnitt 1-1 im Spalt zwischen den Streben unter Schub, ggf. in Kombination mit der vorhandenen Normalkraft (Interaktion) versagen. In Bild III.7-6 wird das Abschermodell für KHP-Gurtquerschnitte am Beispiel eines DK-Anschlusses dargestellt. Während für ebene KHP-K- und N-Anschlüsse nach Tabelle 7.2 und für ebene KT-Anschlüsse nach Tabelle 7.6, 3. Zeile auf den Interaktionsnachweis verzichtet werden kann, ist er bei DK-Anschlüssen nach Tabelle 7.6, letzte Zeile und bei räumlichen KK-Anschlüssen nach Tabelle 7.7, letzte Zeile zu führen. In diesen Fällen ist der Schubeinfluss mehrerer Streben wirksam.

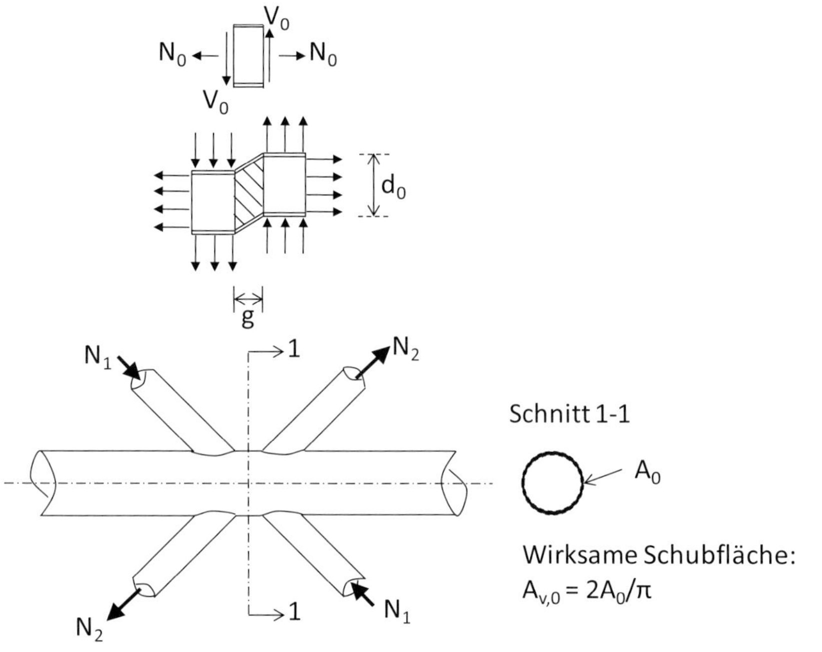

Bild III.7-6: Abschermodell für KHP-Gurtstäbe

Da Gurtbiegung im Verhältnis zur Normalkraft im Spalt $N_{0,Ed}$ in der Regel klein ist, wird ihr Anteil in der Interaktionsbeziehung nach Tabelle 7.6 vernachlässigt (Fachwerktheorie). Der Bemessungswert der Normalkraft im Spalt ergibt sich in Analogie zum Abscheren bei RHP-K-Knoten aus der Vorspannung zuzüglich Horizontalkomponente einer der einwirkenden Strebenkräfte nach Gleichung (III.7-20). Die einwirkende Abscherkraft $V_{0,Ed}$ resultiert aus der Vertikalkomponente der maßgebenden Strebenlast N_1 bzw. N_2 nach Gleichung (III.7-21).

$$N_{0,Ed} = N_{0,l,Ed} - N_{1,Ed} \cdot \cos\,\theta_1 = N_{0,r,Ed} + N_{2,Ed} \cdot \cos\,\theta_2 \qquad \text{(III.7-20)}$$

$$V_{0,Ed} = N_{1,Ed} \cdot \sin\,\theta_1 = N_{2,Ed} \cdot \sin\,\theta_2 \qquad \text{(III.7-21)}$$

Für einen KHP-Gurtquerschnitt berechnen sich die Abscherkapazität $V_{pl,0,Rd}$ und die Normalkraftkapazität $N_{pl,0,Rd}$ nach Gleichung (III.7-22) und (III.7-23).

Querschnittsfläche: $A_0 = \pi\,(d_0 - t_0) \cdot t_0$

Wirksame Schubfläche: $A_{v,0} = 2\,A_0\,/\,\pi$

$$N_{pl,0,Rd} = \frac{f_{y0}\,A_0}{\gamma_{M5}} = \pi \cdot (d_0 - t_0) \cdot t_0 \cdot f_{y0}\,/\,\gamma_{M5} \qquad \text{(III.7-22)}$$

$$V_{pl,0,Rd} = \frac{\left(f_{y0}/\sqrt{3}\right)A_{V.0}}{\gamma_{M5}} = \frac{f_{y0}}{\sqrt{3}}\,\frac{2A_0}{\pi}\,\frac{1}{\gamma_{M5}} \qquad \text{(III.7-23)}$$

III.7.4.3. Räumliche Anschlüsse

Die Tragfähigkeiten der räumlichen TT-, XX- und KK-Anschlüsse nach Tabelle 7.7 werden aus den Tragfähigkeiten der ihnen entsprechenden ebenen Anschlüssen nach Tabelle 7.2 hergeleitet. Dabei ist für Nachweise gegen Gurt“flansch“versagen (und nur dafür!) der Abminderungsbeiwert μ nach Tabelle 7.7 zu verwenden. Die Abminderungsbeiwerte basieren auf Forschungen von Makino et. al. [82], Mitri et. al. [88], Paul [96] und van der Vegte [139].

Der Abminderungsbeiwert μ kann auch größer als 1 werden, wenn durch die zusätzlichen Streben ein versteifender Einfluss gegenüber einem vergleichbaren ebenen Knoten entsteht. Bei XX-Anschlüssen nach Tabelle 7.7, 5. Zeile ist die Vorzeichenregelung besonders wichtig. Liegen in einem gegenüberliegenden Strebenpaar Druckkräfte und im anderen Strebenpaar Zugkräfte vor, so addiert sich die Ovalisierung des mitwirkenden Gurtringes und die Tragfähigkeit wird verringert. Weisen alle Streben entweder nur Druckkräfte oder nur Zugkräfte auf, so wird der Ring versteift und die Tragfähigkeit steigt.
Bei räumlichen KK-Anschlüssen nach Tabelle 7.7, letzte Zeile ist ein Interaktionsnachweis für den Gurtstab im Schnitt 1-1 des Spaltes zwischen den Strebenpaaren erforderlich. Die Abscherkapazität $V_{pl,0,Rd}$ und die Normalkraftkapazität $N_{pl,0,Rd}$ von KHP-Gurtstäben ist in den Gleichungen (III.7-22) und (III.7-23) angegeben, die im Schnitt 1-1 einwirkende Beanspruchung $N_{0,Ed}$ und $V_{0,Ed}$ nach statischen Gesichtspunkten (Knotengleichgewicht) ist sinngemäß zu ermitteln. Auch dabei werden sekundäre Gurtbiegebeanspruchungen vernachlässigt (Fachwerktheorie). Der Abminderungsbeiwert von $\mu = 0{,}9$ berücksichtigt den Einfluss der größeren Gurtbelastung aus der Einwirkung von 4 Strebenlasten im Vergleich zu 2 Strebenlasten ebener K-Anschlüsse, die im Beiwert k_p für die Auslastung infolge Gurtvorspannung bei KHP nicht erfasst werden kann.
Hinweis: In der ISO 14346 [23] und den neuen Entwurfsempfehlungen nach CIDECT-Handbuch Nr. 1 [158] wird die Gurtauslastung auf die maximale Gurtspannung bezogen und berücksichtigt die größere Gurtbelastung aus 4 Streben direkt. Damit ist ein Wert von $\mu = 1{,}0$ für den KK-Anschluss gerechtfertigt (Wardenier et. al. 2010) [162].
Dass zusätzlich für jede einzelne Strebe Durchstanzen nachzuweisen ist, wird nicht explizit erwähnt, ergibt sich aber aus den Verweisen. In Abschnitt 7.4.3 (1) wird die Überprüfung aller Bemessungskriterien nach Abschnitt 7.4.2 verlangt, also auch Durchstanzen und Schubversagen, falls erforderlich. Beim Durchstanzen ist der Abminderungsbeiwert μ nach Tabelle 7.7 allerdings nicht zu verwenden. Dabei handelt es sich um ein örtliches Phänomen. Die Schubtragfähigkeit des Gurtes profitiert ebenfalls nicht von zusätzlichen Streben.

III.7.5. Geschweißte Anschlüsse von KHP- oder RHP-Streben an RHP-Gurtstäbe

III.7.5.1. Allgemeines

<1> Zu 7.5.1 (1) – (3), Tabelle 7.8: Versagensformen und Gültigkeitsgrenzen
In Abschnitt 7.5 sind nicht nur Anschlüsse von RHP- oder KHP-Streben, sondern auch von Blechen und I- oder H-Profilstreben geregelt. Gemeinsam ist diesen Anschlüssen aber der Anschluss an ein RHP-Profil. Das kann ein Gurtstab im Fachwerk (axiale Belastung) sein oder ein biegebeanspruchtes Bauteil (Träger / Stütze). Der Begriff RHP schließt dabei QHP mit ein, es sei denn ein QHP wird ausdrücklich ausgenommen.
Die Berechnungshilfsmittel für RHP-Anschlüsse basieren auf durch IIW, CIDECT und RFCS (früher EGKS) geförderten Forschungsarbeiten in Großbritannien, den Niederlanden, Kanada, Japan, Deutschland und Italien, aber auch Untersuchungen in den USA und Polen. Auf zahlreichen Versuchsreihen basierende, empirische Ansätze wurden zunehmend durch analytische Ansätze, u.a. auf Basis der Fließlinientheorie abge-

löst, vgl. Redwood [110], Eastwood & Wood [42], Patel et. al. [95], Davies & Roper [39], Packer [91], Wardenier & Giddings [157], Wilkinson & Hancock [170], Zhao [174] und Yu [173], um nur einige zu nennen. Eine vollständige Übersicht über den damaligen Stand von Wissenschaft und Technik gibt Wardenier [153]. Mit dem von Lu et.al. [81] begründeten 3%-Verformungskriterium wurde eine zusätzliche Grenze eingeführt. Die Erkenntnisse wurden in Grundlagendokumenten, wie IIW [55] und dem CIDECT-Handbuch Nr. 3 [93] zusammengefasst. In den letzten 20 Jahren kamen umfangreiche numerische Parameterstudien hinzu, z.B.: Kosteski & Packer [68], Liu & Wardenier [77], [78], [76]. Darauf basieren die gegenwärtigen Regelungen im Eurocode, Abschnitt 7.5, vgl. auch Sedlacek et. al. [118]. Mitunter mussten aus Sicherheitsgründen jedoch bereits Anleihen aus den IIW [56] und CIDECT-Empfehlungen der 2. Generation, vgl. Handbuch Nr. 3 [94] genommen werden.

Bei Anschlüssen an RHP sind in den Versuchsreihen mehr unterschiedliche Versagensformen beobachtet worden als bei Anschlüssen an KHP oder QHP. Das Tragverhalten und die maßgebende Steifigkeit (Biege- oder Dehnsteifigkeit) von RHP-Flansch und RHP-Seitenwand unterscheiden sich, so dass es auch verschiedene örtliche Modelle dafür gibt. Örtliches Strebenversagen mit verminderten wirksamen Breiten hat wegen abrupter Steifigkeitsänderungen einen größeren Stellenwert. Die 6 Versagensformen a) bis f) nach Abschnitt 7.2.2 (1) sind in Bild 7.3 für RHP-Anschlüsse mit Längskraft- und Biegemomentenbelastung der Streben dargestellt, zur Erläuterung siehe III.7.2.2. In besonderen Fällen (durch Fußnoten eingeführt) sind die zusätzlichen Versagensformen g) und h) nach III.7.2.2 zu untersuchen.

Für praktische Zwecke lässt sich die Anzahl unterschiedlicher Versagensformen einschränken. Die dafür einzuhaltenden allgemeinen Gültigkeitsgrenzen für die angegebenen Tragfähigkeitsformeln und -nachweise enthält Tabelle 7.8. Für den vereinfachten Nachweis von QHP nach Tabelle 7.10 gilt zusätzlich Tabelle 7.9. Für Bleche, I- und H-Profile gelten besondere Grenzabmessungen nach Tabelle 7.13.

Die Tabellen enthalten Schlankheitsbegrenzungen, um örtliches Beulen (Versagensform f) zu vermeiden, plastische Versagensformen ohne vorzeitige Rissbildung und die Umverteilung sekundärer Biegemomente bei Fachwerken (siehe Abschnitt 5.1.5) zu ermöglichen. Neben Querschnittsklasse 1 bzw. 1 oder 2 wird bei RHP nach Tabelle 7.8 die Einhaltung von b_0/t_0 bzw. $b_i/t_i \leq 35$ gefordert.

Hinweis: Neuere Untersuchungen von Liu & Wardenier [76] im Zuge der Erweiterung des Anwendungsbereiches auf S460 ergaben, dass die Einschränkung auf "Klasse 1" aufgehoben werden kann. Damit sind Querschnitte der Klasse 1 oder 2 überall einsetzbar.

Bei den Breitenverhältnissen von Strebe und Gurt b_i/b_0 bzw. d_i/b_0 müssen nach Tabelle 7.8, 2. Spalte verschiedene Mindestwerte eingehalten werden, die nach neueren Untersuchungen (Wardenier et. al. [162]) jedoch vereinheitlicht werden können, nämlich auf die Grenzen b_i/b_0 bzw. $d_i/b_0 \geq 0{,}25$ und $\geq 0{,}1 + 0{,}01\ b_0/t_0$. Damit werden zu kleine Breitenverhältnisse sicher vermieden.

Bei K- oder N-Knoten mit Spalt muss nicht nur Platz zum Schweißen bleiben ($g \geq t_1 + t_2$), sondern das Verhältnis g/b_0 muss im Grenzbereich von $0{,}5\ (1 - \beta) \leq g/b_0 \leq 1{,}5\ (1 - \beta)$ bleiben. Die untere Grenze ermöglicht die Ausbildung des plastischen Fließlinienmusters ohne vorzeitige Rissbildung. Bei Überschreitung der oberen Grenze zerfällt der K- bzw. N-Anschluss in zwei getrennte Y- bzw. T-Anschlüsse, wobei der Gurtstab allerdings wie bei K- bzw. N-Anschlüssen auch weiterhin gegen Schubversagen nachzuweisen ist.

Für RHP-K- und N-Anschlüsse mit Überlappung gibt es ebensolche Anforderungen an das Überlappungsverhältnis λ_{ov} wie für entsprechende KHP-K- und N-Anschlüsse mit Überlappung nach Abschnitt 7.4.1 und

Tabelle 7.1: $25\,\% \leq \lambda_{ov} \leq \lambda_{ov,lim}$, siehe auch III.7.1.2 (6) bis (8). Zusätzlich ist bei RHP-Anschlüssen mit Überlappung das Breitenverhältnis der Streben b_i/b_j begrenzt.

<u>Hinweis</u>: Tabelle 7.8 enthält einen Druckfehler bei den Strebenüberlappungen. Das Breitenverhältnis der Streben ist nach unten und nicht nach oben begrenzt. Die Streben dürfen sich nicht zu sehr unterscheiden, so dass gilt: $b_i/b_j \geq 0{,}75$. Das trifft auch für Anschlüsse von KHP-Streben zu.

Die genannten Vereinfachungen und die Korrekturen sind in Tabelle III.7-1 als konservativ vereinfachter Gültigkeitsbereich für Abschnitt 7.5 übersichtlich zusammengestellt.

Tabelle III.7-1: Vereinfachter Gültigkeitsbereich für geschweißte Anschlüsse von RHP- oder KHP-Streben an RHP-Gurtstäbe

<table>
<tr><th colspan="5">Gültigkeitsbereich</th></tr>
<tr><td colspan="5">(für T-, Y- und X-Anschlüsse: i = 1;
für K- und N-Anschlüsse mit Spalt: i = 1 oder 2;
für K- und N-Anschlüsse mit Überlappung: i = überlappende Strebe und j = überlappte Strebe)</td></tr>
<tr><th colspan="2">Gurte</th><th colspan="2">Streben</th><th rowspan="2">Spalt bzw. Überlappung</th></tr>
<tr><th>allgemein</th><th>Druck</th><th>allgemein</th><th>Druck</th></tr>
<tr><td rowspan="3">$b_0/t_0 \leq 35$
$h_0/t_0 \leq 35$</td><td rowspan="3">Klasse 1 oder 2 und allgemeine Begrenzung</td><td rowspan="2">$0{,}5 \leq h_i/b_i \leq 2{,}0$
$b_i/t_i \leq 35$
$h_i/t_i \leq 35$
$d_i/t_i \leq 35$</td><td rowspan="2">Klasse 1 oder 2 und allgemeine Begrenzung</td><td>$0{,}5\,(1-\beta) \leq g/b_0 \leq 1{,}5\,(1-\beta)$ ([a])
jedoch $g \geq t_1 + t_2$</td></tr>
<tr><td>$25\,\% \leq \lambda_{ov} \leq \lambda_{ov,lim.}$ ([b])
$b_i/b_j \geq 0{,}75$ und $d_i/d_j \geq 0{,}75$</td></tr>
<tr><td colspan="3">Für T-, Y-, X- und K- und N-Anschlüsse mit Spalt:
$b_i/b_0 \geq 0{,}1 + 0{,}01\,b_0/t_0$ jedoch $\geq 0{,}25$
$d_i/b_0 \geq 0{,}1 + 0{,}01\,b_0/t_0$ und $0{,}25 \leq d_i/b_0 \leq 0{,}80$
Für K- und N-Anschlüsse mit Überlappung:
$b_i/b_0 \geq 0{,}25$ und $d_i/b_0 \geq 0{,}25$</td></tr>
<tr><td colspan="5">Anmerkungen:
([a]) Falls $g/b_0 > 1{,}5(1-\beta)$, ist der Anschluss wie zwei getrennte T- oder Y-Anschlüsse zu behandeln, allerdings ist auch mögliches Schubversagen des Gurtes im Spalt zu überprüfen.
([b]) $\lambda_{ov,lim.} = 60\,\%$ falls die verdeckte Naht der überlappten Strebe nicht auf den Gurt geschweißt ist.
$\lambda_{ov,lim.} = 80\,\%$ falls die verdeckte Naht der überlappten Strebe vollständig geschweißt ist.
Falls die Überlappung $\lambda_{ov,lim}$ überschreitet, oder wenn die Streben RHP mit $h_i < b_i$ oder $h_j < b_j$ sind, muss die Verbindung zwischen den Streben und der Oberfläche des Gurtstabes auf Abscheren überprüft werden.</td></tr>
</table>

Bei den RHP-Anschlüssen nach Tabelle 7.10 bis 7.19 wird dann von folgenden analytischen Modellen für die verbleibenden Versagensformen a) bis e) ausgegangen:

(1) Fließlinienmodelle des Gurtstabflansches (Versagensform a)

(2) Durchstanzmodell für den Gurtstabflansch (Versagensform d)

(3) Gurtseitenwandversagen: Fließen, Quetschen oder Beulen (Versagensform b)

(4) Abschermodell des Gurtstabes (Versagensform c)

(5) Örtliches Strebenversagen: verminderte wirksame Breiten (Versagensform e)

Hinweis: Mit der ISO 14346 [23] und den neuen CIDECT-Entwurfsempfehlungen, siehe Handbuch Nr. 3 [94] werden die Nachweise für alle überlappten Anschlüsse einheitlich geregelt. Bisher weisen nur Fußnoten in den Tabellen 7.8 (für RHP- oder QHP-Gurtstäbe), 7.20 (für I- oder H-Profil-Gurtstäbe), 7.23 (für U-Profil-Gurtstäbe) und der einleitende Satz 7.1.2 (6) darauf hin, dass unter gewissen Bedingungen zusätzliche Abschernachweise „zwischen den Streben und der Oberfläche des Gurtstabes" geführt werden müssen (entspricht hier Versagensform h). Für KHP-Streben fehlen die dazu erforderlichen reduzierten mitwirkenden Breiten, für RHP sind sie im Prinzip vorhanden, wenn auch nur für die überlappende Strebe i und nicht für die überlappte Strebe j definiert. Deshalb sollte der Tragwerksplaner folgende Grundsätze verstehen.

Bei K- und N-Anschlüssen mit Überlappung nach Bild III.7-7 bestehen folgende Versagensmöglichkeiten:

Schnitt (1): örtliches Strebenversagen infolge verminderter mitwirkender Breite

Schnitt (2): Versagen des Gurtquerschnittes unter örtlichen Beanspruchungen

Schnitt (3): Abscheren der Verbindung zwischen Streben und Gurtoberfläche und Schubbeulen des Gurtflansches

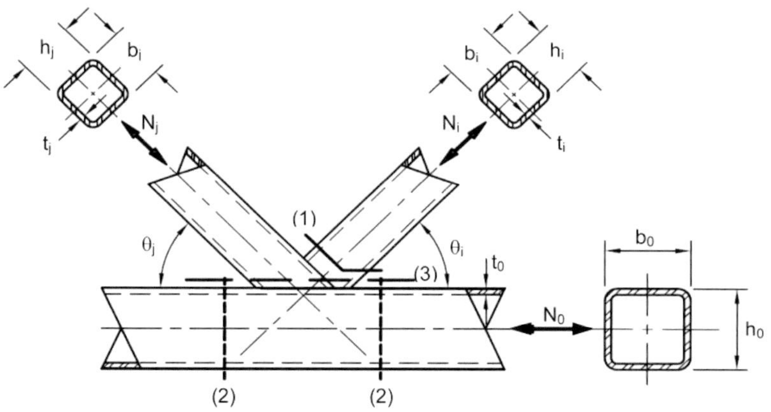

Bild III.7-7: Zu überprüfende Querschnitte für RHP-K-Anschlüsse mit Überlappung

Das örtliche Strebenversagen der überlappenden Strebe i in Schnitt (1) nach Bild III.7-7 entspricht Versagensform e) und wird von den bisherigen Regelungen mit abgedeckt. Beim Versagen in einem der Schnitte (2) handelt es sich um ein Gurtstabversagen. Für Versagen in Schnitt (3) nach Bild III.7-7 wurde von Chen et. al. [30] ein analytisches Modell entwickelt: Modell (7) Abschermodell der Strebenüberlappung (Versagensform h).

<2> Zu 7.5.2.1 (5), Gleichung (7.4): Interaktion: RHP-Interaktionsformel

Liegt kein Fachwerkträger vor, so können angeschlossene Bauteile (Strebe i) auch durch Normalkräfte und planmäßige Biegemomente beansprucht sein. In diesem Fall ist nach 7.5.2 (5) für die Strebe der Interaktionsnachweis nach Gleichung (7.4) zu führen. Der Nachweis ist im Gegensatz zum entsprechenden Nachweis für Anschlüsse an KHP nach Gleichung (7.3) linear. Wie dort darf die Auslastung durch Querkräfte nicht zu hoch sein: $V_{i,Ed} < 0{,}5\ V_{i,pl,Rd}$, siehe DIN EN 1993-1-1, Abschnitt 6.2.8 (2). Andernfalls muss die Fließspannung zur Ermittlung der plastischen Querschnittswerte um den Anteil der mit der Querkraft „belegten" Querschnittfläche reduziert werden, siehe Gleichung (III.7-6).

III.7.5.2. Ebene Anschlüsse

III.7.5.2.1 Unverstärkte Anschlüsse

<1> Zu Tabelle 7.8 + 7.9: Anschlüsse von RHP-, QHP- und KHP-Streben

Werden quadratische Hohlprofile verwendet, so lässt sich die Anzahl der Versagensformen ähnlich wie bei runden Hohlprofilen stark einschränken. Für T-, Y- und X-Anschlüsse, sowie K- und N-Anschlüsse mit Spalt nach Tabelle 7.10 wird Versagensform a) Flanschversagen des Gurtstabes maßgebend, wenn zusätzlich zu Tabelle 7.8 die Bedingungen nach Tabelle 7.9 eingehalten werden. Dabei handelt es sich um Mindestwerte von $b_0/t_0 \geq 10$ für T-, Y- und X-Anschlüsse bzw. $b_0/t_0 \geq 15$ für K- und N-Anschlüsse mit Spalt. Die Strebenbreiten dürfen sich nicht zu sehr unterscheiden mit $0{,}6 \leq (b_1 + b_2) \,/\, (2\ b_1) \leq 1{,}3$. Ausgeschlossen werden auch T-, Y- und X-Anschlüsse von QHP-Streben mit großem Breitenverhältnis $b_1/b_0 = \beta > 0{,}85$. Bei diesen Anschlüssen erfolgt die Lasteinleitung vorrangig in die Gurtseitenwände, so dass weitere Versagensformen maßgebend werden können. Der Nachweis erfolgt dann nach der allgemeinen Tabelle 7.11. Dort sind auch Fußnoten zu beachten. Nach Tabelle 7.11, Fußnote [b] ist im Bereich $0{,}85 < \beta < 1$ zwischen Flanschversagen (Versagensform a) und Seitenwandversagen (Versagensform b) zu interpolieren. Die Fußnote [a] weist auf einen Zusatznachweis für Schub hin, siehe <1.1>.

Für K- und N-Anschlüsse mit Überlappung nach Tabelle 7.10 ist nur das örtliche Strebenversagen (Versagensform e) zu untersuchen, sofern $\lambda_{ov} \leq \lambda_{ov,lim}$. Bei überlappten Streben gilt die Tabelle 7.10 auch für Anschlüsse mit RHP nach Tabelle 7.12.

Hinweis: Tabelle 7.10 enthält einen Druckfehler in der Fußnote [a]. Nachweispflichtig ist die oben aufgeschweißte, überlappende Strebe mit dem Index i, nicht die überlappte Strebe, wie in allen anderen Tabellen richtig vermerkt.

Wenn der Gültigkeitsbereich von Tabelle 7.9 verlassen wird, aber auch für größere Breitenverhältnisse $\beta > 0{,}85$ von T-, Y- und X-Knoten nach Tabelle 7.10, ist nach Tabelle 7.11 zusätzlich (2) Durchstanzen (Versagensform d), (3) Seitenwandversagen (Versagensform b) und (5) Strebenversagen (Versagensform e) zu untersuchen. Für K- und N-Knoten nach Tabelle 7.12 entfällt Seitenwandversagen, dafür kommt (4) Schubversagen des Gurtstabes (Versagensform c) hinzu. Dieses allgemeine Prinzip musste in besonderen Fällen ergänzt werden, siehe Fußnoten.

<1.1> Zu Tabelle 7.10 + 7.11: T-, Y- und X-Anschlüsse

Bei T-, Y- und X-Anschlüssen, aber auch bei K- und N-Anschlüssen nach Tabelle 7.10, 7.11 und 7.12 gelten die Nachweise auch für runde KHP-Streben mit d_i statt b_i, wenn die auf die Streben bezogenen Tragfähigkeiten mit $\pi/4$ multipliziert und die entsprechenden Abmessungen der KHP-Streben eingesetzt werden, vgl. Wardenier [153].

Hinweis: Durch neuere Untersuchungen (vgl. Wardenier [155]) zu K- und N-Anschlüssen mit Überlappung konnten auch die wirksamen Breiten der KHP-Streben (Versagensform e) angepasst werden. Durch Einsetzen von d_i statt b_i ergibt sich die wirksame Breite d_{eff}. Die wirksame Breite $d_{e,ov}$ muss jedoch nach Gleichung (III.7-24) modifiziert werden.

Bei KHP-Streben gilt: $d_{e,ov} = \left(\frac{12}{d_j / t_j}\right)\left(\frac{f_{yj} t_j}{f_{yi} t_i}\right) d_i \leq d_i$ (III.7-24)

Das gilt für KHP-Streben auf RHP-Gurtstäben nach Tabelle 7.11 und 7.12 ebenso wie auf I-, H- oder U-Profilgurtstäben nach Tabelle 7.21 und 7.24.

Fließlinienmodelle für Gurtstabflanschversagen (Modell (1)) (zu Tabelle 7.10, 3. Zeile + Tabelle 7.11, 3. Zeile)

Das aus den 70er Jahren stammende und seitdem durch viele Versuchsreihen überprüfte und kalibrierte Fließlinienmodell (Redwood [110], Wardenier [153] u.a.) findet man in DIN EN 1993-1-8 direkt umgesetzt für T-, Y- und X-Anschlüsse an QHP- und RHP-Gurten in Tabelle 7.10 und 7.11.

Für T-, Y- und X-Anschlüsse mit kleinem bis mittlerem Breitenverhältnis von Strebe und Gurt $\beta \leq 0{,}85$ wird unter einwirkenden Strebenlasten der Gurtstabflansch eingedrückt (bzw. herausgebogen). In welcher Form, hängt vom Knotentyp, dem Strebenquerschnitt und den Strebenbeanspruchungen ab. Die einfachste Form, eine Einbuchtung, ist beim T- bzw. Y-Anschluss mit einer Strebendruckkraft gegeben. Die Einbuchtung wird durch einen Pyramidenstumpf modelliert. Die Flanschgrenzlast kann mit Hilfe der Fließlinienmethode bestimmt werden. Die Fließlinienmethode ist das dreidimensionale Äquivalent der Fließgelenkmethode für Stabwerke. Grundlage ist die Gleichsetzung von äußerer Arbeit der angreifenden Kräfte, um eine bestimmte Verformung zu erzeugen und innerer Arbeit, reduziert auf die Rotation in den plastischen Gelenklinien (plastisches Moment · Verdrehung).

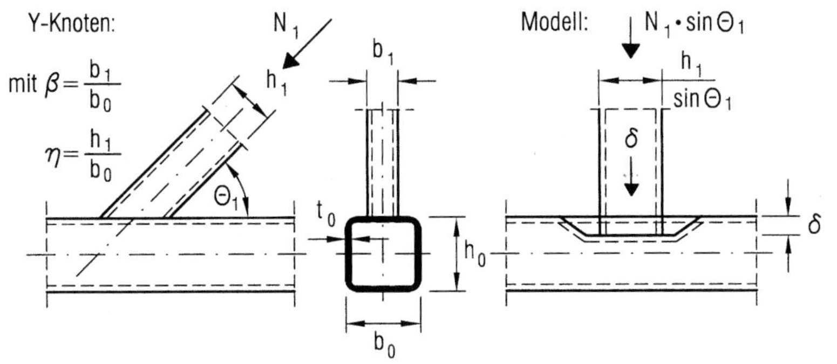

Auswertung der Arbeitsgleichung:

$$N_1 \cdot \sin\Theta_1 \cdot \delta = \sum_{i=1}^{5} n_i \cdot l_i \cdot \varphi_i \cdot m_{Pl}$$

Fließlinienmuster:

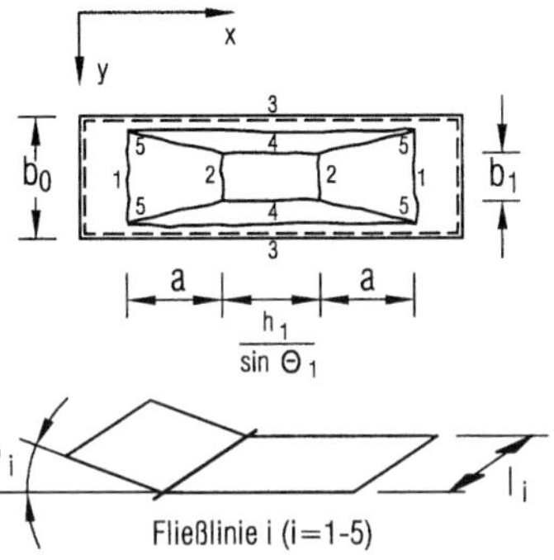

Fließlinie i	Anzahl n_i	Längen l_{xi}	l_{yi}	Rotationswinkel φ_{xi}	φ_{yi}
1	2	-	b_0	-	δ/a
2	2	-	b_1	-	δ/a
3	2	$\frac{h_1}{\sin\Theta_1}+2a$	-	$\frac{2\delta}{b_0-b_1}$	-
4	2	$\frac{h_1}{\sin\Theta_1}$	-	$\frac{2\delta}{b_0-b_1}$	-
5	4	a	$\frac{b_0-b_1}{2}$	$\frac{2\delta}{b_0-b_1}$	δ/a

Plastisches Moment im Fließgelenk:

$$m_{Pl} = \frac{f_{y0} \cdot t_0^2}{4} \quad [\text{Nmm/mm}]$$

Differentiation: $\frac{\partial N_1}{\partial a} = 0$

Lösung: $N_1 \cdot \sin\Theta_1 = \frac{f_{y0} \cdot t_0^2}{1-\beta}\left(\frac{2\eta}{\sin\Theta_1} + 4\sqrt{1-\beta}\right)$

Bild III.7-8: Fließlinienmodell für RHP-Y-Anschluss unter Streben-Normalkraft

Die äußere Arbeit wird beim Fließlinienmodell des Pyramidenstumpfes nach Bild III.7-8 durch die Vertikalkomponente der Strebenkraft $N_1 \cdot sin\,\theta_1$, multipliziert mit ihrer Verschiebung δ, bestimmt. Die innere Arbeit bestimmt sich durch Summation des Produktes der Plastischen Momente mit den Rotationen aller Fließlinien: $\Sigma(M_{pl,i} \cdot \phi_i)$. Das plastische Moment einer Fließlinie beträgt $M_{pl,i} = l_i \cdot m_{pl}$ mit $m_{pl} = ¼ f_{y0} \cdot t_0^2$. Die einzelnen Längen der Fließlinien l_i und die Verdrehungen ϕ_i sind in Bild III.7-8 gezeigt. Die Verschiebung δ lässt sich aus der gesamten Arbeitsgleichung herauskürzen. Unbestimmt ist noch der Abstand a, der über die Längenausdehnung des Modells und damit die Größe der Grenzlast N_1 entscheidet. Die Differentiation der Funktion der Kraft N_1 nach dem Abstand a und Nullsetzen des Ergebnisses ergibt das Minimum der Grenzlast N_1 für Flanschplastizierung nach Gleichung (III.7-25).

$$N_1 = \frac{f_{y0} t_0^2}{(1-\beta)\ sin\,\theta_1}\left(\frac{2\frac{h_1}{b_0}}{sin\,\theta_1} + 4\sqrt{1-\beta}\right) \tag{III.7-25}$$

Der zum Minimum N_1 zugehörige Abstand a beträgt $a = (b_0 - b_1)/2 \cdot \left(1/\sqrt{1-\beta}\right) = \sqrt{1-\beta} \cdot b_0/2$. Dieser Abstand $a > b_0/2$ muss am Gurtende ungestört als Überstand zur Verfügung stehen, damit sich das Fließlinienmuster auf dem Gurtflansch ausbilden kann. Randstörungen würden die Knotentragfähigkeit beeinflussen, dann sind Aussteifungen zu empfehlen.

Für einfache Fließlinienmuster wie in Bild III.7-8 können durch Auswertung der Arbeitsgleichung Versagenslasten gefunden werden, die sich nur noch geringfügig von komplizierteren, realitätsnäheren Fließlinienmustern unterscheiden. Eine Verfeinerung des Musters lohnt sich daher kaum.

Die für das Fließlinienmuster erforderlichen Dehnungen, die sich einstellende Membranwirkung und die Wiederverfestigung in den plastischen Gelenken berücksichtigt das Modell nicht. In Versuchen zeigten sich Last-Verformungskurven ohne ausgeprägtes Maximum. Deshalb wird die Eindrückung der Strebe in den Gurtflansch heute auf 3 % der Gurtstabbreite b_0 begrenzt, vgl. Deformationskriterium nach Lu et. al. [81].

Die Knotentragfähigkeit wird außerdem durch im Gurtstab bereits vorhandene Spannungen reduziert. Dies wird durch einen Reduktionsfaktor für die elastische Gurtauslastung k_n berücksichtigt. In der Vergangenheit ging man davon aus, dass Zugspannungen die Gurtwand stabilisieren und die Knotentragfähigkeit nicht beeinträchtigen, deshalb gilt für Zugspannungen $k_n = 1$. Das konnte in zahlreichen Versuchen zunächst auch bestätigt werden, vgl. Wardenier [153].

Hinweis: Allerdings ist es bei großer Auslastung in Frage zu stellen, vgl. Liu et. al. [76], Wardenier et. al. [160], [165], [163]. Deshalb wird nach ISO 14346 [23] und in den neuen IIW- und CIDECT-Empfehlungen, siehe IIW [56] und CIDECT-Handbuch Nr. 3 [94], auch für Zugspannungen im Gurt eine Abminderung vorgesehen. Dafür können Biegespannungen dann aber mit plastischen Widerstandsmomenten berechnet werden. Nach Eurocode sind sie noch elastisch zu berechnen, vgl. 7.2.1 (3), wodurch gewisse plastische Querschnittsreserven vorhanden sein können. Für hoch ausgelastete Zugstäbe, z.B. in Fachwerken, und in Bauwerken der Schadensfolge- bzw. Zuverlässigkeitsklasse CC3 = RC3 nach DIN EN 1990, Anhang B wird jedoch eine Berücksichtigung der Zuggurtauslastung empfohlen, vgl. Wardenier & Puthli [146]. Als „hoch ausgelastet" können Auslastungen von 60 % bis 80 % der plastischen Grenzspannung gelten.

Für Druckspannungen wird die Knotentragfähigkeit in jedem Fall in Abhängigkeit von der Auslastung n drastisch reduziert. Maßgebend ist die maximale Gurtnormalspannung $\sigma_{0,Ed}$. Der Beiwert k_n nach Tabelle 7.10, 7.11 und 7.12 entspricht der Gurtspannungsfunktion nach Gleichung (III.7-26). Um Missverständnissen vorzubeugen, sind hier jedoch die Betragszeichen ergänzt.

$$k_n = 1{,}3 - \frac{0{,}4\,|n|}{\beta} \le 1{,}0 \quad \text{mit} \quad n = \frac{\sigma_{0,Ed}}{f_{y0}} \qquad \text{(III.7-26)}$$

In Bild III.7-9 ist der Verlauf von k_n für RHP-Gurte dargestellt.

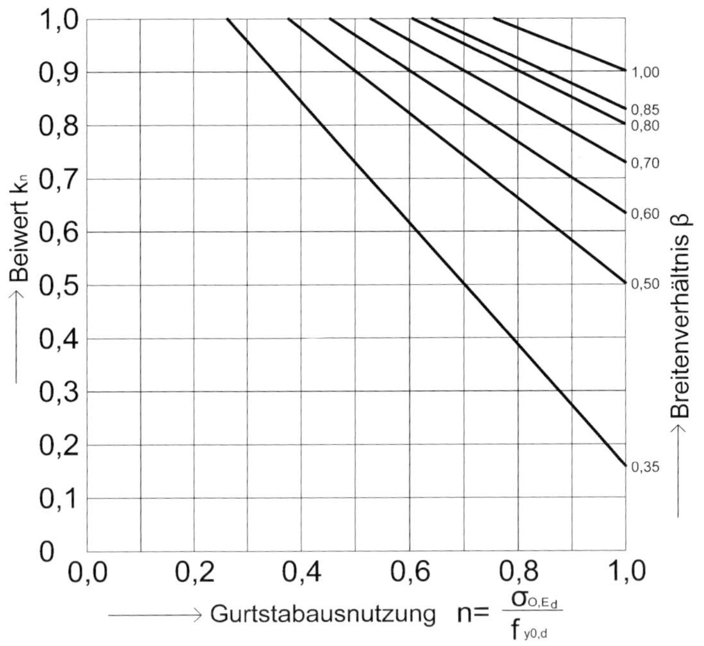

Bild III.7-9: Beiwert k_n für Gurtdruckauslastung nach Wardenier [153]

Im Unterschied zu KHP-Gurten ist die Abminderung bei RHP-Gurten vom Breitenverhältnis β abhängig, sie wird bei kleinen Breitenverhältnissen besonders groß. Die Gurtspannungsfunktion nach Gleichung (III.7-26) ergibt bei Vollauslastung mit $|n| = 1$ für sehr kleine Breitenverhältnisse $\beta < 0{,}3077$ negative Werte für k_n. Das ist der Vereinfachung geschuldet und offensichtlich unzutreffend.

<u>Hinweis</u>: Um diesen Effekt zu vermeiden, kann eine untere Begrenzung für den Beiwert k_n eingeführt werden mit $k_n \geq 1{,}3\ (1 - |n|)$. Diese Begrenzung der Gurtzugspannungsfunktion k_n gilt auch für die Tabellen 7.11 und 7.14 (für T- und X-Anschlüsse) sowie Tabelle 7.12 (für K-Anschlüsse). Diese Untergrenze entspricht übrigens der Gurtspannungsfunktion k_m für Blechanschlüsse in Tabelle 7.13 (Konsistenz).

Durchstanzmodell des Gurtstabflansches (Modell (2)) (zu Tabelle 7.11, 9. Zeile)

Durchstanzen als Versagensform ist aus der Offshore-Technik übernommen, vgl. Patel et. al. [95], und von Wardenier [153] angepasst worden. Beim Durchstanzen geht es um das Abscheren der Gurtflanschwand um die Strebe einschließlich Schweißnaht herum. Dabei wird ein Teil des Gurtflansches herausgerissen, siehe Bild III.7-10. Das unterscheidet diese Versagensform vom Strebenversagen. Nur bei geringen Schlankheiten b_0/t_0, d. h. großen Wanddicken, und bei größeren Breitenverhältnissen β kann das Durchstanzen ohne vorherige exzessive Flanschbiegung maßgebend werden. Daher ist der Durchstanznachweis nicht für alle Anschlusstypen zu überprüfen, nicht für QHP-Gurtstäbe oder Längsblechanschlüsse, allerdings für RHP-Gurtstäbe nach Tabelle 7.11 (für T-, Y- und X-Anschlüsse mit $0{,}85 \leq \beta \leq (1 - 1/\gamma)$) und Tabelle 7.12 (für K- und N-Anschlüsse mit $\beta \leq (1 - 1/\gamma)$) und für Querblechanschlüsse nach Tabelle 7.13 (mit $b_1 \leq b_0 - 2\ t_0$).

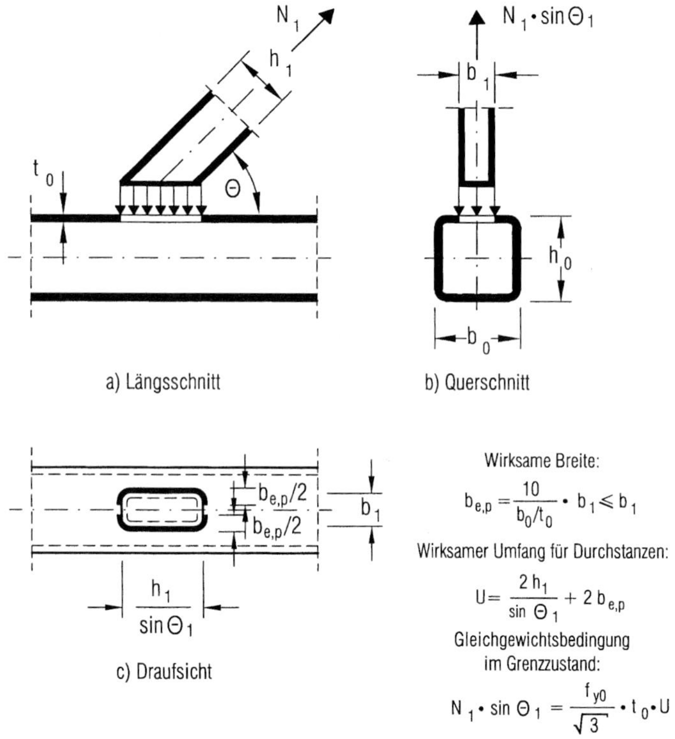

Bild III.7-10: Durchstanzmodell für RHP-Y-Anschluss unter Streben-Normalkraft

Beim Durchstanzmodell für RHP-Gurtstäbe und Strebenaxialkräfte wird von um den Strebenumfang ungleichmäßig verteilten Scherspannungen ausgegangen. Für T-, Y- und X-Anschlüsse wird der größte Teil der Strebenkraft an den Längsseiten $h_1 / sin\ \theta_1$ nahe der Gurtseitenwand übertragen. Über die Breiten b_1 findet eine Entlastung statt, wenn sich der Gurtflansch durch Biegung einer Kraftübertragung entzieht. Dies hängt von der Gurtflanschschlankheit b_0/t_0 ab. Deshalb wirkt der Gurtflansch nicht über die gesamte Strebenbreite b_1 mit, sondern nur über die wirksame Breite $b_{e,p}$ (Index p für engl. „punching shear").
Der beim Durchstanzen von T-, Y- oder X-Anschlüssen nach Tabelle 7.11 wirksame Umfang des Gurtflansches setzt sich aus 2 reduzierten Breiten $b_{e,p}$ und 2 voll mitwirkenden Längsseiten $h_1 / sin\ \theta_1$ zusammen.

Seitenwandtragfähigkeit des Gurtstabes (Modell (3)) (zu Tabelle 7.11, 5. Zeile)

Für T-, Y- und X-Anschlüsse mit großen Breitenverhältnissen $\beta = 1$ kann das Versagen der Gurtstabseitenwand durch Fließen, Quetschen, Krüppeln oder örtliches Beulen maßgebend werden, siehe z.B. Wardenier [153] und Davies & Packer [38]. Für derartige Versagensformen könnten die Ansätze zur Berechnung des Stegversagens bei anderen Profilen übernommen werden. Hohlprofilseitenwände sind allerdings schlanker als Gurtstege, so dass es bereits von Anfang an eigenständige Berechnungsmodelle dafür gab (Wardenier [153]). Auf Grund umfangreicher Versuchsreihen konnte man für RHP-Gurte der Querschnittsklassen 1 oder 2 auch vieles vereinfachen.

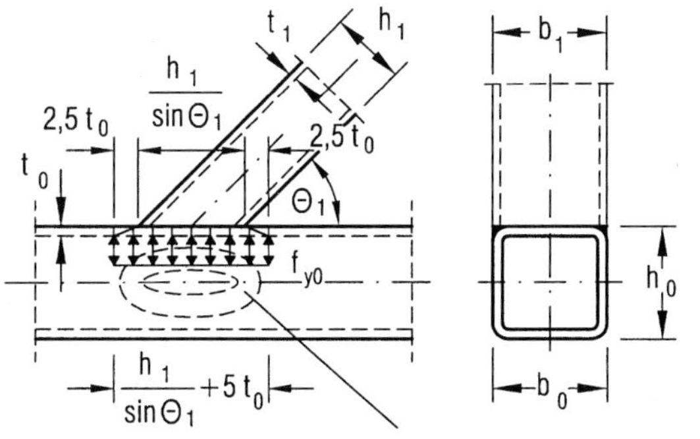

Bild III.7-11: Gurtseitenwandtragfähigkeit

Die Last verteilt sich auf 2 Seitenwände und dort von der Aufstandslänge $h_1 / sin\ \theta_1$ ausgehend unter einem beidseitigen Winkel von 1:2,5 (plastische Verteilung) auf die mitwirkende Gurtseitenwandlänge von $b_E = (h_1 / sin\ \theta_1 + 5\ t_0)$, vgl. Bild III.7-11. Wirksam sind auch nur die orthogonalen Komponenten der Last N_1. Damit ergibt sich eine Grenztragfähigkeit für die Gurtseitenwand von $N_1 \cdot sin\ \theta_1 = f_{y0} \cdot t_0 \cdot 2\ b_E$ für Strebenzuglasten und einen sonst unbelasteten Gurtstab.

Bei noch zusätzlich vorbelasteten Gurtstäben ist die Seitenwandtragfähigkeit mit dem Abminderungsfaktor k_n für die Gurtauslastung nach Gleichung (III.7-26) abzumindern.

Für den Fall von Strebendruckkräften wird in Tabelle 7.11, 5. Zeile in der Tragfähigkeitsgleichung für Seitenwandversagen nicht die Fließspannung f_{y0}, sondern eine „Knickspannung" f_b verwendet. Für Strebenzugkräfte gilt $f_b = f_{y0}$. Für Strebendruckkräfte wird der Abminderungsbeiwert χ nach der maßgebenden Knickspannungslinie des Gurtquerschnitts (a_0, a oder c) nach DIN EN 1993-1-1: 2010-12, Abschnitt 6.3.1 ermittelt. Angedacht war ursprünglich, die Knickspannungslinie „a" zu verwenden, siehe Wardenier [153]. Das ist jedoch im Eurocode bis heute nicht klar herausgearbeitet. Die für das „Knicken" maßgebende RHP-Seitenwand-Modell-Schlankheit λ beträgt nach Gleichung (III.7-27):

$$\lambda = \frac{l_b}{i} = \frac{(h_0 - 2t_0)}{t_0 \cdot \sqrt{\frac{1}{12}}} \sqrt{\frac{1}{sin\theta_1}} = 3{,}46 \left(\frac{h_0}{t_0} - 2 \right) \sqrt{\frac{1}{sin\ \theta_1}} \qquad \text{(III.7-27)}$$

Dabei handelt es sich um die Schlankheit eines beidseitig gelenkig gelagerten Ersatzstabes mit der Querschnittsfläche ($t_0 \cdot b_E$) und der Knicklänge $l_b = (h_0 - 2t_0)$. Es ist möglich, die Stabilität von RHP-Gurtseitenwänden genauer zu modellieren, wobei jedoch komplizierte Ausdrücke entstehen, die keine wesentlich bessere Übereinstimmung mit den Versuchsdaten zeigen, vgl. Yu [173].

Für T- und Y-Anschlüsse gilt: $f_b = \chi \cdot f_{y0}$. Für beidseitig, potentiell höher beanspruchte X-Anschlüsse wird eine zusätzliche Reduktion auf 80 % vorgenommen, bei größeren Strebenneigungen wird die Interaktion zwischen Knicken und Abscheren durch den Faktor sin θ_i berücksichtigt, so dass gilt: $f_b = 0{,}8\ \chi \cdot f_{y0} \cdot sin\ \theta_1$.

Zusatznachweis: Schubtragfähigkeit der Gurtseitenwände (Versagensform c) bei X-Anschlüssen mit Versatz (Tabelle 7.11, Fußnote [a])

Für RHP-X-Anschlüsse mit großer Strebenneigung, hohen Streben oder flachen Gurtquerschnitten $\cos\theta_i > h_i/h_0$ ist gemäß Fußnote [a] in Tabelle 7.11 nun auch die Schubtragfähigkeit der Seitenwände wie in Tabelle 7.12 für K- und N-Anschlüsse (Schubversagen des Gurtstabes) zu ermitteln. Dort wird aber eine Grenzlast $N_{0,Rd}$ angegeben, die nicht mit $N_{1,Rd}$ nach Tabelle 7.11 vergleichbar ist.

Bei der Schubtragfähigkeit geht es, wie schon bei KHP-Gurten erläutert, um den horizontalen Versatz der Lasteinleitung bei X-Anschlüssen mit geneigten Streben. Über die Länge des Versatzes beansprucht die orthogonal wirkende Komponente der Strebenlast $N_1 \cdot \sin\theta_1$ den Gurt örtlich begrenzt auf Schub. Bei RHP-Gurtstäben wirkt nur ein Teil des Querschnitts mit, nämlich die Schubfläche A_v. Zur Ermittlung der Schubfläche A_v des Gurtstabes kann Tabelle 7.12 verwendet werden, wobei jedoch konservativ $\alpha = 0$ gesetzt werden sollte. Damit ergibt sich $A_v = 2\,h_0 \cdot t_0$ (Seitenwände, keine Mitwirkung des Spalts). Die Restfläche $A_0 - A_v$ (Flansche) steht dann der Normalkraft allein zur Verfügung.

Für den Querschnittsteil A_v (hier: Seitenwände) ist die Interaktion mit der Gurtnormalkraft N_0 zu berücksichtigen, für die Restflächen $A_0 - A_v$ (hier: Flansche) nicht. Damit ergibt sich die Interaktionsbeziehung für die Seitenwände nach Gleichung (III.7-28).

$$\left(\frac{N_0-(A_0-A_V)f_{y0}}{A_V f_{y0}}\right)^2+\left(\frac{N_1\sin\theta_1}{A_V\dfrac{f_{y0}}{\sqrt{3}}}\right)^2\leq 1{,}0 \qquad \text{(III.7-28)}$$

Umgestellt nach N_1 ergibt sich die noch aufnehmbare Strebenlast $N_{1,Ed}$ unter Berücksichtigung der Schubtragfähigkeit (Abscheren) des RHP-Gurtstabes eines X-Anschlusses nach Gleichung (III.7-29).

$$N_{1,Ed}\leq N_{1,Rd} = A_V\,\frac{f_{y0}}{\sqrt{3}}\frac{1}{\sin\theta_i}\sqrt{1-\left(\frac{N_0-f_{y0}(A_0-A_V)}{A_V f_{y0}}\right)^2} \qquad \text{(III.7-29)}$$

Diese Grenzlast $N_{1,Rd}$ kann dann direkt mit der Grenzlast für Gurtseitenwandversagen $N_{1,Rd}$ für $\beta = 1$ nach Tabelle 7.11 verglichen werden.

<1.2> Zu Tabelle 7.10 + 7.12: K- und N-Anschlüsse mit Spalt

Fließlinienmodell für Gurtflanschversagen von K- und N-Anschlüssen (Erweiterung Modell (1)) (zu Tabelle 7.10, 5. Zeile)

Bei K- und N-Anschlüssen mit Spalt wird unter Zug- und Druckstrebenlast der Gurtstabflansch sowohl eingedrückt als auch herausgebogen. Zusätzlich sind Schubspannungen zu übertragen. Im Spalt ist auf Grund von Membranwirkung Wiederverfestigung möglich. Diese Form der zusammenhängenden Aus- und Einbuchtung des RHP-Flansches ist auch durch ein Fließlinienmodell beschrieben worden, vgl. Packer [91] und Wardenier [153]. Wegen seiner Komplexität und verschiedener anderer Einflüsse, die nicht einfach zu berücksichtigen waren, ist es auf Grund von Versuchsdaten und numerischen Studien inzwischen so modifiziert worden, dass man bereits von einem semi-empirischen Modell spricht.

Die statistische Auswertung der umfangreichen experimentellen und numerischen Datenbasis ergibt die Knotentragfähigkeit für Gurtflanschversagen nach Tabelle 7.10 und 7.12, worin der Faktor 8.9 bereits den Bemessungswert, den 5%-Quantilwert (bei Mittelwert 10,9) kennzeichnet.

Bei K- und N-Anschlüssen wirken im Gurtstabflansch zwischen den Streben Membranspannungen, der Anschluss verhält sich ausgesprochen plastisch. Bei zu kleinem Spalt ist aber auch örtliches Versagen möglich. Das ist einer der Gründe, weshalb nach Tabelle 7.8 für den Spalt ein Mindestwert von $g \geq 0{,}5\ (b_0 - b_i)$ eingehalten werden muss. Bei einer mittig angeordneten Strebe der Breite b_i entspricht das dem Randabstand zur Außenkante des Gurts. Diese Mindestspaltbreite wird in der Praxis oft unterschritten. Deshalb sind neue experimentelle, numerische und analytische Untersuchungen durchgeführt worden, die schließlich eine Erweiterung des Anwendungsbereiches gestatten bis hin zu Gurtschlankheiten von $35 < 2\gamma \leq 55$ und Spaltweiten von $4\ t_0 \leq g \leq 1{,}5\ (b_0 - b_i)$, vgl. Fleischer & Puthli [47]. Fleischer [46] erweiterte dazu das vorliegende Bemessungskonzept um eine zusätzliche Spaltfunktion f(g`) für Gurtflanschversagen und speziell verminderte wirksame Höhen h_{eff} und $h_{e,p}$ für Durchstanz- und Strebenversagen.

Durchstanzen bei K- und N-Anschlüssen (Erweiterung Modell (2)) (zu Tabelle 7.12, 9. Zeile)

K- und N-Anschlüsse mit Spalt nach Tabelle 7.12 sind zusätzlich gegen Durchstanzen nachzuweisen. Im Unterschied zu T-, Y- oder X-Anschlüssen wirkt der Spalt versteifend, so dass von einer vollen Mitwirkung des Gurtflansches auf der dem Spalt zugewandten Seite ausgegangen werden kann. Nur an der dem Spalt abgewandten Seite ist die reduzierte Breite $b_{e,p}$ zu berücksichtigen. Bei normalen Spaltbreiten innerhalb der Gültigkeitsbereiche nach Tabelle 7.8 von $0{,}5\ (b_0 - b_i)\ \leq\ g\ \leq 1{,}5\ (b_0 - b_i)$ kann beim Durchstanzen deshalb von der Mitwirkung der beiden Längsseiten $h_i\,/\,sin\ \theta_i$, der vollen Breite b_1 am Spalt und der reduzierten Breite $b_{e,p}$ auf der dem Spalt abgewandten, freien Seite ausgegangen werden.

Ist der Spalt dagegen zu groß mit $g > 1{,}5\ (b_0 - b_i)$, so wirkt er nicht mehr versteifend. Wie bei zwei einzelnen Y-Anschlüssen wäre in diesem Sonderfall die Nachweisgleichung nach Tabelle 7.11 mit 2 nicht voll wirksamen Breiten $b_{e,p}$ gültig.

Im anderen Extremfall bei zu kleinem Spalt $g < 0{,}5\ (b_0 - b_i)$ wird die Last konzentriert nur über die Breiten direkt am Spalt übertragen. Die beiden Streben, durch Druck- und Zugkraft entgegengesetzt belastet, erlauben kein Ausweichen des Gurtflansches. Im Extremfall gilt dann für das Durchstanzen nur noch **Gleichung** (III.7-30**)**.

$$N_{i,Rd} = \frac{f_{y0}}{\sqrt{3}} t_0 b_i \frac{1}{sin\,\theta_1} \Big/ \gamma_{M5} \qquad \text{(III.7-30)}$$

Über eine Strebenbreite b_i kann aber selten die gesamte Strebenlast übertragen werden, deshalb liegen solch kleine Spaltbreiten außerhalb des Gültigkeitsbereiches von Tabelle 7.8.

Abschermodell des RHP-Gurtstabes bei K- und N-Anschlüssen mit Spalt (Modell (4)) (zu Tabelle 7.12, 5. Zeile)

Bei K- oder N-Anschlüssen mit Spalt kann der Gurtquerschnitt unter der Querkraftbeanspruchung (Schub) in Kombination mit der Gurtnormalkraft und Gurtbiegung, speziell der Biegung des Flanschblechs im Spalt versagen, siehe Davies & Roper [39] und Wardenier [153]. Bei den in den Tabellen 7.12, 7.21 und 7.24 angegebenen Formeln wird leider der Index 0 für den Gurtstab nicht verwendet. Um Missverständnissen vorzubeugen, werden die Gleichungen hier noch einmal erläutert.

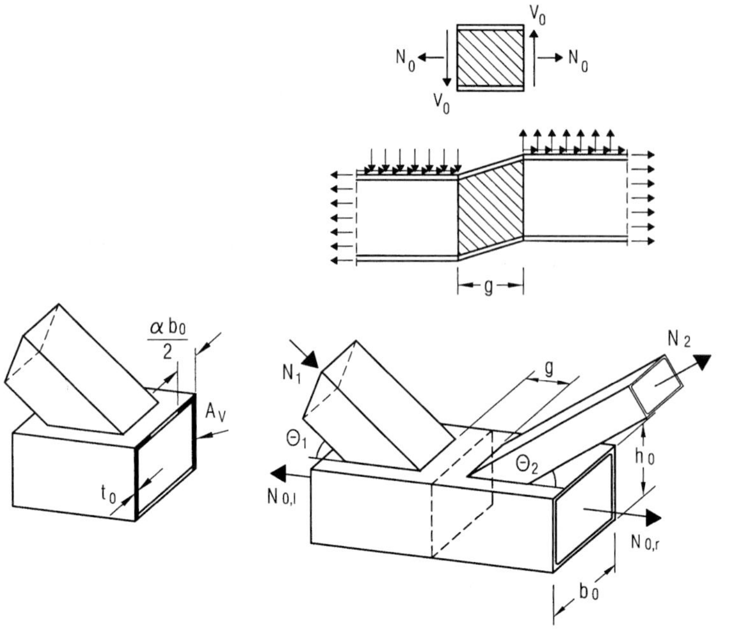

Wirksame Schubfläche:

$$A_V = (2\,h_0 + \alpha \cdot b_0)\,t_0$$

Schubfestikeit des Gurtquerschnittes:

$$V_{pl} = \frac{f_{y0}}{\sqrt{3}} \cdot A_V$$

Gleichgewichtsbedingungen:

$$V_0 = N_1 \cdot \sin\Theta_1 = N_2 \cdot \sin\Theta_2$$

$$N_0 = N_{0,l} - N_1 \cdot \cos\Theta_1 = N_{0,r} + N_2 \cdot \cos\Theta_2$$

$$N_{0,l} = N_{0,r} + N_1 \cdot \cos\Theta_1 + N_2 \cdot \cos\Theta_2$$

Noch aufnehmbare plastische Normalkraft:

$$N_{pl,V} = (A_0 - A_V)\,f_{y0} + A_V \cdot f_{y0}\sqrt{1-\left(\frac{V}{V_{pl}}\right)^2}$$

Bild III.7-12: Abschermodell für RHP-Gurtstäbe

Wie bei KHP-Gurtstäben stellt das Modell nach Bild III.7-12 einen plastischen Interaktionsnachweis des Gurtquerschnittes zwischen den Streben unter Beachtung der exzentrischen Lasteinleitung an der Gurtoberfläche dar. Für RHP-Gurtquerschnitte kann die Abscherkapazität $V_{pl,0}$ jedoch unter Beachtung der im Spalt wirksamen Schubfläche $A_{v,0}$ nach Gleichung (III.7-31) ermittelt werden, siehe Wardenier [153].

$$A_{v,0} = 2h_0 t_0 + \alpha\; b_0 t_0 \qquad \text{(III.7-31)}$$

Querkräfte werden vorrangig über die Seitenwände übertragen, Biegemomente über die Flansche. Bei kleinen Spaltweiten g wird jedoch auch der Flansch im Spalt durch einen Schubkaftanteil V_f beansprucht. Die dadurch verursachte innere Biegung beträgt $M_f = V_f \cdot g/2$. Deshalb muss für RHP-Gurtstäbe im Spalt eine M-V-Interaktion für das Flanschblech (Index f) nach Gleichung (III.7-32) berücksichtigt werden. Die plastischen Grenzgrößen des Flanschbleches $M_{pl,f} = f_{y0} \cdot b_0 \cdot t_0^2 / 4$ und $V_{pl,f} = f_{y0} \cdot b_0 \cdot t_0 / \sqrt{3}$ ergeben $M_{pl,f} = V_{pl,f} \cdot \sqrt{3} \cdot t_0 / 4$.

$$(M_f / M_{pl,f})^2 + (V_f / V_{pl,f})^2 = (V_f / V_{pl,f} \cdot 2\,g / (t_0 \cdot \sqrt{3}))^2 + (V_f / V_{pl,f})^2 = 1 \qquad \text{(III.7-32)}$$

Mit dem Verhältnis $V_f/V_{pl,f}$ erhält man den Beiwert α nach Gleichung (III.7-33).

$$\frac{V_f}{V_{pl,f}} = \alpha = \sqrt{\frac{1}{1+(4g^2)/(3t_0^2)}} \tag{III.7-33}$$

Die wirksame Flanschbreite im Spalt $\alpha \cdot b_0$ richtet sich auch nach dem Strebentyp. Für KHP-Streben wird in Ermangelung anderer Werte $\alpha = 0$ angenommen. Auf der sicheren Seite verbleibt dann im RHP-Gurt eine Schubfläche von $A_{v,0} = 2h_0 \cdot t_0$.

Die einwirkende Abscherkraft im Spalt $V_{0,Ed}$ entspricht der Vertikalkomponente nur einer der beiden Streben i = 1 oder 2, somit der maximalen Strebenlast $N_{\mathrm{i,Ed}} \cdot \sin \theta_i$. Die Strebenkraft $N_{i,Ed}$ wird durch die Schubtragfähigkeit des Gurtstabes im Spalt, ausgedrückt über die Strebengrenzlast $N_{i,Rd}$ nach Gleichung (III.7-34) angegeben.

$$N_{i,Rd} = \frac{f_{y0} A_{V,0}}{\sqrt{3}\, sin\, \theta_i} / \gamma_{M5} \tag{III.7-34}$$

Für den bereits durch Schub beanspruchten Querschnittsteil $A_{v,0}$ (Seitenwände + wirksame Flanschbreite im Spalt) muss weiterhin die N-V-Interaktion mit der Gurtnormalkraft berücksichtigt werden, siehe Gleichung (III.7-35).

$$N_{0,V} \leq A_{V,0} f_{y0} \sqrt{1 - \left(\frac{V_{0,Ed}}{V_{pl,0,Rd}}\right)^2} \tag{III.7-35}$$

Der übrige Querschnittsteil $(A_0 - A_{v,0})$ steht allein zur Übertragung der Normalkraft zur Verfügung. Die noch aufnehmbare Gurtnormalkraft unter Berücksichtigung der Interaktion ermittelt sich daher nach Gleichung (III.7-36).

$$N_{0,Rd} = \left[(A_0 - A_{V,0}) f_{y0} + A_{V,0} f_{y0} \sqrt{1 - \left(\frac{V_{0,Ed}}{V_{pl.0,Rd}}\right)^2} \right] / \gamma_{M5} \tag{III.7-36}$$

Örtliches Strebenversagen (Wirksame Breiten) (Modell (5)) (zu Tabelle 7.12 und 7.12, 7. Zeile)
Durch die Steifigkeitsunterschiede von Gurtflansch und Gurtseitenwand sind die örtlichen Spannungen der Strebe am Anschluss zum Gurtstab ungleichmäßig verteilt, wie schon beim Durchstanzen erläutert. Beim Durchstanzen ging es jedoch um örtliche Scherspannungen in der Gurtflanschwandung, hier wird die andere Seite, die Normalspannungsverteilung in der geneigten Strebe, betrachtet.

Der Gurtstabflansch gibt in der Mitte nach und entzieht sich so der Lastübertragung, vgl. Wardenier [153]. Deshalb werden die Strebenbreiten b_i auf ihre wirksamen Breiten b_{eff} reduziert, siehe Tabelle 7.11 und 7.12.

Für T-, Y- und X-Anschlüsse ermittelt sich die Strebengrenzlast aus den übertragbaren Spannungen in 2 Strebenhöhen h_1 und in 2 reduzierten wirksamen Breiten b_{eff}. Um die RHP-Ecken nicht doppelt zu berücksichtigen, werden 4 t_i wieder abgezogen. Der wirksame Strebenumfang summiert sich zu $(2\,h_1 - 4\,h_1 + 2\,b_{eff})$.

Für K- und N-Anschlüsse mit Spalt ist die Gleichung ebenfalls gültig, sofern der Spalt sehr groß ist: $g > 1{,}5\,(b_0 - b_i)$. Die Streben wirken einzeln wie bei zwei Y-Anschlüssen.

Im anderen Extremfall bei zu kleinem Spalt $g < 0{,}5\,(b_0 - b_i)$ wird die Last konzentriert nur über die Breiten direkt am Spalt übertragen. Die beiden Streben, durch Druck- und Zugkraft entgegengesetzt belastet, erlauben kein Nachgeben des Gurtflansches. Der Spalt verhält sich „steif". Im Extremfall ist nur noch eine kleine Strebenkraft übertragbar, siehe Gleichung (III.7-37).

$$N_{i,Rd} = [f_{yi}\, t_i\, (b_i + 2\, h_{eff})\,] \,/\, \gamma_{M5} \qquad \text{(III.7-37)}$$

Da nicht sicher ist, ob über eine Strebenbreite b_i zuzüglich einem unbekannten Anteil der Seitenwände h_{eff} die gesamte Strebenlast übertragen werden kann, sind zu kleine Spaltbreiten zu vermeiden, vgl. auch Gültigkeitsbereich nach Tabelle 7.8. Entweder der Spalt wird vergrößert auf mindestens g = 0,5 $(b_0 - b_i)$, oder die Streben werden überlappt geschweißt. Dabei ist eine Mindestüberlappung von λ_{ov} = 25 % herzustellen, oder der Anschluss muss ausgesteift werden, siehe unten.

Bei normalen Spaltbreiten $0{,}5\ (b_0 - b_i) \leq g \leq 1{,}5\ (b_0 - b_i)$ kann von der Mitwirkung der beiden Längsseiten h_i, der vollständigen Breite b_i am „steifen" Spalt und der reduzierten Breite b_{eff} auf der dem Spalt abgewandten, freien Seite ausgegangen werden und der wirksame Strebenumfang summiert sich zu: $(2\, h_i - 4\, t_i + b_i + b_{eff})$.

<1.3> Zu Tabelle 7.10 + 7.12: K- und N-Anschlüsse mit Strebenüberlappung

Örtliches Strebenversagen bei Überlappung (Erweiterung Modell (5)) (zu Tabelle 7.10, 6. – 11. Zeile)

Für K- und N-Anschlüsse mit Überlappung ist nach Tabelle 7.10 nur Strebenversagen der überlappenden Strebe mit dem Index i zu überprüfen, wenn die allgemeinen Anforderungen nach Abschnitt 7.1.2, Abschnitt (7) und (8) eingehalten werden. Wird die dort festgelegte Hierarchie befolgt, so ist die oberste, überlappende Strebe diejenige mit der kleinsten Breite b_i, der kleinsten Wanddicke t_i bzw. der geringsten Festigkeit f_{yi}. Dadurch wird sichergestellt, dass die oberste, überlappende Strebe i das schwächste Glied und damit nachweisrelevant ist.

Hinweis: In früheren Ausgaben, aber auch in der Literatur, wurden die Indizes i und j manchmal vertauscht, in der Folge wurden auch die Bezeichnungen „überlappende Strebe" und „überlappte Strebe" verwechselt. Daher stammt möglicherweise noch der Druckfehler in Tabelle 7.10, Anmerkung [a]. In den Tabelle 7.21 und 7.24 sind die Begriffe in der Anmerkung [a] dagegen korrekt.

Das Überlappungsverhältnis muss sich nach Tabelle 7.8 im Grenzbereich zwischen 25 % und $\lambda_{ov,lim}$ bewegen, siehe auch Kommentar zu Abschnitt 7.1.2, Absatz (6). Falls $\lambda_{ov} > \lambda_{ov,lim}$, so ist ein zusätzlicher Nachweis gegen Abscheren der gesamten Verbindung von der Gurtstaboberfläche erforderlich, der nur nach ISO 14346 [23] oder CIDECT-Empfehlungen, vgl. Handbuch Nr. 3 [94] geführt werden kann.

Bei K- und N-Anschlüssen mit Überlappung erfolgt die Lastübertragung von der kleinsten, überlappenden Strebe i in die größere, überlappte Strebe j und je nach Überlappungsgrad λ_{ov} von der Strebe i auch direkt in den noch größeren Gurtstab, außerdem von der überlappten Strebe j in den Gurtstab, siehe Bild III.7-13.

Wegen der Nähe zur steifen Gurtseitenwand erfolgt die Lasteinleitung vorrangig über die zwei Strebenseitenwände entlang der Höhe h_i. Dagegen wirken die Strebenbreiten b_i in Abhängigkeit von der Gurtschlankheit b_0/t_0 und von der Schlankheit der überlappten Strebe b_j/t_j nicht vollständig mit. Allerdings kann die zweite Strebe j auch versteifend wirken.

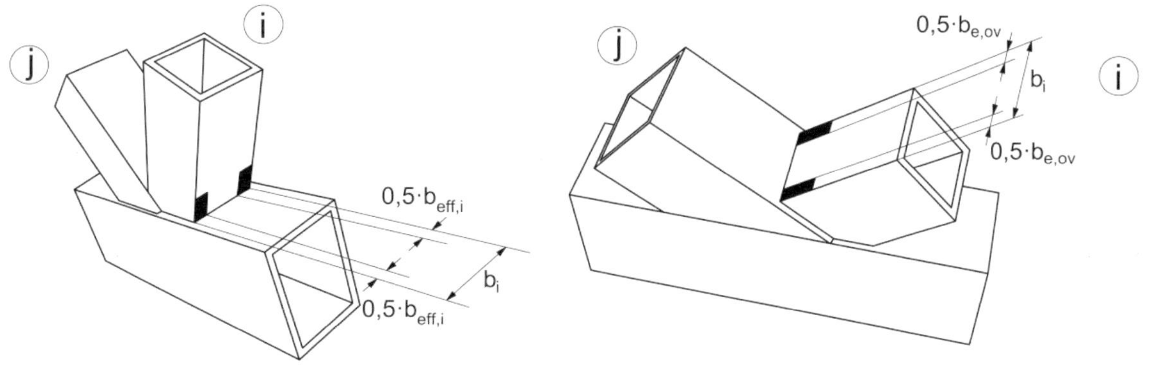

Bild III.7-13: Wirksame Breiten an der überlappenden Strebe *i* bei K- und N-Anschlüssen mit Überlappung

Der Gurtstabflansch gibt in der Mitte nach und entzieht sich so am leichtesten der Lastübertragung. Die Strebenbreite b_i am Anschluss zum Gurtstab wird deshalb auf die wirksame Breite b_{eff} nach Bild III.7-13 links reduziert.

Danach folgt in der Hierarchie die überlappte Strebe j. Ihr Flansch kann ebenfalls nachgiebig sein, insbesondere wenn er breiter ist als die überlappende Strebe i, allerdings wird er sich erst in einiger Entfernung vom Gurtanschluss durchbiegen können. Dort kann die Last aus der überlappenden Strebe N_i dann nur über die reduzierte wirksame Breite $b_{e,ov}$ in die überlappte Strebe j übertragen werden, siehe auch Bild III.7-13 rechts.

Bei fast vollständiger Strebenüberlappung $\lambda_{ov} \geq 80$ % (steifste Variante) würde in der Summe ein Strebenumfang von $(2h_i - 4t_i + b_i + b_{e,ov})$ mitwirken.

Bei teilweiser Strebenüberlappung mit 50 % $\leq \lambda_{ov} <$ 80 % ist eine Breite der überlappenden Strebe i an die überlappte Strebe j mit der wirksamen Breite $b_{e,ov}$ und eine Seite direkt an den Gurt mit der wirksamen Breite b_{eff} angeschlossen. Deshalb summiert sich der wirksame Strebenumfang auf $(2h_i - 4t_i + b_{eff} + b_{e,ov})$.

Für noch kleinere Überlappungen 25 % $\leq \lambda_{ov} <$ 50 % kann die Last nicht mehr über die gesamte Strebenhöhe h_i übertragen werden. Der Gurtstabflansch ist zu nachgiebig im Vergleich zur überlappten Strebe j. Deshalb werden zusätzlich die Seitenwandanteile h_i mit einem Faktor von λ_{ov} / 50 % reduziert. Bei dieser schwächsten Variante wirkt dann nur noch ein Strebenumfang von $(2h_i \cdot \lambda_{ov}/50\ \% - 4t_i + b_{eff} + b_{e,ov})$ mit.

<u>Hinweis:</u> Die Überlappung wird in % angegeben. Daher ist in den Tabellen 7.10, 7.21 und 7.24 jeweils 50% gemeint.

Wegen zu ungleichmäßiger Spannungsverteilung und der Gefahr von vorzeitiger Rissbildung wird von noch kleineren Überlappungen als 25 % abgeraten, siehe Wardenier [155].

<u>Hinweis:</u> Für λ_{ov} < 25 % ist nicht nur eine Quersteife mit $t_p \geq 2\ t_i$ nach Tabelle 7.18 erforderlich, wie der Tabellenuntertitel eigentlich suggeriert, sondern bei dünnwandigen Gurtstäben zusätzlich eine Gurtlamelle auf dem Gurtflansch. Das ergibt sich aus der Vorgabe, die Knotentragfähigkeit $N_{i,Rd}$ nach Tabelle 7.10 mit $b_{e,ov}$ für $f_{yj} = f_{yp}$ und $t_j = t_p$ für $\lambda_{ov} < 80$ % zu ermitteln. Für kleine Überlappungen ergäben sich wegen der nur zu λ_{ov} / 50 % mitwirkenden Strebenseitenwände h_i (neben den reduzierten Breiten b_{eff} und $b_{e,ov}$) nur sehr geringe Knotentragfähigkeiten. Solch eine Versteifung wäre wenig sinnvoll. Da Hersteller solche Quersteifen aber gerne verwenden, ist hier noch Forschungsbedarf gegeben.

Zusatznachweis: Abschermodell der Strebenüberlappung (Modell (7)) (Tabelle 7.8, Fußnote [b])
In neueren Untersuchungen (Chen et. al. [30], Liu et. al. [75], Qian et. al. [107], Wardenier [155]) wurde festgestellt, dass der Nachweis der überlappenden Strebe i nicht in jedem Fall ausreicht. Das gilt für KHP- und RHP-Streben gleichermaßen. Nach Tabelle 7.8, Fußnote [b] sind folgende Bedingungen dafür kritisch:

1. breitflache Strebenprofile mit $h_j < b_j$ oder $h_i < b_i$,
2. große Überlappung $(\lambda_{ov} > 80\ \%)$ bei vollständiger Verschweißung,
3. große Überlappung $(\lambda_{ov} > 60\ \%)$, wenn der verdeckte Teil der überlappten Strebe j nicht mit dem Gurt verschweißt ist.

Aus Sicht der Hersteller sind aber bei RHP gerade große Strebenüberlappungen günstig, weshalb der Nachweis hier erläutert werden soll. Konzentrierte, ungleichmäßig verteilte Schubbeanspruchungen aus der überlappten Strebe j (bei teilweiser Überlappung ggf. zuzüglich überlappender Strebe i) können Schubbeulen im Gurtstabflansch hinter der Überlappung verursachen. Diese Versagensform kann durch Begrenzung der einwirkenden Abscherkraft in der Kontaktfläche zwischen überlappten Streben und Gurt vermieden werden.

Der Nachweis wird im horizontalen Schnitt zwischen Gurtstaboberfläche und Strebenüberlappung geführt. Die einwirkende Abscherkraft ergibt sich aus der Summe der Horizontalkomponenten der einwirkenden Strebenlasten: $N_{H,Ed} = |N_{i,Ed}|\cos\theta_i + |N_{j,Ed}|\cos\theta_j$ (mit $N_{i,Ed}$: Kraft in der überlappenden Strebe i; $N_{j,Ed}$: Kraft in der überlappten Strebe j).

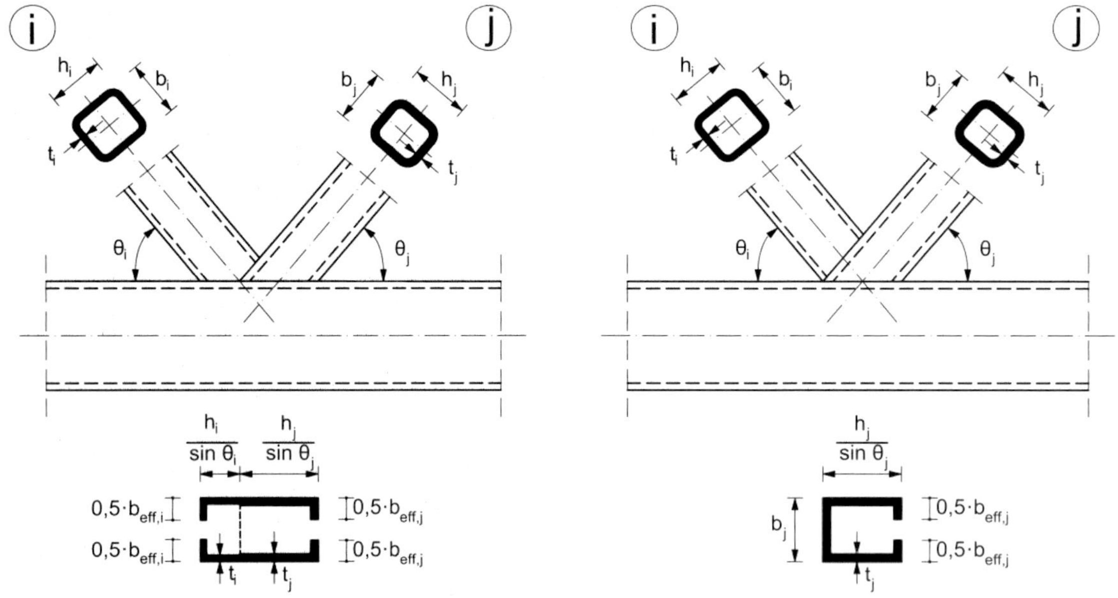

Bild III.7-14: Wirksame Abscherfläche auf dem Gurt für RHP-K-Anschlüsse mit z.B. 50%- (verdeckte Naht nicht geschweißt) und 100%-Überlappung

Bei der Ermittlung der Abscherkapazität sind 3 Fälle zu unterscheiden. Im ersten und einfachsten Fall mit 100 % Strebenüberlappung ist nur die überlappte Strebe j an den Gurt geschweißt, vgl. Bild III.7-14 rechts. Im zweiten Fall bei teilweiser Überlappung ist die überlappte Strebe j an den Gurt geschweißt und zusätzlich ein Teil der überlappenden Strebe i. Im dritten Fall, ebenfalls für teilweise Überlappung, wird der von der überlappenden Strebe i verdeckte Teil der überlappten Strebe j nicht an den Gurt geschweißt, vgl. Bild

III.7-14 links. In der Norm heißt es: „Die verdeckte Naht der überlappten Strebe ist nicht geschweißt.“ Dann trägt nur die Verbindung der überlappenden Strebe i zum Gurt zuzüglich des nicht verdeckten Teils der überlappten Strebe j.

Die vollständige Anschlussfläche der überlappten Strebe j zum Gurtstab beträgt $U_j \cdot t_j / \sin \theta_i$. Jedoch wird nicht der gesamte Umfang U_j wirksam sein. Die wirksame Breite ermittelt sich nach Gleichung (III.7-38), ähnlich der Gleichungen für b_{eff} an der Strebe i, aber hier mit Index j statt i.

$$b_{eff,j} = \left(\frac{10}{b_0 / t_0}\right)\left(\frac{f_{y0} t_0}{f_{yj} t_j}\right) b_j \leq b_j \qquad \text{(III.7-38)}$$

Damit wird die Grenzlast für Abscheren im 1. Fall vollständiger Überlappung nach Gleichung (III.7-39) bestimmt:

$$N_{H,Ed} = N_i \cos\theta_i + N_j \cos\theta_j \leq \frac{f_{uj}}{\sqrt{3}} t_j \frac{(2h_j + b_j + b_{eff,j})}{\sin\theta_j} / \gamma_{M5} \qquad \text{(III.7-39)}$$

Es wird davon ausgegangen, dass die Breite b_j unter der überlappenden Strebe i (Dehnsteifigkeit) voll mitträgt, vgl. Bild III.7-14 rechts. An der von der Überlappung wegführenden Seite ist die Gurtwand nachgiebiger. Dort ist die wirksame Breite $b_{eff,j}$ reduziert.

Bei einer geringeren Überlappung und vollständiger Verschweißung beider Streben mit dem Gurtstab (2. Fall) wächst die Abscherkapazität um den zusätzlichen Anteil der überlappenden Strebe i. Diese Nachweise werden daher für Überlappungen kleiner als 80 % nicht mehr maßgebend und können entfallen.

Kritischer wird es nur wieder, wenn der verdeckte Teil der überlappten Strebe j nicht mit dem Gurt verschweißt wird (3. Fall) wie im Bild III.7-14 links. Dann wirkt die innere Breite b_j nicht mehr bei der Lastübertragung mit. Aber auch in diesem Fall steigt die Abscherkapazität bei geringeren Überlappungen an, weil ein größerer Teil der überlappenden Strebe direkt an den Gurt geschweißt wird. Der Anschluss wird einfach länger. Nicht zu vergessen ist, dass die Überlappung nicht kleiner als 25 % sein darf.

In ISO 14436 [23] und den neuen CIDECT-Empfehlungen, siehe Handbuch Nr. 3 [94], sind deshalb (für $h_i \geq b_i$ und $h_j \geq b_j$) folgende 2 zusätzlichen Grenzüberlappungen $\lambda_{ov,limit}$ gegeben, bei deren Überschreitung $\lambda_{ov} > \lambda_{ov,limit}$ der zusätzliche Nachweis auf Abscheren geführt werden muss:

$\lambda_{ov,limit}$ = 80 % wenn die verdeckte Naht der Strebe j verschweißt ist: $c_s = 2$

$\lambda_{ov,limit}$ = 60 % wenn die verdeckte Naht der Strebe j nicht geschweißt ist: $c_s = 1$

Der Faktor c_s repräsentiert die Anzahl der wirksamen Breiten $b_{eff,j}$ der überlappten Strebe, 2 Stück bei Vollverschweißung, nur eine, wenn die verdeckte Seite nicht verschweißt wird (Teilverschweißung). Bleibt der Überlappungsgrad unterhalb der Nachweisgrenze $\lambda_{ov} \leq \lambda_{ov,limit}$, so kann der zusätzliche Nachweis auf Abscheren entfallen. Bei 50 % Überlappung liegt man damit im unkritischen Bereich.

Mit den Werten für die Teilverschweißung c_s, dem Überlappungsgrad λ_{ov} und den beiden wirksamen Breiten $b_{eff,i}$ und $b_{eff,j}$ können die Grenzlasten für Abscheren im zweiten und im dritten Fall teilweiser Überlappung mit bzw. ohne Schweißanschluss der verdeckten Naht nach Gleichung (III.7-40) bestimmt werden:

$$N_{H,Rd} \leq \left\{ \frac{f_{uj} t_j}{\sqrt{3}} \frac{(2h_j + c_s\, b_{eff,j})}{\sin \theta_j} + \frac{f_{ui} t_i}{\sqrt{3}} \frac{\left[\left(1 - \frac{\lambda_{ov}}{100}\right) 2h_i + b_{eff,i}\right]}{\sin \theta_i} \right\} / \gamma_{M5} \qquad \text{(III.7-40)}$$

Diese Formel ist zwar lang, aber trotzdem übersichtlich aufgebaut. Der 1. Summand enthält den Anteil der überlappten Strebe j mit den 2 Seitenwänden h_j und je nach Verschweißung eine oder zwei (c_s = 1 oder 2) reduzierte Breiten $b_{eff,j}$. Der 2. Summand enthält die zusätzlichen Anteile der überlappenden Strebe i, die direkt am Gurt angeschlossen sind, also die um die Überlappung reduzierten Seitenwände h_i und eine reduzierte Breite $b_{eff,i}$ direkt auf dem Gurt.

<2> Zu Tabelle 7.13: Anschluss von Blechen und von I- oder H-Profilstreben

Für Blechanschlüsse an RHP (per Definition T- oder X-Anschlüsse mit θ_1 = 90°) sind zusätzlich zu Tabelle 7.8 zwei Gültigkeitsgrenzen zu beachten, siehe auch Tabelle 7.13, 12. Zeile. Die Bleche dürfen nicht zu klein oder zu groß im Verhältnis zum Gurtstab werden. Einschließlich der im Eurocode 3 fehlenden Untergrenze für die Höhe von Längsblechanschlüssen $h_1 \geq b_0$ gilt:

Breitenverhältnis Querblech, I- oder H-Profil: $0{,}5 \leq \beta = b_1 / b_0 \leq 1$ (III.7-41)

Höhenverhältnis Längsblech: $1 \leq \eta = h_1 / b_0 \leq 4$ (III.7-42)

<u>Hinweis:</u> Parameterstudien (Cao et. al. [29]) haben gezeigt, dass für die genormten Gleichungen die Begrenzung der Blechhöhe auf $h_1/b_0 \geq 1$ erforderlich wird, da für kleinere Blechhöhen der vereinfachte Abminderungsfaktor k_m nicht mehr zutrifft.

Die Tragfähigkeiten der Blechanschlüsse basieren auf den gleichen Modellen wie die der Anschlüsse von RHP-Streben, allerdings mit den für einfache Bleche charakteristischen Parametern. Die angegebenen Gleichungen sind das Resultat von experimentellen und numerischen Untersuchungen von Packer [91], Davies & Packer [37], Wardenier et. al. [156], Lu [80] und Voth & Packer [148], die später jeweils durch numerische Parameterstudien erweitert und aktualisiert wurden, vgl. Wardenier [153] und Wardenier et. al. [162].

Querbleche:

Ein Querblechanschluss weist Analogien zum RHP-Anschluss nach Tabelle 7.11 auf mit $\sin\theta_1$ = 1 und h_1 = t_1. Möglich sind je nach Blech-Gurtbreitenverhältnis $\beta = b_1 / b_0$ vier verschiedene Versagensformen, wie für T- und X-Anschlüsse: a) Flanschversagen des Gurtstabes, b) Seitenwandversagen, d) Durchstanzen und e) Strebenversagen (entspricht hier: Querblechversagen).

Die Tragfähigkeiten für **Flanschversagen** des Gurtstabes basieren auf dem Fließlinienmodell (1), siehe Bild III.7-8. Das **Seitenwandversagen** (2) ist durch die plastische Lasteinleitung mit einer Ausbreitung 1:2,5 gekennzeichnet, siehe auch Bild III.7-11. Führt man die Blechabmessungen von h_1 = t_1 und $\sin\theta_1$ = 1 in die allgemeinen Modelle ein, sind eine Reihe von Vereinfachungen möglich, die durch die genannten Versuchsreihen und numerischen Parameterstudien abgesichert wurden.

Da in den Versuchsreihen keine Stabilitätsprobleme auftraten, kann beim Seitenwandversagen von Querblechanschlüssen nach Tabelle 7.13 auf die Berücksichtigung des Abminderungsbeiwertes χ für Biegeknicken verzichtet werden. Statt f_b darf auch bei Druckbelastung des Bleches f_{y0} angesetzt werden, da die Druckbeanspruchung örtlich begrenzt ist.

Der Einfluss von Gurtnormalspannungen wird bei Querblechanschlüssen wie bei RHP-Anschlüssen mit dem Abminderungsbeiwert k_n erfasst. Dieser Beiwert ist nicht in Tabelle 7.13, sondern in Tabelle 7.11 angegeben.

Hinweis: Der Parameterbereich in Tabelle 7.13 ist nicht konsistent. Eine konsistente Vorgehensweise entspräche der Vorgehensweise in Tabelle 7.11, Fußnote *b*. Seitenwandversagen wird nur für β = 1 maßgebend. Für kleinere Breitenverhältnisse im Bereich von 0,85 < β < 1,0 wird zwischen den Tragfähigkeiten für Seitenwandversagen des Gurtstabes mit β = 1,0 und Flanschversagen des Gurtes mit β = 0,85 linear interpoliert. Für Breitenverhältnisse $\beta \leq$ 0,85 ist Flanschversagen des Gurtes nachzuweisen.

Das **Durchstanzen** eines Querbleches ist wie für RHP-Anschlüsse nach Tabelle 7.11 für Breiten $b_1 \leq b_0 - 2t_0$ nachzuweisen und die Tragfähigkeit ergibt sich direkt aus der dort angegebenen allgemeinen Gleichung mit $\sin\,\theta_1 = 1$ und $h_1 = t_1$.

Hinweis: In den bisherigen Berichtigungen der Tabelle 7.13 wurde für den Anschluss mit Querblech „**Versagen der Strebe**" bzw. des Querblechs (Versagensform e) fälschlicherweise gelöscht. Diese örtliche Versagensform mit verminderter wirksamer Blech-Breite b_{eff} wird für Anschlüsse mit großen, aber auch mit kleinen Blech-Gurtbreitenverhältnissen β maßgebend, vgl. Wardenier [153]. Auch in DIN EN 1993-1-8, Abschnitt 4.10 (1), 3. Spiegelstrich wird auf einen Querblechnachweis nach Tabelle 7.13 verwiesen, der nach den Berichtigungen nun fehlt.

Die Ungleichmäßigkeit der Spannungsverteilung muss auch bei der Bemessung der Schweißnähte berücksichtigt werden. Dies erfolgt durch die Begrenzung der rechnerisch wirksamen Schweißnahtlänge, vgl. DIN EN 1993-1-8, Abschnitt 4.10 (4) Anmerkung. Bei zweiseitigen Kehlnähten ergibt sich eine wirksame Schweißnahtlänge von $l_{eff} = 2\,b_{eff}$ mit $b_{eff} = 10/(b_0 / t_0) \cdot (f_{y0} \cdot t_0) / (f_{y1} \cdot t_1) \cdot b_1 \leq b_1$.

Ausgehend von der allgemeinen Gleichung nach Tabelle 7.11 ergibt sich für ein Blech (mit $b_{eff} \leq b_1$ und $h_1 = t_1$) die Tragfähigkeit für Strebenversagen nach Gleichung (III.7-43).

$$N_{1,Rd} = f_{y1} \cdot t_1 \cdot b_{eff} / \gamma_{M5} \quad \text{mit } b_{eff} \text{ nach Tabelle 7.13} \tag{III.7-43}$$

Die für vollständige Nachweise erforderlichen Trägfähigkeiten normalkraftbeanspruchter Querblechanschlüsse sind in Tabelle III.7-2 übersichtlich zusammengestellt.

Tabelle III.7-2: Tragfähigkeit von Querblech-Anschlüssen an RHP-Gurtstäbe

T- und X-Anschlüsse – Querblech	Tragfähigkeit
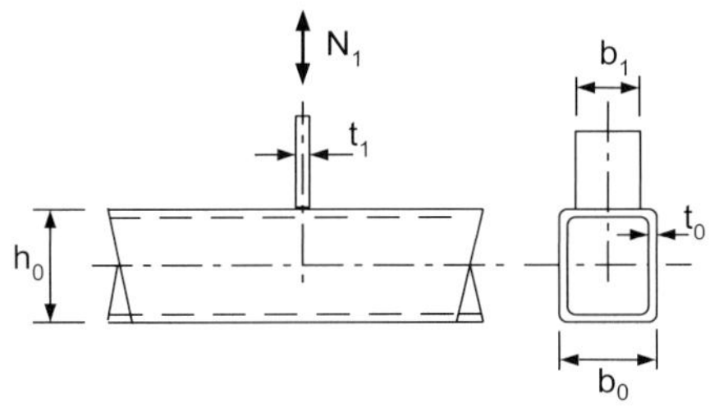	Versagen des Querbleches (für $0{,}5 \leq \beta \leq 1{,}0$)
	$N_{1,Rd} = f_{y1}\, t_1\, b_{eff} / \gamma_{M5}$
	Durchstanzen (für $b_1 \leq b_0 - 2t_0$)
	$N_{1,Rd} = \dfrac{f_{y0}}{\sqrt{3}}\, t_0\, (2t_1 + 2b_{e,p}) / \gamma_{M5}$

Fortsetzung Tabelle III.7-2

<table>
<tr><td rowspan="4">Beachte:
* Für 0,85 < β < 1,0 wird zwischen den Werten für Flanschversagen des Gurtes mit β = 0,85 und für Seitenwandversagen des Gurtstabes mit β = 1,0 linear interpoliert.
Anmerkung:
k_n, b_{eff}, $b_{e,p}$ nach Tabelle 7.11</td><td>Flanschversagen des Gurtstabs (*) (für $\beta \leq 0{,}85$)</td></tr>
<tr><td>$N_{1,Rd} = k_n f_{y0}\, t_0^2 \left[\frac{2+2{,}8\beta}{\sqrt{1-0.9\beta}} \right] / \gamma_{M5}$</td></tr>
<tr><td>Seitenwandversagen des Gurtstabs (*) (für $\beta = 1{,}0$)</td></tr>
<tr><td>$N_{1,Rd} = k_n f_{y0}\, t_0\, (2t_1 + 10t_0) / \gamma_{M5}$</td></tr>
</table>

Längsbleche:

Wegen des kleinen Breitenverhältnisses von Blech und Gurtstab dominiert bei Längsblechanschlüssen das Flanschversagen (Versagensform a). Die Tragfähigkeiten werden jedoch durch den Verformungsgrenzwert von 3 % der Gurtstabbreite b_0 nach Lu et. al. [81] begrenzt. Damit sind nur kleine Kräfte übertragbar. Das Fließlinienmodell (1) für Flanschversagen des Gurtstabes ist auch Grundlage für die Tragfähigkeit von **Längsblechanschlüssen** nach Tabelle 7.13, 8. Zeile. Die allgemeine Gleichung für Flanschversagen nach Tabelle 7.11 wird entsprechend modifiziert. Mit $b_1 = t_1$ und der Begrenzung des Breitenverhältnisses $\beta = t_1/b_0 \leq 0{,}2$ kann der Faktor $(1 - \beta)$ im Nenner durch 1 ersetzt werden. Außerdem ist der Abminderungsfaktor k_n, der für $\beta < 0{,}3077$ negative Werte annehmen würde, siehe Bild III.7-9, durch den Faktor k_m nach Gleichung (III.7-44) zu ersetzen.

$$k_m = 1{,}3\,(1 - |n|) \leq 1{,}0 \qquad \text{(III.7-44)}$$

Damit ergibt sich die Tragfähigkeit für Längsblechanschlüsse nach Tabelle 7.13, 8. Zeile. Paradox erscheint, dass die Tragfähigkeit bei Verkleinerung der Blechdicke t_1 steigt. Dies ist der Vereinfachung des Nenners $1/(1 - \beta) \approx 1{,}0$ geschuldet und wird sich im praktisch möglichen Bereich von $0 < t_1/b_0 \leq 0{,}2$ und $1 \leq h_1/b_0 \leq 4$ wenig auswirken. Die zu wählende Blechdicke wird auch eher von anderen Nachweisen abhängen, die eine Verkleinerung nicht ratsam erscheinen lassen.

Im allgemeinen Fall greifen an einem Längsblech Lasten nicht nur rechtwinklig an, z.B. bei Verbänden. In diesem Fall sind auch Schubkomponenten parallel zum RHP-Gurt bzw. zur RHP-Stütze und Exzentrizitätsmomente einzuleiten. Shermann [121] untersuchte zahlreiche Fahnenblechanschlüsse an relativ dünnwandigen RHP-Stützen. Der dabei gefundene Versagensmodus Durchstanzen unter der Fahnenblech-Ecke infolge Rotation des Blechs kann durch die Einhaltung einer einfachen Bedingung vermieden werden: $t_1 \cdot f_{y1} < 2\, t_0 \cdot f_{y0}/\sqrt{3}$. Alternativ muss der gesamte Anschluss einschließlich Fahnenblech genauer nachgewiesen werden, siehe CIDECT-Handbuch Nr. 9 [74].

Über Längsblechanschlüsse können auch Biegemomente M_{ip}, z.B. aus Exzentrizitäten, übertragen werden. Die Tragfähigkeit unter Biegebeanspruchung M_{ip} fehlt in Tabelle 7.13, während sie für RHP-Streben in Tabelle 7.14 angegeben ist. Zur Ergänzung ist nur eine einfache Erweiterung des Fließlinienmusters erforderlich. Durch die in <3> beschriebenen Erweiterungen um den Hebelarm $h_1/2$ und den zusätzlichen Summanden $(1 - \beta) \cdot b_0 / h_1$ lässt sich aus der in Tabelle 7.13, 7. Zeile angegebenen Grenznormalkraft $N_{1,Rd}$ für Längsblechanschlüsse das zugehörige, Grenzbiegemoment $M_{ip,1}$ bestimmen, siehe Gleichung (III.7-45).

$$M_{ip,1,Rd} = \frac{h_1}{2} \cdot f_{y0} \cdot k_m \cdot t_0^2 \left(2\frac{h_1}{b_0} + 4\sqrt{1-\frac{t_1}{b_0}} + (1-\frac{t_1}{b_0}) / \frac{h_1}{b_0} \right) / \gamma_{M5} \qquad \text{(III.7-45)}$$

Reicht die Tragfähigkeit solch eines Blechanschlusses nicht aus, so sind einfache Verstärkungen möglich, für die in ISO 14346 [23] und CIDECT-Handbüchern Nr. 9 [74] und Nr. 3 [94] ausführliche Berechnungshilfsmittel angeboten werden.

I- oder H-Profil:
Die Tragfähigkeit für I- oder H-Profilanschlüsse an RHP-Gurtstäbe oder -Stützen wird aus den Tragfähigkeiten von Blechanschlüssen zusammengesetzt. Die Lasteinleitung erfolgt über die steiferen Flansche vorrangig in die Gurtseitenwände, weshalb in Abhängigkeit vom Höhenverhältnis $\eta = h_1 / b_0$ nur die Tragfähigkeit von ein bis zwei Querblechanschlüssen herangezogen wird. Für kleinere Blechhöhen mit $\eta < 2\sqrt{(1 - b_1/b_0)}$ wird zwischen $\eta = 2\sqrt{(1 - b_1/b_0)}$ für 2 Querbleche und $\eta = 2\,t_1$ (ein Querblech der Breite 2 t_1) interpoliert.
Das übertragbare Biegemoment M_{ip} ergibt sich aus der Grenznormalkraft für ein Querblech (= ein Flansch) multipliziert mit dem Hebelarm $(h_1 - t_1)$.

<3> Zu Tabelle 7.14: Biegetragfähigkeit
In Tabelle 7.14 sind Grenztragfähigkeiten für biegebeanspruchte T- und X-Anschlüsse (θ_i = 90°) bei Biegebeanspruchung in der Tragwerksebene (Index *ip*: in plane) und rechtwinklig zur Tragwerksebene (Index *op*: out of plane) angegeben, die auf experimentellen, analytischen und numerischen Untersuchungen von Korol et. al. [66], Mang et. al. [85], Wardenier [153], Yu [173] und vielen anderen basieren. Für die Biegemomententragfähigkeit von K-Anschlüssen aus Rechteckhohlprofilen sind bisher nicht genügend Versuchsdaten vorhanden, um Berechnungsempfehlungen zu geben.
Die möglichen Versagensformen bei Biegung in der Ebene sind in Bild 7.3 dargestellt. Bei Einhaltung der Gültigkeitsgrenzen nach Tabelle 7.8 kann auf den Nachweis gegen d) Durchstanzen des Gurtflansches und f) lokales Beulversagen in Strebe oder Gurt verzichtet werden. Versagensform c) Gurtschubversagen (Interaktion) ist bei den genormten T- und X-Knoten Gegenstand der Stabwerksnachweise.
Für Biegemomentenbeanspruchungen in der Tragwerksebene M_{ip} ist in Abhängigkeit davon, ob das Breitenverhältnis $\beta = b_1 / b_0$ größer oder kleiner als 0,85 ist, entweder a) Flanschversagen des Gurtstabes (für $\beta \leq 0{,}85$) oder b) Seitenwandversagen und e) Strebenversagen (für $\beta > 0{,}85$) zu überprüfen. Für Biegemomente aus der Ebene M_{op} kommt bei T-Anschlüssen ein Zusatznachweis gegen Querschnittsverzerrung unter verdrehender Beanspruchung hinzu, sofern keine Aussteifungen vorhanden sind.
Hinweis: Der Parameterbereich in Tabelle 7.14 ist nicht konsistent. Eine konsistente Vorgehensweise entspräche der Vorgehensweise in Tabelle 7.11, Fußnote [b]. Seitenwandversagen wird nur für β = 1 maßgebend. Für kleinere Breitenverhältnisse im Bereich von $0{,}85 < \beta < 1{,}0$ wird zwischen den Tragfähigkeiten für Seitenwandversagen des Gurtstabes mit β = 1,0 und Flanschversagen des Gurtes mit β = 0,85 linear interpoliert. Für Breitenverhältnisse $\beta \leq 0{,}85$ ist Flanschversagen des Gurtes nachzuweisen.

Für a) **Flanschversagen des Gurtstabes** kann das allgemeine Fließlinienmuster angepasst werden, siehe Bild III.7-15. Nach Auswertung der entsprechenden Arbeitsgleichung erhält man den allgemeinen Grenzwert für Flanschversagen unter Biegung in der Ebene M_{ip} nach Gleichung (III.7-46).

$$M_{ip,1} = \frac{h_1}{2} \cdot \frac{f_{y0} t_0^2}{(1-\beta)} \left(2\frac{h_1}{b_0} + 4\sqrt{1-\beta} + (1-\beta)/\frac{h_1}{b_0} \right) \qquad \text{(III.7-46)}$$

Dieses Ergebnis unterscheidet sich nur durch den wirksamen Hebelarm $h_1/2$ und durch einen zusätzlichen letzten Summanden in der Klammer, den Ausdruck $(1-\beta) \cdot b_0 / h_1$, von der allgemeinen Grenznormalkraft N_1 für Flanschversagen des Gurtstabes von T- oder X-Anschlüssen mit $\sin \theta_1 = 1$ nach Gleichung (III.7-25).

Auch für Biegemomente aus der Ebene M_{op} wird das Fließlinienmodell für Gurtflanschversagen entsprechend angepasst, siehe Bild III.7-15.

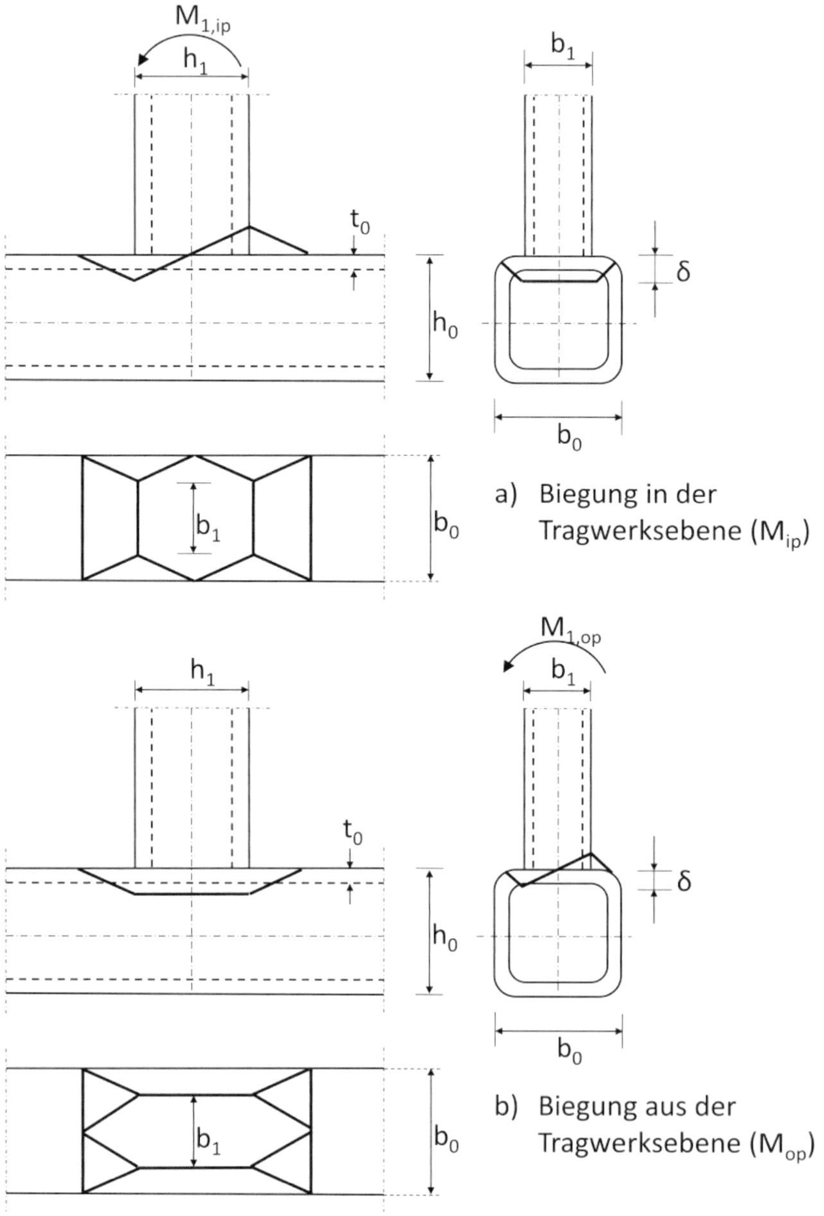

Bild III.7-15: Fließlinienmodelle für RHP-Gurtflanschversagen unter Biegebeanspruchungen M_{ip} und M_{op}

Selbstverständlich sind auch die Grenzbiegemomente $M_{ip,1,Rd}$ und $M_{op,1,Rd}$ bei Flanschversagen des Gurtes bei Vorhandensein von Druckspannungen im RHP-Gurt mit den Faktoren k_n abzumindern.

Bei b) **Seitenwandversagen** wird im Grenzzustand von einer plastischen Lasteinleitung mit Ausbreitung von 1: 2,5 ausgegangen. Die Verteilungslänge aus der Strebenhöhe h_1 in die Gurtseitenwände beträgt damit (h_1 + 5 t_0). Bei Biegung in Tragwerksebene (M_{ip}) gibt es eine Druck- und Zugzone mit dem Hebelarm von 0,5 (h_1 + 5 t_0), siehe Bild III.7-16, bei Biegung aus der Ebene (M_{op}) steht eine Seitenwand unter Druck, die andere unter Zug, der Hebelarm ist (b_0 – t_0).

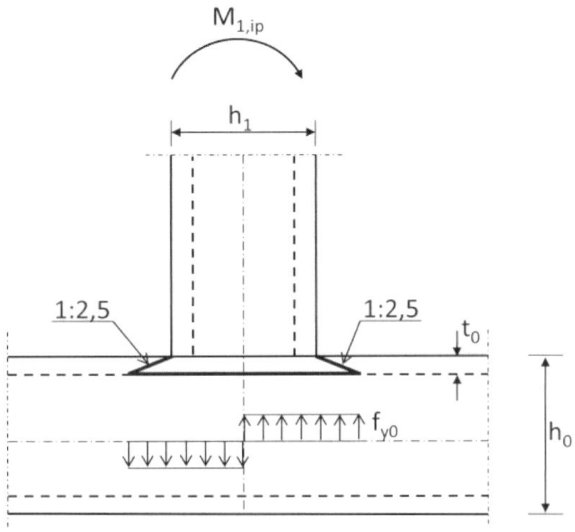

Bild III.7-16: Gurtseitenwandversagen unter Biegebeanspruchung M_{ip}

Frühere Versuchsreihen von Mang et. al. [85] und De Koning & Wardenier [65] mit Stählen bis S355 wiesen, anders als bei Axialbelastung nach Tabelle 7.11, bei Biegemomentenbelastung nicht auf eine besondere Beul- oder Biegeknickgefährdung hin, sodass für T-Anschlüsse die Fließspannung f_{y0} zugrunde gelegt werden konnte. Für höher beanspruchte X-Anschlüsse wird die Fließspannung auf 80 % abgemindert. Auf die Berücksichtigung des Abminderungsbeiwertes χ für Biegeknicken darf verzichtet werden.

Achtung: Allerdings scheint bei den Grenztragfähigkeiten für Seitenwandversagen nach Tabelle 7.14, 5. und 11. Zeile der Abminderungsfaktor k_n für die Gurtbeanspruchung vergessen worden zu sein, während er für Flanschversagen verwendet werden muss. Das ist offensichtlich falsch. Daher ist dringend zu empfehlen, auch bei Seitenwandversagen die Gurtauslastung mit dem Faktor k_n zu berücksichtigen.

Hinweis: Nachdem der Anwendungsbereich des Eurocodes auf Stähle S460 erweitert wurde, ist zunächst nur ein Abminderungsbeiwert von 0,9 für S460 eingeführt worden, siehe <3>. Die größere Neigung von tendenziell schlankeren RHP-Seitenwänden aus höherfesten Stählen zu örtlichem Beulen ist damit jedoch noch nicht in jedem Fall hinreichend berücksichtigt. Neuauswertungen von Yu, [173], Liu & Wardenier [76] und Wardenier [162] haben gezeigt, dass für Biegetragfähigkeiten M_{ip} und M_{op} bei der Versagensform b) Seitenwandversagen neben dem Abminderungsbeiwert k_n für die Gurtstabauslastung zusätzlich ein Abminderungsbeiwert für Biegeknicken χ zu berücksichtigen ist. Somit ergeben sich in Analogie zu Tabelle 7.11 auch für Tabelle 7.14, 5. und 11. Zeile Biegetragfähigkeiten für Seitenwandversagen (b) auf Basis von f_b (Index b: buckling) nach den Gleichungen (III.7-47) und (III.7-48). Die Ermittlung des Abminderungsbeiwertes für Biegeknicken χ kann nach Tabelle 7.11 erfolgen.

$$M_{ip,1,Rd} = 0,5 k_n f_b t_0 (h_1 + 5t_0)^2 / \gamma_{M5} \tag{III.7-47}$$

$$M_{op1,Rd} = k_n f_b t_0 (b_0 - t_0)(h_1 + 5t_0)/\gamma_{M5} \tag{III.7-48}$$

Für beide Gleichungen mit: $f_b = \chi f_{y0}$ für T-Anschlüsse

$f_b = 0,8\, \chi f_{y0}$ für X-Anschlüsse

Bei **Strebenversagen** wird der Strebenumfang dort reduziert, wo sich der darunter befindliche Gurtflansch durchbiegen und der Lastübertragung entziehen kann, siehe Faktor $(1 - b_{eff}) / b_1$. Damit ergeben sich die Grenztragfähigkeiten nach Tabelle 7.14.

Querschnittsverzerrung:

Ist bei T-Anschlüssen die Strebe zu breit, um sich in den Flansch zu drücken, so kann sich stattdessen der Querschnitt trapezförmig verformen (Verzerrung), wenn die Verzerrung nicht konstruktiv behindert wird, z.B. durch Querschotte. Die in **Tabelle 7.14, 12. und 13. Zeile** angegebene Grenztragfähigkeit $M_{op,1,Rd}$ gegen Versagen durch Querschnittsverformung basiert auf einem um Wölbnormalspannungen erweiterten 3D-Fließlinienmodell mit 4 plastischen Gelenken in den HP-Ecken nach Yu [173]. Die Gurtflanschverformung ist auf das übliche Maß von 3 % b_0 begrenzt worden. Die im T-Anschluss-Bereich immer vorhandene Torsionsbeanspruchung ist dabei berücksichtigt. Der Interaktionseinfluss war beim mittig belasteten, gabelgelagerten Einfeldträger vernachlässigbar. Andere Systeme sind allerdings gar nicht untersucht worden.

Hinweis 1: Durch Berechnung, aber auch in den Versuchen [173] konnte gezeigt werden, dass die Querschnittsverformung nur für große Breitenverhältnisse $\beta > 0,85$ maßgebend wird, dort wo auch Seitenwandversagen zu untersuchen ist. Für $\beta \leq 0,85$ dominiert Flanschversagen ohne Querschnittsverzerrung.

Hinweis 2: Das Fließlinienmodell nach Yu [173], erstreckt sich über einen Einflussbereich, der im Gegensatz zu anderen Modellen nicht auf die unmittelbare Anschlussumgebung beschränkt bleibt. Bei QHP mit $b_0 = h_0$ erstreckt sich der Knoteneinflussbereich z.B. auf eine Gurtstablänge von $l_{0,eff} = h_1 + 2\, b_0 \cdot (\gamma)^{0,5}$ mit $\gamma = b_0/(2\, t_0)$. Innerhalb dieser Einflusslänge, bei RHP-Gurtstäben also im Abstand von jeweils ½ $[(b_0 + h_0) \cdot b_0 \cdot h_0 / t_0]^{0,5}$ von der Strebenaußenkante, sollten keine weiteren Einwirkungen die Querschnittsverzerrung vergrößern. Ein entsprechender Warnhinweis fehlt hier.

Hinweis 3: Die Interaktion mit zusätzlichen Gurtstabbeanspruchungen $N_{0,Ed}$, $V_{0,Ed}$ oder $M_{0,Ed}$ ist für dieses Fließlinienmodell mit Wölbbehinderung nicht untersucht worden [173]. So könnten sich z.B. Biegenormalspannungen mit den im Modell angesetzten Wölbnormalspannungen überlagern. Bei Vorhandensein von Zusatzspannungen sind Gurtquerschnitte im Fall $\beta > 0,85$ somit auszusteifen, oder die Lasteinleitung erfolgt so, dass Querschnittsverzerrung nicht möglich ist.

Wegen der genannten Einschränkungen und Wissenslücken wird in Expertenkreisen darüber diskutiert, die Berechnungsgleichung $M_{op,1,Rd}$ für Querschnittsverzerrung durch einen Warnhinweis zu ersetzen, der für alle Anschlüsse mit $\beta > 0,85$ festlegt: „**Gurtquerschnittsverformung ist zu verhindern**." Eine solche Anweisung anstelle einer Berechnungsgleichung ist auch in der ISO 14346: 2013 [23] und im aktuellen CIDECT-Handbuch Nr. 3 [94] zu finden.

<4> Zu Tabelle 7.15: Weitere spezielle Anschlusstypen

In Tabelle 7.15 sind im Unterschied zu den vorangestellten Tabellen keine Tragfähigkeiten angegeben, sondern Bemessungskriterien. Die Bezeichnungen der Anschlusstypen in Tabelle 7.15 lauten von oben nach unten: DY-, KT-, DX- und DK-Anschluss.

Die Tragfähigkeiten der speziellen Anschlüsse nach Tabelle 7.15 werden aus den entsprechenden Tragfähigkeiten der ebenen Anschlüsse nach Tabelle 7.11 oder 7.12 hergeleitet und sind mit Hilfe von Experimenten statistisch abgesichert, siehe Wardenier [153]. DY-Anschlüsse nach Zeile 2 und DX-Anschlüsse nach Zeile 4 verhalten sich wie X-Anschlüsse nach Tabelle 7.11, KT-Anschlüsse nach Zeile 3 und DK-Anschlüsse nach Zeile 5 dagegen wie K-Anschlüsse nach Tabelle 7.12. Alle dort angegebenen Versagensarten sind zu überprüfen, wobei Strebenversagen und Durchstanzen örtliche Nachweise sind, die für jede Strebe einzeln, bzw. unter jeder Strebe einzeln, geführt werden.

Hinweis: Für den DY-Anschluss nach Zeile 2 entfällt jedoch der Zusatznachweis der Schubtragfähigkeit der Gurtseitenwände im Fall $\cos\theta_i > h_i/h_0$, siehe III.7.5.2.1 <1.1>. Anders als bei X-Anschlüssen gibt es bei DY-Anschlüssen keinen Versatz der örtlichen Lasteinleitung.

Für die einwirkenden Lasten sind die positiven Definitionen entsprechend der Pfeilrichtungen in Tabelle 7.15 bindend.

Hinweis: Für den KT-Anschluss muss die Kraft N_3 in der Vertikalen eine Druckkraft (Pfeil nach unten) sein. Für Zugkräfte in der Vertikalen sind die Nachweisbedingungen nicht korrekt. Dafür sind die Nachweisgleichungen jedoch leicht anzupassen, wie bereits für KHP-KT-Anschlüsse nach Tabelle 7.6 erläutert, siehe <5>, insbesondere die Gleichungen (III.7-18) und (III.7-19).

Bei ebenen DK-Anschlüssen mit Spalt wie in Tabelle 7.15, 5. Zeile kann der Gurtquerschnitt im Schnitt 1-1 im Spalt zwischen den Streben unter Schub, ggf. in Kombination mit der vorhandenen Normalkraft versagen. Der Nachweis der Interaktion wurde bereits für KHP-DK-Anschlüsse nach Tabelle 7.6 erläutert, siehe <5>, die Gleichungen (III.7-20) und (III.7-21) gelten hier auch. Die Abscherkapazität $V_{pl,0,Rd}$ und die Normalkraftkapazität $N_{pl,0,Rd}$ entsprechen Gleichung (III.7-22) und (III.7-23), allerdings sind dabei die Querschnittsfläche A_0 und die wirksame Schubfläche im Spalt $A_{V,0}$ für RHP-Querschnitte zu verwenden. Damit ergeben sich für RHP-Gurtstäbe die Kapazitäten nach Gleichung (III.7-49) und (III.7-50).

Querschnittsfläche: A_0

Wirksame Schubfläche: $A_{v,0} = 2\,h_0 \cdot t_0$ (auf der sicheren Seite: $\alpha = 0$)

$$N_{pl,0,Rd} = \frac{f_{y0}\,A_0}{\gamma_{M5}} \tag{III.7-49}$$

$$V_{pl,0,Rd} = \frac{\left(f_{y0} / \sqrt{3}\right) A_{V,0}}{\gamma_{M5}} \tag{III.7-50}$$

<5> Zu Tabelle 7.16: Rahmeneckanschlüsse

Die Bemessungskriterien für Rahmeneckanschlüsse mit RHP gehen auf Forschungen von Mang et. al. [55] zurück und waren bereits in anderer Form (für Nachweise mit zulässigen Spannungen) in der alten deutschen Hohlprofilfachnorm DIN 18 808: 1984 enthalten. Einen umfassenden Überblick und Konstruktionshinweise geben Mang & Bucak [84].

Tabelle 7.16 enthält die nicht ausgesteifte Ecke, eine durch ein Blech im Gehrungsschnitt ausgesteifte Verbindung und einen Anschluss mit abgeknicktem Gurt. Die abgeknickte Gurtstabverbindung ist wie ein K- oder N-Anschluss mit Überlappung nachweisbar, siehe Packer [90]. Dabei stellt man sich den nach oben abgeknickten Gurtstabteil als überlappte Strebe j vor, während der Gurtstab geradeaus weiterläuft. Die häufig verwendete Aussteifungsvariante mit Voute fehlt, ebenso Rahmenecken mit KHP. Zum Nachweis dieser Konstruktionsdetails ist neben ingenieurmäßigem Verstand ggf. weiterführende Literatur erforderlich (Mang & Bucak [84], Dutta [40], Karcher & Puthli [60]).

Die einfachste Variante, die nicht ausgesteifte Ecke nach Tabelle 7.16, 3. Zeile, kann nur in Rahmen mit geringen Beanspruchungen verwendet werden, wobei der Anschluss nach DIN 18 808: 1984 trotzdem als biegesteif bezeichnet wurde. Da die Momenten-Rotations-Charakteristiken der Versuche [87] jedoch nicht allgemein zugänglich sind, hat der Anschluss im Eurocode diesen Status nicht mehr. Abtriebskräfte im Eckbereich verursachen Querbeanspruchen in den Flanschen. Verformt sich der Querschnitt, können Kräfte in die Seitenwände umgelagert werden. Die nicht ausgesteifte Ecke erreicht daher nicht die volle Querschnittstragfähigkeit der angeschlossenen Profile. Zugelassen sind nur Querschnitte der Klasse 1 für reine Biegung. Die plastische Grenznormalkraft wird bis zu max. 20 % ausgelastet. Die Auslastung bei Interaktion wird durch einen Faktor κ begrenzt, der vom Öffnungswinkel θ der Ecke und von den Geometrieverhältnissen b_0/h_0 und b_0/t_0 abhängt.

Eine bessere Querschnittsausnutzung unter Berücksichtigung der N-M-Interaktion kann durch ein eingeschweißtes Zwischenblech nach Tabelle 7.16, 4. Zeile erreicht werden. Voraussetzung sind volltragfähige Schweißnähte nach Abschnitt 7.3.

<u>Hinweis:</u> In den Interaktionsbeziehungen wird die Querkraft vernachlässigt. Das ist nur dann möglich, wenn sie klein bleibt. Im Eurocode 3 wird die Grenze bei 50 % der plastischen Querkraft $V_{pl,Rd}$ festgelegt. Für größere Querkräfte ist die Fließspannung f_y zur Ermittlung der vollplastischen Querschnittswerte $N_{pl,Rd}$ und $M_{pl,Rd}$ um den Anteil der mit der Querkraft „belegten“ Querschnittsfläche zu vermindern, siehe Gleichung (III.7-51).

$$red\,f_y = f_y\,[\,1 - (2\,V_{Ed}\,/\,V_{pl,Rd} - 1)^2\,] \qquad \text{(III.7-51)}$$

III.7.5.2.2 Verstärkte Anschlüsse

<1> Zu 7.5.2.2 (1) bis (7): Allgemeines

Ist die Tragfähigkeit von Knoten nicht ausreichend, so können Verstärkungen eingesetzt werden. Zunächst ist aber alles zu versuchen, Verstärkungen zu vermeiden. Welche Verstärkungsvariante sinnvoll ist, hängt vom Anschluss und der maßgebenden Versagensart ab, für die ein Nachweis nicht erfüllt wird. Versagensart a) Gurtflanschversagen oder d) Durchstanzen kann mit einer aufgeschweißten Gurtflanschlamelle verhindert werden. Die Gurtflanschlamelle verhindert dabei auch e) örtliches Strebenversagen, wenn sie die wirksame Strebenbreite b_{eff} vergrößert. Versagensart b) Seitenwandversagen bei T-, Y- oder X-Anschlüssen oder c) Schubversagen bei K- oder N-Anschlüssen kann mit beidseitigen Gurtseitenwandlamellen verhindert werden. Quersteifen kommen bei K-Knoten zum Einsatz, wenn die Überlappung nicht ausreicht, der Spalt zu klein ist, oder wenn einfach die passgenaue Endenvorbereitung überlappender Streben vermieden und das Schweißen erleichtert werden soll.

In Tabelle 7.17 sind Bemessungs- und Konstruktionskriterien für Verstärkungsvarianten für T-, Y- und X-Anschlüsse zusammengestellt, in Tabelle 7.18 für Verstärkungsvarianten für K- und N-Anschlüsse.
In den Tabellen 7.17 und 7.18 wird die allgemein in Abschnitt 7 verwendete Indizierung („0“, nicht „o“, für den Gurtstab und „1“ oder „2“, allgemein „i“ für Streben) um den Index „p“ für Blechlamelle (engl. plate) erweitert.

<2> Zu Tabelle 7.17: Verstärkung von T-, Y- und X-Anschlüssen
Verstärkungen für T-Anschlüsse unter Druckbeanspruchung wurden von Korol et. al. [67] untersucht. Dabei wurde das plastische Verhalten nachgewiesen und bei Einhaltung gewisser Mindestabmessungen für die Blechlamellen kann die Tragfähigkeit auf die Versagensformen der T-, Y- oder X-Anschlüsse nach Tabelle 7.11 zurückgeführt werden.
Hinweis: In Tabelle 7.17, 3., 5. und 7. Zeile wird eine Mindestdicke von $t_p \geq 2\ t_1$ für die Blechlamellen verlangt. Die ausreichende Blechdicke t_p wird jedoch gerade durch Führen eines angepassten Tragfähigkeitsnachweises für diese Blechlamelle nachgewiesen. Daher kann die Untergrenze hier entfallen.

<2.1> Gurtflanschlamellen (Zug und Druck):
Die Gurtflanschlamellen für Zug- und Druckbeanspruchung nach Tabelle 7.17, 4. und 6. Zeile haben viel gemeinsam. Die Mindestabmessungen der Lamellen sind in beiden Fällen gleich. Der Unterschied in der Nachweisführung hängt mit dem Vorzeichen der einwirkenden Strebenkraft N_1 zusammen, Zug oder Druck.
Hinweis: Um sicherzustellen, dass Plastizierung und Durchstanzen der Blechlamelle gegenüber dem Gurtflansch maßgebend wird, sollte die Lamelle mindestens eine Länge von $l_p \geq 1{,}5\ h_1$ haben.

Bei Zugbeanspruchung kann die Strebe die Blechlamelle durch Biegung vom Gurtflansch abheben. Die Lasteinleitung erfolgt nur in die Blechlamelle. Die Blechlamelle überträgt die Spannungen wie eine Biegeplatte zu den Schweißnähten auf dem Gurtflansch. Ist die Lamelle groß genug, wofür die Bemessungskriterien sorgen sollen, so erfolgt die Lastweiterleitung breit verteilt direkt in die Gurtseitenwände, deren Tragfähigkeit als ausreichend vorausgesetzt wird.
Nur die Lamelle bedarf dann noch eines Nachweises gegen Blechversagen. Wegen der Analogie zum Gurtflanschversagen wird dazu das Fließlinienmodell nach Tabelle 7.11 benutzt, aber mit $k_n = 1$, $f_{y0} = f_{yp}$, $t_0 = t_p$, $b_0 = b_p$, womit auch gilt: $\beta = b_1 / b_p = \beta_p$ und $\eta = h_1/b_p = \eta_p$, vgl. Tabelle 7.17, 4. Zeile. Der Abminderungsfaktor für die Gurtauslastung wird auf $k_n = 1$ gesetzt, weil die Gurtbeanspruchungen vorrangig durch den Gurtstab übertragen werden und nicht den Umweg über die aufgeschweißte Lamelle nehmen müssen. Ein Nachweis gegen Blechversagen der Lamelle wird nur dann erforderlich, wenn das Breitenverhältnis zwischen Strebe und Blechlamelle klein bis mittelgroß bleibt mit $\beta_p = b_1 / b_p \leq 0{,}85$. Bei größeren Breitenverhältnissen $\beta_p > 0{,}85$ ist Blechversagen nicht mehr maßgebend. Im Sinne von Tabelle 7.11 müssten dann Strebenversagen und Durchstanzen überprüft werden, wie es bei Druckbeanspruchung auch verlangt wird. Hier ist die Tabelle inkonsistent und wird entsprechend korrigiert werden.
Bei **Druckbeanspruchung** könnte bei der Lasteinleitung ein Zusammenwirken von Blechlamelle und Gurtflanschblech angenommen werden, was durch Korol, et. al. [67] untersucht wurde. Von einem Schubverbund in der Fuge zwischen Blechlamelle und Gurtflansch wird in Tabelle 7.17, 6. Zeile jedoch offenbar nicht ausgegangen (Ersatz von t_0 durch t_p und nicht durch $(t_0 + t_p)$ und $k_n = 1$). Damit brauchen die Schweißnähte

der Lamellen auch nicht für die entsprechenden Verbundspannungen nachgewiesen zu werden. Damit unterscheidet sich jedoch die Tragfähigkeit für Flansch- bzw. Blechversagen der Lamelle bei Druckbeanspruchung nicht mehr von jener nach Zugbeanspruchung und eine unterschiedliche Behandlung beider Fälle wie in Tabelle 7.17 wäre nicht erforderlich, bis auf Folgendes.

Da nach 7.5.2.2 (6) die Stahlgüte der Verstärkung nicht kleiner sein darf als die des Gurtes und in den meisten praktischen Fällen gleiche Stahlgüten zum Einsatz kommen, ist in Tabelle 7.17, 6. Zeile nicht extra erwähnt, dass bei Ersatz von t_0 durch t_p für die Blechlamelle auch f_{y0} durch f_{yp} ersetzt werden kann. Auf der sicheren Seite sollte bei Druckbeanspruchung jedoch immer vom Minimum von f_{y0} oder f_{yp} ausgegangen werden.

Neben dem Flansch- bzw. Blechversagen für die Lamelle mit k_n = 1 ist nach Tabelle 7.17, 6. Zeile zusätzlich Strebenversagen und Durchstanzen durch die Lamelle im Sinne von Tabelle 7.11 nachzuweisen, wobei die Gurtstabparameter f_{y0}, t_0, b_0 durch die entsprechenden Parameter der Blechlamelle f_{yp}, t_p, b_p ersetzt werden. Das führt auch zur Substitution des Breitenverhältnisses β durch $\beta_p = b_1/b_p$ und des Höhenverhältnisses η durch $\eta_p = h_1/b_p$.

Nach weitergehenden Auswertungen von Korol et. al. [67] ist unter diesen Umständen ein volltragfähiger Anschluss zu erreichen, der keine weiteren Nachweise erfordert, wenn die Blechlamelle der Breite b_p und Länge l_p folgende Abmessungen einhält:

Breite der Lamelle:	$b_p \geq b_1 / 0{,}85$ und $b_p \geq b_0 - 2\,t_0$
Länge der Lamelle:	$l_p \geq 2\,b_0$
Blechdicke:	$t_p \geq 4\,t_1 - t_0$

Durch eine derartig große und kompakte Flanschlamelle wird Gurtflanschversagen und Durchstanzen vermieden. Bei volltragfähigen Schweißnähten wird auch die Beanspruchbarkeit der Streben übertroffen (voll wirksamer Strebenumfang mit b_{eff} = b_i). Darüber hinaus werden die Lasten breiter verteilt, so dass auch Gurtseitenwandversagen vermieden werden kann.

<2.2> Seitenwandlamellen:

Bei großen Breitenverhältnissen von Strebe und Gurt mit $\beta \approx 1$ kann auch Seitenwandversagen maßgebend sein, so dass sich bei Überschreitung der Einsatz von Seitenwandlamellen lohnt.

Örtliches Schubversagen des Gurtstabes ist jedoch bei T-, Y- und X-Anschlüssen nach Tabelle 7.11 nicht nachweisbar. An dieser Stelle meint die Norm wohl, dass bei T- oder Y-Anschlüssen auch die Querschnitte neben dem Anschluss durch Querkräfte überlastet sein können. Dann kann der Gurtquerschnitt auch mit längeren Seitenlamellen versteift werden, was mit üblichen Stahlbau-Stabnachweismethoden zu erfassen ist. Eine Ausnahme bilden die X-Anschlüsse mit flach geneigten Streben $cos\ \theta_1 > h_1/h_0$ nach Tabelle 7.11 Fußnote [a]. Dafür wird die örtliche Schubtragfähigkeit im „Spalt" zwischen den Strebenanschlüssen auf der Ober- und Unterseite des Gurtes nachzuweisen sein.

Hinweis: Die Seitenwandlamellen besitzen ausreichende Abmessungen, wenn folgende Untergrenzen beachtet werden:

T- und Y-Anschlüsse:	$l_p \geq 1{,}5\ h_1 / sin\ \theta_1$
X-Anschlüsse:	$l_p \geq 1{,}5\ (h_1 / sin\ \theta_1 + h_0 / tan\ \theta_1)$

Beim Nachweis nach Tabelle 7.17 letzte Zeile für Seitenwand- (und ggf. Schubversagen, s.o.) darf t_0 durch $(t_0 + t_p)$ ersetzt werden. Nicht extra erwähnt wird, dass bei Ersatz von t_0 durch $(t_0 + t_p)$ für Lamellenblech und Gurtseitenwand auch f_{y0} durch den kleineren der beiden Werte, f_{y0} oder f_{yp} ersetzt werden kann. Da nach 7.5.2.2 (6) die Stahlgüte der Verstärkung nicht kleiner sein darf als die des Gurtes, ist der kleinere Wert f_{y0}.

Hinweis: Beim evtl. erforderlichen Nachweis des Schubversagens des Gurtstabes mit $(t_0 + t_p)$ ist zu beachten, dass nur die Seitenwände, nicht die Flansche verstärkt sind, siehe auch <3.2>.

Dabei wird davon ausgegangen, dass andere Versagensarten, die das nicht versteifte Gurtflanschblech oder die Streben betreffen, nicht maßgebend sind, denn darauf hätten die Seitenwandlamellen keinen Einfluss.

<3> Zu Tabelle 7.18: Verstärkung von K- und N-Anschlüssen

Die Bemessungskriterien für die Verstärkung von K- und N-Anschlüssen gehen auf Untersuchungen von Shinouda [122] zurück und wurden später von Dutta & Würker [41] erweitert.

Die Mindestanforderungen an die Gurtflansch- und die Seitenwandlamellen unterscheiden sich von denen bei T-, Y- und X-Anschlüssen nur in der Lamellenblechlänge l_p, die den Spalt und die 2. Strebe berücksichtigt.

<3.1> Gurtflanschlamelle:

Hinweis: In Tabelle 7.18, 3. Zeile wird eine Mindestdicke von $t_p \geq 2\ t_1\ und\ 2\ t_2$ für die Blechlamellen verlangt. Diese Untergrenze kann bei Nachweis der Blechlamelle gegen Flanschversagen entfallen.

Die Nachweisführung mit Gurtflanschlamelle nach Tabelle 7.12, 3. Zeile ist analog der nach Tabelle 7.17, 6. Zeile, wobei sie sich aber auf K- und N-Anschlüsse nach Tabelle 7.12 als Grundlage bezieht. Ein weiterer Unterschied besteht darin, dass der Abminderungsfaktor für die Gurtauslastung nicht auf k_n = 1 gesetzt wird. Im Übrigen gilt <2.2>.

<3.2> Seitenwandlamellen:

Die Nachweisführung mit Seitenwandlamelle nach Tabelle 7.12, 5. Zeile ist analog der nach Tabelle 7.17, letzte Zeile, wobei sie sich aber auf K- und N-Anschlüsse nach Tabelle 7.12 als Grundlage bezieht. Im Übrigen gilt <2.2>.

Hinweis: Beim hier immer erforderlichen Nachweis des Schubversagens des verstärkten Querschnittes wird für die Seitenwände t_0 durch $(t_0 + t_p)$ ersetzt, für die nicht verstärkten Flanschanteile jedoch nicht. Die wirksame Schubfläche $A_{v,0}$ im Spalt, siehe auch Gleichung (III.7-31), beträgt nach Gleichung (III.7-52):

$$A_{v,0} = 2\ h_0\ (t_0 + t_p) + \alpha \cdot b_0 \cdot t_0 \qquad \text{(III.7-52)}$$

<3.3> Quersteife:

Für ungenügende Strebenüberlappung wird in Tabelle 7.18 letzte Zeile eine Quersteife mit $t_p \geq 2\ t_i$ empfohlen. Die Tabellenüberschrift in Tabelle 7.18, Zeile 6 ist jedoch falsch. Für λ_{ov} < 25 % ist kein Nachweis von Überlappungen erlaubt. Auch bei zu kleinem Spalt g < 0,5 (1 – β) · b_0 hilft die Quersteife nicht. Die Tragfähigkeit $N_{i,Rd}$ für den verstärkten K-Anschluss muss wegen der Überlappungen außerdem nach Tabelle 7.10 und nicht nach Tabelle 7.12 ermittelt werden, wobei Strebenversagen mit λ_{ov} < 80 % oder sogar λ_{ov} < 50 % maßgebend wird. Dabei wird $b_{e,ov}$ für $t_j = t_p$, $b_j = b_p$ und $f_{yj} = f_{yp}$ ermittelt. Für kleine Überlappungen ergäben sich besonders bei nicht mehr vollständig mitwirkenden Strebenseitenwänden h_1 (neben den reduzierten Breiten b_{eff} und $b_{e,ov}$) nur sehr geringe Knotentragfähigkeiten. Solch eine Versteifungsvariante kann sich sehr oft als nicht ausreichend herausstellen und muss dann zusätzlich durch eine Gurtflanschlamelle verstärkt werden.

III.7.5.3. Räumliche Anschlüsse

Die Tragfähigkeiten der räumlichen Anschlüsse nach Tabelle 7.19 werden aus den Tragfähigkeiten der ihnen entsprechenden ebenen Anschlüsse hergeleitet. Dabei ist für Nachweise gegen Gurtflanschversagen (und nur dafür!) der Abminderungsbeiwert μ nach Tabelle 7.19 zu verwenden.

Dieser einfache Abminderungsbeiwert hat sich auch nach vielen experimentellen, numerischen und analytischen Untersuchungen weiter behauptet, siehe Coutie et. al. [34], Bauer & Redwood [26], Davies & Morita [36], Liu & Wardenier [77], [78] und Yu [173]. Es ist darauf hinzuweisen, dass fast ausschließlich QHP-Gurtstäbe untersucht wurden. Bei den genormten TT- und KK-Anschlüssen für Dreigurt-Träger kommt ohnehin nur ein QHP-Gurtstab in Frage, ein RHP würde zu Gurtexzentrizitäten führen.

In Abschnitt 7.5.3 (1) wird die Überprüfung aller Bemessungskriterien nach Abschnitt 7.5.2 verlangt. Bei QHP-Gurtstäben handelt es sich dabei um die eingeschränkte Nachweisführung nach Tabelle 7.10, die für $\beta \leq 0{,}85$ nur die Überprüfung von Flanschversagen des Gurtstabes erfordert.

Nach Abschnitt 7.5.3, Tabelle 7.19 ist es allerdings nicht ausgeschlossen, den Anwendungsbereich von Tabelle 7.9 zu verlassen, solange die Anforderungen nach Tabelle 7.8 eingehalten werden. Dann wären auch andere Versagensformen zu überprüfen. Strebenversagen und Durchstanzen sind dabei örtliche Versagensformen an oder unter einzelnen Streben. Dafür ist der Abminderungsbeiwert μ nach Tabelle 7.19 nicht gedacht.

Der Abminderungsbeiwert μ kann auch größer als 1 werden, wenn durch die zusätzlichen Streben ein versteifender Einfluss ausgeübt wird gegenüber einem vergleichbaren ebenen Knoten. Bei XX-Anschlüssen nach Tabelle 7.19, 5. Zeile ist die Vorzeichenregelung besonders wichtig. Liegen in einem gegenüberliegenden Strebenpaar Druckkräfte und im anderen Strebenpaar Zugkräfte vor, so addiert sich die Verformung des Querschnitts und die Tragfähigkeit wird verringert. Liegen in allen Streben entweder nur Druckkräfte oder nur Zugkräfte vor, so wird der Querschnitt versteift und die Tragfähigkeit steigt.

Wie bei ebenen DK-Anschlüssen nach Tabelle 7.15, letzte Zeile ist auch bei räumlichen KK-Anschlüssen nach Tabelle 7.19, letzte Zeile ein Interaktionsnachweis für den Gurtstab im Schnitt 1-1 des Spaltes zwischen den Strebenpaaren erforderlich. Die Abscherkapazität $V_{pl,0,Rd}$ und die Normalkraftkapazität $N_{pl,0,Rd}$ von RHP-Gurtstäben ist in Gleichung (III.7-49) und (III.7-50) angegeben, die im Schnitt 1-1 einwirkende Beanspruchung $N_{0,Ed}$ und $V_{0,Ed}$ nach statischen Gesichtspunkten (räumliches Knotengleichgewicht) sinngemäß zu ermitteln. Auch dabei werden sekundäre Gurtbiegebeanspruchungen vernachlässigt (Fachwerktheorie).

Zur Verdeutlichung und Vermeidung von Fehlern kann die allgemein formulierte Interaktionsbeziehung nach Tabelle 7.19, letzte Zeile für den Standardfall Dreigurtträger mit KK-Anschlüssen an einen QHP-Gurtstab ($h_0 = b_0$) und symmetrisch angeordneten, gleichen Streben mit Öffnungswinkel $\phi \approx 90° +/–5°$ besser aufbereitet werden.

Für einen QHP-Gurtquerschnitt berechnen sich die Normalkraftkapazität $N_{pl,0,Rd}$ und die Abscherkapazität $V_{pl,0,Rd}$ nach Gleichung (III.7-53) und (III.7-54).

Querschnittsfläche: A_0

Wirksame Schubfläche: $A_{v,0} = A_0$

$$N_{pl,0,Rd} = \frac{f_{y0}\, A_0}{\gamma_{M5}} \qquad \text{(III.7-53)}$$

$$V_{pl,0,Rd} = \frac{\left(f_{y0} / \sqrt{3}\right) A_{V,0}}{\gamma_{M5}} = \frac{f_{y0}}{\sqrt{3}} \left(A_0\right) \frac{1}{\gamma_{M5}} \qquad \text{(III.7-54)}$$

Der Bemessungswert der Normalkraft $N_{0,Ed}$ im Spalt (Schnitt 1-1) ergibt sich aus der Vorspannung zuzüglich resultierender Einwirkung der im rechten Winkel zueinander stehenden Strebenkräfte, siehe Gleichung (III.7-55)

$$N_{0,Ed} = N_{0,l,Ed} - 2\, N_{1,Ed} \cdot \cos\, \theta_1 = N_{0,r,Ed} + 2\, N_{2,Ed} \cdot \cos\, \theta_2 \qquad \text{(III.7-55)}$$

Für den Interaktionsnachweis wird die resultierende Schubkraft nach Gleichung (III.7-56) benötigt.

$$V_{0,Ed} = 2\, N_{1,Ed} \cdot \sin\, \theta_1 \cdot \cos\, (\phi/2) \qquad \text{(III.7-56)}$$

Damit ergibt sich die aufbereitete Interaktionsbeziehung für KK-Anschlüsse mit QHP-Gurt und Streben nach Gleichung (III.7-57).

$$\left(\frac{N_{0,Ed}}{N_{pl,0,Rd}} \right)^2 + \left(\frac{V_{0,Ed}}{V_{pl,0,Rd}} \right)^2 \leq 1{,}0 \qquad \text{(III.7-57)}$$

III.7.6. Geschweißte Anschlüsse von KHP- oder RHP-Streben an I- oder H-Profil-Gurtstäbe

<1> Allgemeines

<1.1> Grundlegendes

Bei geschweißten Anschlüssen von Hohlprofilen an offene Profile liegen zum Teil ähnliche Lasteinleitungsprobleme vor wie bei Anschlüssen von parallelen oder kreuzenden Blechen oder anderen offenen Profilen. Es liegen aber oft auch Ähnlichkeiten zu anderen geschweißten Hohlprofilanschlüssen vor. Das kombinierte Trag- und Verformungsverhalten von Hohlprofilschlüssen an I- oder H-Profile für Fachwerkträger ist bereits frühzeitig experimentell und analytisch untersucht worden, siehe Wardenier & Mouty [161], Koning & Wardenier [65], eine Verallgemeinerung findet sich in Wardenier [153].

Offene I- oder H-Profil-Gurte haben im Vergleich zu Hohlprofilgurten vergleichbarer Außenabmessungen größere Blechdicken im Ober- und Unterflansch und einen mittig platzierten Steg mit großen Eckausrundungen. Eine örtliche Gurtflanschplastizierung oder ein Durchstanzen ist bei Walzprofilen kaum wahrscheinlich. Die wirksamen (effektiven) Strebenbreiten werden durch die darunterliegende Profilform der Gurtprofile bestimmt (steifenlose Lasteinleitung).

<1.2> Zu 7.2.2 (4), Bild 7.4: Versagensformen

Bei Anschlüssen von Hohlprofilen an offene I- oder H-Profil-Gurtstäbe sind nach Abschnitt 7.2.2 (4) und Bild 7.4 folgende Versagensformen möglich:

a) entfällt

b) Stegblechversagen des Gurtstabes durch Fließen, plastisches Stauchen, Krüppeln oder örtliches Beulen

c) Schubversagen (Abscheren) des Gurtstabquerschnitts zwischen den Streben

d) entfällt

e) Örtliches Versagen der Strebe infolge verminderter effektiver Breite (Rissbildung von Strebe oder Schweißnaht)

f) Örtliches Beulen der Streben oder der Gurtstäbe am Anschluss

In besonderen Fällen ($\lambda_{ov} > \lambda_{ov,lim}$; $h_i < b_i$ und/oder $h_j < b_j$) ist gemäß Tabelle 7.8, Fußnote [b] zusätzlich folgende Versagensform zu untersuchen:

g) entfällt

h) Abscheren zwischen überlappt geschweißten Streben und der Gurtoberfläche bei Anschlüssen mit Strebenüberlappung

Die 4 möglichen Versagensformen b) und c) sowie e) und f) für KHP- oder RHP-Anschlüsse an I- oder H-Profil-Gurtstäbe nach 7.2.2 (4) und Bild 7.4 für Längskraft- und für Biegemomentenbelastung der Streben lassen sich für praktische Zwecke einschränken.

<1.3> Zu Tabelle 7.20: Gültigkeitsgrenzen

Auf den Nachweis örtlicher Gurtflanschplastizierung mit Fließlinienmechanismen (Versagensform a) oder Durchstanzen (Versagensform d) kann verzichtet werden, da dies nicht ohne vorheriges Stegversagen möglich wäre.

Um örtliches Beulen (Versagensform f) auszuschließen, müssen die Profile der Querschnittsklasse 1 oder 2 angehören, mit Ausnahme hochbelastbarer X-Anschlüsse, wo der Gurtsteg sogar Querschnittsklasse 1 sein muss. Die Profilsteghöhen sind auf $d_w \leq 400$ mm beschränkt, weil für höhere Gurtstege keine Versuchsergebnisse vorliegen. Versagensform g) Querschnittsverzerrung bei Biegung aus der Ebene entfällt für I- oder H-Profilgurtstäbe, da solche Querschnitte einfach ausgesteift werden können.

Je nachdem, welche Strebenform vorliegt, sind die Blechschlankheiten der Streben auf die üblichen Werte begrenzt. Damit entfällt für sie Versagensform f) örtliches Beulen.

RHP- oder KHP-Streben auf Druck:	Querschnittsklasse 1 oder 2
RHP-Streben:	$b_i/t_i \leq 35$ und $h_i/t_i \leq 35$
KHP-Streben:	$d_i/t_i \leq 50$

<u>*Hinweis:*</u> Auf die Beschränkung auf QHP mit $h_i/b_i = 1$ für T-, Y-, K- und N-Anschlüsse mit Spalt kann inzwischen verzichtet werden. Wie für alle anderen Fälle gilt: $0{,}5 \leq h_i/b_i \leq 2$.

Für K- oder N-Knoten mit Überlappung gelten bei I- oder H-Profil-Gurtstäben die gleichen Anforderungen wie bei anderen Gurtstäben. Die Strebenbreiten sollten sich nicht zu sehr unterscheiden: b_i / b_j bzw. $d_i / d_j \geq 0{,}75$. Das Überlappungsverhältnis $\lambda_{ov} = (q / p) \cdot 100$ % nach Bild 2 muss mindestens 25 % betragen und sollte andererseits folgende Obergrenzen von $\lambda_{ov,lim}$ nicht überschreiten:

$\lambda_{ov,lim}$ = 80 % bei vollständiger Verschweißung beider Streben

$\lambda_{ov,lim}$ = 60 %, wenn der verdeckte Teil der überlappten Strebe j nicht mit dem Gurt verschweißt ist

Bei Überschreitung von $\lambda_{ov,lim}$ oder bei breitflachen RHP-Streben mit $h_i < b_i$ und/oder $h_j < b_j$ ist gemäß Tabelle 7.20 Fußnote [a] der zusätzliche Nachweis auf Abscheren der Verbindung zwischen den überlappten Streben und der Oberfläche des Gurtstabes (Versagensform h) zu führen. Für solch einen Nachweis fehlen in der gegenwärtigen Eurocode-Version jedoch weitere Hinweise und Berechnungshilfsmittel, siehe auch <5>.

Sind die geometrischen Anschlussparameter auf den Gültigkeitsbereich nach Tabelle 7.20 begrenzt, so ist zum Nachweis des Anschlusses nur Stegblechversagen des Gurtstabes (Versagensform b), örtliches Strebenversagen (e) und bei K- und N-Anschlüssen zusätzlich Schubversagen des Gurtstabes (c) nach Tabelle 7.21 bzw. 7.22 zu überprüfen.

<1.4> Zu 7.6 (5), Gleichung (7.5): Interaktion

Da in Tabelle 7.22 auch Biegetragfähigkeiten angegeben werden, ist für diesen Fall in 7.6 (5), Gleichung (7.5) eine Interaktionsbedingung aufgeführt. Sie ist linear wie bei Anschlüssen an RHP-Gurtstäbe. Voraussetzung dafür sind geringe Querkräfte: $V_{i,Ed}$ < 0,5 $V_{i,pl,Rd}$, siehe DIN EN 1993-1-1, Abschnitt 6.6.2.8 (2). Andernfalls muss die Fließspannung zur Ermittlung der plastischen Querschnittswerte um den Anteil der mit der Querkraft „belegten" Querschnittfläche reduziert werden, siehe Gleichung (III.7-6).

<2> Zu Tabelle 7.21: Ebene Anschlüsse: Anschluss von RHP- oder KHP-Streben

<2.1> Besonderheiten

Einige der in Tabelle 7.21 und 7.22 gebrauchten Gurtstabbezeichnungen weichen bei I- und H-Profilen von den sonstigen Bezeichnungen bei Hohlprofilanschlüssen ab. Für die Außenabmessungen der Profile bleibt es in Übereinstimmung mit RHP-Gurtstäben weiter bei h_0 für die Höhe und b_0 für die Breite. In Tabelle 7.20 wird jedoch eine Stegblechhöhe d_w (Index w: web, engl. für Steg) eingeführt. Sie ist nicht definiert, so dass der gerade Teil des Stegbleches mit $h_c = h_0 - 2\ (t_f + r)$ angenommen werden kann. Die Stegblechdicke ist mit t_w bezeichnet, der Ausrundungsradius mit r. Für die beiden IPE- bzw. H-Profil-Flansche wird die Wanddicke mit t_f (Index f: flange, engl. für Flansch) angegeben, die Flanschbreite bleibt jedoch b_0.

Zur Ermittlung der Tragfähigkeiten der Anschlüsse von RHP- oder KHP-Streben an I- oder H-Profil-Gurtstäbe nach Tabelle 7.21 und 7.22 müssen bei T-, Y- und X-Anschlüssen sowie K- und N-Anschlüssen mit Spalt zwei Versagensarten überprüft werden, Gurtstegversagen (b) und Strebenversagen (e) mit reduzierten wirksamen Breiten. Für K- und N-Anschlüsse mit Spalt kommt Schubversagen des Gurtstabes (c) hinzu. Für K- und N-Anschlüsse mit Überlappung reduziert sich die Nachweisführung auf Strebenversagen bei Strebenüberlappung (e). Wird die Überlappungsgrenze $\lambda_{ov,lim}$ überschritten, so kommt Abscheren der Strebenüberlappung auf der Gurtoberfläche (h) hinzu. Die Vorgehensweise gleicht der Nachweisführung bei Anschlüssen an RHP- und QHP-Gurtstäbe nach Abschnitt 7.5, wobei jedoch auf die Überprüfung von Flanschversagen (a) und Durchstanzen (d) verzichtet wird. Die wirksame Schubfläche des Gurtstabes und die wirksamen Breiten sind der besonderen I- bzw. H-Gurtstab-Profilform angepasst.

<2.2> Zu Tabelle 7.21, 3. Zeile: Gurtstegversagen bei T-, Y- und X-Anschlüssen sowie K- und N-Anschlüssen mit Spalt

Druck- und Zugkräfte werden aus den Strebenwänden in den Gurtsteg eingeleitet. Zum Nachweis des Gurtsteges kann eine mitwirkende (wirksame, effektive) Gurtstegbreite b_w angenommen werden. Das gleiche Lasteinleitungsproblem findet sich auch bei Blechanschlüssen. Die Lastverteilung im plastischen Zustand erfolgt durch Flansch und Ausrundungsradius $(t_f + r)$ hindurch im Winkel von 1:2,5, siehe auch Bild III.7-17.

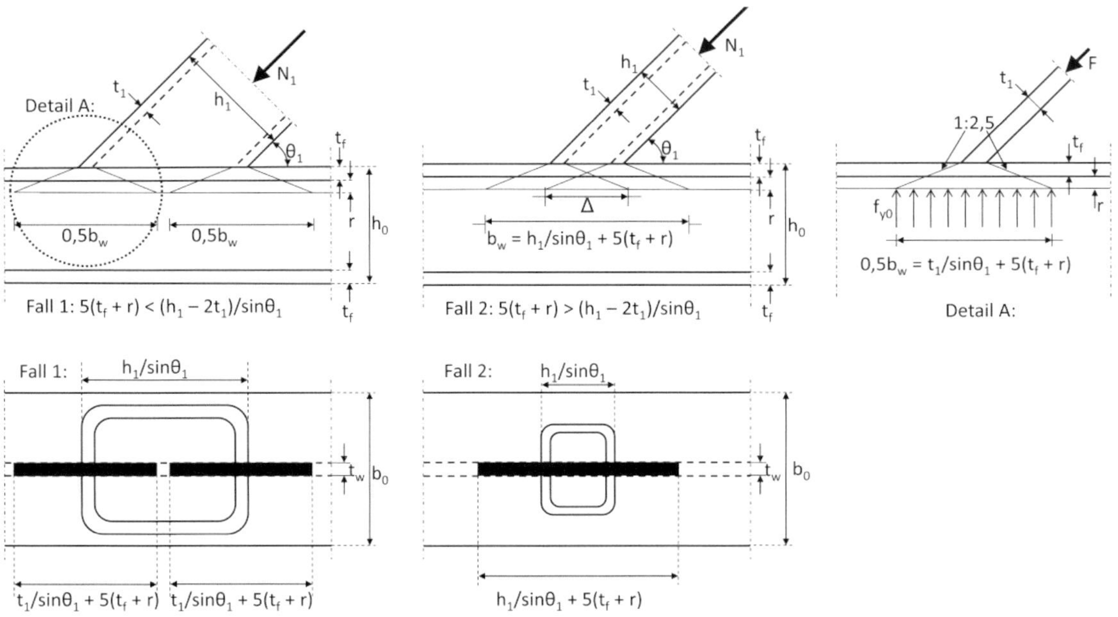

Bild III.7-17: Mitwirkende I- oder H-Profil-Gurtstegbreite b_w

Bei kleinen Streben wird aus Platzmangel die Einleitung aus der gesamten Strebenhöhe h_i gegenüber der Einleitung aus den zwei einzelnen Wänden der Dicke t_i maßgebend, siehe Gleichung (III.7-58).

$$b_w = h_i / \sin\theta_i + 5\,(t_f + r) \leq 2\,t_i / \sin\theta_i + 10\,(t_f + r) \approx 2\,t_i + 10\,(t_f + r) \qquad \text{(III.7-58)}$$

<u>Hinweis</u>: Bei geneigten Streben vergrößern sich die Aufstandsflächen auf dem Gurt um $1 / \sin\theta_i$. Das wird in Tabelle 7.21 bei der Höhe h_i berücksichtigt, bei den 2 Wanddicken t_i jedoch vernachlässigt. Das ist inkonsistent, es darf auch genauer gerechnet werden, vgl. Wardenier, et. al. [163].

Mit Hilfe der mitwirkenden Gurtstegbreite b_w kann die plastische Grenztragfähigkeit des I- oder H-Profil-Gurtsteges nach Gleichung (III.7-59) ermittelt werden. Bei geneigten Streben ist nur die rechtwinklig zum Gurtstab gerichtete Komponente $N_i \cdot \sin\theta_i$ wirksam.

$$N_{i,Rd} = f_{y0} \cdot b_w \cdot t_w / \sin\theta_i \;/\; \gamma_{M5} \qquad \text{(III.7-59)}$$

Bei den kompakten I- oder H-Profil-Stegen innerhalb der Gültigkeitsgrenzen von Tabelle 7.20 ist Krüppeln oder örtliches Beulen ausgeschlossen.

<2.3> Zu Tabelle 7.21, 5. Zeile: Strebenversagen bei T-, Y- und X-Anschlüssen sowie K- und N-Anschlüssen mit Spalt

Die sich auf der Strebenseite ausbildenden wirksamen (effektiven) Breiten p_{eff} entsprechen den wirksamen Breiten bei Anschlüssen an RHP-Gurtstäbe b_{eff}, mit dem Unterschied, dass in der Mitte des Hohlprofilquerschnitts der steife Gurtsteg gekreuzt wird. Der Gurtflansch kann sich an dieser Stelle nicht durchbiegen, die Lasteinleitung konzentriert sich an den Kreuzungsstellen.

Die dabei anzusetzenden wirksamen (effektiven) Strebenbreiten p_{eff} sind durch zahlreiche Versuche im praktisch relevanten Bereich gut abgesichert (Wardenier, 1982) [153]. Hohlprofile haben im Vergleich zu offenen Profilen günstigere plastische Eigenschaften. Unter Voraussetzung gut ausgebildeter Schweißnähte nach Abschnitt 7.3.1 können Lasten unter Verteilungswinkeln von 1:3,5 eingeleitet werden.

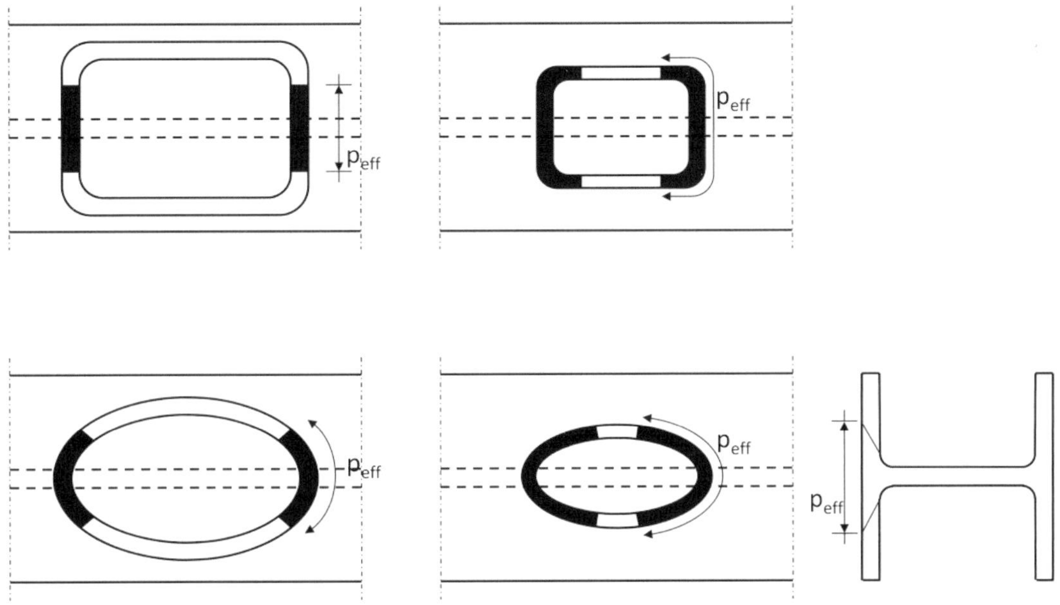

Bild III.7-18: Wirksame (effektive) Strebenbreiten p_{eff}

Die Lastverteilung erfolgt an den zwei Kreuzungsstellen aus dem Gurtsteg einschließlich Ausrundungsradius über die Gurtflanschdicke t_f in die Hohlprofilwände, siehe Bild III.7-18.

Eine wirksame Breite p_{eff} kann nicht größer werden als der halbe Umfang des Hohlprofils, näherungsweise $b_i + h_i - 2\,t_i$.

Bei RHP-Streben ergibt sich: $p_{eff} = t_w + 2\,r + 7\,t_f \;\leq\; b_i + h_i - 2\,t_i$ (III.7-60)

Hinweis: Bei KHP-Streben entspricht der halbe Strebenumfang in etwa dem halben Umfang der Profilmittellinie und beträgt $\pi \cdot d_m / 2$.

Bei KHP-Streben gilt stattdessen: $p_{eff} = t_w + 2\,r + 7\,t_f \;\leq 0{,}5\;\pi\,(d_i - t_i)$ (III.7-61)

Die experimentell ermittelten wirksamen (effektiven) Strebenbreiten p_{eff} beziehen sich auf den Strebenquerschnitt und nicht auf die bei Y-, K- oder N-Anschlüssen möglicherweise geneigte Anschlussebene. Daher erfolgt keine Korrektur mit $1 / sin\ \theta_i$, sondern die Strebengrenzlast setzt sich aus den zwei Anteilen direkt zusammen.

$N_{i,Rd} = 2\,f_{yi} \cdot t_i \cdot p_{eff} / \gamma_{M5}$ (III.7-62)

Da das Formelwerk nach Tabelle 7.21 sehr einfach ist, konnte auch herausgearbeitet werden, wann der Strebennachweis bei K- und N-Anschlüssen entfallen kann. Er ist nicht maßgebend, wenn gilt:

$g / t_f \leq 20 - 28\,\beta$

$\beta \leq 1{,}0 - 0{,}33\,\gamma$ wobei $\gamma = b_0 / (2\,t_f)$ (III.7-63)

Dabei dürfen sich die Streben nicht zu sehr unterscheiden. Für RHP bzw. KHP muss gelten: 0,75 $\leq (b_1/b_2$ bzw. $d_1/d_2) \leq$ 1,33.

<2.4> Zu Tabelle 7.21, 11. Zeile: Schubversagen Gurtstab bei K- und N-Anschlüssen mit Spalt

Zur Übertragung der Schubkraft im Spalt wird bei I- bzw. H-Profilen in erster Linie der Gurtsteg einschließlich Eckausrundung herangezogen. Im Obergurtflansch kann zusätzlich die versteifende Wirkung der Verstrebung im Spalt wirksam werden. Die Abscherfläche $A_v = A_{v,0}$ ergibt sich dann aus der Gesamtfläche A_0 abzüglich beider Flanschflächen $b_0 \cdot t_f$, zuzüglich dem Anteil von Stegbreite mit Eckausrundungen $(t_w + 2\,r) \cdot t_f$ im Untergurt und zuzüglich der mitwirkenden Flanschfläche $\alpha \cdot b_0 \cdot t_f$ im Obergurt, siehe Bild III.7-19.

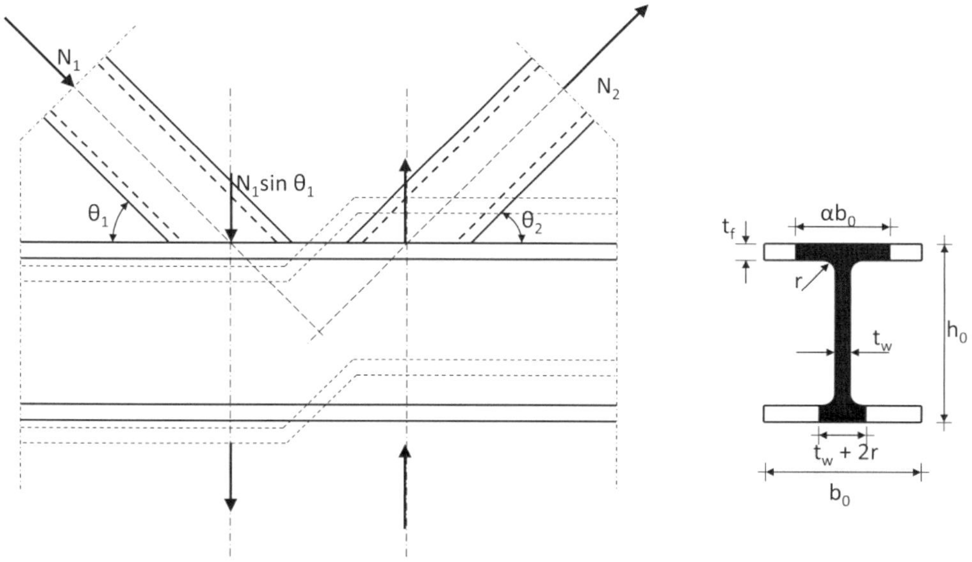

Bild III.7-19: Schubbeanspruchung des Gurtstabes im Spalt bei K- oder N-Anschlüssen mit I- bzw. H-Profil-Gurtstäben

Die mitwirkende Flanschbreite des I- bzw. H-Profils im Spalt $\alpha \cdot b_0$ richtet sich wie bei RHP-Gurtstäben entsprechend Abschnitt 7.5 nach dem Strebenquerschnitt und dem Schlankheitsverhältnis $g\,/\,t_f$ im Spalt, vgl. Wardenier [153]. Die noch zur Verfügung stehende Abscherfläche $A_v = A_{v,0}$ berechnet sich beim I- bzw. H-Profil nach Gleichung (III.7-64).

$$A_{v,0} = A_0 - 2\,b_0 \cdot t_f + \alpha\,b_0 \cdot t_f + (t_w + 2\,r)\,t_f = A_0 - (2-\alpha)\,b_0 \cdot t_f + (t_w + 2\,r)\,t_f \qquad \text{(III.7-64)}$$

Bei KHP-Streben gilt: $\alpha = 0$

Bei RHP-Streben gilt: $\alpha = \sqrt{\dfrac{1}{1+(4g^2)/(3t_f^2)}}$

Je größer der Spalt wird, desto weniger ist der Gurtstabflansch unter RHP-Streben an der Schubkraftübertragung beteiligt. Unter KHP-Streben ist der versteifende Einfluss des Spaltes auch vorhanden, allerdings in geringerer Ausprägung. Wenn bei KHP-Streben mit α = 0 auf den Ansatz ganz verzichtet wird, ergibt sich eine bessere Übereinstimmung mit den Versuchsergebnissen von Wardenier und Mouty [161].

<2.5> Zu Tabelle 7.21, 13. bis 17. Zeile: Strebenversagen bei K- und N-Anschlüssen mit Überlappung

Für K- und N-Anschlüsse mit Überlappung ist in Abhängigkeit vom Überlappungsverhältnis λ_{ov} im Grenzbereich zwischen 25 % und $\lambda_{ov,lim}$ nur noch Strebenversagen (e) zu überprüfen, mit dem gleichen Formelwerk wie bei Anschlüssen an RHP-Gurtstäbe nach Tabelle 7.10, ab 6. Zeile. Die Lasteinleitung wird durch die Form der untergesetzten Profile bestimmt. Nachzuweisen ist die obere, überlappende Strebe i.

Die einzige Besonderheit ist hier die wirksame (effektive) Strebenbreite p_{eff}, mit der der Einfluss des kreuzenden Gurtsteges berücksichtigt wird. Bei der Strebenüberlappung wird dieser Anteil jedoch nicht durch den halben Strebenumfang begrenzt, sondern wegen der Überlappung bereits durch die Breite einer Seite.

Bei RHP-Streben gilt: $$p_{eff} = t_w + 2\,r + 7\,t_f \;\leq\; b_i \qquad \text{(III.7-65)}$$

Bei KHP-Streben gilt: $$p_{eff} = t_w + 2\,r + 7\,t_f \;\leq\; d_i \qquad \text{(III.7-66)}$$

Im Übrigen sind die Anteile gleich, insbesondere die wirksame Breite über der Strebenüberkreuzung $b_{e,ov}$.

Hinweis: Ebenso wie bei QHP- bzw. RHP-Gurtstäben nach Tabelle 7.10 ist bei Verwendung von KHP-Streben statt QHP-Streben beim Strebenversagen nicht nur der Faktor von $\pi/4$ zu verwenden, sondern auch eine angepasste wirksame Breite $d_{e,ov}$ nach Gleichung (III.7-24).

<3> Zu Tabelle 7.22: Biegetragfähigkeit

<3.1> Grundlegendes

Bei geschweißten T- und Y-Anschlüssen an I- oder H-Profile können auch Biegemomente M_{ip} übertragen werden. Das ist über die Hebelarme der jeweils wirksamen Teilflächen des Gurtsteges b_w und der Strebe p_{eff} möglich. Die wirksamen Breiten b_w und p_{eff} sind in Tabelle 7.22 noch einmal angegeben, unterscheiden sich jedoch nicht von denen nach Tabelle 7.21. Die Gültigkeitsgrenzen nach Tabelle 7.20 gelten ebenso.

Hinweis: Obwohl in Tabelle 7.22 T- und Y-Anschlüsse ausgewiesen werden, sind die angegebenen Formeln nur für T-Anschlüsse mit $\sin\,\theta_1$ = 1 korrekt. Für Y-Anschlüsse muss die um den Faktor $1\,/\sin\,\theta_1$ vergrößerte Anschlusshöhe der Strebe berücksichtigt werden. Der Einfluss der Strebenneigung fehlt in den angegebenen Formeln und ist auch durch Versuche nicht hinreichend belegt.

Bei der Ermittlung der Biegetragfähigkeit $M_{ip,1,Rd}$ ist eine plastische Spannungsverteilung zugrunde zu legen, mit f_{y0} im Gurtsteg und f_{y1} in der Strebe. Nachzuweisen sind Gurtstegversagen (b) einerseits und Strebenversagen (e) andererseits.

<3.2> Zu Tabelle 7.22, 3. Zeile: Gurtstegversagen

Gurtseitig ist unter der Zug- und unter der Druckzone jeweils eine Gurtstegbreite von $b_w\,/\,2$ wirksam. Die wirksame Stegbreite des gesamten Anschlusses b_w wird in <2.2> für Normalkraftbeanspruchung erläutert, siehe auch Bild III.7-17. Bei Biegebeanspruchung wird die wirksame Stegfläche $t_w \cdot b_w$ jedoch in eine Druck- und Zugzone aufgeteilt.

Analog zu Bild III.7-17 haben die wirksamen Teilbreiten der Zug- und Druckzone eine Länge von jeweils $t_1 + 5\,(t_f + r) = 0{,}5\,b_w$. Die Schwerpunkte befinden sich unter der jeweiligen Strebenwand in der Druck- bzw.

Zugzone. Der Hebelarm der wirksamen Gurtteilflächen beträgt deshalb $(h_1 - t_1)$ und es ergibt sich ein plastisches Grenzmoment nach Gleichung (III.7-67).

$$M_{ip,1,Rd} = f_{y0} \cdot t_w \cdot (t_1 + 5\,(t_f + r)) \cdot (h_1 - t_1) / \gamma_{M5} = f_{y0} \cdot t_w \cdot 0{,}5\, b_w\, (h_1 - t_1) / \gamma_{M5} \qquad \text{(III.7-67)}$$

Für kleine Streben analog Bild III.7-17 gibt es wegen des Platzmangels eine Überschneidung von Druck- und Zugzone. Als wirksame Teilbreite von Zug- und Druckzone steht nur eine Länge von jeweils $2{,}5\,(t_f + r) + h_1/2 = 0{,}5\, b_w$ zur Verfügung. Der Hebelarm der beiden aneinandergrenzenden Teilflächen beträgt nur noch $h_1/2 + 2{,}5\,(t_f + r)$ und das Grenzmoment verkleinert sich auf den Wert nach Gleichung (III.7-68).

$$M_{ip,1,Rd} = f_{y0} \cdot t_w \cdot [\, h_1/2 + 2{,}5\,(t_f + r)\,]^2 / \gamma_{M5} = f_{y0} \cdot t_w \cdot (\,0{,}5\, b_w\,)^2 / \gamma_{M5} \qquad \text{(III.7-68)}$$

Die zur Verfügung stehenden experimentellen Untersuchungen (Wardenier, 1982) sind jedoch immer auf den Hebelarm von $(h_1 - t_1)$ für den **Fall (1)** bezogen, weshalb nur dieser Fall in Tabelle 7.22 Berücksichtigung findet.

<3.3> Zu Tabelle 7.22, 5. Zeile: Strebenversagen

Strebenseitig sind die in Bild III.7-20 dargestellten wirksamen (effektiven) Strebenbreiten p_{eff} in der Druck- und Zugzone vorhanden.

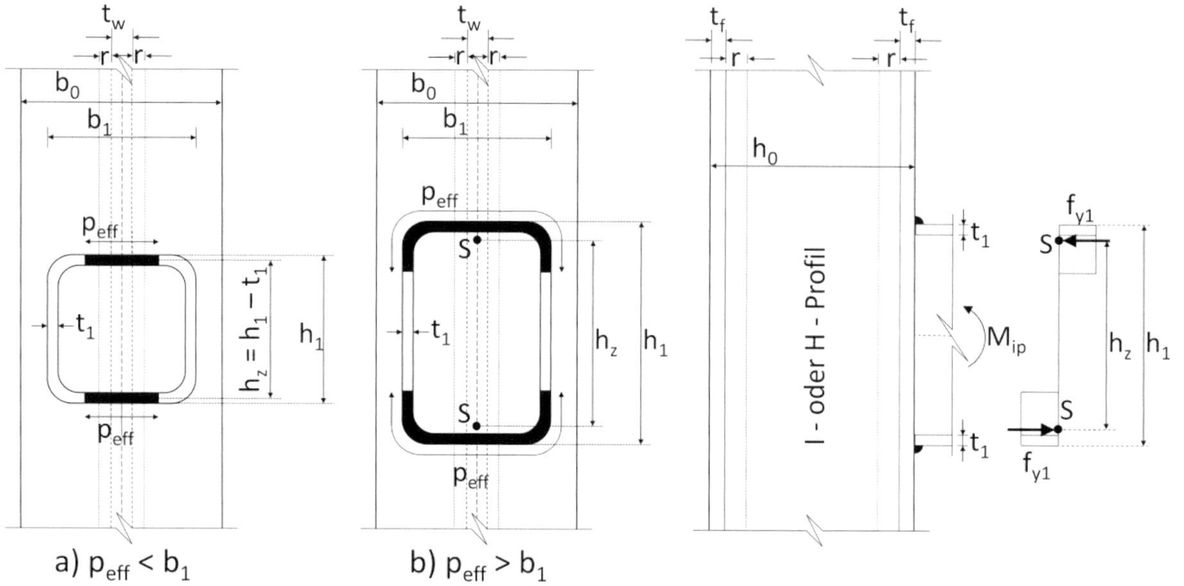

Bild III.7-20: Wirksame Anschlussflächen p_{eff} und Hebelarm h_z bei Biegebeanspruchung einer RHP- oder QHP-Strebe am T-Anschluss an ein I- bzw. H-Profil

Wird p_{eff} deutlich größer als die Strebenbreite b_1, so verschiebt sich der Schwerpunkt der jeweiligen Teilflächen nach innen. Der Hebelarm h_z wird kleiner als $(h_1 - t_1)$. Der Hebelarm h_z ist nach statischen Gesichtspunkten in jedem einzelnen Fall zu ermitteln.

<4> Zu 7.6 (8), Gleichung (7.6), Bild 7.7: Aussteifung (I- oder H-Profil-Gurtaussteifung)

Ist die Tragfähigkeit des Anschlusses nach Abschnitt 7.6.2 oder 7.6.3 nicht ausreichend oder soll die Steifigkeit des Anschlusses erhöht werden, so können I- oder H-Profile leicht ausgesteift werden, wie es für Anschlüsse offener Profile auch üblich ist. Um eine gleichmäßige Lastverteilung zu erhalten, muss die Blechdicke der Steifen t_s der Gurtstegdicke t_w entsprechen, vgl. 7.6 (9). Dabei ist die besondere Art der Lasteinleitung in die Hohlprofilstreben zu berücksichtigen. Bild 7.7 zeigt eine einfache Aussteifungsvariante für einen K-Anschluss.

Wegen der Hohlprofile können für den Strebennachweis (Versagensform c) die besonderen wirksamen Strebenbreiten b_{eff} über dem Gurtsteg und $b_{eff,s}$ über den Steifen (Index s: engl. stiffener) nach Abschnitt 7.6 (8), Gleichung (7.6) verwendet werden. Anstelle des Ausrundungsradius des Gurtsteges r wird bei den Steifen die Schweißnahtdicke a berücksichtigt. Obwohl erwähnt, ist die Verwendung einseitiger Schweißnähte wegen der entstehenden Exzentrizitäten hier nicht fachgerecht.

Zwischen Gurtsteg und Strebenwand ergibt sich: $b_{eff} = t_w + 2\,r + 7\,t_f \cdot f_{y0} / f_{yi} \leq b_i + h_i - 2\,t_i$ (III.7-69)

Zwischen Steife und Strebenwand ergibt sich: $b_{eff,s} = t_s + 2\,a + 7\,t_f \cdot f_{y0} / f_{yi} \leq b_i + h_i - 2\,t_i$ (III.7-70)

Die Summe beider wirksamen Breiten darf ebenfalls nicht größer werden als die halbe Strebe (halber Umfang, gemessen entlang der Mittellinie): $b_{eff} + b_{eff,s} \leq b_i + h_i - 2\,t_i$ (III.7-71)

Die Tragfähigkeit $N_{i,Rd}$ von ausgesteiften T-, Y-, X-, K- oder N-Anschlüssen mit Spalt über die gesamte Strebe wird nach Gleichung (III.7-71) ermittelt.

$$N_{i,Rd} = 2\,f_{yi} \cdot t_i\,(b_{eff} + b_{eff,s}) / \gamma_{M5} \qquad \text{(III.7-72)}$$

Bei anderen Anschlüssen oder bei Biegebeanspruchung kann sinngemäß verfahren werden. Die Lasteinleitung in eine Hohlprofilstrebe kann unter einem Verteilungswinkel von 1:3,5 abgeschätzt werden (gute plastische Verteilung).

III.7.7. Geschweißte Anschlüsse von KHP- oder RHP-Streben an U-Profil-Gurtstäbe

<1> Allgemeines

<1.1> Zu 7.7 (2) und (3): Grundlegendes

Für Anschlüsse an U-Profile sind in Abschnitt 7 nur RHP- oder KHP-K- und N-Anschlüsse mit Spalt oder Überlappung an den Steg warmgeformter, kompakter, liegender U-Profile geregelt. Dabei handelt es sich um Fachwerkknoten, bei deren Modellierung Besonderheiten zu beachten sind. Bei Anschlüssen mit Spalt werden die Knotenexzentrizitäten wegen der kleinen Gurtstabhöhe h_0 schnell relativ groß. Die Unbedenklichkeitsgrenzen für Exzentrizitäten nach Abschnitt 5.1.5 (5) gelten für Anschlüsse nach Abschnitt 7.7 allerdings nicht. Primäre Knotenbiegemomente infolge Exzentrizität sind deshalb bei den Nachweisen aller Bauteile, nicht nur der Gurtstäbe, zu berücksichtigen. Bei einer elastischen Berechnung werden sich die Exzentrizitätsmomente nach Steifigkeit auf die angeschlossenen Stäbe verteilen, bei plastischer Berechnung dürfen sie nach noch vorhandener Kapazität verteilt werden, siehe Wardenier [153]. Weil solche Exzentrizitätsmomente Fachwerkstäbe sehr schnell überlasten, ist statt der Vergrößerung von Gurt oder Streben als Alternative eine Strebenüberlappung in Betracht zu ziehen, mit der die Kotenexzentrizität verringert oder vermieden werden kann.

Werden die besonderen Gültigkeitsgrenzen nach Tabelle 7.23 eingehalten, so dürfen die sekundären Biegemomente infolge der Rotationssteifigkeit beim Nachweis der Anschlüsse nach Tabelle 7.24 außer Betracht bleiben, siehe 7.7 (3). Der zusätzliche Verweis auf EN 1993-1-1 für den Nachweis des Gurtquerschnitts im Spalt ist für diesen Fall eigentlich überflüssig. Der Nachweis ist in Tabelle 7.24 bereits enthalten.

<1.2> Zu Tabelle 7.23: Versagensformen und Gültigkeitsgrenzen

Bei Anschlüssen von Hohlprofilen an offene, kompakte U-Profil-Gurtstäbe sind im Sinne von Abschnitt 7.2.2 (2) folgende Versagensformen möglich:

a) Plastisches Versagen des Gurtstabstegbleches des untergesetzten, liegenden U-Profils, auf das geschweißt wird
b) entfällt
c) Schubversagen (Abscheren) des Gurtstabquerschnitts zwischen den Streben
d) Durchstanzen oder Herausreißen (auch örtlich) der Gurtstabwandung um die Strebe bzw. Schweißnaht herum
e) Örtliches Versagen der Strebe infolge verminderter effektiver Breite (Rissbildung von Strebe oder Schweißnaht)
f) Örtliches Beulen der Streben oder der Gurtstäbe am Anschluss

In besonderen Fällen ($\lambda_{ov} > \lambda_{ov,lim}$; $h_i < b_i$ und/oder $h_j < b_j$) sind gemäß Tabelle 7.23, Fußnote [b] zusätzlich folgende Versagensform zu untersuchen:

g) entfällt
h) Abscheren zwischen überlappt geschweißten Streben und der Gurtoberfläche bei Anschlüssen mit Strebenüberlappung

Warmgeformte U-Walzprofile haben relativ große Flanschdicken t_w und steife Ecken mit Ausrundungsradien r_0, so dass in den Versuchen von Wardenier [153] an U50-, U100- und U140-K-Knoten mit Spalt vorwiegend plastische Versagensmechanismen (Versagensform a) unter Schubbeteiligung des gesamten Gurtquerschnitts mit Membranwirkung und Wiederverfestigung (Versagensform c) beobachtet werden konnten. Gurtseitenwandversagen der dickwandigen U-Profil-Flansche trat nicht isoliert auf. Die Deformationen blieben relativ klein. Bei dünnwandigen, kaltgeformten U-Profilen können dagegen plastische Versagensmechanismen von Gurtflansch in Kombination mit den Seitenwänden auftreten, vgl. Wardenier [153]. Dünnwandige U-Profile werden in Abschnitt 7.7 jedoch <u>nicht</u> berücksichtigt.

Die oben genannten Versagensfälle sind für praktische Zwecke daher weiter eingeschränkt worden. Die U-Profile müssen der Querschnittsklasse 1 oder 2 angehören. Die U-Profilhöhe darf nicht größer als b_0 = 400 mm sein, damit Versagensform c) gegenüber a) oder d) dominiert.

Die Strebenschlankheiten sind wie bei anderen K- und N-Anschlüssen begrenzt, damit die Versagensform f) entfällt. Zu kleine Strebenabmessungen werden ausgeschlossen, um eine örtliche Gurtflanschplastizierung (Versagensform a) oder ein Durchstanzen durch den Steg des U-Profils (Versagensform d) zu vermeiden. Dazu muss das Breitenverhältnis von Streben und Gurtstab bei Knoten mit Spalt $b_i/b_0 \geq 0{,}4$ betragen. Bei Knoten mit Überlappung, die tendenziell kleinere Exzentrizitäten haben, ist $b_i/b_0 \geq 0{,}25$ zugelassen.

Um ausreichend Platz zum Schweißen zu gewährleisen, gilt für Knoten mit Spalt die Mindestspaltweite $g \geq t_1 + t_2$. Wie bei RHP-K- und N-Knoten orientiert sich die zulässige Spaltweite darüber hinaus an einem Fließlinienmuster, das vorzeitige Rissbildung ausschließt. Das Fließlinienmuster (Versagensform a) würde bei den kompakten U-Profilen jedoch innerhalb des Gurtflansches bleiben und die steifen Eckbereiche nicht erfassen. Die Bezugsbreite des U-Profil-Gurtflansches darf daher um die Eckbereiche auf b_0* verkleinert werden, wodurch sich das größere und günstigere Bezugs-Breitenverhältnis β* nach Gleichung (III.7-73) ergibt.

$$b_0{}^* = b_0 - 2(t_w + r_0) \quad \rightarrow \quad \beta^* = (b_1 + b_2)/2 \,/\, b_0{}^* \quad \text{mit } i = 1 \text{ und } j = 2 \tag{III.7-73}$$

Damit ergibt sich die Mindestspaltweite zu $g \geq ½\, b_0{}^* \cdot (1 - \beta^*)$. Diese Anforderung gilt nach Tabelle 7.23, letzte Zeile aber nur bei K- und N-Knoten mit kleinen Breitenverhältnissen $\beta^* \leq 0{,}85$. Bei größeren Breitenverhältnissen $\beta^* > 0{,}85$ überwiegt der positive Effekt eines kleinen Spaltes, nämlich die reduzierte Knotenexzentrizität und damit die verringerte zusätzliche Knotenbiegung.

Die Obergrenze für den Spalt eines K- oder N-Anschlusses $g \leq 1{,}5\; b_0{}^* \cdot (1 - \beta^*)$ gilt ebenfalls nur für kleinere Breitenverhältnisse $\beta^* \leq 0{,}85$. Ist der Spalt größer, entkoppeln sich die Strebeneinflüsse und es liegen zwei einzelne Y- bzw. T-Knoten vor. Die versteifende Wirkung der anderen Strebe im Spalt geht verloren, die wirksamen Flächen verändern sich. Y- oder T-Knoten mit U-Profil-Gurtstab sind für kleine Breitenverhältnisse $\beta^* \leq 0{,}85$ jedoch nicht geregelt. Bei größeren Breitenverhältnissen $\beta^* > 0{,}85$ erfolgt die Lasteinleitung direkt von zwei gegenüberliegenden Strebenwänden in die steifen U-Profil-Flansche. Ist der U-Profil-Steg an der Lasteinleitung nicht beteiligt, muss die Spaltweite nicht begrenzt werden. Bei großem Spalt werden die Exzentrizitäten allerdings sehr groß.

Für Knoten mit Strebenüberlappung gelten bei U-Profil-Gurtstäben die gleichen Anforderungen wie bei anderen Gurtstäben. Die Strebenbreiten dürfen sich nicht zu sehr unterscheiden: b_i / b_j bzw. $d_i / d_j \geq 0{,}75$.

Bei überlappt geschweißten Knoten muss das Überlappungsverhältnis $\lambda_{ov} = (q / p) \cdot 100$ % mindestens 25 % betragen und darf andererseits folgende Obergrenzen von $\lambda_{ov,lim}$ nicht überschreiten:

$\lambda_{ov,lim}$ = 80 % bei vollständiger Verschweißung beider Streben

$\lambda_{ov,lim}$ = 60 %, wenn der verdeckte Teil der überlappten Strebe j nicht mit dem Gurt verschweißt ist

Bei Überschreitung von $\lambda_{ov,lim}$ oder bei breitflachen RHP-Streben mit $h_i < b_i$ und/oder $h_j < b_j$ ist gemäß Tabelle 7.23 Fußnote [b] der zusätzliche Nachweis h) auf Abscheren der Verbindung zwischen den überlappten Streben und der Oberfläche des Gurtstabes zu führen. Für solch einen Nachweis fehlen in der gegenwärtigen Eurocode-Version jedoch weitere Hinweise und Berechnungshilfsmittel, siehe auch <5>.

Sind die geometrischen Anschlussparameter auf den Gültigkeitsbereich nach Tabelle 7.23 begrenzt, so ist zum Nachweis des Anschlusses nur c) Schubversagen des Gurtstabes und e) örtliches Strebenversagen nach Tabelle 7.24 zu überprüfen. Die oben angesprochene Gurtflanschplastizierung (Versagensform a) ist im Gültigkeitsbereich von Tabelle 7.23 durch den Nachweis c) Schubversagen des gesamten Querschnitts mit abgedeckt.

<2> Zu Tabelle 7.24: Ebene Anschlüsse: K- und N-Anschluss von KHP- oder RHP-Streben

In Tabelle 7.24 entsprechen bei K- und N-Anschlüssen mit Spalt die Indices i und j den Indices i = 1 für die Druckstrebe und j = 2 für die Zugstrebe, wie es sonst bei Knoten mit Spalt üblich ist. Beide Streben, nicht nur die Strebe i, sind zu überprüfen.

Die in Tabelle 7.24 gebrauchten Bezeichnungen des liegenden U-Profils weichen von den Bezeichnungen bei I- oder H-Profilgurtstäben oder von sonst in Profiltabellen gebräuchlichen Bezeichnungen ab. Der Steg des liegenden U-Profils wird zum Gurtflansch der Breite b_0 mit Wanddicke t_0. Die beiden Flansche des liegenden U-Profils entsprechen den Gurtseitenwänden bei RHP mit der Höhe h_0 und dem Ausrundungsradius der Ecken r_0, aber mit der Wanddicke t_w (w entspricht eigentlich Steg, engl. web).

Anpassungen bei den Modellen:
Die Nachweise für Anschlüsse an U-Profil-Gurtstäbe nach Tabelle 7.24 gleichen den Nachweisen an RHP-Profil-Gurtstäbe weitgehend. Bei K- und N-Knoten mit Spalt darf bei U-Profil-Gurtstäben aber auf die Überprüfung des Flanschversagens (a) und des Durchstanzens (d) verzichtet werden. Örtliches Strebenversagen (e) und Schubversagen des Gurtstabquerschnitts (c) werden mit dem gleichen Formelwerk wie für RHP-Gurtstäbe nach Tabelle 7.12 nachgewiesen.
Die für die Übertragung der Schubkraft im Spalt noch zur Verfügung stehende Abscherfläche $A_v = A_{v,0}$ berechnet sich beim U-Profil allerdings nach der Profilform. Zur Schubkraftübertragung werden in erster Linie die dickwandigen Flansche = Gurtseitenwände einschließlich Ecken herangezogen. Damit ergibt sich die Mindestfläche des Gesamtquerschnitts abzüglich der Innenfläche des Stegs: $A_0 - b_0^* \cdot t_0$. Bei Hohlprofil-K- und -N-Anschlüssen kann jedoch ein Teil der Stegfläche mittragen. Die mitwirkende Stegbreite des U-Profils im Spalt $\alpha \cdot b_0^*$ richtet sich wie bei RHP-Gurtstäben nach Abschnitt 7.5 nach dem Strebenquerschnitt und den Schlankheitsverhältnissen g / t_0 im Spalt. Damit ergibt sich die wirksame Schubfläche $A_v = A_{v,0}$ nach Gleichung (III.7-74).

$$A_{v,0} = A_0 - b_0^* \cdot t_0 + \alpha \cdot b_0^* \cdot t_0 = A_0 - (1-\alpha)\, b_0^* \cdot t_0 \qquad \text{(III.7-74)}$$

Bei KHP-Streben gilt: $\alpha = 0$

Bei RHP-Streben gilt: $\alpha = \sqrt{\dfrac{1}{1+(4g^2)/(3t_0^2)}}$

Je größer der Spalt wird, desto weniger ist der Steg ($b_0 \cdot t_0$) an der Schubkraftübertragung beteiligt. Auch bei KHP-Streben wird er als nicht mittragend angenommen.
Hinweis: Im Faktor α für die wirksame Schubfläche des Gurtstabes $A_v = A_{v,0}$ wurde versehentlich t_f (Index f entspricht Flansch, engl. flange) verwendet. Gemeint ist aber die U-Profil-Steg- = Gurtflansch-Wanddicke t_0.
Für die K- und N-Anschlüsse mit Überlappung ist in Abhängigkeit vom Überlappungsverhältnis λ_{ov} im Grenzbereich zwischen 25 % und $\lambda_{ov,lim}$ nur noch Strebenversagen (e) zu überprüfen, mit dem gleichen Formelwerk wie bei Anschlüssen an RHP-Gurtstäbe nach Tabelle 7.10, ab 6. Zeile. Einzige Besonderheit ist die Bezugsbreite des U-Profil-Gurtflansches der Breite b_0, die um die steifen Eckbereiche ($t_w + r_0$) auf b_0^* verkleinert wird. Ansonsten sind die wirksamen (effektiven) Strebenbreiten gleich. Die Lasteinleitung wird durch die Form des untergesetzten Profils bestimmt. Der Steg des liegenden U-Profils entspricht dabei dem oberen Flansch eines RHP-Profils.
Hinweis: Ebenso wie bei QHP- bzw. RHP- oder bei I- bzw. H-Profil-Gurtstäben nach Tabelle 7.10 oder 7.21 ist bei Verwendung von KHP-Streben statt RHP-Streben beim Strebenversagen nicht nur der Faktor von $\pi/4$ zu verwenden, sondern auch eine angepasste wirksame Breite $d_{e,ov}$ nach Gleichung (III.7-24).

III.8. Anhänge

III.8.1. Vorbemerkungen

In den nachfolgenden Tabellen sind die Bemessungswerte der Tragfähigkeit und Hilfstafeln angegeben, die die Anwendung der Normenregeln vereinfachen. Die Tabellen sind der Systematik der Norm folgend gegliedert.

III.8.2. Bemessungswerte einzelner Verbindungsmittel nach Tabelle 3.4

III.8.2.1. Bemessungswerte der Abscherkräfte $F_{v,Rd}$ in kN je Schraube und Abscherfläche für rohe Schrauben und Passschrauben

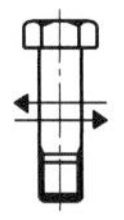

		Festigkeitsklasse	Schraubengröße							
			M12	M16	M20	M22	M24	M27	M30	M36
Rohe Schrauben	Schaft in Scherfuge	4.6	21,7	38,6	60,3	73,0	86,9	109,9	135,7	195,4
		5.6	27,1	48,3	75,4	91,2	108,6	137,4	169,6	244,3
		8.8	43,4	77,2	120,6	146,0	173,7	219,9	271,4	390,9
		10.9	54,3	96,5	150,8	182,5	217,1	274,8	339,3	488,6
Rohe Schrauben	Gewinde in Scherfuge	4.6	16,2	30,1	47,0	58,2	67,8	88,1	107,7	156,9
		5.6	20,2	37,7	58,8	72,7	84,7	110,2	134,6	196,1
		8.8	32,4	60,3	94,1	116,4	135,6	176,3	215,4	313,7
		10.9	33,7	62,8	98,0	121,2	141,2	183,6	224,4	326,8
Pass-schrauben	Schaft in Scherfuge	4.6	25,5	43,6	66,5	79,8	94,2	118,2	144,9	206,4
		5.6	31,9	54,5	83,1	99,7	117,8	147,8	181,1	258,1
		8.8	51,0	87,2	133,0	159,5	188,5	236,4	289,8	412,9
		10.9	63,7	109,0	166,3	199,4	235,6	295,6	362,3	516,1

III.8.2.2. Bemessungswerte der Grenzzugkräfte $F_{t,Rd}$ in kN für Sechskantschrauben

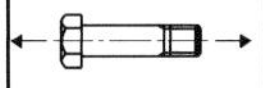

	Festigkeitsklasse	Schraubengröße							
		M12	M16	M20	M22	M24	M27	M30	M36
Rohe Schrauben und Passschrauben	4.6	24,3	45,2	70,6	87,3	101,7	132,2	161,6	235,3
	5.6	30,3	56,5	88,2	109,1	127,1	165,2	202,0	294,1
	8.8	48,6	90,4	141,1	174,5	203,3	264,4	323,1	470,6
	10.9	60,7	113,0	176,4	218,2	254,2	330,5	403,9	588,2

III.8.2.3. Bemessungswerte der Grenzlochleibungskräfte $F_{b,Rd}$ in kN für rohe Schrauben Verbindungen mit Stählen der Festigkeit S235 für 10 mm Blechdicke

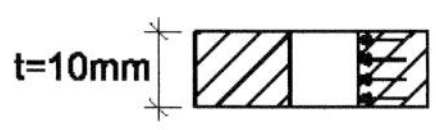

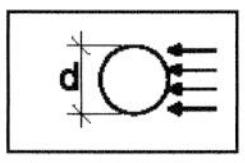

Rohe Schrauben S235,
alle Schraubenfestigkeiten

$p_2 \geq 3\ d_0$ $e_2 \geq 1{,}5\ d_0$		Schraubengröße							
		M12	M16	M20	M22	M24	M27	M30	M36
d [mm]		12	16	20	22	24	27	30	36
d_0 [mm]		13	18	22	24	26	30	33	39
e_1 =	20	44,31							
Randabstand in Kraftrichtung	25	55,38	53,33						
	30	66,46	64,00	65,45	66,00				
	35	77,54	74,67	76,36	77,00	77,54			
	40	86,40	85,33	87,27	88,00	88,62	86,40	87,27	
	45	86,40	96,00	98,18	99,00	99,69	97,20	98,18	
	50	"	106,67	109,09	110,00	110,77	108,00	109,09	110,77
	55		115,20	120,00	121,00	121,85	118,80	120,00	121,85
	60		115,20	130,91	132,00	132,92	129,60	130,91	132,92
	65		"	141,82	143,00	144,00	140,40	141,82	144,00
	70			144,00	154,00	155,08	151,20	152,73	155,08
	75			144,00	158,40	166,15	162,00	163,64	166,15
	80			"	158,40	172,80	172,80	174,55	177,23
	85				"	172,80	183,60	185,45	188,31
	90					"	194,40	196,36	199,38
	95						194,40	207,27	210,46
	100						"	216,00	221,54
	105							216,00	232,62
	110							"	243,69
	115								254,77
	120								259,20
	125								259,20
p_1 =	30	44,86							
Lochabstand in Kraftrichtung	35	55,94							
	40	67,02	56,53						
	45	78,09	67,20						
	50	86,40	77,87	73,09					
	55	86,40	88,53	84,00	81,40				
	60	"	99,20	94,91	92,40	89,72			
	65		109,87	105,82	103,40	100,80			
	70		115,20	116,73	114,40	111,88	102,60		
	75		115,20	127,64	125,40	122,95	113,40	109,64	
	80		"	138,55	136,40	134,03	124,20	120,55	
	85			144,00	147,40	145,11	135,00	131,45	
	90			144,00	158,40	156,18	145,80	142,36	134,58
	95			"	158,40	167,26	156,60	153,27	145,66
	100				"	172,80	167,40	164,18	156,74
	105					172,80	178,20	175,09	167,82
	110					"	189,00	186,00	178,89
	115						194,40	196,91	189,97
	120						194,40	207,82	201,05
	125						"	216,00	212,12
	130							216,00	223,20
	135							"	234,28
	140								245,35
	145								256,43
	150								259,20

III.8.2.4. Bemessungswerte der Grenzlochleibungskräfte $F_{b,Rd}$ in kN für Passschrauben Verbindungen mit Stählen der Festigkeit S235 für 10 mm Blechdicke

t=10mm 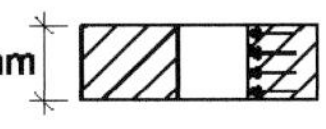 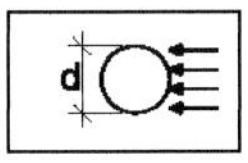							Passschrauben S235, alle Schraubenfestigkeiten		
$p_2 \geq 3\ d_0$ $e_2 \geq 1{,}5\ d_0$		Schraubengröße							
		M12	M16	M20	M22	M24	M27	M30	M36
d_s [mm]		13	17	21	23	25	28	31	37
d_0 [mm]=d_s		13	17	21	23	25	28	31	37
e_1 = Randabstand in Kraftrichtung	20	48,0							
	25	60,0	60,0						
	30	72,0	72,0	72,0	72,0				
	35	84,0	84,0	84,0	84,0	84,0			
	40	93,6	96,0	96,0	96,0	96,0	96,0	96,0	
	45	93,6	108,0	108,0	108,0	108,0	108,0	108,0	
	50	"	120,0	120,0	120,0	120,0	120,0	120,0	120,0
	55		122,4	132,0	132,0	132,0	132,0	132,0	132,0
	60		122,4	144,0	144,0	144,0	144,0	144,0	144,0
	65		"	151,2	156,0	156,0	156,0	156,0	156,0
	70			151,2	165,6	168,0	168,0	168,0	168,0
	75			"	165,6	180,0	180,0	180,0	180,0
	80				"	180,0	192,0	192,0	192,0
	85					"	201,6	204,0	204,0
	90						201,6	216,0	216,0
	95						"	223,2	228,0
	100							223,2	240,0
	105							"	252,0
	110								264,0
	115								266,4
	120								266,4
	125								"
p_1 = Lochabstand in Kraftrichtung	30	48,6							
	35	60,6							
	40	72,6	65,4						
	45	84,6	77,4						
	50	93,6	89,4	82,2					
	55	93,6	101,4	94,2	90,6				
	60	"	113,4	106,2	102,6	99,0			
	65	"	122,4	118,2	114,6	111,0			
	70		122,4	130,2	126,6	123,0	117,6		
	75			142,2	138,6	135,0	129,6	124,2	
	80		"	151,2	150,6	147,0	141,6	136,2	
	85			151,2	162,6	159,0	153,6	148,2	
	90			"	165,6	171,0	165,6	160,2	149,4
	95				165,6	180,0	177,6	172,2	161,4
	100				"	180,0	189,6	184,2	173,4
	105					"	201,6	196,2	185,4
	110						201,6	208,2	197,4
	115						201,6	220,2	209,4
	120						"	223,2	221,4
	125							223,2	233,4
	130							"	245,4
	135								257,4
	140								266,4
	145								266,4
	150								"

III.8.2.5. Bemessungswerte der Grenzlochleibungskräfte $F_{b,Rd}$ in kN für rohe Schrauben der Festigkeitsklasse 4.6 Verbindungen mit Stählen der Festigkeit S355 für 10 mm Blechdicke

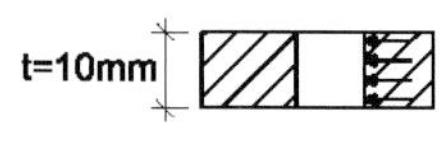

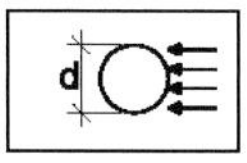

Rohe Schrauben S355, Schraubenfestigkeit 4.6

$p_2 \geq 3\ d_0$, $e_2 \geq 1{,}5\ d_0$		Schraubengröße							
		M12	M16	M20	M22	M24	M27	M30	M36
d [mm]		12	16	20	22	24	27	30	36
d_0[mm]		13	18	22	24	26	30	33	39
e_1 =	20	60,3							
	25	75,4	72,6						
	30	90,5	87,1	89,1	89,8				
	35	96,0	101,6	103,9	104,8	105,5			
	40	96,0	116,1	118,8	119,8	120,6	117,6	118,8	
Randabstand in Kraftrichtung	45	"	128,0	133,6	134,8	135,7	132,3	133,6	
	50		128,0	148,5	149,7	150,8	147,0	148,5	150,8
	55		"	160,0	164,7	165,8	161,7	163,3	165,8
	60			160,0	176,0	180,9	176,4	178,2	180,9
	65			"	176,0	192,0	191,1	193,0	196,0
	70				"	192,0	205,8	207,9	211,1
	75					"	216,0	222,7	226,2
	80						216,0	237,6	241,2
	85						"	240,0	256,3
	90							240,0	271,4
	95							"	286,5
	100								288,0
	105								288,0
p_1 =	30	61,1							
	35	76,1							
	40	91,2	76,9						
	45	96,0	91,5						
	50	96,0	106,0	99,5					
	55	"	120,5	114,3	110,8				
	60		128,0	129,2	125,8	122,1			
Lochabstand in Kraftrichtung	65		128,0	144,0	140,7	137,2			
	70		"	158,9	155,7	152,3	139,7		
	75			160,0	170,7	167,4	154,4	149,2	
	80			160,0	176,0	182,4	169,1	164,1	
	85			"	176,0	192,0	183,8	178,9	
	90				"	192,0	198,5	193,8	183,2
	95					"	213,2	208,6	198,3
	100						216,0	223,5	213,3
	105						216,0	238,3	228,4
	110						"	240,0	243,5
	115							240,0	258,6
	120							"	273,6
	125								288,0
	130								288,0

III.8.2.6. Bemessungswerte der Grenzlochleibungskräfte $F_{b,Rd}$ in kN für rohe Schrauben der Festigkeitsklasse 5.6, 8.8 und 10.9 Verbindungen mit Stählen der Festigkeit S355 für 10 mm Blechdicke

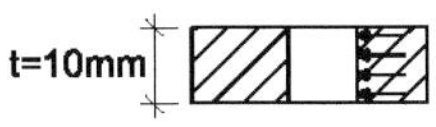

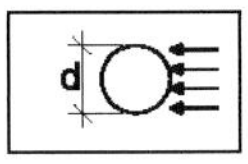

Rohe Schrauben S355, Schraubenfestigkeiten 5.6, 8.8, 10.9

$p_2 \geq 3\ d_0$ $e_2 \geq 1,5\ d_0$		Schraubengröße							
		M12	M16	M20	M22	M24	M27	M30	M36
d [mm]		12	16	20	22	24	27	30	36
d_0[mm]		13	18	22	24	26	30	33	39
e_1 =	20	60,3							
Randabstand in Kraftrichtung	25	75,4	72,6						
	30	90,5	87,1	89,1	89,8				
	35	105,5	101,6	103,9	104,8	105,5			
	40	117,6	116,1	118,8	119,8	120,6	117,6	118,8	
	45	117,6	130,7	133,6	134,8	135,7	132,3	133,6	
	50	"	145,2	148,5	149,7	150,8	147,0	148,5	150,8
	55		156,8	163,3	164,7	165,8	161,7	163,3	165,8
	60		156,8	178,2	179,7	180,9	176,4	178,2	180,9
	65		"	193,0	194,6	196,0	191,1	193,0	196,0
	70			196,0	209,6	211,1	205,8	207,9	211,1
	75			"	215,6	226,2	220,5	222,7	226,2
	80				215,6	235,2	235,2	237,6	241,2
	85				"	235,2	249,9	252,4	256,3
	90					"	264,6	267,3	271,4
	95						264,6	282,1	286,5
	100						"	294,0	301,5
	105							294,0	316,6
	110							"	331,7
	115								346,8
	120								352,8
	125								352,8
p_1 =	30	61,1							
Lochabstand in Kraftrichtung	35	76,1							
	40	91,2	76,9						
	45	106,3	91,5						
	50	117,6	106,0	99,5					
	55	117,6	120,5	114,3	110,8				
	60	"	135,0	129,2	125,8	122,1			
	65		149,5	144,0	140,7	137,2			
	70		156,8	158,9	155,7	152,3	139,7		
	75		156,8	173,7	170,7	167,4	154,4	149,2	
	80		"	188,6	185,7	182,4	169,1	164,1	
	85			196,0	200,6	197,5	183,8	178,9	
	90			196,0	215,6	212,6	198,5	193,8	183,2
	95			"	215,6	227,7	213,2	208,6	198,3
	100				"	235,2	227,9	223,5	213,3
	105					235,2	242,6	238,3	228,4
	110					"	257,3	253,2	243,5
	115						264,6	268,0	258,6
	120						264,6	282,9	273,6
	125						"	294,0	288,7
	130							294,0	303,8
	135							"	318,9
	140								334,0
	145								349,0
	150								352,8

III.8.2.7. Bemessungswerte der Grenzlochleibungskräfte $F_{b,Rd}$ in kN für Passschrauben der Festigkeitsklasse 4.6 Verbindungen mit Stählen der Festigkeit S355 für 10 mm Blechdicke

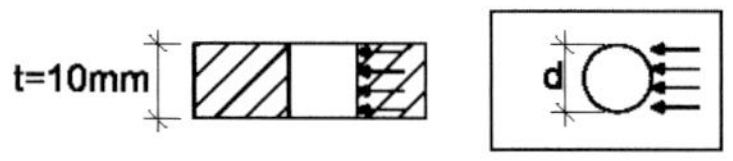

Passschraube S355, Schraubenfestigkeit 4.6

$p_2 \geq 3\ d_0$ $e_2 \geq 1{,}5\ d_0$		Schraubengröße							
		M12	M16	M20	M22	M24	M27	M30	M36
d [mm]		13	17	21	23	25	28	31	37
d_0 [mm]		13	17	21	23	25	28	31	37
e_1 = (Randabstand in Kraftrichtung)	20	65,33							
	25	81,67	81,67						
	30	98,00	98,00	98,00	98,00	98,00			
	35	104,00	114,33	114,33	114,33	114,33	114,33		
	40	104,00	130,67	130,67	130,67	130,67	130,67	130,67	
	45	"	136,00	147,00	147,00	147,00	147,00	147,00	147,00
	50		136,00	163,33	163,33	163,33	163,33	163,33	163,33
	55		"	168,00	179,67	179,67	179,67	179,67	179,67
	60			168,00	184,00	196,00	196,00	196,00	196,00
	65			"	184,00	200,00	212,33	212,33	212,33
	70				"	200,00	224,00	228,67	228,67
	75					"	224,00	245,00	245,00
	80						"	248,00	261,33
	85							248,00	277,67
	90							"	294,00
	95								296,00
	100								296,00
p_1 = (Lochabstand in Kraftrichtung)	30	66,15							
	35	82,48							
	40	98,82	89,02						
	45	104,00	105,35						
	50	104,00	121,68	111,88					
	55	"	136,00	128,22	123,32				
	60		136,00	144,55	139,65	134,75			
	65		136,00	160,88	155,98	151,08			
	70		"	168,00	172,32	167,42	160,07		
	75			168,00	184,00	183,75	176,40	169,05	
	80			"	184,00	200,00	192,73	185,38	
	85				"	200,00	209,07	201,72	
	90					200,00	224,00	218,05	203,35
	95					"	224,00	234,38	219,68
	100						224,00	248,00	236,02
	105						"	248,00	252,35
	110							248,00	268,68
	115							"	285,02
	120								296,00
	125								296,00
	130								296,00

III.8.2.8. Bemessungswerte der Grenzlochleibungskräfte $F_{b,Rd}$ in kN für Passschrauben der Festigkeitsklasse 5.6, 8.8 und 10.9 Verbindungen mit Stählen der Festigkeit S355 für 10 mm Blechdicke

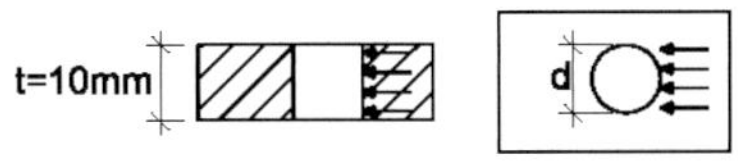

Passschrauben S355, Schraubenfestigkeiten 5.6, 8.8, 10.9

$p_2 \geq 3\,d_0$, $e_2 \geq 1{,}5\,d_0$		Schraubengröße							
		M12	M16	M20	M22	M24	M27	M30	M36
d_s [mm]		13	17	21	23	25	28	31	37
d_0[mm]=d_s		13	17	21	23	25	28	31	37
e_1 = (Randabstand in Kraftrichtung)	20	65,3							
	25	81,7	81,7						
	30	98,0	98,0	98,0	98,0				
	35	114,3	114,3	114,3	114,3	114,3			
	40	127,4	130,7	130,7	130,7	130,7	130,7	130,7	
	45	127,4	147,0	147,0	147,0	147,0	147,0	147,0	147,0
	50	"	163,3	163,3	163,3	163,3	163,3	163,3	163,3
	55		166,6	179,7	179,7	179,7	179,7	179,7	179,7
	60		166,6	196,0	196,0	196,0	196,0	196,0	196,0
	65		"	205,8	212,3	212,3	212,3	212,3	212,3
	70			205,8	225,4	228,7	228,7	228,7	228,7
	75			"	225,4	245,0	245,0	245,0	245,0
	80				"	245,0	261,3	261,3	261,3
	85					"	274,4	277,7	277,7
	90						274,4	294,0	294,0
	95						"	303,8	310,3
	100							303,8	326,7
	105							"	343,0
	110								359,3
	115								362,6
	120								362,6
p_1 = (Lochabstand in Kraftrichtung)	30	66,2							
	35	82,5							
	40	98,8	89,0						
	45	115,2	105,4						
	50	127,4	121,7	111,9					
	55	127,4	138,0	128,2	123,3	118,4			
	60	"	154,4	144,6	139,7	134,8			
	65		166,6	160,9	156,0	151,1	143,7		
	70		166,6	177,2	172,3	167,4	160,1	152,7	
	75		"	193,6	188,7	183,8	176,4	169,1	
	80			205,8	205,0	200,1	192,7	185,4	
	85			205,8	221,3	216,4	209,1	201,7	187,0
	90			"	225,4	232,8	225,4	218,1	203,4
	95				225,4	245,0	241,7	234,4	219,7
	100				"	245,0	258,1	250,7	236,0
	105					"	274,4	267,1	252,4
	110						274,4	283,4	268,7
	115						"	299,7	285,0
	120							303,8	301,4
	125							303,8	317,7
	130							"	334,0
	135								350,4
	140								362,6
	145								362,6
	150								"

III.8.2.9. Bemessungswerte der Durchstanzkraft $B_{p,Rd}$ in kN für 10 mm Blechdicke

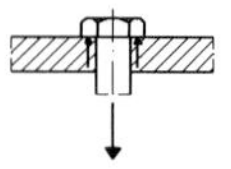		Schraubengröße							
		M12	M16	M20	M22	M24	M27	M30	M36
s		18	24	30	34	36	41	46	55
e		19,85	26,17	32,95	37,29	39,55	45,2	50,85	60,79
d_m		18,9	25,1	31,5	35,6	37,8	43,1	48,4	57,9
Festigkeit	S235	102,69	136,11	170,78	193,41	204,96	233,86	262,75	314,13
	S275	122,65	162,57	203,99	231,01	244,82	279,33	313,84	375,22
	S355	139,77	185,26	232,45	263,25	278,98	318,31	357,63	427,57
	S450	156,88	207,94	260,92	295,48	313,14	357,28	401,42	479,93

III.8.3. Gleitwiderstände nach 3.9.1

III.8.3.1. Grenzvorspannkräfte $F_{p,C}$ in kN für hochfeste Schrauben der Festigkeitsklasse 8.8 und 10.9

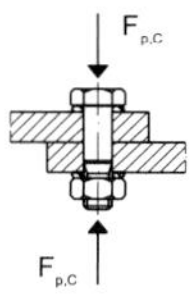	Festigkeitsklasse	Schraubengröße							
		M12	M16	M20	M22	M24	M27	M30	M36
	8.8	47,04	87,92	137,20	169,68	197,68	257,04	314,16	457,52
	10.9	58,80	109,90	171,50	212,10	247,10	321,30	392,70	571,90

III.8.3.2. Bemessungswerte der Gleitwiderstände $F_{s,Rd}$ in kN für hochfeste Schrauben der Festigkeitsklasse 8.8 und 10.9 je Gleitfläche, Schrauben in Löchern mit normalem Lochspiel, Kategorie C

Festigkeitsklasse	Reibungszahl μ	Schraubengröße							
		M12	M16	M20	M22	M24	M27	M30	M36
8.8	0,5	18,82	35,17	54,88	67,87	79,07	102,82	125,66	183,01
	0,4	15,05	28,13	43,90	54,30	63,26	82,25	100,53	146,41
	0,3	11,29	21,10	32,93	40,72	47,44	61,69	75,40	109,80
	0,2	7,53	14,07	21,95	27,15	31,63	41,13	50,27	73,20
10.9	0,5	23,52	43,96	68,60	84,84	98,84	128,52	157,08	228,76
	0,4	18,82	35,17	54,88	67,87	79,07	102,82	125,66	183,01
	0,3	14,11	26,38	41,16	50,90	59,30	77,11	94,25	137,26
	0,2	9,41	17,58	27,44	33,94	39,54	51,41	62,83	91,50

III.8.3.3. Reibungszahlen μ für vorgespannte Schrauben nach Tabelle 3.7, Definition der Oberflächenbehandlung

Gleitflächenklasse	Oberflächenbehandlung	Haftreibungszahl μ [-]
A	Oberflächen mit Kugeln oder Sand gestrahlt, loser Rost entfernt, nicht körnig	0,50
B	Oberflächen mit Kugeln oder Sand gestrahlt:	0,40
	a) spritzaluminiert oder mit einem zinkbasierten Produkt spritzverzinkt	
	b) mit Alkali-Zink-Silikat-Anstrich mit einer Dicke von 50 µm bis 80 µm	
C	Oberfläche mittels Drahtbürste oder Flammstrahlen gereinigt, loser Rost entfernt	0,30
D	Oberfläche im Walzzustand	0,20

III.8.4. Ermittlung von *c* für ausgewählte Anwendungsfälle

Nach Kindmann [62]

Betonfestigkeitsklasse	C 12/15	C 16/20	C 20/25	C 25/30	C 30/37	C 35/45
f_{ck} in N/mm²	12	16	20	25	30	35
Fußplatte aus S235, f_y = 23,5 kN/cm²						
min $f_{jd} = f_{ck}/2,65$	4,16	3,6	3,22	2,88	2,63	2,44
max $f_{jd} = 1,13 \cdot f_{ck}$	2,4	2,08	1,86	1,67	1,52	1,41
Fußplatte aus S355, f_y = 35,5 kN/cm²						
min $f_{jd} = f_{ck}/2,65$	5,11	4,43	3,96	3,54	3,23	2,99
max $f_{jd} = 1,13 \cdot f_{ck}$	2,95	2,56	2,29	2,05	1,87	1,73

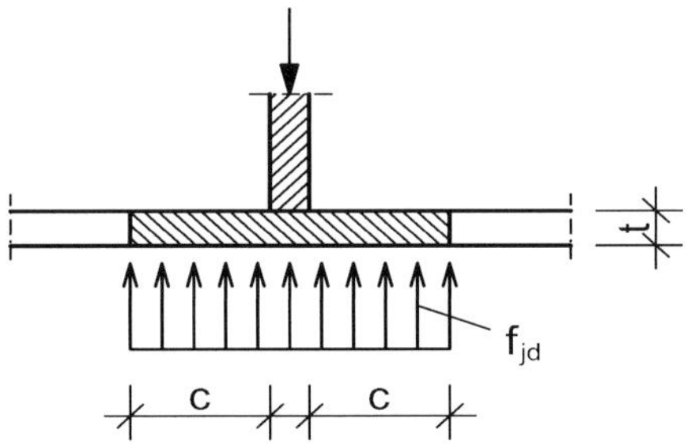

$c = t \cdot \text{Tabellenwert}$

III.8.5. Anfangssteifigkeit nach 6.3

Für häufig vorkommende Anschlusskonfigurationen wurden basierend auf den Eurocode 3 Regeln für das vereinfachte Berechnungsverfahren entwickelt, die in der Entwurfsphase eine rasche Ermittlung der Anschlusssteifigkeit erlauben.

Nur für die nachfolgenden Konfigurationen sind die Überschlagsansätze [45] gültig:

Bei Stirnplattenanschlüssen:

- Der Anschluss besteht aus zwei Schraubenreihen in der Zugzone.
- Der Schraubendurchmesser entspricht der 1,5fachen Stützengurtdicke.
- Die Schraubenachse befindet sich nahe am Stützensteg, d.h. der Achsabstand vom Ende des Ausrundungsradius entspricht der 1,5fachen Stützengurtdicke.
- Die Stirnplattendicke entspricht ungefähr der Stützengurtdicke.

Bei Anschlüssen mit Gurtwinkeln:

- Der Anschluss besteht aus einer Schraubenreihe in der Zugzone.
- Der Schraubendurchmesser entspricht der 1,5fachen Gurtwinkeldicke.
- Die Schraubenachse befindet sich nahe am Stützensteg, d.h. der Achsabstand vom Ende des Ausrundungsradius entspricht der 1,5fachen Stützengurtdicke.
- Die Gurtwinkeldicke entspricht ungefähr der Stützengurtdicke.

Damit folgt die Anfangssteifigkeit der Anschlüsse mit

$$S_{j,app} = \frac{E \cdot z^2 \cdot t_{fc}}{c} \tag{III.8-1}$$

Dabei ist z der Abstand zwischen der Druck- und Zugkraftresultierenden, t_{fc} die Stützenflanschdicke und c ein von der Anschlusskonfiguration abhängiger Hilfswert, der in nachfolgender Tabelle 8.5.1 angegeben ist.

III.8.5.1. Hilfswert *C* zur Bestimmung der Anfangssteifigkeit

Anschlusskonfiguration		C
überstehende Stirnplatte, einseitig, unversteift (β=1)	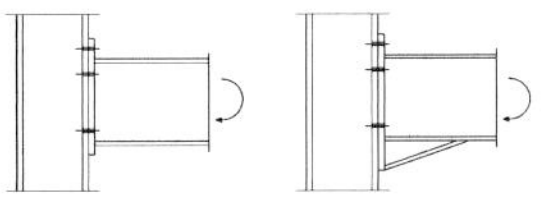	13
überstehende Stirnplatte, zweiseitig, unversteift, symmetrisch (β=0)	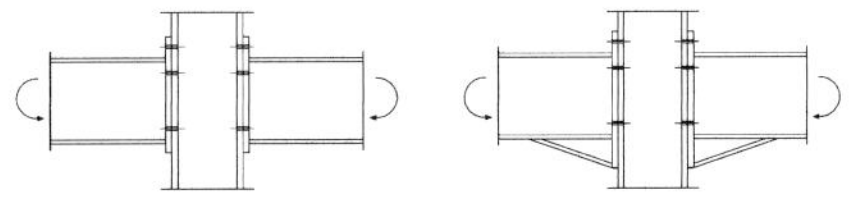	7,5
überstehende Stirnplatte, einseitig, Steifen im Druck- und Zugbereich (β=1)	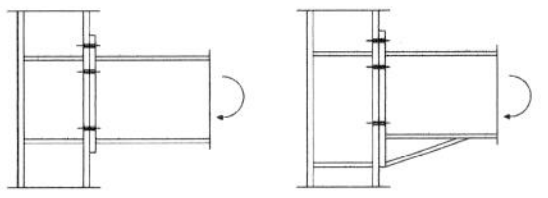	8,5
überstehende Stirnplatte, zweiseitig, Steifen im Druck- und Zugbereich, symmetrisch (β=0)	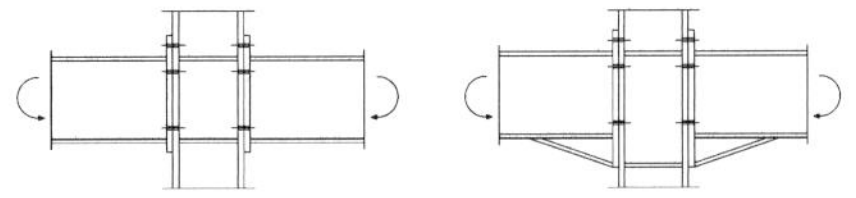	3
überstehende Stirnplatte, einseitig, *Morris-Steife* (β=1)	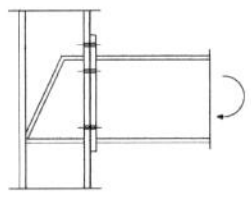	3
flush Stirnplatte, einseitig (β=1)	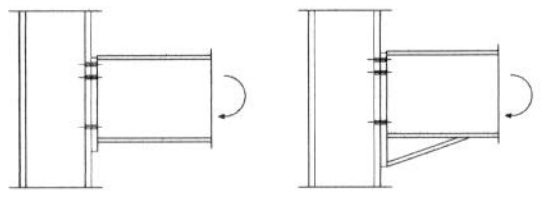	14
flush Stirnplatte, zweiseitig, symmetrisch (β=0)	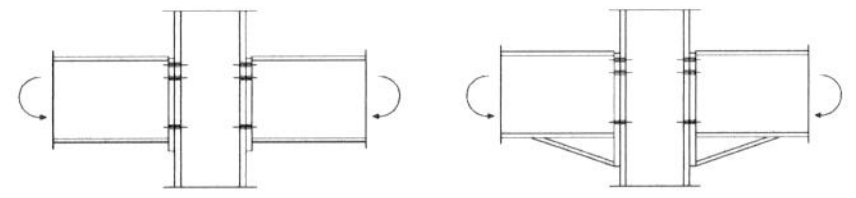	9,5
flush Stirnplatte, einseitig, Abschlussplatte am Stützenkopf (β=1)	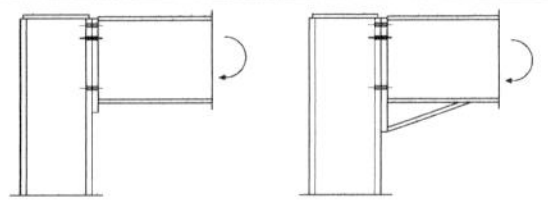	11,5
flush Stirnplatte, zweiseitig, Abschlussplatte am Stützenkopf, symmetrisch (β=0)	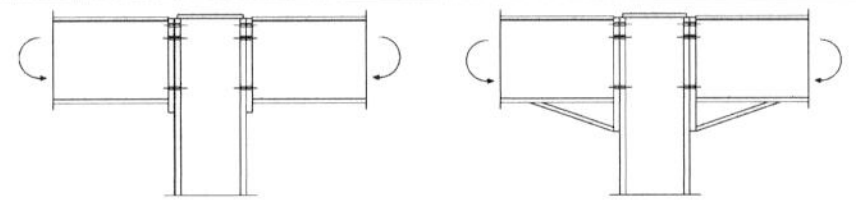	6
geschweißter Anschluss, einseitig, unversteift (β=1)	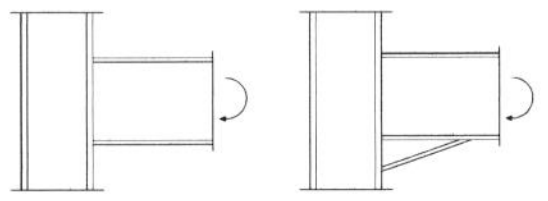	11,5
geschweißter Anschluss, zweiseitig, unversteift, symmetrisch (β=0)	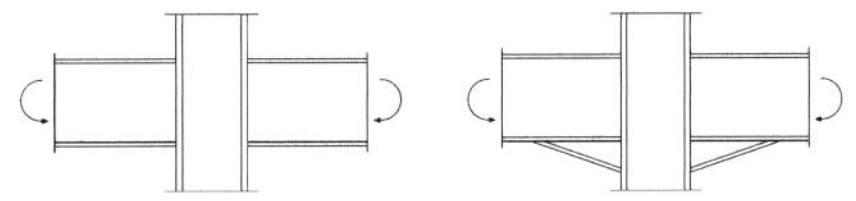	6
geschraubter Winkelanschluss, einseitig, (β=1)	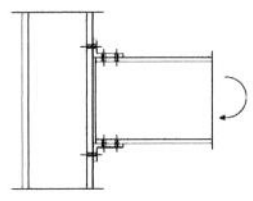	70
geschraubter Winkelanschluss, zweiseitig, symmetrisch (β=0)	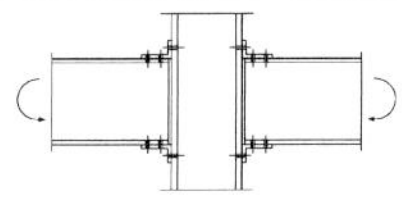	65
Fußplattenverbindung	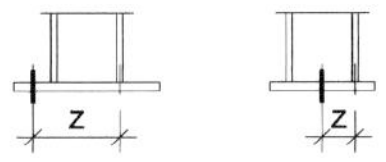	20

<u>Hinweis:</u> In dem seltenen Fall, daß zweiseitige Anschlusskonfigurationen mit ungleichen Momenten (b=2) beansprucht werden, kann der C-Faktor um 11 vergrößert werden im Vergleich zur symmetrisch beanspruchten Konfiguration.

III.8.6. Komponentenmethode nach 6.2 und 6.3: Zusammenstellung der Nachweisregeln

III.8.6.1. Zusammenstellung der Nachweisregeln für Tragfähigkeit und Steifigkeit

Versagensart	Tragfähigkeit	Steifigkeit (6.3.2), Tab. 6.11
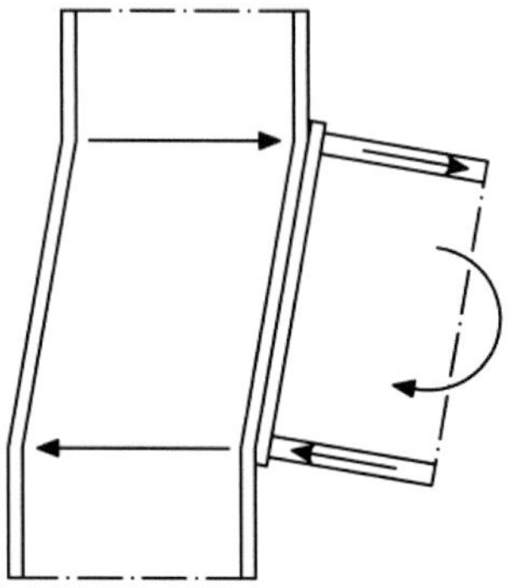	Stützensteg auf Schub (6.2.6.1) $F_{wp,Rd} = \frac{0{,}9 \cdot f_{y,wc} \cdot A_{vc}}{\beta \cdot \sqrt{3} \cdot \gamma_{M0}}$ Anwendungsgrenzen: $\frac{d_c}{t_w} \leq 69\varepsilon$	unversteift: $k_1 = \frac{0{,}38 \cdot A_{vc}}{\beta \cdot z}$ mit geeigneter Steife: $k_1 = \infty$
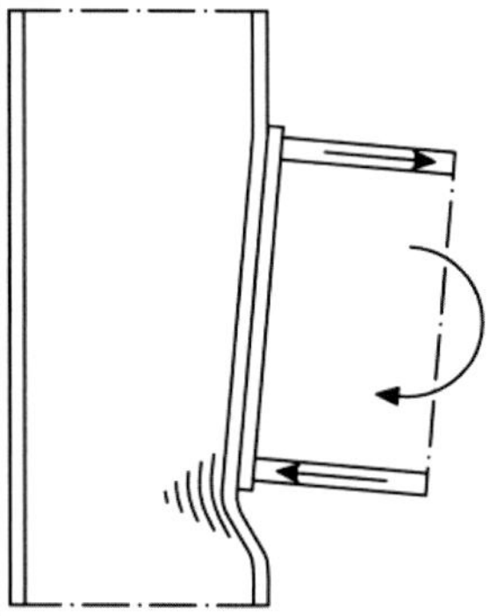	Stützensteg auf Druck (6.2.6.2) $F_{c,wc,Rd} = \frac{\omega \cdot k_{wc} \cdot b_{eff,c,wc} \cdot t_{wc} \cdot f_{y,wc}}{\gamma_{M0}}$ $F_{c,wc,Rd} \leq \frac{\omega \cdot k_{wc} \cdot \rho \cdot b_{eff,c,wc} \cdot t_{wc} \cdot f_{y,wc}}{\gamma_{M1}}$	unversteift: $k_2 = \frac{0{,}7 \cdot b_{eff,c,wc} \cdot t_{wc}}{d_c}$ mit geeigneter Steife: $k_2 = \infty$
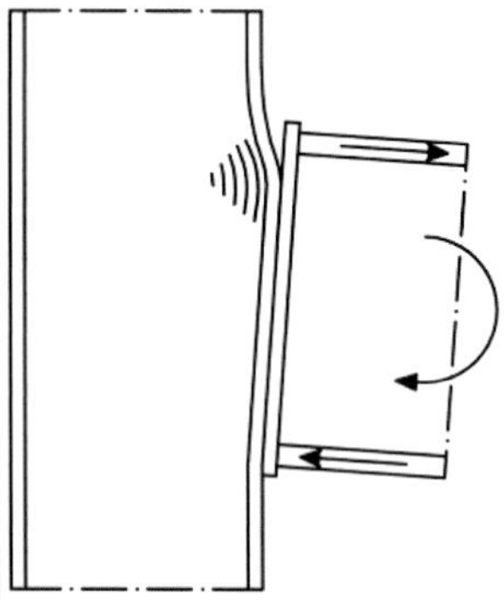	Stützensteg auf Zug (6.2.6.3) $F_{t,wc,Rd} = \frac{\omega \cdot b_{eff,t,wc} \cdot t_{wc} \cdot f_{y,wc}}{\gamma_{M0}}$	unversteift: $k_3 = \frac{0{,}7 \cdot b_{eff,t,wc} \cdot t_{wc}}{d_c}$ mit geeigneter Steife: $k_3 = \infty$
Versagensart1 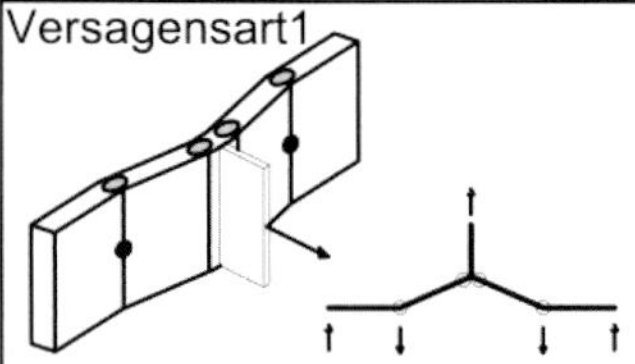	Stützenflansch auf Biegung (6.2.4) $F_{T,1,Rd} = \frac{4 \cdot M_{pl,1,Rd}}{m}$	$k_4 = \frac{0{,}9 \cdot l_{eff} \cdot t_{fc}^3}{m^3}$
Versagensart2 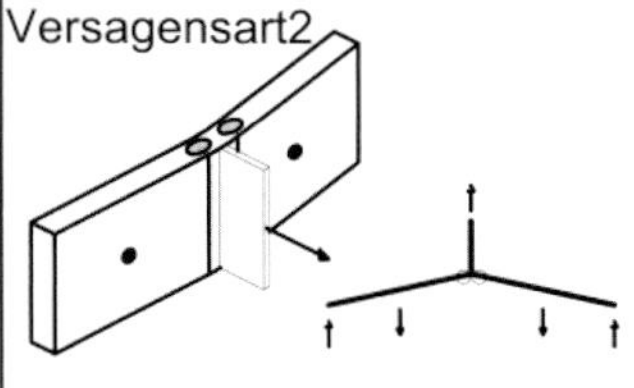	Stützenflansch auf Biegung (6.2.4) $F_{T,2,Rd} = \frac{2 \cdot M_{pl,2,Rd} + n \cdot \sum F_{T,Rd}}{m + n}$	

Versagensart	Tragfähigkeit	Steifigkeit (6.3.2), Tab. 6.11
Versagensart1 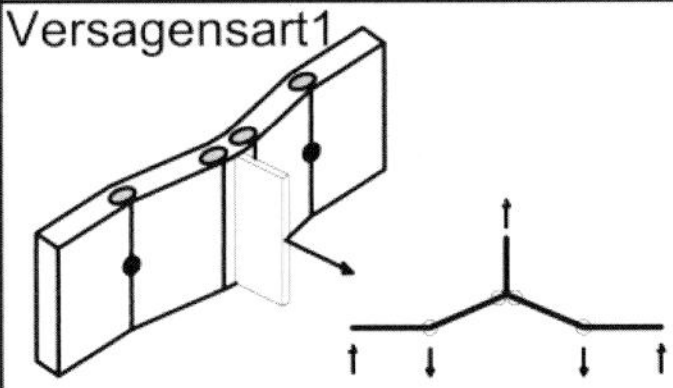	Stirnplatte auf Biegung (6.2.4) $$F_{T,1,Rd} = \frac{4 \cdot M_{pl,1,Rd}}{m}$$	$$k_5 \frac{0{,}9 \cdot l_{eff} \cdot t_p^3}{m^3}$$
Versagensart2 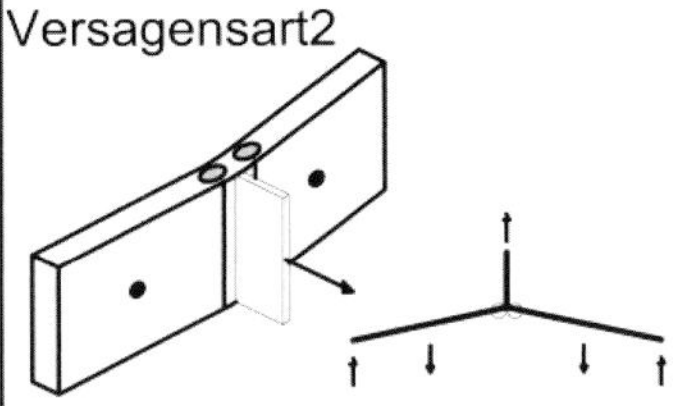	Stirnplatte auf Biegung (6.2.4) $$F_{T,2,Rd} = \frac{2 \cdot M_{pl,2,Rd} + n \cdot \sum F_{T,Rd}}{m+n}$$	
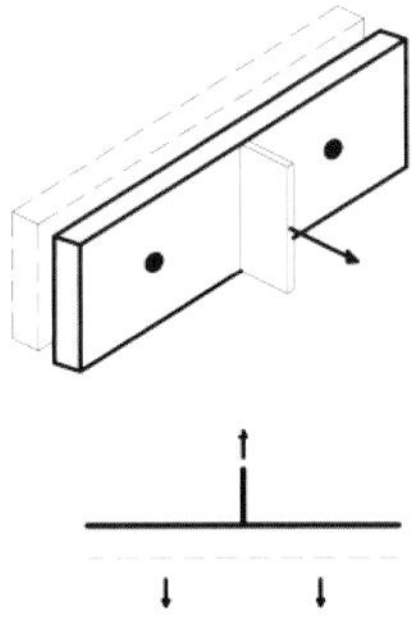	Schrauben auf Zug (6.2.4) & (3.6.1) $$F_{T,3,Rd} = \sum F_{t,Rd}$$ mit: $$F_{t,Rd} = \frac{k_2 \cdot f_{ub} \cdot A_s}{\gamma_{M2}}$$	ohne Vorspannung $$k_{10} = \frac{1{,}6 \cdot A_s}{L_b}$$ mit Vorspannung $$k_{10} = \frac{9{,}5 \cdot A_s}{L_b}$$
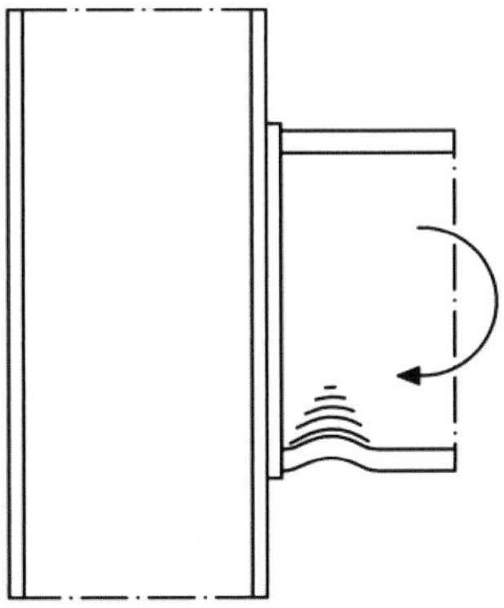	Trägerflansch und -steg auf Druck (6.2.6.7) $$F_{c,fb,Rd} = \frac{M_{c,Rd}}{(h - t_{fb})}$$	$k = \infty$
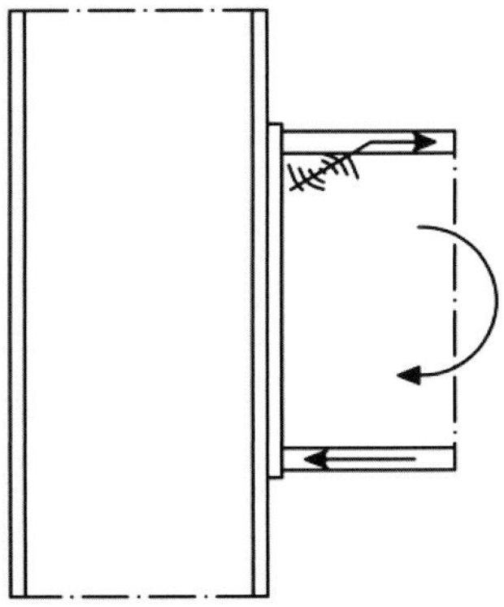	Trägersteg auf Zug (6.2.6.8) $$F_{t,wb,Rd} = \frac{b_{eff,t,wb} \cdot t_{wb} \cdot f_{y,wb}}{\gamma_{M0}}$$	$k = \infty$

Literaturhinweise zum Kommentarteil

Normen und Regelwerke

[1] DASt-Richtlinie 023: Langlochverbindungen mit Schrauben. Düsseldorf: Stahlbau Verlags- und Service GmbH.

[2] DIN 18800-1: Stahlbauten, Teil 1: Bemessung und Konstruktion. Ausgabe November 2008 (zurückgezogen Dezember 2010, ersetzt durch DIN EN 1993-1-1).

[3] DIN 18800-7: Stahlbauten, Teil 7: Ausführung und Herstellerqualifikation. Ausgabe November 2008 (zurückgezogen Februar 2012, ersetzt durch DIN EN 1090).

[4] DIN EN 1090-2: Ausführung von Stahl- und Aluminiumtragwerken, Teil 2: Technische Regeln für die Ausführung von Stahltragwerken. Ausgabe Oktober 2011.

[5] DIN EN 1990: Eurocode: Grundlagen der Tragwerksplanung. Ausgabe Dezember 2010.

[6] DIN EN 1992-4 (Entwurfsfassung): Eurocode 2: Bemessung und Konstruktion von Stahlbeton- und Spannbetontragwerken – Teil 4: Bemessung der Verankerung von Befestigungen in Beton. Ausgabe Oktober 2013.

[7] DIN EN 1993-1-1: Eurocode 3: Bemessung und Konstruktion von Stahlbauten – Teil 1-1: Allgemeine Bemessungsregeln und Regeln für den Hochbau. Ausgabe Dezember 2010.

[8] DIN EN 1993-1-3: Eurocode 3: Bemessung und Konstruktion von Stahlbauten – Teil 1-3: Allgemeine Regeln - Ergänzende Regeln für kaltgeformte Bauteile und Bleche. Ausgabe Dezember 2010.

[9] DIN EN 1993-1-8: Eurocode 3: Bemessung und Konstruktion von Stahlbauten – Teil 1-8: Bemessung von Anschlüssen. Ausgabe Dezember 2010.

[10] DIN EN 1993-1-8/NA: Nationaler Anhang – National festgelegte Parameter – Eurocode 3: Bemessung und Konstruktion von Stahlbauten – Teil 1-8: Bemessung von Anschlüssen. Ausgabe Dezember 2010.

[11] DIN EN 1993-1-9: Eurocode3: Bemessung und Konstruktion von Stahlbauten – Teil 1-9: Ermüdung. Ausgabe Dezember 2010.

[12] DIN EN 1993-1-12: Eurocode 3: Bemessung und Konstruktion von Stahlbauten – Teil 1-12: Zusätzliche Regeln zur Erweiterung von EN 1993 auf Stahlgüten bis S700. Ausgabe Dezember 2010.

[13] DIN EN 1993-1-12/NA: Nationaler Anhang – National festgelegte Parameter – Eurocode 3: Bemessung und Konstruktion von Stahlbauten – Teil 1-12: Zusätzliche Regeln zur Erweiterung von EN 1993 auf Stahlgüten bis S700. Ausgabe August 2011.

[14] DIN EN 10025-2: Warmgewalzte Erzeugnisse aus Baustählen – Teil 2: Technische Lieferbedingungen für unlegierte Baustähle. Ausgabe April 2005.

[15] DIN EN 10025-5: Warmgewalzte Erzeugnisse aus Baustählen – Teil 5: Technische Lieferbedingungen für wetterfeste Baustähle. Ausgabe April 2011.

[16] DIN EN 12345: Schweißen – Mehrsprachige Benennungen für Schweißverbindungen mit bildlichen Darstellungen (2005 ersetzt durch DIN EN ISO 17659). Ausgabe 1998.

[17] DIN EN 14399-7: Hochfeste planmäßig vorspannbare Schraubenverbindungen für den Metallbau – Teil 7: System HR – Garnituren aus Senkschrauben und Muttern. Ausgabe März 2008.

[18] DIN EN ISO 286-2: Geometrische Produktspezifikation (GPS) – ISO-Toleranzsystem für Längenmaße – Teil 2: Tabellen der Grundtoleranzgrade und Grenzabmaße für Bohrungen und Wellen. Ausgabe November 2010.

[19] DIN EN ISO 2553: Schweißen und verwandte Prozesse – Symbolische Darstellung in Zeichnungen – Schweißverbindungen. Ausgabe April 2014.

[20] DIN EN ISO 5817: Schweißen – Schmelzschweißverbindungen an Stahl, Nickel, Titan und deren Legierungen (ohne Strahlschweißen) – Bewertungsgruppen von Unregelmäßigkeiten. Ausgabe Juni 2014.

[21] DIN EN ISO 10684: Verbindungselemente – Feuerverzinkung. Ausgabe Dezember 2008.

[22] DIN EN ISO 17659: Schweißen – Mehrsprachige Benennungen für Schweißverbindungen mit bildlichen Darstellungen. Ausgabe Dezember 2005.

[23] ISO 14346: Static design procedure for welded hollow section joints – Recommendations. Ausgabe 2013.

[24] VDI 2230 Blatt 1: Systematische Berechnung hochbeanspruchter Schraubenverbindungen – Zylindrische Einschraubenverbindungen. Ausgabe Dezember 2014.

Bücher, Zeitschriftenartikel und weitere Literatur

[25] *Agerskov, H.:* High-strength bolted connections subject to prying. Journal of the Structural Division, ASCE, New York Vol. 102, ST1, 1976. S. S. 16-175.

[26] *Bauer, D., Redwood, R. G.:* Triangular Truss Joints Using Rectangular Tubes. Journal of Structural Engineering 114 (2), 1988. S. 408–424.

[27] *Bijlaard, F., Freitas, S. T.* de, *Vries, P.* de: Experimental research of single bolt connections for high strength steel S690: V Congresso de Constructao Metálica e Mista. Lisboa, 2005.

[28] *Björk, T.:* Ductility and ultimate strength of cold-formed rectangular hollow section joints at subzero temperatures. Dissertation, Lappeeranta University of Technology, Finnland, 2005.

[29] *Cao, J. J., Packer, J. J., Kosteski, N.:* Design Guidelines for longitudinal Plate to HSS connections. Journal of Structural Engineering 134, No. 7, 1998. S. 784–791.

[30] *Chen, Y., Liu, D. K., Wardenier, J.:* Design recommendations for RHS-K joints with 100 % overlap: Proceedings of the 15th International Offshore and Polar Engineering Conference. Seoul, Korea, 2005. S. 300–307.

[31] *Choo, Y. S., Qian, X. D., Foo, K. S.:* Static strength variation of thick-walled CHS X-joints with different included angles and chord stress levels. Marine Structures 17, 2004. S. 311–324.

[32] *Choo, Y. S., Qian, X. D., Liew, J., Wardenier, J.:* Static strength of thick-walled CHS X-joints – Part II. Effect of chord stresses. Journal of Constructional Steel Research 59 (10), 2003. S. 1229–1250.

[33] *Choo, Y. S., Qian, X. D., Wardenier, J.:* Effects of boundary conditions and chord stresses on static strength of thick-walled CHS K-joints. Journal of Constructional Steel Research 62, 2006. S. 316–328.

[34] *Coutie, M. G., Davies, G., Bettison, M., Platt, J.:* Development of recommendations for the design of welded joints between steel structural hollow sections or between structural hollow sections and H sections: Final Report, Part 3: Three dimensional joints. Report on ECSC Contract 7210.5A1814. Nottingham, GB, 1983.

[35] *Coutie, M. G., Davies, G., Philastides, A., Yeomans, N.:* Testing on full-scale lattice girders fabricated with RHS members: Proceedings of the Conference on Structural Assessment Based on Full and Large-Scale Testing. Building Research Station. Watford, GB, 1987.

[36] *Davies, G., Morita, K.:* Three dimensional cross joints under combined axial branch loading. In: Panjeh Shahi, E., Wardenier, J. (Hg.): Proceedings of the 4th International Symposium on Tubular Structures. Delft, NL, 1991. S. 324–333.

[37] *Davies, G., Packer, J. A.:* Predicting the strength of branch plate-RHS connections for punching shear. Canadian Journal of Civil Engineering 9, 1982. S. 458–467.

[38] *Davies, G., Packer, J. A.:* Analysis of web crippling in a rectangular hollow section. Proceedings of the Institution of Civil Engineers Part 2, 1987. S. 785–798.

[39] *Davies, G., Roper, C. G.:* Gap joints with tubes – A yield line modified by shear approach. Building and Environment 12, Issue 1, 1977. S. 31–38.

[40] *Dutta, D.:* Hohlprofilkonstruktionen. Berlin: Ernst & Sohn Verlag, 1999.

[41] *Dutta, D., Würker, K.-G.:* Handbuch Hohlprofile in Stahlkonstruktionen. Köln: Verlag TÜV Rheinland, 1988.

[42] *Eastwood, W., Wood, A. A.:* Recent Research on joints in tubular Structures: CIDECT report Nr. 5C, University of Sheffield. Sheffield, GB, 1970.

[43] *Europäische Konvention für Stahlbau (EKS)* (Hg.): European Recommendations for Steel Construction. ECCS-EG77-2E. Brüssel, 1978.

[44] *European Convention for Constructional Steelwork (ECCS):* European recommendations for bolted connections with injection bolts. ECCS publication No. 79. Brussels, 1994.

[45] *European Convention for Constructional Steelwork (ECCS):* Frame design including joint behaviour: ECCS Contracts no. 7210-SA/212 and 7210-SA/320. Report EUR 18563. Luxembourg, 1997.

[46] *Fleischer, O.:* Axial beanspruchte K-Knoten aus dünnwandigen Rechteckhohlprofilen. Dissertation, KIT, Karlsruhe, 2014.

[47] *Fleischer, O., Puthli, R.:* Extending existing design rules in EN 1993-1-8 (2005) for gapped RHS-K-joints for maximum chord slenderness (b0/t0) of 35 to 50 and gap size g to as low as 4 t0. In: Shen, Z.-Y., Chen, Y.-Y. (Hg.): Proceedings of the 12th International Symposium on Tubular Structures, Shanghai, China: Taylor & Francis Group, 2008. S. 293–301.

[48] *Frater, G.:* Performance of welded rectangular hollow section trusses. Dissertation, University of Toronto, Kanada, 1991.

[49] *Gibstein, M. B.:* The static strength of T-joints subjected to in-plane bending: Det Norske Veritas Report 76–137, 1976.

[50] *Gresnigt, A. M., Sedlacek, G., Paschen, M.:* Injection Bolts to Repair Old Bridges. In: AISC (Hg.): Connections in Steel Structures IV. Proceedings of the Fourth International Workshop. Roanoke, VA USA, 2000. S. 349–360.

[51] *Heistermann, C., Veljkovic, M., Simões, R., Rebelo, C., Simões da Silva, L.:* Design of slip resistant lap joints with long open slotted holes. Journal of Constructional Steel Research 82, 2013. S. 223–233.

[52] *Herion, S., Fleischer, O.:* Bemessung und Nachweisführung von Hohlprofilknoten nach DIN EN 1993-1-8. Mit Berichtigung in: Stahlbau 80, Heft 7, S. 551–552. Stahlbau 79, Heft 11, 2010. S. 835–843.

[53] *Hoadley, P., U., C., Yura, J.:* Ultimate Strength of Tubular Joints Subjected to Combined Loads: Offshore Technology Conference. Houston, USA, 1985.

[54] *Hölbling, W., Saal, H.:* Tragfähigkeit fehlerhafter Schweißnähte. Stahlbau 77, Heft 6, 2008. S. 454–462.

[55] *IIW* (Hg.): Design recommendations for hollow section joints – Predominantly statically loaded. IIW Doc. XV-701-89. Helsinki, Finnland: International Institute of Welding, Sub-commission XV-E, Annual Assembly, 1989.

[56] *IIW* (Hg.): Static design procedure for welded hollow section joints – Recommendations. IIW Doc. XV-1329-09. Singapore: International Institute of Welding, Sub-commission XV-E, Annual Assembly, 2009.

[57] *Iványi, M., Baniotopoulos, C. C.:* Semi-rigid joints in structural steelwork. Wien, New York: Springer, 2000.

[58] *Jaspart, J. P.:* Étude de la semi-rigidité des noeuds poutre-colonne et son influence sur la résistance et la stabilité des ossatures en acier. Dissertation, Universität Lüttich, Department MSM, Belgien, 1991.

[59] *Jaspart, J. P., Demonceau, J. F., Renkin, S., Guillaume, M. L.:* European Recommendations for the Design of Simple Joints in Steel Structures. ECCS Publication N°126. Brüssel, 2009.

[60] *Karcher, D., Puthli, R.:* The static design of stiffened and unstiffened CHS L-joints. In: Puthli, R. (Hg.): Proceedings of the 9th International Symposium on Tubular Structures, Düsseldorf. Lisse, Niederlande: Swets & Zeitlinger, 2001. S. 221–228.

[61] *Karmalin, V. V., Pavlov, A. B.:* Load capacity and deformability of bearing and friction-bearing connections: Proceedings of the International Colloquium on Bolted and Special Structural Connections. Moskau, 1989. S. 52–60.

[62] *Kindmann, R., Stracke, M.:* Verbindungen im Stahl- und Verbundbau. Berlin, Germany: Ernst & Sohn, 2012.

[63] *Kommission der Europäischen Gemeinschaft:* Eurocode No.3: Einheitliche Regeln für den Stahlbau. Report EUR 8849 DE. Brüssel, 1984.

[64] *Koning, C. d., Wardenier, J.:* Tests on welded joints in complete girders made of square hollow sections: CIDECT Report 5Q/79/5 and 5Qg-79/5, Delft University Press. Delft, Niederlande, 1979.

[65] *Koning, C. d., Wardenier, J.:* The static strength of welded joints between structural hollow sections or between structural hollow sections and H-sections, Part 2: Joints between rectangular hollow sections: Stevin Report 6-84-19. Delft, Niederlande: Delft University of Technology, 1985.

[66] *Korol, R. M., El-Zanaty, M., Brady, F. J.:* Unequal width connections of square hollow sections in Vierendeel trusses. Canadian Journal of Civil Engineering 4, 1977. S. 190–201.

[67] *Korol, R. M., Mitri, H. S., Mirza, F. A.:* Plate reinforced square hollow section T-joints of unequal width. Canadian Journal of Civil Engineering 9, No. 2, 1982. S. 143–148.

[68] *Kosteski, N., Packer, J. A.:* Longitudinal plate and through plate-to-HSS welded connections. Journal of Structural Engineering 129, No. 4, 2003. S. 478–486.

[69] *Kuhlmann, U.* (Hg.): Stahlbau-Kalender 2005. Berlin: Ernst & Sohn, 2005.

[70] *Kuhlmann, U.* (Hg.): Stahlbau-Kalender 2010. Berlin: Ernst & Sohn, 2010.

[71] *Kuhlmann, U.* (Hg.): Stahlbau-Kalender 2011. Berlin: Ernst & Sohn, 2011.

[72] *Kuhlmann, U., Günther, H.-P., Rasche, C., Werner, F., et al.*: Wirtschaftliche Schweißverbindungen höherfester Baustähle: Forschung für die Praxis P652. Düsseldorf: Verlag und Vertriebsgesellschaft, 2008.

[73] *Kurobane, Y.*: New developments and practices in tubular joint design (+ Addendum): IIW Doc. XV-488-81. In: IIW (Hg.): 34th Annual Assembly of the International Institute of Welding. Oporto, Portugal, 1981.

[74] *Kurobane, Y., Packer, J. A., Wardenier, J., Yeomans, N.*: Nr. 9: Stützenanschlüsse bei Hohlprofilkonstruktionen (rund + rechteckig). CIDECT-Handbuch Reihe "Konstruieren mit Hohlprofilen". Köln: TÜV Rheinland, 2006.

[75] *Liu, D. K., Chen, Y., Wardenier, J.*: Design recommendations for RHS K-joints with 50 % overlap: Proceedings of the 15th International Offshore and Polar Engineering Conference. Seoul, Korea, 2005. S. 308–315.

[76] *Liu, D. K., Wardenier, J.*: Effect of the yield strength on the static strength of uniplanar K-joints in RHS (steel grades S460, S355 and S235). IIW Doc. XV-E-04-293, Delft University of Technology. Delft, Niederlande, 2004.

[77] *Liu, D. K., Wardenier, J.*: Multiplanar influence on the strength of RHS multiplanar gap KK-joints. In: Puthli, R. (Hg.): Proceedings of the 9th International Symposium on Tubular Structures, Düsseldorf. Lisse, Niederlande: Swets & Zeitlinger, 2001. S. 203–212.

[78] *Liu, D. K., Wardenier, J.*: The strength of multiplanar KK-joints of square hollow sections. In: Jaurrieta, M. A. (Hg.): Proceedings of the 10th International Symposium on Tubular Structures, Madrid, Spanien. Lisse, Niederlande: Swets, Zeitlinger, 2003. S. 197–205.

[79] *Liu, D. K., Wardenier, J., van der Vegte, G. J.*: New chord stress functions for rectangular hollow sections. ISOPE-2004 Vol. 4, 2004. S. 178–185.

[80] *Lu, L. H.*: The Static Strength of I-beam to Rectangular Hollow Section Column Connections. Dissertation, TU Delft, Niederlande, 1997.

[81] *Lu, L. H., Winkel, G. d., Yu, Y., Wardenier, J.*: Deformation limit for the ultimate strength of hollow section joints. In: Grundy, P. (Hg.): Proceedings of the 6th International Symposium on Tubular Structures. Melbourne, Australia: Taylor & Francis Group, 1994. S. 341–347.

[82] *Makino, Y., Kurobane, Y., Ochi, K.*: Ultimate capacity of tubular double K-joints: Proceedings IIW Conference on Welding of Tubular Structures. Boston, USA: Pergamon Press, 1984. S. 451–458.

[83] *Makino, Y., Kurobane, Y., Ochi, K., van der Vegte, G. J., Wilmshurst, S. R.*: Database of tests and numerical analysis results for unstiffened tubular joints: IIW Doc. XV-E-96-220, 1996.

[84] *Mang, F., Bucak, Ö.*: Hohlprofilkonstruktionen: Stahlbau-Handbuch. Band 1, Teil A. Köln: Stahlbau-Verl.-Ges., 1993. S. 977–1065.

[85] *Mang, F., Bucak, Ö., Wolfmüller, F.*: The development of recommendations for the design of welded joints between steel structural hollow sections (T- and X-type joints): Final Report on ECSC Agreement 7210 SA/I 09 und CIDECT Bericht 5AD, 1983.

[86] *Mang, F., Knödel, P.*: Schweißen und Schweißverbindungen: Stahlbau-Handbuch. Band 1, Teil A. Köln: Stahlbau-Verl.-Ges., 1993. S. 577–612.

[87] *Mang, F., Steidl, G., Bucak, Ö.*: Design of welded lattice joints and moment resisting knee joints made of hollow sections, International Institute of Welding: IIW-Doc. XV-463-80, Karlsruhe, 1980.

[88] *Mitri, D., Scola, S., Redwood, R. D.:* Experimental investigation into the behaviour of axially loaded tubular V-joints: Proceedings CSCE Centennial Conference. Montreal, Kanada, 1987. S. 397–410.

[89] *Oberegge, O., Hockelmann, H.-P., Dorsch, L.:* Bemessungshilfen für profilorientiertes Konstruieren. Köln: Stahlbau-Verl.-Ges., 1997.

[90] *Packer, J. A.:* Cranked-chord HSS connections. Journal of Structural Engineering 117, No. 8, 1991. S. 2224–2240.

[91] *Packer, J. A.:* Theoretical behaviour and analysis of welded steel joints with RHS chord sections. Dissertation, University of Nottingham, Großbritanien, 1978.

[92] *Packer, J. A., Henderson, J. A.:* Hollow Structural Section Connections and Trusses, 2nd Edition. Ontario, Kanada: Canadian Institut of Steel Construction, 1997.

[93] *Packer, J. A., Wardenier, J., Kurobane, Y., Dutta, D., Yeomans, N.:* Nr. 3: Knotenverbindungen aus rechteckigen Hohlprofilen unter vorwiegend ruhender Beanspruchung. CIDECT-Handbuch Reihe "Konstruieren mit Hohlprofilen". Köln: TÜV Rheinland, 1993.

[94] *Packer, J. A., Wardenier, J., Zhao, X.-L., van der Vegte, G. J., Kurobane, Y.:* Nr. 3: Knotenverbindungen aus rechteckigen Hohlprofilen unter vorwiegend ruhender Beanspruchung. CIDECT-Handbuch Reihe "Konstruieren mit Hohlprofilen", 2. Auflage. Köln: TÜV Rheinland, 2009.

[95] *Patel, N. M., Graff, W. J., White, A.:* Punching Shear characteristics of RHS joints. In: ASCE (Hg.): National Structural Engineering Meeting. San Francisco, USA, 1973.

[96] *Paul, J. C.:* The ultimate behaviour of multiplanar TT and KK joints made of circular hollow sections. Dissertation, Kumamoto University, Japan, 1992.

[97] *Pecknold, D. A., Ha, C. C., Mohr, W. C.:* Ultimate strength of DT tubular joints with chord preloads: Proceedings 19th International Conference on Offshore Mechanics and Arctic Engineering. New Orleans, USA: American Society of Mechanical Engineers, 2000.

[98] *Pecknold, D. A., Park, J. B., Koppenhoefer, K. C.:* Ultimate strength of gap K tubular joints with chord preloads: Proceedings 20th International Conference on Offshore Mechanics and Arctic Engineering. Rio de Janeiro, Brazil: American Society of Mechanical Engineers, 2001.

[99] *Petersen, C.:* Stahlbau: Grundlagen der Berechnung und baulichen Ausbildung von Stahlbauten. Braunschweig u.a.: Vieweg, 1990.

[100] *Puthli, R.:* Hohlprofilkonstruktionen im Geschossbau – Ausblick auf die europäische Normung. In: Kuhlmann, U. (Hg.): Stahlbau Kalender 2002. Berlin: Ernst & Sohn, 2002.

[101] *Puthli, R., Herion, S.:* Welding in cold-formed areas of rectangular hollow sections: CIDECT Project Report 1A-1/05, Genf, Schweiz, 2005.

[102] *Puthli, R., Lipp, A., Ummenhofer, T., Wardenier, J.:* Thin-walled structural hollow section joints. Steel Construction 6, No. 1, 2013. S. 34–38.

[103] *Puthli, R., Packer, J. A.:* Structural design using cold-formed hollow sections. Steel Construction 6, Issue 2, 2013. S. 150–157.

[104] *Puthli, R., Ummenhofer, T., Bucak, Ö., Herion, S., et al.:* Adaption and extension of the valid design formulae for joints made of high-strength steels up to S690 for cold-formed and hot-rolled sections: CIDECT Final Report 5BT-1/11, 2009.

[105] *Puthli, R., Ummenhofer, T., Wardenier, J., Pertermann, I.:* Anschlüsse mit Hohlprofilen nach DIN EN 1993-1-8: 2005; Hintergrund, Kommentare, Beispiele. In: Kuhlmann, U. (Hg.): Stahlbau-Kalender 2011. Berlin: Ernst & Sohn, 2011.

[106] *Qian, X. D.:* Static strength of thick-walled CHS joints and global frame behaviour. Dissertation, National University of Singapore, Singapur, 2005.

[107] *Qian, X. D., Choo, Y. S., van der Vegte, G. J., Wardenier, J.:* Evaluation of the new IIW CHS strength formulae for thick-walled joints. In: Shen, Z.-Y., Chen, Y.-Y. (Hg.): Proceedings of the 12th International Symposium on Tubular Structures, Shanghai, China: Taylor & Francis Group, 2008. S. 271–279.

[108] *Qian, X. D., Wardenier, J., Choo, Y. S.:* A uniform approach for the design of CHS 100 % overlap joints. In: Choo, Y. S. (Hg.): Proceedings 5th International Conference on Advances in Steel Structures. Singapur: Research Publishing, 2007. S. 172–182.

[109] *Rasche, C., Kuhlmann, U.:* Zur Bestimmung der Tragfähigkeit von Kehlnahtverbindungen höherfester Baustähle. Stahlbau 81, Heft 11, 2012. S. 889–897.

[110] *Redwood, R. G.:* The behaviour of joints between rectangular hollow structural members. Civil Engineering and Public Works Review 60.711, 1965. S. 1463–1469.

[111] *Ritakallio, P. O.:* Tragverhalten und Gebrauchseigenschaften von kaltgefertigten rechteckigen Stahlbau-Hohlprofilen. Stahlbau 82, Heft 8, 2013. S. 564–572.

[112] *Rondal, J., Würker, K.-G., Wardenier, J., Dutta, D., Yeomans, N.:* Nr. 2: Knick- und Beulverhalten von Hohlprofilen (rund und rechteckig). CIDECT-Handbuch Reihe "Konstruieren mit Hohlprofilen". Köln: TÜV Rheinland, 1992.

[113] *Schmidt, B.:* Zum Tragverhalten von geschraubten momententragfähigen Stirnplattenverbindungen mit 4 Schrauben in jeder Schraubenreihe. Dissertation, Technische Universität Dortmund, Lehrstuhl Stahlbau, 2008.

[114] *Schmidt, H., et. al.:* Ausführung von Stahlbauten: Kommentare zu DIN EN 1090-1 und DIN EN 1090-2. Berlin: Ernst; Beuth, 2012.

[115] *Sedlacek, G.:* Plastische Bemessung von Stirnplatten-Anschlüssen mit 4 Schrauben in einer Reihe. Bericht zum AiF-Forschungsvorhaben 11446. Düsseldorf: Stahlbau-Verl.-Ges., 2000.

[116] *Sedlacek, G., Paschen, M., Gresnigt, A. M.:* Bericht zur Erstanwendung der Injektionsschrauben bei der Hauptträgerstegverstärkung an der Schlossbrücke Oranienburg, Berlin, RWTH Aachen, Lehrstuhl für Stahlbau, 1997.

[117] *Sedlacek, G., Schneider, R.:* Background documentation to prEN 1993-1-8: Eurocode 3: Design of steel structures, Part 1.8: Design of joints, RWTH Aachen. Aachen, June 4th, 2004.

[118] *Sedlacek, G., Wardenier, J., Dutta, D., Grotmann, D.:* Evaluation of test results on hollow section lattice girder connections. Background Report to Eurocode 3 “Common unified rules for steel structures”: Dokument 5.07, 1991.

[119] *Sedlacek, G., Weynand, K., Klinkhammer, R.:* Typisierte Anschlüsse im Stahlhochbau. Düsseldorf: Stahlbau-Verl.-Ges., 2002.

[120] *Sedlacek, G., Weynand, K., Oerder, S.:* Typisierte Anschlüsse im Stahlhochbau. Düsseldorf: Stahlbau-Verl.-Ges., 2000.

[121] *Sherman, D. R.:* Designing with structural tubing Engineering Journal. Engineering Journal, American Institute of Steel Construction 33, No. 3, 1996. S. 101–109.

[122] *Shinouda, M. R.:* Stiffened tubular joints. Dissertation, University of Sheffield, Großbritannien, 1967.

[123] *Snijder, H. H., Ungermann, D., Stark, J., Sedlacek, G.:* Evaluation of test results on bolted connections in order to obtain strength functions and suitable model factors: Part A: Results, Prepared for the Commission of the European Communities, 1988.

[124] *Snijder, H. H., Ungermann, D., Stark, J., Sedlacek, G.:* Evaluation of test results on bolted connections in order to obtain strength functions and suitable model factors: Part B: Evaluations, Prepared for the Commission of the European Communities, 1988.

[125] *Steel Construction Institute, British Constructional Steelwork Association* (Hg.): Joints in steel construction: Moment-resisting joints to Eurocode 3. Publication P398. Ascot, London.

[126] *Steenhuis, M., Wald, F., Sokol, Z., Stark, J.:* Concrete in compression and base plate in bending. Heron Vol. 53, 2008. S. 51–68.

[127] *Steinhardt, O.:* Einige Untersuchungen zur wirklichkeitsnahen Berechnung und Bemessung von geschweißten Metallkonstruktionen. Technische Mitteilungen Januar 1989 , Heft 1.

[128] *Thiele, K., Reininghaus, M., Clobes, M., Minuth-Hadi, F.:* Bemessung von Fachwerkknoten mit Kreishohlprofilen und Knotenblechen unter Zugbeanspruchung. Stahlbau 82, Heft 8, 2013. S. 573–582.

[129] *TNO-IBBC, TU Delft* (Hg.): International test series – final report: Report BI-68-25, Doc XV-225-67, März 1968.

[130] *Togo, T.:* Experimental study on mechanical behaviour of tubular joints. Dissertation, Osaka University, Japan, 1967.

[131] *Ummenhofer, T., Lipp, A.:* New chord load function: CIDECT Report 5CC-6/16. Karlsruhe.

[132] *Ummenhofer, T., Lipp, A.:* Comprehensive discussion of the results of available research on the effect of tensile chord stresses on the load capacity of unstiffened, welded hollow section joints: CIDECT report 5CA/12. Karlsruhe, 2012.

[133] *Ummenhofer, T., Ruff, D. C., Steidl, F., Knödel, P.:* EN 1090 – Zerstörungsfreie Prüfung unter Berücksichtigung der technologischen Möglichkeiten und Verfahrensgrenzen. Stahlbau 81, Heft 3, 2012. S. 177–180.

[134] *Ungermann, D.* (Hg.): Entwicklung eines Bemessungsmodells für geschraubte, momententragfähige Kopfplattenverbindungen mit 4 Schrauben in einer Schraubenreihe auf der Grundlage der prEN 1993-1-8: 2003. Forschungsvorhaben AiF-Nr. 15059, Technische Universität Dortmund; RWTH Aachen; Fachhochschule Köln. Düsseldorf: Stahlbau Verlags- und Service GmbH, 2009.

[135] *Ungermann, D., Schneider, S.:* Scher-Lochleibungsverbindungen mit mehr als zwei Schrauben in Kraftrichtung hintereinander in Bauteilen aus hochfestem Stahl (S690): FOSTA Forschungsprojekt P742, März 2010.

[136] *Ungermann, D., Schneider, S.:* Stahlbaunormen – Kommentar zu DIN EN 1993-1-8: Bemessung von Anschlüssen. In: Kuhlmann, U. (Hg.): Stahlbau-Kalender 2012. Eurocode 3 – Grundnorm, Brücken. Berlin: Ernst & Sohn, 2012.

[137] *Ungermann, D., Sedlacek, G.:* Herleitung eines Modells zur Berechnung der Tragfähigkeit unausgesteifter Stegbleche von Walzprofilen bei Einleitung konzentrierter Einzellasten. Stahlbau 63, 1994.

[138] *Ungermann, D., Weynand, K., Jaspart, J. P., Schmidt, B.:* Momententragfähige Anschlüsse mit und ohne Steife. In: Kuhlmann, U. (Hg.): Stahlbau-Kalender 2005. Berlin: Ernst & Sohn, 2005.

[139] *van der Vegte, G. J.:* The static strength of uniplanar and muliplanar tubular X-Joints. Dissertation, TU Delft, Niederlande, 1995.

[140] *van der Vegte, G. J., Liu, D. K., Makino, Y., Wardenier, J.:* New chord load functions for circular hollow section joints: CIDECT Final Report (revised) 5BK-4/03, 2003.

[141] *van der Vegte, G. J., Makino, Y.:* Ultimate strength Formulation for axially loaded CHS uniplanar T-joints. International Journal of Offshore and Polar Engineering, ISOPE 16, No. 4, 2006. S. 305–312.

[142] *van der Vegte, G. J., Makino, Y.:* The effect of chord stresses on the static strength of CHS X-joints. Memoirs of the Faculty of Engineering, Kumamoto University 46 (1), 2001. S. 1–24.

[143] *van der Vegte, G. J., Makino, Y., Choo, Y. S., Wardenier, J.:* The influence of chord stress on the ultimate strength of axially loaded uniplanar X-joints. In: Puthli, R. (Hg.): Proceedings of the 9th International Symposium on Tubular Structures, Düsseldorf. Lisse, Niederlande: Swets & Zeitlinger, 2001. S. 165–174.

[144] *van der Vegte, G. J., Makino, Y., Wardenier, J.:* New ultimate strength formulation for axially loaded CHS K-joints. In: Choo, Y. S. (Hg.): Proceedings 5th International Conference on Advances in Steel Structures. Singapur: Research Publishing, 2007. S. 218–227.

[145] *van der Vegte, G. J., Qian, X. D., Choo, Y. S.:* Reanalysis of the moment capacity of CHS joints. In: Shen, Z.-Y., Chen, Y.-Y. (Hg.): Proceedings of the 12th International Symposium on Tubular Structures, Shanghai, China: Taylor & Francis Group, 2008. S. 578–588.

[146] *van der Vegte, G. J., Wardenier, J., Zhao, X.-L., Packer, J. A.:* Evaluation of new CHS Strength Formulae to design strength. In: Shen, Z.-Y., Chen, Y.-Y. (Hg.): Proceedings of the 12th International Symposium on Tubular Structures, Shanghai, China: Taylor & Francis Group, 2008. S. 313–322.

[147] *Volz, M., Saal, H.:* Geschweißte Verbindungen nach DIN EN 1993-1-8. Stahlbau 81, Heft 4, 2012. S. 282–289.

[148] *Voth, A. P., Packer, J. A.:* Branch plate-to-circular hollow structural section connections: CIDECT Final Report (revised) 5BS-3/10, 2010.

[149] *Wald, F., Mazura, V., Moal, M., Sokol, Z.:* Experiments of bolted cover plate connections with slotted holes: CTU reports. vol. 2. 2/2002. S. 79–97, CVUT. Prag, 2002.

[150] *Wald, F., Sokol, Z., Jaspart, J. P.:* Base plate bending and anchor bolts in tension. Heron Vol.53, 2008. S. 21–50.

[151] *Wald, F., Sokol, Z., Moal, M., Mazura, V., Muzeau, J.:* Stiffness of cover plate connections with slotted holes. In: Lamas, A., Simões da Silva, Luís (Hg.): Proceedings of the 3rd European conference on steel structures. Coimbra, 2002.

[152] *Wald, F., Sokol, Z., Steenhuis, M., Jaspart, J. P.:* Component method for steel column bases. Heron Vol. 53, 2008. S. 3–20.

[153] *Wardenier, J.:* Hollow section joints. Delft, Niederlande: Delft University Press, 1982.

[154] *Wardenier, J.:* Stahlbau-Hohlprofile in Theorie und Praxis. Zoetermeer, Niederlande: Bouwen met Staal, 2003.

[155] *Wardenier, J.:* A uniform effective width approach for the design of CHS overlap joints. In: Choo, Y. S. (Hg.): Proceedings 5th International Conference on Advances in Steel Structures. Singapur: Research Publishing, 2007. S. 155–165.

[156] *Wardenier, J., Davies, G., Stolle, P.:* The effective width of branch plate to RHS chord connections in cross joints: Stevin Report 6-81-6. Delft, Niederlande, 1981.

[157] *Wardenier, J., Giddings, T. W.:* The strength and behaviour of statically loaded welded connections in structural hollow sections: CIDECT Monograph No. 6, 1986.

[158] *Wardenier, J., Kurobane, Y., Packer, J. A., van der Vegte, G. J., Zhao, X.-L.:* Nr. 1: Berechnung und Bemessung von Verbindungen aus Rundhohlprofilen unter vorwiegend ruhender Beanspruchung. CIDECT-Handbuch Reihe "Konstruieren mit Hohlprofilen", 2. Auflage. Köln: TÜV Rheinland, 2008.

[159] *Wardenier, J., Kurobane, Y., Packer, J. A., Yeomans, N.:* Nr. 1: Berechnung und Bemessung von Verbindungen aus Rundhohlprofilen unter vorwiegend ruhender Beanspruchung. CIDECT-Handbuch Reihe "Konstruieren mit Hohlprofilen". Köln: TÜV Rheinland, 1991.

[160] *Wardenier, J., Liu, D. K.:* Effect of chord loads on the strength of RHS uniplanar gap K joints: CIDECT Final Report 5BU-7/07, 2007.

[161] *Wardenier, J., Mouty, J.:* Design rules for predominantly statically loaded welded joints with hollow sections as bracings and I- or H-sections as chor. Welding in the World 17, No. 9/10, 1979.

[162] *Wardenier, J., Packer, J. A., Zhao, X.-L., van der Vegte, G. J.:* Background of the new RHS joint strength equations in the IIW (2009) recommendations. In: Young, B. (Hg.): Proceedings of the 13th International Symposium on Tubular Structures, Hong Kong, China: Taylor & Francis Group, 2010. S. 403–412.

[163] *Wardenier, J., Packer, J. A., Zhao, X.-L., van der Vegte, G. J.:* Hollow sections in structural applications. Zoetermeer, Niederlande: Bouwen met Staal, 2010.

[164] *Wardenier, J., Puthli, R.:* Korrekturvorschläge für die DIN EN 1993-1-8 zum Thema Hohlprofilanschlüsse. Stahlbau 80, Heft 7, 2011. S. 470–482.

[165] *Wardenier, J., van der Vegte, G. J., Liu, D. K.:* Chord stress functions for K gap joints of rectangular hollow sections. International Journal of Offshore and Polar Engineering, ISOPE, 2007. S. 225–232.

[166] *Wardenier, J., van der Vegte, G. J., Makino, Y.:* Joints between plates or I sections and circular hollow section chord. International Journal of Offshore and Polar Engineering, ISOPE, 2009. S. 232–239.

[167] *Weynand, K.:* Sicherheits- und Wirtschaftlichkeitsuntersuchungen zur Anwendung nachgiebiger Anschlüsse im Stahlbau: Beitrag zur Weiterentwicklung moderner Bemessungskonzepte. Aachen: Shaker, 1997.

[168] *Weynand, K., Jaspart, J. P., Steenhuis, M.:* Economy studies of steel building frames with semi rigid joints: Proceedings of 2nd World Conference on Steel in Construction. San Sebastian: Elsevier Science Publication, 1998.

[169] *Weynand, K., Kuck, R., Oerder, R., Herion, S., et al.:* Bemessungshilfen für Hohlprofilanschlüsse mit MSH-Profilen nach EN 1993 und EN 10210, Tragfähigkeitstabellen für standardisierte Anschlüsse (S355H und S460NH), CoP-Software für individuelle Anschlussabmessungen. Düsseldorf: V & M Deutschland, 2011.

[170] *Wilkinson, T., Hancock, G.:* Compact or class 1 limits for rectangular hollow sections in bending. In: van der Vegte, G. J. (Hg.): Proceedings of the 8th International Symposium on Tubular Structures, Singapore: Taylor & Francis Group, 1998. S. 409–416.

[171] *Willibald, S.:* Bolted connections for rectangular hollow sections under tensil loading. Dissertation, Universität Karlsruhe, 2003.

[172] *Winkel, G. d.:* The Static Strength of I-beam to Circular Hollow Section Column Connections. Dissertation, TU Delft, Niederlande, 1998.

[173] *Yu, Y.:* The static strength of uniplanar and multiplanar connections in rectangular hollow sections. Dissertation, TU Delft, Niederlande, 1997.

[174] *Zhao, X.-L.:* The behaviour of cold formed RHS beams under combined action. Dissertation, University of Sydney, Australien, 1992.

[175] *Zhao, X.-L., Wardenier, J., Packer, J. A., van der Vegte, G. J.:* New IIW (2008) static design recommendations for hollow section joints. In: Shen, Z.-Y., Chen, Y.-Y. (Hg.): Proceedings of the 12th International Symposium on Tubular Structures, Shanghai, China: Taylor & Francis Group, 2008. S. 261–269.

[176] *Zoetemeijer, P.:* The influence of normal-, bending- and shear stresses on the ultimate compression force exerted laterally to European rolled sections. Report 6-80-5, TU Delft, 1980.

Stichwortverzeichnis

IV Beispielrechnungen

IV Beispielrechnungen

Inhaltsverzeichnis

IV.0 Vorbemerkungen

Bei der Berechnung von Anschlüssen müssen stets auch Nachweise für die Basiskomponenten, wie z.B. Lochleibungsnachweise, Schraubennachweise oder Schweißnahtnachweise geführt werden. Beispiele für die Berechnung der grundlegenden Komponenten finden sich in großer Anzahl in der Standard-Literatur, die sich wohl auf jedem Schreibtisch eines Statikers oder Bauzeichners befindet. Erwähnt seien hier die sogenannten „Schneider Bautabellen" [5] oder der „Wendehorst" [13]. Daher soll im Folgenden auf die Berechnung der Basiskomponenten nicht gesondert eingegangen werden. Diese werden nur im Rahmen der behandelten Beispiele im jeweiligen Kontext berechnet. Vielmehr sollen die nachfolgenden Beispiele aufzeigen, wie gesamte Anschlüsse zu berechnen sind. Und zwar sowohl gelenkige als auch momententragfähige Anschlüsse.

Die Beispiele zeigen, dass selbst bei den vermeintlich einfachen Anschlüssen, nämlich den gelenkigen Anschlüssen, ein nicht unerheblicher Rechenaufwand für den Nachweis der Anschüsse erforderlich ist. In der Praxis wird man die Arbeit auch nur in Einzelfällen „von Hand" erledigen. Sofern man nicht auf Tabellenwerke, z.B. [13], zurückgreift, wird man spezialisierte Software, z.B. CoP [15], oder die in den Stabwerksprogrammen, z. B. RSTAB [6], enthaltenen Anschlussmodule für die tägliche Arbeit verwenden.

Die hier gezeigten „Handrechnungen" sollen vielmehr den Rechengang erläutern, und damit die Umsetzung der in den Eurocodes vorgegebenen Rechen- und Nachweismodelle beispielhaft vorführen.

Zu den Berechnungsbeispielen für gelenkige Anschlüsse sei noch Folgendes angemerkt.

Der Eurocode 3 Teil 1-8 gibt im Kapitel 6, basierend auf der Komponentenmethode, detaillierte Regeln für die Berechnung momententragfähiger Anschlüsse, insbesondere für Anschlüsse mit Stirnplattenverbindungen, an. Explizite Regeln für gelenkige Anschlüsse fehlen jedoch. Hier ist der Ingenieur darauf angewiesen, selber Modelle zu finden, mit denen er die erforderlichen Nachweise führt. Häufig wird dabei aber nicht beachtet, dass neben der Tragfähigkeit auch weitere Anforderungen erfüllt sein müssen. Diese Anforderungen sollen insbesondere sicherstellen, dass die bei diesen Anschlüssen erforderliche Rotationsfähigkeit (in DIN EN 1993-1-8 auch Rotationskapazität genannt) tatsächlich auch vorhanden ist. Um dem Ingenieur hier ein Hilfsmittel an die Hand geben zu können, hat die EKS (der Europäische Stahlbauverband) eine Empfehlung zur Berechnung von gelenkigen Anschlüssen veröffentlicht [5]. Die Publikation findet in den nachfolgenden Beispielen konsequent Anwendung, wenn in den Regelungen der EN 1993-1-8 keine expliziten Rechenregeln für den vorgegebenen Anwendungsfall zu finden sind.

Man erkennt beim Studium der Beispiele, dass die gelenkigen Anschlüsse ebenfalls mit Hilfe der Komponentenmethode berechnet werden.

IV.1 Beispiel 1: Gelenkiger Stirnplattenanschluss eines Nebenträgers

Für die in Bild IV.2-1 gezeigte gelenkige Verbindung zweier Träger werden im Folgenden alle erforderlichen Berechnungen zur Bestimmung der Tragfähigkeit durchgeführt. Es handelt sich um einen gelenkigen Anschluss, der durch einen Stirnplattenanschluss realisiert wird. Der Träger, der an das lastaufnehmende Bauteil angeschlossen wird, besitzt eine Ausklinkung am oberen Flansch, um einen oberkantenbündigen Anschluss herzustellen.

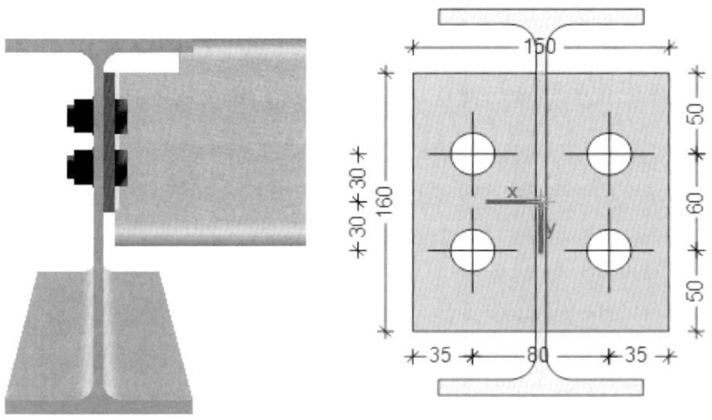

Bild IV.1-1

Gemäß DIN EN 1993-1-8/NA ist mit folgenden Sicherheitsbeiwerten zu rechnen:

$\gamma_{M0} = 1{,}0$, $\gamma_{M1} = 1{,}1$, $\gamma_{M2} = 1{,}25$

IV.1.1 Abmessungen

IV.1.1.1 Profil des lastaufnehmenden Bauteils: IPE 300, S235

Querschnittshöhe	h	=	300 mm
Querschnittsbreite	b	=	150 mm
Flanschdicke	t_f	=	10,7 mm
Stegdicke	t_w	=	7,1 mm
Radius	r	=	15 mm
Streckgrenze des Flanschs	$f_{y,f}$	=	235 N/mm²
Zugfestigkeit des Flanschs	$f_{u,f}$	=	360 N/mm²
Streckgrenze des Stegs	$f_{y,\mathrm{w}}$	=	235 N/mm²
Zugfestigkeit des Stegs	$f_{u,\mathrm{w}}$	=	360 N/mm²
Steghöhe	d	=	248,6 mm
Profilfläche	A	=	5.381 mm²
Profilschubfläche	$A_{v,z}$	=	2.568 mm²

IV.1.1.2 Träger: IPE 240, S235

Querschnittshöhe	h	=	240 mm
Querschnittsbreite	b	=	120 mm
Flanschdicke	t_f	=	9,8 mm
Stegdicke	t_w	=	6,2 mm
Radius	r	=	15 mm
Streckgrenze des Flanschs	$f_{y,f}$	=	235 N/mm²
Zugfestigkeit des Flanschs	$f_{u,f}$	=	360 N/mm²
Streckgrenze des Stegs	$f_{y,\mathrm{w}}$	=	235 N/mm²

Zugfestigkeit des Stegs	$f_{u,w}$	=	360 N/mm²
Steghöhe	d	=	190,4 mm
Profilfläche	A	=	3912 mm²
Profilschubfläche	$A_{v,z}$	=	1914 mm²

IV.1.1.3 Ausklinkung

Länge der Ausklinkung	L	=	75 mm
Höhe Ausklinkung	h_1	=	40 mm
Radius	R	=	5 mm
Art der Ausklinkung	am oberen Flansch		

IV.1.1.4 Stirnplatte

Stirnplattenhöhe	h	=	160 mm
Stirnplattenbreite	b	=	150 mm
Stirnplattendicke	t_{cp}	=	15 mm
Streckgrenze der Stirnplatte	f_y	=	235 N/mm²

IV.1.1.5 Schrauben M24, 8.8

Durchmesser	d	=	24 mm
Lochdurchmesser	d_0	=	26 mm
Schaftquerschnitt	A_s	=	353 mm²
Streckgrenze	f_{yb}	=	640 N/mm²
Zugfestigkeit	f_{ub}	=	800 N/mm²
Anzahl der Reihen	n_1	=	2
Abstand zwischen den Schraubenreihen	p_{11}	=	60 mm
Anzahl der Spalten	n_2	=	2
Abstand zwischen den Schraubenspalten	p_{21}	=	80 mm
Scherfuge	im Schaft		

IV.1.1.6 Schweißnaht

Scheißnahttyp	Kehlnaht		
Schweißnahtdicke	a	=	4 mm

IV.1.2 Randbedingungen

Wenn in der globalen Tragwerksberechnung für die Modellierung eines Anschlusses angenommen wird, dass dieser wie ein Gelenk wirkt, sind zwei Anforderungen zu überprüfen: (1) Der Anschluss verfügt über eine ausreichende Rotationfähigkeit und (2) der Anschluss ist ausreichend duktil. Im Folgenden werden die nach [5] erforderlichen Nachweise zur Einhaltung dieser Bedingungen aufgezeigt.

[5] ECCS No. 126, 3.4

Nachweis Stirnplattenhöhe

ECCS No. 126, 4.1.1.1

ECCS No. 126, 6.2.1 (1)

Stirnplattenhöhe	h_p	=	160 mm
Höhe des Trägerstegs	d_b	=	190,4 mm

$h_p = 160 \text{ mm} \leq d_b = 190{,}4 \text{ mm}$ Nachweis erbracht

Nachweis Rotationskapazität

ECCS No. 126, 6.2.1 (2)

Da der Anschluss in der globalen Tragwerksberechnung als Gelenk modelliert werden soll, muss eine ausreichende Rotationsfähigkeit sichergestellt werden. Die erforderliche Rotationsfähigkeit ϕ_{req} kann für typische Systeme der ECCS Publikation 126, Anhang 1 entnommen werden.

Es ist dann folgende Bedingung einzuhalten: $\phi_{av} > \phi_{req}$ mit $\phi_{av} = \frac{t_p}{h_c}$

ECCS No. 126, 4.1.1.1

Stirnplattendicke	t_p	=	15 mm
Abstand zw. Plattenunterkante und Trägerunterkante	$h_{e,down}$	=	40 mm
Vorhandene Rotation	$\phi_{av,down}$	=	0,375
Abstand zw. Plattenunterkante und Trägerunterkante	$h_{e,up}$	=	40 mm
Vorhandene Rotation	$\phi_{av,up}$	=	0,375

Duktilitätsnachweis 1 (vorzeitiges Schraubenversagen durch unplanmäßige Zugkräfte):

ECCS No. 126, 4.1.1.2

ECCS No. 126, 6.2.1 (3)

Schraubendurchmesser	d	=	24 mm
Stirnplattendicke	t_p	=	15 mm
Streckgrenze der Stirnplatte	$f_{y,p}$	=	235 N/mm²
Streckgrenze des Stützenstegs	$f_{y,cf}$	=	235 N/mm²
Schraubenzugfestigkeit	f_{ub}	=	800 N/mm²

$$\frac{d}{t_p} \geq 2{,}8\sqrt{\frac{\min(f_{y,p}, f_{y,w})}{f_{u,b}}} = \frac{24}{15} \geq 2{,}8\sqrt{\frac{235}{800}} = 1{,}6 \geq 1{,}52$$ Nachweis erbracht

Duktilitätsnachweis 2 (vorzeitiges Schweißnahtversagen):

ECCS No. 126, 6.2.1 (4)

Schweißnahtdicke am Steg	a	=	4 mm
Dicke des Trägerstegs	$t_{w,b}$	=	6,2 mm
Korrelationsfaktor	β_w	=	0,8
Streckgrenze des Trägerstegs	$f_{y,bw}$	=	235 N/mm²
Zugfestigkeit des Trägerstegs	$f_{u,bw}$	=	360 N/mm²

β_w nach EN 1993-1-8, Tab. 4.1

$$a = 4\ \text{mm} \geq \frac{\beta_w}{\sqrt{2}} \frac{f_{y,bw}}{f_{u,bw}} \frac{\gamma_{M2}}{\gamma_{M0}} t_{w,b} = \frac{0{,}8}{\sqrt{2}} \frac{235}{360} \frac{1{,}25}{1{,}0} 6{,}2 = 2{,}86\ \text{mm}$$

Nachweis erbracht

IV.1.3 Tragfähigkeiten der Komponenten

IV.1.3.1 Schrauben auf Abscheren

ECCS No. 126, 6.2.2

Beanspruchbarkeit pro Scherfuge: $F_{v,Rd} = \frac{\alpha_v f_{ub} A}{\gamma_{M2}}$

EN 1993-1-8, Tab. 3.4

Faktor $\alpha_v = 0{,}6$

Querschnittsfläche Schaft: $A = \pi \frac{d^2}{4} = \pi \frac{24^2}{4} = 452{,}39\ \text{mm}^2$

Scherfuge im Schaft

$$F_{v,Rd} = \frac{0{,}6 \cdot 800 \cdot 452{,}39}{1{,}25} = 173{,}7\ \text{kN}$$

ECCS No. 126, S. 52

Anzahl der Schrauben $n = 4$

Tragfähigkeit:

$$V_{Rd,1,down} = 0{,}8 \cdot n \cdot F_{v,Rd}$$

$$V_{Rd,1,down} = 0{,}8 \cdot 4 \cdot 173{,}7 = 555{,}9\ \text{kN}$$

Der Reduktionsfaktor 0,8 berücksichtigt die Tatsache, dass die oberen Schrauben neben den Abscherkräften unplanmäßig auch Zugkräfte aufnehmen, die aus der Exzentrizität zur Bauteilachse resultieren.

(ECCS No. 126, S. 34f.)

IV.1.3.2 Stirnplatte auf Lochleibung

Beanspruchbarkeit auf Lochleibung:

EN 1993-1-8, Tab. 3.4

$$F_{b,Rd} = \frac{k_1 \cdot \alpha_b \cdot f_u \cdot d \cdot t}{\gamma_{M2}}$$

$$\alpha_b = \min\left(\frac{e_1}{3d_0}; \frac{p_1}{3d_0} - \frac{1}{4}; \frac{f_{u,b}}{f_u}; 1,0\right) = \min(0,6944; 0,5192; 2,2222; 1,0) = 0,5192$$

$$k_1 = \min\left(2,8\frac{e_2}{d_0} - 1,7; 1,4\frac{p_2}{d_0} - 1,7; 2,5\right) = \min(2,069; 2,608; 2,5) = 2,069$$

$$F_{b,Rd} = \frac{2,069 \cdot 0,5192 \cdot 360 \cdot 24 \cdot 15}{1,25} = 111,4 \text{ kN}$$

Tragfähigkeit:

ECCS No. 126, S. 52

$$V_{Rd,2,down} = n \cdot F_{b,Rd}$$

$$V_{Rd,2,down} = 4 \cdot 111,4 = 445,6 \text{ kN}$$

IV.1.3.3 Lastaufnehmendes Bauteil auf Lochleibung

Beanspruchbarkeit auf Lochleibung:

EN 1993-1-8, Tab. 3.4

$$F_{b,Rd} = \frac{k_1 \cdot \alpha_b \cdot f_u \cdot d \cdot t}{\gamma_{M2}}$$

$$\alpha_b = \min\left(\frac{p_1}{3d_0} - \frac{1}{4}; \frac{f_{u,b}}{f_u}; 1,0\right) = \min(0,5192; 2,2222; 1,0) = 0,5192$$

$$k_1 = \min\left(1,4\frac{p_2}{d_0} - 1,7; 2,5\right) = \min(2,608; 2,5) = 2,5$$

$$F_{b,Rd} = \frac{2,5 \cdot 0,5192 \cdot 360 \cdot 24 \cdot 7,1}{1,25} = 63,7 \text{ kN}$$

Beim lastaufnehmenden Bauteil müssen die Abstände vom Loch zum Rand e aufgrund der aussteifenden Wirkung der Flansche bzw. der Lage in Längsrichtung des Trägers nicht betrachtet werden.

Tragfähigkeit:

$$V_{Rd,3,down} = n \cdot F_{b,Rd}$$

ECCS No. 126, S. 53

$$V_{Rd,3,down} = 4 \cdot 63,7 = 254,8 \text{ kN}$$

IV.1.3.4 Schub in der Stirnplatte (Bruttoquerschnitt)

Tragfähigkeit:

ECCS No. 126, S. 54

$$V_{Rd,4} = \frac{2h_p t_p}{1,27}\frac{f_{y,p}}{\sqrt{3} \cdot \gamma_{M0}} = \frac{2 \cdot 160 \cdot 15}{1,27}\frac{235}{\sqrt{3} \cdot 1,0} = 512,8 \text{ kN}$$

IV.1.3.5 Schub in der Stirnplatte (Nettoquerschnitt)

Tragfähigkeit:

ECCS No. 126, S. 54

$$V_{Rd,5} = 2A_{v,net}\frac{f_{up}}{\sqrt{3} \cdot \gamma_{M2}}$$

$$A_{v,net} = t_p(h_p - n_1 \cdot d_0) = 15 \cdot (160 - 2 \cdot 26) = 1620 \text{ mm}^2$$

$$V_{Rd,5} = 2 \cdot 1620\frac{360}{\sqrt{3} \cdot 1,25} = 538,7 \text{ kN}$$

IV.1.3.6 Blockversagen in der Stirnplatte

Blockversagenstragfähigkeit:

EN 1993-1-8, 3.10.2(2)

$$V_{eff,1,Rd} = \frac{f_{up} A_{nt}}{\gamma_{M2}} + \frac{f_{yp} A_{nv}}{\sqrt{3} \cdot \gamma_{M0}}$$

Nettoquerschnittsfläche auf Zug:

ECCS No. 126, S. 54

$$A_{nt,1} = t_p (e_2 - \frac{d_0}{2}) = 15 \cdot (35 - \frac{26}{2}) = 330 \text{ mm}^2$$

Nettoquerschnittsfläche auf Schub:

$$A_{nv,1} = t_p (h_p - e_1 - (n_1 - 0,5) d_0)$$

$$A_{nv,1} = 15 \cdot (160 - 50 - (2 - 0,5) \cdot 26) = 1065 \text{ mm}^2$$

$$F_{eff,1,Rd} = \frac{360 \cdot 330}{1,25} + \frac{235 \cdot 1065}{\sqrt{3} \cdot 1,0} = 239,5 \text{ kN}$$

Tragfähigkeit:

$$V_{Rd,6} = 2 \cdot V_{eff,1,Rd}$$

$$V_{Rd,6} = 2 \cdot 239,5 = 479,1 \text{ kN}$$

IV.1.3.7 Stirnplatte auf Biegung

Wenn $h_p \geq 1,36 p_{22}$ kann $V_{Rd,7}$ als nicht maßgebend angenommen werden.

ECCS No. 126, S.55

$160 \geq 1,36 \cdot 80 = 109$, also

$$V_{Rd,7} = \infty$$

IV.1.3.8 Trägersteg auf Schub

Tragfähigkeit:

EN 1993-1-1, 6.2.6(2)

$$V_{Rd,8} = \frac{A_v f_y}{\sqrt{3} \cdot \gamma_{M0}}$$

Für die Berechnung der wirksamen Schubfläche des Trägers A_v wird die Höhe der Stirnplatte h_p verwendet, da die Schubkraft nur über diese Höhe eingeleitet werden kann.

$$A_v = h_p \cdot t_w = 160 \cdot 6,2 = 992 \text{ mm}^2$$

$$V_{Rd,8} = \frac{992 \cdot 235}{\sqrt{3} \cdot 1,0} = 134,6 \text{ kN}$$

IV.1.3.9 Biege- und Schubbeanspruchung des ausgeklinkten Trägerquerschnitts

Plastisches Widerstandsmoment des ausgeklinkten Querschnitts:

$$W_{pl} = 5,662 \cdot 10^4 \text{ mm}^3$$

Plastische Momententragfähigkeit des ausgeklinkten Querschnitts:

$$M_{pl} = W_{pl} f_y = 13,31 \text{ kNm}$$

Schubtragfähigkeit des ausgeklinkten Querschnitts:

EN 1993-1-1, 6.2.6

$$V_{Rd} = \frac{A_v f_y}{\sqrt{3} \cdot \gamma_{M0}}$$

Wirksame Schubfläche:

$$A_v = A - b \cdot t_f + (t_w + 2r)\frac{t_f}{2}$$

$$= \left(\frac{3912}{2} + (200-120)\cdot 6,2\right) - 120 \cdot 9,8 + (6,2 + 2\cdot 15)\frac{9,8}{2} = 1453,38 \text{ mm}^2$$

Schubtragfähigkeit des ausgeklinkten Querschnitts:

$$V_{Rd} = \frac{1453,38 \cdot 235}{\sqrt{3}\cdot 1,0} \cdot 10^{-3} = 197,19 \text{ kN}$$

Hebelarm $z = L - \frac{4}{5}\cdot R = 75 - \frac{4}{5}5 = 71 \text{ mm}$

Tragfähigkeit:

Die maximale Schubkraft am Trägerende $V_{Rd,10}$ wird mit der Interaktion am Ende des ausgeklinkten Querschnitts ermittelt.

$$\frac{V_{Rd,10}}{V_{Rd}} + \frac{V_{Rd,10}\cdot z}{M_{pl,Rd}} \le 1,0 = \frac{V_{Rd,10}}{197,19} + \frac{V_{Rd,10}\cdot 0,071}{13,31} \le 1,0$$

$$\rightarrow V_{Rd,10} = 96,1 \text{ kN}$$

Für die wirksame Schubfläche des reduzierten Querschnitts wird die Formel für T-Querschnitte nach EN 1993-1-1, 6.2.6(3) (c) genutzt.

Als Hebelarm z zwischen Anschluss und maßgebendem Querschnitt wird näherungsweise ein Abstand angesetzt, an dem sich die Ausrundung „deutlich" vergrößert.

$V_{Rd,10}$ ergibt sich durch Umformung der Interaktionsgleichung.

IV.1.4 Zusammenfassung

Schrauben auf Abscheren	$V_{Rd,1} = 555,9$ kN
Stirnplatte auf Lochleibung	$V_{Rd,2} = 445,6$ kN
Lochleibung im Stützenflansch	$V_{Rd,3} = 254,8$ kN
Schub im Stirnplattenquerschnitt	$V_{Rd,4} = 512,8$ kN
Stirnplattennettoquerschnitt auf Schub	$V_{Rd,5} = 538,7$ kN
Blockversagen in der Stirnplatte	$V_{Rd,6} = 479,1$ kN
Stirnplatte auf Biegung	$V_{Rd,7} = \infty$
Trägersteg auf Schub	$V_{Rd,8} = 134,6$ kN
Biege- und Schubbeanspruchung des ausgeklinkten Trägerquerschnitts	$V_{Rd,10} = 96,1$ kN
Gesamt	$V_{j,Rd} = 96,1$ kN

IV.1.5 Vergleich Tragfähigkeit von Anschluss zu Träger

$$V_{j,Rd} = 96,1 \text{ kN}$$

$$V_{Rd,IPE240} = \frac{A_v f_y}{\sqrt{3}\cdot\gamma_{M0}} = \frac{1914 \cdot 235}{\sqrt{3}\cdot 1,0} = 259,7 \text{ kN}$$

$$\frac{V_{j,Rd}}{V_{Rd,IPE240}} = 37\ \%$$

IV.2 Beispiel 2: Gelenkiger Fahnenblechanschluss einer Träger-Stützen-Konfiguration

Für die in Bild IV.2-1 gezeigte gelenkige Verbindung eines Trägers mit einer Stütze werden im Folgenden alle erforderlichen Berechnungen zur Ermittlung der Tragfähigkeit aufgezeigt. In diesem Beispiel wird der gelenkige Anschluss durch einen Fahnenblechanschluss realisiert.

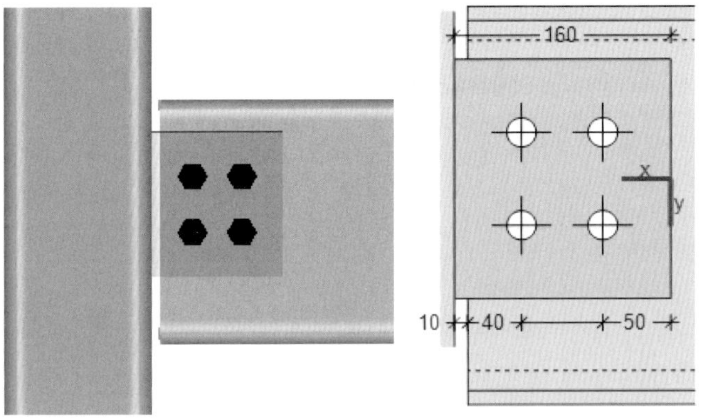

Bild IV.2-1

Gemäß DIN EN 1993-1-8/NA ist mit folgenden Sicherheitsbeiwerten zu rechnen:

$\gamma_{M0} = 1{,}0$, $\gamma_{M1} = 1{,}1$, $\gamma_{M2} = 1{,}25$

IV.2.1 Abmessungen

IV.2.1.1 Profil des lastaufnehmenden Bauteils:HEB 180, S235

Querschnittshöhe	h	=	180 mm
Querschnittsbreite	b	=	180 mm
Flanschdicke	t_f	=	14 mm
Stegdicke	t_w	=	8,5 mm
Radius	r	=	15 mm
Streckgrenze des Flanschs	$f_{y,f}$	=	235 N/mm²
Zugfestigkeit des Flanschs	$f_{u,f}$	=	360 N/mm²
Streckgrenze des Stegs	$f_{y,w}$	=	235 N/mm²
Zugfestigkeit des Stegs	$f_{u,w}$	=	360 N/mm²
Steghöhe	d	=	122 mm
Profilfläche	A	=	6525 mm²
Profilschubfläche	A_{vz}	=	2024 mm²

IV.2.1.2 Trägerprofil: IPE 300, S235

Querschnittshöhe	h	=	300 mm
Querschnittsbreite	b	=	150 mm
Flanschdicke	t_f	=	10,7 mm
Stegdicke	t_w	=	7,1 mm
Radius	r	=	15 mm
Streckgrenze des Flanschs	$f_{y,f}$	=	235 N/mm²
Zugfestigkeit des Flanschs	$f_{u,f}$	=	360 N/mm²
Streckgrenze des Stegs	$f_{y,w}$	=	235 N/mm²

Zugfestigkeit des Stegs	$f_{u,w}$	=	360 N/mm²
Steghöhe	d	=	248,6 mm
Profilfläche	A	=	5381 mm²
Profilschubfläche	A_{vz}	=	2568 mm²

IV.2.1.3 Fahnenblech

Querschnittshöhe	h	=	180 mm
Querschnittsbreite	b	=	160 mm
Fahnenblechdicke	t	=	15 mm
Streckgrenze	f_y	=	235 N/mm²
Zugfestigkeit	f_u	=	360 N/mm²

IV.2.1.4 Schrauben M20, 8.8

Durchmesser	d	=	20 mm
Lochdurchmesser	d_0	=	22 mm
Schaftquerschnitt	A_s	=	245 mm²
Streckgrenze	f_{yb}	=	640 N/mm²
Zugfestigkeit	f_{ub}	=	800 N/mm²
Anzahl der Reihen	n_1	=	2
Abstand zwischen den Schraubenreihen	p_{11}	=	70 mm
Anzahl der Spalten	n_2	=	2
Abstand zwischen den Schraubenspalten	p_{21}	=	60 mm
Scherfuge	im Schaft		

IV.2.1.5 Schweißnaht

Scheißnahttyp	Kehlnaht		
Schweißnahtdicke	a_w	=	7mm

IV.2.2 Randbedingungen

Voraussetzungen um ausreichende Rotationskapazität und Duktilität sicherzustellen.

ECCS No. 126, 3.4

Nachweis Stirnplattenhöhe

ECCS No. 126, 4.1.2.1

ECCS No. 126, 6.3.1(1)

Höhe des Fahnenblechs	h_p	=	180 mm
Lichte Höhe des Stegs des lastabgebenden Trägers	d_b	=	248,6 mm

$h_p = 180 \leq d_b = 248{,}6$ Nachweis erbracht

Nachweis Rotationskapazität

Es ist folgende Bedingung einzuhalten: $\phi_{av} > \phi_{req}$

Die erforderliche Rotationsfähigkeit ϕ_{req} kann für typische Systeme der ECCS Publikation 126, Anhang 1 entnommen werden.

Vorhandene Rotationskapazität:

ECCS No. 126, 6.3.1(2)

$$g_h = 10 \text{ mm} \quad h_e = \frac{h_b - h_p}{2} = \frac{300 - 180}{2} = 60 \text{ mm}$$

$$z = 80 \text{ mm} \leq \sqrt{(z - g_h)^2 + \left(\frac{h_p}{2} + h_e\right)^2} = \sqrt{(80 - 10)^2 + \left(\frac{180}{2} + 60\right)^2} = 165{,}5 \text{ mm}$$

$$\rightarrow \phi_{av} = \arcsin\left(\frac{z}{\sqrt{(z-g_h)^2 + \left(\frac{h_p}{2}+h_e\right)^2}}\right) + \arctan\left(\frac{z-g_h}{\frac{h_p}{2}+h_e}\right)$$

$$= \arcsin(0,483) - \arctan(0,467) = 0,06679 \text{ rad}$$

Nachweis der Duktilität (vorzeitiges Schweißnahtversagen):

Dicke des Fahnenblechs	t_p	=	15 mm
Korrelationsfaktor	β_w	=	0,8
Streckgrenze des Fahnenblechs	f_{yp}	=	235 N/mm²
Zugfestigkeit des Fahnenblechs	f_{up}	=	360 N/mm²
Schweißnahtdicke	a	=	7 mm

ECCS No. 126, 6.3.2

β_w nach EN 1993-1-8, Tab. 4.1

$$a = 7 \text{ mm} \geq \frac{\beta_w}{\sqrt{2}} \frac{f_{y,p}}{f_{u,p}} \frac{\gamma_{M2}}{\gamma_{M0}} t_p = \frac{0,8}{\sqrt{2}} \cdot \frac{235}{360} \cdot \frac{1,25}{1,0} 15 = 6,924 \text{ mm}$$ Nachweis erbracht

IV.2.3 Tragfähigkeiten der Komponenten

IV.2.3.1 Schrauben auf Abscheren

ECCS No. 126, 6.3.3

Polares Moment

ECCS No. 126, S. 58

$$I = \frac{n_1}{2} p_2^2 + \frac{1}{6} n_1 (n_1^2 - 1) p_1^2 = \frac{2}{2} 60^2 + \frac{1}{6} 2(2^2-1)70^2 = 8500 \text{ mm}^2$$

Gesamtanzahl der Schrauben $n = 4$

Hebelarm $z = 10 + 40 + \frac{60}{2} = 80$ mm

Schraubenfläche $A = \pi \frac{d^2}{4} = \pi \frac{20^2}{4} = 314,2 \text{ mm}^2$

Scherfuge im Schaft

Faktor $\alpha_v = 0,6$

EN 1993-1-8, Tab. 3.4

Beanspruchbarkeit pro Scherfuge: $F_{v,Rd} = \frac{\alpha_v f_{ub} A}{\gamma_{m2}}$

$$F_{v,Rd} = \frac{\alpha_v f_{ub} A}{\gamma_{M2}} = \frac{0,6 \cdot 800 \cdot 314,2}{1,25} = 120,6 \text{ kN}$$

Für $n_2 = 2$:

Tragfähigkeit:

$$V_{Rd,1} = \frac{F_{v,Rd}}{\sqrt{\left(\frac{z \cdot p_2}{2 \cdot I} + \frac{1}{n}\right)^2 + \left(\frac{z \cdot p_1}{2 \cdot I} + (n_1 - 1)\right)^2}}$$

$$V_{Rd,1} = \frac{120,6}{\sqrt{\left(\frac{80 \cdot 60}{2 \cdot 8500} + \frac{1}{4}\right)^2 + \left(\frac{80 \cdot 70}{2 \cdot 8500} + (2-1)\right)^2}} = 192,7 \text{ kN}$$

IV.2.3.2 Fahnenblech auf Lochleibung

Das Fahnenblech ist horizontal und vertikal auf Lochleibung nachzuweisen.

Vertikal:

Lochleibungstragfähigkeit der Schraube $F_{b,ver,Rd} = \dfrac{k_1 \cdot \alpha_b \cdot f_{up} \cdot d \cdot t_p}{\gamma_{M2}}$

EN 1993-1-8, Tab. 3.4

$$\alpha_b = \min\left(\frac{e_1}{3d_0}; \frac{p_1}{3d_0} - \frac{1}{4}; \frac{f_{ub}}{f_{up}}; 1,0\right) = \min(0,8333; 0,8106; 2,2222; 1,0) = 0,8106$$

$$k_1 = \min\left(2,8\frac{e_2}{d_0} - 1,7; 1,4\frac{p_2}{d_0} - 1,7; 2,5\right) = \min(4,664; 2,118; 2,5) = 2,118$$

$$F_{b,ver,Rd} = \frac{2,118 \cdot 0,8106 \cdot 360 \cdot 20 \cdot 15}{1,25} = 148,3 \text{ kN}$$

Horizontal:

Lochleibungstragfähigkeit der Schraube $F_{b,hor,Rd} = \dfrac{k_1 \cdot \alpha_b \cdot f_{up} \cdot d \cdot t_p}{\gamma_{M2}}$

$$\alpha_b = \min\left(\frac{e_2}{3d_0}; \frac{p_2}{3d_0} - \frac{1}{4}; \frac{f_{ub}}{f_{up}}; 1,0\right) = \min(0,7576; 0,6591; 2,2222; 1,0) = 0,6591$$

$$k_1 = \min\left(2,8\frac{e_1}{d_0} - 1,7; 1,4\frac{p_1}{d_0} - 1,7; 2,5\right) = \min(5,3; 2,755; 2,5) = 2,5$$

$$F_{b,hor,Rd} = \frac{2,5 \cdot 0,6591 \cdot 360 \cdot 20 \cdot 15}{1,25} = 142,4 \text{ kN}$$

Tragfähigkeit:

ECCS No. 126, S. 59

$$V_{Rd,2} = \frac{1}{\sqrt{\left(\dfrac{\frac{1}{n} + \alpha}{F_{b,ver,Rd}}\right)^2 + \left(\dfrac{\beta}{F_{b,hor,Rd}}\right)^2}}$$

Für $n_2 = 2$:

$$\alpha = \frac{z}{I} \cdot \frac{p_2}{2} = \frac{80}{8500} \cdot \frac{60}{2} = 0,2824$$

$$\beta = \frac{z}{I} \cdot \frac{n_1 - 1}{2} \cdot p_1 = \frac{80}{8500} \cdot \frac{2-1}{2} \cdot 70 = 0,3294$$

$$V_{Rd,2} = \frac{1}{\sqrt{\left(\dfrac{\frac{1}{4} + 0,2824}{148,3}\right)^2 + \left(\dfrac{0,3294}{142,4}\right)^2}} = 234,2 \text{ kN}$$

IV.2.3.3 Fahnenblech auf Schub (Bruttoquerschnitt)

Tragfähigkeit:

ECCS No. 126, S.59

$$V_{Rd,3} = \frac{h_p t_p}{1,27} \frac{f_{yp}}{\sqrt{3} \cdot \gamma_{M0}}$$

$$V_{Rd,3} = \frac{180 \cdot 15}{1,27} \frac{235}{\sqrt{3} \cdot 1,0} = 288,4 \text{ kN}$$

IV.2.3.4 Fahnenblech auf Schub (Nettoquerschnitt)

Tragfähigkeit:

ECCS No. 126, S. 59

$$V_{Rd,4} = A_{v,net} \frac{f_{up}}{\sqrt{3} \cdot \gamma_{M2}}$$

$$A_{v,net} = t_p (h_p - n_1 d_0) = 15 \cdot (180 - 2 \cdot 22) = 2040 \text{ mm}^2$$

$$V_{Rd,4} = 2040 \frac{360}{\sqrt{3} \cdot 1,25} = 339,2 \text{ kN}$$

IV.2.3.5 Blockversagen des Fahnenblechs

EN 1993-1-8, 3.10.2

ECCS No. 126, S. 60

$$V_{Rd,5} = \frac{f_{up} A_{nt}}{\gamma_{M2}} + \frac{f_{yp} A_{nv}}{\sqrt{3} \cdot \gamma_{M0}} \quad \text{bzw.} \quad V_{Rd,5} = \frac{0,5 f_{up} A_{nt}}{\gamma_{M2}} + \frac{f_{yp} A_{nv}}{\sqrt{3} \cdot \gamma_{M0}}$$

Längsrandabstand $e_1 = 55 \text{ mm}$

Tragfähigkeit Form 1:

Für $n_2 = 2$:

$$A_{nt,1} = t_p \left(p_2 + e_2 - 3\frac{d_0}{2} \right) = 15\left(60 + 50 - 3\frac{22}{2} \right) = 1155 \text{ mm}^2$$

$$A_{nv,1} = t_p (h_p - e_1 - (n_1 - 0,5) d_0) = 15(180 - 55 - (2 - 0,5)22) = 1380 \text{ mm}^2$$

EN 1993-1-8, Tab. 3.10.2(3)

$$V_{Rd,down,1} = \frac{0,5 \cdot 360 \cdot 1155}{1,25} + \frac{235 \cdot 1380}{\sqrt{3} \cdot 1,0} = 353,6 \text{ kN}$$

Tragfähigkeit Form 2:

$$A_{nt,2} = t_p (p_2 - d_0) = 15(60 - 22) = 570 \text{ mm}^2$$

$$A_{nv,2} = 2 \cdot t_p (h_p - e_1 - (n_1 - 0,5) d_0) = 2 \cdot 15(180 - 55 - (2 - 0,5)22) = 2760 \text{ mm}^2$$

EN 1993-1-8, Tab. 3.10.2(2)

$$V_{Rd,down,2} = \frac{360 \cdot 570}{1,25} + \frac{235 \cdot 2760}{\sqrt{3} \cdot 1,0} = 538,6 \text{ kN}$$

Tragfähigkeit:

$$V_{Rd,5} = \min(V_{Rd,down,1}; V_{Rd,down,2}) = 353,6 \text{ kN}$$

IV.2.3.6 Fahnenblech auf Biegung

Tragfähigkeit:

ECCS No. 126, S. 60

z ist der horizontale Abstand vom Flansch des lastaufnehmenden Bauteils zum Mittelpunkt des Schraubenbildes.

$$V_{Rd,6} = \frac{W_{el}}{z} \frac{f_{yp}}{\gamma_{M0}}$$

$$W_{el} = \frac{t_p h_p^2}{6} = \frac{15 \cdot 180^2}{6} = 81000 \text{ mm}^3$$

$$V_{Rd,6} = \frac{81000}{80} \frac{235}{1,0} = 237,9 \text{ kN}$$

IV.2.3.7 Beulen des Fahnenblechs

ECCS No. 126, S. 47

z_p ist der horizontale Abstand vom Flansch des lastaufnehmenden Bauteils zur ersten Schraubenreihe.

$$z_p = z - \frac{p_2}{2} = 80 - \frac{60}{2} = 50 \text{ mm}$$

$$V_{Rd,7} = V_{Rd,6} = 237,9 \text{ kN}$$

ECCS No. 126, S. 60

Da z_p kleiner als das Verhältnis $t_p / 0,15 = 15 / 0,15 = 100$ ist, kann die Tragfähigkeit für das Beulen des Fahnenblechs $V_{Rd,7}$ gleich der Tragfähigkeit des Fahnenblechs auf Biegung $V_{Rd,6}$ angenommen werden.

IV.2.3.8 Trägersteg auf Lochleibung

ECCS No. 126, S.61

Wie in Abschnitt IV.2.3.2 (Fahnenblech auf Lochleibung) ist auch der Trägersteg vertikal und horizontal auf Lochleibung nachzuweisen.

Vertikal:

EN 1993-1-8, Tab. 3.4

Vertikale Lochleibungstragfähigkeit der Schraube:

$$F_{b,ver,Rd} = \frac{k_1 \cdot \alpha_b \cdot f_{ubw} \cdot d \cdot t_{bw}}{\gamma_{M2}}$$

$$\alpha_b = \min\left(\frac{p_1}{3d_0} - \frac{1}{4}; \frac{f_{ub}}{f_{ubw}}; 1,0\right) = \min(0,8106; 2,2222; 1,0) = 0,8106$$

$$e_{2b} = 40 \text{ mm}$$

$$k_1 = \min\left(2,8\frac{e_{2b}}{d_0} - 1,7; 1,4\frac{p_2}{d_0} - 1,7; 2,5\right) = \min(3,391; 2,118; 2,5) = 2,118$$

$$F_{b,ver,Rd} = \frac{2,118 \cdot 0,8106 \cdot 360 \cdot 20 \cdot 7,1}{1,25} = 70,22 \text{ kN}$$

Horizontal:

Horizontale Lochleibungstragfähigkeit der Schraube:

$$F_{b,hor,Rd} = \frac{k_1 \cdot \alpha_b \cdot f_{ubw} \cdot d \cdot t_{bw}}{\gamma_{M2}}$$

$$\alpha_b = \min\left(\frac{e_{2b}}{3d_0}; \frac{p_2}{3d_0} - \frac{1}{4}; \frac{f_{ub}}{f_{ubw}}; 1,0\right) = \min(0,6061; 0,6591; 2,2222; 1,0) = 0,6061$$

$$k_1 = \min\left(1,4\frac{p_1}{d_0} - 1,7; 2,5\right) = \min(5,3; 2,755; 2,5) = 2,5$$

$$F_{b,hor,Rd} = \frac{2,5 \cdot 0,6061 \cdot 360 \cdot 20 \cdot 7,1}{1,25} = 61,96 \text{ kN}$$

Tragfähigkeit:

$$V_{Rd,8} = \frac{1}{\sqrt{\left(\frac{\frac{1}{n} + \alpha}{F_{b,ver,Rd}}\right)^2 + \left(\frac{\beta}{F_{b,hor,Rd}}\right)^2}}$$

Für $n_2 = 2$:

$$\alpha = \frac{z}{I} \cdot \frac{p_2}{2} = \frac{80}{8500} \cdot \frac{60}{2} = 0,2824$$

$$\beta = \frac{z}{I} \cdot \frac{n_1 - 1}{2} \cdot p_1 = \frac{80}{8500} \cdot \frac{2-1}{2} \cdot 70 = 0,3294$$

$$V_{Rd,8} = \frac{1}{\sqrt{\left(\dfrac{\frac{1}{4} + 0,2824}{70,22}\right)^2 + \left(\dfrac{0,3294}{61,96}\right)^2}} = 108 \text{ kN}$$

IV.2.3.9 Trägersteg auf Schub

Tragfähigkeit:

EN 1993-1-1, 6.2.6(2)

$$V_{Rd,9} = \frac{A_{b,v} f_{yb}}{\sqrt{3} \cdot \gamma_{M0}}$$

Gesamtschubfläche des Steges: $A_{b,v} = 2568 \text{ mm}^2$

$$V_{Rd,9} = \frac{2568 \cdot 235}{\sqrt{3} \cdot 1,0} = 348,4 \text{ kN}$$

IV.2.3.10 Nettoquerschnitt des Trägerstegs auf Schub

Tragfähigkeit:

ECCS No. 126, S.62

$$V_{Rd,10} = \frac{A_{b,v,net} f_{ubw}}{\sqrt{3} \cdot \gamma_{M2}}$$

Nettoschubfläche: $A_{b,v,net} = A_{b,v} - n_1 \cdot d_0 \cdot t_{bw} = 2568 - 2 \cdot 22 \cdot 7,1 = 2256 \text{ mm}^2$

$$V_{Rd,10} = \frac{2256 \cdot 360}{\sqrt{3} \cdot 1,25} = 375,1 \text{ kN}$$

IV.2.3.11 Blockversagen des Trägerstegs

EN 1993-1-8, 3.10.2(3)

Schubtragfähigkeit: $V_{Rd,11} = \dfrac{0,5 f_{u,bw} A_{nt}}{\gamma_{M2}} + \dfrac{f_{y,bw} A_{nv}}{\sqrt{3} \cdot \gamma_{M0}}$

Nettoquerschnittsfläche belastet auf Zug: $A_{nt} = t_{bw}\left(p_2 + e_{2b} - \dfrac{3d_0}{2}\right)$

$$A_{nt} = 7,1(60 + 40 - \frac{3 \cdot 22}{2}) = 475,7 \text{ mm}^2$$

Nettoquerschnittsfläche belastet auf Schub:

$$A_{nv} = t_{bw}(e_{1b} + (n_1 - 1)p_1 - (n_1 - 0,5)d_0)$$

$$e_{1b} = \frac{h}{2} - 20 - \frac{p_1}{2} = \frac{300}{2} - 20 - \frac{70}{2} = 95 \text{ mm}$$

$$A_{nv} = 7,1(95 + (2-1)70 - (2-0,5)22) = 937,2 \text{ mm}^2$$

e_{1b} ist der vertikale Abstand zwischen Oberkante Flansch des Trägers und erster Schraubenreihe.

Achtung: Das Fahnenblech ist vom Schwerpunkt des Trägers 20 mm nach oben versetzt.

Tragfähigkeit:

$$V_{Rd,11} = \frac{0,5 \cdot 360 \cdot 475,7}{1,25} + \frac{235 \cdot 937,2}{\sqrt{3} \cdot 1,0} = 195,7 \text{ kN}$$

IV.2.4 Zusammenfassung

Schrauben auf Abscheren	$V_{Rd,1} = 192,7 \text{ kN}$
Fahnenblech auf Lochleibung	$V_{Rd,2} = 234,2 \text{ kN}$
Fahnenblech auf Schub	$V_{Rd,3} = 288,4 \text{ kN}$
Nettoquerschnitt des Fahnenblechs auf Schub	$V_{Rd,4} = 339,2 \text{ kN}$
Schubblockversagen des Fahnenblechs	$V_{Rd,5} = 353,6 \text{ kN}$
Fahnenblech auf Biegung	$V_{Rd,6} = 237,9 \text{ kN}$
Beulen des Fahnenblechs	$V_{Rd,7} = 237,9 \text{ kN}$
Trägersteg auf Lochleibung	$V_{Rd,8} = 108 \text{ kN}$
Trägersteg auf Schub (Gesamtquerschnitt)	$V_{Rd,9} = 348,4 \text{ kN}$
Nettoquerschnitt des Trägerstegs auf Schub	$V_{Rd,10} = 375,1 \text{ kN}$
Blockversagen des Trägerstegs	$V_{Rd,11} = 195,7 \text{ kN}$

Gesamt $V_{j,Rd} = 108 \text{ kN}$

IV.2.5 Vergleich Tragfähigkeit von Anschluss zu Träger

$$V_{j,Rd} = 108 \text{ kN}$$

$$V_{Rd,IPE300} = \frac{A_v f_y}{\sqrt{3} \cdot \gamma_{M0}} = \frac{2570 \cdot 235}{\sqrt{3} \cdot 1,0} = 348,7 \text{ kN}$$

$$\frac{V_{j,Rd}}{V_{Rd,IPE300}} = 31\ \%$$

IV.3 Beispiel 3: Nachweis eines K-Fachwerkknotens aus Hohlprofilen

Für den in Bild IV.3-1 gezeigten gelenkigen Anschluss eines Fachwerkknotens werden im Folgenden alle erforderlichen Berechnungen zur Ermittlung der Tragfähigkeit aufgezeigt. In diesem Beispiel wird der gelenkige Anschluss durch eine Schweißverbindung realisiert.

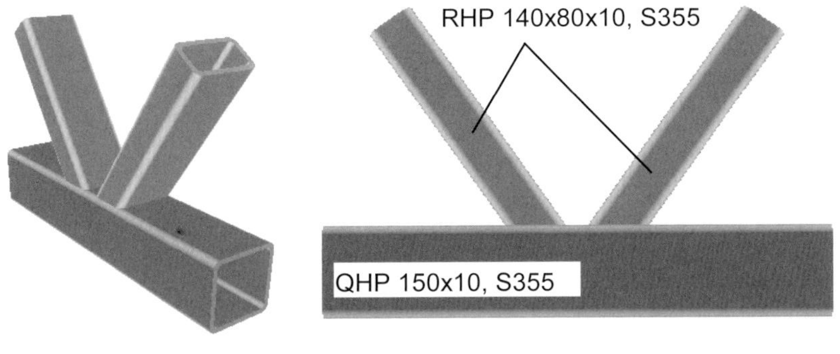

Bild IV.3-1

Gemäß DIN EN 1993-1-8/NA ist mit folgenden Sicherheitsbeiwerten zu rechnen:

$\gamma_{M0} = 1,0$, $\gamma_{M1} = 1,1$, $\gamma_{M2} = 1,25$, $\gamma_{M5} = 1,0$

Einwirkungen

Normalkraft Gurt (Druck)	$N_{0,Ed}$	=	1.400 kN
Normalkraft Strebe 1 (Druck)	$N_{1,Ed}$	=	500 kN
Normalkraft Strebe 2 (Zug)	$N_{2,Ed}$	=	-500 kN

Druckkräfte sind am Knoten positiv definiert, Zugkräfte negativ, siehe EN 1993-1-8, 1.5 Bild 1.4b.

IV.3.1 Abmessungen

IV.3.1.1 Gurt QHP 150x10, S355

Querschnittshöhe	h_0	=	150 mm
Querschnittsbreite	b_0	=	150 mm
Dicke	t_0	=	10 mm
Innerer Radius	$r_{0,1}$	=	10 mm
Äußerer Radius	$r_{0,2}$	=	15 mm
Streckgrenze	f_{y0}	=	355 N/mm²
Zugfestigkeit	f_{u0}	=	470 N/mm²

IV.3.1.2 Streben RHP 140x80x10, S355

Querschnittshöhe $(i = 1,2)$	h_i	=	80 mm
Querschnittsbreite	b_i	=	140 mm
Dicke	t_i	=	10 mm
Innerer Radius	$r_{i,1}$	=	10 mm
Äußerer Radius	$r_{i,2}$	=	15 mm
Streckgrenze	f_{yi}	=	355 N/mm²
Zugfestigkeit	f_{ui}	=	470 N/mm²
Eingeschlossener Winkel zw. Gurt und Strebe	θ_i	=	55 °
Exzentrizität	e	=	20 mm
Spalt	g	=	35,4 mm

IV.3.1.3 Dimensionslose Parameter

Gurtbreitenverhältnis $\beta = \frac{b_1 + b_2 + h_1 + h_2}{4b_0} = \frac{2 \cdot (140 + 80)}{4 \cdot 150} = 0,73$

EN 1993-1-8, 1.5(6)

Gurtschlankheit $\gamma = \frac{b_0}{2t_0} = \frac{150}{2 \cdot 10} = 7,5$

IV.3.2 Anwendungsbereich

$\beta = 0,73 \geq 0,35$ und $\beta = 0,73 \geq 0,1 + 0,01 \cdot b_0 / t_0 = 0,1 + 0,01 \cdot 150/10 = 0,25$

EN 1993-1-8, 7.5.1 (Tab.7.8)

$b_i / t_i = 140/10 = 14 \leq 35$

$h_i / t_i = 80/10 = 8 \leq 35$

$0,5 \leq h_0 / b_0 = 150/150 = 1,0 \leq 2,0$

$0,5 \leq h_i / b_i = 80/140 = 0,57 \leq 2,0$

Beide Streben ($i = 1,2$) gleiche Abmessungen

Spalt:

$0,5(1-\beta) = 0,135 \leq g / b_0 = 35,4/150 = 0,236 \leq 1,5(1-\beta) = 0,405$ und

$g = 35,4 \geq t_1 + t_2 = 10 + 10 = 20 \text{ mm}$

Strebenwinkel:

EN 1993-1-8, 7.1.2(3)

$\theta_i = 55° > 30°$

Exzentrizität:

$e = 20 \text{ mm}$

EN 1993-1-8, 5.1.5(5)

$-0,55h_0 \leq e \leq 0,25h_0$

$-0,55 \cdot 150 = 82,5 \leq e \leq 0,25 \cdot 150 = 37,5$

Bedingung erfüllt → Momente aus Knotenexzentrizitäten können beim Anschlussnachweis vernachlässigt werden.

IV.3.3 Versagensarten

IV.3.3.1 Gurttragfähigkeit, reduziert infolge Schub

EN 1993-1-8, 7.5.2.1 (Tab.7.12)

$$N_{0,Rd} = \frac{(A_0 - A_v) f_{y0} + A_v f_{y0} \sqrt{1 - (V_{Ed} / V_{pl,Rd})^2}}{\gamma_{M5}}$$

Querschnittsfläche $A_0 = 5490 \text{ mm}^2$

Schubfläche $A_v = (2h_0 + \alpha b_0) t_0$

Spalt $g = 35,38 \text{ mm}$

$$\alpha = \sqrt{\frac{1}{1 + \frac{4g^2}{3t_0^2}}} = \sqrt{\frac{1}{1 + \frac{4 \cdot 35,38^2}{3 \cdot 10^2}}} = 0,2378$$

$$A_v = (2 \cdot 150 + 0,2378 \cdot 150) \cdot 10 = 3356,7 \text{ mm}^2$$

$$V_{\text{pl},Rd} = \frac{f_{yo}}{\sqrt{3}} \cdot \frac{A_v}{\gamma_{M0}} = \frac{355}{\sqrt{3}} \cdot \frac{3356,7 \cdot 10^3}{1,0} = 688 \text{ kN}$$

$$V_{Ed} = N_1 \cdot \sin\theta_1 = 500 \cdot \sin(55°) = 409,6 \text{ kN}$$

$$N_{0,Rd} = \left(\frac{(5490 - 3356,7) \cdot 355 + 3356,7 \cdot 355 \sqrt{1 - (409,6/688)^2}}{1,0} \right) \cdot 10^{-3} = 1715 \text{ kN}$$

IV.3.3.2 Gurtflanschversagen

$$N_{1,Rd,CFF} = \frac{8,9 k_n f_{y0} t_0^2 \sqrt{\gamma}}{\sin(\theta_i)\gamma_{M5}} \left(\frac{b_1 + b_2 + h_1 + h_2}{4b_0} \right)$$

mit $\gamma = 7,5$ und $k_n < 1,0$ (Druck)

Beide Streben haben die gleiche Abmessung und den gleichen Strebenwinkel, daher nur Nachweis der Strebe $i = 1$

Druckgurtausnutzung:

Querschnittsfläche $A_0 = 5490 \text{ mm}^2$

EN 1993-1-8, 7.5.2.1 (Tab.7.12)

Annahme: Biegesteifigkeit des Gurtes links und rechts vom Anschluss gleich.

Gurtbiegung $M_{0,Ed}$ links und rechts vom Anschluss ist dann gleichmäßig (50%) verteilt.

EN 1993-1-8, 5.1.5 (6)

$$M_{0,Ed} = \left[N_1 \cos\theta_1 + |N_2| \cos\theta_2 \right] \cdot e/2 = 2 \cdot 500 \cdot \cos(55°) \cdot 0,020/2 = 5,736 kNm$$

$$\sigma_{0,Ed} = \frac{|N_{0,Ed}|}{A_0} + \frac{|M_{0,Ed}|}{W_{el,0}} = \frac{1400 \cdot 10^3}{5490} + \frac{5,736 \cdot 10^6}{236 \cdot 10^3} = 279,3 \text{ N/mm}^2$$

EN 1993-1-8, 1.5 (5)

$$n = \frac{\sigma_{0,Ed}}{f_{y0}} = \frac{279,3}{355} = 0,787$$

γ_{M5} ist hier nicht erforderlich

$$k_n = \frac{1,3 - 0,4 \cdot n}{\beta} = 1,3 - \frac{0,4 \cdot 0,787}{0,733} = 0,871 < 1,0$$

$$N_{1,Rd,CFF} = \left(\frac{8,9 \cdot 0,871 \cdot 355 \cdot 10^2 \sqrt{7,5}}{\sin(55°) \cdot 1,0} \left(\frac{140 + 140 + 80 + 80}{4 \cdot 150} \right) \right) \cdot 10^{-3} = 674,69 \text{ kN}$$

Druckgurtknoten maßgebend

IV.3.3.3 Schubversagen des Gurtes

$$N_{1,Rd,CSF} = \frac{A_v f_{y0}}{\sqrt{3} \cdot \sin(\theta_i) \cdot \gamma_{M5}}$$

EN 1993-1-8, 7.5.2.1 (Tab.7.12)

$$N_{1,Rd,CSF} = \frac{3356,7 \cdot 355 \cdot 10^{-3}}{\sqrt{3} \cdot \sin(55°) \cdot 1,0} = 839,9 \text{ kN}$$

IV.3.3.4 Strebenversagen

$$N_{1,Rd,BF} = f_{yi} \cdot t_i (2h_i - 4t_i + b_i + b_{eff}) / \gamma_{M5}$$

EN 1993-1-8, 7.5.2.1 (Tab.7.12)

$$b_{eff} = \min\left(\frac{10}{b_0 / t_0} \frac{f_{y0} t_0}{f_{yi} t_i} b_i ; b_i \right) = \min(93,33;140) = 93,33 \text{ mm}$$

$$N_{1,Rd,BF} = 355 \cdot 10 \cdot (2 \cdot 80 - 4 \cdot 10 + 140 + 93,33) \cdot 10^{-3} / 1,0 = 1254 \text{ kN}$$

IV.3.3.5 Durchstanzversagen

$$N_{1,Rd,PSF} = \frac{f_{y0} t_0}{\sqrt{3} \sin\theta_i} \left(\frac{2h_i}{\sin\theta_i} + b_i + b_{e,p} \right) / \gamma_{M5}$$

EN 1993-1-8, 7.5.2.1 (Tab.7.12)

$$b_{e,p} = \min\left(\frac{10}{b_0 / t_0} b_i ; b_i \right) = \min(93,33;140) = 93,33 \text{ mm}$$

$$N_{1,Rd,PSF} = \frac{355 \cdot 10}{\sqrt{3} \sin(55°)} \left(\frac{2 \cdot 80}{\sin(55°)} + 140 + 93,33 \right) \cdot 10^{-3} / 1,0 = 1073 \text{ kN}$$

IV.3.3.6 Überprüfung der Schweißnähte

Nachweis der erforderlichen Schweißnahtdicke (volltragfähig):

Hier gewählt: Stumpfnaht $a = t_1 = 10 \text{ mm}$

IV.3.4 Zusammenfassung

Tragfähigkeit Anschluss

Flanschversagen des Gurtes	$N_{i,Rd,CFF} = 674,69$ kN
Schubversagen des Gurtes	$N_{1,Rd,\mathrm{CSF}} = 839,9$ kN
Strebenversagen	$N_{1,Rd,BF} = 1254$ kN
Durchstanzversagen	$N_{1,Rd,PSF} = 1073$ kN

Die Tragfähigkeit des Anschlusses wird als maximale Tragfähigkeit der Streben angegeben, EN 1993-1-8, 7.1.1(2).

Maßgebend $N_{1,Rd} = 674,69$ kN

Tragfähigkeit Gurt

Gurttragfähigkeit, reduziert infolge Schub $N_{0,\mathrm{Rd}} = 1715$ kN

Nachweise Anschluss

$N_{1,\mathrm{Ed}} / N_{1,\mathrm{Rd}} = 500 / 674,69 = 0,74 < 1,0$

$N_{0,\mathrm{Ed}} / N_{0,\mathrm{Rd}} = 1400 / 1715 = 0,82 < 1,0$

Nachweise erfüllt

IV.4 Beispiel 4: Nachweis eines Träger-Stützen-Anschlusses mit momententragfähiger Stirnplattenverbindung

Für die in Bild IV.4-1 gezeigte momententragfähige Verbindung eines Trägers mit einer Stütze werden im Folgenden alle erforderlichen Nachweise der Tragfähigkeit berechnet. Es handelt sich um einen momententragfähigen Anschluss, der konstruktiv durch eine Stirnplatte realisiert wird. Zudem besitzt die Stütze am oberen Rand eine Steife.

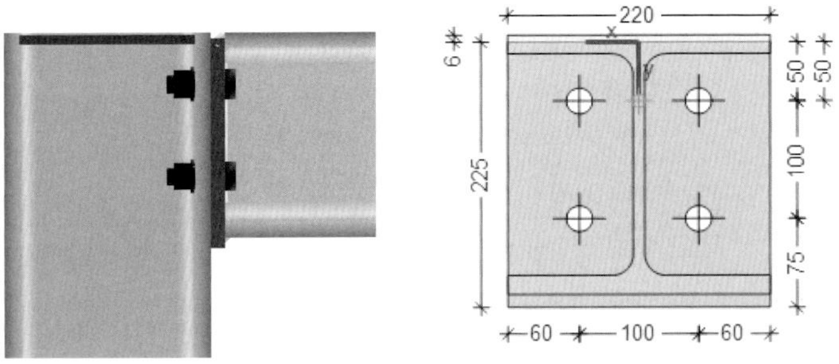

Bild IV.4-1

Gemäß DIN EN 1993-1-8/NA ist mit folgenden Sicherheitsbeiwerten zu rechnen:

$\gamma_{M0} = 1,0$, $\gamma_{M1} = 1,1$, $\gamma_{M2} = 1,25$

IV.4.1 Abmessungen

IV.4.1.1 Profil des Trägers und des lastaufnehmenden Bauteils: HEB 220, S235

Querschnittshöhe	h	=	220 mm
Querschnittsbreite	b	=	220 mm
Flanschdicke	t_f	=	16 mm
Stegdicke	t_w	=	9,5 mm
Radius	r	=	18 mm
Streckgrenze des Flanschs	$f_{y,f}$	=	235 N/mm²
Zugfestigkeit des Flanschs	$f_{u,f}$	=	360 N/mm²
Streckgrenze des Stegs	$f_{y,w}$	=	235 N/mm²
Zugfestigkeit des Stegs	$f_{u,w}$	=	360 N/mm²
Steghöhe	d	=	152 mm
Profilfläche	A	=	9104 mm²
Profilschubfläche	A_{vz}	=	2792 mm²

IV.4.1.2 Obere Steife

Dicke der Steife	t_s	=	10 mm
Breite der Steife	b_s	=	100 mm
Schweißnaht Steifensteg	a_f	=	5 mm
Schweißnaht Steifensteg	a_w	=	5 mm
Streckgrenze der Steife	$f_{y,st}$	=	235 N/mm²
Zugfestigkeit der Steife	$f_{u,st}$	=	360 N/mm²

IV.4.1.3 Stirnplatte

Stirnplattenhöhe	h	=	225 mm

Stirnplattenbreite	b	=	220 mm
Stirnplattendicke	t_{cp}	=	15 mm
Streckgrenze der Stirnplatte	f_y	=	235 N/mm²

IV.4.1.4 Schrauben M20, 10.9

Durchmesser	d	=	20 mm
Lochdurchmesser	d_0	=	22 mm
Schaftquerschnitt	A_s	=	245 mm²
Schraubenkopfhöhe	k_b	=	12,5 mm
Höhe der Mutter	m_n	=	18 mm
Dicke der Unterlegscheibe	h_w	=	4 mm
Streckgrenze	f_{yb}	=	900 N/mm²
Zugfestigkeit	f_{ub}	=	1000 N/mm²
Anzahl der Reihen	n_1	=	2
Abstand zwischen Schraubenreihen	p_{11}	=	100 mm
Anzahl der Spalten	n_2	=	2
Abstand zwischen Schraubenspalten	p_{21}	=	100 mm

IV.4.1.5 Schweißnähte

Schweißnahtdicke am Flansch	a_f	=	4 mm
Schweißnahtdicke am Steg	a_w	=	4 mm

IV.4.1.6 Anschlussbelastung

$M_{b,Ed} = 20\ \text{kNm} \qquad V_{b,Ed} = 20\ \text{kN} \qquad N_{b,Ed} = 0$

Für die Vorzeichenkonvention siehe EN 1993-1-8, 5.3(8) Bild 5.6

IV.4.2 Kenngrößen der Grundkomponenten für M-Tragfähigkeit

IV.4.2.1 Trägerflansch und -steg auf Druck

Plastisches Widerstandsmoment $W_{pl,y} = 8,27 \cdot 10^5\ \text{mm}^3$

Elastisches Widerstandsmoment $W_{el,y} = 7,355 \cdot 10^5\ \text{mm}^3$

Effektives Widerstandsmoment $W_{eff,y} = 7,355 \cdot 10^5\ \text{mm}^3$

EN 1993-1-5, 4.3(4)

Momententragfähigkeit des Trägerflansches:

EN 1993-1-1, 6.2.5(2)

$$M_{c,Rd} = \frac{W_{pl} \cdot f_y}{\gamma_{M0}} = \frac{8,27 \cdot 10^5 \cdot 235}{1,0} \cdot 10^{-6} = 194,4\ \text{kNm}$$

Tragfähigkeit:

EN 1993-1-8, 6.2.6.7(1)

$$F_{c,fb,Rd} = \frac{M_{c,Rd}}{h - t_{fb}} = \frac{194,4}{0,22 - 0,016} = 952,7\ \text{kN}$$

Steifigkeitskoeffizient:

EN 1993-1-8, 6.3.2(Tab. 6.11)

$k_7 = \infty$

Der Nachweis des Stützenstegs auf Zug wird erst nach der Ermittlung der Steifigkeitskoeffizienten k_3, k_4, k_5, k_{10} geführt um den inneren Hebelarm z_{eq} nach EN 1993-1-8 6.3.3.1(3) zu ermitteln.

Vereinfacht könnte auch mit z nach EN 1993-1-8 Bild 6.15 gerechnet werden.

IV.4.2.2 Stützensteg auf Druck

Maximale Längsdruckspannung aufgrund von Biegung und Normalkraft im Stützensteg:

$$\sigma_{com,Ed} = \frac{M \cdot d/2}{I} + \frac{N}{A} = \frac{20000000 \cdot 152/2}{80900000} + \frac{20000}{9104} = 20,98 \text{ N/mm}^2$$

Maßgebend ist der Übergang von Ausrundungsradius (bei Walzprofilen) bzw. Schweißnaht (bei Schweißprofilen) zum Stützensteg (EN 1993-1-8, 6.2.6.2(2)).

Wirksame Breite des Stützenstegs für Querdruck:

EN 1993-1-8, 6.2.6.2(1)

$$b_{eff,c,wc} = t_{fb} + 2\sqrt{2}a_p + 5(t_{fc} + s) + s_p$$

$$= 16 + 2\sqrt{2} \cdot 4 + 5(16+18) + 15 + 11 - 4\sqrt{2} = 217,7 \text{ mm}$$

Höhe des Stützenstegs: $d_{wc} = d = 152$ mm

Plattenschlankheitsgrad:

$$\lambda_p = 0,932\sqrt{\frac{b_{eff,c,wc} \cdot d_{wc} \cdot f_{y,wc}}{E \cdot t_{wc}^2}} = 0,932\sqrt{\frac{217,7 \cdot 152 \cdot 235}{210000 \cdot 9,5^2}} = 0,5969$$

Abminderungsbeiwert für Plattenbeulen: $\rho = 1$

Abminderungsbeiwert für die Interaktion mit Schubbeanspruchung:

EN 1993-1-8 6.2.6.2(Tab.6.3)

$$\omega_1 = \frac{1}{\sqrt{1 + 1,3(b_{eff,c,wc} t_{wc} / A_{vc})^2}} = \frac{1}{\sqrt{1 + 1,3(217,7 \cdot 9,5/2792)^2}} = 0,7641$$

$$\omega_2 = \frac{1}{\sqrt{1 + 5,2(b_{eff,c,wc} t_{wc} / A_{vc})^2}} = \frac{1}{\sqrt{1 + 5,2(217,7 \cdot 9,5/2792)^2}} = 0,5095$$

$$\omega = \omega_1 = 0,7641$$

Abminderungsfaktor für Druck in der Stütze:

EN 1993-1-8, 6.2.6.2(2)

$$\sigma_{com,Ed} = 20,98 \le 0,7 \cdot 235 = 164,5 \text{ N/mm}^2$$

$$\rightarrow k_{wc} = 1$$

Tragfähigkeit:

$$F_{a,c,wc,Rd} = \min\left(\frac{\omega k_{wc} b_{eff,c,wc} t_{wc} f_{y,wc}}{\gamma_{M0}}; \frac{\omega k_{wc} \rho b_{eff,c,wc} t_{wc} f_{y,wc}}{\gamma_{M1}}\right)$$

$$= \min(371,36; 337,5) = 337,5 \text{ kN}$$

Steifigkeitskoeffizient:

EN 1993-1-8, 6.3.2(Tab.6.11)

$$k_2 = \frac{0,7 \cdot b_{eff,c,wc} t_{wc}}{d_c} = \frac{0,7 \cdot 217,7 \cdot 9,5}{152} \cdot 10^{-3} = 0,009522 \text{ m}$$

IV.4.2.3 Schrauben auf Zug

Faktor $k_2 = 0,9$

Zugtragfähigkeit pro Schraube :

EN 1993-1-8, 3.6.1(Tab.3.4)

$$F_{t,Rd} = \frac{k_2 f_{ub} A_s}{\gamma_{M2}} = \frac{0,9 \cdot 1000 \cdot 245}{1,25} \cdot 10^{-3} = 176,4 \text{ kN}$$

Dehnlänge der Schraube:

$$L_b = \frac{12,5}{2} + 16 + 15 + 4 + \frac{18}{2} = 50,25 \text{ mm}$$

„Dehnlänge der Schraube, die sich aus der gesamten Klemmlänge (Gesamt-dicke des Materials und der Unterleg-scheiben) plus der halben Kopfhöhe und der halben Mutternhöhe ergibt." EN 1993-1-8, 6.3.2(Tab.6.11)

Steifigkeit je Schraubenreihe (2 Schrauben):

EN 1993-1-8, 6.3.2(Tab.6.11)

$$k_{10} = \frac{1,6 \cdot A_s}{L_b} = \frac{1,6 \cdot 245}{50,25} \cdot 10^{-3} = 0,007801 \text{ m}$$

IV.4.2.4 Schraubenreihe 1

IV.4.2.4.1 Stützenflansch auf Biegung

EN 1993-1-8, 6.2.6.4(Bild 6.8)

EN 1993-1-8, 6.2.6.5(Bild 6.11)

$$m = \frac{p_2}{2} - \frac{t_w}{2} - 0,8r = \frac{100}{2} - \frac{9,5}{2} - 0,8 \cdot 18 = 30,85 \text{ mm}$$

$$m_2 = 56 - 8 - 5 - 0,8\sqrt{2} \cdot 5 = 37,34 \text{ mm}$$

$$e = 60 \text{ mm}$$

Für die Berechnung der wirksamen Längen der Schraubenreihe 1 ist die Steife zu berücksichtigen.

α ist aus EN 1993-1-8 6.2.6.5 Bild 6.11 abzulesen.

$$\lambda_1 = \frac{m}{m+e} = \frac{30,85}{30,85+60} = 0,34$$

$$\lambda_2 = \frac{m_2}{m+e} = \frac{37,34}{30,85+60} = 0,41$$

$$\rightarrow \alpha = 7,053$$

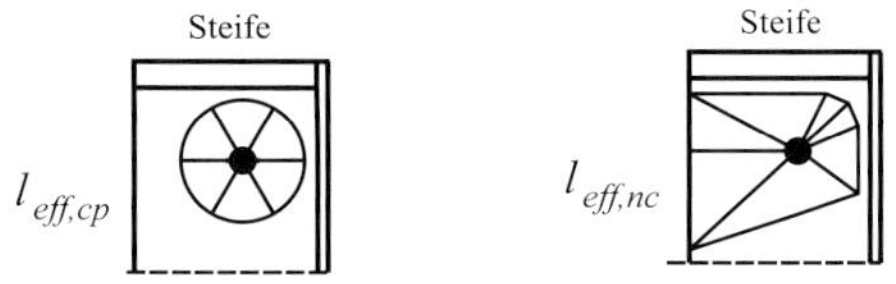

Wirksame Länge von kreisförmigen Mustern:

EN 1993-1-8, 6.2.6.4.2(Tab.6.5)

$$\ell_{eff,cp} = 2\pi m = 193,8 \text{ mm}$$

Wirksame Länge von nicht kreisförmigen Mustern:

$$\ell_{eff,nc} = \alpha m = 217,6 \text{ mm}$$

Wirksame Länge in Modus 1:

$$\ell_{eff,1} = \min(\ell_{eff,cp}; \ell_{eff,nc}) = \min(193,8; 217,6) = 193,8 \text{ mm}$$

Wirksame Länge in Modus 2:

$$\ell_{eff,2} = \ell_{eff,nc} = 217,6 \text{ mm}$$

Randabstand $n = \min(e_{\min}; 1,25m) = \min(60; 38,56) = 38,56$ mm

EN 1993-1-8, 6.2.4.1(Tab. 6.2)

Bemessungszugtragfähigkeit eines T-Stummels in Modus 1:

$$M_{pl,1,Rd} = 0,25\sum \ell_{eff,1} t_f^2 f_y / \gamma_{M0} = 0,25 \cdot 193,8 \cdot 16^2 \cdot 235 / 1,0 \cdot 10^{-3}$$
$$= 2914,75 \text{ kNmm}$$

$$F_{T,1,Rd} = \frac{4M_{pl,1,Rd}}{m} = \frac{4 \cdot 2914,75}{30,85} = 378 \text{ kN}$$

Bemessungszugtragfähigkeit eines T-Stummels in Modus 2:

$$M_{pl,2,Rd} = 0,25\sum \ell_{eff,2} t_f^2 f_y / \gamma_{M0} = 0,25 \cdot 217,6 \cdot 16^2 \cdot 235 / 1,0 \cdot 10^{-3}$$
$$= 3274,21 \text{ kNmm}$$

$$F_{T,2,Rd} = \frac{2M_{pl,2,Rd} + n\sum F_{t,Rd}}{m+n} = \frac{2 \cdot 3274,21 + 2 \cdot 38,56 \cdot 176,4}{30,85 + 38,56} = 290,3 \text{ kN}$$

Bemessungszugtragfähigkeit eines T-Stummels in Modus 3:

$$F_{T,3,Rd} = \sum F_{t,Rd} = 2 \cdot 176,4 = 352,8 \text{ kN}$$

Tragfähigkeit:

$$F_{t,fc,Rd} = \min(378; 290,3; 352,8) = 290,3 \text{ kN}$$

Steifigkeitskoeffizient:

$$\ell_{eff} = \min(2\pi m; \alpha m; \pi m + p; 0{,}5p + \alpha m - (2m + 0{,}625e))$$

$$= \min(193{,}8; 217{,}6; 196{,}9; 168{,}4) = 168{,}4 \text{ mm}$$

EN 1993-1-8, 6.3.2(Tab.6.11)

$$k_4 = \frac{0{,}9 \cdot \ell_{eff} t_{fc}^3}{m^3} = \frac{0{,}9 \cdot 168{,}4 \cdot 16^3}{30{,}85^3} \cdot 10^{-3} = 0{,}02115 \text{ m}$$

IV.4.2.4.2 Stützensteg auf Zug

Wirksame Breite des Stützenstegs für Querzug:

$$b_{eff,t,wc} = l_{eff,2} = 217{,}6 \text{ mm}$$

EN 1993-1-8, 6.2.6.3(3)

$$A_{vc} = 2792 \text{ mm}^2$$

Abminderungsbeiwert für die Interaktion mit Schubbeanspruchung:

EN 1993-1-8, 6.2.6.2(Tab.6.3)

$$\omega_1 = \frac{1}{\sqrt{1 + 1{,}3(b_{eff,t,wc} t_{wc} / A_{vc})^2}} = \frac{1}{\sqrt{1 + 1{,}3(217{,}6 \cdot 9{,}5 / 2792)^2}} = 0{,}7641$$

$$\omega_2 = \frac{1}{\sqrt{1 + 5{,}2(b_{eff,t,wc} t_{wc} / A_{vc})^2}} = \frac{1}{\sqrt{1 + 5{,}2(217{,}6 \cdot 9{,}5 / 2792)^2}} = 0{,}5095$$

$$\omega = \omega_1 = 0{,}7641$$

Tragfähigkeit:

$$F_{t,wc,Rd} = \frac{\omega b_{eff,t,wc} t_{wc} f_{y,wc}}{\gamma_{M0}} = \frac{0{,}7641 \cdot 217{,}6 \cdot 9{,}5 \cdot 235}{1{,}0} \cdot 10^{-3} = 371{,}3 \text{ kN}$$

Steifigkeitskoeffizient:

$$b_{eff,t,wc} = \min \ell_{eff} = 168{,}4 \text{ mm}$$

EN 1993-1-8, 6.3.2(Tab.6.11)

$$k_3 = \frac{0{,}7 \cdot b_{eff,t,wc} t_{wc}}{d_c} = \frac{0{,}7 \cdot 168{,}4 \cdot 9{,}5}{152} \cdot 10^{-3} = 0{,}007369 \text{ m}$$

IV.4.2.4.3 Stirnplatte auf Biegung

$$m = \frac{p_2}{2} - 0,8\sqrt{2}\cdot a = \frac{100}{2} - \frac{9,5}{2} - 0,8\sqrt{2}\cdot 4 = 40,72 \text{ mm}$$

EN 1993-1-8, 6.2.6.4(Bild 6.8)

$$m_2 = 56 - 16 - 0,8\sqrt{2}\cdot 4 = 35,47 \text{ mm}$$

$$\lambda_1 = \frac{m}{m+e} = \frac{40,72}{40,72+60} = 0,404$$

EN 1993-1-8, 6.2.6.5(Bild 6.11)

$$\lambda_2 = \frac{m_2}{m+e} = \frac{35,47}{40,72+60} = 0,352$$

$$\rightarrow \alpha = 6,74$$

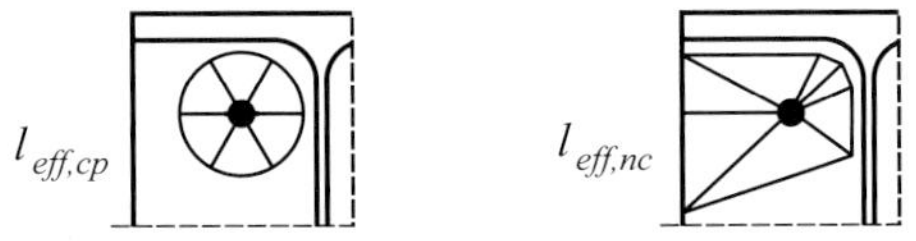

Wirksame Länge von kreisförmigen Mustern:

$$l_{eff,cp} = 2\pi m = 255,9 \text{ mm}$$

Wirksame Länge von nicht kreisförmigen Mustern:

$$\ell_{eff,nc} = \alpha m = 274,4 \text{ mm}$$

Wirksame Länge in Modus 1:

$$\ell_{eff,1} = \min(\ell_{eff,cp}; \ell_{eff,nc}) = \min(255,9; 274,4) = 255,9 \text{ mm}$$

Wirksame Länge in Modus 2:

$$\ell_{eff,2} = \ell_{eff,nc} = 274,4 \text{ mm}$$

Randabstand $n = \min(e_{\min}; 1,25m) = \min(60; 50,91) = 50,91$ mm

EN 1993-1-8 6.2.4.1(Tab. 6.2)

Bemessungszugtragfähigkeit eines T-Stummels in Modus 1:

$$M_{pl,1,Rd} = 0,25\sum \ell_{eff,1} t_p^2 f_y / \gamma_{M0} = 0,25\cdot 255,9\cdot 15^2\cdot 235/1,0\cdot 10^{-3}$$
$$= 3382,68 \text{ kNmm}$$

$$F_{T,1,Rd} = \frac{4M_{pl,1,Rd}}{m} = \frac{4\cdot 3382,68}{40,72} = 332,2 \text{ kN}$$

Bemessungszugtragfähigkeit eines T-Stummels in Modus 2:

$$M_{pl,2,Rd} = 0,25\sum \ell_{eff,2} t_p^2 f_y / \gamma_{M0} = 0,25\cdot 274,4\cdot 15^2\cdot 235/1,0\cdot 10^{-3}$$
$$= 3627,23 \text{ kNmm}$$

$$F_{T,2,Rd} = \frac{2M_{pl,2,Rd} + n\sum F_{t,Rd}}{m+n} = \frac{2\cdot 3627,23 + 2\cdot 50,91\cdot 176,4}{40,72+50,91} = 275,2 \text{ kN}$$

Bemessungszugtragfähigkeit eines T-Stummels in Modus 3:

$$F_{T,3,Rd} = \sum F_{t,Rd} = 2\cdot 176,4 = 352,8 \text{ kN}$$

Tragfähigkeit:

$$F_{t,cp,Rd} = \min(332,2; 275,2; 352,8) = 275,2 \text{ kN}$$

Steifigkeitskoeffizient:

$$\ell_{eff} = \min(2\pi m; \alpha m; \pi m + p; 0,5p + \alpha m - (2m + 0,625e))$$
$$= \min(255,85; 274,45; 227,93; 205,51) = 205,51 \text{ mm}$$

EN 1993-1-8, 6.3.2(Tab.6.11)

$$k_5 = \frac{0,9\cdot \ell_{eff} t_p^3}{m^3} = \frac{0,9\cdot 205,51\cdot 15^3}{40,72^3}\cdot 10^{-3} = 0,00924 \text{ m}$$

IV.4.2.4.4 Trägersteg auf Zug

$b_{eff,t,wb} = \ell_{eff,2} = 274,4 \text{ mm}$ — EN 1993-1-8, 6.2.6.8(2)

Tragfähigkeit:

EN 1993-1-8, 6.2.6.8(1)

$F_{t,wb,Rd} = b_{eff,t,wb} t_{wb} f_{y,wb} / \gamma_{M0} = 274,4 \cdot 9,5 \cdot 235 / 1,0 \cdot 10^{-3} = 612,6 \text{ kN}$

IV.4.2.5 Schraubenreihe 2

IV.4.2.5.1 Stützenflansch auf Biegung

$$m = \frac{p_2}{2} - \frac{t_w}{2} - 0,8r = \frac{100}{2} - \frac{9,5}{2} - 0,8 \cdot 18 = 30,85 \text{ mm}$$

$e = 60 \text{ mm}$ — EN 1993-1-8, 6.2.6.4(Bild 6.8)

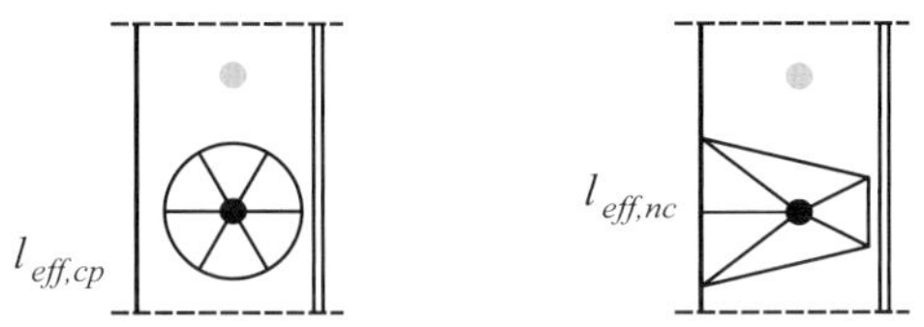

Wirksame Länge von kreisförmigen Mustern:

$\ell_{eff,cp} = 2\pi m = 193,8 \text{ mm}$ — EN 1993-1-8, 6.2.6.4.1(Tab.6.4)

Wirksame Länge von nicht kreisförmigen Mustern:

$\ell_{eff,nc} = 4m + 1,25e = 198,4 \text{ mm}$

Wirksame Länge in Modus 1:

$\ell_{eff,1} = \min(\ell_{eff,cp}; \ell_{eff,nc}) = \min(193,8; 198,4) = 193,8 \text{ mm}$

Wirksame Länge in Modus 2:

$\ell_{eff,2} = \ell_{eff,nc} = 198,4 \text{ mm}$

Randabstand $n = \min(e_{\min}; 1,25m) = \min(60; 38,56) = 38,56 \text{ mm}$ — EN 1993-1-8, 6.2.4.1(Tab.6.2)

Bemessungszugtragfähigkeit eines T-Stummels in Modus 1:

$M_{pl,1,Rd} = 0,25 \sum \ell_{eff,1} t_f^2 f_y / \gamma_{M0} = 0,25 \cdot 193,8 \cdot 16^2 \cdot 235 / 1,0 \cdot 10^{-3}$

$= 2914,75 \text{ kNmm}$

$$F_{T,1,Rd} = \frac{4M_{pl,1,Rd}}{m} = \frac{4 \cdot 2914,75}{30,85} = 378 \text{ kN}$$

Bemessungszugtragfähigkeit eines T-Stummels in Modus 2:

$M_{pl,2,Rd} = 0,25 \sum \ell_{eff,2} t_f^2 f_y / \gamma_{M0} = 0,25 \cdot 198,4 \cdot 16^2 \cdot 235 / 1,0 \cdot 10^{-3}$

$= 2983,94 \text{ kNmm}$

$$F_{T,2,Rd} = \frac{2M_{pl,2,Rd} + n\sum F_{t,Rd}}{m+n} = \frac{2 \cdot 2983,94 + 2 \cdot 38,56 \cdot 176,4}{30,85 + 38,56} = 282 \text{ kN}$$

Bemessungszugtragfähigkeit eines T-Stummels in Modus 3:

$F_{T,3,Rd} = \sum F_{t,Rd} = 2 \cdot 176,4 = 352,8 \text{ kN}$

Tragfähigkeit:

$F_{t,fc,Rd} = \min(378; 282; 352,8) = 282 \text{ kN}$

Steifigkeitskoeffizient:

$\ell_{eff} = \min(2\pi m; 4m + 1,25e; \pi m + p; 2m + 0,625e + 0,5p)$

$= \min(193,8; 198,4; 196,9; 149,2) = 149,2 \text{ mm}$ — EN 1993-1-8, 6.3.2(Tab.6.11)

$$k_4 = \frac{0,9 \cdot \ell_{eff} t_{fc}^3}{m^3} = \frac{0,9 \cdot 149,2 \cdot 16^3}{30,85^3} \cdot 10^{-3} = 0,01873 \text{ m}$$

IV.4.2.5.2 Stützenflansch auf Biegung/ Gruppe 1 bis 2

Schraubenreihe 1:

$\alpha = 7,053$

$l_{eff,cp}$ 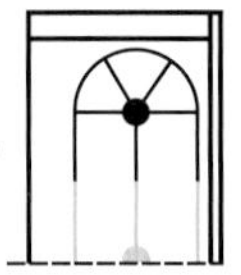 $l_{eff,nc}$ 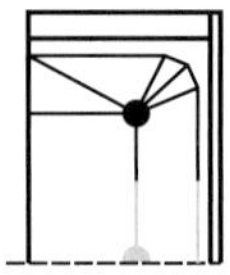

Wirksame Längen:

$\ell_{eff,cp} = \pi m + p = 196,2 \text{ mm}$ — EN 1993-1-8, 6.2.6.4.2(Tab.6.5)

$\ell_{eff,nc} = 0,5p + \alpha m - (2m + 0,625e) = 168,39 \text{ mm}$

$\ell_{eff,1.1} = \min(\ell_{eff,cp}; \ell_{eff,nc}) = \min(196,2; 168,39) = 168,39 \text{ mm}$

$\ell_{eff,1.2} = \ell_{eff,nc} = 168,39 \text{ mm}$

Schraubenreihe 2:

$l_{eff,cp}$ 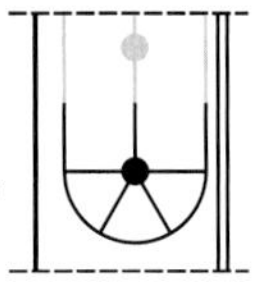 $l_{eff,nc}$ 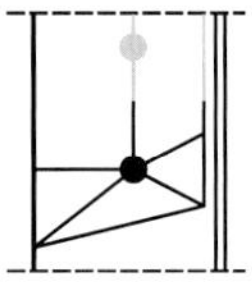

Wirksame Längen: — EN 1993-1-8, 6.2.6.4.2(Tab.6.4)

$\ell_{eff,cp} = \pi m + p = 196,2 \text{ mm}$

$\ell_{eff,nc} = 2m + 0,625e + 0,5p = 149,2 \text{ mm}$

$\ell_{eff,1.2} = \min(\ell_{eff,cp}; \ell_{eff,nc}) = \min(196,2; 149,2) = 149,2 \text{ mm}$

$\ell_{eff,2.2} = \ell_{eff,nc} = 149,2 \text{ mm}$

Wirksame Längen der Schraubengruppe:

$\ell_{eff,1} = \ell_{eff,1.1} + \ell_{eff,1.2} = 317,6 \text{ mm}$

$\ell_{eff,2} = \ell_{eff,2.1} + \ell_{eff,2.2} = 317,6 \text{ mm}$

Randabstand $n = \min(e_{\min}; 1,25m) = \min(60; 38,56) = 38,56 \text{ mm}$ — EN 1993-1-8, 6.2.4.1(Tab. 6.2)

Bemessungszugtragfähigkeit eines T-Stummels in Modus 1:

$$M_{pl,1,Rd} = 0,25 \sum \ell_{eff,1} t_f^2 f_y / \gamma_{M0} = 0,25 \cdot 317,6 \cdot 16^2 \cdot 235 / 1,0 \cdot 10^{-3}$$
$$= 4776,7 \text{ kNmm}$$

$$F_{T,1,Rd} = \frac{4M_{pl,1,Rd}}{m} = \frac{4 \cdot 4776,7}{30,85} = 619,4 \text{ kN}$$

Bemessungszugtragfähigkeit eines T-Stummels in Modus 2:

$$M_{pl,2,Rd} = 0,25 \sum \ell_{eff,2} t_f^2 f_y / \gamma_{M0} = 0,25 \cdot 317,6 \cdot 16^2 \cdot 235 / 1,0 \cdot 10^{-3}$$
$$= 4776,7 \text{ kNmm}$$

$$F_{T,2,Rd} = \frac{2M_{pl,2,Rd} + n \sum F_{t,Rd}}{m + n} = \frac{2 \cdot 4776,7 + 4 \cdot 38,56 \cdot 176,4}{30,85 + 38,56} = 529,7 \text{ kN}$$

Bemessungszugtragfähigkeit eines T-Stummels in Modus 3:

$$F_{T,3,Rd} = \sum F_{t,Rd} = 4 \cdot 176,4 = 705,6 \text{ kN}$$

Tragfähigkeit:

$F_{t,fc,Rd} = \min(619,4; 529,7; 705,6) = 529,7 \text{ kN}$

IV.4.2.5.3 Stützensteg auf Zug

Wirksame Breite des Stützenstegs für Querzug:

$b_{eff,t,wc} = \ell_{eff,2} = 198,4 \text{ mm}$ — EN 1993-1-8, 6.2.6.3(3)

$A_{vc} = 2792 \text{ mm}^2$

Abminderungsbeiwert für die Interaktion mit Schubbeanspruchung: — EN 1993-1-8, 6.2.6.2(Tab.6.3)

$$\omega_1 = \frac{1}{\sqrt{1+1,3(b_{eff,c,wc}t_{wc}/A_{vc})^2}} = \frac{1}{\sqrt{1+1,3(198,4\cdot 9,5/2792)^2}} = 0,7925$$

$$\omega_2 = \frac{1}{\sqrt{1+5,2(b_{eff,c,wc}t_{wc}/A_{vc})^2}} = \frac{1}{\sqrt{1+5,2(198,4\cdot 9,5/2792)^2}} = 0,5448$$

$\omega = \omega_1 = 0,7925$

Tragfähigkeit: — EN 1993-1-8, 6.2.6.3(1)

$$F_{t,wc,Rd} = \frac{\omega b_{eff,t,wc} t_{wc} f_{y,wc}}{\gamma_{M0}} = \frac{0,7925\cdot 198,4\cdot 9,5\cdot 235}{1,0}\cdot 10^{-3} = 351 \text{ kN}$$

Steifigkeitskoeffizient:

$b_{eff,t,wc} = \min \ell_{eff} = 149,2 \text{ mm}$ — EN 1993-1-8, 6.3.2(Tab.6.11)

$$k_3 = \frac{0,7\cdot b_{eff,t,wc}t_{wc}}{d_c} = \frac{0,7\cdot 149,2\cdot 9,5}{152}\cdot 10^{-3} = 0,006528 \text{ m}$$

IV.4.2.5.4 Stützensteg auf Zug/ Gruppe 1 bis 2

Wirksame Breite des Stützenstegs für Querzug:

$b_{eff,t,wc} = \ell_{eff,2} = 317,6 \text{ mm}$ — EN 1993-1-8, 6.2.6.3(3)

$A_{vc} = 2792 \text{ mm}^2$

Abminderungsbeiwert für die Interaktion mit Schubbeanspruchung: — EN 1993-1-8, 6.2.6.2(Tab.6.3)

$$\omega_1 = \frac{1}{\sqrt{1+1,3(b_{eff,c,wc}t_{wc}/A_{vc})^2}} = \frac{1}{\sqrt{1+1,3(317,6\cdot 9,5/2792)^2}} = 0,6301$$

$$\omega_2 = \frac{1}{\sqrt{1+5,2(b_{eff,c,wc}t_{wc}/A_{vc})^2}} = \frac{1}{\sqrt{1+5,2(317,6\cdot 9,5/2792)^2}} = 0,3760$$

$\omega = \omega_1 = 0,6301$

Tragfähigkeit:

$$F_{t,wc,Rd} = \frac{\omega b_{eff,t,wc} t_{wc} f_{y,wc}}{\gamma_{M0}} = \frac{0,6301\cdot 317,6\cdot 9,5\cdot 235}{1,0}\cdot 10^{-3} = 446,9 \text{ kN}$$ — EN 1993-1-8, 6.2.6.3(1)

IV.4.2.5.5 Stirnplatte auf Biegung

$$m = \frac{p_2}{2} - 0,8\sqrt{2}\cdot a = \frac{100}{2} - \frac{9,5}{2} - 0,8\sqrt{2}\cdot 4 = 40,72 \text{ mm}$$ — EN 1993-1-8, 6.2.6.4(Bild 6.8)

$m_2 = 75 - 11 - 16 - 0,8\sqrt{2}\cdot 4 = 43,47 \text{ mm}$ — EN 1993-1-8, 6.2.6.5(Bild 6.11)

$$\lambda_1 = \frac{m}{m+e} = \frac{40,72}{40,72+60} = 0,404$$

$$\lambda_2 = \frac{m_2}{m+e} = \frac{43,47}{40,72+60} = 0,432$$

$$\rightarrow \alpha = 6,461$$

$l_{eff,cp}$ 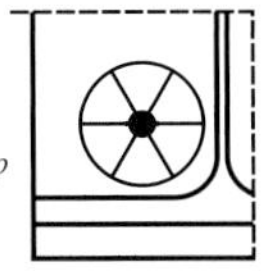 $l_{eff,nc}$ 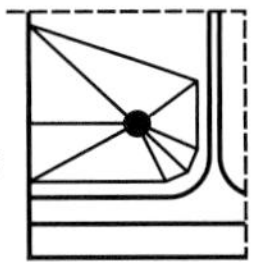

Wirksame Länge von kreisförmigen Mustern: EN 1993-1-8, 6.2.6.5(Tab. 6.6)

$$l_{eff,cp} = 2\pi m = 255,9 \text{ mm}$$

Wirksame Länge von nicht kreisförmigen Mustern:

$$\ell_{eff,nc} = \alpha m = 263,1 \text{ mm}$$

Wirksame Länge in Modus 1:

$$\ell_{eff,1} = \min(\ell_{eff,cp}; \ell_{eff,nc}) = \min(255,9; 263,1) = 255,9 \text{ mm}$$

Wirksame Länge in Modus 2:

$$\ell_{eff,2} = \ell_{eff,nc} = 263,1 \text{ mm}$$

Randabstand $n = \min(e_{\min}; 1,25m) = \min(60; 50,91) = 50,91$ mm EN 1993-1-8, 6.2.4.1(Tab. 6.2)

Bemessungszugtragfähigkeit eines T-Stummels in Modus 1:

$$M_{pl,1,Rd} = 0,25\sum \ell_{eff,1} t_p^2 f_y / \gamma_{M0} = 0,25 \cdot 255,9 \cdot 15^2 \cdot 235 / 1,0 \cdot 10^{-3}$$

$$= 3382,68 \text{ kNmm}$$

$$F_{T,1,Rd} = \frac{4M_{pl,1,Rd}}{m} = \frac{4 \cdot 3382,68}{40,72} = 332,2 \text{ kN}$$

Bemessungszugtragfähigkeit eines T-Stummels in Modus 2:

$$M_{pl,2,Rd} = 0,25\sum \ell_{eff,2} t_p^2 f_y / \gamma_{M0} = 0,25 \cdot 263,1 \cdot 15^2 \cdot 235 / 1,0 \cdot 10^{-3}$$

$$= 3477,85 \text{ kNmm}$$

$$F_{T,2,Rd} = \frac{2M_{pl,2,Rd} + n\sum F_{t,Rd}}{m+n} = \frac{2 \cdot 3477,85 + 2 \cdot 50,91 \cdot 176,4}{40,72 + 50,91} = 271,9 \text{ kN}$$

Bemessungszugtragfähigkeit eines T-Stummels in Modus 3:

$$F_{T,3,Rd} = \sum F_{t,Rd} = 2 \cdot 176,4 = 352,8 \text{ kN}$$

Tragfähigkeit:

$$F_{t,cp,Rd} = \min(332,2; 271,9; 352,8) = 271,9 \text{ kN}$$

Steifigkeitskoeffizient:

$$\ell_{eff} = \min(2\pi m; \alpha m; \pi m + p; 0,5p + \alpha m - (2m + 0,625e))$$

$= \min(255,85; 263,09; 227,92; 194,15) = 194,15$ mm EN 1993-1-8, 6.3.2(Tab.6.11)

$$k_5 = \frac{0,9 \cdot \ell_{eff} t_p^3}{m^3} = \frac{0,9 \cdot 194,15 \cdot 15^3}{40,72^3} \cdot 10^{-3} = 0,008732 \text{ m}$$

IV.4.2.5.6 Stirnplatte auf Biegung/ Gruppe 1 bis 2

Wirksame Länge von kreisförmigen Mustern:

Schraubenreihe 1:

$$\alpha = 6,74$$

$l_{eff,cp}$ 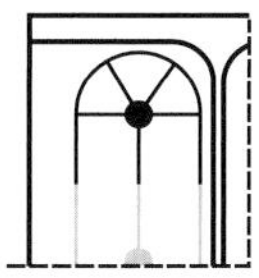 $l_{eff,nc}$ 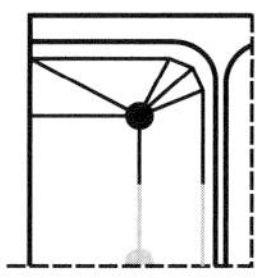

Wirksame Längen: EN 1993-1-8, 6.2.6.5(Tab. 6.6)

$$\ell_{eff,cp} = \pi m + p = 227{,}93 \text{ mm}$$

$$\ell_{eff,nc} = 0{,}5p + \alpha m - (2m + 0{,}625e) = 205{,}5 \text{ mm}$$

$$\ell_{eff,1.1} = \min(\ell_{eff,cp}; \ell_{eff,nc}) = \min(227{,}93; 205{,}5) = 205{,}5 \text{ mm}$$

$$\ell_{eff,2.1} = \ell_{eff,nc} = 205{,}5 \text{ mm}$$

Schraubenreihe 2

$\alpha = 6{,}461$

$l_{eff,cp}$ 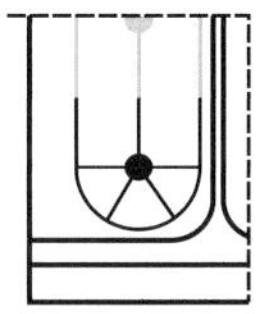 $l_{eff,nc}$ 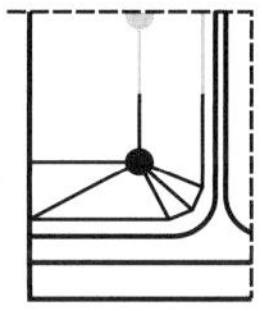

Wirksame Längen:

$$\ell_{eff,cp} = \pi m + p = 227{,}93 \text{ mm}$$

$$\ell_{eff,nc} = 2m + 0{,}625e + 0{,}5p = 194{,}2 \text{ mm}$$

$$\ell_{eff,1.2} = \min(\ell_{eff,cp}; \ell_{eff,nc}) = \min(227{,}93; 194{,}2) = 194{,}2 \text{ mm}$$

$$\ell_{eff,2.2} = \ell_{eff,nc} = 194{,}2 \text{ mm}$$

Wirksame Längen der Schraubengruppe:

$$\ell_{eff,1} = \ell_{eff,1.1} + \ell_{eff,1.2} = 399{,}6 \text{ mm}$$

$$\ell_{eff,2} = \ell_{eff,2.1} + \ell_{eff,2.2} = 399{,}6 \text{ mm}$$

Randabstand $n = \min(e_{\min}; 1{,}25m) = \min(60; 50{,}91) = 50{,}91$ mm EN 1993-1-8, 6.2.4.1(Tab. 6.2)

Bemessungszugtragfähigkeit eines T-Stummels in Modus 1:

$$M_{pl,1,Rd} = 0{,}25 \sum \ell_{eff,1} t_p^2 f_y / \gamma_{M0} = 0{,}25 \cdot 399{,}6 \cdot 15^2 \cdot 235 / 1{,}0 \cdot 10^{-3}$$

$$= 5282{,}21 \text{ kNmm}$$

$$F_{T,1,Rd} = \frac{4M_{pl,1,Rd}}{m} = \frac{4 \cdot 5282{,}21}{40{,}72} = 518{,}9 \text{ kN}$$

Bemessungszugtragfähigkeit eines T-Stummels in Modus 2:

$$M_{pl,2,Rd} = 0{,}25 \sum \ell_{eff,2} t_p^2 f_y / \gamma_{M0} = 0{,}25 \cdot 399{,}6 \cdot 15^2 \cdot 235 / 1{,}0 \cdot 10^{-3}$$

$$= 5282{,}21 \text{ kNmm}$$

$$F_{T,2,Rd} = \frac{2M_{pl,2,Rd} + n \sum F_{t,Rd}}{m + n} = \frac{2 \cdot 5282{,}21 + 4 \cdot 50{,}91 \cdot 176{,}4}{40{,}72 + 50{,}91} = 507{,}3 \text{ kN}$$

Bemessungszugtragfähigkeit eines T-Stummels in Modus 3:

$$F_{T,3,Rd} = \sum F_{t,Rd} = 4 \cdot 176{,}4 = 705{,}6 \text{ kN}$$

Tragfähigkeit:

$$F_{t,cp,Rd} = \min(518{,}9; 507{,}3; 705{,}6) = 507{,}3 \text{ kN}$$

IV.4.2.5.7 Trägersteg auf Zug

$b_{eff,t,wb} = \ell_{eff,2} = 263{,}1 \text{ mm}$

EN 1993-1-8, 6.2.6.8(2)

Tragfähigkeit:

$F_{t,w,Rd} = b_{eff,t,wb} t_{wb} f_{y,wb} / \gamma_{M0} = 263{,}1 \cdot 9{,}5 \cdot 235 / 1{,}0 \cdot 10^{-3} = 587{,}4 \text{ kN}$

EN 1993-1-8, 6.2.6.8(1)

IV.4.2.5.8 Trägersteg auf Zug / Gruppe 1 bis 2

$b_{eff,t,wb} = \ell_{eff,2} = 399{,}6 \text{ mm}$

EN 1993-1-8, 6.2.6.8(2)

Tragfähigkeit:

$F_{t,w,Rd} = b_{eff,t,wb} t_{wb} f_{y,wb} / \gamma_{M0} = 399{,}6 \cdot 9{,}5 \cdot 235 / 1{,}0 \cdot 10^{-3} = 892{,}2 \text{ kN}$

EN 1993-1-8, 6.2.6.8(1)

IV.4.2.6 Stützensteg auf Schub

Überprüfung der Stützenstegschlankheit:

$$\varepsilon = \sqrt{\frac{235}{f_y}} = 1$$

EN 1993-1-8, 6.2.6.1(1)

$$\frac{d}{t_w} = \frac{152}{9{,}5} = 16 \leq 69\varepsilon = 69 \text{ Nachweis erbracht}$$

EN 1993-1-1, 5.6(Tab. 5.2)

Übertragungsparameter: $\beta = 1$

EN 1993-1-8, 5.3(Tab. 5.4)

Effektiver Steifigkeitskoeffizient für Schraubenreihe 1:

$$k_{eff,1} = \frac{1}{\sum \frac{1}{k_{i,1}}} = \frac{1}{\frac{1}{7{,}369} + \frac{1}{21{,}15} + \frac{1}{9{,}24} + \frac{1}{7{,}801}} = 2{,}384 \text{ mm}$$

EN 1993-1-8, 6.3.3.1(2)

Effektiver Steifigkeitskoeffizient für Schraubenreihe 2:

$$k_{eff,2} = \frac{1}{\sum \frac{1}{k_{i,2}}} = \frac{1}{\frac{1}{6{,}528} + \frac{1}{18{,}73} + \frac{1}{8{,}732} + \frac{1}{7{,}801}} = 2{,}226 \text{ mm}$$

Hebelarm von Schraubenreihe 1 zum Druckpunkt:

$h_{r,1} = 56 + 100 = 156 \text{ mm}$

Hebelarm von Schraubenreihe 2 zum Druckpunkt:

$h_{r,2} = h_{r,1} - p_1 = 156 - 100 = 56 \text{ mm}$

Innerer Hebelarm:

$$z_{eq} = \frac{\sum k_{eff,r} h_r^2}{\sum k_{eff,r} h_r} = \frac{2{,}384 \cdot 156^2 + 2{,}226 \cdot 56^2}{2{,}384 \cdot 156 + 2{,}226 \cdot 56} = 130{,}9 \text{ mm}$$

EN 1993-1-8, 6.3.3.1(3)

Schubfläche des Stützenprofils

$A_{vz,c} = A - 2bt_f + (t_w + 2r)t_f = 9104 - 2 \cdot 220 \cdot 16 + (9{,}5 + 2 \cdot 18)16 = 2792 \text{ mm}^2$

Schubtragfähigkeit des Stegs:

$$V_{wp,Rd} = \frac{0{,}9 f_{y,wc} A_{vc}}{\sqrt{3} \cdot \gamma_{M0}} = \frac{0{,}9 \cdot 235 \cdot 2792}{\sqrt{3} \cdot 1{,}0} \cdot 10^{-3} = 340{,}9 \text{ kN}$$

EN 1993-1-8, 6.2.6.1(2)

Tragfähigkeit:

$$\frac{V_{wp,Rd}}{\beta} = \frac{340{,}9}{1{,}0} = 340{,}9 \text{ kN}$$

Bei der Berechnung von $V_{wp,Rd}$ ist eine mögliche Interaktion zwischen beiden Anschlussseiten zu berücksichtigen. Der Übertragungsparameter β ergibt sich nach EN 1993-1-8, 5.3(Tab. 5.4)

Steifigkeitskoeffizient:

$$k_1 = \frac{0,38 \cdot A_{vc}}{\beta \cdot z} = \frac{0,38 \cdot 2792}{1,0 \cdot 130,9} = 0,008105 \text{ m}$$

EN 1993-1-8, 6.3.2(Tab.6.11)

IV.4.3 Momententragfähigkeit und Anschlusssteifigkeit

Die Berechnung der Momententragfähigkeit und Anschlusssteifigkeit erfolgt durch den „Zusammenbau" der Grundkomponenten.

IV.4.3.1 Zusammenfassung der Tragfähigkeiten und Steifigkeitskoeffizienten der Grundkomponenten

Druck:

Trägerflansch auf Druck	$F_{c,fb,Rd}$=952,7 kN	$k_7 = \infty$
Stützensteg auf Schub	$V_{wp,Rd}/\beta = 340,9$ kN	$k_1 = 8,105$ mm
Stützensteg auf Druck	$F_{c,wc,Rd} = 337,5$ kN	$k_2 = 9,522$ mm
Drucktragfähigkeit	$F_{c,Rd} = 337,5$ kN	

Schrauben:

Schrauben auf Zug	$F_{t,Rd}$=176,4 kN	$k_{10} = 7,801$ mm

Schraubenreihe 1:

Stützensteg auf Zug	$F_{t,wc,1,Rd} = 371,3$ kN	$k_3 = 7,369$ mm
Stützenflansch auf Biegung	$F_{t,fc,1,Rd} = 290,3$ kN	$k_4 = 21,15$ mm
Stirnplatte auf Biegung	$F_{t,cp,1,Rd} = 275,2$ kN	$k_5 = 9,24$ mm
Trägersteg auf Zug	$F_{t,wb,1,Rd}$=612,6 kN	$k_8 = \infty$ mm
Einzeltragfähigkeit	$F_{t,1,Rd} = 275,2$ kN	
Hebelarm	h_1=156 mm	

Schraubenreihe 2:

Stützensteg auf Zug	$F_{t,wc,2,Rd} = 351$ kN	$k_3 = 6,528$ mm
Stützenflansch auf Biegung	$F_{t,fc,2,Rd} = 282$ kN	$k_4 = 18,73$ mm
Stirnplatte auf Biegung	$F_{t,cp,2,Rd} = 271,9$ kN	$k_5 = 8,732$ mm
Trägersteg auf Zug	$F_{t,wb,2,Rd} = 587,4$ kN	$k_8 = \infty$ mm
Einzeltragfähigkeit	$F_{t,2,Rd} = 271,9$ kN	
Hebelarm	h_2=56 mm	

Schraubengruppe 1 bis 2:

Stützensteg auf Zug	$F_{t,wc,1-2,Rd} = 446,9$ kN
Stützenflansch auf Biegung	$F_{t,fc,1-2,Rd} = 529,7$ kN
Stirnplatte auf Biegung	$F_{t,cp,1-2,Rd} = 507,3$ kN
Trägersteg auf Zug	$F_{t,wb,1-2,Rd} = 892,2$ kN
Gruppentragfähigkeit	$F_{t,1-2,Rd} = 446,9$ kN

IV.4.3.2 Wirksame Tragfähigkeiten der Schraubenreihen

Schraubenreihe 1:

Abminderung durch Druckkomponente:

$F_{t,1,Rd} = 275,2 \text{ kN} \le F_{c,Rd} = 337,5 \text{ kN}$

EN 1993-1-8, 6.2.7.2(7)

Abminderung aus Gruppenverhalten:

$F_{t,1,Rd} = 275,2 \text{ kN} \le F_{t,1-2,Rd} = 446,9 \text{ kN}$

EN 1993-1-8, 6.2.7.2(8)

$\rightarrow F_{t,1,Rd} = 275,2 \text{ kN}$

Schraubenreihe 2:

Abminderung durch Druckkomponente:

$F_{t,2,Rd} = 271,9 \text{ kN} \le F_{c,Rd} - F_{t,1,Rd} = 337,5 - 275,2 = 62,3 \text{ kN}$

Abminderung aus Gruppenverhalten:

$F_{t,2,Rd} = 271,9 \text{ kN} \le F_{t,1-2,Rd} - F_{t,1,Rd} = 446,9 - 275,2 = 171,7 \text{ kN}$

Zulässigkeit der plastischen Schraubenkraftverteilung:

$F_{t,1,Rd} = 275,2 \text{ kN} \le 1,9 F_{t,Rd} = 1,9 \cdot 176,4 = 335,2 \text{ kN}$

$\rightarrow$ plastische Verteilung zulässig

$\rightarrow F_{t,2,Rd} = 62,3 \text{ kN}$

EN 1993-1-8, 6.2.7.2(9)

Die wirksame Tragfähigkeit einer Schraubenreihe ist auf das 1,9-Fache der Zugtragfähigkeit einer Schraube beschränkt. Andernfalls müssen die wirksamen Zugtragfähigkeiten aller näher zum Druckpunkt positionierten Schraubenreihen nach Gleichung (6.26) linear abgemindert werden.

IV.4.3.3 Momententragfähigkeit

Plastische Momententragfähigkeit:

$$M_{j,Rd} = \sum_r h_r F_{tr,Rd} = h_1 F_{t,1,Rd} + h_2 F_{t,2,Rd} = 0,156 \cdot 275,2 + 0,056 \cdot 62,34$$

$$= 46,42 \text{ kNm}$$

EN 1993-1-8, 6.2.7.2(1)

Elastische Momententragfähigkeit:

$$M_{j,el,Rd} = \frac{2}{3} M_{j,Rd} = \frac{2}{3} \cdot 46,42 = 30,95 \text{ kNm}$$

EN 1993-1-8, 5.1.2(3)

IV.4.3.4 Rotationssteifigkeit

$z = z_{eq} = 130,9 \text{ mm} \qquad k_{eff,1} = 0,002384 \text{ m} \qquad k_{eff,2} = 0,002226 \text{ m}$

Zur Berechnung von z_{eq} sowie der effektiven Steifigkeitskoeffizienten $k_{eff,r}$ siehe Berechnung der Grundkomponente „Stützensteg auf Schub".

Äquivalenter Steifigkeitskoeffizient

$$k_{eq} = \frac{\sum k_{eff,r} h_r}{z_{eq}} = \frac{0,002384 \cdot 156 + 0,002226 \cdot 56}{130,9} = 0,003793 \text{ m}$$

EN 1993-1-8, 6.3.3.1(1)

Anfangsrotationssteifigkeit:

$$S_{j,ini} = \frac{Ez^2}{\sum_i \frac{1}{k_i}} = \frac{210 \cdot 130,9^2}{\frac{1}{0,008105} + \frac{1}{0,009522} + \frac{1}{0,003793}} = 7313 \text{ kNm/rad}$$

EN 1993-1-8, 6.3.1(6)

EN 1993-1-8, 6.3.1(Tab.6.10)

Rotationssteifigkeit:

EN 1993-1-8, 5.1.2(Tab.5.2)

$\eta = 2$

$$S_j = \frac{S_{j,ini}}{\eta} = \frac{7313}{2} = 3657 \text{ kNm/rad}$$

EN 1993-1-8, 6.3.1(4)

IV.4.4 Kenngrößen der Grundkomponenten für Q-Tragfähigkeit

IV.4.4.1 Schrauben auf Abscheren

EN 1993-1-8, 3.6.1(Tab.3.4)

Schaft in Scherfuge

$$\alpha_v = 0,6$$

$$A = \frac{\pi \cdot d^2}{4} = \frac{\pi \cdot 20^2}{4} = 314,16 \text{ mm}^2$$

$$F_{v,Rd} = \frac{\alpha_v f_{ub} A}{\gamma_{M2}} = \frac{0,6 \cdot 1000 \cdot 314,16}{1,25} \cdot 10^{-3} = 150,8 \text{ kN}$$

$$\frac{F_{v,Ed}}{F_{v,Rd}} + \frac{F_{t,Ed}}{1,4 \cdot F_{t,Rd}} \leq 1,0$$

Um die einzelnen Abschertragfähigkeiten der Schraubenreihen zu ermitteln wird der Nachweis der Kombination von Scher-/Lochleibung und Zug verwendet.

Tragfähigkeit:

$$\rightarrow F_{v,1,Rd} = \left(1 - \frac{F_{t,1,Rd}}{2 \cdot 1,4 \cdot F_{t,Rd}}\right) \cdot 2 \cdot F_{v,Rd} = \left(1 - \frac{275,2}{2 \cdot 1,4 \cdot 176,4}\right) \cdot 2 \cdot 150,8 = 133,6 \text{ kN}$$

$$\rightarrow F_{v,2,Rd} = \left(1 - \frac{F_{t,2,Rd}}{2 \cdot 1,4 \cdot F_{t,Rd}}\right) \cdot 2 \cdot F_{v,Rd} = \left(1 - \frac{62,34}{2 \cdot 1,4 \cdot 176,4}\right) \cdot 2 \cdot 150,8 = 263,5 \text{ kN}$$

IV.4.4.2 Stirnplatte auf Lochleibung (Schraubenreihe 1 und 2)

EN 1993-1-8, 3.6.1(Tab.3.4)

$$\alpha_b = \min\left(\frac{p_1}{3d_0} - 0,25; \frac{f_{ub}}{f_u}; 1,0\right) = \min(1,265; 2,778; 1,0) = 1,0$$

$$k_1 = \min\left(1,4\frac{p_2}{d_0} - 1,7; 2,5\right) = \min(4,66; 2,5) = 2,5$$

$$F_{b,Rd} = \frac{k_1 \alpha_b f_u d t}{\gamma_{M2}} = \frac{2,5 \cdot 1,0 \cdot 360 \cdot 20 \cdot 15}{1,25} \cdot 10^{-3} = 216 \text{ kN}$$

Tragfähigkeit pro Schraubenreihe:

$$F_{b,Rd} = 2 \cdot 216 = 432 \text{ kN}$$

IV.4.4.3 Stützenflansch auf Lochleibung (Schraubenreihe 1 und 2)

EN 1993-1-8, 3.6.1(Tab.3.4)

$$\alpha_b = \min(\frac{p_1}{3d_0} - 0,25; \frac{f_{ub}}{f_u}; 1,0) = \min(1,265; 2,778; 1,0) = 1,0$$

$$k_1 = \min(2,8\frac{e_2}{d_0} - 1,7; 1,4\frac{p_2}{d_0} - 1,7; 2,5) = \min(6,7; 4,66; 2,5) = 2,5$$

$$F_{b,Rd} = \frac{k_1 \alpha_b f_u d t}{\gamma_{M2}} = \frac{2,5 \cdot 1,0 \cdot 360 \cdot 20 \cdot 16}{1,25} \cdot 10^{-3} = 230,4 \text{ kN}$$

Tragfähigkeit pro Schraubenreihe:

$$F_{b,Rd} = 2 \cdot 230,4 = 460,8 \text{ kN}$$

IV.4.4.4 Trägersteg auf Schub

Schubfläche $A_v = 2792 \text{ mm}^2$

EN 1993-1-1, 6.2.6(2)

Tragfähigkeit:

$$V_{pl,Rd} = \frac{A_v f_y}{\sqrt{3} \cdot \gamma_{M0}} = 0,5 \cdot \frac{2792 \cdot 235}{\sqrt{3} \cdot 1,0} \cdot 10^{-3} = 189,4 \text{ kN}$$

Um die M-V-Interaktion zu vermeiden wird die plastische Querkrafttragfähigkeit auf das 0,5-Fache der plastischen Querkrafttragfähigkeit des Trägerprofils reduziert (siehe EN 1993-1-1, 6.2.8 (3)).

IV.4.4.5 Stegschweißnaht auf Schub

EN 1993-1-8, 4.5.3.3(2)

Schweißnahtdicke $a_w = 4 \text{ mm}$

Schweißnahtlänge $L_w = 2 \cdot d = 2 \cdot 152 = 304 \text{ mm}$

EN 1993-1-8, 4.5.3.2(Tab.4.1)

$\beta_w = 0,8$

Tragfähigkeit:

$$F_{w,Rd} = \frac{f_u}{\sqrt{3} \cdot \beta_w \cdot \gamma_{M2}} a_w \cdot L_w = \frac{360}{\sqrt{3} \cdot 0,8 \cdot 1,25} 4 \cdot 304 \cdot 10^{-3} = 252,7 \text{ kN}$$

IV.4.5 Zusammenbau der Grundkomponenten zur Berechnung der Querkrafttragfähigkeit

Die Berechnung der Querkrafttragfähigkeit erfolgt durch den „Zusammenbau" der Grundkomponenten.

IV.4.5.1 Zusammenfassung der Tragfähigkeit der Grundkomponenten

Schraubenreihe 1:

Abschertragfähigkeit	$F_{v,1,Rd} = 133{,}6 \text{ kN}$
Stirnplatte auf Lochleibung	$F_{b,1,Rd} = 432 \text{ kN}$
Stützenflansch auf Lochleibung	$F_{b,1,Rd} = 460,8 \text{ kN}$
Einzeltragfähigkeit	$F_{v,1,Rd} = 133{,}6 \text{ kN}$

Schraubenreihe 2:

Abschertragfähigkeit	$F_{v,2,Rd} = 263{,}5 \text{ kN}$
Stirnplatte auf Lochleibung	$F_{b,2,Rd} = 432 \text{ kN}$
Stützenflansch auf Lochleibung	$F_{b,2,Rd} = 460,8 \text{ kN}$
Einzeltragfähigkeit	$F_{v,2,Rd} = 263{,}5 \text{ kN}$

Trägersteg auf Schub	$V_{pl,Rd} = 189{,}4 \text{ kN}$
Schweißnaht auf Schub	$F_{w,Rd} = 252{,}7 \text{ kN}$

IV.4.5.2 Querkrafttragfähigkeit

Querkrafttragfähigkeit:

$$V_{j,Rd} = F_{v,1,Rd} + F_{v,2,Rd} = 133,6 + 263,5 = 397,1 \text{ kN} \leq \min(189,4;252,7)$$

$$= 189,4 \text{ kN}$$

$$\rightarrow V_{j,Rd} = 189,4 \text{ kN}$$

IV.4.6 Anschlussnachweise

Moment:

$$\frac{M_{b,Ed}}{M_{j,Rd}} = \frac{20}{46,42} = 0,4309 \leq 1,0$$ Nachweis erbracht

Querkraft:

$$\frac{V_{b,Ed}}{V_{j,Rd}} = \frac{20}{189,4} = 0,1056 \leq 1,0$$ Nachweis erbracht

Stützenstegfeld auf Schub:

$$V_{wp,Ed} = \frac{M_{b,Ed}}{z} = \frac{20}{130,4} \cdot 10^{-3} = 152,8 \text{ kN}$$

$$\frac{V_{wp,Ed}}{V_{wp,Rd}} = \frac{152,8}{340,9} = 0,3895 \leq 1,0$$ Nachweis erbracht

EN 1993-1-8, 5.3(3)

IV.5 Beispiel 5: Nachweis eines momententragfähigen Stirnplattenanschlusses in einer zweiseitigen Träger-Stützen-Konfiguration

Für die in Bild IV.5-1 gezeigte momententragfähige Verbindung einer zweiseitigen Träger-Stützen-Konfiguration werden im Folgenden alle erforderlichen Nachweise der Tragfähigkeit für Anschluss 1 (rechte Seite) berechnet. Der Nachweis für Anschluss 2 erfolgt analog. Es handelt sich um momententragfähige Anschlüsse, die konstruktiv durch Stirnplatten realisiert werden. Die Träger besitzen beide untenliegende Vouten. Die Stütze ist oben und unten mit Steifen ausgebildet. Die Berechnung erfolgt mit Hilfe des alternativen T-Stummelverfahrens.

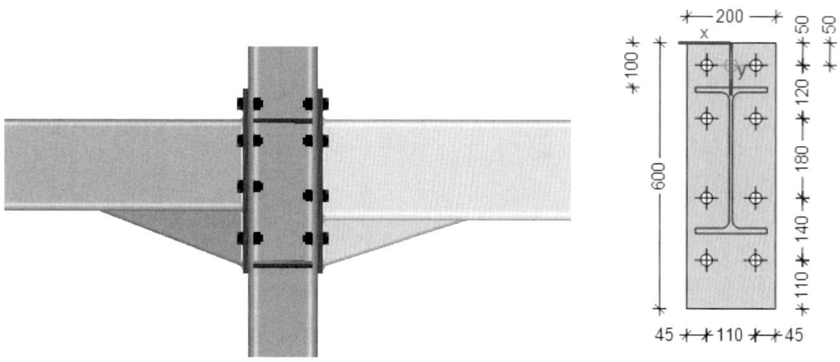

Bild IV.5-1

Schraubenbild nur für Anschluss 1 (rechte Seite)

Zur Berechnung der Anschlüsse nach den in DIN EN 1993-1-8 genannten Verfahren ist keine Symmetrie zwischen Anschluss 1 und Anschluss 2 erforderlich. Die gesamte Trägerhöhe, also die Summe aus der Höhe des Trägers und einer eventuell vorhandenen Voute, sollte auf beiden Anschlussseiten etwa gleich sein, damit die Druckpunkte beider Anschlüsse näherungsweise in einer Ebene liegen.

Gemäß DIN EN 1993-1-8/NA ist mit folgenden Sicherheitsbeiwerten zu rechnen:

$\gamma_{M0} = 1,0$, $\gamma_{M1} = 1,1$, $\gamma_{M2} = 1,25$

IV.5.1 Abmessungen

IV.5.1.1 Profil des lastaufnehmenden Bauteils: HEB 240, S355

Querschnittshöhe	h	=	240 mm
Querschnittsbreite	b	=	240 mm
Flanschdicke	t_f	=	17 mm
Stegdicke	t_w	=	10 mm
Radius	r	=	21 mm
Streckgrenze des Flanschs	$f_{y,f}$	=	355 N/mm²
Zugfestigkeit des Flanschs	$f_{u,f}$	=	490 N/mm²
Streckgrenze des Stegs	$f_{y,w}$	=	355 N/mm²
Zugfestigkeit des Stegs	$f_{u,w}$	=	490 N/mm²
Steghöhe	d	=	164 mm
Profilfläche	A	=	10600 mm²
Profilschubfläche	A_{vz}	=	3323 mm²

IV.5.1.2 Steifen

Dicke der Steife	t_s	=	15 mm
Breite der Steife	b_s	=	100 mm
Schweißnaht Steifenflansch	a_f	=	5 mm
Schweißnaht Steifensteg	a_w	=	5 mm
Streckgrenze der Steife	$f_{y,st}$	=	355 N/mm²

Zugfestigkeit der Steife	$f_{u,st}$	=	490 N/mm²

IV.5.1.3 Trägerprofil: IPE 330, S355

Querschnittshöhe	h	=	330 mm
Querschnittsbreite	b	=	160 mm
Flanschdicke	t_f	=	11,5 mm
Stegdicke	t_w	=	7,5 mm
Radius	r	=	18 mm
Streckgrenze des Flanschs	$f_{y,f}$	=	355 N/mm²
Zugfestigkeit des Flanschs	$f_{u,f}$	=	490 N/mm²
Streckgrenze des Stegs	$f_{y,w}$	=	355 N/mm²
Zugfestigkeit des Stegs	$f_{u,w}$	=	490 N/mm²
Steghöhe	d	=	271 mm
Profilfläche	A	=	6261 mm²
Profilschubfläche	A_{vz}	=	3081 mm²

IV.5.1.4 Untere Voute

Voutenbreite	b	=	160 mm
Voutenhöhe	h	=	150 mm
Voutenlänge	L	=	500 mm
Dicke des Voutenflansches	t_f	=	15 mm
Stegdicke der Voute	t_w	=	10 mm
Schweißnahtdicke am Voutenflansch	a_f	=	7 mm
Schweißnahtdicke am Voutensteg	a_w	=	5 mm
Schweißnahtdicke zwischen Voutenflansch und -steg	a	=	5 mm

IV.5.1.5 Stirnplatte

Stirnplattenhöhe	h	=	600 mm
Stirnplattenbreite	b	=	200 mm
Stirnplattendicke	t_{cp}	=	20 mm
Streckgrenze der Stirnplatte	f_y	=	355 N/mm²

IV.5.1.6 Schrauben M24, 10.9

Durchmesser	d	=	24 mm
Lochdurchmesser	d_0	=	26 mm
Schaftquerschnitt	A_s	=	353 mm²
Schraubenkopfhöhe	k_b	=	15 mm
Höhe der Mutter	m_n	=	21,5 mm
Dicke der Unterlegscheibe	h_w	=	4 mm
Streckgrenze	f_{yb}	=	900 N/mm²
Zugfestigkeit	f_{ub}	=	1000 N/mm²
Anzahl der Reihen	n_1	=	4
Abstand zwischen Schraubenreihen	p_{11}	=	120 mm
Abstand zwischen Schraubenreihen	p_{12}	=	180 mm
Abstand zwischen Schraubenreihen	p_{13}	=	140 mm
Anzahl der Spalten	n_2	=	2
Abstand zwischen Schraubenspalten	p_{21}	=	110 mm

IV.5.1.7 Schweißnähte

Schweißnahtdicke am Flansch a_f = 7 mm

Schweißnahtdicke am Steg a_w = 5 mm

IV.5.1.8 Anschlussbelastung

Für die Vorzeichenkonvention siehe EN 1993-1-8, 5.3(8) Bild 5.6

$M_{b1,Ed} = 100 \text{ kNm}$ $V_{b1,Ed} = 200 \text{ kN}$ $N_{b1,Ed} = 0$

$M_{b2,Ed} = 100 \text{ kNm}$ $V_{b2,Ed} = 200 \text{ kN}$ $N_{b2,Ed} = 0$

$M_{c1,Ed} = 0$ $V_{c1,Ed} = 0$ $N_{c1,Ed} = 500 \text{ kN}$

$M_{c2,Ed} = 0$ $V_{c2,Ed} = 0$ $N_{c2,Ed} = 100 \text{ kN}$

IV.5.2 Kenngrößen der Grundkomponenten für M-Tragfähigkeit

IV.5.2.1 Voutenflansch auf Druck

Nach DIN EN 1993-1-8 6.2.6.7(1) kann die Tragfähigkeit der Komponente Voutenflansch auf Druck mit der Biegetragfähigkeit $M_{c,Rd}$ des zusammengesetzten Querschnitts bestimmt werden. Da dies im Rahmen einer Handrechnung für den vorliegenden Querschnitt sehr aufwändig ist, wird die Tragfähigkeit vereinfachend nur unter Berücksichtigung der Drucktragfähigkeit des Voutenflansches bestimmt.

$$\varepsilon = \sqrt{\frac{235}{f_y}} = \sqrt{\frac{235}{355}} = 0{,}8136$$

$$c = \frac{b}{2} - \frac{t}{2} - \sqrt{2} \cdot a = \frac{160}{2} - \frac{15}{2} - \sqrt{2} \cdot 5 = 65{,}4$$

$$\rightarrow \frac{c}{t} = \frac{65{,}4}{15} = 4{,}36 \leq 14 \cdot \varepsilon = 14 \cdot 0{,}8136 = 11{,}4$$

EN 1993-1-1, 5.6(Tab.5.2)

Der Voutenflansch entspricht der Querschnittsklasse 3

$$\rightarrow b_{eff} = b = 160 \text{ mm}$$

$$\alpha = \tan^{-1}\left(\frac{150}{500}\right) = 16{,}7°$$

Es ist zu berücksichtigen, dass die Kraft unter dem Winkel α in den Voutenflansch eingeleitet wird.

Tragfähigkeit:

$$F_{c,Rd} = \cos(\alpha) \cdot b_{eff} \cdot t_f \cdot f_y = \cos(16{,}7) \cdot 160 \cdot 15 \cdot 355 = 816{,}1 \text{ kN}$$

IV.5.2.2 Trägersteg auf Druck

Nach EN 1993-1-8, 6.2.6.7(3) ist bei einem durch Vouten verstärkten Träger die Tragfähigkeit des Trägerstegs mit Druck analog zur Tragfähigkeit des Stützenstegs mit Druck nach EN 1993-1-8, 6.2.6.2 nachzuweisen.

$$b_{eff,c,wb} = \frac{t_f}{\sin(\alpha)} + 5(t_{fb} + s) = \frac{15}{\sin(16{,}7)} + 5(11{,}5 + 18) = 199{,}7 \text{ mm}$$

$$\lambda_p = 0{,}932 \sqrt{\frac{b_{eff,c,wb} d_{wb} f_{y,wb}}{E t_{wb}^2}} = 0{,}932 \sqrt{\frac{199{,}7 \cdot 271 \cdot 355}{210000 \cdot 7{,}5^2}} = 1{,}189$$

$$\rho = \frac{(\lambda_p - 0{,}2)}{\lambda_p^2} = 0{,}6998$$

$$\omega = \frac{1}{\sqrt{1 + 1{,}3\left(\frac{199{,}7 \cdot 7{,}5}{3081}\right)^2}} = 0{,}8746$$

Tragfähigkeit:

$$F_{c,wb,Rd} = \min\left(\frac{\omega \cdot k_{wb} b_{eff,c,wb} \cdot t_{wb} \cdot f_{y,wb}}{\gamma_{M0}}; \frac{\omega \cdot k_{wb} \cdot \rho \cdot b_{eff,c,wb} \cdot t_{wb} \cdot f_{y,wb}}{\gamma_{M1}}\right)$$

$$= \min(465{,}03; 295{,}8) = 295{,}8 \text{ kN}$$

Umrechnung auf die Druckkomponente am Druckpunkt des Anschluss:

$$F_{c,Rd} = \frac{295,8}{\sin(16,7)\cdot\cos(16,7)} = 1075 \text{ kN}$$

Die Druckkraft wird 2-mal umgelenkt.

IV.5.2.3 Stützensteg auf Schub

Höhe des Stützenstegs $d_{HEB240} = 164$ mm

Dicke des Stützenstegs $t_w = 10$ mm

Überprüfung der Stützenstegschlankheit

$$\frac{d_c}{t_w} = \frac{164}{10} = 16,4 \le 69\varepsilon = 69 \cdot 0,8136 = 56,14 \text{ OK}$$

EN 1993-1-8, 6.2.6.1(1)

$A_{vc} = 3323 \text{ mm}^2$

Plastische Biegetragfähigkeit eines Stützenflansches:

EN 1993-1-8, 6.2.6.1(4)

$$M_{pl,fc,Rd} = \frac{b_f t_f^{\,2}}{4} f_y / \gamma_{M0} = 6,156 \text{ kNm}$$

Plastische Biegetragfähigkeit einer Stegsteife:

$$M_{pl,st,Rd} = 2\frac{b_{st} t_{st}^{\,2}}{4} f_y / \gamma_{M0} = 2,796 \text{ kNm}$$

Abstand der horizontalen Steifen

$$d_s = h_b - \frac{t_{fb}}{2} + h_{Voute} - \frac{t_{f,Voute}}{2\cos(\alpha)} = 330 - \frac{11,5}{2} + 150 - \frac{15}{2\cos(16,7°)} = 466,4 \text{ mm}$$

Anteil der Schubtragfähigkeit aus Berücksichtigung der Aussteifung:

$$V_{wp,add,Rd} = \min\left(\frac{4M_{pl,fc,Rd}}{d_s}; \frac{2M_{pl,fc,Rd} + 2M_{pl,st,Rd}}{d_s}\right)$$

$$= \min(52,8; 38,38) = 38,38 \text{ kN}$$

Tragfähigkeit:

$$V_{wp,Rd} = \frac{0,9 f_{y,wc} A_{vc}}{\sqrt{3}\gamma_{M0}} + V_{wp,add,Rd} = 612,9 + 38,38 = 651,3 \text{ kN}$$

EN 1993-1-8, 6.2.6.1(2)

Steifigkeit:

$k_1 = \infty$ (Ausgesteift)

EN 1993-1-8, 6.3.2(Tab.6.11)

IV.5.2.4 Stützensteg auf Druck

EN 1993-1-8, 5.3(Tab.5.4)

Übertragungsparameter $\beta = 0$

Maximale Druckspannung längs zur Trägerachse auf Grund von Normalkraft und Biegung in der Stütze $\sigma_{com,Ed} = 0 \text{ N/mm}^2$

Belastungslänge $L_0 = 15,66 + 2\cdot\sqrt{2}\cdot 7 + 20 + (20 - \sqrt{2}\cdot 7) = 65,56$ mm

Gesamte Schubfläche der Stütze $A_{vz,tot} = 3323 \text{ mm}^2$

Höhe des Stützenstegs $d_{w,c} = 164$ mm

$$b_{eff,c,wc} = t_{fb} + 2\sqrt{2}a_p + 5(t_{fc} + s) + s_p = 15,66 + 2\sqrt{2}\cdot 7 + 5(17+21) + 20 + 10,1$$

$$= 255,6 \text{ mm}$$

EN 1993-1-8, 6.2.6.2(1)

$$\lambda_p = 0,932\sqrt{\frac{b_{eff,c,wc} d_{wc} f_{y,wc}}{E\cdot t_{wc}^{\,2}}} = 0,932\sqrt{\frac{255,6\cdot 164\cdot 355}{210000\cdot 10^2}} = 0,7845$$

$$\rho = \frac{(\lambda_p - 0,2)}{\lambda_p^{\ 2}} = 0,9497$$

$$\beta = 0 \rightarrow \omega = 1$$

EN 1993-1-8, 6.2.6.2(Tab.6.3)

$$\sigma_{com,Ed} = 0 \text{ N/mm}^2 \rightarrow k_{wc} = 1$$

EN 1993-1-8, 6.2.6.2(2)

Drucktragfähigkeit des Stützenstegs:

$$F_{c,wc,Rd} = \min\left(\frac{\omega \cdot k_{wc} b_{eff,c,wc} \cdot t_{wc} \cdot f_{y,wc}}{\gamma_{M0}}; \frac{\omega \cdot k_{wc} \cdot \rho \cdot b_{eff,c,wc} \cdot t_{wc} \cdot f_{y,wc}}{\gamma_{M1}}\right)$$

$$= \min(907,2; 783,3) = 783,3 \text{ kN}$$

Anforderungen an Steifen:

$$\frac{c}{t} = \frac{b_{st} - \sqrt{2}a_w}{t_{st}} = \frac{100 - \sqrt{2} \cdot 5}{15} = 6,2 \leq 14\sqrt{\frac{235}{f_{y,st}}} = 14\sqrt{\frac{235}{355}} = 11,4$$

Die Steifen entsprechen der Querschnittsklasse 3.

Überprüfung der Steifenstreckgrenze:

$$f_{y,st} = 355 \text{ N/mm}^2 \geq f_{y,b} = 355 \text{ N/mm}^2$$

Überprüfung der Steifendicke:

$$t_{st} = 15 \text{ mm} \geq t_{f,b} = 11,5 \text{ mm}$$

Überprüfung der Steifenbreite:

$$b_{st} = 100 \text{ mm} \geq \frac{(b_b - t_{w,c})}{2} = \frac{160 - 7,5}{2} = 76,25 \text{ mm}$$

Nach EN 1993-1-8, 6.2.6.1(3) kann die Schubtragfähigkeit durch Stegsteifen erhöht werden. Vereinfacht wird durch Vergleich der Geometrie und des Materials überprüft, ob die Tragfähigkeit der Steifen größer ist als die des Trägerflansches. Da die Anforderungen erfüllt sind, kann der Stützensteg als „wirksam" ausgesteift angesehen werden, das heißt die Komponente Stützensteg auf Druck wird nicht maßgebend.

Tragfähigkeit:

$$F_{c,wc,Rd} = \infty$$

Steifigkeitskoeffizient:

EN 1993-1-8, 6.3.2(Tab.6.11)

$k_2 = \infty$ (Ausgesteift)

IV.5.2.5 Schrauben auf Zug

$$k_2 = 0,9$$

EN 1993-1-8, 3.6.1(Tab. 3.4)

Scherfläche der Schraube $A_s = 353 \text{ mm}^2$

Zugtragfähigkeit pro Schraube :

$$F_{t,Rd} = \frac{k_2 f_{ub} A_s}{\gamma_{M2}} = \frac{0,9 \cdot 1000 \cdot 353}{1,25} \cdot 10^{-3} = 254,2 \text{ kN}$$

Steifigkeitskoeffizient:

Dehnlänge der Schraube $L_b = 17 + 20 + 2 \cdot 4 + 0,5(15 + 21,5) = 63,25 \text{ mm}$

EN 1993-1-8, 6.3.2(Tab.6.11)

$$k_{10} = \frac{1,6A_s}{L_b} = \frac{1,6 \cdot 353}{63,25} = 0,00893 \text{ m}$$

IV.5.2.6 Schraubenreihe 1

IV.5.2.6.1 Stützenflansch auf Biegung

$$m = \frac{p_2}{2} - \frac{t_w}{2} - 0,8r = \frac{110}{2} - \frac{10}{2} - 0,8 \cdot 21 = 33,2 \text{ mm}$$

EN 1993-1-8, 6.2.6.4(Bild 6.8)

$$m_2 = 50 + \frac{11,5}{2} - \frac{15}{2} - 0,8\sqrt{2} \cdot 5 = 42,59 \text{ mm}$$

EN 1993-1-8, 6.2.6.5(Bild 6.11)

$$e = \frac{240-110}{2} = 65 \text{ mm}$$

$$e_{\min} = 45 \text{ mm}$$

$$\lambda_1 = \frac{m}{m+e} = \frac{33,2}{33,2+65} = 0,338$$

$$\lambda_2 = \frac{m_2}{m+e} = \frac{42,59}{33,2+65} = 0,43$$

$$\rightarrow \alpha = 7,01$$

α aus EN 1993-1-8, Bild 6.11

Wirksame Länge von kreisförmigen Mustern:

$$\ell_{eff,cp} = \min(2\pi m; \pi m + 2e_1) = 208,6 \text{ mm}$$

EN 1993-1-8, 6.2.6.4.2(Tab.6.5)

Wirksame Länge von nicht kreisförmigen Mustern:

$$\ell_{eff,nc} = \min(\alpha m; e_1 + \alpha m - (2m + 0,625e)) = 232,74 \text{ mm}$$

Da es sich um eine durchlaufende Stütze handelt wird e_1 nicht maßgebend.

Wirksame Länge in Modus 1:

$$\ell_{eff,1} = \min(\ell_{eff,cp}; \ell_{eff,nc}) = \min(208,6; 232,74)$$

Wirksame Länge in Modus 2:

$$\ell_{eff,2} = \ell_{eff,nc} = 232,74 \text{ mm}$$

Randabstand $n = \min(e_{\min}; 1,25m) = \min(45; 41,5) = 41,5 \text{ mm}$

EN 1993-1-8, 6.2.4.1(Tab.6.2)

$$d_w = 44 \text{ mm}$$

$$\rightarrow e_w = \frac{d_w}{4} = 11 \text{ mm}$$

Bemessungszugtragfähigkeit eines T-Stummels in Modus 1:

$$M_{pl,1,Rd} = 0,25 \sum \ell_{eff,1} t_f^2 f_y / \gamma_{M0} = 0,25 \cdot 208,6 \cdot 17^2 \cdot 355 / 1,0 \cdot 10^{-3}$$

$$= 5350,33 \text{ kNmm}$$

$$F_{T,1,Rd} = \frac{(8n - 2e_w) M_{pl,1,Rd}}{2mn - e_w(m+n)} = \frac{(8 \cdot 41,5 - 2 \cdot 11) 5350,33}{2 \cdot 33,2 \cdot 41,5 - 11(33,2 + 41,5)} = 857,7 \text{ kN}$$

Alternatives Verfahren

Bemessungszugtragfähigkeit eines T-Stummels in Modus 2:

$$M_{pl,2,Rd} = 0,25 \sum \ell_{eff,2} t_f^2 f_y / \gamma_{M0} = 0,25 \cdot 232,74 \cdot 17^2 \cdot 355 / 1,0 \cdot 10^{-3}$$

$$= 5969,5 \text{ kNmm}$$

$$F_{T,2,Rd} = \frac{2M_{pl,2,Rd} + n \sum F_{t,Rd}}{m+n} = \frac{2 \cdot 5969,5 + 2 \cdot 41,5 \cdot 254,2}{33,2 + 41,5} = 442,2 \text{ kN}$$

Bemessungszugtragfähigkeit eines T-Stummels in Modus 3:

$$F_{T,3,Rd} = \sum F_{t,Rd} = 2 \cdot 254,2 = 508,4 \text{ kN}$$

Tragfähigkeit:

$$F_{t,fc,Rd} = \min(857,7; 442,2; 508,4) = 442,2 \text{ kN}$$

Steifigkeitskoeffizient:

$$\ell_{eff} = \min(2\pi m; \pi m + 2e_1; e_1 + \alpha m - (2m + 0,625e))$$

$$= \min(208,6; 234,3) = 208,6 \text{ mm}$$

EN 1993-1-8, 6.3.2(Tab.6.11)

$$k_4 = \frac{0,9 \cdot \ell_{eff} t_{fc}^3}{m^3} = 0,02521 \text{ m}$$

IV.5.2.6.2 Stützensteg auf Zug

$b_{eff,t,wc} = \ell_{eff,2} = 232,7 \text{ mm}$ EN 1993-1-8, 6.2.6.3(3)

$\beta = 0 \rightarrow \omega = 1$ EN 1993-1-8, 6.2.6.2(Tab.6.3)

Tragfähigkeit:

$$F_{t,wc,Rd} = \frac{\omega b_{eff,t,wc} t_{wc} f_{y,wc}}{\gamma_{M0}} = \frac{1 \cdot 232,7 \cdot 10 \cdot 355}{1,0} \cdot 10^{-3} = 826,2 \text{ kN}$$

EN 1993-1-8, 6.2.6.3(1)

Steifigkeitskoeffizient:

$$l_{eff} = \min(2\pi m; \pi m + 2e_1; e_1 + \alpha m - (2m + 0,625e))$$

$$= \min(208,6; 234,3) = 208,6 \text{ mm}$$

EN 1993-1-8, 6.3.2(Tab.6.11)

$$k_3 = \frac{0,7 \cdot b_{eff,t,wc} t_{wc}}{d_c} = 0,008904 \text{ m}$$

IV.5.2.6.3 Stirnplatte auf Biegung

EN 1993-1-8, 6.2.6.5(Bild 6.10)

$m_x = 50 - 0,8 \cdot \sqrt{2} \cdot 7 = 42,08 \text{ mm}$

$e_x = 50 \text{ mm}$

$w = 45 \text{ mm}$

Wirksame Länge von kreisförmigen Mustern:

$$\ell_{eff,cp} = \min(2\pi m_x; \pi m_x + w; \pi m_x + 2e) = \min(264,4; 177,2; 222,2) = 177,2\text{mm}$$

EN 1993-1-8, 6.2.6.5(Tab.6.6)

Wirksame Länge von nicht kreisförmigen Mustern:

$$\ell_{eff,nc} = \min(4m_x + 1,25e_x; e + 2m_x + 0,625e_x; 0,5b_p; 0,5w + 2m_x + 0,625e_x)$$

$$= \min(230,8; 160,4; 100; 137,9) = 100\text{mm}$$

Wirksame Länge in Modus 1:

$$\ell_{eff,1} = \min(\ell_{eff,cp}; \ell_{eff,nc}) = \min(177,2; 100) = 100\text{mm}$$

Wirksame Länge in Modus 2:

$$\ell_{eff,2} = \ell_{eff,nc} = 100 \text{ mm}$$

EN 1993-1-8, 6.2.6.5(3)

Für überstehende Stirnbleche sind e_x und m_x anstelle von e und m zu verwenden.

$e_x = e_{\min} = 50 \text{ mm}$

Randabstand $n = \min(e_{\min}; 1,25m) = \min(50) = 50 \text{ mm}$

EN 1993-1-8, 6.2.4.1(Tab.6.2)

Bemessungszugtragfähigkeit eines T-Stummels in Modus 1:

$$M_{pl,1,Rd} = 0,25 \sum \ell_{eff,1} t_p^2 f_y / \gamma_{M0} = 0,25 \cdot 100 \cdot 20^2 \cdot 355 / 1,0 \cdot 10^{-3} = 3550 \text{ kNmm}$$

$$F_{T,1,Rd} = \frac{(8n - 2e_w) M_{pl,1,Rd}}{2mn - e_w(m+n)} = \frac{(8 \cdot 50 - 2 \cdot 11)3550}{2 \cdot 42,08 \cdot 50 - 11(42,08 + 50)} = 420 \text{ kN}$$

Alternatives Verfahren

Bemessungszugtragfähigkeit eines T-Stummels in Modus 2:

$$M_{pl,2,Rd} = 0,25 \sum \ell_{eff,2} t_p^2 f_y / \gamma_{M0} = 0,25 \cdot 100 \cdot 20^2 \cdot 355 / 1,0 \cdot 10^{-3} = 3550 \text{ kNmm}$$

$$F_{T,2,Rd} = \frac{2M_{pl,2,Rd} + n \sum F_{t,Rd}}{m+n} = \frac{2 \cdot 3550 + 2 \cdot 50 \cdot 254,2}{42,08 + 50} = 353,1 \text{ kN}$$

Bemessungszugtragfähigkeit eines T-Stummels in Modus 3:

$$F_{T,3,Rd} = \sum F_{t,Rd} = 2 \cdot 254,2 = 508,4 \text{ kN}$$

Tragfähigkeit:

$$F_{t,cp,Rd} = \min(420; 353,1; 508,4) = 353,1 \text{ kN}$$

Steifigkeitskoeffizient:

$\ell_{eff} = 100 \text{ mm}$

$k_5 = \frac{0,9 \cdot \ell_{eff} t_p^3}{m^3} = 0,009663 \text{ m}$

EN 1993-1-8, 6.3.2(Tab.6.11)

IV.5.2.7 Schraubenreihe 2

IV.5.2.7.1 Stützenflansch auf Biegung

$m = \frac{p_2}{2} - \frac{t_w}{2} - 0,8r = \frac{110}{2} - \frac{10}{2} - 0,8 \cdot 21 = 33,2 \text{ mm}$

EN 1993-1-8, 6.2.6.4(Bild 6.8)

$m_2 = 120 - 50 - \frac{11,5}{2} - \frac{15}{2} - 0,8\sqrt{2} \cdot 5 = 51,1 \text{ mm}$

$e = \frac{240 - 110}{2} = 65 \text{ mm}$

$e_{\min} = 45 \text{ mm}$

$\lambda_1 = \frac{m}{m+e} = \frac{33,2}{33,2+65} = 0,338$

$\lambda_2 = \frac{m_2}{m+e} = \frac{51,1}{33,2+65} = 0,52$

$\rightarrow \alpha = 6,801$

α ist aus EN 1993-1-8 6.2.6.5 Bild 6.11 abzulesen

Wirksame Länge von kreisförmigen Mustern:

$\ell_{eff,cp} = 2\pi m = 208,6 \text{ mm}$

EN 1993-1-8, 6.2.6.4.2(Tab.6.5)

Wirksame Länge von nicht kreisförmigen Mustern:

$\ell_{eff,nc} = \alpha m = 225,8 \text{ mm}$

Wirksame Länge in Modus 1:

$\ell_{eff,1} = \min(\ell_{eff,cp}; \ell_{eff,nc}) = \min(208,6; 225,8) = 208,6 \text{ mm}$

Wirksame Länge in Modus 2:

$\ell_{eff,2} = \ell_{eff,nc} = 225,8 \text{ mm}$

Randabstand $n = \min(e_{\min}; 1,25m) = \min(45; 41,5) = 41,5 \text{ mm}$

$d_w = 44 \text{ mm}$

EN 1993-1-8, 6.2.4.1(Tab.6.2)

$\rightarrow e_w = \frac{d_w}{4} = 11 \text{ mm}$

Bemessungszugtragfähigkeit eines T-Stummels in Modus 1:

$M_{pl,1,Rd} = 0,25 \sum \ell_{eff,1} t_f^2 f_y / \gamma_{M0} = 0,25 \cdot 208,6 \cdot 17^2 \cdot 355 / 1,0 \cdot 10^{-3}$

$= 5350,33 \text{ kNmm}$

$F_{T,1,Rd} = \frac{(8n - 2e_w) M_{pl,1,Rd}}{2mn - e_w(m+n)} = \frac{(8 \cdot 41,5 - 2 \cdot 11)5350,33}{2 \cdot 33,2 \cdot 41,5 - 11(33,2+41,5)} = 857,7 \text{ kN}$

Alternatives Verfahren

Bemessungszugtragfähigkeit eines T-Stummels in Modus 2:

$M_{pl,2,Rd} = 0,25 \sum \ell_{eff,2} t_f^2 f_y / \gamma_{M0} = 0,25 \cdot 225,8 \cdot 17^2 \cdot 355 / 1,0 \cdot 10^{-3}$

$= 5791,49 \text{ kNmm}$

$F_{T,2,Rd} = \frac{2M_{pl,2,Rd} + n \sum F_{t,Rd}}{m+n} = \frac{2 \cdot 5791,49 + 2 \cdot 41,5 \cdot 254,2}{33,2+41,5} = 437,5 \text{ kN}$

Bemessungszugtragfähigkeit eines T-Stummels in Modus 3:

$$F_{T,3,Rd} = \sum F_{t,Rd} = 2 \cdot 254,2 = 508,4 \text{ kN}$$

Tragfähigkeit:

$$F_{t,fc,Rd} = \min(857,7; 437,5; 508,4) = 437,5 \text{ kN}$$

Steifigkeitskoeffizient:

$$\ell_{eff} = \min(2\pi m; \alpha m; \pi m + p; 0,5p + \alpha m - (2m + 0,625e))$$

$= \min(208,6; 225,8; 284,3; 208,8) = 208,6 \text{ mm}$

EN 1993-1-8, 6.3.2(Tab.6.11)

$$k_4 = \frac{0,9 \cdot \ell_{eff} t_{fc}^3}{m^3} = 0,02521 \text{ m}$$

IV.5.2.7.2 Stützensteg auf Zug

EN 1993-1-8, 6.2.6.3(3)

$$b_{eff,wc} = \ell_{eff,2} = 225,8 \text{ mm}$$

EN 1993-1-8, 6.2.6.2(Tab.6.3)

$$\beta = 0 \rightarrow \omega = 1$$

Tragfähigkeit:

$$F_{t,wc,Rd} = \frac{\omega b_{eff,t,wc} t_{wc} f_{y,wc}}{\gamma_{M0}} = \frac{1 \cdot 225,8 \cdot 10 \cdot 355}{1,0} \cdot 10^{-3} = 801,6 \text{ kN}$$

EN 1993-1-8, 6.2.6.3(1)

Steifigkeitskoeffizient:

$$\ell_{eff} = \min(2\pi m; \alpha m; \pi m + p; 0,5p + \alpha m - (2m + 0,625e))$$

$$= \min(208,6; 225,8; 284,3; 208,8) = 208,6 \text{ mm}$$

EN 1993-1-8, 6.3.2(Tab.6.11)

$$k_3 = \frac{0,7 \cdot b_{eff,t,wc} t_{wc}}{d_c} = 0,008904 \text{ m}$$

IV.5.2.7.3 Stirnplatte auf Biegung

$$m = \frac{110}{2} - \frac{7,5}{2} - 0,8 \cdot \sqrt{2} \cdot 5 = 45,59 \text{ mm}$$

EN 1993-1-8, 6.2.6.5(Bild 6.11)

$$m_2 = 120 - 50 - 11,5 - 0,8 \cdot \sqrt{2} \cdot 7 = 50,58 \text{ mm}$$

$$\lambda_1 = \frac{m}{m+e} = \frac{45,59}{45,59+45} = 0,503$$

$$\lambda_2 = \frac{m_2}{m+e} = \frac{50,58}{45,59+45} = 0,558$$

$$\rightarrow \alpha = 5,606$$

α ist aus EN 1993-1-8, Bild 6.11 abzulesen.

Wirksame Länge von kreisförmigen Mustern:

$$\ell_{eff,cp} = 2\pi m = 286,5 \text{ mm}$$

EN 1993-1-8, 6.2.6.5(Tab.6.6)

Wirksame Länge von nicht kreisförmigen Mustern:

$$\ell_{eff,nc} = \alpha m = 255,6 \text{ mm}$$

Wirksame Länge in Modus 1:

$$\ell_{eff,1} = \min(\ell_{eff,cp}; \ell_{eff,nc}) = \min(286,5; 255,6) = 255,6 \text{ mm}$$

Wirksame Länge in Modus 2:

$$\ell_{eff,2} = \ell_{eff,nc} = 255,6 \text{ mm}$$

Randabstand $n = \min(e_{\min}; 1,25m) = \min(45; 56,99) = 45 \text{ mm}$

Bemessungszugtragfähigkeit eines T-Stummels in Modus 1: — EN 1993-1-8, 6.2.4.1(Tab.6.2)

$$M_{pl,1,Rd} = 0,25\sum \ell_{eff,1} t_p^2 f_y / \gamma_{M0} = 0,25 \cdot 255,6 \cdot 20^2 \cdot 355 / 1,0 \cdot 10^{-3}$$

$$= 9073,8 \text{ kNmm}$$

$$F_{T,1,Rd} = \frac{(8n - 2e_w) M_{pl,1,Rd}}{2mn - e_w(m+n)} = \frac{(8 \cdot 45 - 2 \cdot 11) 9073,8}{2 \cdot 45,59 \cdot 45 - 11(45,59 + 45)} = 987,2 \text{ kN}$$

Bemessungszugtragfähigkeit eines T-Stummels in Modus 2:

$$M_{pl,2,Rd} = 0,25\sum \ell_{eff,2} t_p^2 f_y / \gamma_{M0} = 0,25 \cdot 255,6 \cdot 20^2 \cdot 355 / 1,0 \cdot 10^{-3}$$

$$= 9073,8 \text{ kNmm}$$

$$F_{T,2,Rd} = \frac{2M_{pl,2,Rd} + n\sum F_{t,Rd}}{m+n} = \frac{2 \cdot 9073,8 + 2 \cdot 45 \cdot 254,2}{45,59 + 45} = 452,8 \text{ kN}$$

Bemessungszugtragfähigkeit eines T-Stummels in Modus 3:

$$F_{T,3,Rd} = \sum F_{t,Rd} = 2 \cdot 254,2 = 508,4 \text{ kN}$$

Tragfähigkeit:

$$F_{t,cp,Rd} = \min(987,2;452,8;508,4) = 452,8 \text{ kN}$$

Steifigkeitskoeffizient:

$$\ell_{eff} = \min(2\pi m; \alpha m; \pi m + p; 0,5p + \alpha m - (2m + 0,625e))$$

$$= \min(286,45; 255,6; 323,23; 226,27) = 226,27 \text{ mm}$$

EN 1993-1-8, 6.3.2(Tab.6.11)

$$k_5 = \frac{0,9 \cdot \ell_{eff} t_p^3}{m^3} = 0,01719 \text{ m}$$

IV.5.2.7.4 Trägersteg auf Zug

EN 1993-1-8, 6.2.6.8(2)

$$b_{eff,t,wb} = \ell_{eff,2} = 255,6 \text{ mm}$$

EN 1993-1-8, 6.2.6.8(1)

$$F_{t,wb,Rd} = b_{eff,t,wb} \cdot t_{wb} \cdot f_{y,wb} / \gamma_{M0} = 255,6 \cdot 7,5 \cdot 355 / 1,0 \cdot 10^{-3} = 680,6 \text{ kN}$$

IV.5.2.8 Schraubenreihe 3

IV.5.2.8.1 Stützenflansch auf Biegung

EN 1993-1-8, 6.2.6.4.1(Bild 6.8)

$$m = \frac{p_2}{2} - \frac{t_w}{2} - 0,8r = \frac{110}{2} - \frac{10}{2} - 0,8 \cdot 21 = 33,2 \text{ mm}$$

Wirksame Länge von kreisförmigen Mustern: — EN 1993-1-8, 6.2.6.4.1(Tab.6.4)

$$\ell_{eff,cp} = 2\pi m = 208,6 \text{ mm}$$

Wirksame Länge von nicht kreisförmigen Mustern:

$$\ell_{eff,nc} = 4m + 1,25e = 214,1 \text{ mm}$$

Wirksame Länge in Modus 1:

$$\ell_{eff,1} = \min(\ell_{eff,cp}; \ell_{eff,nc}) = \min(208,6; 214,1) = 208,6 \text{ mm}$$

Wirksame Länge in Modus 2:

$$\ell_{eff,2} = \ell_{eff,nc} = 214,1 \text{ mm}$$

Randabstand $n = \min(e_{\min}; 1,25m) = \min(45; 41,5) = 41,5$ mm

EN 1993-1-8, 6.2.4.1(Tab.6.2)

Bemessungszugtragfähigkeit eines T-Stummels in Modus 1:

$$M_{pl,1,Rd} = 0,25\sum \ell_{eff,1} t_f^2 f_y / \gamma_{M0} = 0,25 \cdot 208,6 \cdot 17^2 \cdot 355 / 1,0 \cdot 10^{-3}$$

$$= 5350,33 \text{ kNmm}$$

$$F_{T,1,Rd} = \frac{(8n-2e_w)M_{pl,1,Rd}}{2mn-e_w(m+n)} = \frac{(8\cdot 41,5-2\cdot 11)5350,33}{2\cdot 33,2\cdot 41,5-11(33,2+41,5)} = 857,7 \text{ kN}$$

Bemessungszugtragfähigkeit eines T-Stummels in Modus 2:

$$M_{pl,2,Rd} = 0,25\sum \ell_{eff,2} t_f^2 f_y / \gamma_{M0} = 0,25\cdot 214,1\cdot 17^2\cdot 355/1,0\cdot 10^{-3}$$

$$= 5491,40 \text{ kNmm}$$

$$F_{T,2,Rd} = \frac{2M_{pl,2,Rd} + n\sum F_{t,Rd}}{m+n} = \frac{2\cdot 5491,4+2\cdot 41,5\cdot 254,2}{33,2+41,5} = 429,4 \text{ kN}$$

Bemessungszugtragfähigkeit eines T-Stummels in Modus 3:

$$F_{T,3,Rd} = \sum F_{t,Rd} = 2\cdot 254,2 = 508,4 \text{ kN}$$

Tragfähigkeit:

$$F_{t,fc,Rd} = \min(857,7; 429,4; 508,4) = 429,4 \text{ kN}$$

Steifigkeitskoeffizient:

$$\ell_{eff} = \min(2p; p) = 160 \text{ mm}$$

EN 1993-1-8, 6.3.2(Tab.6.11)

p ist das Mittel aus p_{23} und p_{34}

$$k_4 = \frac{0,9\cdot \ell_{eff} t_{fc}^3}{m^3} = 0,01933 \text{ m}$$

IV.5.2.8.2 Stützenflansch auf Biegung/ Gruppe 2 bis 3

$$m = \frac{p_2}{2} - \frac{t_w}{2} - 0,8r = \frac{110}{2} - \frac{10}{2} - 0,8\cdot 21 = 33,2 \text{ mm}$$

EN 1993-1-8, 6.2.6.4.1(Bild 6.8)

Schraubenreihe 2:

$$\alpha = 6,801$$

Wirksame Länge von kreisförmigen Mustern:

$$\ell_{eff,cp} = \pi m + p = 284,3 \text{ mm}$$

EN 1993-1-8, 6.2.6.4.2(Tab.6.5)

Wirksame Länge von nicht kreisförmigen Mustern:

$$\ell_{eff,nc} = 0,5p + \alpha m - (2m + 0,625e) = 208,77 \text{ mm}$$

Wirksame Länge in Modus 1:

$$\ell_{eff,1.1} = \min(\ell_{eff,cp}; \ell_{eff,nc}) = \min(284,3; 208,77) = 208,77 \text{ mm}$$

Wirksame Länge in Modus 2:

$$\ell_{eff,2.1} = \ell_{eff,nc} = 208,77 \text{ mm}$$

Schraubenreihe 3:

Wirksame Länge von kreisförmigen Mustern:

$$\ell_{eff,cp} = \pi m + p = 284,3 \text{ mm}$$

EN 1993-1-8, 6.2.6.4.1(Tab.6.4)

Wirksame Länge von nicht kreisförmigen Mustern:

$$\ell_{eff,nc} = 2m + 0,625e + 0,5p = 197,03 \text{ mm}$$

Wirksame Länge in Modus 1:

$$l_{eff,1.2} = \min(l_{eff,cp}; l_{eff,nc}) = \min(284,3; 197,03) = 197,03 \text{ mm}$$

Wirksame Länge in Modus 2:

$$\ell_{eff,2.2} = \ell_{eff,nc} = 197,03 \text{ mm}$$

$$\ell_{eff,1} = \ell_{eff,1.1} + \ell_{eff,1.2} = 405,8 \text{ mm}$$

$$\ell_{eff,2} = \ell_{eff,2.1} + \ell_{eff,2.2} = 405,8 \text{ mm}$$

Randabstand $n = \min(e_{\min}; 1,25m) = \min(45; 41,5) = 41,5 \text{ mm}$

EN 1993-1-8, 6.2.4.1(Tab.6.2)

Bemessungszugtragfähigkeit eines T-Stummels in Modus 1:

$$M_{pl,1,Rd} = 0,25\sum \ell_{eff,1} t_f^2 f_y / \gamma_{M0} = 0,25 \cdot 405,8 \cdot 17^2 \cdot 355 / 1,0 \cdot 10^{-3}$$

$$= 10408,26 \text{ kNmm}$$

$$F_{T,1,Rd} = \frac{(8n - 2e_w) M_{pl,1,Rd}}{2mn - e_w(m+n)} = \frac{(8 \cdot 41,5 - 2 \cdot 11)10408,26}{2 \cdot 33,2 \cdot 41,5 - 11(33,2 + 41,5)} = 1668 \text{ kN}$$

Bemessungszugtragfähigkeit eines T-Stummels in Modus 2:

$$M_{pl,2,Rd} = 0,25\sum \ell_{eff,2} t_f^2 f_y / \gamma_{M0} = 0,25 \cdot 405,8 \cdot 17^2 \cdot 355 / 1,0 \cdot 10^{-3}$$

$$= 10408,26 \text{ kNmm}$$

$$F_{T,2,Rd} = \frac{2M_{pl,2,Rd} + n\sum F_{t,Rd}}{m+n} = \frac{2 \cdot 10408,26 + 4 \cdot 41,5 \cdot 254,2}{33,2 + 41,5} = 843,5 \text{ kN}$$

Bemessungszugtragfähigkeit eines T-Stummels in Modus 3:

$$F_{T,3,Rd} = \sum F_{t,Rd} = 4 \cdot 254,2 = 1017 \text{ kN}$$

Tragfähigkeit:

$$F_{t,cp,Rd} = \min(1668; 843,5; 1017) = 843,4 \text{ kN}$$

IV.5.2.8.3 Stützensteg auf Zug

$$b_{eff,wc} = \ell_{eff,2} = 214,1 \text{ mm}$$ EN 1993-1-8, 6.2.6.3(3)

$$\beta = 0 \rightarrow \omega = 1$$ EN 1993-1-8, 6.2.6.2(Tab.6.3)

Tragfähigkeit:

$$F_{t,wc,Rd} = \frac{\omega b_{eff,t,wc} t_{wc} f_{y,wc}}{\gamma_{M0}} = \frac{1 \cdot 214,1 \cdot 10 \cdot 355}{1,0} \cdot 10^{-3} = 759,9 \text{ kN}$$ EN 1993-1-8, 6.2.6.3(1)

Steifigkeitskoeffizient:

$$\ell_{eff} = \min(2p; p) = 160 \text{ mm}$$

EN 1993-1-8, 6.3.2(Tab.6.11)

$$k_3 = \frac{0,7 \cdot b_{eff,t,wc} t_{wc}}{d_c} = 0,006829 \text{ m}$$ p ist das Mittel aus p_{23} und p_{34}

IV.5.2.8.4 Stützensteg auf Zug/ Gruppe 2 bis 3

$$b_{eff,wc} = \ell_{eff,2} = 405,8 \text{ mm}$$ EN 1993-1-8, 6.2.6.3(3)

$$\beta = 0 \rightarrow \omega = 1$$ EN 1993-1-8, 6.2.6.2(Tab.6.3)

Tragfähigkeit:

$$F_{t,wc,Rd} = \frac{\omega b_{eff,t,wc} t_{wc} f_{y,wc}}{\gamma_{M0}} = \frac{1 \cdot 405,8 \cdot 10 \cdot 355}{1,0} \cdot 10^{-3} = 1441 \text{ kN}$$ EN 1993-1-8, 6.2.6.3(1)

IV.5.2.8.5 Stirnplatte auf Biegung

$$m = \frac{110}{2} - \frac{7,5}{2} - 0,8 \cdot \sqrt{2} \cdot 5 = 45,59 \text{ mm}$$

$$m_2 = 330 + 50 - 120 - 180 - 11,5 - 0,8\sqrt{2} \cdot 7 = 60,58 \text{ mm}$$

$$\lambda_1 = \frac{m}{m+e} = \frac{45,59}{45,59 + 45} = 0,503$$

$$\lambda_2 = \frac{m_2}{m+e} = \frac{60,58}{45,59 + 45} = 0,669$$

$\rightarrow \alpha = 5{,}492$

Wirksame Länge von kreisförmigen Mustern:

$\ell_{eff,cp} = 2\pi m = 286{,}5 \text{ mm}$ — EN 1993-1-8, 6.2.6.5(Tab.6.6)

Wirksame Länge von nicht kreisförmigen Mustern:

$\ell_{eff,nc} = \alpha m = 250{,}4 \text{ mm}$

Wirksame Länge in Modus 1:

$\ell_{eff,1} = \min(\ell_{eff,cp}; \ell_{eff,nc}) = \min(286{,}5; 250{,}4) = 250{,}4 \text{ mm}$

Wirksame Länge in Modus 2:

$l_{eff,2} = l_{eff,nc} = 250{,}4 \text{ mm}$

Randabstand $n = \min(e_{\min}; 1{,}25m) = \min(45; 56{,}99) = 45 \text{ mm}$ — EN 1993-1-8, 6.2.4.1(Tab.6.2)

Bemessungszugtragfähigkeit eines T-Stummels in Modus 1:

$$M_{pl,1,Rd} = 0{,}25 \sum \ell_{eff,1} t_p^2 f_y / \gamma_{M0} = 0{,}25 \cdot 250{,}4 \cdot 20^2 \cdot 355 / 1{,}0 \cdot 10^{-3}$$
$$= 8889{,}2 \text{ kNmm}$$

$$F_{T,1,Rd} = \frac{(8n - 2e_w) M_{pl,1,Rd}}{2mn - e_w(m+n)} = \frac{(8 \cdot 45 - 2 \cdot 11) 8889{,}2}{2 \cdot 45{,}59 \cdot 45 - 11(45{,}59 + 45)} = 967{,}2 \text{ kN}$$

Bemessungszugtragfähigkeit eines T-Stummels in Modus 2:

$$M_{pl,2,Rd} = 0{,}25 \sum \ell_{eff,2} t_p^2 f_y / \gamma_{M0} = 0{,}25 \cdot 250{,}4 \cdot 20^2 \cdot 355 / 1{,}0 \cdot 10^{-3}$$
$$= 8889{,}2 \text{ kNmm}$$

$$F_{T,2,Rd} = \frac{2M_{pl,2,Rd} + n \sum F_{t,Rd}}{m+n} = \frac{2 \cdot 8889{,}2 + 2 \cdot 45 \cdot 254{,}2}{45{,}59 + 45} = 448{,}8 \text{ kN}$$

Bemessungszugtragfähigkeit eines T-Stummels in Modus 3:

$$F_{T,3,Rd} = \sum F_{t,Rd} = 2 \cdot 254{,}2 = 508{,}4 \text{ kN}$$

Tragfähigkeit:

$$F_{t,cp,Rd} = \min(967{,}2; 448{,}8; 508{,}4) = 448{,}8 \text{ kN}$$

Steifigkeitskoeffizient:

$$\ell_{eff} = \min(2\pi m; \alpha m; \pi m + p; 0{,}5p + \alpha m - (2m + 0{,}625e))$$
$$= \min(286{,}45; 250{,}4; 323{,}23; 221{,}08) = 221{,}08 \text{ mm}$$

EN 1993-1-8, 6.3.2(Tab.6.11)

$$k_5 = \frac{0{,}9 \cdot \ell_{eff} t_p^3}{m^3} = 0{,}01680 \text{ m}$$

IV.5.2.8.6 Stirnplatte auf Biegung/ Gruppe 2 bis 3

Schraubenreihe 2:

$\alpha = 5{,}606$

Wirksame Länge von kreisförmigen Mustern:

$\ell_{eff,cp} = \pi m + p = 323{,}23 \text{ mm}$ — EN 1993-1-8, 6.2.6.5(Tab.6.6)

Wirksame Länge von nicht kreisförmigen Mustern:

$\ell_{eff,nc} = 0{,}5p + \alpha m - (2m + 0{,}625e) = 226{,}27 \text{ mm}$

Wirksame Länge in Modus 1:

$\ell_{eff,1.1} = \min(\ell_{eff,cp}; \ell_{eff,nc}) = \min(323{,}23; 226{,}27) = 226{,}27 \text{ mm}$

Wirksame Länge in Modus 2:

$\ell_{eff,2.1} = \ell_{eff,nc} = 226{,}27 \text{ mm}$

Schraubenreihe 3:

$\alpha = 5{,}492$

Wirksame Länge von kreisförmigen Mustern:

$\ell_{eff,cp} = \pi m + p = 323{,}23 \text{ mm}$

Wirksame Länge von nicht kreisförmigen Mustern:

$\ell_{eff,nc} = 0{,}5p + \alpha m - (2m + 0{,}625e) = 221{,}08 \text{ mm}$

Wirksame Länge in Modus 1:

$\ell_{eff,1.2} = \min(\ell_{eff,cp}; \ell_{eff,nc}) = \min(323{,}23; 221{,}08) = 221{,}08 \text{ mm}$

Wirksame Länge in Modus 2:

$\ell_{eff,2.2} = \ell_{eff,nc} = 221{,}08 \text{ mm}$

$\ell_{eff,1} = \ell_{eff,1.1} + \ell_{eff,1.2} = 447{,}4 \text{ mm}$

$\ell_{eff,2} = \ell_{eff,2.1} + \ell_{eff,2.2} = 447{,}4 \text{ mm}$

Randabstand $n = \min(e_{\min}; 1{,}25m) = \min(45; 56{,}99) = 45 \text{ mm}$ — EN 1993-1-8, 6.2.4.1(Tab.6.2)

Bemessungszugtragfähigkeit eines T-Stummels in Modus 1:

$M_{pl,1,Rd} = 0{,}25\sum \ell_{eff,1} t_p^2 f_y / \gamma_{M0} = 0{,}25 \cdot 447{,}4 \cdot 20^2 \cdot 355 / 1{,}0 \cdot 10^{-3}$

$= 15882{,}7 \text{ kNmm}$

$$F_{T,1,Rd} = \frac{(8n - 2e_w) M_{pl,1,Rd}}{2mn - e_w(m+n)} = \frac{(8 \cdot 45 - 2 \cdot 11)15882{,}7}{2 \cdot 45{,}59 \cdot 45 - 11(45{,}59 + 45)} = 1728 \text{ kN}$$

Bemessungszugtragfähigkeit eines T-Stummels in Modus 2:

$M_{pl,2,Rd} = 0{,}25\sum \ell_{eff,2} t_p^2 f_y / \gamma_{M0} = 0{,}25 \cdot 447{,}4 \cdot 20^2 \cdot 355 / 1{,}0 \cdot 10^{-3}$

$= 15882{,}7 \text{ kNmm}$

$$F_{T,2,Rd} = \frac{2M_{pl,2,Rd} + n\sum F_{t,Rd}}{m+n} = \frac{2 \cdot 15882{,}7 + 4 \cdot 45 \cdot 254{,}2}{45{,}59 + 45} = 855{,}7 \text{ kN}$$

Bemessungszugtragfähigkeit eines T-Stummels in Modus 3:

$F_{T,3,Rd} = \sum F_{t,Rd} = 4 \cdot 254{,}2 = 1017 \text{ kN}$

Tragfähigkeit:

$F_{t,cp,Rd} = \min(1728; 855{,}7; 1017) = 855{,}7 \text{ kN}$

IV.5.2.8.7 Trägersteg auf Zug

$b_{eff,t,wb} = \ell_{eff,2} = 250{,}4 \text{ mm}$ — EN 1993-1-8, 6.2.6.8(2)

Tragfähigkeit: — EN 1993-1-8, 6.2.6.8(1)

$F_{t,wb,Rd} = b_{eff,t,wb} \cdot t_{wb} \cdot f_{y,wb} / \gamma_{M0} = 250{,}4 \cdot 7{,}5 \cdot 355 / 1{,}0 \cdot 10^{-3} = 666{,}8 \text{ kN}$

IV.5.2.8.8 Trägersteg auf Zug/ Gruppe 2 bis 3

$b_{eff,t,wb} = \ell_{eff,2} = 447{,}4 \text{ mm}$ — EN 1993-1-8, 6.2.6.8(2)

Tragfähigkeit: — EN 1993-1-8, 6.2.6.8(1)

$F_{t,wb,Rd} = b_{eff,t,wb} \cdot t_{wb} \cdot f_{y,wb} / \gamma_{M0} = 447{,}4 \cdot 7{,}5 \cdot 355 / 1{,}0 \cdot 10^{-3} = 1191 \text{ kN}$

IV.5.2.9 Schraubenreihe 4

IV.5.2.9.1 Stützenflansch auf Biegung

EN 1993-1-8, 6.2.6.4(Bild 6.8)

$$m = \frac{p_2}{2} - \frac{t_w}{2} - 0,8r = \frac{110}{2} - \frac{10}{2} - 0,8 \cdot 21 = 33,2 \text{ mm}$$

$$m_2 = 600 - 50 - 120 - 180 - 140 - 20 - \frac{15,66}{2} - \frac{15}{2} - 0,8\sqrt{2} \cdot 5 = 69,01 \text{ mm}$$

$$\lambda_1 = \frac{m}{m+e} = \frac{33,2}{33,2+65} = 0,338$$

$$\lambda_2 = \frac{m_2}{m+e} = \frac{69,01}{33,2+65} = 0,703$$

$$\rightarrow \alpha = 6,593$$

α ist aus EN 1993-1-8 6.2.6.5 Bild 6.11 abzulesen.

Wirksame Länge von kreisförmigen Mustern:

$$\ell_{eff,cp} = 2\pi m = 208,6 \text{ mm}$$

EN 1993-1-8, 6.2.6.4.2(Tab.6.5)

Wirksame Länge von nicht kreisförmigen Mustern:

$$\ell_{eff,nc} = \alpha m = 218,9 \text{ mm}$$

Wirksame Länge in Modus 1:

$$\ell_{eff,1} = \min(\ell_{eff,cp}; \ell_{eff,nc}) = \min(208,6; 218,9) = 208,6 \text{ mm}$$

Wirksame Länge in Modus 2:

$$\ell_{eff,1} = l_{eff,nc} = 218,9 \text{ mm}$$

Randabstand $n = \min(e_{\min}; 1,25m) = \min(45; 41,5) = 41,5 \text{ mm}$

EN 1993-1-8, 6.2.4.1(Tab.6.2)

Bemessungszugtragfähigkeit eines T-Stummels in Modus 1:

$$M_{pl,1,Rd} = 0,25\sum \ell_{eff,1} t_f^2 f_y / \gamma_{M0} = 0,25 \cdot 208,6 \cdot 17^2 \cdot 355 / 1,0 \cdot 10^{-3}$$
$$= 5350,33 \text{ kNmm}$$

$$F_{T,1,Rd} = \frac{(8n - 2e_w) M_{pl,1,Rd}}{2mn - e_w(m+n)} = \frac{(8 \cdot 41,5 - 2 \cdot 11)5350,33}{2 \cdot 33,2 \cdot 41,5 - 11(33,2 + 41,5)} = 857,7 \text{ kN}$$

Bemessungszugtragfähigkeit eines T-Stummels in Modus 2:

$$M_{pl,2,Rd} = 0,25\sum \ell_{eff,2} t_f^2 f_y / \gamma_{M0} = 0,25 \cdot 218,9 \cdot 17^2 \cdot 355 / 1,0 \cdot 10^{-3}$$
$$= 5614,51 \text{ kNmm}$$

$$F_{T,2,Rd} = \frac{2M_{pl,2,Rd} + n\sum F_{t,Rd}}{m+n} = \frac{2 \cdot 5614,51 + 2 \cdot 41,5 \cdot 254,2}{33,2 + 41,5} = 432,7 \text{ kN}$$

Bemessungszugtragfähigkeit eines T-Stummels in Modus 3:

$$F_{T,3,Rd} = \sum F_{t,Rd} = 2 \cdot 254,2 = 508,4 \text{ kN}$$

Tragfähigkeit:

$$F_{t,fc,Rd} = \min(857,7; 432,7; 508,4) = 432,7 \text{ kN}$$

Steifigkeitskoeffizient:

$$\ell_{eff} = \min(2\pi m; \alpha m; \pi m + p; 0,5p + \alpha m - (2m + 0,625e))$$
$$= \min(208,6; 218,9; 244,3; 181,86) = 181,86 \text{ mm}$$

EN 1993-1-8, 6.3.2(Tab.6.11)

$$k_4 = \frac{0,9 \cdot \ell_{eff} t_{fc}^3}{m^3} = 0,02198 \text{ m}$$

IV.5.2.9.2 Stützenflansch auf Biegung/ Gruppe 3 bis 4

$$m = \frac{p_2}{2} - \frac{t_w}{2} - 0,8r = \frac{110}{2} - \frac{10}{2} - 0,8 \cdot 21 = 33,2 \text{ mm}$$ EN 1993-1-8, 6.2.6.4.1(Bild 6.8)

Schraubenreihe 3:

Wirksame Länge von kreisförmigen Mustern: EN 1993-1-8, 6.2.6.4.1(Tab.6.4)

$$\ell_{eff,cp} = \pi m + p = 244,3 \text{ mm}$$

Wirksame Länge von nicht kreisförmigen Mustern:

$$\ell_{eff,nc} = 2m + 0,625e + 0,5p = 177,03 \text{ mm}$$

Wirksame Länge in Modus 1:

$$\ell_{eff,1.1} = \min(\ell_{eff,cp}; \ell_{eff,nc}) = \min(244,3; 177,03) = 177,03 \text{ mm}$$

Wirksame Länge in Modus 2:

$$\ell_{eff,2.1} = \ell_{eff,nc} = 177,03 \text{ mm}$$

Schraubenreihe 4:

$$\alpha = 6,593$$

Wirksame Länge von kreisförmigen Mustern:

$$\ell_{eff,cp} = \pi m + p = 244,3 \text{ mm}$$ EN 1993-1-8, 6.2.6.4.2(Tab.6.5)

Wirksame Länge von nicht kreisförmigen Mustern:

$$\ell_{eff,nc} = 0,5p + \alpha m - (2m + 0,625e) = 181,86 \text{ mm}$$

Wirksame Länge in Modus 1:

$$\ell_{eff,1.2} = \min(\ell_{eff,cp}; \ell_{eff,nc}) = \min(244,3; 181,86) = 181,86 \text{ mm}$$

Wirksame Länge in Modus 2:

$$\ell_{eff,2.2} = \ell_{eff,nc} = 181,86 \text{ mm}$$

$$\ell_{eff,1} = \ell_{eff,1.1} + \ell_{eff,1.2} = 358,9 \text{ mm}$$

$$\ell_{eff,2} = \ell_{eff,2.1} + \ell_{eff,2.2} = 358,9 \text{ mm}$$

Randabstand $n = \min(e_{\min}; 1,25m) = \min(45; 41,5) = 41,5 \text{ mm}$ EN 1993-1-8, 6.2.4.1(Tab.6.2)

Bemessungszugtragfähigkeit eines T-Stummels in Modus 1:

$$M_{pl,1,Rd} = 0,25 \sum \ell_{eff,1} t_f^2 f_y / \gamma_{M0} = 0,25 \cdot 358,9 \cdot 17^2 \cdot 355 / 1,0 \cdot 10^{-3}$$

$$= 9205,34 \text{ kNmm}$$

$$F_{T,1,Rd} = \frac{(8n - 2e_w) M_{pl,1,Rd}}{2mn - e_w(m+n)} = \frac{(8 \cdot 41,5 - 2 \cdot 11) 9205,34}{2 \cdot 33,2 \cdot 41,5 - 11(33,2 + 41,5)} = 1476 \text{ kN}$$

Bemessungszugtragfähigkeit eines T-Stummels in Modus 2:

$$M_{pl,2,Rd} = 0,25 \sum \ell_{eff,2} t_f^2 f_y / \gamma_{M0} = 0,25 \cdot 358,9 \cdot 17^2 \cdot 355 / 1,0 \cdot 10^{-3}$$

$$= 9205,34 \text{ kNmm}$$

$$F_{T,2,Rd} = \frac{2M_{pl,2,Rd} + n \sum F_{t,Rd}}{m+n} = \frac{2 \cdot 9205,34 + 4 \cdot 41,5 \cdot 254,2}{33,2 + 41,5} = 811,3 \text{ kN}$$

Bemessungszugtragfähigkeit eines T-Stummels in Modus 3:

$$F_{T,3,Rd} = \sum F_{t,Rd} = 4 \cdot 254,2 = 1017 \text{ kN}$$

Tragfähigkeit:

$$F_{t,fc,Rd} = \min(1476; 811,3; 1017) = 811,3 \text{ kN}$$

IV.5.2.9.3 Stützenflansch auf Biegung/ Gruppe 2 bis 4

$$m = \frac{p_2}{2} - \frac{t_w}{2} - 0,8r = \frac{110}{2} - \frac{10}{2} - 0,8 \cdot 21 = 33,2 \text{ mm}$$

EN 1993-1-8, 6.2.6.4.1(Bild 6.8)

Schraubenreihe 2:

$\alpha = 6,801$

Wirksame Länge von kreisförmigen Mustern:

EN 1993-1-8, 6.2.6.4.2(Tab.6.5)

$$\ell_{eff,cp} = \pi m + p = 284,3 \text{ mm}$$

Wirksame Länge von nicht kreisförmigen Mustern:

$$\ell_{eff,nc} = 0,5p + \alpha m - (2m + 0,625e) = 208,77 \text{ mm}$$

Wirksame Länge in Modus 1:

$$\ell_{eff,1.1} = \min(\ell_{eff,cp}; \ell_{eff,nc}) = \min(284,3; 208,77) = 208,77 \text{ mm}$$

Wirksame Länge in Modus 2:

$$\ell_{eff,2.1} = \ell_{eff,nc} = 208,77 \text{ mm}$$

Schraubenreihe 3:

Wirksame Länge von kreisförmigen Mustern:

$$\ell_{eff,cp} = 2p = p_{oben} + p_{unten} = 180 + 140 = 320 \text{ mm}$$

EN 1993-1-8, 6.2.6.4.1(Tab.6.4)

Wirksame Länge von nicht kreisförmigen Mustern:

$$\ell_{eff,nc} = p = \frac{p_{oben}}{2} + \frac{p_{unten}}{2} = \frac{180}{2} + \frac{140}{2} = 160 \text{ mm}$$

Die in EN 1993-1-8, 6.2.6.4.2(Tab.6.5) angegebenen Formeln zur Berechnung der wirksamen Längen gehen von gleichen vertikalen Abständen p der Schrauben untereinander aus. Für unterschiedliche Abstände, wie im vorliegenden Beispiel, wird die Formel entsprechend modifiziert.

Wirksame Länge in Modus 1:

$$\ell_{eff,1.2} = \min(\ell_{eff,cp}; \ell_{eff,nc}) = \min(320; 160) = 160 \text{ mm}$$

Wirksame Länge in Modus 2:

$$\ell_{eff,2.2} = \ell_{eff,nc} = 160 \text{ mm}$$

Schraubenreihe 4:

$\alpha = 6,593$

EN 1993-1-8, 6.2.6.4.2(Tab.6.5)

Wirksame Länge von kreisförmigen Mustern:

$$\ell_{eff,cp} = \pi m + p = 244,3 \text{ mm}$$

Wirksame Länge von nicht kreisförmigen Mustern:

$$\ell_{eff,nc} = 0,5p + \alpha m - (2m + 0,625e) = 181,6 \text{ mm}$$

Wirksame Länge in Modus 1:

$$\ell_{eff,1.3} = \min(\ell_{eff,cp}; \ell_{eff,nc}) = \min(244,3; 181,6) = 181,6 \text{ mm}$$

Wirksame Länge in Modus 2:

$$\ell_{eff,2.3} = \ell_{eff,nc} = 181,6 \text{ mm}$$

$$\ell_{eff,1} = \ell_{eff,1.1} + \ell_{eff,1.2} + \ell_{eff,1.3} = 550,7 \text{ mm}$$

$$\ell_{eff,1} = \ell_{eff,1.1} + \ell_{eff,1.2} + \ell_{eff,1.3} = 550,7 \text{ mm}$$

Randabstand $n = \min(e_{\min}; 1,25m) = \min(45; 41,5) = 41,5$ mm

EN 1993-1-8, 6.2.4.1(Tab.6.2)

Bemessungszugtragfähigkeit eines T-Stummels in Modus 1:

$$M_{pl,1,Rd} = 0,25 \sum \ell_{eff,1} t_f^2 f_y / \gamma_{M0} = 0,25 \cdot 550,7 \cdot 17^2 \cdot 355 / 1,0 \cdot 10^{-3}$$

$$= 14124,77 \text{ kNmm}$$

$$F_{T,1,Rd} = \frac{(8n - 2e_w) M_{pl,1,Rd}}{2mn - e_w(m+n)} = \frac{(8 \cdot 41,5 - 2 \cdot 11) 14124,77}{2 \cdot 33,2 \cdot 41,5 - 11(33,2 + 41,5)} = 2264 \text{ kN}$$

Bemessungszugtragfähigkeit eines T-Stummels in Modus 2:

$$M_{pl,2,Rd} = 0,25\sum \ell_{eff,2} t_f^2 f_y / \gamma_{M0} = 0,25 \cdot 550,7 \cdot 17^2 \cdot 355 / 1,0 \cdot 10^{-3}$$

$$= 14124,77 \text{ kNmm}$$

$$F_{T,2,Rd} = \frac{2M_{pl,2,Rd} + n\sum F_{t,Rd}}{m+n} = \frac{2 \cdot 14124,77 + 6 \cdot 41,5 \cdot 254,2}{33,2 + 41,5} = 1225 \text{ kN}$$

Bemessungszugtragfähigkeit eines T-Stummels in Modus 3:

$$F_{T,3,Rd} = \sum F_{t,Rd} = 6 \cdot 254,2 = 1525 \text{ kN}$$

Tragfähigkeit:

$$F_{t,fc,Rd} = \min(2264; 1225; 1525) = 1225 \text{ kN}$$

IV.5.2.9.4 Stützensteg auf Zug

$$b_{eff,wc} = \ell_{eff,2} = 218,9 \text{ mm}$$ EN 1993-1-8, 6.2.6.3(3)

$$\beta = 0 \rightarrow \omega = 1$$ EN 1993-1-8, 6.2.6.2(Tab.6.3)

Tragfähigkeit:

$$F_{t,wc,Rd} = \frac{\omega b_{eff,t,wc} t_{wc} f_{y,wc}}{\gamma_{M0}} = \frac{1 \cdot 218,9 \cdot 10 \cdot 355}{1,0} = 777,2 \text{ kN}$$ EN 1993-1-8, 6.2.6.3(1)

Steifigkeitskoeffizient:

$$\ell_{eff} = \min(2\pi m; \alpha m; \pi m + p; 0,5p + \alpha m - (2m + 0,625e))$$

$$= \min(208,6; 218,9; 244,3; 181,86) = 181,86 \text{ mm}$$

EN 1993-1-8, 6.3.2(Tab.6.11)

$$k_3 = \frac{0,7 \cdot b_{eff,t,wc} t_{wc}}{d_c} = 0,007765 \text{ m}$$

IV.5.2.9.5 Stützensteg auf Zug/ Gruppe 3 bis 4

EN 1993-1-8, 6.2.6.3(3)

$$b_{eff,wc} = \ell_{eff,2} = 358,9 \text{ mm}$$ EN 1993-1-8, 6.2.6.2(Tab.6.3)

$$\beta = 0 \rightarrow \omega = 1$$

Tragfähigkeit:

$$F_{t,wc,Rd} = \frac{\omega b_{eff,t,wc} t_{wc} f_{y,wc}}{\gamma_{M0}} = \frac{1 \cdot 358,9 \cdot 10 \cdot 355}{1,0} = 1274 \text{ kN}$$ EN 1993-1-8, 6.2.6.3(1)

IV.5.2.9.6 Stützensteg auf Zug/ Gruppe 2 bis 4

EN 1993-1-8, 6.2.6.3(3)

$$b_{eff,wc} = \ell_{eff,2} = 550,7 \text{ mm}$$ EN 1993-1-8, 6.2.6.2(Tab.6.3)

$$\beta = 0 \rightarrow \omega = 1$$

Tragfähigkeit:

$$F_{t,wc,Rd} = \frac{\omega b_{eff,t,wc} t_{wc} f_{y,wc}}{\gamma_{M0}} = \frac{1 \cdot 550,7 \cdot 10 \cdot 355}{1,0} = 1955 \text{ kN}$$ EN 1993-1-8, 6.2.6.3(1)

IV.5.2.9.7 Stirnplatte auf Biegung

$$m = \frac{110}{2} - \frac{10}{2} - 0,8 \cdot \sqrt{2} \cdot 5 = 44,34 \text{ mm}$$

EN 1993-1-8, 6.2.6.5(Bild 6.11)

$$m_2 = 120 + 180 + 140 - 50 - 330 - 0,8\sqrt{2} \cdot 7 = 52,08 \text{ mm}$$

$$\lambda_1 = \frac{m}{m+e} = \frac{44,34}{44,34+45} = 0,496$$

$$\lambda_2 = \frac{m_2}{m+e} = \frac{52,08}{44,34+45} = 0,583$$

$$\rightarrow \alpha = 5,821$$

EN 1993-1-8, 6.2.6.5(Tab.6.6)

Wirksame Länge von kreisförmigen Mustern:

$$\ell_{eff,cp} = 2\pi m = 278,6 \text{ mm}$$

Wirksame Länge von nicht kreisförmigen Mustern:

$$\ell_{eff,nc} = \alpha m = 258,1 \text{ mm}$$

Wirksame Länge in Modus 1:

$$\ell_{eff,1} = \min(\ell_{eff,cp}; \ell_{eff,nc}) = \min(278,6; 258,1) = 258,1 \text{ mm}$$

Wirksame Länge in Modus 2:

$$\ell_{eff,2} = \ell_{eff,nc} = 258,1 \text{ mm}$$

EN 1993-1-8, 6.2.4.1(Tab.6.2)

Randabstand $n = \min(e_{\min}; 1,25m) = \min(45; 55,43) = 45 \text{ mm}$

Bemessungszugtragfähigkeit eines T-Stummels in Modus 1:

$$M_{pl,1,Rd} = 0,25\sum \ell_{eff,1} t_p^2 f_y / \gamma_{M0} = 0,25 \cdot 258,1 \cdot 20^2 \cdot 355 / 1,0 \cdot 10^{-3}$$

$$= 9162,55 \text{ kNmm}$$

$$F_{T,1,Rd} = \frac{(8n-2e_w)M_{pl,1,Rd}}{2mn - e_w(m+n)} = \frac{(8 \cdot 45 - 2 \cdot 11)9162,55}{2 \cdot 44,34 \cdot 45 - 11(44,34+45)} = 1029 \text{ kN}$$

Bemessungszugtragfähigkeit eines T-Stummels in Modus 2:

$$M_{pl,2,Rd} = 0,25\sum \ell_{eff,2} t_p^2 f_y / \gamma_{M0} = 0,25 \cdot 258,1 \cdot 20^2 \cdot 355 / 1,0 \cdot 10^{-3}$$

$$= 9162,55 \text{ kNmm}$$

$$F_{T,2,Rd} = \frac{2M_{pl,2,Rd} + n\sum F_{t,Rd}}{m+n} = \frac{2 \cdot 9162,55 + 2 \cdot 45 \cdot 254,2}{44,34+45} = 461,1 \text{ kN}$$

Bemessungszugtragfähigkeit eines T-Stummels in Modus 3:

$$F_{T,3,Rd} = \sum F_{t,Rd} = 2 \cdot 254,2 = 508,4 \text{ kN}$$

Tragfähigkeit:

$$F_{t,cp,Rd} = \min(1029; 461,1; 508,4) = 461,1 \text{ kN}$$

Steifigkeitskoeffizient:

$$\ell_{eff} = \min(2\pi m; \alpha m) = \min(278,6; 258,1) = 258,1 \text{ mm}$$

$$k_5 = \frac{0,9 \cdot \ell_{eff} t_p^3}{m^3} = 0,02131 \text{ m}$$

EN 1993-1-8, 6.3.2(Tab.6.11)

IV.5.2.9.8 Trägersteg auf Zug

$$b_{eff,t,wb} = \ell_{eff,2} = 258,1 \text{ mm}$$

EN 1993-1-8, 6.2.6.8(2)

Tragfähigkeit:

$$F_{t,wb,Rd} = b_{eff,t,wb} \cdot t_{wb} \cdot f_{y,wb} / \gamma_{M0} = 258,1 \cdot 10 \cdot 355 / 1,0 = 916,2 \text{ kN}$$

EN 1993-1-8, 6.2.6.8(1)

IV.5.3 Momententragfähigkeit und Anschlusssteifigkeit

Die Berechnung der Momententragfähigkeit und Anschlusssteifigkeit erfolgt durch den „Zusammenbau" der Grundkomponenten.

IV.5.3.1 Zusammenfassung der Tragfähigkeiten und Steifigkeitskoeffizienten der Grundkomponenten

Druck:

Voutenflansch auf Druck	$F_{c,Rd} = 816{,}1\ \text{kN}$	
Trägersteg auf Druck	$F_{c,Rd} = 1075\ \text{kN}$	
Stützensteg auf Schub	$V_{wp,Rd} / \beta = \infty$	$k_1 = \infty$
Stützensteg auf Druck	$F_{c,wc,Rd} = \infty$	$k_2 = \infty$
Drucktragfähigkeit	$F_{c,Rd} = 816{,}1\ \text{kN}$	

Schrauben:

Schrauben auf Zug	$F_{t,Rd} = 254{,}2\ \text{kN}$	$k_{10} = 8{,}93\ \text{mm}$

Schraubenreihe 1:

Stützensteg auf Zug	$F_{t,wc,1,Rd} = 826{,}2\ \text{kN}$	$k_3 = 8{,}904\ \text{mm}$
Stützenflansch auf Biegung	$F_{t,fc,1,Rd} = 442{,}2\ \text{kN}$	$k_4 = 25{,}21\ \text{mm}$
Stirnplatte auf Biegung	$F_{t,cp,1,Rd} = 353{,}1\ \text{kN}$	$k_5 = 9{,}663\ \text{mm}$
Einzeltragfähigkeit	$F_{t,1,Rd} = 353{,}1\ \text{kN}$	
Hebelarm	$h_1 = 522{,}2\ \text{mm}$	

Die Schraubenreihe befindet sich im überstehenden Teil des Stirnblechs, es entfällt daher die Komponente Trägersteg auf Zug für diese Schraubenreihe.

Schraubenreihe 2:

Stützensteg auf Zug	$F_{t,wc,2,Rd} = 801{,}6\ \text{kN}$	$k_3 = 8{,}904\ \text{mm}$
Stützenflansch auf Biegung	$F_{t,fc,2,Rd} = 437{,}5\ \text{kN}$	$k_4 = 18{,}73\ \text{mm}$
Stirnplatte auf Biegung	$F_{t,cp,2,Rd} = 452{,}8\ \text{kN}$	$k_5 = 17{,}19\ \text{mm}$
Trägersteg auf Zug	$F_{t,wb,2,Rd} = 680{,}6\ \text{kN}$	$k_8 = \infty$
Einzeltragfähigkeit	$F_{t,2,Rd} = 437{,}5\ \text{kN}$	
Hebelarm	$h_2 = 402{,}2\ \text{mm}$	

Schraubenreihe 3:

Stützensteg auf Zug	$F_{t,wc,3,Rd} = 759{,}9\ \text{kN}$	$k_3 = 6{,}829\ \text{mm}$
Stützenflansch auf Biegung	$F_{t,fc,3,Rd} = 429{,}4\ \text{kN}$	$k_4 = 19{,}33\ \text{mm}$
Stirnplatte auf Biegung	$F_{t,cp,3,Rd} = 448{,}8\ \text{kN}$	$k_5 = 16{,}8\ \text{mm}$
Trägersteg auf Zug	$F_{t,wb,3,Rd} = 666{,}8\ \text{kN}$	$k_8 = \infty$
Einzeltragfähigkeit	$F_{t,3,Rd} = 429{,}4\ \text{kN}$	
Hebelarm	$h_3 = 222{,}2\ \text{mm}$	

Schraubengruppe 2 bis 3:

Stützensteg auf Zug	$F_{t,wc,2-3,Rd} = 1441\ \text{kN}$	
Stützenflansch auf Biegung	$F_{t,fc,2-3,Rd} = 843{,}5\ \text{kN}$	

Stirnplatte auf Biegung $F_{t,cp,2-3,Rd} = 855,7\ \text{kN}$

Trägersteg auf Zug $F_{t,wb,2-3,Rd} = 1191\ \text{kN}$

Gruppentragfähigkeit $F_{t,2-3,Rd} = 843,5\ \text{kN}$

Schraubenreihe 4:

Stirnplatte auf Biegung $F_{t,cp,4,Rd} = 461,1\ \text{kN}$ $k_5 = 21,31\ \text{mm}$

Trägersteg auf Zug $F_{t,wb,4,Rd} = 916,2\ \text{kN}$ $k_8 = \infty$

Stützensteg auf Zug $F_{t,wc,4,Rd} = 777,2\ \text{kN}$ $k_3 = 7,765\ \text{mm}$

Stützenflansch auf Biegung $F_{t,fb,4,Rd} = 432,7\ \text{kN}$ $k_4 = 21,98\ \text{mm}$

Einzeltragfähigkeit $F_{t,4,Rd} = 432,7\ \text{kN}$

Hebelarm $h_4 = 82,2\ \text{mm}$

Schraubengruppe 3 bis 4:

Stützensteg auf Zug $F_{t,wc,3-4,Rd} = 1274\ \text{kN}$

Stützenflansch auf Biegung $F_{t,fc,3-4,Rd} = 811,3\ \text{kN}$

Gruppentragfähigkeit $F_{t,3-4,Rd} = 811,3\ \text{kN}$

Trägerseitig ist kein Gruppenversagen von Schraubenreihe 3 und 4 möglich, da sich zwischen den beiden Schraubenreihen der Trägerflansch befindet. Die Gruppentragfähigkeit ergibt sich daher aus den Grundkomponenten der Stütze für diese Schraubengruppe. Selbiges gilt für die Schraubengruppe 2 bis 4.

Schraubengruppe 2 bis 4:

Stützensteg auf Zug $F_{t,wc,2-4,Rd} = 1955\ \text{kN}$

Stützenflansch auf Biegung $F_{t,fc,2-4,Rd} = 1225\ \text{kN}$

Gruppentragfähigkeit $F_{t,2-4,Rd} = 1225\ \text{kN}$

IV.5.3.2 Wirksame Tragfähigkeiten der Schraubenreihen

Schraubenreihe 1:

Abminderung durch Druckkomponente:

$$F_{t,1,Rd} = 353,1\ \text{kN} \le F_{c,Rd} = 816,1\ \text{kN}$$

$$\rightarrow F_{t,1,Rd} = 353,1\ \text{kN}$$

EN 1993-1-8, 6.2.7.2(7)

Schraubenreihe 2:

Abminderung durch Druckkomponente:

$$F_{t,2,Rd} = 437,5\ \text{kN} \le F_{c,Rd} - F_{t,1,Rd} = 816,1 - 353,1 = 463\ \text{kN}$$

Abminderung aus Gruppenverhalten:

$$F_{t,2,Rd} = 437,5\ \text{kN} \le F_{t,2-3,Rd} = 843,5\ \text{kN}$$

$$F_{t,2,Rd} = 437,5\ \text{kN} \le F_{t,2-4,Rd} = 1225\ \text{kN}$$

EN 1993-1-8, 6.2.7.2(8)

Zulässigkeit der plastischen Schraubenkraftverteilung:

$$F_{t,1,Rd} = 353,1\ \text{kN} \le 1,9 F_{t,Rd} = 1,9 \cdot 254,2 = 483\ \text{kN}$$

$\rightarrow$ plastische Verteilung zulässig

$$\rightarrow F_{t,2,Rd} = 437,5\ \text{kN}$$

EN 1993-1-8, 6.2.7.2(9)

Die wirksame Tragfähigkeit einer Schraubenreihe ist auf das 1,9-Fache der Zugtragfähigkeit einer Schraube beschränkt. Andernfalls müssen die wirksamen Zugtragfähigkeiten aller näher zum Druckpunkt positionierten Schraubenreihen nach Gleichung (6.26) linear abgemindert werden.

Schraubenreihe 3:

Abminderung durch Druckkomponente:

$$F_{t,3,Rd} = 429,4\ \text{kN} \le F_{c,Rd} - F_{t,1,Rd} - F_{t,2,Rd} = 816,1 - 353,1 - 437,5 = 25,5\ \text{kN}$$

Abminderung aus Gruppenverhalten:

$$F_{t,3,Rd} = 429,4 \text{ kN} \leq F_{t,2-3,Rd} - F_{t,2,Rd} = 843,5 - 437,5 = 406 \text{ kN}$$

$$F_{t,3,Rd} = 437,5 \text{ kN} \leq F_{t,2-4,Rd} - F_{t,2,Rd} = 1225 - 437,5 = 787,5 \text{ kN}$$

Zulässigkeit der plastischen Schraubenkraftverteilung:

$$F_{t,2,Rd} = 437,5 \text{ kN} \leq 1,9 F_{t,Rd} = 1,9 \cdot 254,2 = 483 \text{ kN}$$

$\rightarrow$ plastische Verteilung zulässig

$\rightarrow F_{t,3,Rd} = 25,5 \text{ kN}$

Schraubenreihe 4:

Abminderung durch Druckkomponente:

$$F_{t,4,Rd} = 432,7 \text{ kN} \leq F_{c,Rd} - F_{t,1,Rd} - F_{t,2,Rd} - F_{t,3,Rd}$$

$$= 816,1 - 353,1 - 437,5 - 25,5 = 0$$

Abminderung aus Gruppenverhalten:

$$F_{t,4,Rd} = 432,7 \text{ kN} \leq F_{t,2-4,Rd} - F_{t,2,Rd} - F_{t,3,Rd} = 1225 - 437,5 - 25,5 = 762 \text{ kN}$$

Zulässigkeit der plastischen Schraubenkraftverteilung:

$$F_{t,3,Rd} = 25,5 \text{ kN} \leq 1,9 F_{t,Rd} = 1,9 \cdot 254,2 = 483 \text{ kN}$$

$\rightarrow$ plastische Verteilung zulässig

$\rightarrow F_{t,4,Rd} = 0$

IV.5.3.3 Momententragfähigkeit

Plastische Momententragfähigkeit:

$$M_{j,Rd} = \sum_r h_r F_{tr,Rd} = h_1 F_{t,1,Rd} + h_2 F_{t,2,Rd} + h_3 F_{t,3,Rd} + h_4 F_{t,4,Rd}$$

EN 1993-1-8, 6.2.7.2(1)

$$= 0,5222 \cdot 353,1 + 0,4022 \cdot 437,5 + 0,2222 \cdot 25,48 + 0 \cdot 0,0822 = 366 \text{ kNm}$$

Elastische Momententragfähigkeit:

$$M_{j,el,Rd} = \frac{2}{3} M_{j,Rd} = \frac{2}{3} \cdot 366 = 244 \text{ kNm}$$

EN 1993-1-8, 5.1.2(3)

IV.5.3.4 Rotationssteifigkeit

Effektive Steifigkeitskoeffizienten:

Schraubenreihe 1:

$$k_{eff,r}=\frac{1}{\sum\frac{1}{k_{i,r}}}=\frac{1}{\frac{1}{8,904}+\frac{1}{25,21}+\frac{1}{9,663}+\frac{1}{8,93}}=2,721\text{ mm}$$

EN 1993-1-8, 6.3.3.1(2)

Schraubenreihe 2:

$$k_{eff,r}=\frac{1}{\sum\frac{1}{k_{i,r}}}=\frac{1}{\frac{1}{8,904}+\frac{1}{25,21}+\frac{1}{17,91}+\frac{1}{8,93}}=3,127\text{ mm}$$

Schraubenreihe 3:

$$k_{eff,r}=\frac{1}{\sum\frac{1}{k_{i,r}}}=\frac{1}{\frac{1}{6,829}+\frac{1}{19,33}+\frac{1}{16,8}+\frac{1}{8,93}}=2,705\text{ mm}$$

Schraubenreihe 4:

$$k_{eff,r}=\frac{1}{\sum\frac{1}{k_{i,r}}}=\frac{1}{\frac{1}{7,765}+\frac{1}{21,98}+\frac{1}{21,31}+\frac{1}{8,93}}=3,001\text{ mm}$$

Äquivalenter Hebelarm:

$$z_{eq}=\frac{\sum k_{eff,r}h_r^{2}}{\sum k_{eff,r}h_r}=397,5\text{ mm}$$

EN 1993-1-8, 6.3.3.1(3)

Äquivalenter Steifigkeitskoeffizient:

$$k_{eq}=\frac{\sum k_{eff,r}h_r}{z_{eq}}=8,871\text{ mm}$$

EN 1993-1-8, 6.3.3.1(1)

Anfangsrotationssteifigkeit:

$$S_{j,ini}=\frac{Ez^2}{\sum_i\frac{1}{k_i}}\;\frac{210\cdot 397,5^2}{\frac{1}{0,008871}}=294351,42\text{ kNm/rad}$$

EN 1993-1-8, 6.3.1(4)

Rotationssteifigkeit:

$$\eta=2$$

$$S_j=\frac{S_{j,ini}}{\eta}=\frac{294351,42}{2}=147175,71\text{ kNm/rad}$$

EN 1993-1-8, 5.1.2(Tab.5.2)

IV.5.4 Kenngrößen der Grundkomponenten für Q-Tragfähigkeit

IV.5.4.1 Schrauben auf Abscheren

$$\alpha_v=0,6$$

$$A=\frac{\pi\cdot d^2}{4}=\frac{\pi\cdot 24^2}{4}=452,4\text{ mm}^2$$

EN 1993-1-8, 3.6.1(Tab.3.4)

$$F_{v,Rd}=\frac{\alpha_v f_{ub}A}{\gamma_{M2}}=\frac{0,6\cdot 1000\cdot 452,4}{1,25}\cdot 10^{-3}=217,1\text{ kN}$$

Schaft in Scherfuge

$$\frac{F_{v,Ed}}{F_{v,Rd}}+\frac{F_{t,Ed}}{1,4\cdot F_{t,Rd}}\leq 1,0$$

Um die einzelnen Abschertragfähigkeiten der Schraubenreihen zu ermitteln wird der Nachweis der Kombination von Scher-/Lochleibung und Zug verwendet.

Tragfähigkeit:

$$\rightarrow F_{v,1,Rd}=\left(1-\frac{F_{t,1,Rd}}{2\cdot 1,4\cdot F_{t,Rd}}\right)\cdot 2\cdot F_{v,Rd}=\left(1-\frac{353,1}{2\cdot 1,4\cdot 254,2}\right)\cdot 2\cdot 217,1=218,8\text{ kN}$$

$$\rightarrow F_{v,2,Rd}=\left(1-\frac{F_{t,2,Rd}}{2\cdot 1,4\cdot F_{t,Rd}}\right)\cdot 2\cdot F_{v,Rd}=\left(1-\frac{437,5}{2\cdot 1,4\cdot 254,2}\right)\cdot 2\cdot 217,1=167,3\text{ kN}$$

$$\rightarrow F_{v,3,Rd}=\left(1-\frac{F_{t,3,Rd}}{2\cdot 1,4\cdot F_{t,Rd}}\right)\cdot 2\cdot F_{v,Rd}=\left(1-\frac{25,48}{2\cdot 1,4\cdot 254,2}\right)\cdot 2\cdot 217,1=418,7\text{ kN}$$

$$\rightarrow F_{v,4,Rd}=\left(1-\frac{F_{t,4,Rd}}{2\cdot 1,4\cdot F_{t,Rd}}\right)\cdot 2\cdot F_{v,Rd}=\left(1-\frac{0}{2\cdot 1,4\cdot 254,2}\right)\cdot 2\cdot 217,1=434,3\text{ kN}$$

IV.5.4.2 Stirnplatte auf Lochleibung

IV.5.4.2.1 Schraubenreihe 1

EN 1993-1-8, 3.6.1(Tab.3.4)

$$\alpha_b=\min\left(\frac{e_1}{2d_0};\frac{f_{ub}}{f_u};1,0\right)=\min(0,641;2,04;1,0)=0,641$$

$$k_1=\min\left(2,8\frac{e_2}{d_0}-1,7;1,4\frac{p_2}{d_0};2,5\right)=\min(3,15;4,22;2,5)=2,5$$

$$F_{b,Rd}=\frac{k_1\cdot\alpha_b\cdot f_u\cdot d\cdot t}{\gamma_{M2}}=\frac{2,5\cdot 0,641\cdot 490\cdot 24\cdot 20}{1,25}\cdot 10^{-3}=301,5\text{ kN}$$

Tragfähigkeit der Schraubenreihe:

$$F_{b,Rd}=2\cdot 301,5=603,1\text{ kN}$$

IV.5.4.2.1.1 Schraubenreihe 2

$$\alpha_b=\min\left(\frac{p_1}{3d_0}-0,25;\frac{f_{ub}}{f_u};1,0\right)=\min(2,06;2,04;1,0)=1,0$$

$$k_1=\min\left(1,4\frac{p_2}{d_0}-1,7;2,5\right)=\min(4,22;2,5)=2,5$$

$$F_{b,Rd}=\frac{k_1\cdot\alpha_b\cdot f_u\cdot d\cdot t}{\gamma_{M2}}=\frac{2,5\cdot 1\cdot 490\cdot 24\cdot 20}{1,25}\cdot 10^{-3}=470,4\text{ kN}$$

Tragfähigkeit der Schraubenreihe:

$$F_{b,Rd}=2\cdot 470,4=940,8\text{ kN}$$

IV.5.4.2.1.2 Schraubenreihe 3

$$\alpha_b=\min\left(\frac{p_1}{3d_0}-0,25;\frac{f_{ub}}{f_u};1,0\right)=\min(2,06;2,04;1,0)=1,0$$

$$k_1 = \min\left(1{,}4\frac{p_2}{d_0} - 1{,}7; 2{,}5\right) = \min(4{,}22; 2{,}5) = 2{,}5$$

$$F_{b,Rd} = \frac{k_1 \cdot \alpha_b \cdot f_u \cdot d \cdot t}{\gamma_{M2}} = \frac{2{,}5 \cdot 1 \cdot 490 \cdot 24 \cdot 20}{1{,}25} \cdot 10^{-3} = 470{,}4 \text{ kN}$$

Tragfähigkeit der Schraubenreihe:

$$F_{b,Rd} = 2 \cdot 470{,}4 = 940{,}8 \text{ kN}$$

IV.5.4.2.1.3 Schraubenreihe 4

$$\alpha_b = \min\left(\frac{p_1}{3d_0} - 0{,}25; \frac{f_{ub}}{f_u}; 1{,}0\right) = \min(2{,}04; 1{,}0) = 1{,}0$$

$$k_1 = \min\left(1{,}4\frac{p_2}{d_0} - 1{,}7; 2{,}5\right) = \min(4{,}22; 2{,}5) = 2{,}5$$

$$F_{b,Rd} = \frac{k_1 \cdot \alpha_b \cdot f_u \cdot d \cdot t}{\gamma_{M2}} = \frac{2{,}5 \cdot 1 \cdot 490 \cdot 24 \cdot 20}{1{,}25} \cdot 10^{-3} = 470{,}4 \text{ kN}$$

Tragfähigkeit der Schraubenreihe:

$$F_{b,Rd} = 2 \cdot 470{,}4 = 940{,}8 \text{ kN}$$

IV.5.4.2.2 Stützenflansch auf Lochleibung

IV.5.4.2.2.1 Schraubenreihe 1

$$\alpha_b = \min\left(\frac{p_1}{3d_0} - 0{,}25; \frac{f_{ub}}{f_u}; 1{,}0\right) = \min(2{,}04; 1{,}0) = 1{,}0$$

$$k_1 = \min\left(1{,}4\frac{p_2}{d_0} - 1{,}7; 2{,}5\right) = \min(4{,}22; 2{,}5) = 2{,}5$$

$$F_{b,Rd} = \frac{k_1 \cdot \alpha_b \cdot f_u \cdot d \cdot t}{\gamma_{M2}} = \frac{2{,}5 \cdot 1 \cdot 490 \cdot 24 \cdot 17}{1{,}25} \cdot 10^{-3} = 399{,}8 \text{ kN}$$

Tragfähigkeit der Schraubenreihe:

$$F_{b,Rd} = 2 \cdot 399{,}8 = 799{,}7 \text{ kN}$$

IV.5.4.2.2.2 Schraubenreihe 2

$$F_{b,Rd} = \frac{k_1 \cdot \alpha_b \cdot f_u \cdot d \cdot t}{\gamma_{M2}}$$

$$\alpha_b = \min\left(\frac{p_1}{3d_0} - 0{,}25; \frac{f_{ub}}{f_u}; 1{,}0\right) = \min(2{,}06; 2{,}04; 1{,}0) = 1{,}0$$

$$k_1 = \min\left(1{,}4\frac{p_2}{d_0} - 1{,}7; 2{,}5\right) = \min(4{,}22; 2{,}5) = 2{,}5$$

$$F_{b,Rd} = \frac{k_1 \cdot \alpha_b \cdot f_u \cdot d \cdot t}{\gamma_{M2}} = \frac{2{,}5 \cdot 1 \cdot 490 \cdot 24 \cdot 17}{1{,}25} \cdot 10^{-3} = 399{,}8 \text{ kN}$$

Tragfähigkeit der Schraubenreihe:

$$F_{b,Rd} = 2 \cdot 399{,}8 = 799{,}7 \text{ kN}$$

IV.5.4.2.2.3 Schraubenreihe 3

$$F_{b,Rd} = \frac{k_1 \cdot \alpha_b \cdot f_u \cdot d \cdot t}{\gamma_{M2}}$$

$$\alpha_b = \min\left(\frac{p_1}{3d_0} - 0,25; \frac{f_{ub}}{f_u}; 1,0\right) = \min(1,54; 2,04; 1,0) = 1,0$$

$$k_1 = \min\left(1,4\frac{p_2}{d_0} - 1,7; 2,5\right) = \min(4,22; 2,5) = 2,5$$

$$F_{b,Rd} = \frac{k_1 \cdot \alpha_b \cdot f_u \cdot d \cdot t}{\gamma_{M2}} = \frac{2,5 \cdot 1 \cdot 490 \cdot 24 \cdot 17}{1,25} \cdot 10^{-3} = 399,8 \text{ kN}$$

Tragfähigkeit der Schraubenreihe:

$$F_{b,Rd} = 2 \cdot 399,8 = 799,7 \text{ kN}$$

IV.5.4.2.2.4 Schraubenreihe 4

$$F_{b,Rd} = \frac{k_1 \cdot \alpha_b \cdot f_u \cdot d \cdot t}{\gamma_{M2}}$$

$$\alpha_b = \min\left(\frac{p_1}{3d_0} - 0,25; \frac{f_{ub}}{f_u}; 1,0\right) = \min(1,54; 2,04; 1,0) = 1,0$$

$$k_1 = \min\left(1,4\frac{p_2}{d_0} - 1,7; 2,5\right) = \min(4,22; 2,5) = 2,5$$

$$F_{b,Rd} = \frac{k_1 \cdot \alpha_b \cdot f_u \cdot d \cdot t}{\gamma_{M2}} = \frac{2,5 \cdot 1 \cdot 490 \cdot 24 \cdot 17}{1,25} \cdot 10^{-3} = 399,8 \text{ kN}$$

Tragfähigkeit der Schraubenreihe:

$$F_{b,Rd} = 2 \cdot 399,8 = 799,7 \text{ kN}$$

IV.5.4.2.3 Blockversagen in der Stirnplatte (Schraubenreihe 1)

$$V_{eff,1,Rd} = \frac{f_u A_{nt}}{\gamma_{M2}} + \frac{f_y A_{nv}}{\sqrt{3} \cdot \gamma_{M0}}$$

EN 1993-1-8, 3.10.2(1)

Versagensform 1:

EN 1993-1-8, 3.10.2(Bild3.8)

$$A_{nt,1} = (p_{21} - d_0) \cdot t_p = (110 - 26)20 = 1680 \text{ mm}^2$$

$$A_{nv} = 2(e_1 - d_0 / 2) \cdot t_p = 2(50 - 13)20 = 1480 \text{ mm}^2$$

$$V_{eff,1,Rd,1} = \frac{f_u A_{nt}}{\gamma_{M2}} + \frac{f_y A_{nv}}{\sqrt{3} \cdot \gamma_{M0}} = \frac{490 \cdot 1680}{1,25} \cdot 10^{-3} + \frac{355 \cdot 1480}{\sqrt{3} \cdot 1,0} \cdot 10^{-3} = 961,9 \text{ kN}$$

Versagensform 2:

$$A_{nt,1} = 2(e_2 - d_0 / 2) \cdot t_p = 2(45 - 13)20 = 1280 \text{ mm}^2$$

$$A_{nv} = 2(e_1 - d_0 / 2) \cdot t_p = 2(50 - 13)20 = 1480 \text{ mm}^2$$

$$V_{eff,1,Rd,2} = \frac{f_u A_{nt}}{\gamma_{M2}} + \frac{f_y A_{nv}}{\sqrt{3} \cdot \gamma_{M0}} = \frac{490 \cdot 1280}{1,25} \cdot 10^{-3} + \frac{355 \cdot 1480}{\sqrt{3} \cdot 1,0} \cdot 10^{-3} = 805,1 \text{ kN}$$

Versagensform 3:

$$A_{nt,1} = (b_p - 2d_0) \cdot t_p = (200 - 2 \cdot 26)20 = 2960 \text{ mm}^2$$

$$A_{nv} = 0$$

$$V_{eff,1,Rd,3} = \frac{f_u A_{nt}}{\gamma_{M2}} + \frac{f_y A_{nv}}{\sqrt{3} \cdot \gamma_{M0}} = \frac{490 \cdot 2960}{1,25} \cdot 10^{-3} + \frac{355 \cdot 0}{\sqrt{3} \cdot 1,0} \cdot 10^{-3} = 1160 \text{ kN}$$

Tragfähigkeit:

$$V_{eff,1,Rd} = \min(961,9; 805,1; 1160) = 805,1 \text{ kN}$$

IV.5.4.2.4 Trägersteg auf Schub

EN 1993-1-1, 6.2.6(2)

Trägersteg und Voutensteg tragen zur Schubfläche bei.

$$A_v = 3081 + (150 - 15)10 = 4431 \text{ mm}^2$$

EN 1993-1-1, 6.2.6(3)d)

Um die M-V-Interaktion zu vermeiden wird die wirksame Schubfläche auf das 0,5-Fache der ansetzbaren Schubfläche begrenzt (siehe EN 1993-1-1, 6.2.8 (3)).

Tragfähigkeit:

$$V_{pl,Rd} = \frac{A_v \cdot f_y}{\sqrt{3} \cdot \gamma_{M0}} = 0,5 \cdot \frac{4431 \cdot 355}{\sqrt{3} \cdot 1,0} \cdot 10^{-3} = 454,1 \text{ kN}$$

IV.5.4.2.5 Stegschweißnaht auf Schub

Schweißnahtdicke $a_w = 5$ mm

Schweißnahtdicke untere Voute $a_{w,v} = 5$ mm

Schweißnahtlänge $L_w = 2 \cdot (150 - 15) + 2 \cdot 271 = 812$ mm

$\beta_w = 0,9$

EN 1993-1-8, 4.5.3.3(2)

Tragfähigkeit:

EN 1993-1-8, 4.5.3.2(Tab.4.1)

$$F_{w,Rd} = \frac{f_u}{\sqrt{3} \cdot \beta_w \cdot \gamma_{M2}} a_w \cdot L_w = \frac{490}{\sqrt{3} \cdot 0,9 \cdot 1,25} 5 \cdot 812 \cdot 10^{-3} = 1021 \text{ kN}$$

IV.5.5 Zusammenbau der Grundkomponenten zur Berechnung der Querkrafttragfähigkeit

Die Berechnung der Querkrafttragfähigkeit erfolgt durch den „Zusammenbau" der Grundkomponenten.

IV.5.5.1 Zusammenfassung der Tragfähigkeit der Grundkomponenten

Schraubenreihe 1:

Abschertragfähigkeit	$F_{v,1,Rd} = 218,8$ kN
Stirnplatte auf Lochleibung	$F_{b,1,Rd} = 603,1$ kN
Stützenflansch auf Lochleibung	$F_{b,1,Rd} = 799,7$ kN
Blockversagen in der Stirnplatte	$V_{eff,1,Rd} = 805,1$ kN
Einzeltragfähigkeit	$F_{v,1,Rd} = 218,8$ kN

Schraubenreihe 2:

Abschertragfähigkeit	$F_{v,2,Rd} = 167,3$ kN
Stirnplatte auf Lochleibung	$F_{b,2,Rd} = 940,8$ kN
Stützenflansch auf Lochleibung	$F_{b,2,Rd} = 799,7$ kN
Einzeltragfähigkeit	$F_{v,2,Rd} = 167,3$ kN

Schraubenreihe 3:

Abschertragfähigkeit $F_{v,3,Rd} = 418,7 \text{ kN}$

Stirnplatte auf Lochleibung $F_{b,3,Rd} = 940,8 \text{ kN}$

Stützenflansch auf Lochleibung $F_{b,3,Rd} = 799,7 \text{ kN}$

Einzeltragfähigkeit $F_{v,3,Rd} = 418,7 \text{ kN}$

Schraubenreihe 4:

Abschertragfähigkeit $F_{v,4,Rd} = 434,3 \text{ kN}$

Stirnplatte auf Lochleibung $F_{b,4,Rd} = 940,8 \text{ kN}$

Stützenflansch auf Lochleibung $F_{b,4,Rd} = 799,7 \text{ kN}$

Einzeltragfähigkeit $F_{v,4,Rd} = 434,3 \text{ kN}$

Trägersteg auf Schub $V_{pl,Rd} = 454,1 \text{ kN}$

Schweißnaht auf Schub $F_{w,Rd} = 1021 \text{ kN}$

IV.5.5.2 Querkrafttragfähigkeit

Querkrafttragfähigkeit:

$$V_{j,Rd} = F_{v,1,Rd} + F_{v,2,Rd} + F_{v,3,Rd} + F_{v,4,Rd} = 218,8 + 167,3 + 418,7 + 434,3$$

$$= 1239,1 \text{ kN} \leq \min(454,1;1021) = 454,1 \text{ kN}$$

$$\rightarrow V_{j,Rd} = 454,1 \text{ kN}$$

IV.5.6 Anschlussnachweise

Moment:

$$\frac{M_{b1,Ed}}{M_{j,Rd}} = \frac{100}{366} = 0,27 \leq 1,0$$ Nachweis erbracht

Querkraft:

$$\frac{V_{b1,Ed}}{V_{j,Rd}} = \frac{200}{454,1} = 0,44 \leq 1,0$$ Nachweis erbracht

Stützenstegfeld auf Schub:

$$V_{wp,Ed} = \frac{(M_{b1,Ed} - M_{b2,Ed})}{z} - \frac{(V_{c1,Ed} - V_{c2,Ed})}{2} = \frac{(100-100)}{397,5} - \frac{(0-0)}{2} = 0$$

EN 1993-1-8, 5.3(3)

$\rightarrow$ kein Nachweis erforderlich

Literaturhinweise

Normen und Regelwerke

[1] DIN EN 1993-1-1:2010-12, Eurocode 3: Bemessung und Konstruktion von Stahlbauten – Teil 1-1: Allgemeine Bemessungsregeln und Regeln für den Hochbau, Deutsche Fassung EN 1993-1-8:2005 + AC:2009.

[2] DIN EN 1993-1-1/NA:2010-12, Nationaler Anhang – National festgelegte Parameter, Eurocode 3: Bemessung und Konstruktion von Stahlbauten – Teil 1-1: Allgemeine Bemessungsregeln und Regeln für den Hochbau.

[3] DIN EN 1993-1-8:2010-12, Eurocode 3: Bemessung und Konstruktion von Stahlbauten – Teil 1-8: Bemessung von Anschlüssen, Deutsche Fassung EN 1993-1-8:2005 + AC:2009.

[4] DIN EN 1993-1-8/NA:2010-12, Nationaler Anhang – National festgelegte Parameter, Eurocode 3: Bemessung und Konstruktion von Stahlbauten – Teil 1-8: Bemessung von Anschlüssen.

Bücher, Zeitschriftenartikel und weitere Literatur

[5] *Albert, A. (Hrsg.):* Schneider Bautabellen für Ingenieure, 21. Auflage, Bundesanzeiger Verlag, Köln, 2014.

[6] *Dlubal:* RSTAB – Baustatik-Software für Stabwerke, http://www.dlubal.de

[7] *Jaspart, J.-P.; Demonceau, J.-F.; Renkin, S; Guillaume, M.L.:* European Recommendations for the Design of Simple Joints in Steel Structures – Eurocode 3, Part 1-8, ECCS Technical Committee 10 – Structural Connections, ECCS Publication No 126, ISBN 92-9147-000-95, 1st Edition, 2009.

[8] *Hotz, R.:* Bessere Ausnutzbarkeit von typisierten Verbindungen (II), Stahlbau 61, Verlag Wilhelm Ernst & Sohn, Berlin, 1992.

[9] *Hotz, R.:* Oberkantenbündige Deckenträger-Unterzug-Anschlüsse mit verbesserter Wirtschaftlichkeit (II), Stahlbau 64, Verlag Wilhelm Ernst & Sohn, Berlin, 1995.

[10] *Hotz, R.:* Oberkantenbündige Deckenträger-Unterzug-Anschlüsse mit verbesserter Wirtschaftlichkeit (III), Stahlbau 66, Verlag Wilhelm Ernst & Sohn, Berlin, 1997.

[11] *Lindner, J.; Gietzelt, R.:* Zur Tragfähigkeit ausgeklinkter Träger, Stahlbau 54, Verlag Wilhelm Ernst & Sohn, Berlin, 1985.

[12] *Valtinat, G.:* Rippenlose Stahlkonstruktionen, Stahlbau Handbuch, Band 1 Teil A, 3. Auflage, Stahlbau-Verlagsgesellschaft mbH Köln, 1993.

[13] *Vismann, U. (Hrsg.):* Wendehorst Bautechnische Zahlentafeln, 34. Auflage, Springer Vieweg Verlag, Wiesbaden, 2012.

[14] *Weynand, K.; Oerder, R.:* Typisierte Anschlüsse im Stahlhochbau nach DIN EN 1993-1-8, Gesamtausgabe 2013, Stahlbau Verlags- und Service GmbH, Düsseldorf, 2013.

[15] *Weynand, K.; Oerder, R.; Jaspart, J.-P.:* CoP – Programm zur Berechnung von Anschlüssen im Stahl- und Verbundbau, http://cop.fw-ing.de

Inserentenverzeichnis

Die inserierenden Firmen und die Aussagen in Inseraten stehen nicht notwendigerweise in einem Zusammenhang mit den in diesem Buch abgedruckten Normen. Aus dem Nebeneinander von Inseraten und redaktionellem Teil kann weder auf die Normgerechtheit der beworbenen Produkte oder Verfahren geschlossen werden, noch stehen die Inserenten notwendigerweise in einem besonderen Zusammenhang mit den wiedergegebenen Normen. Die Inserenten dieses Buches müssen auch nicht Mitarbeiter eines Normenausschusses oder Mitglied von DIN sein. Inhalt und Gestaltung der Inserate liegen außerhalb der Verantwortung von DIN.